国家出版基金项目
NATIONAL PUBLICATION FOUNDATION

纳米科学与技术

# 面向2020年社会需求的纳米科技研究

米黑尔·罗科
〔美〕 查德·米尔金 主编
马克·赫尔萨姆

白春礼 等 译

科学出版社
北　京

图字：01-2014-5705 号

## 内 容 简 介

　　纳米科技作为新兴的前沿科技领域，是全球关注的焦点，正在对社会未来的发展产生重要影响。本书为美国国家自然科学基金会出版的科技政策报告。全书共13章，涉及纳米科技的各个领域，包括理论计算、纳米制造、生物医学、能源存储、环境健康与安全等，全面总结了过去十年纳米科技的成就，规划了未来十年纳米科技的发展计划和重点领域。目前国内尚缺少系统探讨这些课题的专著，译者为了推动我国纳米科技的发展，让更多的相关人员受益，尝试翻译此书。

　　本书内容可供我国从事纳米科技工作的科研人员、管理人员和政策制定者阅读和参考。

Translation from English language edition：
*Nanotechnology Research Directions for Societal Needs in* 2020
by Mihail C. Roco，Chad A．Mirkin and Mark C．Hersam
Copyright ⓒ WTEC，2011
Published by Springer Science＋Business Media B．V．
Springer Science＋Business Media B．V．is a part of Springer Science＋Business Media

**图书在版编目 CIP 数据**

面向2020年社会需求的纳米科技研究 ／（美）罗科（Roco，M．C．）等主编；白春礼等译. —北京：科学出版社，2014.8
（纳米科学与技术 ／ 白春礼主编）
书名原文：Nanotechnology research directions for societal needs in 2020
ISBN 978-7-03-041851-7

Ⅰ．①面⋯　Ⅱ．①罗⋯ ②白⋯　Ⅲ．①纳米技术-研究　Ⅳ．①TB303

中国版本图书馆 CIP 数据核字（2014）第 206186 号

丛书策划：杨　震／责任编辑：杨　震　张淑晓　刘　冉　孙静惠
责任校对：郭瑞芝／责任印制：钱玉芬／封面设计：陈　敬

科 学 出 版 社 出版
北京东黄城根北街 16 号
邮政编码：100717
http://www.sciencep.com
中国科学院印刷厂 印刷
科学出版社发行　各地新华书店经销

＊

2014 年 8 月第　一　版　　开本：720×1000 1/16
2014 年 8 月第一次印刷　　印张：38 1/2
字数：850 000
定价：150.00 元
（如有印装质量问题，我社负责调换）

# 《面向 2020 年社会需求的纳米科技研究》
## 译　　者

# 《纳米科学与技术》丛书序

在新兴前沿领域的快速发展过程中,及时整理、归纳、出版前沿科学的系统性专著,一直是发达国家在国家层面上推动科学与技术发展的重要手段,是一个国家保持科学技术的领先权和引领作用的重要策略之一。

科学技术的发展和应用,离不开知识的传播:我们从事科学研究,得到了"数据"(论文),这只是"信息"。将相关的大量信息进行整理、分析,使之形成体系并付诸实践,才变成"知识"。信息和知识如果不能交流,就没有用处,所以需要"传播"(出版),这样才能被更多的人"应用",被更有效地应用,被更准确地应用,知识才能产生更大的社会效益,国家才能在越来越高的水平上发展。所以,数据→信息→知识→传播→应用→效益→发展,这是科学技术推动社会发展的基本流程。其中,知识的传播,无疑具有桥梁的作用。

整个 20 世纪,我国在及时地编辑、归纳、出版各个领域的科学技术前沿的系列专著方面,已经大大地落后于科技发达国家,其中的原因有许多,我认为更主要的是缘于科学文化的习惯不同:中国科学家不习惯去花时间整理和梳理自己所从事的研究领域的知识,将其变成具有系统性的知识结构。所以,很多学科领域的第一本原创性"教科书",大都来自欧美国家。当然,真正优秀的著作不仅需要花费时间和精力,更重要的是要有自己的学术思想以及对这个学科领域充分把握和高度概括的学术能力。

纳米科技已经成为 21 世纪前沿科学技术的代表领域之一,其对经济和社会发展所产生的潜在影响,已经成为全球关注的焦点。国际纯粹与应用化学联合会(IUPAC)会刊在 2006 年 12 月评论:"现在的发达国家如果不发展纳米科技,今后必将沦为第三世界发展中国家。"因此,世界各国,尤其是科技强国,都将发展纳米科技作为国家战略。

兴起于 20 世纪后期的纳米科技,给我国提供了与科技发达国家同步发展的良好机遇。目前,各国政府都在加大力度出版纳米科技领域的教材、专著以及科普读物。在我国,纳米科技领域尚没有一套能够系统、科学地展现纳米科学技术各个方面前沿进展的系统性专著。因此,国家纳米科学中心与科学出版社共同发起并组织出版《纳米科学与技术》,力求体现本领域出版读物的科学性、准确性和系统性,全面科学地阐述纳米科学技术前沿、基础和应用。本套丛书的出版以高质量、科学性、准确性、系统性、实用性为目标,将涵盖纳米科学技术的所有领域,全面介绍国内外纳米科学技术发展的前沿知识;并长期组织专家撰写、编辑出版下去,为我国纳米科技各个相关基础学科和技术领域的科技工作者和研究生、本科生等,提供一套重要的参考资料。

这是我们努力实践"科学发展观"思想的一次创新,也是一件利国利民、对国家科学技术发展具有重要意义的大事。感谢科学出版社给我们提供的这个平台,这不仅有助于我国在科研一线工作的高水平科学家逐渐增强归纳、整理和传播知识的主动性(这也是科学研究回馈和服务社会的重要内涵之一),而且有助于培养我国各个领域的人士对前沿科学技术发展的敏感性和兴趣爱好,从而为提高全民科学素养作出贡献。

我谨代表《纳米科学与技术》编委会,感谢为此付出辛勤劳动的作者、编委会委员和出版社的同仁们。

同时希望您,尊贵的读者,如获此书,开卷有益!

中国科学院院长
国家纳米科技指导协调委员会首席科学家
2011 年 3 月于北京

# 前　言

## 至 2020 年纳米技术的影响、经验教训以及国际形势展望

随着科学发现和创新步伐的不断加快，纳米技术的跨学科特点日渐凸显。这一技术推动了知识、能力和投资领域的不断融合，为新兴技术树立了一个典范。纳米技术这一概念衍生自物理、化学、生物以及工程学的大量发现成果，其形成可追溯至 2000 年左右。最初，全球科学界和社会各界的研究工作聚焦于两大方面：①根据纳米尺度物质的特殊行为以及对这些行为进行系统控制和设计的能力对纳米技术进行综合性定义[①]；②设立纳米技术从研发到造福社会的长期愿景和目标[②]，其中包括陆续推出四代纳米产品的二十年愿景[③]。纳米技术的定义和长期愿景为美国的"国家纳米计划（NNI）"（2000 年提出）奠定了坚实基础，同时日本、韩国、欧盟、德国、中国大陆和中国台湾也由此针对该领域部署了持续的研发计划。2001~2004 年间，有 60 多个国家启动了国家级的纳米技术研发计划。2006 年，在第二代纳米技术产品面市后，俄罗斯、巴西、印度和一些中东国家掀起了新一轮的研发投资热潮。美国的纳米技术规划取得了显著成效：自 2000 年以来，NNI 累计投资超过 120 亿美元，其中仅 2010 年投资就高达 18 亿美元，使其成为仅次于太空计划的民用科技投资项目[④]。

本书简要地叙述了过去十年中纳米技术在基础知识和基础设施建设方面的发展，同时探讨了 2020 年以后美国和全球纳米技术企业的发展潜力，旨在重新定义纳米科学与工程学融合的研究目标，在未来十年中使纳米技术成为一项通用技术。书中的纳米技术未来愿景借鉴了美国该领域专家的科学见解、过往的经验教训，此外，由本书主要作者主办或联合主办的五次国际头脑风暴会议中，来自 35 个国家

---

① 在一项国际基准研究中提出：Siegel，R.，E. Hu，and M. C. Roco，eds. 1999. *Nanostructure and Technology*. Washington DC：National Science and Technology Council. 此外，由 Springer 在 1999 年出版。

② Roco，M. C.，R. S. Williams，and P. Alivisatos，eds. 1999. *Nanotechnology research direction：Vision for the next decade*. IWGN Workshop Report 1999. Washington DC：National Science and Technology Council. 此外，由 Springer 在 2000 年出版。可提供网上下载：http://www. wtec. org/loyola/nano/IWGN. Research. Directions/.

③ Roco，M. C. 2004. Nanoscale science and engineering：Unifying and transforming tools. *AIChE J*. 50(5)：890-897.

④ Lok，C. 2010. Small Wonders. *Nature* 467：18-21

的参与者也提供了宝贵的全球视野①。本书已在网站 http://wtec.org/nano2/上发布,得到了来自同行以及社会各界的热切关注。本书的目的是从社会视角出发,为学术界、工业界和政府部门的决策者提供有关纳米技术研发的生产和社会使命的参考。

自纳米技术的定义和长期愿景被人们接受以来的短短十年中,NNI 和世界各地的其他计划在科学发现方面取得了显著成效,包括深入了解最小生物体结构,揭示纳米级物质的行为和功能,为设备和系统建立纳米结构基础单元库。在此期间取得的大量研发成果包括原有领域(如先进材料、生物医学、催化、电子学和制药等)的技术突破、新领域(如能源和水净化、农业、林业等)的扩展以及与其他新兴领域(如量子信息系统、神经形态工程以及合成和系统纳米生物学)的融合。自旋电子学、等离激元学、超材料和分子纳米系统等新领域相继崭露头角。"纳米制造"已踏上征程,并将逐渐成为经济重心。纳米技术充分利用了多学科专业团体的大量基础设施、先进仪器、用户设施、计算资源、正规和非正规教育资产以及纳米技术社会利益的相关扶持政策。沟通、协调、研究和监管工作在纳米技术的伦理、法律和社会影响(ELSI)以及环境、健康与安全(EHS)问题等方面已见成效。

许多纳米技术已经开始影响市场:目前,美国的纳米产品市值估计约为 910 亿美元,全球市值约 2 540 亿美元。除此之外,目前的发展还预示着新的经济影响:根据当前发展趋势,全球纳米技术产品和从业人员数量将每三年翻一番,截至 2020 年,市值将达到 3 万亿美元,从业人数 600 万人。该领域的治理工作已稳步扩大,除了推动科学发现和技术创新外,还积极解决了负责任地发展一项新技术所面临的众多复杂问题,从而促进社会创新。纳米技术研发充满国际合作与激烈竞争,并已成为所有发达国家以及部分发展中国家的一项社会经济目标。

尽管如此,纳米科学、工程和技术尚处于形成阶段,未来以及在新兴技术领域仍有巨大潜力有待挖掘。在未来十年中,几个关键科技领域的远大目标包括用于纳米结构直接测量的 X 射线源亮度提高约 5 000 倍以及纳米结构的计算能力提高约 10 000 倍。未来十年的重点领域包括:

  ·将纳米尺度和纳米组件知识融入具有确定性和复杂行为的纳米系统,旨在打造全新产品。

  ·更好地控制分子自组装、量子行为,新分子的创造以及纳米结构与外部磁场的相互作用,通过建模和计算设计制造材料、设备和系统。

  ·了解生物过程、纳米生物与非生物材料之间的接触面及其生物医学和健康/安全应用,以及用于自然资源可持续发展和纳米制造的纳米技术解决方案。

  ·通过治理工作加大创新力度,增加公私合作;监督纳米技术的安全性和公平

---

　① 要获取更多信息,可参见附录 A　U. S. and International Workshops.

性,在新生模型基础上解决 EHS、ELSI、多方利益以及公众参与等问题;在向新一代纳米产品过渡的过程中增加国际合作。持续提供教育、人力资源准备和基础设施支持仍是当务之急。

　　总体而言,在未来十年的第一阶段中,物质的系统控制以及纳米尺度创新力度将呈加速发展态势,尤其是未来五年,技术领域和全社会将迎来一场翻天覆地的变革。纳米技术已经开始左右从电子业到纺织业等众多行业的发展;到 2020 年,纳米技术将成为一项通用技术,与大部分常用技术和应用实现无缝集成,在经济和巨大潜力的推动下,为医学、生产力、可持续发展以及人类生活质量提供前所未有的解决方案。

# 摘　　要

纳米技术是在纳米范围内对物质进行控制和重组(在原子和分子水平,尺寸范围约 1~100 nm),旨在建立较小的结构,使材料、设备和系统具有全新特性和功能。根据 1999 年的"Nano1"报告《纳米技术研究方向:未来十年纳米技术愿景》的描述,纳米技术是一个包罗万象的多学科领域,预计到 2020 年将实现大规模使用,并为教育、创新、学习和管理开辟一条新途径——该领域有望彻底改变人类生活的众多方面。[①] 纳米技术会对我们生活的方方面面产生巨大影响,例如生活方式、健康水平、生产产品、互动和通信方式、生产和利用新能源的方式以及环境保护方式。

自美国国家科学和技术委员会首度在其报告"Nano1"中提出纳米技术前景,迄今已有十年光景。在过去十年中,纳米技术的研发取得了惊人的进步,并清楚地向我们展示了其潜力。此次新报告("Nano2")考察了该领域过去十年中的进展,并揭示了未来十年纳米技术在美国以及全球的发展机遇。报告总结了 2000 年至今的投资成果,但更为重要的是描述了未来十年及以后纳米技术研发的预期目标,以及如何在社会需求和其他新兴技术的背景下实现这些目标。

在 2010 年 3 月到 7 月举办的四次论坛中,美国代表以及超过 35 个其他经济体代表中的学术界、工业界和政府部门中的著名专家各抒己见,"Nano2"报告对这些真知灼见进行了汇总。这一切始于美国芝加哥城举办的一次头脑风暴会议,并在一系列美国跨国研讨会的推动下不断前进,包括德国汉堡(欧盟和美国代表出席)、日本东京(日本、韩国、中国台湾和美国代表出席)以及新加坡(新加坡、澳大利亚、中国、印度、沙特阿拉伯和美国代表出席)。与会者来自不同专业领域,包括物理和生物科学、工程学、医学、社会科学、经济学和哲学。

**关键词:**纳米科学与工程　教育研究与创新　预见　管理　社会影响　国际视角

## 内　容　提　要

本书总结了 2000~2010 年纳米技术取得的进展,并提出了 2010~2020 年的

---

[①] Roco, M. C., R. S. Williams, and P. Alivisatos, eds. 1999. *Nanotechnology research directions: IWGN workshop report. Vision for nanotechnology R&D in the next decade.* Washington, DC: National Science and Technology Council. 此外,由 Springer 在 2000 年出版。

发展愿景,主要包括四大方面:

　　1) 纳米技术的研究、合成和制造方法以及工具;

　　2) 纳米技术的安全与可持续发展,包括环境、健康与安全(EHS)的各个方面以及为能源、水、粮食、矿产和气候创造一个可持续发展的环境;

　　3) 推动生物系统和医药、信息技术、光子学和等离光学、催化和高性能材料、设备和系统等发展的纳米技术应用;

　　4) 社会意义,包括教育、物质基础设施投资以及为社会利益进行的纳米技术监管。

　　本书针对学术团体、私营部门、政府机构以及一般的纳米技术利益相关者,主要目的是为纳米技术研发项目规划提供资料,促进这一新兴领域的生产、使用和管理。有关 2000 年至今纳米技术的发现和成果以及至 2020 年的目标请参阅本摘要后附的表Ⅰ,表格按照上述四类进行排列。除此之外,四幅附图(Ⅱ～Ⅴ)生动地说明了几个极具影响力的纳米技术应用(电子学、生物医学和催化剂)以及截至 2010 年美国为促进纳米技术发展而进行的基础设施投资。

# 2000 年至今的研究进展

　　2000 年至今,以下领域产生了强劲发展,这一点在论坛参与者们之间达成了广泛共识。

## 概况

　　· 纳米科学、纳米工程和纳米技术应用的可行性和社会重要性得以确认,消弭了极端赞成和极端否定的预测。1999 年"Nano1"报告提出了统一的定义和愿景,在此基础上,科学基础和物质基础设施取得了长足发展。

　　· 纳米技术已被视为革命性的科学和技术领域,与电力、生物技术、数字信息革命相比肩。2001～2008 年,发现、发明、纳米技术从业人员、研发资助计划和市场的数量均有所增加,年均增长率达到 25%。2009 年,全球纳米产品市场总额约达 2540 亿美元(见图Ⅰ及第 13 章)。

## 方法与工具

　　· 新仪器可在工程相关领域实现原子精度的飞秒测量。已实现分子电子密度的单声子光谱和亚纳米级测量。单原子和单分子表征方法已经出现,研究人员能够通过以前不可能实现的方法来探测纳米结构的复杂性和动态性(见第 2 章)。

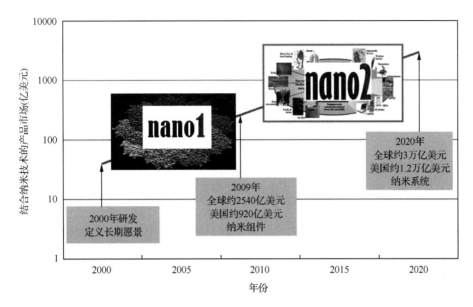

图Ⅰ　结合纳米技术的最终产品市场：2000～2020年长期愿景（实线，请参阅后文"纳米技术的发展远景：美国国家纳米计划（NNI）十年"）和2009年结果（Lux Research的调查结果，第13章）。研发工作重点由2000～2010年（图中的Nano1）的重要发现转向2010～2020年（图中的Nano2）的基本研究和系统研究

· 基本原理模拟中的原子组合相较于2000年超过100倍，而且目前一些聚合物和其他纳米结构已实现了"材料设计"（见第1章）。

· 在纳米材料的基本结构和功能研究的影响下，研究人员发现了一些重要的新现象，例如等离子、红外/可见光波段的负折射率、卡西米尔力（Casimir force）、纳流控芯片、纳米图案成形、原子之间的信息传输以及纳米级的生物互动。其他纳米级现象得以更好地理解和量化，如量子限域、多价性和形状各向异性等，为新的科学和工程领域奠定了基础。

· 自旋转移（使用自旋极化电流改变纳米磁体磁化方向的技术）的发现是其中一个范例，这一发现对存储器、逻辑电路、传感器和纳米振荡器产生了巨大影响。在此背景下诞生了一类全新设备，以开发旋转力矩转移随机存取存储器（STT-RAM）的全球热潮为例，该设备在未来十年中将实现完全商业化。

· 以低于50nm的分辨率在较大表面上打印一个分子或纳米结构的扫描探针工具在研究和商业环境下已成为现实。这为开发真正的"桌面制造（desktop fab）"能力创造了条件，使科研人员和企业能够从实用角度出发，快速地开发原型和评估纳米材料或设备。

**安全与可持续发展**

· 第一代纳米技术产品的相关环境、健康与安全(EHS)问题以及伦理、法律和社会影响(ELSI)问题的重要性已得到广泛的共识。目前,我们的关注重点包括:构筑物理-化学-生物学解释、特定纳米材料的监管挑战、在不确定性和知识差距条件下的治理方法、风险评估框架、基于专家判断的生命周期分析、自愿性准则的使用以及将安全注意事项纳入新纳米产品的设计和生产阶段等。此外,公众参与决策的方式以及对纳米技术实施整体性治理也备受关注。

· 在过去十年中,纳米技术为能源转换与存储和碳包覆领域半数以上的新项目提供了解决方案。

· 拥有极大表面积的纳米多孔材料也有全新成员加入,包括金属-有机骨架材料、共价有机骨架材料和沸石咪唑酯骨架材料,用于改善氢储存和二氧化碳分离技术。

· 一系列聚合物和无机纳米纤维及其用于环境分离(水和空气过滤膜)和催化处理的复合材料已得到综合利用。此外,还诞生了一系列纳米复合膜、纳米吸附剂和具有氧化还原活性的纳米粒子,用于水净化、溢油处理和环境整治。

**纳米技术应用**

· 目前,很多应用都采用相对简单的"被动式"(稳定功能)纳米结构元件,目的是确保产品的可用性或对其进行改善(例如纳米颗粒增强复合材料)。然而自 2005 年以来,为了应对现有技术无法满足的需求,人们引进了采用"主动式"纳米结构和设备的先进产品(例如护理点的分子诊断工具和以挽救生命为目的的靶向药物疗法)。

· 全新类型的材料应运而生,科学和技术方面发生了翻天覆地的变化,包括各类组合物、多价贵金属纳米结构、石墨烯、超材料、纳米线超晶格以及一系列其他粒子组合物的一维纳米线和量子点。在此基础上,纳米结构周期表得以建立,其中各条目根据粒子的组成、大小、形状和表面功能进行定义。

· 多功能库诞生,囊括了推动该领域发展的新纳米结构和表面图案化方法,包括各种纳米粒子、纳米层、纳米结构聚合物、金属、陶瓷和复合材料、光学和"蘸笔"纳米光刻技术、纳米压印光刻技术以及制造石墨烯和其他纳米片的卷对卷工艺等商业化系统。这就是说,从表征方法、合成和制造的经验水平以及复杂纳米系统的开发来看,纳米技术仍处于形成阶段。要突破这些限制条件还需要进行更多的基础研发。

# nano2

Ⅱ. 2010 年，纳米电子元件和纳米磁性元件被纳入一般计算机和通信设备的生产

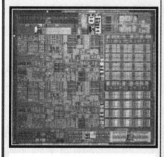

**Intel**公司开发的 **32 nm** 互补金属氧化物半导体 **(CMOS)** 处理器技术 **(2009年)**　该处理器采用了高κ金属栅极(栅极长度为 30 nm)。该技术用于制造各类笔记本电脑、台式机和服务器计算机系统所需的集成电路(IC)芯片，可大大提高速度和密度并降低功耗。

**Freescale**公司开发的**90 nm 薄膜存储器 (TFS) Flash Flexmemory (2010年)**　该存储器采用纳米晶硅薄膜作为电荷存储层，将用于下一代微控制器。纳米晶体层可确保更高密度的阵列，同时降低运行功耗，缩短消除时间并提高可靠性。微控制器是一系列工业和消费产品的"大脑"。

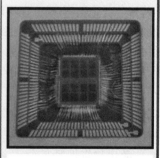

**Everspin**公司开发的 **16 Mb**磁阻随机存取存储器**(MRAM)(2010年)**　该存储器基于纳米级磁隧道结。该类存储器有大量工业和商业应用，如在系统崩溃时保存数据、启动恢复播放功能、在关机过程中保留加密数据以及发生事故时保存车辆数据以供事后分析。

· 从量子和表面科学到分子自组装等基本原理衍生出一系列新工艺和纳米结构,这些创新成果与半经验和自上而下小型化方法相结合,用于各类产品的生产。纳米技术还促成或推动了众多领域内的新研究,如量子计算、纳米医学、能量转换与储存、水净化、农业和食品系统、合成生物学的各个方面、宇宙航空、岩土工程和神经形态工程。

· 纳米医学在实验室方面取得了重大突破,临床试验领域发展迅速,生物相容性材料、诊断和治疗应用方面也取得了长足进步。Abraxane 等先进疗法现已实现商业化,在不同类型肿瘤的治疗过程中发挥了重要作用。首批护理点纳米医疗诊断工具(如 Verigene 系统)已在全球推广使用,以加快疾病诊断。此外,还有 50 多种基于纳米技术的肿瘤治疗药物也已进入临床试验阶段(仅限美国)。凭借纳米技术解决方案,Pacific Biosciences 和 Illumina 等公司将有望成功应对"1000 美元基因组计划"的挑战。

· 纳米技术已融入多个关键行业。在美国,30％～40％的石油化工企业已采用纳米材料催化(见第 10 章);100 nm 以下的半导体的全球市场占有率超过 30％,美国市场占有率高达 60％(见"纳米技术的发展远景:美国国家纳米计划(NNI)十年");分子医学领域也在不断发展。纳米电子领域进展迅速,从微型设备到 30 nm设备,并继续向更小尺寸推进。这些实例表明,纳米技术正在向着 2000 年设立的目标稳步发展,最终将成为极具经济影响力的"通用技术"。

· 在过去十年中,美国对纳米技术研发领域投入了大量资金。美国政府在纳米技术领域的累计投资现已超过 120 亿美元,使该领域成为继"阿波罗登月计划"之后美国最大的民用技术投资(《自然》2010 年 9 月刊第 18 页)。工业企业已认识到纳米技术的重要性以及政府在 NNI 研发工作中的核心作用。2009 年,美国纳米产品市场价值估计约为 910 亿美元(见第 13 章)。最终,约 60 个国家采纳了纳米技术研究计划,使纳米技术跻身全球最大且最具竞争力的研究领域行列。

## 社会意义

· 各种纳米技术活动促成了纳米技术专业人员国际社区,先进的研发基础设施以及横跨化工、电子学、先进材料、医药等行业的多元化制造能力的实现。

· 自 2004 年首届"负责任地发展纳米科技国际对话"会议在美国召开以来,十年前*所设定的国际合作与竞争愿景(包括跨国组织)业已实现并增强。

· 纳米技术已成为解决其他新兴技术社会影响(ELSI)和治理问题的典范,以及知识产权重点。

· 纳米技术已成为有关新兴技术课题的公共非正式科学教育以及在研究机构和公立教育机构之间建立战略教育伙伴关系并实现双方教育目标互利的典范。

---

\* 此处指 2000 年设定的愿景。——译注

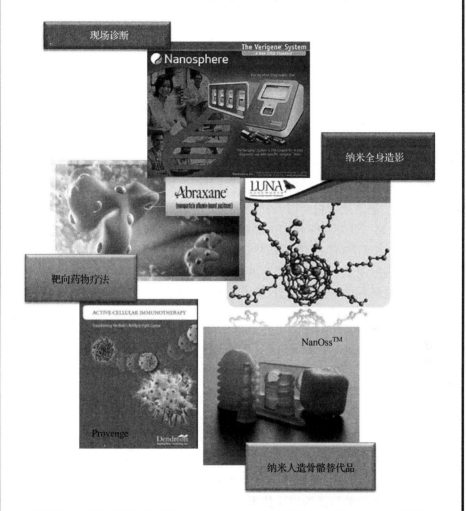

# nano2

Ⅲ. 2010 年纳米技术进驻商业(FDA 认证)医疗产品的实例

现场诊断

纳米全身造影

靶向药物疗法

NanOss™

纳米人造骨骼替代品

顺时针方向：用于现场医疗诊断的**Nanosphere Verigene®**系统采用金纳米技术，在一系列应用中用于检测相关的核酸和蛋白质指标；**Luna** 纳米造影剂增强了磁共振成像诊断的清晰性和安全性；**Angstrom Medica NanOss™** 纳米晶磷酸钙人工骨骼材料可用作骨骼替代品/加固材料、负重骨水泥和生物活性涂层；**Dendreon Provenge®**免疫治疗产品使用患者自身的免疫系统细胞制成，用于治疗前列腺癌；**Celgene Abraxane®** 纳米颗粒白蛋白结合 (nab) 技术利用白蛋白纳米微粒提供积极和有针对性的化疗，用于治疗转移性乳腺癌。

# 2020 年展望

到 2020 年,在社会需求的推动下,纳米技术研发有望加速纳米系统设计的科学继承和创新突破,并进一步打造出更多高品质的新应用。从研究实验室到消费者使用,纳米技术将走出实验室,进入消费者的生活,应对各种社会挑战(如可持续发展,能源的产生、养护、储存和转换),改善医疗条件,降低成本并提高普及性。在第一个十年中,主要发展推动力是学术研究中取得的科学发现。在未来十年中,应用研究将产生新的科学发现和经济优化,从而催生新技术和新产业。这一转化过程将造福社会,但需要问责性、预见性和参与性治理以及实时技术评估领域的新方法。对未来十年的纳米技术研发共识愿景重点作如下总结。

**投资政策和预期成果**

· 我们必须对纳米技术基础研究进行持续投资,但与此同时还应将重点放在创新和产业化、创造就业机会以及社会层面的"投资回报"上,采取措施以确保安全和公众参与。每一代新纳米技术产品将逐步提高对经济和社会成果的关注。

· 纳米技术研究将向下列领域推进:

— 通过直接测量和模拟了解纳米尺度现象和过程

— 纳米材料和设备中的典型/量子物理转变

— 分子或纳米级材料的多尺度自组装

— 纳米结构与外部磁场的相互作用

— 大型纳米系统的复杂行为

— 使用成本低的良性材料实现高效的能源采集、转换和储存

— 了解纳米生物材料与非生物材料接触面上的生物过程和生物物理化学相互作用

— 采用纳米级设计建立分子、材料和复杂系统

— 仿生智能计算物理系统

— 人工器官,包括使用流体网络和纳米结构实现组织再生

— 以电子书籍的形式为纳米技术 K-12* 学生提供个性化教学,结合三维可视化图像/音频/触觉沟通模式,帮助学生实现自定进度的个性化学习

— 通过大脑活动外部传感和/或直接接入与假肢相关的外周神经系统实现假肢的直接控制和反馈

---

* K-12 教育体系是美国基础教育阶段的统称。—译注

# nano2

Ⅳ. 2010 年，炼油应用所需商业催化产品中的纳米技术实例

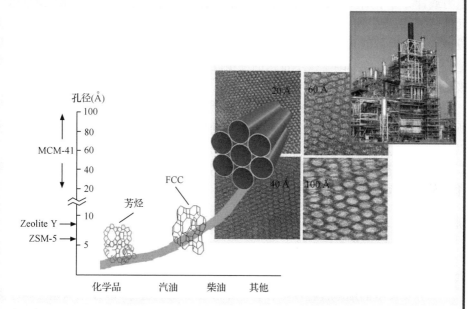

孔径(Å)

化学品　　汽油　　柴油　　其他

埃克森美孚、雪佛龙、陶氏化学及其他石油公司采用了 2000 年以来开发的纳米催化剂，以通过原油更有效地生产运输燃料和石化产品。这些公司将重新设计的介孔二氧化硅材料(如 MCM-41)以及改良后的沸石运用于流化催化裂化(FCC)等一系列过程，通过重瓦斯油生产汽油，并通过烷基交换作用生产聚酯制造所需的对二甲苯和相关基础单元。全球产业升级后产量增至每日 8000 万桶以上(石油转化为燃料和化学品)；许多流程(削减)采用催化处理，其中部分流程需要多次催化。

择形催化用于控制分子的大小和形状，是现代纳米技术的一个重要应用领域。左图显示了一系列不同专业用途的纳米粒子催化剂团聚体。对负载型催化剂材料的大小、形状和表面定向进行更好的控制以及采用更好的方法控制多尺度颗粒孔隙率能够提高材料的活性、选择性和能源效率。此外，使用纳米尺度定制的贱金属催化剂替代贵金属将用于提高生产效率和降低加工成本。
目前，在巨大的全球催化剂市场中，纳米材料的占有率达到 30%~40%，年销售总额达 180 亿~200 亿美元。仅在美国，催化处理每年带来的经济效益估计高达数千亿美元。

• 为促进纳米技术应用,我们还将进一步开发一个创新生态系统,包括支持多学科参与、多应用行业、创业培训、多方研究、区域中心、公私合作、缺口资金以及法律和税收优惠政策。

• 纳米技术作为一项通用技术,还将继续广泛渗透到经济生活的各个方面,继电力或计算等早期技术之后,在众多领域实现广泛和深远的应用。例如,纳米电子元件(包括纳米磁性元件)已进军 10 nm 以下的设备领域(包括逻辑晶体管和存储设备),并为大量创新奠定了基础,包括将电子电荷作为唯一的信息载体。许多其他重要产业也将经历纳米技术带来的逐步改进,采纳推动新产品创新的革命性、突破性解决方案。

• 预计到 2020 年,纳米技术将得到广泛使用,纳米技术产品和服务可能遍及所有工业部门和医疗领域。由此带来的好处包括提高生产效率、强化可持续发展以及创造新的就业机会。

• 科研、教育、制造和医学计划方面的纳米技术治理将进行制度化,以获得最佳的社会效益。

## 研究方法与工具

• 纳米级复杂性的新理论、直接测量工具、基本原理模拟以及在纳米尺度的系统集成将加快探索发现的步伐。

• 分子尺度的细胞过程模拟和物理干预工具将为健康/医疗干预建立科学基础,使生物学向定量“物理化学科学”而非实证科学转化。

• 操作纳米器件的原位表征工具将加速电子和能源部门的创新,与此同时,在现实环境中进行原位探测还将促进环境监测、食品安全和民防。

• 深入理解纳米技术的原理和方法将成为行业竞争力的一个重要条件,如先进材料、信息技术设备、催化剂和制药等行业。纳米科学和工程平台的发展将为不同工业部门的创新奠定基础。

## 教育和体育基础设施

• 多学科、水平式、研究与应用连续以及系统应用教育和培训将通过统一的科学目标和工程目标以及新的教育和培训机构实现整合。

• 应建立区域枢纽站点网络——“纳米技术教育中心网络”,作为可持续性国家基础设施,以促进纳米技术教育,并实现教育系统的水平、垂直整合。

• 纳米技术将使便携式设备成为现实,人们可随时随地进行个性化学习,也可采用基于脑机交互等技术的其他学习方式。

• 继续创建并维护研发中心和枢纽十分重要,如研究机构和用户设施以及用于开发和改进创新纳米设备和系统概念的测试床。远程访问功能将得到显著扩展。

Ⅴ. 2010 年美国纳米技术基础设施：(上图)主要教育网络；(下图)研究用户设施(还可参阅附录C中的研究中心)

★ **NACK** CENTER WWW.NANO4ME.ORG　高校中心

★ **NCLT**　纳米科学与工程教学中心　　　► **nanoHUB**　主节点

☆ **NISE** network ○　地区枢纽/博物馆　　　► **CNS**　纳米技术与社会研究中心
NANOSCALE INFORMAL SCIENCE EDUCATION

● 美国科学基金会纳米基础设施网络
● 美国科学基金会纳米计算网络
■ 美国能源部纳米科学研究中心
□ 美国国家标准研究院纳米科技中心
✿ 美国国立卫生研究院癌症研究所纳米技术表征实验室

**安全与可持续发展**

· 主流纳米技术研究和生产活动必须关注纳米技术的环境、健康和安全（EHS）危害，同时还应考量其所带来的伦理、法律和社会问题（ELSI），从而帮助现有和未来纳米技术产品实现更安全、更公平的进步。

· 纳米颗粒暴露、生物分布及其生物系统互动模拟将被纳入风险评估框架，与生命周期分析、纳米材料控制标准以及专家意见相结合。

· 纳米技术的应用将大幅降低成本。至 2015 年，美国的太阳能转换成本将大幅降低，2020～2025 年，海水淡化成本也将达到相同水平，具体进展情况视各地区条件而定。纳米技术还将为能源转换、能源储存、碳封装领域中半数以上的新项目提供突破性解决方案。

· 至 2020 年，纳米技术将使水资源可持续发展的时间延长十年。在过去十年中问世的大面积纳米薄膜和材料将得到进一步优化，在各类应用中得到更多利用，包括水过滤和海水淡化、氢储存和碳捕获。

**纳米技术应用**

· 各类组合物的纳米结构库（颗粒、丝、管、片、模块化组件）将发展至工业规模数量。

· 在未来十年中，预计还将涌现出更多新应用，从成本极低、使用寿命长的高效光伏器件到价格适中的高性能电池，为电动汽车、新型计算系统、认知技术以及用于肿瘤等疾病诊断和治疗的新激进方法提供协助。

· 纳米技术在更大范围内的增长将推动新研究领域的创建或进步，例如合成生物学、经济高效的碳捕获、量子信息系统、神经形态工程、利用纳米粒子的地球工程以及其他新兴技术和融合技术。

· 根据巴斯德象限（Stokes 1997, *Pasteur's Quadrant* : *Basic Science and Technological Innovation* , Brookings Institution Press）所述，未来十年的纳米技术发展将推动纳米产品的系统设计和制造从基本原理向模拟设计策略过渡，应用研发基础科学的使用将得以增加。

· 纳米医学将彻底颠覆传统的诊断和治疗方式，在大多数情况下，能够大幅降低医疗费用。个性化和针对使用点的诊断系统将广泛用于快速确定患者的健康状况及其是否适合采用特定疗法。在治疗方面，纳米材料将成为普及使用基因疗法的关键，以及应对抗生素耐药性和"超级细菌"的有效手段。

# 战 略 重 点

·通过个人、团体、中央和网络方法为基础研究、教育和物质基础设施提供不断的支持,以此改变纳米科学和工程前沿,着重关注直接调查方法、纳米尺度上的复杂行为以及纳米尺度行为如何控制材料和设备的微观/宏观性能。

·促进重点研发计划,如"签名条款"、"大挑战"以及其他类型的专项资金计划,以此为支撑推动优先工具开发、主要研发领域的生产能力以及适应纳米技术的创新生态系统的发展。由于普及程度尚浅,纳米技术将逐步与其他新兴技术以及融合技术的发展相融合。

·促进工业界、学术界、非政府组织、多机构以及国际组织之间的伙伴关系。将工作重点放在为研发、系统学术中心、早期纳米技术教育、纳米制造以及纳米技术 EHS 建立更多区域"纳米中心"上。

·为卫生、能源、制造、商业化、可持续发展以及纳米技术的 EHS 和 ELSI 等领域的竞争前研发平台、系统应用平台、公私合作以及网络提供支持。这些平台将确保纳米级基础研究和应用、跨学科和跨部门之间的紧密联系。

·促进全球协调,建立并保持可行的国际标准、术语表、数据库和专利以及其他知识产权保护。为这些行动探索国际共同筹资机制。为纳米技术 EHS 活动(如安全测试和风险评估以及减灾)和纳米技术 ELSI 活动(如扩大公众参与、缩短发展中国家和发达国家之间的差距)寻求国际协调。为维护数据库、命名、标准和专利筹划一个国际联合筹资机制。

·为确定多纳米结构化合物的暴露和毒性开发实验和预测方法。

·推动纳米技术教育水平、垂直和系统整合,建立或扩大区域学习和研究中心,为 K-16* 学生提供制度化的纳米科学和纳米工程学教育理念。利用激励机制和竞争方法激发学生和专业人员的潜能,帮助其探索纳米技术。

·利用纳米信息和计算科学预测工具开发一个跨学科、跨部门的信息系统,用于纳米材料、设备、工具和工艺过程。

·为大众传播、公众意识、参与纳米技术研发以及突破性别、收入和种族等壁垒探索新策略。这将是未来十年中的一大挑战。

·制度化:建立常设机构和计划,为纳米技术活动筹资并提供指导,包括研发、教育、制造、医药、EHS、伦理、法律和国际计划。基于激励机制、自下而上的研究、教育和公众参与计划是其中的重要组成部分。

---

\* 美国 K-16 教育包括基础教育阶段和大学阶段。—译注

# 结　　论

在过去十年中,我们获得了为数不少的战略经验教训,包括:

·由于纳米技术仍处于形成阶段,因此我们要继续对纳米尺度理论、调查方法和创新进行重点投资,为革命性的新产品实现纳米材料和纳米系统设计。建模和模拟方法是纳米级设计和制造过程中必不可少的一部分。

·在促进水资源、能源、矿产和其他资源的可持续发展过程中,纳米技术的潜能远远超过我们在过去十年中的认知。

·我们必须加快解决纳米技术的 EHS 问题,这也是一般物理-化学-生物研究计划的一个组成部分以及新技术应用的前提条件。继第一代产品之后,我们还要继续为新一代主动式纳米结构和纳米系统探索必要的知识。

·除新兴领域外,许多传统行业也为纳米技术的大规模应用提供了机遇,如矿物加工、塑料、木材和造纸、纺织、农业和食品系统。

·要更好地解决社会层面问题,多利益相关者和公众参与纳米技术开发过程是关键;因此必须加大该领域的工作力度。

·应将公私合作扩大到科研和教育中去。

纳米技术仍处于早期发展阶段,该领域的基本认知和工具尚属于新思路和创新成果。在过去十年中,主要研究主题一直取决于开放探索。在未来十年,纳米技术研发有望将重点转移到社会经济需求化治理上,为科学、投资和监管政策带来巨变。同时,研发投资将逐步向与社会相关的具有复杂而庞大的架构的科学和工程系统倾斜。

未来十年中,纳米技术的进展将集中在以下四个方面:①知识进展,即纳米科学和工程如何促进对自然的认识、保护生命、获取突破性发现和创新、预测物体行为以及通过纳米级设计建立材料和系统;②材料进展,即纳米技术如何产生医疗价值和经济价值;③全球进展,即纳米技术如何提高社会、可持续发展以及国际协作的安全性;④道德研究进展,即如何能负责任地管理纳米技术以提高生活质量和社会公平度。

Mihail C. Roco

Chad A. Mirkin

Mark C. Hersam

2010 年 9 月 30 日

**表 I　2000 年以来的主要纳米科技成果以及至 2020 年的发展目标**

过去十年纳米技术研发的历程可总结为基础知识(例如等离激元)、渐进/综合方法(例如纳米电子学和光电子学的整合)、革命性方法(例如通过 Abraxane 系统进行纳米给药)等方面的发展及其相互之间的影响。表 I 将帮助您了解在过去研究成果的基础上开发新产品的方法。

| 2000 年以来的主要成果/发现 | 至 2020 年的基本目标/未来里程碑与障碍 |
| --- | --- |
| 理论、建模与模拟 | |
| 发现纳米尺度的基本机械、光学、电子、磁性和生物现象、性能和过程 | 有关并发现象复杂性和纳米尺度系统集成的新理论将推动创新发现 |
| 在一系列纳米结构中确定并测量量子效应,如量子点、纳米管和纳米线 | 纳米器件和纳米系统从量子学行为过渡到经典物理学行为的基本理解<br>纳米材料和纳米系统量子现象的控制和利用 |
| 出现非平衡格林函数技术(NEGF),作为一项有用的电子设备理论 | 激发态的电子结构框架,包括解决 10 000 个原子的电子关联效应(以及 1000 个原子真正耦合的电子-离子动力学)。这一 100 倍递增将为新电子尺度的理解打开大门,并为人工光合作用和其他能源运输较为重要的应用中新纳米材料的高通量评价创造条件 |
| 两个原子间量子信息隐形传输的识别,由此实现了量子计算 | 纳米系统中两个原子间量子信息的受控隐形传输 |
| 原子级和纳米级模拟的进展:<br>·从头计算法,能够真正解决电子关联效应的激发态电子结构框架<br>·通过化学键合进行分子动态模拟(MD)<br>·功能化纳米粒子的自组装<br>·电子结构理论与分子动态模拟方法的结合推动了多尺度模拟的进展<br>·一些纳米粒子增强聚合物复合材料的建模 | 计算能力增加 10 000 倍后将能实现:<br>·量子点的 Hartree-Fock 从头计算法模拟<br>·程序化材料自组装的模拟<br>·用于材料分子动力学模拟的力场和反作用力场的自动生成<br>·叠层太阳能电池和发光器件的多尺度全电池建模 |
| 金属纳米粒子的等离子体理论以及分子系统和半导体系统光学过程的等离子体增强 | 纳米系统等离激元的控制和利用 |
| 深化生物和非生物、自然和人为、材料间以及纳米尺度的纳米系统分界线的理解 | 生物材料和非生物材料兼容性和组装的预测方法 |
| 复杂纳米材料和纳米器件的统计学理论 | 多尺度/多现象模拟的一般方法,用于纳米材料、纳米器件和集成纳米系统计算设计,来自于使用新模型和新理论的基本原理。模拟将解决自组装、催化和复杂系统的动力学等过程的问题 |
| 允许快速实现纳米结构光学性质模拟以及纳米晶体管原子尺度模拟的软件包 | 主动纳米器件中分子尺度的量子传输/电流模拟,如纳米晶体管 |

| 2000 年以来的主要成果/发现 | 至 2020 年的基本目标/未来里程碑与障碍 |
|---|---|
| 测量、仪器与标准 | |
| 原子尺度单元、单自旋、自旋激发和键振动等化学过程中纳米尺度相互作用（取代了原子）的飞秒观察 | 同时原子分辨率、结合纳米现象化学特异性和时间分辨率的三维成像。用于原子精度物质测量和重组、化学反应的时间分辨率以及工程和生物相关领域的工具 |
| 马达蛋白质、酶、脂质体及其他生物纳米结构的单分子级三维跟踪 | 利用个别蛋白子原子分辨率下的化学特异性实现三维内部结构成像 |
| 尺度上推表面上的常规图案得以应用 | 参考标准材料和测量方法在纳米电子学、生物医学领域、纳米制造等领域中的一般使用 |
| 具有原子分辨率的连续性能测量探针，例如介电函数、功函数 | 开发用于纳米制造过程控制的现场仪器<br>为非专业人士和教育应用开发易于使用的仪器 |
| 合成、组装和制造 | |
| 在实验室创建纳米元件库，如粒子、管、片和三维结构 | 为各类已经发展到工业规模的组合物开发纳米结构库（颗粒、丝、管、片、模块化组件） |
| 建立相对简单的自组装纳米结构 | 有关原子或分子通过自组装或可控组装转变为较大、分层且稳定的纳米结构和纳米系统的基本理解。更好地了解催化材料或引导结构的作用 |
| 3D 可编程组装（使用静电、化学和生物相互作用）的新概念已经过实验室测试。已通过设计得到了用于自组装和分层聚合材料的新聚合物分子<br>使用嵌段共聚物的定向组装，例如使用 grapheo 外延进行数据存储<br>在实验室条件下创建仿生纳米结构（参见第 3 章）<br>制造出首个"设计式"分子器件 | 用于设计和制造三维结构和器件的可扩展性、分级、定向组装的系统方法；可编程组装<br>在器件和系统中同时使用平衡和非平衡过程<br>拓宽改善环境的纳米工艺<br>制造能够取代有害材料或存在不足的材料以及现有材料的纳米产品<br>利用光刻、卷对卷等现有基础设施创造新的纳米制造方法 |
| 发现石墨烯（2004 年）及其独特性能，并迅速走向大规模生产<br>将石墨烯作为一种可行性材料引进透明电极及其大面积卷对卷生产过程<br>将石墨烯作为电子材料引进大面积生产，用以取代铟 | 新物理学（光子和电子行为、组装工具）带来新应用（速度更快的石墨烯晶体管，98% 的透明度，用于连接纳米系统、传感器、复合材料）（参见第 3 章）<br>可持续生产碳纳米材料并将其集成入广泛的电子产品中<br>以石墨烯为基础开创新一代平面器件，用以补充或取代硅 |
| 手性分离碳纳米管的生产 | 制造纯碳纳米管样品，消除制造后排序的需求 |
| 发现超材料及其独特性能，并迅速走向大规模生产 | 开发纳米材料的制造方法 |

续表

| 2000 年以来的主要成果/发现 | 至 2020 年的基本目标/未来里程碑与障碍 |
|---|---|
| 基于扫描探针系统的纳米尺度分子和材料印刷这一新方法的商业化(例如蘸水笔、聚合物笔、嵌段共聚物光刻技术等)<br>基于柔软弹性体的接触式印刷技术已成为广泛使用的研究工具<br>纳米压印光刻技术等高分辨率光学技术的商业化,该技术将用于半导体工业 | 开发"桌面制造",如桌面打印机,使研究人员能够以较低成本快速制造基于使用点的原型器件,同时消除对干净空间的要求<br>分子印刷技术,能够实现单蛋白质分子在表面上的定位以及重要表面刺激过程的精确控制,如干细胞分化(大规模)<br>为使用纳米压印光刻技术的集成建立完整的制造工具集和设计规则<br>纳米压印在一些高分辨率的应用中用作光刻技术的替代选项 |
| 实现纳米技术显示器 | 经济、超大、柔性显示器的大规模使用 |
| 利用纳米结构和纳米现象的传感器的新测量原理及器件 | 开发纳米传感器功能,用于过程监控、健康状况监控、环境基准和监测 |
| 纳米技术的环境、健康与安全问题 | |
| 有关工程纳米材料的独特性能实现生物分子和生物过程之间广泛相互作用的概念发展,该类相互作用可能导致纳米材料具有危害性,也可以作为新诊断和治疗方案的基石 | 通过开发改进仪器、高通量、硅片方法进一步了解纳米生物界面,从而更深入地了解纳米材料风险筛查、风险评估、安全设计以及改进诊断和治疗所需的生物-物理-化学相互作用 |
| 证实细胞级毒理学损伤途径是纳米材料潜在危险性知识的有力科学依据。证实氧自由基的产生是一个重要的毒理学损伤机制,据此建立分层的氧化应激反应途径,作为能够通过生物和非生物产生活性氧的工程纳米材料危险性排名的基础 | 使用毒性损伤途径作为高通量筛选平台的基础,实现该信息的大批量筛选、危险性排名以及优先级,用于有限的和针对性的动物实验。虽然体外筛选方法的预测性仍然需要通过动物实验验证,智能体外程序所带来的知识增量将能够最大限度减少动物实验并降低其成本 |
| 了解开发经过验证和广泛接受的纳米材料危害性体外和体内筛选方法的重要性,能够帮助科学家们开发出一个与纳米技术发展相匹配的风险评估平台 | 开发预测性毒理学筛选方法,使体外和体内筛选达到适当平衡,这一切可以通过高通量技术以及能够加快知识产生的"在硅之中"决策工具实现<br>开发用于确定多纳米结构化合物和多途径暴露和毒性的实验方法和预测方法 |
| 建立能够有效增强纳米 EHS 意识以及降低风险策略的公私合作机制,例如杜邦与环境保护基金会合作发布的"纳米风险框架"(2007 年) | 业界积极参与纳米 EHS,包括危害和风险评估、生命周期分析、非机密产品信息披露以及安全设计策略的实施 |
| 国际领先科学家们自愿自发制定可以通过循环对比试验验证的统一协议,例如,国际纳米技术协调联盟 | 有关产品生命周期纳米材料危险性评估和风险评估策略的国际公认标准 |

续表

| 2000 年以来的主要成果/发现 | 至 2020 年的基本目标/未来里程碑与障碍 |
| --- | --- |
| 进行首批用于纳米粒子危险性评估的高通量筛选示范试验<br>证明纳米材料的潜在危险性必须作为颗粒尺寸的函数进行评估,且纳米材料不一定具有危险性 | 作为新程序开发的一个组成部分,纳米信息和"在硅之中"决策工具可以帮助建模和预测纳米材料的危险性、风险评估以及纳米材料的安全设计 |
| 实现可持续发展的纳米技术:环境、气候与自然资源 | |
| 认识人类活动与地球上整个生态系统的相互依存关系和对其的影响,以及纳米技术提供解决方案的潜力 | 制定协调一致的方法,利用纳米技术创新打造可持续发展的突破性解决方案 |
| 合成一系列聚合物和无机纳米纤维,用于环境分离(过滤、膜)和催化<br>静电纺丝技术诞生,作为一项聚合物、无机纳米纤维和有机-无机杂化纳米纤维合成的通用技术 | 太阳能光催化系统和分离系统(例如纳米多孔膜与离子通道模拟)可以从受污染的水中提取清洁水、能源和有用元素(例如营养素和矿物质),包括污水、微咸水和海水,水回收率高达约 99% |
| 开发纳米复合膜(例如沸石纳米反渗透膜和超疏水性纳米线膜)、纳米吸附剂(例如磁性氧化铁纳米粒子)和具有氧化还原活性的纳米粒子(例如零价铁纳米粒子),用于水净化、溢油清理和环境整治 | 将功能化纳米纤维和纳米粒子集成入纳米系统,以开发更好的分离和催化系统,其用途包括<br>• 污染减排<br>• 环境整治<br>• 绿色制造 |
| 提出利用纳米技术进行碳捕获的方法<br>发现高孔隙纳米材料,如用于氢储存和碳封存的金属-有机骨架材料(MOFs)、共价有机骨架材料(COFs)和沸石咪唑酯骨架材料(ZIFs) | 利用纳米结构捕捉碳和氮,并在工业中二次利用<br>应用带有嵌入式金属-有机骨架材料(MOFs)、共价有机骨架材料(COFs)和沸石咪唑酯骨架材料(ZIFs)的多功能吸附剂/膜系统,这些骨架可以从烟道气中有针对性地提取 $CO_2$ 并将其转化为有用的副产品 |
| 提出在上层大气中使用硫酸盐或磁性纳米粒子反射阳光的地球工程概念和实验 | 开发控制地球降温效果并尊重生物多样性和环境安全的国际性地球工程项目 |
| 已经针对通过纳米技术高效利用原料的方法开展研究 | 为矿物质回收开发更加高效和环保的分离系统,如从开采/冶金提炼以及加工厂的尾矿和废水中回收稀土元素(REE)。开发无毒、符合成本效益的稀土替代品,减少并最终消除有毒污染物向土壤、水和空气的排放 |
| 实现可持续发展的纳米技术:能源 | |
| 迅速提升太阳能转换领域纳米技术的效率和可扩展性 | 2005～2006 年,美国的太阳能转换领域将实现纳米技术的大规模应用 |
| 新解决方案中的无机半导体配方可用于大面积低成本的光伏器件 | 提高模块效率并降低生产和安装成本,向 1 美元/Wp① 的太阳能电价迈进 |

---

① Wp,即 Watt-peak,描述的是太阳能光伏电池的标准发电功率。—译注

续表

| 2000 年以来的主要成果/发现 | 至 2020 年的基本目标/未来里程碑与障碍 |
| --- | --- |
| 自 2000 年以来,纳米结构有机太阳能电池的功率转换效率提高了 800% | 在载流子倍增和热载流子收集策略中利用纳米粒子和量子点来突破薄膜光伏器件中 31% 的极限效率(Shockley-Queisser 极限)<br>通过纳米尺度的相分离和器件架构纳米工程使有机太阳能电池的效率从不足 1% 提高至 8% 以上<br>通过纳米技术增加有机太阳能电池的使用寿命<br>使用便宜且储量丰富的替代材料替代晶体硅,如二硫化铁、光伏器件 |
| 锂离子电池的功率密度增加 50% 以上,使真正意义上的混合动力电动汽车得以实现 | 用于电动车的纳米技术电池拥有较长的行驶距离 |
| 首个工业规模的金属-有机骨架材料(MOFs)由 BASF 于 2010 年合成,用于氢储存[MOFs 扩大覆盖至气体储存领域($H_2$ 和 $CH_4$)] | 多激子产生、热载流子收集或其他新现象使单结光伏器件效率提高 31% 以上,突破了热力学极限 |
| 绿光发射和其他基本发现使固态照明得以实现 | 通过纳米增强电场强度(等离子)和发射率和场耦合能力使固态照明效率提高 50% 以上 |
| 纳米生物系统与纳米医学 | |
| 开发敏感度低至皮摩尔(pmol)和阿摩尔(amol)数量的诊断方法,允许通过"实验室芯片"方法对多种分析物同时进行评估 | 护理点(POC)医疗诊断:多个数量级以较低的成本提高了灵敏度、选择性和复用功能,实现了护理点诊断和治疗;这些功能将允许临床医生对疾病进行跟踪和治疗;在某些情况下能够比传统工具提前数年实现诊断。到 2020 年,纳米诊断工具将成为临床医学的主要工具,实现从远程实验室到医院,乃至家庭的过渡<br>生物诊断:常规的活细胞成像能够识别和量化细胞的关键组成部件(核酸、小分子和金属离子),为一些最严重的退行性疾病(癌症、心血管病和阿尔茨海默病)提供了一种崭新的研究、诊断和治疗方法<br>非侵入性诊断基于纳米尺度的呼吸和唾液检测 |
| Abraxane® 是首例经证明能够有效治疗乳腺癌的纳米治疗法,经 FDA 认证,价值数十亿美元;它由纳米给药系统组成,包括脂质体、聚合物和白蛋白纳米球 | 纳米治疗法:克服了许多难题,如药代动力学、生物分布、靶向、组织穿透力等,支持行业广泛采用纳米治疗法<br>至 2020 年,所有药物中至少有 50% 使用纳米技术;其中一些药物将用于治疗胶质母细胞瘤、胰腺癌和卵巢癌等疾病,采用目前的治疗方法治疗该类疾病,患者的预后是较为严重的<br>纳米材料被医药界广泛用于增加化疗药物的有效性,同时消除毒副作用 |

| 2000 年以来的主要成果/发现 | 至 2020 年的基本目标/未来里程碑与障碍 |
| --- | --- |
| 50 多家美国制药公司在临床试验的治疗癌症中采用了纳米技术解决方案(《科学》,2010 年 10 月) | 用于胰腺癌和卵巢癌的药物中将有 50%采用纳米技术 |
| 实验室通过纳米材料实现了基因疗法;人类第一次试验的 siRNA 采用了纳米材料给药系统 | 临床证明基因疗法在治疗一系列疾病中的作用,包括各种癌症<br>纳米技术实现了低成本的基因测序 |
| 使用温度敏感性聚合物纤维包裹细胞培养皿进行细胞片工程,证实了该技术可用于修复损坏的心肌、角膜或食道内层(日本) | 使用纳米架构和合成成形素进行组织工程,包括干细胞疗法、构筑新器官(例如整个心脏或膀胱)和脊髓再生<br>到 2020 年,纳米组织结构将广泛用于修复心肌损伤(心脏病发作患者) |
| 控制分子分裂,促进组织修复和原位再生 | 干细胞:使用纳米生物学和纳米医学帮助理解和控制干细胞分化,并使干细胞过渡到广泛的医疗应用;诊断、细胞内基因调控和高分辨率图形工具等领域的进展将推动其进展<br>多功能纳米给药系统可用于药物和 siRNA 给药,也可以用于两者的组合;这一多功能平台将在可控的纳米阀门、附着于癌组织表面的配体以及内部或外部成像方式的推动下得到进一步发展<br>到 2020 年,纳米技术干细胞疗法将广泛用于脊髓再生 |
| 在合成生物学中实现纳米尺度控制 | 将合成生物学用于再生医学、生物技术、制药和能源应用<br>经济影响:许多生物纳米材料进入医疗领域,到 2020 年这些纳米药物的市场规模将增长至 2000 亿美元,根据不同的估计,在这一过程中,医疗费用将大幅降低 |
| 纳米电子学与纳米磁学 | |
| 发现了量子自旋霍尔效应,并证实了自旋转移矩,该效应通过电流直接控制电子自旋和磁畴(参见第 8 章) | 发现了多铁性材料/磁电材料,该类材料将通过电流(而非电压)控制自旋和磁畴<br>发现了新材料中载流子在室温下的集体行为,如用于制造低能耗纳米电子器件的石墨烯或拓扑绝缘体 |
| 首批量子计算基础实验,使用少量的量子位 | 实现用于特定用途的量子计算机 |

续表

| 2000 年以来的主要成果/发现 | 至 2020 年的基本目标/未来里程碑与障碍 |
| --- | --- |
| 延续了摩尔定律<br>使 CMOS 缩小至 30 nm,包括一个约 1 nm 的栅极绝缘体,单层精度超过 300 nm 的晶片 | 实现降维材料的三维接近原子级控制,发展出新的纳米电子和纳米磁性行为<br>光刻技术和自组装的结合将半任意结构的精度推进至 1 nm |
| MRAM 非易失性存储器的研究、设计和首批制造 | MRAM 磁化反转过程中的热波动使开关电流密度和错误率得以降低<br>使用 MRAM 实现了经济有效的集成内存和逻辑电路架构 |
| 阐明碳纳米管和石墨烯的电子、光学和热性质,创造出一类新的电子材料——碳电子器件 | 发现了一种新的逻辑器件,该器件能够按照几个 $kT$ 的命令转换能量,还可以利用替代状态变量表示信息 |
| 发现了金刚石中的氮空位(NV)中心具有极长的自旋寿命;这些中心的量子态可以在室温下初始化、控制和测量,具有较高的保真度 | 开发了一款用于远距离量子通信的量子中继器,其中涉及量子位的隐形传输 |
| 纳米光子学与表面等离激元学 | |
| 在固态纳米光子结构中实现了"减缓"光(参见第 9 章);使光子系统应用和信息系统达到前所未有的高度,如延迟和存储光信号 | 光存储达到数毫秒甚至更长;虽然"减缓"光已经得到证明,但真正意义上的光存储尚未如此;这可能是极高的 Q 值和低损耗谐振结构造成的 |
| 等离激元学领域发展极快,并有大量创新成果随之而来,如超高分辨率光学成像 | 使用等离子增强发射和检测实现单分子发光的吸收和发射控制 |
| 首次在可见光和近红外波长范围内证实了超材料(负衍射指数) | 为超高分辨率成像创了"超透镜",并且在多个波长下会"隐形"(光学范式的转变) |
| 实现超低阈值激光器,阈值为几十纳瓦 | 实现"无阈值"激光器,其能量转移效率极高,只需极小的输入功率便可启动激光,达到极高的功率增益 |
| 纳米催化 | |
| 对一些"工作状态"下的催化过程进行表征的初步能力 | 实现了多步骤催化过程的完整描述 |
| 控制纳米催化剂的大小、结构和晶体组分 | 确保纳米催化剂的鲁棒性和稳定性 |
| 证明了监测"单转化事件"(即单催化事件)的能力 | 整体目标:实现多尺度(从 1 nm 到 1 $\mu m$)催化剂组分和结构的精确控制,从而有效地控制反应途径 |
| 2000 年之后引进生产的纳米催化剂在所有催化剂中占 30%～40% | 到 2020 年,新纳米催化剂将覆盖至少 50% 的全球市场 |
| 纳米材料的新用途 | |
| 为生产单分散纳米材料建立合成和分离策略,例如手性分离碳纳米管 | 开发工业规模的单分散纳米材料库 |

续表

| 2000 年以来的主要成果/发现 | 至 2020 年的基本目标/未来里程碑与障碍 |
|---|---|
| 在单分散纳米材料基础上制造出具有可预见独特性能的粒状纳米复合材料/涂料(例如基于碳纳米管和石墨烯的透明导体) | 实现具有层次结构的超材料,在原有特性基础上增加独立可调性(例如光伏器件具有去耦光学和电学性能,热电装置具有去耦电气和热性能) |
| 从微晶到纳米金属、从聚合物微复合材料到纳米复合材料以及从微米尺度到纳米尺度涂料的演进 | 与本领域的当前状态相比,纳米复合涂料具有更佳的力学、热学、化学、电学、磁学、光学性能 |
| 为飞机、卫星和航天器接线领域提供了更轻、更高导电性的材料 | 为结构部件提供了纳米复合材料,使飞机的重量减轻了 40%,并提高了整体性能 |
| 实现了纳流控器件及系统 | 开发出可用于生物技术、制药和化学工程领域加工的可扩展纳流控系统 |
| 在纳米复合材料中引入了木质纤维素纤维 | 纳米技术大量采用可再生且储量丰富的原料 |
| 研究基础设施 ||
| 跨学科纳米用户中心快速扩张,包括大型设施,作为跨学科科学和工程发现的推动引擎 | 拓宽跨学科中心的能力范围,扩展地域分布以便更多人访问 |
| 美国建立了超过 150 家跨学科研究中心和用户设施,其他国家也不甘其后,提供了大量可用的制备和表征设施 | 创建开放式的研究中心和枢纽,作为用于开发和改进创新纳米器件和系统概念的试验平台 |
| 2002 年创建了纳米计算网络,2003 年重新设计了国家纳米技术基础设施网络,2004 年建立非正式科学教育网络,向全球开放提供纳米科学和纳米工程领域的知识和工具 | 广泛使用基于网络的远程仪器控制,并利用研究设施及当地技术人员的支持来减少差旅需求,增加学生的学习机会 |
| 教育基础设施 ||
| 在各级 STEM 教育中,纳米技术已经从科学和工程学领域入手,开始培养跨学科人才 | 国际基准标准和各级教育的课程中都已增加了纳米科学和纳米工程学教育,尤其是 K-12 计划 |
| NanoHub、NISE 和 NCLT 的 NACK 纳米教育门户网站提供了纳米科学和纳米工程学相关资源的 Web 访问 | 建立一个拥有可持续发展基础设施的区域枢纽站点网络——"纳米技术教育中心网络" |
| 出版超过 50 本大学水平的纳米科学和纳米工程学教科书,帮助纳米科学和纳米工程学辅修学生(以及一些专业的主修学生)获得学位和/或证书 | 将纳米教育以传统学科的补充内容移植为专门的教育学科,例如纳米教育组织、学位和专业学科 |
| 在世界各地的网站、展览会展品和科学博物馆的教育课程中,纳米技术已经成为一个热门话题,甚至连迪斯尼乐园的 Epcot 中心都不例外 | 在各级 STEM 教育中增加纳米科学和纳米工程学内容 |

续表

| 2000 年以来的主要成果/发现 | 至 2020 年的基本目标/未来里程碑与障碍 |
|---|---|
| 治理 ||
| 制定具体的纳米技术治理方法：自下而上的多机构治理方法、多利益相关方评估、场景开发 | 未来几代纳米技术产品和工艺增加了复杂性、动态性、生物学内容和不确定性，因此需要为其风险治理制定新原则并设立新组织机构 |
| 由专业人士以及组织机构建立纳米技术国际社区，包括 EHS 和 ELSI | 准备好知识、人员和治理能力，以应对 2020 年纳米技术大规模使用所面临的问题 |
| 命名法、专利、标准和标准物质方面的发展 | 为纳米材料建立国际认可的参考材料、术语、材料认证和测量标准 |
| 建立跨学科、跨应用领域和跨资助机构的投资计划 | 对纳米技术研究、教育、制造以及纳米技术 EHS 和 ELSI 等领域的资助计划进行制度化 |
| 投入与硬科学项目相当的资金来建立"社会纳米技术"网络 | 对社会影响计划与硬科学方案以及研发、生产和监管机构的早期整合进行制度化 |
| 将纳米信息作为纳米技术通信、设计、制造和医药的新领域 | 为纳米信息建立国家性和国际性网络 |
| 为纳米技术预测和治理开发"场景方法" | 随着纳米技术在社会经济中重要性的逐步提高，应为纳米技术的一般应用和收益建立更多的国际资助机制 |
| 通过推进纳米技术发展咨询委员会（CBAN），为行业发起的部门基础研究启动资助计划 | 将发现和创新计划整合到公私合作平台中，使学术界、业界、经济学家和监管机构都能参与到创新过程的各个阶段中 |

# 目　　录

# 纳米技术的发展远景:美国国家纳米
# 计划(NNI)十年 *,**

Mihail C. Roco**

**摘 要:**1999 年制订的纳米技术构想推动了美国国家纳米计划(NNI)和其他国内国际研发规划的设立,激起了全球的纳米技术研发热潮。在该计划的第一个十年期间,主要工作集中在建立纳米尺度的基础知识。截至 2009 年,在价值约 1 万亿美元的全球纳米产品市场上,由新知识产生的产品约占四分之一,其中约 910 亿美元为美国产品,包括纳米元件。随着纳米技术的不断发展,到 2020 年它将成为一项通用技术,这期间会产生四代产品,按其结构和动态复杂性递增的顺序:①被动的纳米结构;②主动的纳米结构;③纳米系统;④分子纳米体系。到 2020 年,纳米科学和工程知识以及纳米系统的集成将更进一步增加和拓展,纳米技术将大量应用于工业、医药、计算领域,更好地理解和保护大自然。纳米技术在全世界的迅速发展见证了这一概念和趋势的变革力量,并展现出一幅多种科研领域协同创新的宏伟蓝图。

本章简要叙述了 2000 年以来 NNI 在国际范围内的发展、十年来研发项目的主要成果、这一新兴领域的监管政策、所获得的经验教训以及最重要的——纳米技术界应该如何更好地应对未来的发展。

**关键词:**纳米科学与工程 研究机会 研究成果 公私合作 治理 投资回报 国际视野

# 1 引入研究型纳米技术定义

1991 年,美国国家科学基金会(NSF)专门设立了纳米颗粒方面的研究计划;

---

\* 如果有人问我明天最有突破性的科技工程领域是什么,我会说是纳米科学与工程,它常常被简称为纳米技术。——Neil Lane,1998 年 4 月,美国国会

这些(纳米)研究目标中,有些需要 20 多年才能实现。但它却在联邦政府中具有非常重要的地位。——2000 年 1 月 20 日克林顿在 Caltech NNI 的讲话

\*\* 本章根据作者在纳米技术领域的经验编写而成。作者是 NSET 分委员会的创始人,在国际纳米技术政策领域有着长期的活动经历。这里的观点仅仅代表作者的观点,而并不代表 NSTC/NSET 或 NSF 的立场。

M.C. Roco (✉)
National Science Foundation, 4201 Wilson Boulevard, Arlington, VA 22230, USA
e-mail: mroco@nsf.gov

1997～1998 年,资助了跨学科研究计划"纳米技术合作伙伴"[1]。然而直到 1998～2000 年,纳米科学和纳米工程各领域才有了基于科学的统一定义,并提出了为期十年的纳米技术研发愿景。这些内容最早出现在美国国家科学基金会 1999 年工作会议报告[2]中,随后于 2000 年通过美国国家科学技术委员会(NSTC)的正式文件发布。这为纳米技术成为 21 世纪的主流技术奠定了基础。在与全球 20 多个国家和地区的专家商议后,纳米技术的定义(见下)于 1998～1999 年达成一致[3],并在一定程度上得到了国际认可。这个定义基于一种新的物质行为以及科学家重组介观尺度物质的能力。这一概念不同于 1999 年之前所使用的定义,此前的定义聚焦于给定尺寸下的小尺寸特性、超精密工程、超分散剂或在表面上构建原子和分子图案。1999 年发布的国际愿景规划为纳米技术的探索以及这一跨学科跨部门领域的创新提供了指导。到 2004 年,约有 60 个国家开展了纳米技术研发活动,这表明,如果没有这一定义和相应的长期愿景规划,纳米技术将无法迈上这一快速发展且概念统一的变革之路[4]。

**纳米技术的定义(始于 1999 年的"纳米技术研究方向")[2]**

纳米技术是指在 1～100 nm 范围内操控原子和分子尺度的物质,并利用这一尺度下单个原子或分子或其集团行为的特性和现象的能力,旨在通过设计其小尺度结构来创建具有全新特性和功能的材料、器件和系统。这是经济有效地改变材料特性的终极前沿,也是制造业和分子医学的最有效尺度。相同的原理和工具用于不同的相关领域将有助于为纳米尺度科学、工程和技术建立统一的平台。从单个原子或分子行为向原子和分子组装集体行为的过渡是一个自然的过程,而纳米技术充分利用了这一天然的界限。

2010 年,国际标准化组织(ISO)纳米技术委员会(TC229)发布了纳米技术定义[5],该定义本质上与 1999 年的定义相同:应用科学知识来操作和控制纳米级范围内的物质,使得不同于更小尺度或更大尺度的尺寸依赖和结构依赖性质或现象得以利用。ISO 定义尚未被环境、健康和安全(EHS)界完全接受和使用[6]。尽管如此,纳米技术的明确价值已为人们接受,成为科技术语、工程、教育、制造业、商业、法规和跟踪投资的共同语言和目的。由于纳米技术迅速兴起,已成为全新的科学和工程范式,并对社会福利具有广泛影响,因此规划纳米技术发展的长期愿景尤为重要。

1999 年发布的纳米技术定义和长期远景构想为 2000 年 1 月公布的美国国家纳米计划奠定了基础。启动 NNI 的主要原因是填补基础知识方面的重大空白,以及寻求全新的经济型纳米技术应用。随后,其他国家或地区相继发布了该领域的持续研发计划:日本(2001 年 4 月)、韩国(2001 年 7 月)、欧盟(2002 年 3 月)、德国(2002 年 5 月)、中国大陆(2002 年)以及中国台湾(2002 年 9 月)。2001～2004 年期间,在 NNI 的引领下,超过 60 个国家制定了国家级研发计划。然而,最早的规模最大的此类计划仍是 NNI 本身。自 2000 年以来,该计划累计资金超过 120 亿美元,使 NNI 成为仅次于太空计划的第二大美国民用科技投资计划。来自 35 个国家的专家们参与了 2010 年的国际调研,旨在重新定义未来十年纳米技术的发展目标。

## 2　2000～2020 年全球纳米技术发展指标

如下文描述和表 1 所示,六个关键指标将帮助塑造纳米技术发展和相关科学突破及技术应用的投资价值。2000～2008 年间,这些指标在全球的年均增长率约为 25%。2009 年金融危机期间,所有指标的全球平均增长率下降了一半以上。与 2009 年相比,2010 年似乎有了较大回升,但不同国家和相关领域存在明显差异。

**表 1　全球和美国纳米技术发展的六项关键指标[a]**

| 全球/美国 | 人口 (主要劳动力) | SCI 论文 | 专利 | 最终产品市场 | 研发经费 (公共＋私人) | 风险资本 |
|---|---|---|---|---|---|---|
| **2000 年** (实际) | **～60 000** /25 000 | **18 085** /5 342 | **1 197** /405 | **～300 亿美元** /130 亿美元 | **～12 亿美元** /3.7 亿美元 | **～2.1 亿美元** /1.7 亿美元 |
| **2008 年** (实际) | **～400 000** /150 000 | **65 000** /15 000 | **12 776** /3 729 | **～2 000 亿美元** /800 亿美元 | **～150 亿美元** /37 亿美元 | **～14 亿美元** /11.7 亿美元 |
| **2000～2008 年** 平均增长率 | **～25%** | **～23%** | **～35%** | **～25%** | **～35%** | **～30%** |
| **2015 年** (2000 年估计[b]) | **～2 000 000** 800 000 | | | **～1 万亿美元** /400 亿美元 | | |
| **2020 年** (推论) | **～6 000 000** /2 000 000 | | | **～3 万亿美元** /1 万亿美元 | | |

a. 全球数字以黑体表示;其他为美国的数字。科学引文索引(SCI)论文和专利申请通过"标题-摘要"关键字搜索,使用 Chen 和 Roco 所描述的方法[7]。风险资本估计由 Lux Research 进行;请参阅第 13 章第 13.8.11 节。

b. 参阅文献[8]。

1) 根据 2000 年做出的估计,2008 年纳米技术相关领域的研究人员和从业人数约 40 万,其中约 15 万在美国。如果以 25% 的速度继续增长,到 2015 年全球纳米技术从业人数将达到约 200 万(其中美国占 80 万)。2000 年初步估计纳米技术劳动力[9]的类似指数增长模式延续到 2008 年,由于新一代纳米技术产品预计将在未来几年内进入市场,这一增长趋势有望继续下去。

2) 根据"标题-摘要"关键词检索[7]，纳米技术领域的 SCI 论文数量由 2000 年的 18 085 篇增长至 2008 年的约 65 000 篇。如图 1 所示，该领域的全球增长迅速且不均衡。约 4.5% 的 SCI 论文发表于 2008 年，涉及纳米科学和纳米工程的各个领域。

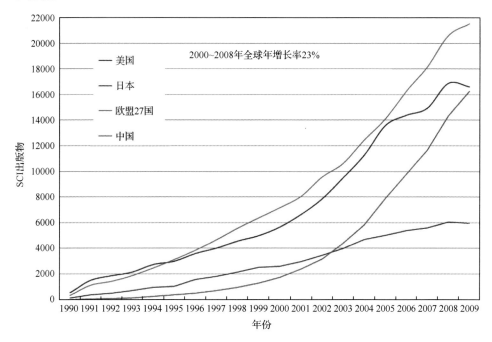

图 1  1990～2009 年纳米领域 SCI 出版物。数据来自 SCI 数据库在线检索，使用"标题-摘要"进行关键词检索（由 H. Chen，Y. Dang 和 M. Roco 提供，2010 年）

3) 2008 年，前 50 强专利受理机构的专利申请数量约 13 000 个（其中 3 729 个专利由美国专利商标局签发），而 2000 年该类专利数量仅有 1 200 个（其中 405 个由美国专利商标局签发）[10,11]，年增长率约 35%，如图 2 所示。50 多个国家或国际专利受理机构的专利申请采用"标题-摘要"关键词检索。2008 年，0.9% 的专利申请为全球发布，约 1.1% 为美国专利商标局发布，涉及纳米科学和纳米工程的各个领域。

4) 2008 年，全球纳米技术产品的价值约达 2000 亿美元，其中约 800 亿美元在美国（这些产品依赖于相对简单的纳米结构）。据 2000 年估计[8]，到 2015 年产品价值将达到 1 万亿美元，其中 8000 亿美元在美国（参见图 3）。随着新产品的连续推出，市场将每隔三年翻一番。尽管如此，Lux 估计 2009 年美国纳米技术产品价值约为 910 亿美元，比 2000 年预计的增长曲线低约 10%。

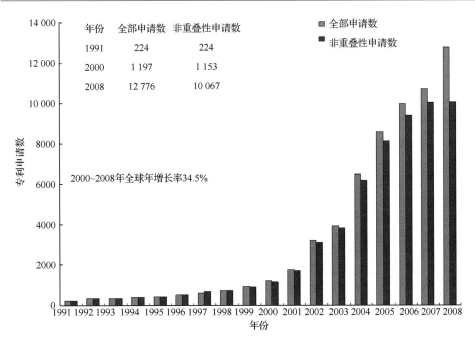

图2 1991~2008 年,15 个世界领先的专利受理机构的纳米技术专利申请总数。在全部
纳米技术专利申请数量和非重叠性纳米技术专利申请数量(在多个专利受理机构提交类似
专利申请)的基础上报告了两组数据[12]

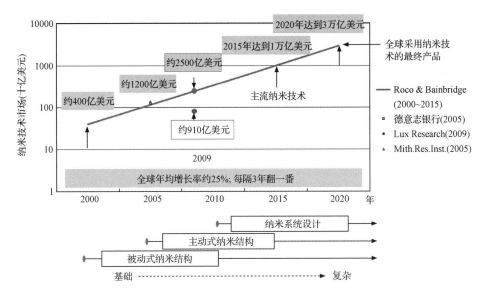

图3 市场时间轴:包括纳米技术在内的有限产品全球市场规划(美国国家科学基金会 2000 年
估计)[8]。这些估计数据基于美国、日本、欧洲大型公司以及相关研发项目顶尖专家的直接接触,
作为 1997~1999 年间国际研究的一部分[3]

表 2　美国多个工业部门的纳米技术渗透实例。**2010 年受纳米技术影响的市场百分比和绝对值**

| 美国 | 2000 年 | 2010 年 | 2020 年（预计） |
|---|---|---|---|
| 半导体行业 | 0(<100 nm) | 60%（约 900 亿美元） | 100% |
| | 0（新的纳米行为） | 30%（约 450 亿美元） | 100% |
| 新纳米催化剂 | 0 | 约 35%（约 350 亿美元影响） | 约 50% |
| 医药（治疗和诊断） | 0 | 约 15%（约 700 亿美元） | 约 50% |
| 木材 | 0 | 0 | 约 20% |

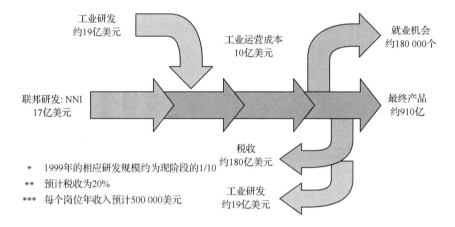

图 4　2009 年美国联邦政府纳米技术研发投资成果估计。显示了每年投资和产出之间的平衡。＊1999 年相应的研发规模约为现阶段的 1/10，当时可能已经启动 2009 年的产品基础研究；＊＊以纳米元件为主产品的估计市场，税收估计建立在化学研究理事会化工行业的平均估计基础上；＊＊＊纳米技术相关工作的估计数量，假设每个岗位收入大约 50 万美元/年

5）2008 年，全球私人和公共纳米技术研发的年度投资约达 150 亿美元，其中美国占约 37 亿美元，包括联邦政府资助的 15.5 亿美元。

6）2008 年，全球纳米技术风险投资约达 14 亿美元，其中美国约占 11.7 亿美元（由 Lux Research 提供，2010）。2009 年金融危机期间，风险投资降低约 40%（请参阅第 13 章第 13.8.11 节）。

特别是 2002～2003 年间，由于技术和经济前景的影响，纳米技术已经渗透到新兴产业和传统产业中。在一些新兴领域，如纳米电子学，所使用的纳米结构和组分越来越复杂，纳米技术的应用增长迅速；而在木材和造纸工业等传统工业部门，纳米技术的应用增长则相对较慢，如表 2 所示。纳米技术在重点行业中的普及程度与行业研发投资有关。纳米技术在两个生物医学领域（治疗和诊断）中的普及程度请参阅第 13 章第 13.8.10 节。

图 4 显示了 2009 年美国联邦政府纳米技术投资和投资回报率（产出）的平衡。美国纳米技术国家投资的具体指标自 2000 年以来增加显著：

·联邦纳米技术研发年度人均支出已经从 2000 财年的 1 美元增加至 2010 年的约 5.7 美元。

·联邦纳米技术研发投资在所有联邦实际研发经费支出中所占比例从 0.39 ％ 增长到 2008 年的约 1.5 ％。

一些无法量化的变化对于评估 NNI 影响也十分重要，即使没有单一的指标对其进行表征。这包括：①建立一个由各大纳米技术企业的专业人士以及组织组成的充满活力的多学科跨部门国际共同体；②通过激励与工业和医疗领域的跨学科学术研究合作所带来的科研文化变化；③逐步为"自下而上"的复杂纳米结构统一概念，并用于新材料、生物和医疗技术、数字信息技术、辅助认知技术和多组分体系中。

## 3 纳米技术发展的两个基本阶段

2000 年时，估计纳米技术的增长将分为两个基本阶段，从被动的纳米结构向复杂的纳米系统设计过渡（如图 5 和图 6 所示）：

1）第一个基本阶段（2001～2010 年）专注于纳米尺度的跨学科研究，在远景规划确定后的第一个十年中进行。其主要结果是发现了新的纳米现象、性能和功能；合成了一系列组分，作为未来潜在应用之基础；工具取得了进步；使用相对简单的纳米元件改善现有产品。这一阶段以科学生态系统为主导，可以被称为"nano1"。

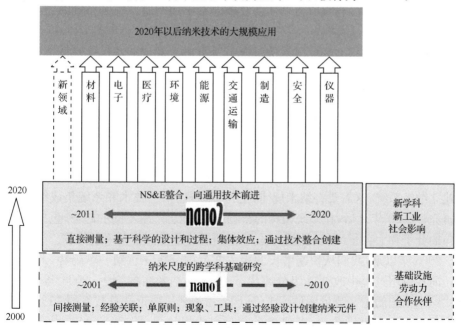

图 5　分两个基本阶段创建一个新的领域和社区（"NS&E"指纳米科学与工程）

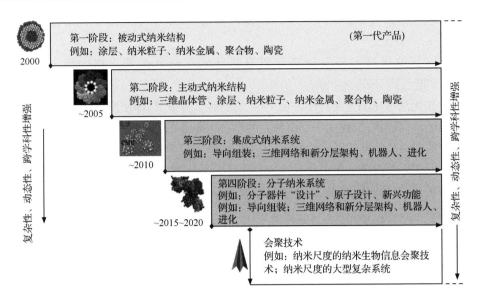

图 6　工业原型开始和纳米技术商业化的时间轴:2010~2020 年新一代产品和生产过程的引入[4,13]

2)第二个基本阶段(2011~2020 年)将聚焦于纳米科学和纳米工程整合,预计将过渡到具有良好时间分辨率的直接测量、以科学为基础设计全新产品以及纳米技术的普及和大众使用。研发和应用重点将转向更复杂的纳米系统、新的相关领域以及全新产品。这一阶段将以社会经济因素驱动的研发生态系统为主,可称为"nano2"。

从 nano1 阶段到 nano2 阶段的过渡主要聚焦于实现纳米尺度直接测量、以科学为基础的纳米材料和纳米系统设计以及通用技术整合(表 3)。本节将对到 2020 年的几个研发目标进行详述。

2020 年以后,纳米技术的研发将与其他新兴技术和会聚技术紧密相连,以创造新的科学和工程领域以及制造范式[15,16]。1999~2000 年,纳米界达成了一致定义,凭借新的工具,材料纳米结构的特有现象更容易衡量和理解,并且在生物系统、纳米制造和通信基础上,新的纳米结构得以确定。未来十年,我们所面临的新挑战是建立纳米系统,这需要将纳米规律、生物学原理、信息技术和系统集成结合在一起研究。2020 年之后,在系统架构的影响下,可能会产生不同的趋势,包括建立在定向的分子和大分子组装、机器人、仿生和进化方法基础上的系统架构。

2005 年以来,我们从快速增长的相关文献中分析注意到一个趋势,即纳米研究转向在应用过程中改变其组分或状态的"主动纳米结构"[17]。2006 年,有关主动式纳米结构的论文数量增加了 1 倍以上,占纳米科技论文总数量的 11%。纳米系统的引入发生明显转变,表现为与商业利益相关联(图 7;NCMS[18]);到 2011 年,在 270 个参与调查的制造企业中,超过半数的企业对采用纳米科学与工程进行生产或设计表现出极大的兴趣。

**表 3　2000～2020 年纳米技术主要发展阶段之间的过渡**

| 时间段 | 2001～2010 年("Nano1") | 2011～2020 年("Nano2") |
|---|---|---|
| 测量法 | 间接测量,使用时间和体积平均法 | 直接测量,凭借生物或工程领域的原子精度和飞秒分辨率 |
| 现象 | 发现个别现象和纳米结构 | 复杂的同步现象;纳米集成 |
| 新的研发范式 | 纳米尺度的多学科发现 | 专注于新性能;新的应用领域;更加注重创新 |
| 合成和制造工艺 | 实证/半经验;主导:自上而下小型化;纳米级元件;聚合物和硬质材料 | 科学设计;增加分子的自下而上组装;纳米系统;生物过程日益增加 |
| 产品 | 使用纳米组件改进现有产品 | 通过创建新系统开发革命性新产品;更加关注生物医学 |
| 技术 | 从零散领域到跨部门集群 | 朝向新兴技术和会聚技术 |
| 纳米科学与纳米工程向新技术渗透 | 先进的材料、电子、化工和药品 | 增加至:纳米生物技术、能源资源、水资源、食品和农业、林业、模拟设计方法;认知技术 |
| 教育 | 从微米到纳米尺度 | 彻底转变一般纳米技术早期概念[14] |
| 社会影响 | 伦理和 EHS 问题 | 大规模应用;扩大可持续发展、提高生产力和健康水平;社会经济影响 |
| 监管 | 建立新的方法;以科学为中心的生态系统 | 以用户为中心的生态系统;扩大参与;技术-社会-经济方法 |
| 国际 | 成立科技共同体;建立术语和标准组织 | 全球经济影响、发展力度、环境和可持续发展的平衡 |

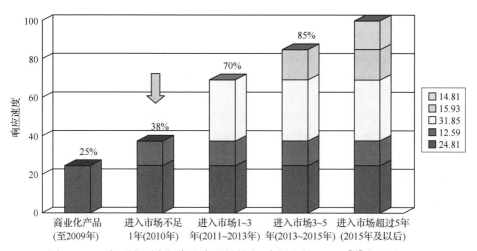

图 7　2011 年后向更多新商业产品的转变(参阅文献 NCMS[18]中的图 4-31)

# 4　美国国家纳米计划的发起与结构

作为时任 NSTC 纳米科学、工程和技术跨部门工作组（IWGN）①的主席，笔者有幸在白宫经济委员会（EC）和科学技术政策办公室（OSTP）的一次会议（1999 年 3 月 11 日）上提出了"国家纳米计划"倡议，随后该倡议成为 2001 财年美国重点资助的研究工作选项。该倡议于 1999 年 11 月递交管理和预算办公室（OMB）审批，并于 1999 年 12 月上达总统科学与技术顾问委员会（PCAST），最终于 2000 年 1 月由总统行政办公室批准。美国国会众议院和参议院于 2000 年春季召开了听证会。1999 年 11 月，行政管理和预算局推荐纳米技术作为 2001 财年唯一的新研发计划。1999 年 12 月 14 日，PCAST 也向总统强烈建议为纳米技术研发提供资助。此后一个月，由于白宫将对此发表声明，总统执行办公室建议工作组暂不向媒体披露相关信息。

2000 年 1 月，克林顿总统在美国加州理工学院（Caltech）发表了演讲，宣布了国家纳米计划，向在场的观（听）众描述了纳米技术实现后的新世界。此次演讲后，IWGN 紧锣密鼓地为纳米技术研发投资制定联邦计划，并确定了其关键条件和各机构参与提案计划的可能性。众议院和参议院听证会公布了国会需求确认和国会的反馈。笔者代表工作组采访了主要的专业协会（美国化学学会、电气与电子工程学院、美国机械工程师学会和美国化学工程研究所），并出席了约 20 个国家的国家会议，以介绍新的美国纳米技术倡议。NNI 自 2001 年以来已经得以实施，并得到了克林顿、布什和奥巴马政府的连续支持。

最初几年，该计划所面临的一项挑战是：如何在大量新进展不断涌现的情况下保持一致性、连贯性和原创性思维。纳米技术的定义、该计划的名称以及美国国家纳米技术协调办公室（NNCO）的名称于 1999~2000 年间敲定。NNI 的名称早在 1999 年 3 月 11 日便已提出，但在总统公布前始终在"进一步考虑"之中，原因是名称内并未明确包含"科学"一词，引起了多个专业协会和委员会的争议。最终选定"国家纳米计划"这一简单的名称，以更好地展现其与社会的相关性。

NNI 是一项长期的研发计划。从 2001 财年开始，有 8 个联邦机构参与：美国国防部、能源部、交通运输部、环境保护署、美国国家航空航天局、美国国立卫生研究院、美国国家标准与技术研究院以及美国国家科学基金会；至 2010 年，共有 25 个联邦部门和独立机构参加了 NNI 的纳米技术研发活动。表 4 列出了 2010 年的所有成员机构。

---

① IWGN 于 2000 年 8 月被 NSTC 技术委员会纳米科学与纳米工程（NSET）小组委员会取代。1999 年，Neil Lane 任美国科学技术政策办公室主任，Tom Kalil 任美国白宫国家经济委员会副主任和 IWGN 白宫联合主席。Jim Murday 任 IWGN 秘书。

NSTC 通过其纳米科学与工程(NSET)分委员会对该项计划进行组织与协调。NNCO 也为 NSET 分委员会提供了协助，为其提供了技术和管理支持。NSET 分委员会特许设立了四个工作组：纳米技术全球性问题(GIN)工作组；制造、创新和产业联络(NILI)工作组；纳米技术的环境和健康影响工作组(NEHI)；纳米技术公众参与和通信工作组(NPEC)。

**表 4　2010 年 9 月的 NNI 成员机构**

**设有纳米技术研究和开发专项预算的联邦机构**

美国消费者产品安全委员会(CPSC)

美国国防部(DOD)

美国能源部(DOE)

美国国土安全部(DHS)

美国司法部(DOJ)

美国交通运输部(DOT,包括美国联邦公路管理局(FHWA))

美国环境保护署(EPA)

**食品和药物管理局(FDA,隶属卫生与人类服务部)**

美国林务局(FS,隶属农业部)

美国国家航空航天局(NASA)

美国国家职业安全与健康研究所(NIOSH,隶属卫生与人类服务部)

美国国家食品与农业研究所(NIFA,隶属农业部)

美国国立卫生研究院(NIH,隶属卫生与人类服务部)

美国国家标准与技术研究所(NIST,隶属商务部)

美国国家科学基金会(NSF)

**其他参与机构**

美国工业安全局(BIS,隶属商务部)

美国教育部(DOEd)

美国劳工部(DOL)

美国国务院(DOS)

美国财政部(DOTreas)

美国智能社区(IC)

美国核管理委员会(NRC)

美国地质调查局(USGS,隶属内政部)

美国国际贸易委员会(USITC,无投票权的成员)

美国专利商标局(USPTO,隶属商务部)

## 4.1　NNI 的组织原则

NNI 的纳米技术发展远景旨在探索新的科学知识领域,并将这一项变革性的通用技术纳入国家科技基础设施,计划在二十年内使纳米尺度物质系统控制和大规模应用达到一定的程度[19]。"纳米物质的系统控制将引发一场技术和经济革命,最终造福社会"这一愿景仍是该计划的指导原则。

在 2001～2010 年这 10 年期间,美国已经建立了一个蓬勃发展的跨学科纳米技术共同体,共有约 15 万参与者,灵活的研发基础设施包括约 100 个以纳米技术为导向的大型研发中心、网络和用户设施,不断扩大的产业基地中有约 3 000 家企业生产纳米技术产品。考虑到美国纳米技术基础设施的复杂性和快速扩张,行业、企业、公民、政府、非政府组织组成的学术联盟参与纳米技术发展将成为 NNI 集中式方法的必要条件和有力补充。如 2000 年的设想那样,美国联邦政府必须继续支持基础研究,重组教育渠道,指导作为革命性科学模式的纳米技术的可靠发展,从而在整个 NNI 计划中发挥领导作用。与此同时,在纳米技术发展过程中,政府领导工作的重点将转向为创新、纳米制造和社会效益提供更多支持,私营部门也逐渐肩负起为纳米技术应用研发提供资金的责任。

监管 NNI 计划的"21 世纪纳米技术研究开发法案"纳入了多种确保问责的手段(公法 108-153、15 USC 7501,美国国会,2003 年 12 月 3 日)。在 NSET 分委员会机构成员的广泛参与下,NNI 组织每年二月向国会提交一份 NNI 年度报告和纳米技术预算申请。OMB 负责管理和评估 NNI 的预算。继 2000 年发表"纳米技术研究方向"报告后,NNI 领导层每三年制定一次战略计划(2004 年、2007 年和 2010 年)。美国国家科学院国家研究理事会每三年对 NNI 进行一次评估,PCAST 作为国家纳米技术咨询小组对 NNI 进行定期评估。政府问责办公室和其他组织的特别评价将有助于确保纳税人资金得到最佳利用,同时也尊重公众利益。

2001～2010 年,NNI 的组织原则经历了两个主要阶段,第三阶段预计将从 2011 财年开始:

(1) 2001～2005 财年期间,NNI 的纳米技术研究聚焦于五种投资方式:① 基础研究;②重点研究领域;③卓越中心;④基础设施;⑤社会影响和教育。第二种模式统称为"重大挑战",聚焦于与纳米技术应用直接相关的九个特定研发领域;这些领域还被认为在十年内有潜力产生巨大的经济、政治和社会影响。这些优先研究的重大挑战领域包括:

　　— 纳米材料设计
　　— 纳米制造
　　— 化学-生物-放射性-爆炸性检测和防护
　　— 纳米仪器及度量
　　— 纳米电子、纳米光子和纳米磁性技术
　　— 医疗、治疗和诊断
　　— 高效能源转换与储存
　　— 微工艺与机器人
　　— 改善环境的纳米工艺

第一个五年中的重点研究项目和重大基础设施计划推动了美国纳米研究队伍、强大的研发基础设施以及新纳米技术教育课程的形成。

（2）2006～2010 财年间,NNI 下的纳米技术研究主要聚焦于四个目标以及7～8个投资领域[20,21]。这些目标包括:①推进世界一流的研究和发展计划;②促进新技术向具有商业和公共效益的产品转化;③发展和保持教育资源、高素质劳动力以及配套基础设施和工具以推进纳米技术;④支持纳米技术的可靠发展。NNI 投资类别（最初是 7 个类别,2007 年修改为 8 个),称为计划组成领域（PCAs),包括:

— 基本纳米级现象和过程
— 纳米材料
— 纳米器件和系统
— 仪器研究、度量和纳米技术标准
— 纳米制造
— 主要研究设施和仪器获取
— 环境、健康与安全
— 教育和社会方面

（3）自 2011 财年起,NNI 将为面向 2020 年及以后的重要长期和短期应用推出三大研发"旗舰计划"①:①太阳能纳米技术应用;②可持续纳米制造;③纳米电子技术。其他加强纳米技术创新生态和社会成果研究的"旗舰计划"正在考虑中[22]。

## 4.2　NNI 的纳米技术研发投资

过去十年里,NNI 的纳米技术总研发投资已经上升了约 6.6 倍,从 2000 财年的 2.7 亿美元上升至 2010 财年的约 18 亿美元,如图 8 所示。图中所示的全部数字为实际支出,2010 财年(显示的为年度预算开支)和 2011 财年(显示的为下一年所需预算)除外。2009 财年支出不包括"美国复兴和再投资法案（ARRA）"提供

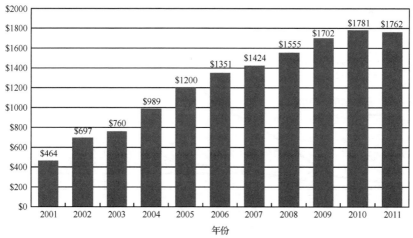

图 8　2001～2011 财年 NNI 预算,不包括 2009 年 ARRA 资助的 5.11 亿美元

---

① 详情可查阅 http://www.nano.gov/html/research/signature_initiatives.html。

的 5.11 亿美元额外资金。此处显示的 2011 年预算请求不包括国防部（DOD）往年的专项拨款（2009 年的 1.17 亿美元）。

表 5 通过使用 NNI 定义以及与其他国家的项目管理部门直接接触，对全球纳米技术领域的各种单独政府预算和欧盟（EU）预算进行了估计。2009 年，全球政府总投资约 78 亿美元，其中美国占 17 亿（通过 NNI 计划），不包括 2009 年 AR-RA 资助的 5.11 亿美元。虽然表 5 中其他国家或地区的纳米技术投资数字只是研发活动的一般统计，但能明显看出美国纳米技术的投资呈上升趋势，上升速度比其他国家投资稍慢（图 9）。

表 5　2000～2010 年政府纳米技术研发支出（百万美元/年）

| 地区 | 2000 | 2001 | 2002 | 2003 | 2004 | 2005 | 2006 | 2007 | 2008 | 2009 | 2010 |
|---|---|---|---|---|---|---|---|---|---|---|---|
| 欧盟＋ | 200 | ～225 | ～400 | ～650 | ～950 | ～1 050 | ～1 150 | ～1 450 | 1700 | 1 900 | |
| 日本 | 245 | ～465 | ～720 | ～800 | ～900 | ～950 | 950 | ～950 | ～950 | ～950 | |
| 美国* | 270 | 464 | 697 | 862 | 989 | 1 200 | 1 351 | 1 425 | 1 554 | 1 702＋511* | ～1 762 |
| 其他国家或地区 | 110 | ～380 | ～550 | ～800 | ～900 | ～1 100 | ～1 200 | ～2 300 | ～2 700 | ～2 700 | |
| 美国在欧盟中预计所占比例 | 135 | 206 | 174 | 133 | 104 | 114 | 117 | 98 | 91 | 90；116** | |
| 美国在总投资总预计所占比例 | 33 | 30 | 29 | 28 | 28 | 29 | 29 | 24 | 23 | 22；28** | |
| 投资总额 | 825 | 1 534 | 2 367 | 3 112 | 3 739 | 4 200 | 4 651 | 6 125 | 6 904 | 7 252；7 763** | |

注："欧盟＋"数字中包括国家资助和欧盟资助；欧盟＋包括欧盟成员国和瑞士。"其他国家或地区"类别包括澳大利亚、加拿大、中国大陆、俄罗斯、以色列、韩国、新加坡、中国台湾和拥有纳米技术的其他国家。预算估计使用 NNI 中的纳米技术定义（这一定义不包括微机电系统、微电子技术或一般材料研究）[2,23]（ht-tp://nano. gov）。在美国财政年度从 10 月 1 日开始，而其他国家大多数为 4 月 1 日。*代表 ARRA 提供的纳米技术相关的一次性补助。**中较大的数字包含 ARRA 提供的一次性补助。

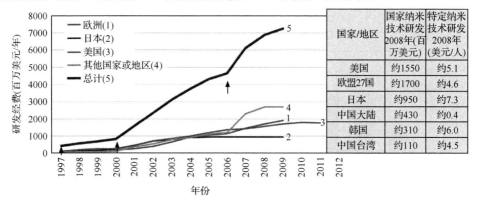

图 9　2000～2009 年美国联邦/国家政府研发资助（预算估计采用 NNI 中的纳米技术定义）。具体的纳米技术研发人均数值使用国家纳米技术支出和所有其他研发项目的有效支出

图 9 列出了欧盟的各项政府纳米研发投资，表 5 列出了日本、美国和"其他国家或地区"的政府纳米研发投资。请注意 2000 年前后宣布 NNI 之后以及 2005～2006 年与引进第二代纳米技术产品（第一代基于活跃纳米结构的工业原型）相对应的全球投资率变化。2006 年，美国和全球的工业纳米技术研发投资均超过了各项公共投资。

# 5　纳米技术监管

任何新兴技术的监管都需要特定的方法[24]，尤其是纳米技术，必须要考虑到其有可能从根本上改变科学、工业和商业，同时具有广泛的社会影响。应该强调的是，技术监管方法需要顾及众多方面，而不仅仅是风险管理[25]。应适当考虑各利益相关方在社会中的角色及其意见，包括科学和技术见解、人类行为的因素以及技术的不同社会影响，这对于任何新兴的突破性技术来说都是一个日益重要的考虑因素。优化纳米技术发展的社会互动、研发政策和风险管理可以提高经济竞争力和民主化，但所有利益攸关方必须均衡投资。本书第 13 章创新性的可靠监管将讨论监管的四项基本职能和四个基本级别。下面举例说明四项基本功能的应用或纳米技术有效监管的特点：①变革性；②可靠性；③包容性；④前瞻性。

## 5.1　纳米技术变革和可靠发展

实现纳米技术的变革和可靠发展这一目标指导了多项 NNI 决策，其基本原则是投资必须有良好的回报，效益风险比必须合理，而且必须能够解决社会关注的问题。除基础研发和应用研发外，实施创新宣传模式、资源共享和跨部门沟通也都强调了变革性发展这一目标。NNI 机构将纳米制造作为 2002 年的一个巨大挑战，与此同时，美国国家科学基金会建立了有关这一主题的第一项研究计划，即"纳米制造"。在接下来的四年中，美国国家科学基金会为纳米科学与工程学研究中心（NSEC）的纳米制造项目以及国家纳米制造网络（NNN）提供资助。2006 年以来，NNN 已经与工业界和学术单位建立了伙伴关系，并参与了美国国家标准与技术研究院（NIST）、美国国立卫生研究院、美国国防部（DOD）以及美国能源部（DOE）的发展计划。NNI 机构还建立了一种新的行业互动方法，作为先前模式的补充：即促进纳米技术发展咨询委员会（CBAN）。DOE、NIST、DOD 和其他该类机构各自建立了相应计划，以支持先进的纳米技术研发。这些计划在仪器（桑迪亚国家实验室）、纳米粒子（杜邦公司）、纳米元件（通用电气）以及碳纳米管电缆和片材（国家侦察局［NRO］，参见图 10）等各领域中已见成果，例如由 NNI 启发或直接投资支持的科学技术平台。

以着重考察和推进纳米技术研发社会影响的计划项目为例，2004～2005 年，美国国家科学基金会开始着手建立并推广各种具有国家目标的新网络，聚焦于高

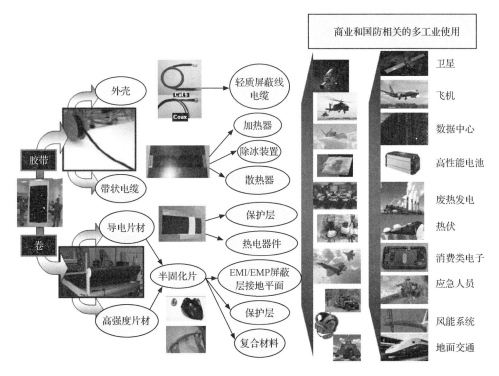

图 10　碳纳米管电缆和片材平台（由 Nanocomp Technologies,Inc. 的 Peter L. Antoinette 以及 R. Ridgley、NRO 提供,2010）

中和大学的纳米技术教育（国家纳米科学与工程教学中心）、社会纳米技术（社会纳米技术研究中心）以及非正式纳米技术科学教育（非正式纳米科学教育网络）。寻求纳米技术可靠发展的其他实例包括：NNI 十分关注纳米技术环境、健康和安全（纳米技术 EHS 或 nanoEHS）研究及其跨机构和国际协商的标准和规范。

　　为了支持 NNI 机构专注于纳米技术变革和负责任发展问题,NSET 分委员会成立了多个工作组,包括 NILI（纳米制造、行业联络与创新工作组）、NEHI（纳米技术环境与健康影响工作组）以及 GIN（纳米技术全球性问题工作组）。有关纳米技术发展的变革作用,"第 1 章　研究方法：理论、建模与模拟"和"第 2 章　创新性研究用检测工具：方法、仪器与计量"讨论了可以使用的工具,"第 3 章　结构、器件、系统的合成、加工和制造"讨论了该领域的制造工艺,"第 7 章　纳米技术应用：纳米生物系统、医药和健康"、"第 8 章　纳米技术应用：纳米电子学与纳米磁学"、"第 9 章　纳米技术应用：纳米光子学和表面等离激元学"、"第 10 章　纳米技术应用：纳米材料催化"以及"第 11 章　纳米技术应用：高性能材料和潜在的领域"讨论了该领域的应用,"第 13 章　推动社会发展的纳米技术创新与负责任的治理"则讨论了该领域的创新活动。有关纳米技术发展的责任,"第 4 章　纳米技术环境、健康与安全问题"讨论了纳米技术对环境、健康和安全的影响，"第5章　纳米技术与可持续发展：环境、水、粮食、矿产和气候"、"第6章　纳米技术与可持续发展：能源的转换、储存和保护"以及"第13章　推动社会发展的纳米技术创新与负责任的治理"讲述了纳米技术的伦理、法律和社会问题(ELSI)。

## 5.2　纳米技术发展和监管的包容性

　　纳米技术发展和监管的包容性目标包括：①将不同的利益相关方纳入规划制定过程(如规划文件过程中征求公众意见，以及1999年和2010年在编写纳米技术研究方向报告过程中，召开研讨会以及与多方对话)以及各种社会影响报告的准备过程[8]；②与所有利益相关的联邦机构以及NSET分委员会合作(表3)；③通过会议和在线方式向公众公开NNI战略的制定过程(例如http://strategy.nano.gov/网站)；④研发项目要求所有相关学科和研发部门携手合作；⑤建立一个由美国的34个地区、州和地方组成的纳米技术联盟网络(http://nano.gov/html/meetings/nanoregional-update/和图11)；⑥支持纳米技术的国际对话(首次对话于2004年进行，25个国家和欧盟参与了此次对话，第三次对话于2009年进行，共有49个国家和欧盟参与)，美国还要定期积极参与一些致力于发展适当的国际标准、术语、条例的纳米技术国际论坛(ISO、OECD、国际风险管理理事会等)。为了协助推动纳米技术发展的可靠性和包容性进展，NSF还建立了两个社会纳米技术研究中心。

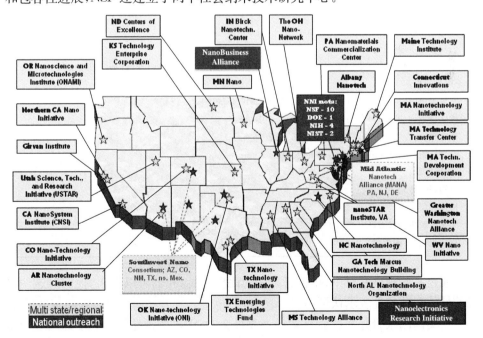

图11　截至2009年，美国已有34个地区、州和地方级纳米技术计划(其中一个在夏威夷提出)

在纳米技术国际监管方面,我们需要建立一个多学科的国际论坛,以更好地解决纳米技术所面临的科学、技术和基础设施发展方面的挑战。优化社会互动、研发政策以及融合新技术的风险管理可以增强经济竞争力和民主化。国际风险管理理事会[26]为风险识别、评估和缓解框架提供了独立的国际视野。

## 5.3 纳米技术发展愿景

第 13 章讨论了纳米技术发展的前瞻性目标。纳米技术的社会功能可通过 NNI 计划启动以来所采纳的远景规划加以说明(表 6);实现纳米技术与其他长期新兴技术的融合,如纳米技术、生物和信息技术的交叉研发计划;建立政府与学术界和工业界的长期合作,如纳米电子研究倡议;将预先监管这一概念贯穿到十年愿景中;自 2004 年以来,NSF 建立了纳米技术社会研究中心,为这方面工作奠定了基础;确定了重大挑战(2001～2005 年)和 2010 年旗舰计划(参见后文),以识别并聚焦未来几年的重点研发问题。

**表 6 推动 NNI 发展的远景(2000～2020 年)**

**NNI 是一个经过大量规划的科学项目,1997～2000 年**

— 远景[2]

— 定义和国际基准[3]

— 科学与工程的优先工作和重大挑战(NSTC/NSET,2000 年)

— 社会影响[27]

— 政府机构计划(国家计划和预算,2001 年—)

— 公众参与手册[28]

规划中结合了 4 个时间尺度(2001～2005 年"重大挑战"方法;2006～2010 年"计划组成领域")

**4 个时间尺度:**

— 愿景聚焦:10～20 年(2000 年的 Nano1 以及 2010 年的 Nano2 研究)

— 战略计划:3 年(2000 年、2004 年、2007 年、2010 年)

— 年度预算:1 年(2000 年、2003 年、2005 年、2006 年—)

— 管理决策:1 个月(NSET 小组委员会会议)

**4 个管理等级:**

— 机构研究计划

— 机构高层

— 国家行政机构(NSTC/OSTP)

— 立法机构(美国国会)

通过一些观察家对 NNI 监管方法的评价意见,我们可以看出,他们对这一模式的价值和独特性表示认可:

· 美国国家研究委员会[29]:"……委员会对 NNI 的领导能力和多部门参与水平表示赞叹。"

• 总统科学与技术顾问委员会(PCAST 2005)对 NNI 所采取的监管方法表示赞同:"委员会对 NNI 的远大理想和目标及其所需要的投资策略表示支持。"

• PCAST[30]:"NNI……对美国纳米技术产业的增长有催化和实质性的影响";"NNI 计划启动后,美国通过实施一系列措施,在这一极具经济前景的领域中已经跻身全球领先行列。"

• "NNI 是运作国家优先任务的一种新方式。"美国国家工程院院长 Charles Vest 在 2005 年 3 月 23 日 PCAST 召开的 NNI 国会审查会议上如是说。

• "NNI 的发展历程可以为新研究领域的工作提供一个有用的范例,如合成生物学、可再生能源或适应气候变化。这些领域需要多个机构配合,对科学、应用、监管和公众认知进行协调。……对于这样的新兴领域来说,NNI 的概念是再好不过的选择。"S&T 创新计划总监 David Rejeski 在伍德罗·威尔逊国际学者中心接受《自然》杂志访问时这样说道(2010 年 9 月 2 日)[31]。

•《纳米科学与社会百科全书》主编 David Guston 认为:"纳米技术已成为新兴技术解决其社会影响和监管方法等问题的一个范例"[32]。

# 6　经 验 教 训

## 6.1　经过十年发展后尚未完全实现的目标

• 实现纳米尺度"材料设计"和复合材料的通用方法:阻碍发展的原因是直接的理论建立、建模和模拟工具以及具有足够分辨率的测量技术尚未就绪。

• 可持续发展项目:用于能源解决方案的纳米技术仅在计划启动五年后便形成了良好的势头,而用于水过滤、海水淡化和气候研究的纳米技术的研发经费仍然不足;目前,我们尚不清楚是否是由于利益相关方比其他部门更缺乏组织,拉动作用和协作不足,从而导致这些课题的纳米技术研发资金短缺。

• 传播纳米技术的公众意识:对纳米技术有所认知的公众比例较低,约为30%;这对增加公众参与监理来说是一大挑战。

## 6.2　2000 年打破质疑,2010 年达到目标

• 科学论文和发明专利数量激增:纳米技术的增长速度为准指数(年增长18%～35%),比其他科学领域平均值高出至少两倍。

• 跨学科研究和教育的重大进展:纳米技术的研发推动了大量跨学科项目、组织和共同体的建立[33]。

• 据估计,美国纳米技术研发投资的年均增长率将达到约 30 %(政府和私营部门,深入的纵向发展和新领域的横向发展):2000～2008 年期间发展速度始终保

持在 25%～30%。

### 6.3　十年发展后超出预期的成就

· 2002～2003 年后的主要行业参与：例如，超过 5400 家美国公司在 2008 年发表了论文、专利和/或产品（参见第 13 章）；摩尔定律在过去十年中持续得到验证，尽管在 2000 年曾有人严重质疑发展趋势能否继续到纳米级。

· 多个科学和工程领域发生超过预期的发现和进展，包括等离子体、超材料、自旋电子学、石墨烯、癌症检查和治疗、药物输运、合成生物学、神经形态工程和量子信息系统。

· 国际纳米技术团体的形成及其不断增长的实力，包括纳米技术的 EHS 和 ELSI：这些发展超出了我们的预期，而监管研究的推出更是意料之外。

### 6.4　十年的主要经验教训

· 需要对纳米尺度的理论、直接测量和模拟继续进行重点投资；纳米技术仍处于形成阶段。

· 除了研发新的纳米结构金属、聚合物和陶瓷外，传统行业中也潜藏着纳米技术研发的绝佳机会，如纺织、木材和造纸、塑料、农业和食品行业。需要改进公私合作机制，为有针对性地发展计划建立财团或平台。

· 有必要促进科学、工程学与转化型研究之间更紧密的结合，同时创造就业机会。

· 有必要继续加强利益相关团体和公众参与纳米技术监管。

# 7　结　　语

本报告在第 1～13 章和摘要中总结了各方对未来纳米技术研究和发展的愿景，从整体和各领域角度出发进行了论述（工具、制造、应用、基础设施、监管等），旨在根据纳米技术界的顶尖专家们提供的咨询，为纳米技术研发提供长期和及时的愿景报告。

整体而言，近十年来，NNI 一直是美国乃至全球纳米科学和纳米技术发展与应用的主要推动力，由于意识到该技术的基础科学、经济和社会价值，许多国家还将继续快速扩大其纳米技术相关研发项目。

除了产品、工具和医疗外，纳米技术研发必将对教学、成像、基础设施、发明、公众接受程度、文化、法律以及其他各种社会经济因素的架构产生深远影响。1997～2000 年，美国科研机构制定了纳米技术研发愿景，这一愿景在国家纳米计划的第一个十年（2001～2010 年）中已经实现。本报告的目的是将这一愿景延伸到未来十年,即 2020 年及更远的未来。

长期愿景是 NNI 最初发展的主要推动力,目标是探索新现象和过程、开发统一的纳米科学与工程平台,利用分子和纳米尺度的相互作用从根本上提高生产效率。为了配合这些目标,纳米技术研发作出了广泛的社会承诺,包括预计到 2015 年,每年以纳米技术为主导的产品总值将达到 1 万亿美元,这将需要 200 万具备纳米技术相关技能的工人。纳米技术论文和专利的数量以每年 25% 的增长率迅速增加,市场增长率将紧随这一发展趋势,预计到 2020 年,以纳米技术为主要性能组件的产品总值将达到约 3 万亿美元。纳米技术市场及相关就业机会预计将每三年翻一番。

纳米技术不断迎来各个领域的新科学和工程挑战,如纳米系统组装、纳米生物技术和纳米生物医学、开发先进工具、环境保护以及社会影响研究。论文、专利和全球投资趋势仍有望实现准指数增长,几年内可能出现潜在拐点。因此需要利益相关方参与持续的长期规划、跨学科活动和采取预见性措施。

未来十年,由于多个主流发展趋势发生了转变,纳米技术的挑战可能会转向新的方向:

· 从专注于创建单一纳米元件到专注于建立复杂的主动式纳米系统;

· 从专业或原型研发到先进材料、纳米化工、电子、医药中的大规模使用;

· 从先进材料、纳米电子和化学工业应用扩大到新的相关领域,如能源、食品和农业、纳米医学以及纳米尺度的工程模拟等需要高竞争力解决方案的领域;

· 从纳米尺度的第一原理认知到加快知识发展,应用领域中的发现率仍有极大变化;

· 从几乎没有专门的基础设施到为纳米技术研究、教育、工艺、制造、工具和标准建立完善的方案和设施。

虽然我们可能高估了纳米技术在短期内的发展,但如果我们在未来几年内加大教育和社会问题的关注力度,纳米技术在医疗、生产效率和环保方面的长期影响却被低估了。

根据以上所述,我们必须在未来十年内关注纳米技术发展的四个不同方面,包括:①加深对自然界的理解,推动知识进步;②寻求经济和社会解决方案,推动材料进步;③建立可持续发展的国际合作,推动全球进步;④全民参与监管,推动道德进步。

**作者附言**

作者曾作为 NSET 分委员会创会主席,帮助协调 NNI 计划,并与国际纳米技术政策领域进行了大量沟通与交流。本章便是作者根据自身在纳米技术领域的丰富经验编写而成。本章内容仅代表作者本人观点,不代表 NSTC/NSET 或 NSF 立场。

# 参 考 文 献

[1] National Science Foundation(NSF),Partnership in nanotechnology program announcement(NSF,Arlington,1997),Available online：http://www. nsf. gov/nano

[2] M. C. Roco,R. S. Williams,P. Alivisatos(eds. ),*Nanotechnology Research Directions：Vision for the Next Decade. IWGN Workshop Report* **1999**(National Science and Technology Council,Washington,DC,1999),Available online：http://www. wtec. org/loyola/nano/IWGN. Research. Directions/. Published by Kluwer,currently Springer,2000

[3] R. Siegel,E. Hu,M. C. Roco(eds. ),Nanostructure Science and Technology(National Science and Technology Council,Washington,DC,1999). Published by Kluwer,currently Springer,1999

[4] M. C. Roco,Nanoscale science and engineering：unifying and transforming tools. AICHE J. **50**(5),890-897(2004)

[5] International Standards Organization(ISO),TC 229：Nanotechnologies(2010),http：//www. iso. org/iso/iso_technical_committee. html? commid=381983

[6] G. Lövestam,H. Rauscher,G. Roebben,B. Sokull Klüttgen,N. Gibson,J. -P. Putaud,H. Stamm,*Considerations on a Definition of Nanomaterial for Regulatory Purposes*(Joint Research Center of the European Union,Luxembourg,2010),Available online：http://www. jrc. ec. europa. eu/

[7] H. Chen,M. Roco. *Mapping Nanotechnology Innovations and Knowledge.* Global and Longitudinal Patent and Literature Analysis Series(Springer,Berlin,2009)

[8] M. C. Roco,W. Bainbridge(eds. ),*Societal Implications of Nanoscience and Nanotechnology*(Springer,Boston,2001)

[9] M. C. Roco,Broader societal issues of nanotechnology. J. Nanopart. Res. **5**(3-4),181-189(2003a)

[10] Z. Huang,H. Chen,Z. K. Che,M. C. Roco,Longitudinal patent analysis for nanoscale science and engineering：country,institution and technology field analysis based on USPTO patent database. J. Nanopart. Res. **6**,325-354(2004)

[11] Z. Huang,H. C. Chen,L. Yan,M. C. Roco,Longitudinal nanotechnology development(1991-2002)：National Science Foundation funding and its impact on patents. J. Nanopart. Res. **7**(4-5),343-376(2005)

[12] Y. Dang,Y. Zhang,L. Fan,H. Chen,M. C. Roco,Trends in worldwide nanotechnology patent applications：1991 to 2008. J. Nanopart. Res. **12**(3),687-706(2010)

[13] M. C. Roco,Nanotechnology's future. Sci. Am. **295**(2),21(2006)

[14] M. C. Roco,Converging science and technology at the nanoscale：opportunities for education and training. Nat. Biotechnol. **21**(10),1247-1249(2003b)

[15] M. C. Roco,Coherence and divergence in science and engineering megatrends. J. Nanopart Res. **4**(1—2),9-19(2002)

[16] M. C. Roco, W. Bainbridge(eds. ),*Converging Technologies for Improving Human Performance*(Springer,Boston,2003)

[17] V. Subramanian,J. Youtie,AJL. Porter,P. Shapira,Is there a shift to "active nanostructures"? J. Nanopart. Res. **12**(1),1-10(2009). doi：10. 1007/sl 1051-009-9729-4

[18] National Center for Manufacturing Science(NCMS),2009 NCMS survey of the U. S. nanomanufacturing industry. Prepared under NSF Award Number DMI-0802026(NCMS. Ann Arbor,2010),Available online：http://www. ncms. org/blog/post/10-nsfnanosurvey. aspx

[19] M. C. Roco, *National Nanotechnology Initiative - Past, Present, Future*. Handbook on Nanoscience, Engineering and Technology, 2nd edn. (Taylor and Francis, Oxford, 2007), pp. 3. 1-3. 26

[20] Nanoscale Science, Engineering, and Technology Subcommittee of the National Science and Technology Council Committee on Technology (NSTC/NSET), *The National Nanotechnology Initiative Strategic Plan* (NSTC/NSET, Washington, DC, 2004), Available online: http://www. nano. gov/html/res/pubs. html

[21] Nanoscale Science, Engineering, and Technology Subcommittee of the National Science and Technology Council Committee on Technology (NSTC/NSET), *The National Nanotechnology Initiative Strategic Plan* (NSTC/NSET, Washington, DC, 2007), Available online: http://www. nano. gov/html/res/pubs. html

[22] Nanoscale Science, Engineering, and Technology Subcommittee of the National Science and Technology Council Committee on Technology(NSTC/NSET), *The National Nanotechnology Initiative Strategic Plan* (NSTC/NSET, Washington, DC, 2010), Available online: http://www. nano. gov/html/res/pubs. html

[23] M. C. Roco, International perspective on government nanotechnology funding in 2005. J. Nanopart. Res. **7**, 707-712(2005)

[24] M. C. Roco, Possibilities for global governance of converging technologies. J. Nanopart. Res. **10**, 11-29 (2008). doi: 10. 1007/s 11051-007-9269-8

[25] M. C. Roco, O. Renn, Nanotechnology risk governance, in *Global Risk Governance: Applying and Testing the IRGC Framework*, ed. by O. Renn, K. Walker(Springer, Berlin, 2008), pp. 301-325

[26] O. Renn, M. C. Roco (eds.), *White Paper on Nanotechnology Risk Governance* (International Risk Governance Council, Geneva, 2006)

[27] National Science Foundation(NSF), *Societal Implications of Nanoscience and Nanotechnology*(NSF, Arlington, 2001), (Also published by Kluwer Academic Publishing, 2001), Available online: http://www. nsf. g0v/crssprgm/nan0/rep0rts/nsfnnirep0rts. jsp

[28] Interagency Working Group on Nanoscience(NSTC/IWGN), Engineering and Technology of the National Science and Technology Council Committee on Technology, *Nanotechnology: Shaping the World Atom by Atom*(NSTC/IGWN, Washington, DC, 1999), Available online: http://www. wtec. org/loyola/nano/IWGN. Public. Brochure/

[29] Presidential Council of Advisors on Science and Technology(PCAST), *The National Nanotechnology Initiative at Five Years: Assessment and Recommendations of the National Nanotechnology Advisory Panel* (Office of Science and Technology Policy, Washington, DC, 2005), Available online: http://www. whitehouse. gov/administration/eop/ostp/pcast/docsre ports/archives

[30] Presidential Council of Advisors on Science and Technology(PCAST), *Report to the President and Congress on the Third Assessment of the National Nanotechnology Initiative, Assessment and Recommendations of the National Nanotechnology Advisory Panel* (Office of Science and Technology Policy, Washington, DC, 2010)

[31] C. Lok, Nanotechnology: small wonders. Nature **467**, 18-21(2010)

[32] D. Guston, *Encyclopedia of Nano-science and Society*(Sage Publications, Thousand Oaks, 2010)

[33] Committee for the Review of the National Nanotechnology Initiative, *Small Wonders, Endless Frontiers. A Review of the National Nanotechnology Initiative* (National Academy Press, Washington, DC, 2002), Available online: http://www. nano. gov/html/res/smalI_ wonders__pdf/smallwonder. pdf

# 第 1 章　研究方法：理论、建模与模拟[*]

Mark Lundstrom，P. Cummings，M. Alam

**关键词**：理论　多尺度建模　计算机模拟　从头算（*Ab initio*）　密度泛函理论　分子动力学　高性能计算　网络基础设施　纳米材料与纳米产品研发类别　国际视角

如本报告后续章节所述，理论、建模和模拟（TM&S）在纳米技术的几乎所有分支学科中都发挥着重要作用。TM&S 由三部分组成。"理论"指用于解释科学现象的一组科学原理，即一类问题的简洁描述。"建模"指理论的分析或数值应用以解决具体问题。"模拟"旨在尽可能详尽且忠实地呈现物理问题，有组织地呈现关键特点，即不作为创造、观察、高层次抽象化、建模特征简化的结果。TM&S 的三大组成部分均十分重要，但未来十年的发展机遇将把重点投向建模，其中尤以多尺度模拟为甚。该技术将在应对未来十年纳米技术探索和纳米制造领域挑战的过程中发挥至关重要的作用。除此之外，纳米技术的各分支学科都有相应的 TM&S 团体；这些团体在相关理论基础、数字和计算方法以及建模方法方面有着许多共同点。本章将重点讲述纳米技术各个领域中常见的 TM&S 问题、挑战和机遇。

## 1.1　未来十年展望

### 1.1.1　过去十年进展

正如美国国家纳米技术研究议程最初所设想的，"基本认识和高精确度的预测方法对于成功制造纳米材料、设备和系统来说至关重要"[1]。在过去十年中，

---

[*] 撰稿人：M. Ratner, W. Goddard, S. Glotzer, M. Stopa, B. Baird, R. Davis.

M. Lundstrom (✉) and M. Alam
School of Electrical and Computer Engineering, Purdue University, DLR Building, NCN Suite, 207 S. Martin Jischke Dr., West Lafayette, IN 47907, USA
e-mail: lundstro@ecn.purdue.edu

P. Cummings
Vanderbilt University, 303 Olin Hall, VU Station B 351604, Nashville, TN 37235, USA

TM&S 研究的重心一直放在阐明纳米级物质结构相关的基本概念以及材料和设备属性等工作上。因此,理论、建模和模拟在纳米基础单元的基础认知方面发挥了重要作用。计算能力增加了 1000 倍以上,从而实现了更大胆的模拟及其更广泛的应用。例如,10 ns 持续时间内经典分子动力学模拟的原子数从 2000 年不足 10 000万增加到 2010 年的近 10 亿。除此之外,第一性原理理论与原子分辨率概念中的表征和计量学也实现了逐步融合(具体参阅第 2 章)。在过去十年中,新的理论方法和计算方法得以开发并日趋完善,然而我们对自组装、程序化材料、复杂的纳米系统及其相应架构的理解仍处于初级阶段,同时我们对设计和制造的支持能力也未实现质的飞跃。现在,我们必须面对一系列新的挑战。

### 1.1.2　未来十年愿景

纳米技术的希望在于通过在纳米尺度上设计物质帮助人类社会解决所面临的巨大挑战,即使用纳米基础单元构筑人文尺度系统。纳米技术本身便是一种多尺度、多现象的挑战。基于过去十年中所取得的实质性进展,未来十年的工作重心必须放在大量多尺度建模和模拟上。多尺度建模将成为技术探索、设计和纳米制造的核心支持力量。更高速的计算机和改进的计算方法将成为解决方案的重要组成部分,但同时还必须开发多尺度思维和模拟所需的统一的概念框架。必须采用适当方法达到所需尺度[2],而一个尺度所采用的方法必须与临近尺度的方法相关联。为了支持设计,我们必须为复杂纳米系统提供适当的高层次抽象概念。随着纳米技术从科学理论向实际应用的发展,用户友好型软件设计工具的可用性将日益重要。

展望未来,TM&S 的科学家们必须继续澄清基本概念、开发纳米级基础单元、改进计算方法并开发新方法,但工作重心必须转向实际应用,以解决多尺度/多现象问题。解决多尺度的挑战将需要我们结合"自下而上"和"自上而下"的思维(即原子论的第一性原理模拟与现象学的宏观模拟)。目标是实现纳米技术各领域中的多尺度/多现象建模与模拟。如此,TM&S 将能够为纳米技术的发展提供支持,从而解决社会所面临的重大挑战。

## 1.2　过去十年的进展与现状

### 1.2.1　纳米技术进展：TM&S 的作用

过去十年(2000～2010 年),纳米科学和纳米技术取得了长足进步。理论、建模和模拟在这些进步中发挥了支持作用,有时甚至是举足轻重的作用。以下是几个实例。

　• 理解在分子尺度的电流。理论研究和计算研究对于理解分子中电流的测量来说至关重要[3-7]。

·从微电子学到纳米电子学的演变。TM&S 帮助确定了晶体管的缩小极限、问题和可能性(例如文献[8]中所述)。

·石墨烯的发现以及碳基电子学的发展。紧密相关的实验/理论/计算研究揭示了碳基电子学物理特性[9-12]。

·自旋转矩的新兴应用。理论预测[13,14]经实验证实[15,16]。

·发现铁基高温超导体[17]。超大尺度模拟显示了电子配对如何产生,该现象是高温超导的关键[18]。

·生物传感器的灵敏度提高十个数量级。一系列生物传感器的性能[19-21]在纳米微粒扩散限制传输的标度理论范围内得以解释[22,23]。

## 1.2.2  理论进展:启用建模与模拟

纳米科学亟须新的理论观点、新的建模方法以及更强大的计算能力。新方法和计算能力进展使得更大、更复杂的问题得以解决,但分析和粗粒度模型是多尺度模型的关键。该类模型(例如,马库斯电子转移模型、吸附模式的 Langmuir-Hinshelwood 模型、肖克利半导体方程等)也是科学家和工程师们对世界进行考量、设想和想像的一种方法。TM&S 在使用实验者和设计师的语言表达复杂模拟结果时尤为有效。

过去十年,纳米科学的基本理论取得了许多进展。所取得的成就包括:

·从头算(ab initio)理论的进展超越密度泛函理论(DFT),包括改进 GW 算法;DFT + 动态平均场理论用于强关联系统;DFT+Σ 低价、近似、无参数的多体效应处理方法[3,4];增加了混合泛函和后 Hartree-Fock 方法的使用(例如文献[24,25]中所述)。

·线性标度量子力学的进展。在 20 世纪 90 年代建立的基础之上,净化理论[26]和分步解决的新边界条件等领域也相继取得了进展[27]。

·用于材料过程反应动力学模拟的反应力场[28]。反应力场可实现化学结构模拟,对药物发现和催化产生潜在影响,这些都需要精确地区分不同反应途径的能源成本。

·增强的采样技术,例如用于自由能表面的超动力学[29],旨在找出特定系统的重要配置以及确定速率常数的改进方法[30]。

·非平衡格林函数(NEGF)法的概念[31]和计算[5]框架的开发,用于描述量子和原子尺度的量子输运(图 1.1)。应用范围从分子电子学延伸到半导体行业的实际应用。在半导体应用中,该方法用于连接基础单元属性,以提高晶体管的性能。

·纳米材料传导的新统计理论,如含碳纳米管和半导体纳米线网络(图 1.2)以及分相有机太阳能电池等,实现了设备性能的定量预测[9,10]。

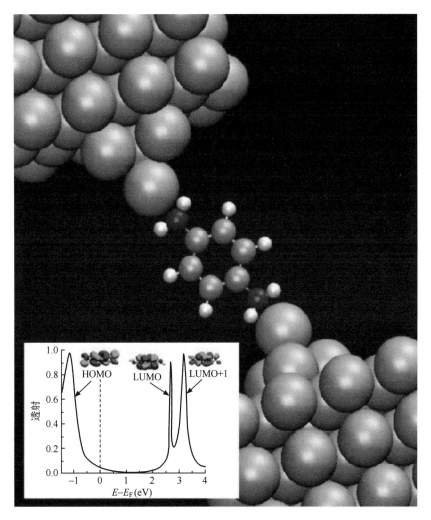

图 1.1　分子结电导率的 NEGF-DFT 模拟有助于更好理解实验且在定量上符合实验结果。该图显示了悬浮在金电极之间的二胺苯原子结构（经计算）；插图显示了计算所得的电子透射率与能量的关系[5]

### 1.2.3　计算技术进展：强有力的 TM&S 技术

理论为建模和模拟提供了基础，而计算则使其成为现实。过去十年，计算技术已取得了显著进展。如第 1.8 节中的实例所示，这些进步提高了模拟在纳米科学中的重要性，并为 TM&S 在未来十年中的发展搭建了一个更大的舞台。

TM&S 领域的重大计算技术进展实例包括：

• 自 2000 年以来，高性能计算（HPC）能力（由一年两次的顶级超级计算机

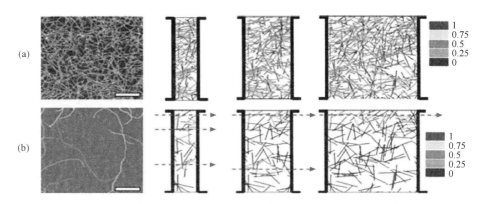

图 1.2　SEM 图像(左)以及高覆盖率(a)和低覆盖率(b)碳纳米管网络的归一化电流分布模拟。测量结果表明,单壁碳纳米管(SWNT)随化学气相淀积而增加,有系统地改变晶体管取向和覆盖率以及一系列与排列方向垂直和平行的通道长度与方向。基于渗滤的输运模式提供了一个简单的定量框架,用以解释设备中有时存在的反直觉输运,这种输运无法通过经典输运模型再现 (继 Kocabas 等之后)[32]

500 强名单中最出色的设备测量,http://top500.org)已经增加了三个数量级,实现了更大规模的模拟,并且使这些模拟技术进入了理论家和实验家的日常计算工作。一流的计算必须能够解决纳米科学计算中的巨大挑战;此外还需要执行原子级模拟,为多尺度模拟中的粗粒度方法提供基础数据。

　　· 在过去十年中,计算能力的指数增长对经典分子动力学(CMD)产生巨大影响,而且这一影响在未来十年的发展中还将继续保持。在短程力系统中,系统的大小 $N$ 以及时间步数 $T_{sim}$(通常约为 1 fs)与计算时间的关系是线性的。计算复杂性 (CC)约为 $T_{sim}N$。那么,在一天中可以完成多少计算工作呢? 以文献[33]近期进行的实验为例,他们在拥有 30 720 个核心的 Jaguar 超级计算机(目前在 500 强名单上居首位)上模拟了一个 5.4 M 原子系统。Jaguar 的计算复杂性为 $T_{step}N=6\times10^{14}$,根据这一公式我们可以推算出,Jaguar 可执行 10 亿原子的分子动力学模拟,速度可达 0.6 ns/d 。

　　· 并行计算也产生了巨大影响。图 1.3 显示了"500 强名单"(基于假设的 CMD 性能级和基准性能)中性能最高和最低的设备以及一个单一中央处理单元 (CPU)和图像处理(或"通用")单元(GPU)[①]对 CMD 计算复杂性的估计。该图完美地显示了趋势的定性和指示性分析;并且尝试揭示多核以及 GPU 的影响。如图 1.4 所示,多核 CPU 的引入大大加快了 CPU 性能的发展速度。

――――――――――

　　① CPU:连续处理信息;GPU:并行处理信息。过去,CPU 通常有单核、双核或四核,而现在 GPU 已可采用 100 个以上的核心。

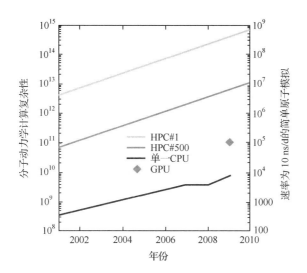

图 1.3 左轴："500 强名单"中第一位的超级计算机（上线）、"500 强名单"中第 500 位的超级计算机（中线）、单一 CPU（下线）以及 GPU（菱形）的估计 CMD 计算复杂度（等于时间步数和一天内模拟的原子数的乘积）。右轴：简单的单原子液体，原子数量可以 10 ns/d 的速率进行模拟（数据来自 P. T. Cummings）

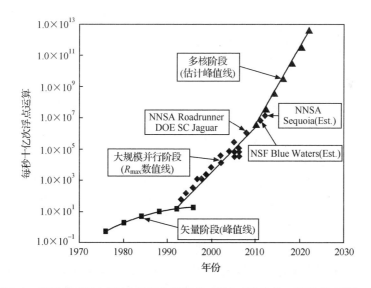

图 1.4 CPU 性能（十亿次）的变化时间表（摘自 NRC 的一项建模、模拟和游戏研究，编制数据来自 http://top500.org）[34]

• 最初 GPU 芯片的引进被游戏行业推动。这一项颠覆性技术能够大大提高算法的计算性能，如极易并行化的多粒子动力学等。例如，NVIDIA 公司 2010 年推出的费米芯片的性能相当于单一 CPU 的 120 倍。为了达到这一性能，必须重写 GPU 芯片的科学代码,而且必须开发新的数学库。最近 GPU(例如 CUDA)所需的高级编程语言的发展大大加快了 GPU 应用进军科学计算领域的步伐,包括计算纳米科学[35-37]。

### 1.2.4 纳米材料的模拟与设计进展

在过去十年中,模拟和计量学之间的关系日益密切。图 1.5 显示了一些涵盖时空尺度的实验探测,这些时空尺度与 TM&S 方法重叠。实验和 TM&S 方法在纳米尺度上的一致为综合性的理论研究/实验研究提供了大量机遇(例如文献[38]中所述)。

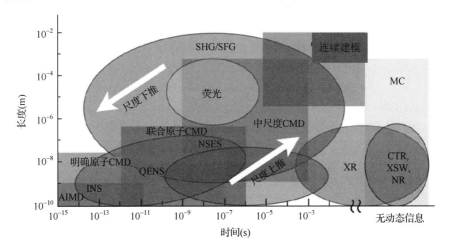

图 1.5 与纳米科技相关的 TM&S 方法层次结构、一些相应的试验方法以及各自适用的时间和空间尺度(摘自 P. T. Cummings 和 D. J. Wesolowski 的著作,2010,即将出版)。图中所示的缩略词(以及相应方法):TM&S 方法(以矩形表示);AIMD:*ab initio* 分子动力学;CMD:经典分子动力学;MC:蒙特卡罗实验技术(以椭圆形表示);INS:中子非弹性散射;QENS:准弹性中子散射;NSES:中子自旋回波光谱;NMR:核磁共振;XR:X 射线反射率;SHG:二次谐波发生;SFG:和频发生;CTR:晶体截断杆(一种 X 射线方法);XSW:X 射线驻波;NR:中子反射率

大量投资使纳米技术研究取得了极大进展。然而,纳米技术领域的大部分研发活动仍依赖于高成本且耗时较长的实验。整个行业需要更快、成本更低的解决方案。过去十年中所取得的进展为通过模拟进行预测性材料设计奠定了坚实基础,而建模与模拟则将成为解决这一难题的关键。

预测性材料设计需要改进现有模拟方法以达到最高精确度。在过去十年中,预测性材料模拟框架中的各组成部分均取得了显著进展:

· 量子力学(挑战:提高精确度)

- 力场（挑战：化学反应）
- 分子动力学（挑战：获得用于材料设计的属性）
- 生物预测（挑战：液体中的和生物时间尺度上的模拟）
- 中尺度动力学（挑战：相关时间和大小尺度的模拟）
- 整合（挑战：多尺度）

未来十年的一项关键挑战将是寻找适当方法来解决纳米材料中的缺陷和无序问题。

目前仍在开发阶段的预测性模拟能力实例包括无损坏半导体制造蚀刻技术模拟、高温高压催化过程的 ReaxFF 反应动力学模拟、烃反应的反应动力学模拟、硅纳米线的生长模拟、用于水净化的树枝状大分子增强纳米粒子过滤模拟以及自组装模拟。

自组装日渐成为材料研究的一个新前沿。"组装工程"旨在创造（几乎）完全可剪裁可重构的基础单元，且形状和/或相互作用可变。其目标是逼真地模拟分级组装，从而实现新的功能。

### 1.2.5 多尺度模拟与建模的进展

图 1.5 显示了目前纳米尺度 TM&S 中部署的计算方法范畴，从 *ab initio* 方法到原子和原子分子动力学、粒子粗粒度模拟最终到连续方法。集成式纳米系统需要额外的高层次抽象层，用以捕捉功能和系统问题，从而确保设计顺利进行。纳米尺度 TM&S 研究逐步纳入了更多尺度，如图 1.5 所示。

不同尺度需要采用不同的研究方法，但真正的多尺度模拟可采用自动尺度上推（将基础的较低尺度信息推进至较高尺度，如将力场信息从 *ab initio* 推进至原子 CMD）和尺度下推（如有限元计算调用分子模拟以获取新状态条件下的扩散系数）。然而，真正的多尺度模拟十分稀少，目前的 TM&S 研究往往要采用多种方法来解决单一问题。例如，*ab initio* 方法通常用于计算 CMD 模拟中的原子力场。目前，原子力场采用"纳米手工业"的形式进行手工制作，因此很难以此来解决一系列多现象问题。不同计算方法融合领域的进展成功实现了纳米团簇氧化模拟[39]。

多尺度模拟方法取得了重大进展，尺度上推模拟方法已经发展出来用于连接多个尺度（例如文献[40,41]中所述）。尺度下推模拟方法尚不完善，但比真正的多尺度模拟方法略胜一筹，尽管如此，针对较小问题领域的具体模拟方法已经问世（例如文献[42]中所述），通用方法的研发也已经提上议程（例如文献[43]中所述）。

## 1.3 未来 5～10 年的目标、困难与解决方案

理论、建模和模拟为纳米技术支持提供了有效的调研工具。为支持未来十年

的纳米技术发展,必须对这些工具进行加强才能解决更大的问题,同时提高精确度和效率。随着纳米科学应用日益瞩目,TM&S 必须能够应对多尺度建模和模拟领域的更大挑战。这一方面的成功将使研究、技术开发、设计和制造发生翻天覆地的变化[84]。

### 1.3.1　多尺度理论、建模和模拟的目标

　　多尺度建模是探索大量新技术可能性、实现纳米科学研究创新的关键。这对识别有前景的构想并将其融入实践技术乃至纳米制造都是至关重要的。尽管更高速的计算机和更好的计算方法很重要,但我们面临的真正难题是如何开发新的概念框架和建模框架。将原子物理和原子化学纳入纳米结构,然后将其用于提高复合材料和集成式纳米系统性能,并最终融入实验人员和产品设计者所使用的语言,这一过程的实现必须有新的概念模型作为支撑。新理论将为多尺度建模提供一个计算框架,此外还能提供一个知识框架,作为领导层和工作人员之间的联系纽带。尽管现在已有一些多尺度建模的实例,但我们的目标是在纳米技术各领域实现"原子应用建模"。

　　多尺度建模应为下列研发提供支持:

- ·利用自组装的程序化材料
- ·过程和自下而上组装模型
- ·能够容纳数十亿个组分并容许缺陷和失序问题的系统级设计模型
- ·结合 TM&S、纳米信息和专家系统的设计方法
- ·纳米制造:包括纳米材料、纳米设备和纳米系统以及建模过程中的变化和可重复性

　　该领域的长期目标是研发真正的多尺度模拟,需要在不同尺度中采用不同方法,以及自动尺度上推(将基础的较低尺度信息推进至较高尺度)和尺度下推。所采用的方法取决于系统中的原子数量($N$)。因此,只有当相应区域靠近反应区域且反应能够进行时,自动模拟才能通过第一原理方法真实地表现表面催化反应。要解决这些问题,需要通用数值计算方法进行自动尺度上推和下推,并解析相关的时空尺度。

### 1.3.2　纳米材料预测性设计的目标

　　过去十年的研发进展提出了通过模拟实现真正预测性设计的可能性。其目标是通过重叠层次方法连接粗细尺度,从而实现预测性设计的实际应用。实现预测性材料设计,并使精确度达到能够取代大部分实验的程度,这在未来十年触手可及,但前提是必须精心选择问题、持续努力研发所需的新方法并获取足够的行业资料,根据纳米制造的关键需求指导研究。面对这一挑战,TM&S 将需要:①提高计

算能力；②改进计算基础设施；③提供关键的实验资料；④了解如何解决材料的缺陷、失序和变化性等问题。

### 1.3.3 计算和基础单元模拟的目标

计算能力必须能够更精确地解决更大的问题。以使用 Hartree-Fock 方法处理电子结构为例，该方法的计算能力需要比 DFT 模拟高 100 倍。假设采用线性标度方法，10 nm 量子点的电子结构计算需要使计算能力增加约 10 000 倍，其中一部分可通过改进计算硬件实现，但其他部分必须通过改进数值计算方法才能实现。

在过去十年中，计算能力增加了 1000 倍；未来十年的目标是在此基础上再增加 1000 倍。GPU 将把高性能计算引入台式计算机，并将适当的超级计算机计算引入集群，使其推动计算纳米科学发展，并为理论家和实验者提供更高的计算能力。这对多核 CPU 中并行运行的应用程序来说意义重大。此外，凭借成本相对较低的 GPU，顶级计算机将能够采用带有 GPU 的多核计算节点来加速节点计算，从而使其融入高性能计算结构。为了实现计算能力增加 1000 倍这一目标，我们将需要研发新计算硬件、新理论方法以及数值计算方法。

计算能力可同时加速理论和实验研究的进展，因此努力普及计算和模拟，并使新计算能力为以解决问题（而非计算）为主要任务的人员所用十分重要。例如，为了支持计量学和计算之间日益紧密的联系，高性能计算必须达到普及并具有用户友好性。

作为支持纳米技术发展的调研工具以及多尺度模拟的组成部分，模拟技术必须进行改进。例如，必须提高 *ab initio* 电子结构计算和分子动力学模拟的精确度和速度。为了探索新硬件的能力，许多完善且使用广泛的现有代码将需要重写。

### 1.3.4 困难

纳米技术整体以及多尺度/多现象建模发展所面临的一大挑战是在纳米科学和工程学领域中不同学科之间建立长期对话。纳米专家需要从其他领域专家那里获取相应知识，而这一过程要耗费相当长的时间。一般的投资模式通常强调短期成果，因此很难达到这一长期目标。专业知识在全球呈分散分布也是我们面临的一大障碍，同时存在于 TM&S 团体内部及其与实验者共同寻找多尺度问题解决方案的过程中。

科学研究和工程学研究通常是彼此分离的，这为纳米技术的发展带来又一障碍。这样可能使研发人员错失开发新技术的机遇，也可能导致无用结果以及投资回报低的情况。为了实现纳米技术的承诺，必须将科学知识和应用融入应用驱动的研究，从而应对已知的重大挑战。

此外，教育体系的传统部门划分也是一大障碍。目前新的教学材料已在开发过程中,以向学生们、执业工程师和科学家们传授纳米技术原理为目的,但大部分仍是传统教育方法的延伸。要发挥纳米技术的变革潜力,教育者们必须转换思路,从"纳米技术"角度来考量各学科领域的知识基础,使学生们具备广泛概念的科学基础知识,激发他们的创造力,从而推动纳米技术的发展。教学计划应真正实现各学科的融合,同时使学生们在单一学科中的学习达到一定深度,使其具备多学科团队成员的专业素质。随着计算技术日益复杂,培养具备高新专业知识、数值算法、并行计算以及探索 GPU 芯片等未来计算技术能力的新一代计算纳米科研人员已是势在必行。

### 1.3.5　解决方案

要达成上述远大目标,未来十年我们必须专注于四大关键领域。

#### 1.复合材料以及集成式纳米系统的多尺度建模和模拟

为什么要关注这一领域? 塑造纳米物质属性,实现人类尺度的设备和系统是纳米技术的一大愿景。为实现这一愿景,纳米科学理论家和分析师们必须研发解决多尺度模拟问题的新概念框架、跨时空尺度的新数值计算方法以及全新预测性多尺度模拟技术。TM&S 技术将帮助科研人员识别具有技术潜力的构想,并为实验工作奠定基础。

为什么势在必行? NNI 计划的第一个十年已使我们对纳米基础单元有了更深入的了解。我们越来越深刻地认识到,了解集成式纳米系统远远不止原子和纳米级元件这么简单。TM&S 技术将向大型系统推进。纳米科学领域不断涌现出新的构想,因此无法通过实验方式逐一进行深入探索,势必将由越来越多的预测性模拟取代大部分实验。

发展战略:尺度上推和尺度下推(自上而下与自下而上)方法与人员相结合。这两种观点在多尺度建模和模拟的统一概念和计算架构开发过程中都必不可少。此外,还需要支持团队来协调应用开发人员与计算专家的合作,实现行业与学术界的融合。

推动因素:应用发展的推动因素包括药物发现、催化设计、有机光伏材料、电池、程序化材料、片状颗粒、新逻辑开关研究、变革性热电技术等。

#### 2.纳米技术基本原理和数值计算方法

为什么要关注这一领域? 未来十年的工作重心必须转向更复杂的大型系统,与此同时,我们对相关过程和元件的基本了解仍有欠缺,这一点也不容忽视。此外,我们还需要研发的新计算方法,因为仅仅改进硬件性能是不够的。

为什么势在必行? 在过去十年中纳米技术取得了长足进步,但分子传导、从量子力学到经典力学的过渡、范德华键合面热传导等领域的知识仍显匮乏,因此需要更多有效的计算技术(例如,实现多尺度模拟中的自动尺度上推和下推。)

发展战略:对个人和汇集实验者、理论家和计算专家的小团体进行有针对性的投资,以解决需要进一步了解的关键领域问题。

推动因素:基础研究应侧重于获取纳米技术发展所需的知识,有效解决能源、环境和健康方面的重大难题。待解决的 TM&S 技术问题包括增进多体效应、弱相互作用、分子系统和范德华键合面的热耗散、自组装的工作原理以及提高模拟速度和精确度并实现计算机尺度上推与下推的数学理论等方面的了解。

3. 普及高性能计算

为什么要关注这一领域? 缩短 CPU 的执行时间有助于实现高端计算的普及,从而提高理论家、实验者、设计师和教育者们的计算能力。

为什么势在必行? CPU 方面的进展(例如,多核配置和图形处理单元)逐渐使高端极端成为主流研究实践的一部分。精密仪器需要采用嵌入式模拟技术。纳米技术还将需要新一代的设计和制造工具。强大的脚本平台使理论与模拟之间的界线不再泾渭分明。

发展战略:增强脚本平台计算能力、开创并支持开放源代码科学研究、探索信息基础设施和云计算以放宽计算使用条件、建立为高端用户提供“终端站”服务所需的超级计算机/软件设施。

推动因素:第 1.4 节中的计算终端站概念将在国家实验室-大学合作的推动下解决科学和计算领域的重大难题。科研人员应着力探索信息基础设施和科学途径,普及模拟工具的使用,实现实验者和计算专家之间的合作。

4. 纳米科学、工程学以及计算纳米科学的教育

为什么要关注这一领域? 执业工程师和科学家们以及新一代工程师和科研人员将学会如何通过学习和应用纳米科学提供的新能力进行技术改造,随着这一过程的推进,纳米技术的承诺将得以实现。

为什么势在必行? NNI 计划的第一个十年大大增进了我们对纳米现象的理解。尽管新教材开始出现,但目前我们所使用的教材仍局限于传统,将纳米科学归类于“附加内容”。因此,我们需要一个大胆的计划,重新考量独立科学领域的知识基础,开发融合各学科知识并打破学科界限的新教材,给学生以启发,使他们具备推动纳米技术发展的能力。

发展战略:由 TM&S 专家和实验者组成的支持团队改造材料科学、电子学、光子学、生物医学工程、化学工程和化学等各领域的课程。这些团队编制的教材应作为“开放课件”资源,帮助学生自学,为全球纳米技术教学树立典范。此外还应为

学生制定培养计划并不断改进,帮助他们学会使用领先算法和新计算架构的科学计算技巧。

推动因素:从研究中诞生的新知识应推动新知识机构和创新教材发展,为纳米技术提供支持。

# 1.4　科技基础设施需求

以传统来说,TM&S 基础设施指顶尖超级计算设施,但 TM&S 的基础设施需求却不仅此。在过去十年中出现了所谓的信息基础设施,并由此创造了新技术,满足了一系列重要需求。顶尖超级计算机日益重要,但缺少必要的接入模型。计算方法、数学库、社会科学代码等元素都是 TM&S 基础设施的重要组成部分,这一事实却往往被大家忽视。因此,我们应该考虑建立专注于纳米科学向纳米技术转化所需专业知识的新型机构。

## 1.4.1　信息基础设施

信息基础设施通过“TeraGrid”、“开放科学网格”和“nanoHUB. org”等网络项目和措施推动了纳米技术的研发,证实了自身的重要作用。在未来十年,信息基础设施的重要性将在下列领域日益凸显:

· 测试和验证数据库(例如,用于原子间相互作用势和赝势)
· 推广新的研究方法和软件
· 为实验者和教育者提供更多在线模拟服务
· 传播跨学科和新教育资源
· 人力发展和在职培训(例如,GPU 芯片的并行编程)
· 理论家和实验者合作研究
· 计算工具从学术界到业界的传递

计算纳米技术网络 nanoHUB(http://www. nanoHUB. org)是彰显信息基础设施实力的一个典范。软件开发平台与云计算技术的结合(例如,Rappture 工具包: https://nanohub. org/infrastructure/rappture/)使计算专家能够与合作者或纳米技术研究教育团体进行广泛的工具共享。除软件代码之外,还可通过 Web 浏览器提供现场模拟服务。通过模拟服务与纳米技术培训教育资源相结合,一个主要的国际资源得以开发,每年服务客户超过 150 000 人。在未来十年中,更广泛、更富创新性的信息基础设施应用将进一步增强 TM&S 技术对纳米科学和纳米技术发展的影响。对计算科学和工程信息基础设施进行持续投资将是实现这一潜力的必要条件。

## 1.4.2  超级计算基础设施

美国国家科学基金会(NSF)的 TeraGrid 项目和开放科学网格为科研人员提供了高性能计算服务，与此同时，美国国家实验室使顶尖超级计算可通过竞争过程得到使用。这些设施已为计算纳米科学家们提供了便利。未来的超级计算设施必须能够满足计算纳米科学家们的需求。

在这一十年即将结束之际，顶尖计算已达到千万亿次，亿亿级超级计算机的成本仍居高不下，因此只有少数大型企业有能力使用该类计算设施。目前已有许多供实验者使用的用户设施。这些用户设施的运作模式是由美国联邦赞助机构建立并管理用于提供独有高端资源的核心设施，然后由用户团体(包括其他联邦机构、学术界和业界的科研人员)建立并维护提供利用资源所需专用仪器的"终端站"。例如，由美国能源部(DOE)管理散裂中子源，包括散裂中子源、储存环、目标楼宇和多个核心工具，通过由 NSF、NIH 和业界独立或联合建立的终端站向研发人员提供中子源。[①]鉴于顶尖计算设施的成本和难度，应采用日益普及的用户设施/终端站模型。这一概念已为美国能源部的国家计算科学中心橡树岭国家实验室所采纳，目前纳米材料科学研究中心(CNMS)正在与橡树岭计算机科学和数学部的计算机科学家们合作开发一个纳米科学终端站。该类设施的普及将解决纳米技术计算领域的重大挑战。

## 1.4.3  方法开发

超级计算机设施已获得大量投资，但新计算方法的系统开发却未引起足够重视。例如，为了开拓 GPU 芯片的功能，TM&S 团体的许多现有模拟代码都需要重写。因此需要优化数学库。在美国的物理、材料和化学科学的资助模式中，研发人员所得资金的主要用途是解决科学问题，而非开发计算软件和数值计算方法。对于预测性材料模拟和多尺度建模领域来说，方法开发至关重要且需要长期投资。目前已有大量资金投入理论和模拟研究，但仍缺乏良好的资助机制引领新方法研究实现计算领域的真正突破。数值计算方法和算法以及开放源代码应被视为 TM&S 关键基础设施的一部分，有效利用这些资源的教育教学也应同等视之。

## 1.4.4  针对特定问题的机构

针对特定问题的机构对于有效解决纳米技术重大难题来说具有重要意义，该类机构汇集了业界和学术界、TM&S 技术实验者和专家、科学家以及技术人员。参与者们会在这些机构驻留一段时间。拥有不同专业知识和经验的人员共同协作

---

① 能源部用户设施概况请查阅 http://www.er.doe.gov/bes/brochures/files/BES_Facilities.pdf.

研究同一个问题将加速纳米科学向纳米技术的发展。

### 1.4.5　专注模拟驱动研究的虚拟研究院

问题驱动研究机构专注于解决具体问题,TM&S 专家在研究者和应用设计师团队中负责协助工作。此外还应考虑建立由 TM&S 专家指导的第二种机构形式。在该类研究机构中,由实验者和应用设计师指导的理论家和建模与模拟专家团队负责计算评估具有潜力的新技术并构造原型。其目标是为后续实验工作奠定基础,该类工作同时还会推动多尺度建模和模拟能力的发展。

# 1.5　研发投资与实施策略

在未来十年中,下列领域将需要大量持续(或恢复)投资:

· 解决纳米科学基础知识问题的首席研究员(PI)驱动研究。

· 小型跨学科研究小组。为确保多学科团队获得成功,应对其恢复长期连续性支持。

· 大型重点问题研究中心和专注于解决复合材料与集成式功能性纳米系统难题的研究机构。

· 同样致力于解决重大难题并为后续实验计划奠定基础的大型问题驱动以及模拟驱动研究机构。

· 计算方法研究,包括开放源代码、新计算架构的算法等。应格外重视有针对性的方法,包括专注于探索全新多核和图形处理器架构能力以及修改广泛使用的社区代码以充分利用这些新能力。

· 普适化模拟(快速、用户友好、精确、可靠、从实验室代码向社区代码过渡,用于计算专家以及其他人员所需的研究和教育)。非专家使用的用户友好软件需求将显著增加,用以支持设计和纳米制造。

· 促进大学-业界合作和国际合作的策略。

· 支持普适化计算、合作和模拟服务、研究方法、社区范围数据库、教育资源等传播的信息基础设施。

# 1.6　总结与优先领域

过去十年,纳米科学以及纳米科学的理论、建模和模拟技术均取得了许多进展。特别值得一提的是,有关纳米基础单元的理解和模拟能力有了大幅的提高。目前基础工作业已完成,理论、建模和模拟技术研究的当务之急是解决如何将纳米科学的进展转化为纳米技术的问题。为解决这一难题,TM&S 技术团体必须以原子到应用的多尺度/多现象模拟为工作重心。该类多尺度框架将充分利用针对特定尺度的模拟（例如量子化学、分子动力学、电子传输等）、代码，因此，对纳米基础单元和计算方法基础研发的支持不容忽视。

未来十年的三大优先工作包括：

• 以团队为单位的应用驱动 TM&S 研究，旨在为能源、环境、健康和安全等方面亟须解决的难题寻找解决方案。与其密切相关的目标应为着力开发多尺度建模和模拟中广泛适用的概念与计算框架，而非针对特定问题的临时解决方案。优先应用包括材料和程序化材料的预测性设计以及复杂的大型纳米系统的设计和制造。

• 以提出新实验建议以及探索和阐释新纳米科学领域为核心任务的纳米科学基础研究。

• 计算和数值计算方法研究，目标是使问题的尺度增加 $10^3 \sim 10^4$ 倍，并可通过探索新计算架构的能力以及设计改进数值算法进行模拟。这些发展将引领模拟、计算机测试和复杂纳米系统的设计，打造出第三代和第四代全新纳米技术产品（请参阅"纳米技术的发展远景：美国国家纳米计划（NNI）十年"图 6）。

# 1.7　更广泛的社会影响

纳米科学的承诺是挖掘其开发新技术的潜力，解决人类社会在能源、环境、健康和安全方面所面临的重大挑战。如后续章节中所述，TM&S 技术在建立纳米科学认知和开发新技术过程中通常起辅助作用。使用 TM&S 技术可缩短设计周期，并扩大纳米技术对社会的影响。在未来十年，TM&S 技术还有可能在纳米技术的发展中发挥主导作用。预测性模拟有望大大加快催化设计和药物发现等领域的研发。如果预测性设计的这一承诺能够成为现实，其对社会的影响将是不可估量的。扩大多尺度/多现象模拟的使用还会影响到技术发展的方向。纳米科学为新技术的诞生带来许多可能性，但其产生的潜在技术路径数量庞大，无法通过实验——探索。TM&S 技术有望实现潜在技术的快速探索和评估，并在此基础上引导后续实验工作。通过这一方式，TM&S 技术将会扩大纳米技术对社会的影响。

曾有人说"计算的目的不是为了获得数字，而是洞悉数字背后的意义"[44]。模拟与强大的人机界面和可视化技术相结合可促进公众对纳米科学及其造福社会潜力的认知。除此之外，在计算工具开发过程中形成的见解和认知可能在教育教学方面具有极其重要的意义。在 TM&S 研究推动下诞生的全新纳米科学和技术认知方法将有望重塑教育模式，其深远影响将遍及大学、大学预科以及大学毕业后的各级学生。

# 1.8　研究成果与模式转变实例

### 1.8.1　定量模拟与分子电导预测

联系人：J. B. Neaton，劳伦斯伯克利国家实验室；L. Venkataraman，哥伦比亚大学；S. Hybertsen，布鲁克海文国家实验室

通过分子级物质了解并控制电子流动对实验和理论提出了根本性挑战。十多年来，研发人员致力于捕获单个分子并将其"串连"进电路，以及研究能想象到的最小单一电子元件的电子输运属性。该类研究实验的一大难题是如何以可重复的方式组装这些器件，解决这一难题需要精密控制分子和引线之间的电接触或"鳄鱼夹"，而这些分子和引线的尺度超出目前表征实验技术的分辨极限。该类研究的理论挑战是对原子尺度结构的可能分布进行建模，并计算通过该类结的电子输运——从根本上来看这是一个非平衡问题。实验和理论的最终目标是阐明电子学输运的不同基本机制，以及发现支持显著非线性电响应的分子结构，例如开关。

由于分子结电导性从根本上源于单分子尺度的电子学隧穿过程，预测性理论需要结中所有原子的平均位置，当结处于偏置电压下时，还需要键合和电子能级的一致性描述。十年前，用于计算电导性的原子论第一性原理方法尚处于起步阶段，该类方法建立在密度泛函理论（DFT）基础上。尽管仍存在许多问题，但该领域的最新进展已得出了能够为纳米尺度传导提供可靠预测的理论。研发人员对这些理论与一系列分子的精确表征实验进行了比较，其中胺链提供了可靠的单分子电路构造以连接金电极[5,6]。特别值得一提的是，即使是在线性响应的情况下，使用交换关联标准近似静态 DFT 不足以计算电导和电流，因此将关联效应直接纳入结电导是关键，例如采用全新的实用的第一性原理方法 DFT＋Σ[3]。

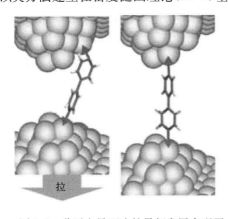

图 1.6　分子电导理论的最新发展实现了分子结定量模拟。理论结合实验表明，在联吡啶-金结构分子结中，只需推动分子结便可实现"打开"或"关闭"[4]

以探索单分子电路新功能为例，据最新实验表明，在金-联吡啶-金结构中，只需通过推拉分子结便可以机械方式在两种状态之间进行转换（图 1.6）[4,45]。研发人员采用 DFT＋ 方法精确计算出电导率，从而确定电导转换是由氮苯-金连接结构可控转变引发的。这些进展及相关进展提高了分子电导探索实验的可重复性和模

拟的预测性,相较于十年前有了长足进步。

### 1.8.2 控制量子点中的单个电子

联系人：Michael Stopa,哈佛大学

量子点在半导体异质结构中可用作人造原子,该结构的状态可通过金属栅极、源极和漏极触点上的电压偏置以及外部磁场进行控制。这些点代表固体内部的孤立电子池,可成组形成,通常会产生二维排列的人造分子,但不局限于此。在过去十年,量子点的理论和建模已经取得了重大进展,目前能够进行下列现象预测：①二极管等单电子器件[46]；②人造分子电子结构[47]；③可能实现的量子计算[48]。所有这些应用的主要目标是制备、操纵和测量一个(或多个)量子点的一个(或多个)电子状态。

早在 21 世纪初,半导体量子点的发展已经达到单点上的电子数量可以调为1,然后到 0,并可反复进行的程度。试验包括测量流经量子点的电流,并使用源极-漏极偏置、栅极上的外部电压和磁场改变电流。人造原子中的电子状态控制主要通过库仑阻塞现象实现,而向量子点增加电子需要通过改变栅极电压或源漏电压来提供单电子充电能。

该领域取得了两大进展(均通过实验-建模紧密合作证实),增强了该类系统的控制。第一,"收听"器件的使用得以完善,主要为微型可变电阻,可感知附近量子点上的单电子电荷[49]。第二,发现并证实了泡利阻塞现象,即同一自旋中的电子无法占据相同的空间状态(图 1.7[50])。这两个现象以及用于促使电子在量子点复合物之间隧穿的栅极控制使量子点单电子态或多电子态的精确探测(包括自旋信息),以及该类电子态的演化过程探测得以实现。不同顺序的量子态(量子计算的基础部分)制备-演化-测量亦得以完善。

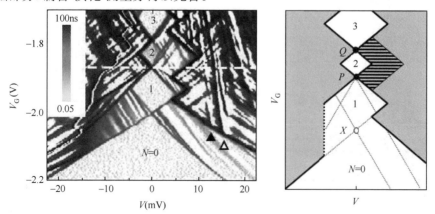

图 1.7 "库仑菱形"稳定图显示了在栅极电压和源漏电压作用下流经双量子点的电流。在该图中,电流较小时,特定电荷态稳定(菱形图中的标记 1、2 和 3)。在双电子量子点右侧的延伸区域中,特定自旋态(双电子单重态)为稳定的基态[50]

虽然我们距离可扩展量子计算的最终目标及其对若干问题解决方案的推动作用仍很远,但我们已向着这一方向踏实迈进。除此之外,这些进展中的多体问题、电子和核子的相互作用以及多体系统的相干依时性行为也引起了极大关注。

### 1.8.3　纳米孔 DNA 测序中的电子识别

联系人:A. Aksimentiev,伊利诺伊大学厄巴纳-香槟分校;G. Timp,圣母大学

高通量 DNA 测序技术为我们提供了有关各种人类基因组结构以及基因组序列常见变异的宝贵信息。然而迄今为止,全基因组测序的高成本阻碍了这一方法在基础研究和个人医药领域中的广泛使用。采用纳米孔进行 DNA 测序可通过电子测量直接读取 DNA 链中的核苷酸序,从而大大降低测序成本[51]。

首批试验通过采用脂质双层膜中悬浮的生物通道(α 溶血素)证实了纳米孔 DNA 测序的可能性[52]。纳米加工技术领域的最新进展使在合成薄膜中制造纳米孔这一构想得以实现,提供了超卓的机械稳定性,并实现了与传统电子器件的集成。但是,如何使用这种纳米孔读取 DNA 分子序列仍存在问题。

研发人员使用分子动力学模拟作为计算显微镜,为 DNA 测序设计出若干可行策略[53-55]。图 1.8 中显示了其中一种方法。该方法的关键部分是电容器薄膜中的纳米孔。电容器薄膜由两个导电层构成(掺杂硅),其间隔有一层绝缘体(二氧化

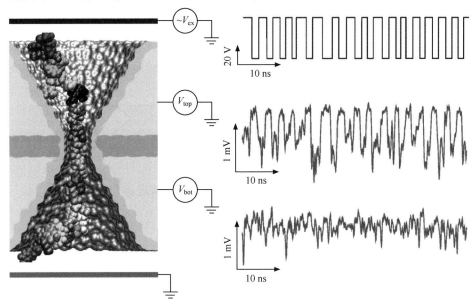

图 1.8　DNA 分子在外部电场的作用下穿过多层结构半导体膜上的纳米孔。根据电容器中静
电势的变化记录 DNA 分子的核苷酸序列[54]

硅)。施加外部电偏压,使其穿过薄膜推动单链 DNA 在纳米孔中来回穿梭,由 DNA 运动诱导的电势分别记录在电容器薄膜的上下层(电极)中。另一种有待验证的测序方法旨在探索双链 DNA 的机械属性,使 DNA 分子能够穿过直径小于典型 DNA 双螺旋结构的纳米孔[55]。原子尺度模拟是否能够提供合成纳米孔中 DNA 构象的逼真图像,并将该类构象与实验测得数量相关联对于该类测序方法的开发来说十分重要。一旦在技术上实现,纳米孔 DNA 分子测序将能够为各学科的实践科学家们提供一种成本适中的研发工具,并使全基因组测序成为一种常规筛查和诊断方法,为个体化医学的发展开辟道路。

### 1.8.4　自旋转移矩(STT)器件的建模和模拟

联系人:Sayeef Salahuddin,美国加州大学伯克利分校;Stuart Parkin,IBM Almaden 研究中心

十年前,改变磁体磁化方向的唯一途径是施加外部磁场。1996 年,Slonczewski 和 Berger 分别预测到通过自旋极化电流可能改变纳米磁体的磁化方向[13,14]。这一方法的核心概念是,当自旋极化电子穿过纳米磁体时会转移自身的自旋角动量,从而使磁体的磁化方向发生改变,与自旋极化方向相一致。随后,康奈尔大学的 Ralph 和 Buhrman 研究小组[15]通过实验证明了这一预测,其实验结果目前已被视为非易失性高速存储器(通常称为通用存储器)的候选技术。

尽管如此,我们对器件物理学的理解仍停留在起步阶段。例如,最近研发人员刚刚实现了转移至磁体的自旋角动量(即自旋转矩)的直接测量。自旋转矩在很大程度上取决于器件的几何形状以及电压和磁场等外部刺激。近期的一种模拟方法以简单方式对适用于现有器件设计的基本物理机制进行了解释[56]。这一方法采用一个自由电子模型,并由绝缘材料作为隧穿势垒对铁磁体进行建模。磁隧道结的这一描述由来已久;这一方法的进步之处在于采用了实验装置较大截面上所产生的横向模式,并且可以对所测得的转矩依赖性进行定量解释。

STT 器件是一个独特的例子,TM&S 技术对 STT 器件开发过程中从最初构想到材料优化的每个步骤都起主导作用。该领域的最新进展为我们提供了可用于分析实验和设计器件的定量工具。STT 器件目前还推动了一类新器件的研发,该类新器件只需施加电场便可改变磁化方向(图 1.9)。使用电流改变磁体状态对于电子器件来说是一种新范式。

### 1.8.5　基于 DNA 连接的金纳米粒子和聚合物的新材料:理论视角

联系人:George C. Schatz,美国西北大学

由 DNA 连接的纳米粒子、聚合物或分子衍生的类胶体材料是最近 15 年中出现的一类新材料,是合成方法取得的新进展,包括使用指定碱基对序列进行寡核苷

酸常规合成以及通过化学方法将寡核苷酸标记至金属粒子(通常为金或银)或有机分子的能力。该类材料的研发还经过理论和计算模拟。图 1.10 为该类材料的图解,左侧为 DNA 功能化金纳米粒子,右侧为相应的 DNA 连接的金纳米粒子。

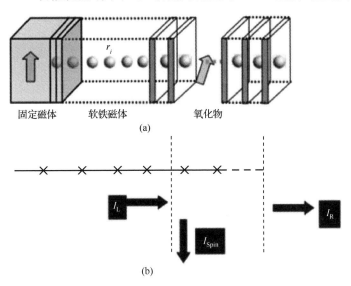

固定磁体　　　软铁磁体　　　氧化物

(a)

(b)

图 1.9　(a)STT 器件图解。两层铁磁体中间夹有一层绝缘体。固定磁体的磁化方向不发生变化。另一方面,软铁磁体的磁化方向可通过施加自旋极化电流进行改变。(b)基础物理机制的简单描述。软铁磁体左右面的自旋角动量差被磁体本身吸收,从而改变磁化方向,使其与自旋极化方向一致[56]

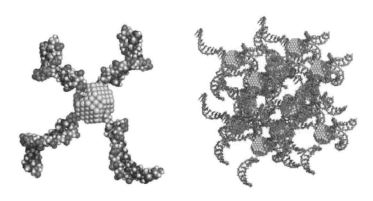

图 1.10　左面板:DNA 功能化金纳米粒子的理论模型;右面板:DNA 连接的金纳米粒子晶体模型[57]

该类材料通过光学和电学方法迅速证实了其在 DNA 和蛋白质检测中的有效性,而最近将功能化纳米粒子用于治疗应用也引起了人们的关注,如小干扰 RNA

输送。除此之外，随着 DNA 连接粒子时会产生结晶而不是无定形结构，以及该类结晶性材料的属性会随不同的 DNA 长度、碱基对序列以及纳米粒子的大小和形状发生极大变化这一最新发现的出现，新一代 DNA 修饰材料化学开始崭露头角[58]。

理论家们对该类材料的属性表现出极大的兴趣，但其结构过于复杂，导致预测该类属性的工作挑战重重。首个 DNA 修饰金纳米粒子聚集体于 20 世纪 90 年代中期成功合成，然而，人们很快便发现该类材料的热熔(去杂化)转变与溶液中相同 DNA 结构的相应转换大相径庭。DNA 修饰聚合物中也发生了相同的情况，但并非所有 DNA 修饰的结构都存在这一现象。从这一工作延伸出大量理论模型的研发，这些模型大致可归为两类：一类是将问题视为经历大量相变的聚合材料，另一类则将其视为由多个 DNA 结构连接的聚集体中成对粒子协同熔化。

对分别观察这两种不同机制的关注激发了更多实验以及新类型材料的研发，包括：①能够在不发生解链的前提下实现部分熔化的 DNA 结构；②PNA/DNA 修饰材料(PNA ＝ 肽核酸)；③最新发现的 DNA 修饰分子二聚体(两个有机分子由三个 DNA 纳米粒子连接)。二聚体实验明确显示可能发生协同熔化，而一项基于新研发的 DNA 粗粒度模型的分子动力学研究[57]对该类实验进行了解释，表明了熵释放的结构刚性对于产生协同效应的重要性。理论也为 DNA 修饰纳米粒子晶体的研发提供了推动力。

DNA 功能化以及 DNA 修饰粒子的结构特性也十分出乎意料。例如，可通过巯基交联剂与金粒子相连的单链 DNA 的最大密度极高(相较于 DNA 功能化硅粒子或 DNA 功能化金平面)，而且其密度取决于粒子直径，直径最小的粒子是密度最大的。此外，DNA 长度(固定在单个金粒子上或通过杂交组织化学与两个粒子交联)明显小于传统的 Watson-Crick DNA，研发人员提出该类结构中的 DNA 结构为 A 型的可能性大于 B 型。尽管利用原子分子动力学模拟为这些特性建模的技术已取得一定进展，但仍存在一些未解决问题限制着目前模拟技术的发展。

### 1.8.6　纳米生物传感器的性能极限与设计建模

联系人：Muhammad Alam，普渡大学

基于硅纳米线(Si-NW)、硅纳米悬臂梁、碳纳米管(CNT)复合材料的生物传感器能够保证实现生物大分子的高灵敏度、动态、无标记电子检测，未来有望应用于蛋白质组学和基因组学研究中[21,59,60]。在一个并行阵列配置中，每个像素(传感器)可首先通过特定的捕获分子进行功能化。一旦分析物分子被引入传感器阵列，将仅为带有互补探针的像素捕获。其配对表现为导电性(DG)或相应像素谐振频率(dw)(悬臂式传感器)发生变化。配对前后电导率的差分图可识别出分析物中存在的分子。

如前文所述,纳米生物传感器的基本功能十分直观,并且经过众多研究小组的广泛验证[19,61-64]。目前的主要挑战包括:①使用纳米生物传感器检测分析物浓度的最低检出限(目前从纳摩尔到飞摩尔的估计各不相同);②高灵敏度生物传感器的适当设计(作为直径、长度、掺杂以及流体环境等的函数);③传感器技术的选择性限制(即避免误报的能力)。在过去几年中,有一新的理论框架问世,这一框架能够系统地解决上述问题,并且能够为看似矛盾的数据给出一致性解释。在这方面,"几何扩散"、"筛选受限反应"和"随机顺序吸收"的理论概念为理解生物传感器作出了重要贡献。

为解决纳米生物传感器(给定的测量窗口)的首要问题,即最低检出限,可采用一个基于反应扩散理论的简单分析模型预测纳米生物传感器和纳米化学传感器的平均响应(沉淀)时间($t_s$)与最低检出浓度($r_0$)之间的权衡关系。该模型[22]预测出一个比例关系 $\rho_0 t_s^{M_D} \sim k_D$,其中的 $M_D$ 和 $k_D$ 是 1D(平面)、2D(纳米线/纳米管:NW/NT)和 3D(纳米点)生物传感器的维度相关常数(参见图 1.11)。令人惊讶的是,该模型表明,NW/NT 传感器灵敏度提高并超过平面传感器并不是几何形状的静电造成,而是几何扩散。该模型还预测,一些研究小组所提出的"飞摩尔"检测理论可能性在实际操作中对于任何实际测量时间来说都是难以实现的。

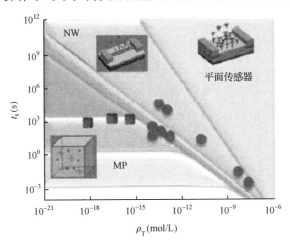

图 1.11　生物传感器响应的相位空间。相较于纳米线(NW)传感器(NW-蓝色边界),典型的平面传感器由于具有不同的散射特性,因此需要更多时间($t_s$)来检测给定的分析物浓度($\rho_T$)(平面-NW 边界)。一般而言,磁性粒子(MP)生物条形码传感器灵敏度提高的表现为根据分析物体积分散"传感器",减少扩散瓶颈。图中的符号代表着不同来源的实验数据(来源:NW,Zheng 等[64],Gao 等[61],Stern 等[63],Kusnezow 等[62],Li等[19],MP,Goluch 等[65],Nam 等[66],Nam 等[67])

高灵敏度纳米生物传感器静电设计的第二大问题是,筛查在支配生物传感器响应中发挥着重要作用，而且生物传感器的灵敏度是掺杂剂、设备几何和流体环境的一项非平凡函数[68]。例如，简单静电计算表明，减少掺杂剂可以改善电导率调制（来自原生质的吸附电荷），而设备到设备的随机掺杂波动可能导致该类低掺量传感器的操作难以驾驭且成本高昂。

最后，在捕获分子的随机顺序吸收框架中，灵敏度问题得以理解[69]。鉴于 RSA 表面覆盖率的理论最大值为 54%，可以证明由远小于目标分子的分子（例如 PEG）进行长时间孵化和表面钝化是实现高选择性的唯一可行方法。上述所有预测现在均已通过实验得以证实。

### 1.8.7　纳米流体有序固态的一级相变

联系人：Peter T. Cummings，范德堡大学/橡树岭国家实验室

当我们将机械器件尺寸缩小至纳米级尺寸时，例如硬盘驱动器，读出磁头与旋转盘片之间的距离已经小于 10 nm，并且还将成指数缩小，因此，该类系统的润滑成为一个越来越迫切的问题。有些实验已经表明当表面之间的距离限制流体变为纳米级时，典型的润滑液会变为固体，从而导致润滑液失效，而其他试验则对此结果持否定观点。二十多年来，有关流体的纳米级限制是否会诱发有序固态一级相变的问题一直是纳米科学领域的一大争议。

纳米限制影响的核心争议是无法通过实验直接观察流体受到纳米限制时的结构变化。要解决这一问题，可以采用模拟实验系统的分子模拟。在该模拟中，两个分子级光滑的云母表面浸入待研究的流体中，并逐渐分离到几个纳米的间距。这一模拟同时还可进一步了解这一复杂行为下的原子级结构变化。研发人员早在 21 世纪初便开始尝试这种模拟方法，他们采用联合原子（UA）方法研究云母状表面的正十二烷（$C_{12}H_{26}$）纳米限制，并发现了分层有序结构和人字形有序结构的一级相变。这些模拟尽管提供了有关纳米限制的宝贵见解，但是仅基于简化假设（由可用计算资源驱动），尤其是云母表面的描述。随着计算硬件和算法的重大进展，这些缺点已经得以克服，并且精确到了原子级。目前的分子动力学模拟[70,71]能够以前所未有的方法忠于相应的实验系统，并且能够为相变的存在提供强有力的支持证据。

主要结果请参阅图 1.12。特别值得一提的是，模拟结果表明在充分限制的条件下，一系列流体（从直链烷烃到环烷烃）会发生相变，变为分层有序的固体状结构。

该项工作的重大发现是，即使流体为非极性（或极性极弱），仍然存在促进液-固体转变的流体与云母中的离子之间的静电相互作用——早期模拟由于所采用的简化模型不涉及静电相互作用，因此忽略了这一点。

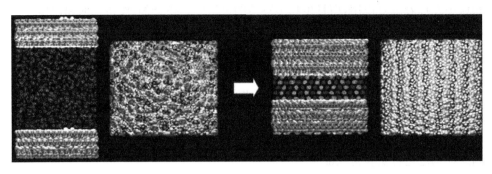

图 1.12　在充分的纳米限制下,环己烷迅速转化为分层和六角形排列的固体状结构。在配置中,左侧显示了云母片且环己烷呈棒状,因此很容易看清受限流体;自上而下观察,不含云母的全尺寸受限流体位于右侧。环己烷分子(氢为白色,碳为深浅不一的蓝色)被染成深浅不一的两种蓝色,因此所得出的顺序一目了然[71]

### 1.8.8　通过数百万原子模拟进行单杂质计量

联系人:Gerhard Klimeck,普渡大学;Sven Rogge,荷兰代尔夫特理工大学

在过去四十年中,电子器件的发展一直沿着摩尔定律(每一代技术的芯片集成晶体管数量增加一倍)前进,达到了原子尺度器件、大功率密度以及经济扩展的极限。要继续推动计算能力的发展,必须有一个新概念。十年前,Kane 提出了基于硅中各种磷杂质类氢量子态的量子计算机[72]。量子比特(qbits)将被编入各杂质的量子态和相关电子,并通过近端电子栅极进行控制。这一概念建立在已知的大量概念基础上,但目前有关栅极控制供体的理论或实验仍是空白。

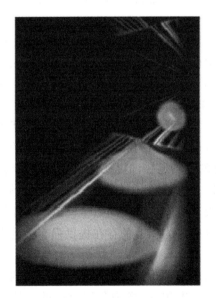

图 1.13　单杂质在纳米级晶体管的电导光谱中占主导地位。测量所得的库仑菱形之一显示在背景上,单杂质与三个不同的 date-field 单电子波函数相关联(继 Lansbergen 等[73]之后)

早期的氢模型诞生于墨尔本大学(UM),随后许多学者据此建立了有效的质量模型。尽管单杂质作为量子比特主体,但受限电子周围存在着约一百万个原子(图 1.13)。进一步了解复杂的硅能带结构势在必行,为此墨尔本大学建立了能带最小化模型(BMB),而普渡大学也采用 NEMO3D 进行了数百万原子模拟。首个栅极控制的单杂质光谱(参阅图 1.13 中的

库仑菱形条纹）在代尔夫特理工大学测定，所采用的实验装置由微电子研究中心（IMEC）制造。实验证据结合数百万原子模拟证实出现了一种新型的杂交分子系统[73]。

超大尺寸的鳍式场效晶体管（FinFET 晶体管）有着极强的独特性，器件间差异极大，因此所含杂质也具有随机性[74]。从实验数据与百万原子仿真[75]的关联性中，我们可以识别出杂质的化学物种，并确定其浓度、局部电场及其在 $Si/SiO_2$ 界面以下的深度。激发态建模能力为杂质计量开辟了一条新道路，同时也是基于杂质的量子计算机得以实现之关键。

# 1.9 来自海外实地考察的国际视角

世界各地召开的四次研讨会提供了 TM&S 技术领域的国际视角，首次会议在美国举行，随后欧洲、日本和新加坡会议也相继召开。会议中就过去的成功经验以及未来的优先工作达成了广泛共识，不仅如此，每次研讨会还针对具体的挑战和机遇进行了重点讨论。会议明确了欧洲对用于支持多尺度多现象模拟的统一计算框架的需求。除此之外，会议还明确了纳米技术在生物和医疗领域中的巨大机遇，以及对于非专家使用的用户友好软件需求，目的是为中小型企业的设计和制造提供支持。日本研讨会强调了改进可视化等人机界面的需求，旨在拓宽模拟技术在 TM&S 团体之外的应用。同时还着重强调了模拟和可视化在促进公众对纳米技术的认知中的重要作用。新加坡研讨会指出多尺度建模和模拟并未发挥自身潜力，因此应将挖掘多尺度建模和模拟的潜力作为未来十年的工作重心。与会者们针对制定适当计划，在 TM&S 专家、实验者和应用工程师之间建立长期对话的必要性这一问题进行了讨论。最后，会议强调了加大投资力度以转变模拟算法和方法、修改现有软件的重要性，目的是充分利用新计算架构（例如 GPU 芯片）的能力。

这几次研讨会有一个共同的主题，那就是需要加强合作，即 TM&S 专家和实验者、学术界以及高等学府之间的合作，同时还需要国际合作以及合作计划。其中三次研讨会的简要报告见后文。

## 1.9.1 美国-欧盟研讨会（德国汉堡）

小组成员/参与讨论者

Lars Pastewka（联合主席），德国弗劳恩霍夫材料力学研究所（IWM）

Mark Lundstrom（联合主席），美国普渡大学

Wolfgang Wenzel，德国卡尔斯鲁厄理工学院（KIT）纳米技术研究所

Costas Kiparissifdes，希腊塞萨洛尼基亚里士多德大学

Alfred Nordman,德国达姆施塔特应用技术大学

TM&S 为我们提供了现有实验方法所无法获得的见解。更重要的是,该技术对于设计和工程学具有重要意义。

纳米尺度的 TM&S 方法需要明确纳入原子结构,在过去 20 年已取得了一定的进展。研发人员对大量纳米系统进行了研究,其中以不与环境发生相互作用的气相研究为典范。以表面纳米粒子的催化活性或电子系统的纳米基础单元为例,近期的计算已超越了气相近似计算,通常包括支撑的重要影响。在未来十年中,该类方法需要进一步改进,以实现流体环境(例如,在合成过程中或生物学应用中)和固体环境(例如复合材料)下的纳米系统建模。模拟技术将从洁净系统的基本认知向实际应用过渡。

在过去十年中,TM&S 取得了重大进展。除计算能力增加了近 1000 倍外,先进的理论方法也不断涌现。包括但不仅限于:①用于自由能计算的先进采样技术;②现实系统中的电子输运方法;③用于密度泛函理论的更高精度交换关联函数。首批线性标度 $O(N)$ 量子化学方法已经出现,量子/原子和原子/经典耦合得到了进一步发展,大量化学元素的反应相互作用势亦得以开发。TM&S 已经成为缩减金属氧化物半导体场效应晶体管(MOSFET)、修改多层光学结构、电磁材料和光谱等的一项使能技术。

通过拓宽现有技术的长度和时间尺度,TM&S 技术将得到进一步提升。TM&S 方法的故障安全装置将进一步提高,从而实现 TM&S 的非专家部署乃至普及使用。到那时,研发人员将能够对数百种设计备选方案进行探索。模拟工具的使用将进入业界,尤其是中小型企业,目前 TM&S 在这些领域的应用仍受局限。

TM&S 的进一步发展要求广泛部署多尺度、多现象方法。不同的长度尺度有效去耦,从而使适用于不同尺度上的理论应用有可能成为现实。此外,还需要界定尺度之间的分界线。对不同物理状态的研究也必不可少,特别是电子状态、形态学状态和电磁状态。

应对一些特定"重大挑战"问题的多尺度/多现象解决方案进行资助,并将该类资助策略与特定应用的方法进步相结合。为最大限度缩减开发多尺度方法和软件所需开支,全球研发人员应携手并肩,共同开发统一的多尺度计算框架。这些新的 TM&S 计算工具应充分利用现有和新兴的计算架构,例如图形处理器计算和云计算。因此应启动专项资金支持这一工作。

纳米材料与生物系统的相互影响以及纳米材料的医疗应用对于 TM&S 技术发展来说是一个充满机遇的领域。此外,TM&S 在协助设计催化剂、复合材料、锂离子电池以及太阳能电池方面也具有巨大潜力。TM&S 将实现新型混合纳米材料的设计,例如通过二进制超晶的自组装,以全新方式实现磁性、光学和电子学特性的结合。TM&S 还有助于寻找全新的高温超导体、划定"人造"材料和生物材料

之间的分界线、给出有关摩擦接触面和其他埋入界面的原理的见解，并推动量子计算领域的发展。巧妙地运用多尺度方法并结合计算领域的进步将大大拓宽解决问题的尺度。

TM&S 的使能特性及其普及应用将大大缩短设计周期，为社会发展带来巨大影响。例如，在过去十年中计算能力增加了 1000 倍，TM&S 作为设计工具促进了这一进展的实现。与此同时，计算能力的提高反过来又推动了 TM&S 的发展，为其提供了不断增加的计算能力，随着计算机的普及，从根本上改变了我们的社会。

### 1.9.2 美国-日本-韩国-中国台湾研讨会(日本东京/筑波大学)

小组成员/参与讨论者

Akira Miyamoto(联合主席)，日本东北大学

Stuart Wolf(联合主席)，美国弗吉尼亚大学

Nobuyuki Sano，日本筑波大学

Satoshi Watanabe，日本东京大学

Ching-Min Wei，中国台湾"中央"研究院

TM&S 领域对纳米技术的长期影响及其所带来的未来机遇将快速增长。这一增长的实现与多尺度多物理场模拟的重大进展密不可分，该类模拟具有充足的信息化人机界面(可视化)，并整合了实验/测量。过去十年 TM&S 领域的主要科学/工程学进展总结如下：

·开发出高效的密度泛函理论(DFT)代码，改进了 DFT 理论，通过量子蒙特卡罗方法以及其他混合函数实现了高精度的 QM 电子结构计算

·实现了包含多体效应的大尺度模拟，并凭借这一技术模拟了非平衡系统中的电子-声子-原子动力学之间的相互作用

·用于模拟材料生长和组装过程的反应力场合成和组装、利用自组装的程序化材料建模

·用于界面的有效筛选培养基方法(例如 Pt/水)

·用于量子输运的概念工具和计算工具，包括 NEGF(非平衡格林函数)以及 NEGF 技术扩展，如 *ab initio* 分子动力学(MD)和 NEGF、NEGF 和粒子输运 MC 方法相结合，以及瞬态输运/AC 电子输运建模

·采用多尺度多物理场方法的中尺度模拟取得了进展

·集成式功能性纳米系统模拟

·用于海量实验数据的实时处理技术(例如光源数据)

TM&S 领域在未来 5～10 年的目标是实现具有充足信息化、人机界面(可视化)并整合实验和/或测量的多尺度、多物理场模拟，推动一系列具有极高社会价值的技术进步，例如高性能锂离子电池、太阳能电池、聚合物电解质燃料电池

(PEFC)、固体电解质燃料电池(SOFC)、先进的摩擦学技术以及下一代汽车尾气净化催化剂。

为实现多尺度模拟所需的计算能力,必须使用 GPU 的新功能对传统 CPU 进行增强。此外还应建立 TM&S 基础设施,以实现实验和模拟之间更紧密的合作,解决技术领域和社会中的现实问题。研发投资应着眼于向业界强力推进。

过去十年,纳米技术主要面向学术界或业界专家。该领域过去十年的稳定进展在上文中已经进行了总结,特别是计算机模拟与人机界面(例如 3D 可视化)将在未来十年对整个业界和社会产生巨大影响。这一进步还促进了社会认知,进而形成了公众对该技术的政治认知,这一点是纳米技术进一步进展和获得资助的关键。尽管不同技术价值的社会认知被视为该类技术的一大障碍,但带有充足人机界面的多尺度、多物理场模拟将促进该类技术的认知。

### 1.9.3 美国-澳大利亚-中国-印度-沙特阿拉伯-新加坡研讨会(新加坡)

小组成员/参与讨论者

Julian Gale(联合主席),澳大利亚科廷大学

Mark Lundstrom(联合主席),美国普渡大学

Michelle Simmons,澳大利亚新南威尔士大学

Jan Ma,新加坡南洋理工大学

TM&S 为观察工作提供了见解和基础理论,并且日渐成为设计和制造领域的重要预测工具。正如首个 IWGN 报告[76]所述,建模和模拟面临着长度尺度、时间尺度和精确度等众多挑战。过去十年所获得的重大进展不仅仅依赖于提高计算能力,相关技术的发展也功不可没。关键发展包括:

· 线性标度量子力学:尽管 20 世纪 90 年代建立了大量理论基础,净化理论[26]和分步解决的新边界条件等领域还在不断发展着[27]。目前,数千原子的密度泛函计算已得到普及。

· 反应场:ReaxFF 方法[77]预见了集成式反应力场的来临,该力场描述了多重键级的重要作用以及可变电荷静电和范德华项。这是继 REBO 模型之后的又一大突破[78],REBO 模型现在已广泛用于纳米碳材料。

· 纳米材料模拟:制造带有复杂界面结构的多晶材料[79]以及扩展缺陷特性的研究已成为现实[80]。正如铝纳米团簇的氧化[39]所证实的,不同计算技术的联合为模拟纳米粒子反应提供了实现条件。扩大溶液晶体生长模拟中的长度尺度和时间尺度的方法业已问世[81]。

· 自由能表面采样增强技术:模拟领域面临的最大挑战之一是在构象空间中搜寻特定系统中重要的构造因素。该领域的进步包括超动力学[29],虽然加快了探测速度,但会损失时间关联信息。确定速率常数的方法也同样取得了进展[30]。

• 继凝相的密度泛函理论（DFT）以后的量子力学方法：虽然标准 DFT（LDA/GGA）能够实现有效计算，但却有着若干局限。尽管提高可靠性的方法早已众所周知，但其在固态中的应用——尤其是系统基组——直到近期才得到进一步普及[24,25]。

尽管多尺度/多物理场 TM&S 领域已经取得相当进展，但真正的多尺度建模和模拟（跨越两个以上的尺度或技术）仍未充分发挥其潜力。模型的高级别耦合在常规条件下已能够实现（例如通过传递连续属性或速率常数），但更富动态性的信息传递仍是一大挑战。表现物理元数据的新协议（例如文献 [82] 中所述）虽然已经问世，但目前大多数软件只能输出此信息，而无法读取和利用。此外，大多数代码的结构设计都不便于用不同方法在同一软件中直接耦合。

拓宽多尺度/多物理场建模发展的一大主要障碍是如何在科学和工程学领域的不同学科之间建立长期对话。实现不同技术的有效耦合需要两大领域的科学家相互学习，取长补短，这并不是能够一蹴而就的过程。当前的资助模式通常强调短期成果，因此很难达到此类长期目标。此外，专业知识的地理分散性是另一大障碍，这一点对于在理论家、建模者和模拟者之间建立对话以及实验者们寻求多尺度问题解决方案来说均是如此。

拟议的 TM&S 发展目标和策略如下：

• 为应对 TM&S 领域的重大挑战建立一个虚拟国际中心：建立一个虚拟网络，专注于为已明确的重大挑战问题寻求解决方案，并以与领先的实验小组建立紧密联系为焦点。能够受惠于这一方法的挑战包括：①确定 5 nm 以下的硅晶体管是否可行；②设计性能系数大于 3 的热电材料；③设计能效大于 20% 的有机太阳能电池。

• 为多尺度和多物理场 TM&S 开发自动的动态工具：目前的软件通常需要投入相当大的人力来建立预先确定的耦合组。然而，要实现更有效的技术成果，则需要通过人工建立物理理论、建模和模拟之间的智能连接，如此算法级别可动态调整为"运行中"，从而在最短的计算时间内使解决方案达到目标精确度。实时交互模拟是这一目标迈进的第一步，该技术采用沉浸式可视化来实现人工操纵模型。

• 改进纳米技术中的激发态方法：尽管线性标度 DFT 使我们能够描述纳米器件的电子基态，但许多技术特性还是取决于系统的激发态。这些激发态通常更具不定域性，而且不易受线性标度理论约束。因此需要有效方法来突破基态 DFT，包括为耦合分子动力学/电子输运计算精确确定能级的方法。

为达到上述目标，需要大幅提升计算能力。例如，增加使用量子力学方法将需要评估 Hartree-Fock 交换来提高精确度。假如采用线性标度方法，10 nm 量子点的电子结构计算需要采用 HF 交换，那么计算能力将需要增加约 10 000 倍，远远超过改进计算硬件预期所能达到的 100 倍。

鉴于计算架构有可能向更复杂的节能增效混合物、采用传统核心的专用指令协处理器(例如 GPU)过渡,并且需要大量并行应用来探索更多的处理器(10 年内 500 强设备每台达 $10^6$ 量级),我们所面临的挑战将是对算法进行重新考量,以实现这些异构系统的最佳利用[83]。如果不对科学工具进行大量投资(例如优化数学函数库等),我们利用该类设备的能力将成为实现进一步发展的绊脚石。

# 参 考 文 献

[1] M. C. Roco, R. S. Williams, P. Alivisatos(eds. ), *Nanotechnology Research Directions*: *IWGN* [*NSTC*] *Workshop Report*: *Vision for Nanotechnology R&D in the Next Decade* (International Technology Research Institute at Loyola College, Baltimore, 1999). Available online: http://www. nano. gov/html/res/pubs. html

[2] N. Goldenfeld, L. P. Kadanoff, Simple lessons from complexity. Science **284**, 87-89(1999)

[3] S. Y. Quek, H. J. Choi, S. G. Louie, J. B. Neaton, Length dependence of conductance in aromatic single-molecule junctions. Nano Lett. **9**, 3949(2009)

[4] S. Y. Quek, M. Kamenetska, M. L. Steigerwald, H. J. Choi, S. G. Louie, M. S. Hybertsen, J. B. Neaton, L. Venkataraman, Dependence of single-molecule junction conductance on molecular conformation. Nat. Nanotechnol. **4**, 230(2009)

[5] S. Y. Quek, L. Venkataraman, H. J. Choi, S. G. Louie, M. S. Hybertsen, J. B. Neaton, Amine-gold linked single-molecule circuits: experiment and theory. Nano Lett. 7, 3477-3482(2007)

[6] L. Venkataraman, J. E. Klare, C. Nuckrolls, M. S. Hybertsen, M. L. Steigerwald, Dependence of single-molecule junction conductance on molecular conformation. Nature **442**, 904-907(2006a)

[7] L. Venkataraman, J. E. Klare, C. Nuckrolls, M. S. Hybertsen, M. L. Steigerwald, Single-molecule circuits with well-defined molecular conductance. Nano Lett. 6, 458-462(2006b)

[8] M. Lundstrom, Z. Ren, Essential physics of carrier transport in nanoscale MOSFETs. IEEE Trans. Electron Dev. **49**, 133-141(2002)

[9] Q. Cao, N. Kim, N. Pimparkar, J. P. Kulkami, C. Wang, M. Shim, K. Roy, M. A. Alam. J. Rogers, H. -S. Kim, Medium scale carbon nanotube thin film integrated circuits on flexible plastic substrates. Nature **454**, 495-500(2008)

[10] Q. Cao, J. Rogers, M. A. Alam, N. Pimparkar, Theory and practice of 'striping' for improved on/off ratio in carbon nanotube thin film transistors. Nano Res. **2**(2), 167-175(2009)

[11] S. Heinze, J. Tersoff, R. Martel, V. Dercycke, J. Appenzeller, P. Avouris, Carbon nanotubes as Schottky barrier transistors. Phys. Rev. Lett. **89**, 106801(2002). doi: 10. 1113/PhysRevLett. 89. 106801

[12] A. Javey, J. Guo, Q. Wang, M. Lundstrom, H. Dai, Ballistic carbon nanotube field-effect transistors. Nature **424**, 654-657(2003)

[13] L. Berger, Emission of spin waves by a magnetic multilayer traversed by a current. Phys. Rev. B **54**, 9353-9358(19%)

[14] J. C. Slonczewski, Current-driven excitation of magnetic multilayers. J. Magn. Magn. Mater. **159**, L1-L7 (1996)

[15] J. A. Katine, FJ. Albert, R. A. Buhrman, E. B. Myers, D. C. Ralph, Current-driven magnetization reversal and spin-wave excitations in Co/Cu/Co pillars. Phys. Rev. Lett. **84**, 3149(2000). doi: 10. 1103/Phys-

RevLett. 84. 3149

[16] M. Tsoi, A. G. M. Jansen, J. Bass, W. -C. Chiang, M. Seek, V. Tsoi, P. Wyder, Exc&-aJk magnetic multi-layer by an electric current. Phys. Rev. Lett. **80**, 4281-4284(1998) doi: 10. 1103/Phys RevLett. 80. 4281

[17] Y. Kamihara, T. Watanabe, M. Hirano, H. Hosono, Iron-based layered superconductor La[01-xFx]FeAs (x=0. 05-0. 12)with TC=26K. J. Am. Chem. Soc. **130**, 3296-3297(2008). doi: 10. 1021/ja800073m

[18] T. A. Maier, D. Poilblanc, D J. Scalapino. Dynamics of the pairing interaction in the Hubbard and t-J models of high-temperature superconductors. Phys. Rev. Lest. **100**, 237001(2008). doi: 10. 1103/Phys-RevLett. 100. 237001

[19] Z. Li. Y. Chen, X. Li, T. L Kamins. K. Nauka, R. S. Williams, Sequence-specific label-free DNA sensors based on silicon nanowires. Nano Lett. 4, 245-247(2004). doi: 10. 1021/nlQ34958e

[20] Z. Li. B. Rajendran. TJ. Kamins, X. ii, Y. Chen. R. S. Williams, Silicon nanowires for sequence-specific DNA sensing: device fabrication and simulation. Appl. Phys. Mater. **80**, 1257 (2005) doi: I0. 1007/ s00339-004-3157-1

[21] A. Star, E. Tu, J. Niemann, J. -C. P. Gabriel, C. S. Joiner, C. Valcke, Label-free detection of DNA hybrid-ization using carbon nanotube network field-effect transistors. Proc. Natl. Acad Sci. U. S. A. **103**, 921-926 (2006). doi: 10. 1073/pnas. 0504146103

[22] PR. Nair, M. A. Alam, Petfwmance limits of nano-biosensors, Appl. Phys. Lett. **88**, 233120(2006)

[23] PR. Nair, M. A, Alam, Dimensionally frustrated diffusion towards fractal absorbers. Phys. Rev. Lett. **99**, 256101(2007). doi: 10. 1103/PhysRevLett. 99. 256101

[24] J, Hafner, *Ab-initio* simulations of materials using VASP: density-functional theory and beyond. J. Com-put. Chem. **29**, 2044(2008). doi: 10. 1002/jcc. 21057

[25] C. Pisani, L. Maschio, S. Casassa, M. Halo, M. Schutz, D. Usvyal, Periodic local MP2 method for the study of electronic correlation in crystals: theory and preliminary applications. J. Comput. Chem. **29**, 2113(2008). doi. 10. 1002/jcc. 20975

[26] A. M. N. Niklasson, Expansion algorithm for the density matrix. Phys. Rev. B **66**, 155115(2002). doi: 10. 1103/PhysRevB. 66. 155115

[27] L. -W. Wang, Z. Zhao, J. Meza, Linear-scaling three-dimensional fragment method for large-scale elec-tronic structure calculations. Phys. Rev. B **77**, 165113(2008). doi: 10. 1103/PhysRevB. 77. 165113

[28] W. A. Goddard, A. van Duin, K. Chenoweth, M. -J. Cheng, S. Pudar, J. Oxgaard, B. Merinov, Y. H. Jang, P. Persson, Development of the ReaxFF reactive force field for mechanistic studies of catalytic selective oxidation processes on $BiMoO_x$. Top. Catal. **38**, 93-103(2006). doi: 10. 1007/s11244-006-0074-x

[29] A. Laio, F. L. Gervasio, Metadynamics: a method to simulate rare events and reconstruct the free energy in biophysics, chemistry and material science. Rep. Prog. Phys. **71**, 126601(2008). doi: 10. 1088/0034-4885/71/12/126601

[30] T. S. Van Erp, D. Moroni, P. G. Bolhuis, A novel path sampling method for die calculation of rate con-stants. J. Chem. Phys. **118**, 7762-7775(2003). doi: 10. 1063/1. 1562614

[31] S. Datta, *Quantum Transport: Atom to Transistor* (Cambridge University Press, Cambridge, 2005)

[32] C. Kocabas, N. Pimparkar, O. Yesilyurt, S. J. Kang, M. A. Alam, J. A. Rogers, Experimental and theoreti-cal studies of transport through large scale, partially aligned arrays of singlewalled carbon nanotubes in thin film type transistors. Nano Lett. **7**, 1195-1204(2007)

[33] R. Schulz, B. Lindner, L. Petridis, J. C. Smith, Scaling of multimillion-atom biological molecular dynamics

simulation on a petascale supercomputer. J. Chem. Theory Comput. 5,2798-2808(2009)

[34] National Research Council Committee on Modeling, Simulation, and Games, *The Rise of Games and High Performance Computing for Modeling and Simulation*(The National Academies Press, Washington, DC, 2010). ISBN 978-0-309-14777-4

[35] J. Anderson, S. C. Glotzer, *Applications of Graphics Processors to Molecular and Nanoscale Simulations*, Preprint(2010)

[36] M. Garland, S. Le Grand, J. Nickolls, J. Anderson, J. Hardwick, S. Morton, E. Phillips, Y. Zhang, V. Volkov, Parallel computing experiences with CUDA. IEEE Micro **28**(4),13-27,July-August(2008).

[37] J. D. Owens, H. Houston, D. Lubeke, S. Green, J. E. Stone, J. C. Phillips, GPU computing. Proc. IEEE **96**,879-899(2008). doi: 10. 1109/JPROC. 2008. 917757

[38] Z. Zhang, P. Fenter, L. Cheng, N. C. Sturchio, M. J. Bedzyk, M. Predota, A. Bandura, J. Kubicki, S. N. Lvov, P. T. Cummings, A. A. Chialvo, M. K. Ridley, P. Bénézeth, L. Anovitz, D. A. Palmer, M. L. Machesky, D. J. Wesolowski, Ion adsorption at the rutile-water interface: linking molecular and macroscopic properties. Langmuir **20**,4954-4969(2004)

[39] P. Vashishta, R. K. Kalia, A. Nakano, Multimillion atom simulations of dynamics of oxidation of an aluminum nanoparticle and nanoindentation on ceramics. J. Phys. Chem. B **110**,3727— 3733(2006). doi:10. 1021/jp0556153

[40] S. Izvekov, M. Parrinello, C J. Burnham, G A. Voth, Effective force fields for condensed phase systems from ab initio molecular dynamics simulation: a new method for force matching. J. Chem. Phys. **120**, 10896(2004). doi: 10. 1063/1. 1739396

[41] D. Reith, M. Pütz, F. Müller-Plathe, Deriving effective mesoscale potentials from atomistic. J. Comput. Chem **24**,1624-1636(2003). doi: 10. 1002/Jcc. 10307

[42] G. Csányi, G. Albaret, G. Moras, M. C. Payne, A. De Vila, Multiscale hybrid simulation methods for material systems. J. Phys. Condens. Matter **17**,R691(2005). doi: 10. 1088/0953- 8984/17/27/R02

[43] A. Papavasiliou, I. G. Kevrekidis, Variance reduction for the equation-free simulation of multiscale stochastic systems. Multiscale Model. Simul. **6**,70-89(2007)

[44] P. T. Cummings, S. C. Glotzer, *Inventing a New America Through Discovery and Innovation in Science, Engineering and Medicine: A Vision for Research and Development in Simulation-Based Engineering and Science in the Next Decade*(World Technology Evaluation Center, Baltimore, 2010)

[45] R. W. Hamming, *Introduction to Applied Numerical Analysis(from the Introduction)*(McGraw-Hill, New York, 1971)

[46] M. Kamenetska, S. Y. Quek, AC. Whalley, M. L. Steigerwald, HJ. Choi, S. G. Louie, C. Nuckolls, M. S. Hybertsen, J. B. Neaton, L. Venkataraman, Conductance and geometry of pyridine-linked single molecule junctions. J. Am. Chem. Soc. **132**,6817(2010)

[47] M. Stopa, Rectifying behavior in coulomb blockades: charging rectifiers. Phys. Rev. Lett. **88**. 146802 (2002)

[48] M. Rontani, F. Troiani, U. Hohenester, E. Molinari, Quantum phases in artificial molecules. Solid State Commun. **119**,309(2001)

[49] D. Loss, D. DiVincenzo, Quantum computation with quantum dots. Phys. Rev. A **57**,120(1998). doi: 10. 1103/PhysRevA. 57. 120

[50] C. Barthel, J. Medford, C. M. Marcus, M. P. Hanson, AC. Gossard, Interlaced dynamical decoupling and

coherent operation of a singlet-triplet Qubit. Phys. Rev. B **81**,161308(2010)(R)

[51] K. Ono,D. G. Austing,Y. Tokura,S. Tarucha,Current rectification by Pauli exclusion in a weakly coupled double quantum dot system. Science **297**,1313-1317(2002). doi:10. 1126/science. 1070958

[52] D. Branton,D. W. Deamer,A. Marziali,H. Bayley,S. A. Benner,T. Butler,M. Di Ventra,S. Gam,A. Hibbs,X. Huang,S. B. Jovanovich,P. S. Krstic,S. Lindsay,X. S. Ling,C. H. Mastrangelo,A. Meller,J. S. Oliver,Y. V. Pershin,J. M Ramsey. R. Riehn. G. V. Soni,V. Tabard-Cossa,M. Wanunu,M. Wiggia,J. A. Schloss,The potential and challenges of nanopore sequencing. Nat. Biotechnol **26**,1146-1153(2008)

[53] J. J. Kasianowicz,E. Brandin. D. Branton,D. W. Deamer,Characterization of individual m polynucleotide molecules using a membrane channel. Proc. Natl. Acad. Sci. U. S. A. **93**,13770-13773(1996)

[54] C. M. Payne,X. C. Zhao,L. Vlcek,P. T. Cummings,Molecular dynamics simulation of ss-DNA translocation between copper nanoelectrodes incorporating electrode charge dynamics. J. Phys. Chem. B **112**. 1712-1717(2008)

[55] G. Sigalov. J. Comer. G. Timp,A. Aksimentiev,Detection of DNA sequences using an alternating electric field in a nanopore capacitor. Nano Lett. **8**,56—63(2008)

[56] W. Timp,U. M. Mirsaidov,D. Wang,J. Comer,A. Aksimentiev,G. Timp,Nanopore sequencing：electrical measurements of the code of life. IEEE Trans. Nanotechnol. **9**,281-294(2010)

[57] S. Saiahuddin. D. Datta,P. Srivastava,S. Datta,Quantum transport simulation of tunneling based spin torque transfer(stt)devices：design trade-offs and torque efficiency. IEEE Electron Dev. Meet. 2007. 121-124(2007). doi：10. 1109/IEDM. 2007. 4418879

[58] O. -S. Lee,G. C. Schatz,Molecular dynamics simulation of DNA-functionalized gold nanoparticles. J. Phys. Chem. C **113**,2316(2009). doi:10. 1021/jp8094165

[59] S. Y. Park,A. K. R. Lytton-Jean,B. Lee,S. Weigand,G. C. Schatz,C. A. Mirkin,DNA- programmable nanoparticle crystallization. Nature **451**,553-556(2008)

[60] A. Gupta,P. R. Nair,D. Akin,M. R. Ladisch,S. Broyles,M. A. Alam,R. Bashir,Anomalous resonance in a nanomechanical biosensor. Proc. Natl. Acad. Sci. U. S. A. **103**(36),13362-13367(2006)

[61] J. Hahm,C. M. Lieber,Direct ultrasensitive electrical detection of DNA and DNA sequence variations using nanowire nanosensors. Nano Lett. **4**(1),51-54(2004)

[62] Z. Q. Gao,A. Agarwal,A. D. Trigg,N. Singh,C. Fang,C. -H. Tung,Y. Fan,KJD. Buddharaju. J. Kong,Silicon nanowire arrays for label-free detection of DNA. Anal. Chem. **79**(9),3291- 3297(2007). doi:10. 1021/ac061808q

[63] W. Kusnezow,Y. V. Syagailo,S. Ruffer,K. Klenin,W. Sebald,J. D. Hoheisel,C. Gauer,I. Goychuk,Kinetics of antigen binding to antibody microspots：strong limitation by mass transport to the surface. Proteomics **6**(3),794-803(2006)

[64] E. Stem,JJF. Klemic,D. A. Routenberg,RN. Wyrembak,D. B. Tumer-Evans,A. D. Hamilton,D. A. LaVan,T. M. Fahmy, M. A. Reed,Label-free immunodetection with CMOS-compatible semiconducting nanowires. Nature **445**(7127),519-522(2007)

[65] G. F. Zheng,F. Patolsky,Y. Cui,W. U. Wang,C. M. Lieber,Multiplexed electrical detection of cancer markers with nanowire sensor arrays. Nat. Biotechnol. **23**(10),1294-1301(2005)

[66] E. D. Goluch,J. -M. Nam,D. G. Georganopoulou,T. N. Chiesl,K. A. Shaikh,K. S. Ryu. A. E. Barron,C. A. Mirkin,C. Liu, A bio-barcode assay for on-chip attomolar-sensitivity protein detection. Lab Chip **6**(10),1293-1299(2006)

[67] J. -M. Nam, S. I. Stoeva, C. A. Mirkin, Bio-bar-code-based DNA detection with PCR-like sensitivity. J. Am. Chem. Soc. **126**(19), 5932-5933(2004)

[68] J. -M. Nam, C. S. Thaxton, C. A. Mirkin, Nanoparticle-based bio-bar codes for the ultrasensitive detection of proteins. Science **301**(5641), 1884-1886(2003). doi: 10. 1126/science. 1088755

[69] P. R. Nair, M. A. Alam, Screening-limited response of nanobiosensors. Nano Lett **8**(5). 1281-1285(2008)

[70] RR. Nair, M. A. Alam, A theory of "Selectivity" of label-free nanobiosensors: a geometro- physical perspective. J. Appl. Phys. **107**, 064701(2010). doi: 10. 1063/1. 3310531

[71] P. T. Cummings, H. Docherty, CJR. Iacovella, J. K. Singh, Phase transitions in nanoeonfined fluids: the evidence from simulation and theory. AIChE J. **56**, 842-848(2010). doi:10. 1002/aic. 12226

[72] 71. H. Docherty, P. T. Cummings, Direct evidence for fluid-solid transition of nanoconfined fluids. Soft Maner **6**, 1640-1643(2010)

[73] B. E. Kane, A silicon-based nuclear spin quantum computer. Nature **393**, 133(1998)

[74] G. P. Lansbergen, R. Rahman, CJ. Wellard, P. E. Rutten, J. Caro, N. Collaert, S. Biesemans, I. Woo, G. Klimeck, L. CJL. Hollenberg, S. Rogge, Gate induced quantum confinement transition of a single dopant atom in a Si FinFET. Nat. Phys. **4**, 656(2008)

[75] G. P. Lansbergen, C. J. Wellard, J. Caro, N. Collaert, S. Biesemans, G. Klimeck, L. C. L. Hollenberg, S. Rogge, Transport-based dopant mapping in advanced FinFETs. *in IEEE IEDM*, San Francisco, 15-17 Dec 2008. doi: 10. 1109/IEDM. 2008. 4796794

[76] G. Klimeck, S. Ahmed, H. Bae, N. Kharche, R. Rahman, S. Clark, B. Haley, S. Lee, M. Naumov, H. Ryu, F. Saied, M. Prada, M. Korkusinski, T. B. Boykin, Atomistic simulation of realistically sized nanodevices using NEMO 3-D: part I - models and benchmarks. IEEE Trans. Electron Devices **54**, 2079-2089(2007). doi: 10. 1109/TED. 2007. 902879

[77] D. A. Dixon, P. T. Cummings, K. Hess, Investigative tools: theory, modeling, and simulation(Chap. 2. 7. 1), in *Nanotechnology Research Directions*: IWGN *Workshop Report. Vision for Nanotechnology in the Next Decade*, ed. by M. C. Roco, S. Williams, P. Alivisatos(Kluwer, Dordrecht, 1999)

[78] A. C. T. Van Duin, S. Dasgupta, F. Lorant, W. A. Goddard III, ReaxFF: a reactive force field for hydrocarbons. J. Phys. Chem. A 105, 9396-9409(2001)

[79] D. W. Brenner, O. A. Shenderova, J. A. Harrison, SJ. Stuart, B. Ni, S. B. Sinnott, A second-generation reactive empirical bond order(REBO)potential energy expression for hydrocarbons. J. Phys. Condens. Matter **14**, 783(2002)

[80] T. X. T. Sayle, C. R. A. Catlow, R. R. Maphanga, P. E. Ngoepe, D. C. Sayle, Generating $MnO_2$ nanoparticles using simulated amorphization and recrystallization. J. Am. Chem. Soc. **127**, 12828-12837(2005)

[81] A. M. Walker, B. Slater, J. D. Gale, v Wright, Predicting the structure of screw dislocations in nanoporous materials. Nat. Mater. **3**, 715-720(2004). doi:10. 1038/nmatl213

[82] S. Piana, M. Reyhani, J. D. Gale, Simulating micrometer-scale crystal growth from solution. Nature **438**, 70(2005). doi:10. 1038/nature04173

[83] P. Murray-Rust, H. S. Rzepa, Chemical markup, XML, and the worldwide web. 1. Basic principles. J. Chem. Inf. Comput. Sci. **39**, 928(1999). doi:10. 1021/ci990052B

[84] W. A. De Jong, Utilizing high performance computing for chemistry: parallel computational chemistry. Phys. Chem. Chem. Phys. **12**, 6896(2010). doi:10. 1039/c002859b

# 第2章 创新性研究用检测工具：方法、仪器与计量

Dawn A. Bonnell，Vinayak P. Dravid，Paul S. Weiss，David Ginger，

Keith Jackson，Don Eigler，Harold Craighead，Eric Isaacs

**关键词：**扫描探针显微镜 扫描隧道显微镜 原子力显微镜 电子显微镜 同步辐射 X射线散射 空间分辨率 时间分辨率 纳米生物仪器 纳米加工蚀刻 纳米制造 纳米计量学

## 2.1 未来十年进展

### 2.1.1 过去十年进展

在过去十年间的研究工作中，纳米技术的研究工具（tools：此处指研究仪器设备，下同）的进步，使得研究方法拥有了重要的新方法工具。对于研究工具在纳米尺度对物质进行操作和表征的决定性作用，诺贝尔奖获得者 Horst Störmer 于 1999 年在第一届美国纳米技术研究方向的研讨会（Nanotechnology Research Directions Workshop）上指出："纳米技术给我们提供了工具，来操纵自然界最小的

D.A. Bonnell (✉)
Department of Materials Science and Engineering, University of Pennsylvania,
3231 Walnut Street, Room 112-A, Philadelphia, PA 19104, USA
e-mail: bonnell@lrsm.upenn.edu

V.P. Dravid
NUANCE Center, Northwestern University, 2220 Campus Drive #2036, Evanston,
IL 60208-3108, USA

P.S. Weiss
California NanoSystems Institute, University of California, 570 Westwood Plaza, Building 114,
Los Angeles, CA 90095, USA

D. Ginger
Department of Chemistry, University of Washington, Box 351700,
Seattle, WA 98195-1700, USA

K. Jackson
National High Magnetic Field Laboratory, 142 Centennial Building, 205 Jones Hall,
1530 S Martin Luther King Jr. Boulevard, Tallahassee, FL 32307, USA

玩具盒,即原子与分子。这一尺度为我们提供了不可思议的独特机会,将化学与生物学以一种人工设计的、人造结构形式紧密结合在一起。由此看来创造各种新的东西有无穷的可能性"[1]。当时的研讨会对于未来的展望是要实现纳米技术的各种美好目标,只能通过"发展新的实验技术方法,用来扩展人们测量和控制纳米结构物质的能力,包括发展新的测量技术标准"。当时强调的要点是需要将这个建议扩展到生物分子体系[1]。

在上个十年间,表征仪器研究获得了令人激动的成果,取得了计量技术方面的发展,以及为未来的革命性发展提供了机遇。目前人们可以探测单个电子的电荷和自旋,对催化过程实时成像,以 100fs[①] 的时间分辨率跟踪某些动力学过程,分别对分子的介电函数实部与虚部成像以测量其对分子介电性质的影响,以及控制单个基本生物分子的化学-力学相互作用。由于像差矫正技术的发展,电子显微镜的空间分辨率已经达到空前未有的程度,可以用来演示三维成像,发展原位(*in situ*)成像,甚至用于液相体系。过去十年间,在加速器束线上的 X 射线的亮度提高了五个数量级,有利于对动态过程和三维结构进行细致的观测。

过去十年间仪器科学的快速进展使得研究人员能够从更高的视角预测下一个十年间会出现的新一代测量工具,如:

- 彻底改变对固体和生物分子的基本理念
- 从全新的观念研究更小尺度上的复杂体系
- 探测动态过程及探测尚未开发的时间尺度现象

### 2.1.2　未来十年愿景

在下一个十年中,将会出现目前所不能预料的纳米尺度新发明、新现象,以及将早期纳米科学的发明与未来全新应用的有机结合。我们将面临新的挑战,如直接测量纳米尺度系统中的动力学过程,纳米加工,生物体系的集成,以及更高层次的器件和复杂体系。预计在下一个十年之末,人们探测局域现象的能力会得到极大的提高。研究人员现在具有的能力是十年前不能想象的。

现在能够预见的未来挑战包括:

———————————

① 　10⁻¹⁵ s

D. Eigler
IBM Almaden Research Center, 650 Harry Road, San Jose, CA 95120-6099, USA

H. Craighead
School of Applied and Engineering Physics, Cornell University,
212 Clark Hall, Ithaca, NY 14853, USA

E. Isaacs
Argonne National Laboratory, 9700 S Cass Avenue, Argonne, IL 60439, USA

- 单个蛋白质三维结构的原子尺度分辨，同时具有化学性质识别能力
- 固体中单个原子性质的连续变化成像
- 在室温条件下调控原子以合成新的稳定化合物
- 以足够快的速度观测电子在化学反应过程中的过程
- 整个细胞内发生的现象的全过程成像

这些目标看来是雄心勃勃的，但是达到这些目标完全有可能，因此可以将这些目标视为新一代发明和创新的驱动力。

# 2.2　过去十年的进展与现状

下面总结用于表征纳米尺度的结构、性能和过程实验方法的进展与现状。特别给出的例子是基于扫描探针（scanning probe-based）显微镜方式的测量方法，基于电子束成像的显微镜，光学探针，加速器束线上的散射探测仪器以及纳米光刻平台等。

过去十年间，出现一些价格适当并且便于掌握的纳米图形加工方法，如微接触压印法（microcontact printing）、印刷光刻法（imprint lithography），使得全球的研究型实验室和生产型实验室能够容易加工复杂特殊的器件，从而运用这些器件去揭示新的现象。尺寸为 1～100nm 的纳米粒子走下试验台成为常规商品，使得基础科学研究和纳米颗粒在各类产品中快速应用，其范围从医学治疗仪器到复合电子器件。作为一个成功的例子，新兴领域表面等离激元学（plasmonics）得到快速发展。

能够表征纳米和原子尺度的结构与性能的仪器已经成为，并且必将继续成为我们充分理解纳米结构物理和化学的最基本条件。定量表征纳米尺度性质的能力是我们理解新物理现象的限制，而对于加工领域则是必要的先决条件。这是科学研究基本的要求："如果不能测量它，就不能理解它。"在制造业领域，如果不能对相关的技术参数进行表征，则不可能实现可靠的制造。

## 2.2.1　用扫描探针显微术表征纳米尺度的结构、性能和过程

当 2000 年美国国家纳米计划（NNI）初始时，扫描隧道显微镜和原子力显微镜已经成为表征表面结构和表面吸收反应的常规工具。而低温下量子现象的研究才开始探索。另外，诸如表面电势和磁场行为等一级（first order）性能开始常规的表征。从 2000 年到 2010 年的十年间，纳米材料在各种局域性质测量方面得到极大发展，一些技术的发展是面向基础科学研究，而另外一些技术的发展直接为技术的商业化提供支持。

### 2.2.2　观测更加复杂的现象:从化学识别到矢量性质的成像

图 2.1 显示了一些目前可以使用扫描探针显微镜进行研究的科学现象。Davis 与同事合作,对电子性能进行原子分辨的成像研究[3];比如,他们观测到在强关联电子体系中,相对费米能级电子态密度分布有可能不是对称的。图 2.1(a)为超导体的电导率的图像,显示出了这种非对称性。

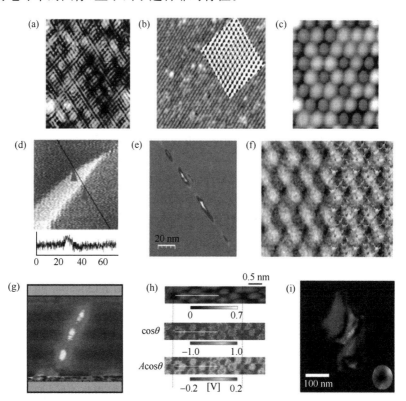

图 2.1　运用不同原子尺度的标准仪器对纳米尺度材料的高空间分辨性质和现象成像(mapping 和/或 imaging):(a)超导体中的导电非对称性,显示扫描隧道谱随空间的变化。(b)$K_{0.3}MoO_3$ 的扫描隧道显微镜图,显示含有原子结构和电子密度波两种不同的周期性。(c)Si(111)的非接触原子力显微成像,颜色显示用力谱测量的不同化学力。(d)一种薄膜的磁畴结构磁力显微镜图像,所使用的探针是用聚焦离子束"磨尖"的。(e)HfO 薄膜的导电图,这个薄膜包含电流泄露造成的电缺陷。(f)Ge(105)-(1×2)表面结构的静电势图像,右侧为与原子模型叠加。(g)单壁碳纳米管导电电流的扫描阻抗图像。(h)Si(111)-(7×7)表面的扫描非线性压电力显微镜,由电容的二次谐波获得增原子的极化。(i)矢量压电力显微镜显示人牙齿珐琅质上的蛋白质微纤维的局域电-力学成像。颜色显示电-力学响应矢量的取向[2]

　　电荷密度波是电子相互左右的另外一个例证；最近，人们在氧化物表面中，在实空间观察到产生这种电荷密度波的相变过程[图 2.1(b)][4,5]。在过去五年中，人们特别感到兴奋的是对于原子力显微镜(AFM)的原子分辨本领有了更加深刻认识[6,7]。人们深入研究了局域力性能，利用不同原子位置的力的差别分辨化学性质[8]，用这种方法以原子分辨率进行化学性能的成像。

　　近年来，在探测具有连续性质的输运性能方面获得纳米尺度空间分辨率，如在电阻、电容、介电函数、电学-力学耦合(electromechanical coupling)等方面取得意想不到的进展。通过优化探针尖端的技术，可以获得 5nm 的磁场空间分辨率。利用在探针尖端的应力场聚焦效应，已经可以探测具有亚纳米分辨的导电率和电阻率。已经能够以原子分辨本领探测 Ge(105)-(1×2)晶面的表面势[9]和 Si(111)晶面的介电极化现象[10]。在过去十年中，在研究局域复杂性能方面取得了重要进展。随时间变化的电场与原子分辨相结合产生了一些新技术，如扫描电导谱仪(scanning impedance spectroscopy)和介电常数成像(dielectric constant imaging)。图 2.1(g)显示使用扫描电导方法测量的碳纳米管上的单个缺陷。电学-力学耦合是一种矢量性质，已经可以在液体中获得 3nm 分辨的成像，图 2.1(i)展示的是对蛋白质的表征[11]。

## 2.2.3　物理领域前沿的进展

　　近年来，使用低温扫描隧道显微镜(STM)的研究在纳米尺度的材料性质的物理问题方面取得了很重要的进展。使用自旋-极化 STM 扫描隧道显微镜研究了表面磁性。如图 2.1(a)所示，局域电子结构的细节可以从多种测量中获得，如由局域态密度的微分成像(mapping derivatives)、莫特(Mott)能隙及傅里叶变换方法提供了电子在固体中相互作用的信息。扫描探针显微学领域长期期待的目标之一———在扫描隧道显微镜(STM)中利用非弹性隧道方式研究表面有机分子的振动谱(vibrational spectroscopy)———被 Ho 等首次实现[12]。Pascual 等[13]演示了振动光谱可以用于分辨吸收分子的化学性质。这种技术也扩展到检测分子的激发与退激发跃迁(de-excitation)通道，从而确定化学反应的通道和坐标[14]。

　　近年来，使用扫描隧道显微镜中的非弹性自旋激发谱仪(spin excitation spectroscopy)，人们已经可能以原子分辨探测磁纳米结构的低能自旋激发谱。自旋激发谱仪可以用于探测单个原子或者原子集团的能量、动力学和自旋构型[15,16]。这种方法用于研究一个近藤(Kondo)原子与另外一个非屏蔽的磁性原子的磁耦合，这种耦合可以将近藤共振峰分裂为两个峰。

图 2.2　扫描隧道显微测量同时得到单个分子在自组装单层薄膜上的倾斜角度等信息[17]

### 2.2.4　化学与催化领域前沿的进展

扫描探针显微学是观测表面化学反应的关键技术。将成像速度提高到视频分辨使得人们可以对原子扩散和表面反应进行实空间研究。新型扫描探针显微术以及未来的新工具使得人们能够严格控制自组装、导向组装、分子器件、超分子组装及其他领域（图 2.2[17]）。当研究人员开始运用扫描探针显微术测量纳米尺度远离平衡态的状态，他们学习了如何控制缺陷的类型和密度，以及最终使用这些缺陷[18]。由此出发，他们能够将成像范围从亚纳米尺度一直延伸到晶圆尺度；下一个研究目标使用扫描探针测量分子和器件的功能[19]。

### 2.2.5　器件的原位表征

扫描探针类型的工具容易改装成为原位（in situ）表征模式。如图 2.1(g) 所示，可以用于对纳米线和纳米管器件进行电学的定量分析，这对于加深对纳电子和化学传感器器件的理解非常关键。最近的进展将这些理念拓展到更加复杂的器件体系。文献[20]运用 STM 对有机太阳能电池的拓扑结构和光子产生率进行了同时成像，如图 2.2 所示。

类似的是，文献[21]对于一种运行中的氧化物器件的拓扑结构及通过的电流大小和方向同时进行成像。这种对工作状态器件性能变化和过程的检测能力提供了基础原理的新层次信息，同时也对产品研发的实现提供了关键的反馈信息。图 2.3 所示的光生载流子的结果可以用来预测太阳能电池的性能。这类器件性质的纳米尺度原位表征方法可以用于光伏现象、电化学/光化学电能产生、纳米结构的电池、热电子学、超级电容器、铁电存储器及传感器等等。

### 2.2.6　基于电子束的显微镜

1999 年以来，基于电子束的显微镜仪器、技术以及相关的附件的发展取得重要突破。对于束线下稳定的晶体纳米结构的原子尺度成像（标称亚 0.2nm，即 Scherzer 点分辨率）已经成为透射电子显微镜（TEM）和扫描透射电子显微镜（STEM）的成熟的常规技术，可以获得均一的、可重复的结果[22]。

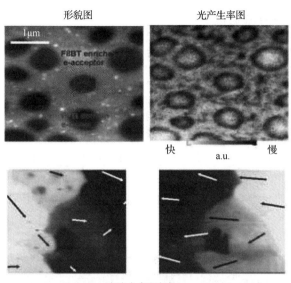

形貌图　　　　　　　光产生率图

1μm

F8BT enriched e-acceptor

快　　　　慢
a.u.

电流大小和方向

图 2.3 （上）一个有机太阳能电池的结构与光电流产生的同时成像（Coffey and Ginger）[20]；（下）一个氧化物器件截面上的电流的大小（用矢量长度表示）和电流方向[21]

进一步，大部分现代扫描透射电子显微镜（STEM）中的点空间分辨率都可以达到 0.13nm，信息分辨极限接近 0.1nm，如图 2.4 所示[23,24]。

由于综合采用了高性能场电子发射源[25]，将重要物镜的衬度转换函数的包络函数进行扩展，改进的镜头像散系数矫正，显微镜镜筒的整体稳定性提高，改进的样品台，以及对样品附近环境条件的适当控制等措施，电子显微镜的性能得到显著提高。从实用的角度，扫描透射电子显微镜（STEM）整体性能的提高还借助于试样制备技术的创新性改进，包括生物材料、软物质等，结合图像处理、模拟和建模，以及相应的计算机计算技术的进展。

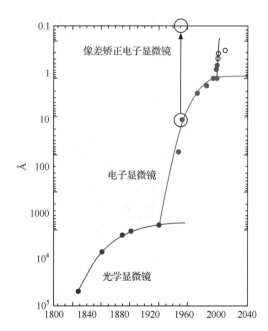

图 2.4 显微镜的空间分辨本领进展趋势图，像差矫正（aberration-corrected）电子显微镜（EM）起到的引领作用：蓝线-光学显微镜，绿线与红线-电子显微镜

### 2.2.7　像差矫正电子显微镜

毫无疑问的是,对于 STEM 以及扫描电子显微镜(scanning electron micros-copy,SEM),面向原子尺度成像的最重要的进展当属快速出现的像差矫正器(ab-erration corrector)。大约十年以前,现代 STEM 的空间分辨本领受到无法避免的像差限制,即显微镜电子光学镜筒中主成像透镜(物镜)的球差与色差[23,24]。目前,像差矫正器[23,24,26]可以作为附件放置在商用 STEM 中。这项技术的发明被认为是电子显微镜领域中革命性进展[26-33],如图 2.5 所示。值得注意的是,使用非对称透镜以提高透镜的性能的概念是由理查德·费因曼于 1959 年明确地提出的[35]。他在加州理工学院所做的著名讲演中,提出"大厦之下尚有很多空间",以此定义了现代纳米技术的概念。

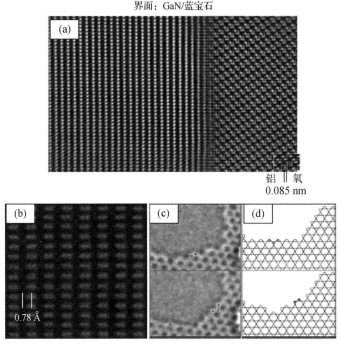

图 2.5　运用像差矫正 STEM 的原子尺度成像举例。(a)GaN 与蓝宝石界面的高分辨电子显微像(资料来源于 Lawrence Berkeley National Lab.);(b)运用 HAADF/STEM 技术的亚埃分辨的硅"哑铃形"结构(资料来源于 O. Krivanek,NION Corp. 和 S. Pennycook,Oak Ridge National Lab.);(c)石墨烯原子运动的连续成像,(d)为这个过程的示意图[34]

尽管现代像差矫正器使用四极透镜和八极透镜的传统概念来控制透镜的像

差,但是这些概念经过了几十年的工程技术改进才得以完善实现。这些非常重要的进展也已经应用到原子尺度成像的像差矫正扫描电子显微镜(aberration-corrected SEM)中,如图 2.6 所示。

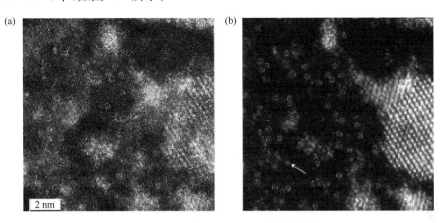

图 2.6    采用像差矫正 STEM 中扫描电镜模式下的原子尺度分辨图。(a)扫描电子显微
　　　　模式时的图像;(b)环状暗场像(annular dark field image)相应的视场[33]

在一项正在执行中的研究计划中,一种名为像差矫正透射电子显微镜(transmission electron aberration-corrected microscopy,TEAM)的仪器[33],已经于 2009 年成功地实现优于 1Å 的空间分辨本领[33,36,37]。目前几种 TEAM 正在研制中[38]。许多制造商已经很快地将像差矫正技术引入他们的新型号的 STEM 中。

近来,已经有关于低原子序数材料的原子尺度成像报道[39]。在其他辅助领域中也出现了重大进展,从样品制备仪器到数据的分析、处理和挖掘技术。聚焦离子束(FIB)与扫描电子显微镜的结合成为一个范例,对于许多领域产生重要影响,包括在微电子领域缺陷计量学的常规商业使用[40-43]。

## 2.2.8    基于同步辐射束线的纳米表征技术

上个十年间,同步辐射束线(beam-line)装置得到快速发展。X 射线强度和计算机的处理速度得到很大提高。人们经常用计算机处理器性能提高的速率作为一个标志性参数,在过去 60 年间,计算能力提高了 12 个数量级;X 射线亮度在过去 30 年间提高了 10 个数量级(图 2.7)。过去十年间同步辐射技术从第三代提升到第四代,使得亮度提高了 5 个数量级。目前的束线强度和相干性的提高可以进行并行信号采集,时间分辨率达到前所未有的水平。最近的进展包括在高压和原位条件的原位检测能力,使得人们能够在较为理想的环境中进行材料分析。在上个十年初期,在同步辐射装置中开始出现飞秒激光控制技术。

Shpyrko 等对 Cr(111)表面的电荷密度波的分析展示了结构随时间的演变过

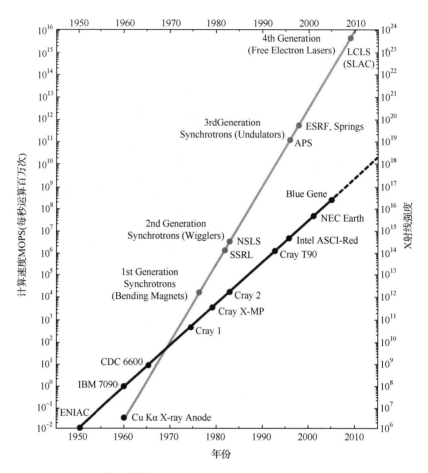

图 2.7　过去 50 年间计算机处理器速度增加和 X 射线亮度提高的对比(数据由
Eric Isaacs 提供)

程[44]。反铁磁性的特点是体系整体不显现外部净磁偶极矩,但是在宏观尺度上具
有电子自旋的周期性排列。需要以几个原子间距大小的空间波长对磁"噪声"进行
取样。图 2.8 显示了具有反铁磁性的 Cr 元素纳米尺度的自旋-电荷密度波超结构
微扰的直接测量。这里使用的技术是 X 射线光子矫正谱仪,在这张谱图中,相干
的 X 射线衍射产生一种斑纹图样,这种图样可以用作特殊(某种)磁畴结构构型的
"指纹"特征标记。

　　下一代器件所需要的材料一般很复杂并且难以加工。例如,特殊的热电材料
体系中用于交换热能和电能的钴化合物有可能在废热的发电和制冷方面得到重要
应用。但是要达到这个目标需要制备新的材料,设计新的纳米结构,以达到光子和
电子输运通道的有效分离和优化。高穿透能力的 X 射线的高亮度对合成加工过

程中，处于复杂环境条件下的纳米尺度材料有前所未有的成像能力。

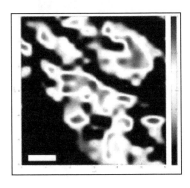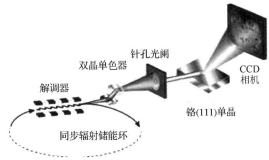

图 2.8　同步辐射光源成像实验装置和来自［200］方向布拉格反射的 X 射线斑纹在电荷耦
合器件（CCD）上的成像

下一代同步辐射光源和散裂中子源加速器的研究人员能够观测纳米材料的自组装和导向的自组装，在纳米系统中进行摩擦学测量，制造具有特殊性能的纳米磁性材料，以及在高压下制备超硬材料。科学家们可以使用 X 射线和中子源作为纳米尺度的探针，开展以下工作：

- 解析蛋白质晶体结构
- 理解在毒理学测量和大气研究中的催化过程原理
- 研究植物基因组学
- 对纳米结构的材料、陶瓷和聚合物进行成像
- 以高分辨和实时观测方式对结构中的裂纹和原子缺陷进行成像

### 2.2.9　用于纳米制造的仪器与计量：纳米光刻

上述各种科学进展为研制器件和产品提供了关键的纳米表征技术。一批扫描探针和电子显微技术为质量控制以及部分生产线提供了高通量的分析手段。然而，对于早年间的 NNI 报告中提出的有关技术标准、参考材料和计量技术仍然是重要的挑战。

商用纳米加工工具的研制已经取得了一些进展，部分已经达到产业制造的需要（图 2.9）。纳米压印光刻技术和 Jet and Flash™ 压印光刻技术已经在纳米材料上得到优于 30nm 的分辨率和在数百毫米范围上优于 10nm 的对准精度。

基于扫描探针的技术已经在纳米加工方面取得重大进展，这些技术可以进行原子和分子的定位，包括局域化学反应、电场、铁电场和磁场的图样制作。STM 技术发展早期的最有影响的成果之一来自 IBM 的研究组，他们将单个原子构筑成为量子围栏[45]。这是一项完美的物理成果，演示了在 4K 或者更低温度下原子尺度的结构构筑，但是不适用于纳米制造。在过去十年间，Morita 及其同事演示了在

图 2.9 用于纳米制造的光刻机。左图：Molecular Imprints, Inc. 公司产品 Imprio® 300，http://www. molecularimprints. com/products. php）；右图：Nanonex Corp. 公司产品，NX-2000，http://www. nanonex. com/machines. htm

室温条件下对单个半导体原子的定位，向以原子精确度进行结构构建的理想前进了一大步[46]。Lyding 及其同事[47]演示了在氢为表层原子的硅表面上针尖的图形化和化学反应。这项进展表明了在计算机芯片工业上进行原子尺度光刻的可能性，并且由 Zyvex（http://www. zyvex. com/）公司向产业化进一步发展。

纳米图形化（nanopatterning）的创新性方式包括探针导致的场和场梯度的运用。纳米图形化对许多研究起到推动作用，它的一个显而易见的应用是信息存储。

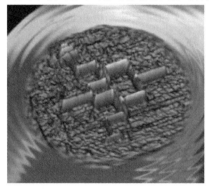

图 2.10 铁电畴表面电势成像——在扫描探针针尖加上电场，在钛酸铅锆表面制作的图形。可以用铁电畴控制化学反应程度，可以沉积 5nm 金属粒子。而多肽或者光活化的分子可以有选择地与之结合，形成光激发开关（Bonnell 小组版权）

由 IBM 苏黎世研究中心发展的一种理念是多重探针阵列（millipede），即探针将衬底进行局域加热而写入或者擦除信息点。将这种探针制成阵列，可以将信息密度提高到 1TB/in²（TB ＝ Terabyte，太比特；1in² ＝ 6. 451 600 × 10⁻⁴ m²）（http://www. zurich. ibm. com/st/storage/concept. html）。由于其磁畴界（信息点边界）的晶体结构特点，铁电材料或许可以提供最高的信息存储密度。局域探针产生局域电场，使得铁电畴进行向上和向下翻转（0 和 1）。研究者在控制畴图形方面已经取得很大进展，已经有关于比特尺寸减小到 2.8nm 的报道[48]。

探针对铁电畴的图形化技术也用于控制纳米离子的沉积和局域化学反应[49,50]。已经有报道称,由蛋白质和表面等离激元粒子复合的纳米结构图形化,可以提高光电子与能量转换器件的效率[51]。空间分辨率优于 5nm,具有多组分的纳米结构,并且具有功能的器件将是未来纳米加工技术努力的方向(图 2.10)。

## 2.3　未来 5～10 年的目标、困难与解决方案

过去十年扫描探针显微镜取得重大的进展,使得我们能够将纳米尺度的结构与许多实空间的性能联系到一起。可以将这些进展看作与准相位(pseudo-phase-space)相关的性质、长度和时间尺度紧密相关(图 2.11)。早期的扫描探针技术主要针对性能/长度方面,而仅涉及单值的函数。而以上所述的进展则涉及性能函数更加复杂的形式,并且深入到时间/频率。现在,令人期盼的潜在的研究目标存在

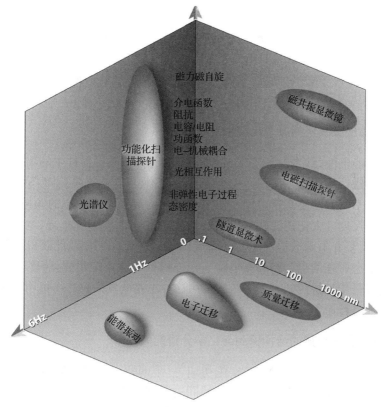

图 2.11　扫描探针显微镜的各种新技术在空间、时间和复杂性关系中的位置。未来的需求是将这些技术拓展到本图的中心,即同时探测高空间分辨率、高时间分辨率和高度复杂的体系(数据由 D. A. Bonnell 提供)

于图 2.11 所示空间的中心——即以更高的空间分辨率和时间分辨率对更加复杂的结构与性能进行探测。文献[52]清楚地提出了这样的理念，即对电荷、自旋、矢量性质进行三维的原子尺度空间分辨和飞秒时间分辨的测量。这一理念的目标位于图 2.11 的中心位置。

下一个十年将在加速器束线仪器及相应创新性的附件和样品台方面取得重要的成就，用于进行创造性和具有重要意义的实验，以解释原子及分子尺度的结构、化学和电子现象，这些都是纳米科学和纳米技术的核心问题。这些实验将与动态和原位相结合，以前所未有的时间尺度研究纳秒-飞秒散射现象[53,54]。对于下一代技术，特别是能源技术中的材料、结构和体系基础理论的理解和探索，需要着重发展相应的技术（如通过理解界面动力学提高光伏性能、燃料电池电极的三维结构等）；环境检测/调控（如探测器和膜分离结构）；生物医学（如三维蛋白质复杂结构的重建、植入体/器件中的生物-纳米界面问题）；以及在特殊环境下燃料的生产等。

1999 年诺贝尔化学奖（http://nobelprize.org/nobel_prizes/chemistry/laureates/1999/）认可了使用超快激光揭示原子在反应中如何运动的重要性。这项激光技术的进展使得实验装置具有空间控制功能，提供了对飞秒过程进行调控的新机会，而这正是许多纳米尺度现象涉及的时间尺度。现在的同步辐射装置可以提供与 X 射线辐射结合的飞秒光谱检测。

### 2.3.1　电磁现象根源的原子尺度探测

在太阳能电池、纳米电子器件、表面等离激元探测器等器件中的物理相互作用涉及各种电磁性能的交互作用。先进能源系统、纳米电子学在 CMOS 之后的解决方案以及光学器件需要对这些相互作用的表征向尺度不断减小的领域延伸，最终目标是原子尺度。人们需要在进行原子分辨探测同时，测量光电导、电阻、功函数、偏振性，以及复介电函数等性能，测试的频率从静态到 GHz，以此获得在分子键振动水平的动态过程信息。将高频电路与扫描探针显微系统集成，将多个探针组合在同一装置是未来检测领域的需求。按照这种思路研发的仪器将可用于对电子器件和光器件进行原位表征。

### 2.3.2　三维原子分辨的结构探测与化学分辨能力

在美国国家纳米计划（NNI）实施初期，三维的原子分辨成像是一个重要的目标。当时提出的需求是在几个前沿领域同时开展研究，以共同解决这个难题。现在，人们可以看到通往这个目标的途径。复合型散射式扫描近场光学显微镜（s-NSOM 或者 s-SNOM）已经在三维全息成像模式中实现了优于 100nm 的分辨率。电子全息也取得了重要进展，将像差矫正电子显微镜与原位谱仪及能量过滤器结合，用以增加空间分辨率和化学鉴别能力。运用 X 射线层析的三维表征方法也是一种面向三维结构测定的方案之一。

### 2.3.3　用高空间分辨和高时间分辨方法表征动力学过程

　　原子分辨的结构成像及用于飞秒时间尺度过程研究的谱学技术已经成为实验室常规技术，将这几种技术相结合在过去十年取得了很大进展。将像差矫正电子显微镜与创新性原位检测样品台协同组合使得人们可以在高空间分辨率（原子/分子尺度）和大范围时间分辨（从秒到飞秒）上对一些重要现象进程进行观测和分析。同步辐射装置提供高亮度、高度相干的束线与散射仪器结合可以用于上述范围的研究。运用新型的散射技术可以在阿秒[①]尺度直接测量动力学过程。这种新型的研究方式可以提供纳米尺度复杂体系中，驱动复制、组装、折叠和功能化的动力学过程的关键信息。将扫描探针显微与激光光谱或者非弹性谱仪结合的方法提供与同步辐射不同的测试方案。

### 2.3.4　生物与软物质体系中的复杂性问题

　　运用纳米探针来揭示蛋白质功能的方法具有很大的潜在应用，然而实验的难度提出很大的挑战。一些基本的要求包括实现稳定的视频速率（以及更快速率）成像和分析能力，对于不同组分同时进行分子分辨率成像，在生理环境对蛋白质进行控制和操作等。除了进行单分子-单蛋白质的检测外，还需要对相互作用的生物分子形成的网络行为进行研究。在液体中将近场光学显微镜、荧光显微镜和扫描探针显微镜结合成像是一种思路。一些新的实验仪器，如离子导电显微镜（ion conductance microscopy）、高空间分辨的膜片钳可以用于研究细胞过程。提高空间分辨率及将探测能力扩展到更加复杂的分析，如光激发局域显微镜（photo-activated localization microscopy，PALM）可以研究细胞内部的过程。用于软物质研究的电子显微仪器需要进一步研发。另外，需要进一步发展能够进行低温保护，包裹的液体样品池、低剂量技术和新型探测器技术（如相位片）等装置。

### 2.3.5　原位与多功能的探测工具

　　如上所述，已经出现各种结构表征技术，人们可以高空间分辨本领测量从结合键的振动到光电导等不同性质。在下个十年间，人们需要将各种原位（*in situ*）表征技术有机地结合，以面对新的研究目标。在一些情况下，必须将不同技术相结合。比如，在研究软-硬复合纳米结构中，需要将适于硬材料的显微镜仪器/技术与适于软材料的显微镜密切结合。将扫描探针显微镜（SPM）与扫描电子显微镜/聚焦离子束刻蚀（SEM/FIB）结合可以使研究人员在特定位置制备一些重要的亚表

---

① 阿秒（as，1as）＝$10^{-18}$s

面结构、图形或者缺陷,而使用 SPM 技术进行局域力学、电学性质的定量测定。类似地,由于几种 X 射线散射技术具有的先天定量研究特点,特别是同步辐射装置,可以将电子显微镜与同步辐射 X 射线散射技术的优势进行结合,从而使用 X 射线散射和电子显微镜/谱仪这样差异很大但是互补的技术对特定的样品或者特定实验进行定量研究。

### 2.3.6　用于纳米制造的工具

在下一个十年,人们期待看到许多早期纳米尺度的科学发现转化为实用的制造。急需建立用于制造过程的计量与测量的质量控制和与此相关的标准等。这些尚未实现的要求不仅可以应用于纳米制造,还可以用于工作现场的安全性分析、环境影响,以及使用寿命的计算。在某些领域中,以电子学工业为例,通常以发布路线图的方式明确指出未来需求。比如,在下一个五年到十年间,特别需要针对光掩模检查技术的研发加大投入[55-57]。尤其需要在 13.5nm 波长工作的有效的光刻计量工具,这是因为其适于批量生产中光刻图形检验技术,能够用来规避风险。另外,对于纳米粒子、纳米管等体系,尚没有可以用于各种不同尺寸的可靠制造和测量技术。

## 2.4　科技基础设施需求

最近的一份美国国家科学院(National Academy of Sciences)报告指出,目前缺少针对中等规模仪器的战略规划和基础设施,或者在这些方面存在很多问题。能够突破现有检测极限的电子显微镜、扫描探针显微系统和先进光学系统一般很昂贵(100 万~500 万美元),同时需要训练有素的技术人员进行操作和维护。我们需要一种新的机制来保障人力资源。大学一般不能承担这样高的费用。

## 2.5　研发投资与实施战略

如果要顺利地推动纳米尺度检测科学前沿发展,则需要在一段时期内持续地努力。请注意,观测到单个电子电荷与电子自旋需要十年以上的持续努力。有些不同意见说,美国在某些纳米表征领域已经落后,这或许是由资助的短期行为造成的。为了充分实现纳米技术的作用,需要建立必要的支撑机制,以在相对长的时间段内发挥作用。

由美国国家科学基金会、美国国立卫生院、能源部等设立的各种优先领域中心(Centers of Excellence)充分显示出这种合作研究的重要影响,特别是在协调几个传统领域具有共同兴趣的研究方面更是如此。目前应当加强继续对于这些中心以及中心的协调网络的投入。新设立的长期资助机制不应当弱化对个体研究人员的资助,很多原创性结果来自这些个体研究人员。

应当建立激励机制,鼓励政府实验室、工业界和大学之间的紧密合作,推动对纳米计量中标准的研制。这些机制不应当是简单地对工业界研发的补充,而是应当推动协同进步,实现共同的研究目标。

## 2.6　总结与优先领域

研究工具、制造工具和计量工具的研发能力将成为产生新的科学发现,以及将纳米科学转化为纳米技术的关键因素。如果没有这些关键仪器和工具的发展,纳米技术的全面应用是不能实现的。上一个十年出现了一些基本的概念和方法,为新一代的小尺度局域测量工具研制提供了平台。而下一个十年的优先发展方向为:

- 在原子层次探测电磁现象的根源
- 三维原子分辨的结构测定,并具有化学识别能力
- 高空间分辨率和时间分辨本领的动力学过程的表征
- 用于器件表征的原位检测和多功能工具
- 将仪器向相关研究机构和社团开放的新战略
- 将用于制备-计量的仪器转换为大规模制造的装备
- 用于人员训练的科学设施

## 2.7　更广泛的社会影响

不言而喻,纳米尺度现象表征和操控的实验工具的研发工作极为重要。新的发现依赖于观测,因此,推动这些测量技术的下一代发展将是产生新科学的必要步骤。如果没有相应的新计量技术和标准的发展,纳米器件和体系的制造是无法实现的。要将生物系统研究提高到一个新的层次,如果没有将现有表征仪器水平提高到更加复杂的水平和适用于各种环境条件则是不可能的。在仪器发展的同时,应当加强对于技术人员的培养,这些经过新型计量工具培养的技术人员将会对加速国家经济增长发挥作用。

## 2.8　研究成果与模式转变实例

下面展示一些已经取得的进展,除了上面描述的以外,我们的重点转移到探测纳米尺度的科学现象。

### 2.8.1　分子层次的复介电函数

联系人:Dawn Bonnell,宾夕法尼亚大学

已经发展了各种高空间分辨率的探针技术,以探测光与物质表面的相互作用,包括光子辅助的 STM、表面增强拉曼光谱和扫描近场光学显微镜(SNOM 或 NSOM)。一种散射式近场光学显微镜(s-NSOM)能够给出更高的空间分辨率。将一个尖锐的探针针尖放置在表面附近,然后导入光辐射照明。针尖位置的光场被增强,起到一个光学天线作用[9,10,12,13,58]。调节位于增强场的探针-样品间距,探测由此重新发射出的光,由此来确定材料性质的差异。在这个实验中,由针尖-表面构成的结的响应反映材料介电函数的一个本征性质。图 2.12 显示用这种方法可以测定单层分子膜介电函数的实部与虚部[59]。利用入射光的高次谐波(最高到四阶谐波)以及与偏振的关系,可以探测有机分子在原子级平整衬底上形成的单层膜的介电性质。已经发展了一种解析方法,可以根据光与样品在 NSOM 探针存在条件下相互作用,定量地解释这种介电性质。到目前为止,三阶谐波可以提供最佳的横向分辨率和介电常数的衬度,s-偏振光的 s-NSOM 衬度比同样构型下的 p-偏振光高出 100 倍。

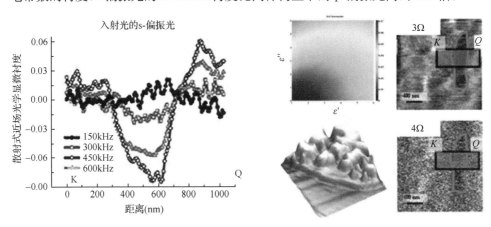

图 2.12　单分子层的散射式近场光学显微镜(s-NSOM)的信号随距离的变化(左),介电函数成像测量值,与单分子层的复介电函数模型计算比较(右上),以及结构的形貌图(右下)[59]

### 2.8.2　单电子自旋探测

联系人:Dan Rugar,IBM

由 Rugar 等研究的磁共振力显微镜(magnetic resonance force microscopy,MRFM)(图 2.13)可以对单个电子自旋进行以前无法实现的相干控制,将核磁共振(nuclear magnetic resonance,NMR)和电子顺磁共振(electron paramagnetic resonance,EPR)谱仪的精度与空间分辨率提高了几个数量级。

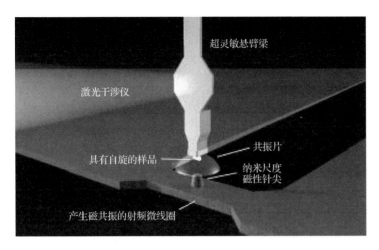

图 2.13　磁共振力显微镜示意图[60]

### 2.8.3　X 射线散射的阿秒过程

联系人：Peter Abbamonte，伊利诺伊大学香槟分校；Dawn Bonnell，宾夕法尼亚大学

目前的 X 射线探针可以测量单个纳米结构的电子和结构动力学性质（图 2.14），而中子可以测量纳米结构集合体的动力学响应，另外还可以将单个粒子的行为从集体动力学行为中区别出来。文献[61]发现，非弹性 X 射线散射的动量柔度（momentum flexibility）反比于其漏失函数（loss function），因此可以用来对介质中的密度扰动分布进行实时成像。他们的结果表明，扰动来自于在液体水中点源，时间分辨率为 41.3 阿秒（$4.13 \times 10^{-17}$ s），空间分辨率为 1.27Å（$1.27 \times 10^{-10}$ m）。这个结果被用来测定在溶液中围绕一个光激发的荧光素的电子云结构，以及由 9 MeV 金离子注入水中产生的尾流现象（wake）。

图 2.14　阿秒快照-水中电子扰动的模拟计算，可以与非弹性
X 射线散射测量的金离子扩散过程比较

### 2.8.4　电子光学

联系人：Vinayak Dravid，美国西北大学

常规的和像差矫正的 STEM（以及 SEM）与相应的附件结合，将电子显微学领域提升到一个新的高度。这些技术已经应用到揭示原子和分子尺度的构造、化学组分和材料电子结构的各种不同方面，以及对当今社会具有重要影响的体系中[①]。这些体系覆盖了在多功能氧化物中，从理解现代微电子器件的局限性到超越传统硅技术所显现的机遇。尽管在用户图形界面（graphical user interfaces，GUI）方面已经取得了重要的进展，但电子显微镜仪器、技术、附件的发展使得电镜更加易于操作，应用范围更广。这项技术被广泛应用在很多领域。这些领域包括在能源/环境技术、信息技术器件、生物医学材料和相互作用、食品与包装的相互作用等。

1. 软物质分析

1999 年以来，仪器商和科研人员认识到软物质研究的挑战，更加重视电子显微镜类的工具和仪器，将其应用于软物质的成像和分析。

SEM/STEM 中的场发射电子枪（field-emission-gun）得到重要发展，在超低电压、低工作电流下工作，与新型样品台结合（液体样品盒、低温台和环境台），已经在对软物质的表面和亚表面的成像与分析方面取得了重要的进展[76-79]。仪器商们认识到电镜在软物质研究中的关键需求，将现代 SEM/STEM 配备了能够改变能量（60～300keV）、保持生物和软物质低温、样品减薄方法、低温样品架和通过样品自动调整与高通量数据收集分析等技术结合，可以进行三维结构的层析重构（图2.15），文献[80]以及其他相关的进展[77,79,81-86]。

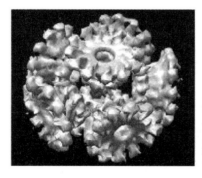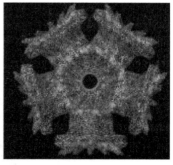

图 2.15　生物噬菌体 DNA 堆积马达中的椭圆纳米粒子图像重构[80]

已经成功发展的扫描透射电子显微技术，特别是环形暗场（annular dark

---

① 有关这些结构及其重要性的更多信息，请见以下文献：[30-34,37,62-75]。

field,ADF)和高角度环形暗场成像技术(HAADF),成功地应用于软物质的定量成像及分析[77,81,87,88]。已经设计并且发展出用于研究软物质科学的特殊仪器,包括低温-生物纳米尺度化学分析及高灵敏度和整体稳定性的成像。软物质显微技术的关键仍将是围绕制备一致性的、可重复的活体样品方式和方法,增加自动化程度,以及运用计算机辅助的显微和分析技术。

下一个十年间,对于软物质分析,很大程度上将得益于像差矫正 STEM,以及与此相关的样品制备技术、特殊的多样品台和样品架,及自动化操作、计算机软件界面、图像识别与处理功能的极大提高。新型探测器及其与快速探测结合的构型(如相位片,phase plate)正在研制中[53,54];这些技术可以在减少束流剂量,从而减小辐照损伤的条件下,有效地解决软物质中低衬度的问题。关联显微术[86]是一种将不同的显微镜-光谱议的数据和分析相互关联的方式,将提供独特的方式来理解构型与功能的关系,这是当代生物学和纳米生物医学的基础。这些软物质显微学的进展对于详细理解复杂生物结构和现象非常关键,特别是从物质科学与工程学相结合的角度考虑。这些进步对在纳米材料的存在周期(life cycle)内提高健康、环境和可持续发展水平很重要。

### 2. 三维结构的测定

在 2000～2010 年间,用于纳米结构的三维重构和可视化电子显微镜相关的仪器装备,以及相应的附件,如样品架等技术取得重要进展[57,89-92]。生物体系的三维层析重构技术使得人们可以纳米尺度空间分辨率对生物分子复杂体系的三维结构进行成像,这些体系包括蛋白质团簇到生物组织,以及有机-无机纳米结构的复合体[76-79,87]。

在 TEM 和 STEM 成像模式中使用专门设计的低辐照剂量、高或者低加速电压成像,先进的样品台(具有大幅度倾侧功能,high-tilt)、样品架(全方位倾侧、低温)、样品支持物(样品亲水处理、$SiN_x$ 样品支持网格、石墨烯衬底等)等都对实现三维纳米结构的表征作出重要贡献。数据处理算法、计算和处理能力、广谱可视化工具与技术对于提高纳米结构、缺陷和亚结构的三维成像能力起到重要作用,如图 2.16 所示。

三维层析成像和分析方法已经很快成为主流,这得益于显微镜稳定性的提高、样品台-样品架设计的改进以及其他硬件(显微镜-探测器-样品架)和软件(自动图像捕获、自动对焦、快速检索等)的集成。

很自然的,像差矫正 STEM 的出现将会推动三维重构成像的空间(以及深度)分辨率实现分子和原子尺度成像。在像差矫正 STEM 中增加极靴之间空间可以使研究人员发展创新性样品台架,进行原位实验,在生理液体环境中直接研究生物过程,也可以从外部进行刺激,以探测生物-纳米界面上的复杂动力学问题。这是

图 2.16　一种复杂的催化剂的三维层析重构:无序的介孔
二氧化硅支撑的 Ru-Pt 双金属纳米颗粒[91]

一些重大的研究问题,不但对于理解生物结构和过程的基本问题,而且对于其他重大问题的分解与调控都有重要意义,如人类健康、环境检测与调控、运用生物原理的能源制造、输运和存储,以及其他一些与三维原子和分子结构及它们的动力学行为相关的问题。

3. 表面下埋入结构/现象的计量和成像

聚焦离子束(FIB,包括双束 SEM＋FIB)仪器的快速发展使得人们可以对包埋在表面下层的结构与特征进行层析和加工[43,93]。这种功能很大地推动微电子计量和缺陷分析,因此,可以在生产线上显著提高产率和产品最终的质量。由于对表面下部的计量和缺陷分析的需求,双束 FIB 加工装置被广泛地应用于半导体/微电子加工工业[40,94]。

对于 FIB-SEM 结合技术的提升不仅仅是提高一些指标(如束线尺寸和束流),而是需要在原位加工能力方面的提升,如 lift-off 工艺、微纳操纵、气体注入与沉积,以及与原位操控相关的技术方面。这些功能正在迅速提升以满足多个实验的需求,并且与其他合成、表征和测量仪器密切结合(图 2.17)。

## 2.9　来自海外实地考察的国际视角

以下为在德国、日本、新加坡举办的系列国际研讨会(International WTEC Nano2 workshops)的总结。内容主要关注国际管理与导向。

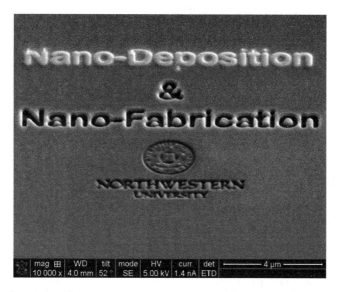

图 2.17　现代聚焦离子束 FIB 的纳米加工能力。图中显示同时使用材料的沉积和刻蚀加
工方法的图形（由 B. Myers 和 V. P. Dravid 提供）

## 2.9.1　美国-欧盟研讨会（德国汉堡）

小组成员/参与讨论者

Liam Blunt（共同主席），英国哈德斯菲尔德大学

Dawn Bonnell（共同主席），美国宾夕法尼亚大学

Richard Leach，英国国家物理实验室

Clivia M. Sotomayor Torres，西班牙纳米科学技术中心

Malcolm Penn，英国 Future Horizons，Ltd.

这组来自英国、西班牙、美国的科学家相聚在汉堡"Nano2"研讨会上。几天内，他们讨论了纳米尺度现象在科学发现与技术创新方面新型仪器设备的影响力。来自于参与制定不同版本的欧洲路线图和战略规划的人员提供了他们的经验和知识，从而给出下面关于纳米技术下一个十年的战略机遇。他们的讨论集中在商业化过程中对计量技术的需求。

过去十年间，按照"Gartner 炒作周期"[95]的说法，人们对纳米技术的认识已经从早期过度炒作的"技术激发期"转移到"幻灭的低谷期"，技术的发展没有满足人们早期狂热的推测。目前，我们终于到达了"认知的缓坡期"，即人们清楚地认识到纳米技术仍然存在现实的可能应用。

下一个十年间，纳米结构和材料的设计与制造将仍然是极其重要的，创造全新的并具有优异性质和功能的材料体系。要实现这个目标需要一些重要学科，如化学、物理和生物学领域的紧密结合与汇聚。

交叉学科与融合的互动推出了新的学科领域,如表面等离激元学(plasmonics)。目前,我们希望使用不太昂贵、易于使用的纳米图样加工方法(微米接触式印制、纳米压印光刻、薄膜沉积等),使得全球的实验室都可以进行研究和产品研发,加工制备专用的复杂器件,探索新的现象。

尺度为 1～100nm 的纳米粒子和纳米孔(nanoporous)材料开始走下实验台而进入市场,使得从医学治疗到纳米电子学所需要的纳米粒子的基础研究到应用研究得到快速发展。运用电子、离子束以及 X 射线制备微纳米图形的过程为推动纳米尺度的材料参数的调控提供研究环境。以上关于纳米图形化和纳米粒子的例子说明将纳米技术从基础研究领域到实际工业生产过程中的关键推动作用。纳米制造发展的关键是质量控制体系,而这些体系的核心是计量技术(metrology)。

未来对纳米计量的关键需求是:
- 全三维可靠仪器的计量技术
- 生产线上的海量计量数据
- 多尺度的测量技术(分辨率和测量范围从纳米到米)
- 材料的多种测量方法(不同维度/性质)
- 纳米结构的多种测量方法(不同维度/功能)
- 国际认可的测量标准
- 用于纳米尺度测量的标准材料(标准物质)
- 适用于生产线的常规测试方法
- 用于整个工艺线的计量技术
- 纳米生物过程的计量技术
- 动态过程的计量技术

用于检测纳米尺度和原子尺度的结构与性能的仪器过去是,将来必将还是理解纳米结构和纳米体系的物理和化学问题的最基本工具。目前,定量地测量纳米尺度性质仍然存在困难,因而限制人们理解新物理现象,也是纳米加工的先决条件。对于一种现象,如果不能测量它,则不能制备或者重复它,甚至不能以任何定量方式理解它。将纳米技术放大到工业生产的重要步骤是制造条件的发展和在研发期间与研发机构的密切合作,特别重要的是,需要将纳米技术领域的知识转化到中小型企业(small and medium-sized enterprise,SME)中去。

上个十年间我们在测量仪器方面取得重要进展,而这些进展将推动我们在下一代研究工作中特别注重以下内容:
- 对于凝聚态和生物分子基本概念的革命性的改变
- 微纳尺度上对复杂体系的新观点
- 探测动态过程以及以前未能涉及的时间尺度

人们从纳米尺度体系的性质和相互作用研究中得到的新概念可以提供新的计量方法。为了实现纳米计量技术，需要研制便于使用并且适用于工业生产的仪器装备。然而，研发工业生产的仪器装备的投资要大大超过基础研究阶段的投资。如果人们对此不能达成共识，纳米计量研究的发展将不能满足未来的需求。需要在全球范围的标准制定机构与工业界之间建立更加广泛的沟通，以加快计量标准化的建立。

### 2.9.2　美国-日本-韩国-中国台湾研讨会（日本东京/筑波大学）

小组成员/参与讨论者

Dae Won Moon（共同主席），韩国标准科学研究院（KRISS）

Dawn Bonnell（共同主席），美国宾夕法尼亚大学

Seizo Morita，日本大阪大学

Masakazu Aono，日本国立材料研究所（NIMS）

**姚斌诚**，中国台湾工业技术研究院（ITRI）

Kunio Takayanagi，日本东京工业大学

来自韩国、日本和美国的科学家在筑波"Nano2"研讨会上，经过几天讨论，对用于研究纳米尺度现象的科学发现和技术创新的仪器与工具的影响进行了评价。与会专家认为，纳米科学的发现和成就为将来的技术突破提供重要机遇。

十年以前，纳米技术是一个学术研究领域，仅仅是在不同学科中探索新的科学现象和新的应用。而今天，纳米技术已经呈现出很大的潜力，对许多领域，如电子学、能源和医学等对传统的关键问题提出挑战。

比如，过去十年间，扫描隧道显微镜（STM）令人惊叹地显示了在低温下对单个原子逐个进行操纵的能力，及其在物质科学方面的应用。最近，使用原子力显微镜（AFM）探针尖端可以在室温下操控原子。在室温条件下进行原子操纵的能力使得人们能够按照设计方案构建新的化合物已进入实用阶段。多探针扫描探针显微镜（SPM）已经用于定量地测量原子和纳米器件的局域输运性质，而这种测量方法在以前是不可想象的。

在过去十年间，像差矫正透射电子显微镜（TEM）已经达到亚埃（sub-Ångstrom）分辨率。已经有一个关于锂原子高分辨成像的报告，TEM 达到优于 70pm 的空间分辨率。除此之外，基于同步辐射束线的表征技术得到很快发展。第四代束线将可以用于原子的动力学研究和生物分子分析。

由纳米技术（nanotechnology）到纳米体系技术（nanoarchitectonics），即由纳米功能化到纳米体系功能化的转变将是下一步发展的重要方向。如果没有这种关键的转换，羽翼丰满的纳米技术的应用是不现实的。换言之，如果实现这种关键转换，将在更加广泛的技术领域带来巨大的进展。在原子、分子和纳米结构的自组装

(self-assembly)和自组织(self-organization)过程中,采用单分子层次的超高灵敏度和新方法,在纳米尺度对于电学、光学、磁学性质进行测量(包括多探针扫描探针显微术,SPM)将充分体现这种预测。

实现纳米技术未来重要应用的关键取决于人们在纳米长度范围操纵物质的能力,以及在同样尺度测量相应体系或者更加复杂体系的性质。原子/分子成像的最终目标是高空间分辨、高时间分辨、三维、对表面上的单个分子识别,以及在复杂环境中,如用于纳米生物学和医学诊断的细胞原位(in vivo)和离位(in vitro)检测。将扫描探针显微镜、电子显微镜、光学显微镜和谱学相结合的思路或许是成功的保证。要实现这个目标,需要创新性地同时研制几种不同仪器,而对仪器的创新与器件创新具有同等的重要性。

将基础物理研究转换为应用的前提是能够常规地在室温操纵物质,由此可以按照人们的设计制备新的化合物或纳米结构。与原子力显微镜和扫描隧道显微镜相关的技术已经显现出关键作用,但是,必须将这些技术变成常规易于操纵的工具。

为了实现其在科学、工程和应用领域方面令人振奋的潜力,需要以下科学与技术方面的基础设施建设:

· 五年期的维护基础设施条件的保障措施,五年是许多国家执行纳米技术项目的典型周期。特别是对于纳米表征来说,中断对物理基础设施的连续资助将会造成很大影响。

· 为了使纳米制造扩大到更大规模,需要建立新的基础设施。另外,国际合作伙伴的形式非常关键。

· 需要建立新的教育体系,训练一批具有创造性的劳动力,其中部分为熟练技术人员。

### 2.9.3　美国-澳大利亚-中国-印度-沙特阿拉伯-新加坡研讨会(新加坡)

小组成员/参与讨论者

John Miles(共同主席)澳大利亚国家计量研究院

Dawn Bonnell(共同主席),美国宾夕法尼亚大学

万立骏,中国科学院化学研究所

Yong Lim Foo,新加坡材料科学与工程研究所(IMRE)

Huey Hoon Hng,新加坡南洋理工大学(NTU)

来自澳大利亚、中国、新加坡和印度的科学家和研究机构负责人举行会议,讨论实验工具的全球性影响,这些实验工具是纳米技术科学进步和推向市场化的重要保障。会议认为,需要推动全球的共识,加强研发实验工具和计量标准,以及将这些与纳米技术下个十年的发展机遇紧密结合。

　　过去十年对于纳米技术的展望改变为更为平静，更为缓和的形式，需要在注意纳米技术带来益处的同时，注重其潜在的危害。考虑到纳米技术的潜在危害，有可能使得政府和工业界的资助减少。纳米技术已经融入科学与工程的几乎所有研究领域和学科，"纳米技术"这个词已经由一个单一的词语变为与特殊应用紧密结合的术语，如能源、水资源、医学等。研发工作已经由单个纳米结构转移到纳米体系（nanosystems）。已经出现了很多商业产品。

　　在下一个十年中，研发的重点将主要由社会的需求推动，如能源、水资源、健康等。对于仪器研发的需求将不断增加，如以原位方式测量纳米材料在土壤、水、食物和活的生物体中的分布。一些重要的、有明确需求的研究目标包括在室温和原子尺度对纳米材料进行调控和制备、在活体系统中对多个复杂过程进行同时成像等。

　　总的来说，过去十年间计量研究所取得的主要进展是显著地增强了显微镜、分析仪器、谱仪和相关技术的能力，如不确定性、分辨率、范围和精确度等。这些进展包括透射电子显微镜的像差矫正、计量型原子力显微镜（AFM）、自旋-电荷的测量、单自旋、非弹性振动、能量色散 X 射线探测器技术和硅漂移探测器，这些技术可以用于高计数率、更快更精确成像、更加精确的化学分析、电子全息和磁感应成像，以及多探针扫描探针显微术。另外，在用于纳米粒子和二维、三维纳米尺度测量的新的参考标准（标准样品，reference standard）方法方面也取得很大进展。

　　对于纳米技术整体而言，下一个五年的主要目标是进一步扩大纳米技术的应用，而面对的困难将是如何将制备与合成过程放大，以及纳米粒子/纳米材料的安全性问题。对于纳米检测和标准方面的主要目标是：

　　· 进一步增强国家级计量研究机构、文本技术标准的研发人员和研发领域之间的联系与相互理解

　　· 进一步发展国家级和国际纳米计量体系之间的联系

　　· 具有低加速电压（<35kV）的透射电子显微镜、具有原子分辨的三维成像功能

　　· 发布更多的用于纳米技术领域的文本技术标准

　　· 具有在化学键尺度、飞秒时间范围的检测能力

　　· 发展新型便携式、价格低的纳米检测仪器，能够用于工业环境中

　　· 发展能在不同介质环境下运行的测量纳米材料的仪器，如在水中、土壤中、食物和活组织中的测量仪器

　　急需国际基金机构资助更多的科学与技术基础设施，特别需要支持的研发内容包括：文本技术标准的研制、毒理学检测、国际规范的改革等。这些非常重要的工作目前只依赖于自发形式，然而仅仅由志愿者来承担这些工作是太不够了。更加现实的做法是建立强有力的国际化的计量机构，用于对纳米技术计量与标准化

的持续支持。这些包括由国家级计量研究机构建立物理标准，提供可溯源到国际单位制(SI-international system of units)的检测，参考物质(标准物质，reference materials)，标准化的测试方法、国际比对、不确定度分析，以及相应的质量保障体系。对于纳米技术文本技术标准的需求仍然是紧迫的，并且需求在不断增加。

人们的共识是，新型仪器和新型探测器是未来纳米科学与工程研究的核心问题和优先需求，对于生物医学和能源领域更是如此。

## 参 考 文 献

[1] M. C. Roco, R. S. Williams, P. Alivisatos(eds.), *Nanotechnology Research Directions*: *IWGN [NSTC] Workshop Report*: *Vision for Nanotechnology R&D in the Next Decade* (International Technology Research Institute at Loyola College, Baltimore, 1999), Available online: http://www. nano. gov/html/res/pubs. html

[2] D. A. Bonnell, Pushing resolution limits of functional imaging to probe atomic scale properties. ACS Nano **2**, 1753-1759(2008). doi:10. 1021/nn8005575

[3] T. Kohsaka, C. Taylor, K. Fujita, A. Schmidt, C. Lupien, T. Hanaguri, M. Azuma, M. Takano, H. Eisaki, H. Takagi, S. Uchida, J. C. Davis, An intrinsic bond-centered electronic glass with unidirectional domains in underdoped cuprates. Science **315**, 1380-1385(2007). doi:10. 1126/science. 1138584

[4] C. Brun, J. C. Girard, Z. Z. Wang, J. Dumas, J. Marcus, C. Schlenker, Charge-density waves in rubidium blue bronze $Rb_{0.3}MoO_3$ observed by scanning tunneling microscopy. Phys. Rev. B **72**, 235119-235126 (2005). doi:10. 1103/PhysRevB. 72. 235119

[5] M. P. Nikiforov, A. F. Isakovic, D. A. Bonnell, Atomic structure and charge-density waves of blue bronze $K_{03}MoO_3$(201)by variable-temperature scanning tunneling microscopy. Phys. Rev. B **76**, 033104((2007)

[6] F. J. Giessibl, Advances in atomic force microscopy. Rev. Mod. Phys. **75**, 949-983(2003)

[7] F. J. Giessibl, H. Bielefeldt, Physical interpretation of frequency-modulation atomic force microscopy. Phys. Rev. B **61**, 9968-9971(2000). doi: 10. 1103/PhysRevB. 61. 9968

[8] Y. Sugimoto, P. Pou, M. Abe, P. Jelinek, R. Perez, S. Morito, O. Custance, Chemical identification of individual surface atoms by atomic force microscopy. Nature **446**, 64-67(2007). doi:10. 1038/nature05530

[9] T. Eguchi, Y. Fujikawa, K. Akiyama, T. An, M. Ono, Y. Hashimoto, Y. Morikawa, K. Terakura, T. Sakurai, M. G. Lagally, Y. Hasegawa, Imaging of all dangling bonds and their potential on the Ge/Si(105)surface by noncontact atomic force microscopy. Phys. Rev. Lett. **93**, 266102(2004). doi: 10. 1103/PhysRevLett. 93. 266102

[10] Y. Cho, R. Hirose, Atomic dipole moment distribution of Si Atoms on a Si(111)-(7x7)surface studied using noncontact scanning nonlinear dielectric microscopy. Phys. Rev. Lett. **99**, 186101-186105(2007). doi: 10. 1103/PhysRevLett. 99. 186101

[11] B. J. Rodriguez, S. Jesse, A. P. Baddorf, S. V. Kalinin, High-resolution electromechanical imaging of ferroelectric materials in a liquid environment by piezoresponse force microscopy. Phys. Rev. Lett. **96**, 237602(2006)

[12] B. C. Stipe, M. A. Rezaci, W. Ho, Single-molecule vibrational spectroscopy and microscopy. Science **280** (5370), 1372-1375(1998)

[13] J. I. Pascual, N. Lorente, Z. Song, H. Conrad, H. -P. Rust, Selectivity in vibrationally mediated single-

molecule chemistry. Nature **423**,525-528(2003)

[14] J. R. Hahn,W. Ho,Orbital specific chemistry: controlling the pathway in single-molecule dissociation. J. Chem. Phys. **122**,244(2005)

[15] A. J. Heinrich,J. A. Gupta,C. P. Lutz,D. M. Eigler,Single-atom spin-flip spectroscopy. Science **306**,466-469(2004). doi:10. 1126/science. 1 101077

[16] A. E Otte,M. Temes,S. Loth,C. P. Lutz,C. F. Hirjibehedin,AJ. Heinrich,Spin excitations of a Kondo-screened atom coupled to a second magnetic atom. Phys. Rev. Lett **103**,107203-107207(2009). doi: 10. 1103/PhysRevLett. 103. 107203

[17] P. Han, A. R. Kurland, A. N. Giordano, S. U. Nanayakkara, M. M. Blake, C. M. Pochas, P. S. Weiss, Heads and tails: simultaneous exposed and buried interface imaging of monolayers. ACS Nano **3**,3115-3121(2009). doi:10. 1021/nn901030x

[18] H. M. Saavedra,T. J. Mullen,P. P. Zhang,D. C. Dewey,S. A. Claridge,P. S. Weiss,Hybrid strategies in nanolithography. Rep. Prog. Phys. **73**,036501(2010). doi: 10. 1088/0034-4885/73/3/036501

[19] A. M. Moore,A. A. Dameron,B. A. Mantooth,R. K. Smith,D. J. Fuchs,J. W. Ciszek,F. Maya,Y. Yao, J. M. Tour,P. S. Weiss,Molecular engineering and measurements to test hypothesized mechanisms in single-molecule conductance switching. J. Am. Chem. Soc. **128**, 1959-1967 ( 2006 ). doi: 10. 1021/ja055761m

[20] D. C. Coffey,D. S. Ginger,Time-resolved electrostatic force microscopy of polymer solar cells. Nat. Mat. **5**,735-740(2006). doi:10. 1038/nmat1712

[21] D. A. Bonnell,S. Kalinin,Local potential at atomically abrupt oxide grain boundaries by scanning probe microscopy,in *Solid State Phenomena*, ed. by O. Bonnaud,T. Mohammed-Brahim,H. P. Strulnk,J. H. Werner(SciTech Publishing,Uettikon am See,2001),pp. 33-47

[22] D. B. Williams,D. B. Carter,*Transmission Electron Microscopy*,2nd edn. (Springer,New York,2009)

[23] M. Haider,S. Uhlemann, E. Schwan, H. Rose, B. Kabius, K. Urban, Electron microscopy image enhanced. Nature **392**(6678),768-769(1998). doi: 10. 1038/33823

[24] H. Rose,Correction of aberrations. A promising means for improving the spatial and energy resolution of energy-filtering electron-microscopes. Ultramicroscopy **56**(1—3),11-25(1994)

[25] A. Tonomura,T. Matsuda,J. Endo, H. Todokoro,T. Komoda,Development of a field emission electron microscope. J. Electron Microsc. Tokyo **28**(1),1-11(1979)

[26] B. Kabius,H. Rose,*Novel Aberration Correction Concepts*. Advances in Imaging and Electron Physics, vol. 153(Elsevier,San Diego,2008),pp. 261-281

[27] P. E. Batson,N. Dellby,O. L. Krivanek,Sub-angstrom resolution using aberration corrected electron optics. Nature **418**(6898),617-620(2002)

[28] C. Kisielowski,B. Freitag,M. Bischoff,H. van Lin,S. Lazar,G. Knippels,P. Tiemeijer,M. van der Stam, S. von Harrach,M. Stekelenburg,M. Haider,S. Uhlemann,H. Müller, P. Hartel, B. Kabius,D. Miller,I. Petrov,E. A. Olson,T. Donchev,E. A. Kenik, A. R. Lupini,J. Bentley,S. J. Pennycook,I. M. Anderson, A. M. Minor, A. K. Schmid, T. Duden, V. Radmilovic, Q. M. Ramasse, M. Watanabe, R. Emi, E. A. Stach,P. Denes,U. Dahmen,Detection of single atoms and buried defects in three dimensions by aberration-corrected electron microscope with 0. 5-Ångstrom information limit. Microsc. Microanal. **14**(5), 469-477(2008)

[29] O. L. Krivanek,G. J. Corbin,N. Dellby,B. F. Elston,RJ. Keyse,M. F. Murfitt,C. S. Own,Z. S. Szilagyi,

J. W. Woodruff, An electron microscope for the aberration-corrected era. Ultramicroscopy **108**(3),179-195(2008)

[30] D. A. Muller, L. F. Kourkoutis, M. Murfitt. J. H. Song, H. V. Hwang, J. Silcox, N. Dellby, O. L. Kitvaiek, Atomic-scale chemical imaging of composition and bonding by aberration corrected micrscopy. Science **319**(5866),1073-1076(2008),doi:10. 1126/science. 1148820

[31] S. J. Pennycook, M Varela, C. J. D. Hetherington, A. I. Kirkland, Materials advances through aberration corrected electron microscopy. MRS Bull. **31**(1),36-43(2006)

[32] D. J. Smith, Development of aberration-corrected electron microscopy. Microsc. Microanal. **14**(1),2-15 (2008)

[33] Y. Zhu, H. Inada, K. Nakamura, I Wall, Imaging single atoms using secondary electrons with an aberration-corrected electron microscope. Nat. Mater, **8**(10),808-812(2009). doi:10. 1038/nmat2532

[34] C. O. Girit, J. C. Meyer, R Erni, M. D. Rossell, C. Kisielowski, L. Yang, C. -H. Park, M. F. Crommie. M. L. Cohen, S. G. l. ouie, A. Zeul, Graphene at the edge: stability and dynamics. Science **323**(5922),1705-1708(2009)

[35] R. P. Feynman, There's plenty of room at the bottom. Talk given at the annual meeting of the American Physical Society at the California Institute of Technology, Dec 1959. Available online: http://www. its. caltech. edu/~feynman/plenty. html

[36] R. Erni, M. -D. Rossell, C. Kisielowski, U. Dahmen, Atomic-resolution imaging with a sub-50-pm electron probe. Phys. Rev. Lett. **102**(9),096101(2009),doi:10. 1103/PhysRevLett. 102. 096101

[37] C. Kisielowski, C. J. D. Hetherington, Y. C. Wanga, R. Kilaas, M. A. O'Keefe, A. Thust, Imaging columns of the light elements carbon, nitrogen and oxygen with sub Ångstrom resolution. Ultramicroscopy **89** (4),243-263(2001)

[38] B. Kabius, P. Hartel, M. Haider, H. Müller, S. Uhlemann, U. Loebau, J. Zach, H. Rose, First application of $C_c$-corrected imaging for high-resolution and energy-filtered TEM. J. Electron Microsc. **58**(3),147-155(2009)

[39] O. L. Krivanek, M. F. Chisholm, V. Nicolosi, T. J. Pennycook, G. J. Corbin, N. Dellby. M. F. Murfitt, C. S. Own, Z. S. Szilagyi, M. P. Oxley, S. T. Pantelides, S. J. Pennycook. Atom-by-atom structural and chemical analysis by annular dark-field electron microscopy. Nature **464**(7288),571-574(2010)

[40] R. M. Langford, A. K. Petford-Long, Broad ion beam milling of focused ion beam prepared transmission electron microscopy cross sections for high-resolution electron microscopy. J. Vac. Sci. Technol. A **19** (3),982-985(2001)

[41] J. Li, D. Stein, C. McMullan, D. Branton, M. J. Aziz, J. A. Golovchenko, Ion-beam sculpting at nanometre length scales. Nature **412**(6843),166-169(2001). doi: 10. 1038/35084037

[42] M. Marko, C. Hsieh, R. Schalek, J. Frank, C. Mannella, Focused-ion-beam thinning of frozen-hydrated biological specimens for cryo-electron microscopy. Nat. Meth. **4**(3),215-217(2007). doi: 10. 1038/ nmeth 1014

[43] J. Mayer, L. A. Giannuzzi, T. Kamino, J. Michael, TEM sample preparation and FIB-induced damage. MRS Bull. **32**(5),400-407(2007)

[44] O. G. Shpyrko, E. D. Isaacs, J. M. Logan, Y. Feng, G. Aeppli, R. Jaramillo. H. C. Kim, T. F. Rosenbaum, P. Zschack, M. Sprung, S. Narayanan, A. R. Sandy, Direct measurement of antiferromagnetic domain fluctuations. Nature **447**,68-71(2007)

[45] M. F. Crommie, C. P. Lutz, D. M. Eigler, Confinement of electrons to quantum corrals on a metal surface. Science **262**, 218-220(1993)

[46] Y. Sugimoto, M. Abe, S. Hirayama, N. Oyabu, Ó. Custance, S. Morita, Atom inlays performed at room temperature using atomic force microscopy. Nat. Mater. **4**(2), 156-159(2005). doi: 10. 1038/nmat l297

[47] Lyding, J. W. Shen, T. C. Hubacek, J. S. Tucker, J. R. Abein, Nanoscale patterning and oxidation of H-passivated Si(100)-2 x 1 surfaces with an ultrahigh vacuum scanning tunneling microscope. Appl. Phys. Lett. **64**(15), 2010-2012(1994). doi: 10. 1063/1. 111722

[48] K. Tanaka, Y. Kurihashi, T. Uda, Y. Daimon, N. Odagawa. R. Hirose, Y. Hiranaga, Y. Cho. Scanning nonlinear dielectric microscopy nano-science and technology for next generation high density ferroelectric data storage. Jpn. J. Appl. Phys. **47**(5), 3311-3325(2008)

[49] S. Kalinin, D. Bonnell, T. Alvarez, X. Lei, Z. Hu, J. Ferris, Q. Zhang, S. Dunn, Atomic polarization and local reactivity on ferroelectric surfaces: a new route toward complex nano-structures. Nano Lett. **2**, 589-594(2002)

[50] D. B. Li, M. H. Zhao, J. Garra, A. M. Kolpak, A. M. Rappe, D. A. Bonnell, J. M. Vohs, Direct in situ determination of the polarization dependence of physisorption on ferroelectric surfaces. Nat. Mater. **7**, 473-477(2008)

[51] P. Baneijee, P. Conklin, D. Nanayakkara, T. -H. Park, M. J. Therien, D. A. Bonnell, Plasmon-induced electrical conduction in molecular devices. ACS Nano **4**(2), 1019-1025(2010)

[52] D. Eigler, New Tools for Nanoscale Science and Engineering. Paper read at the workshop, international study of the long-term impacts and future opportunities for nanoscale science and engineering, Evanston, 9-10 Mar 2010

[53] J. S. Kim, T. LaGrange, B. W. Reed, M. L. Taheri, M. R. Armstrong, W. E. King, N. D. Browning, G. H. Campbell, Imaging of transient structures using nanosecond *in situ* TEM. Science **321**(5895), 1472-1475 (2008). doi: 10. 1126/science. 1161517

[54] A. H. Zewail, Four-dimensional electron microscopy. Science **328**(5975), 187-193(2010). doi: 10. 1126/science. 1166135

[55] F. Brizuela, S. Carbajo, A. E. Sakdinawat, Y. Wang, D. Alessi, B. M. Luther, W. Chao, Y. Liu, K. A. Goldberg, P. P. Naulleau, E. H. Anderson, D. T. Attwood Jr. , M. C. Marconi, J. J. Rocca, C. S. Menoni, Improved performance of a table-top actinic full-field microscope with EUV laser illumination. *Proc SPIE* **7636**(2010)

[56] S. Huh, L. Ren, D. Chan, S. Wurm, K. Goldberg, I. Mochi, T. Nakajima, M. Kishimoto, B. Ahn, I. Kang, J. Park, K. Cho, S. -I. Han, T. Laursen, A study of defects on EUV masks using blank inspection, patterned mask inspection, and wafer inspection. *In Extreme Ultraviolet (EUV) Lithography. Proceedings of SPIE*, vol 7636, ed. by B. M. La Fontaine(SPIE, San Jose, 2010).

[57] K. Ushida, The future of optical lithography. Plenary talk, in SPIE Advanced Lithography conference, Santa Clara, 22 Feb 2010

[58] Y. Kim, T. Komeda, M. Kawai, Single-molecule reaction and characterization by vibrational excitation. Phys. Rev. Lett. **89**, 126104-126108(2002). doi: 10. 1103/PhysRevLett. 89. 126104

[59] M. P. Nikiforov, S. Schneider, T. -H. Park, P. Milde, U. Zerweck, C. Loppacher, L. Eng, M. J. Therien, N. Engheta, D. Bonnell, Probing polarization and dielectric function of molecules with higher order harmonics in scattering-near-field scanning optical microscopy. J. Appl. Phys. 106, 114307(2009). doi: 10.

1063/1. 3245392

[60] C. L. Degen, M. Poggio, H. J. Mamin 等人, Nanoscale magnetic resonance imaging. Proc. Natl. Acad. Sci. U. S. A. **106**(5), 1313-1317(2009)

[61] P. Abbamonte, K. D. Finkelstein, M. D. Collins, S. M. Gruner, Imaging density disturbances in water with a 41. 3-attosecond time resolution. Phys. Rev. Lett. **92**, 237401 (2004). doi: 10. 1103/PhysRevLett. 92. 237401

[62] P. Prabhumirashi, V. P. Dravid, A. R. Lupini, M. F. Chisholm, SJ. Pennycook, Atomic-scale manipulation of potential barriers at SrTiO₃ grain boundaries. Appl. Phys. Lett. **87**(12), 121917-121920(2005)

[63] U. Dahmen, R. Emi, V. Radmilovic, C. Ksielowski, M. -D. Rossell, P. Denes, Background, status and future of the transmission electron aberration-corrected microscope project. Philos. Trans. Math. Phys. Eng. Sci. **367**(1903), 3795-3808(2009)

[64] M. R. Castell. D. A. Muller, P. M. Voyles, Dopant mapping for the nanotechnology age. Nat. Mater. **2** (3), 129-131(2003). doi: 10. 1038/nmat840

[65] C. L. Jia, M. Lentzen, K. Urban, Atomic-resolution imaging of oxygen in perovskite ceramics. Science **299** (5608), 870-873(2003)

[66] J. C. Meyer, C. O. Girit M. F. Crommie. A. Zettl, Imaging and dynamics of light atoms and molecules on graphene. Nature **454**(7202), 319-322(2008)

[67] PA. Midgley, C. Durkan. The frontiers of microscopy. Mater. Today **11**, 8-11(2009)

[68] P. D. Nellist. M. F. Chisholm, N. Dellby, O. L. Krivanek. M. F. Murfitt. Z. S. Szilagyi. A. R. Lupini. A. Borisevich, W. H. Sides Jr. , S. J. Pennycook. Direct sub-Ångstrom imaging of a crystal lattice. Science **305**(5691), 1741-1741(2004)

[69] Y. Oshima, Y. Hashimoto, Y. Tanishiro, K. Takayanagi, H. Sawada, T. Kaneyama, Y. Kondo, N. Hashikawa, K. Asayama, Detection of arsenic dopant atoms in a silicon crystal using a spherical aberration corrected scanning transmission electron microscope. Phys. Rev. B **81**(3), 035317-035322(2010). doi: 10. 1103/PhysRevB. 81. 035317

[70] P. W. Hawkes, J. C. H. Spence(eds. ), *Science of Microscopy*(Springer, New York, 2007)

[71] M. D. Rossell, R. Emi, M. Asta, V. Radmilovic, U. Dahmen, Atomic-resolution imaging of lithium in Al₃ Li precipitates. Phys. Rev. B **80**(2), 024110(2009). doi: 10. 1103/PhysRevB. 80. 024110

[72] K. Suenaga, Y. Sato, Z. Liu, H. Kataura, T. Okazaki, K. Kimoto, H. Sawada, T. Sasaki, K. Omoto, T. Tomita, T. Kaneyama, Y. Kondo, Visualizing and identifying single atoms using electron energy-loss spectroscopy with low accelerating voltage. Nat. Chem. **1**(5), 415-418(2009). doi: 10. 1038/nchem. 282

[73] S. J. M. Thomas, The renaissance and promise of electron energy-loss spectroscopy. Angew. Chem. Int. Ed Engl. **48**(47), 8824-8826(2009)

[74] M. Varela, S. D. Findlay, A. R. Lupini, H. M. Christen, A. Y. Borisevich, N. Dellby, O. L. Krivanek, P. D. Nellist, M. P. Oxley, L. J. Allen, SJ. Pennycook, Spectroscopic imaging of single atoms within a bulk solid. Phys. Rev. Lett. **92**(9)(2004). doi: 10. 1103/PhysRevLett. 92. 095502

[75] P. M. Voyles, J. L. Grazul, D. A. Muller, Imaging individual atoms inside crystals with ADF-STEM. Ultramicroscopy **96**(3-4), 251-273(2003)

[76] A. Bartesaghi, P. Sprechmann, J. Liu, G. Randall, G. Sapiro, S. Subramaniam, Classification and 3D averaging with missing wedge correction in biological electron tomography. J. Struct. Biol. **162**(3), 436-450 (2008)

[77] M. J. Costello, Cryo-electron microscopy of biological samples. Ultrastruct. Pathol. **30**(5), 361-371 (2006). doi:10. 1080/01913120600932735

[78] N. de Jonge, R. Sougrat, B. M. Northan, SJ. Pennycook, Three-dimensional scanning trans¬mission electron microscopy of biological specimens. Microsc. Microanal. **16**(1), 54-63(2010). doi: 10. 1017/S 1431927609991280

[79] R. I. Koning, AJ. Koster, Cryo-electron tomography in biology and medicine. Ann. Anat. **191**(5), 427-445 (2009). doi:10. 1016/j. aanat. 2009. 04. 003

[80] F. Xiao, Y. Cai, J. C. -Y. Wang, D. Green, R. H. Cheng, B. Demeler, P. Guo, Adjustable ellipsoid nanoparticles assembled from reengineered connectors of the bacteriophage Phi 29 DNA packaging motor. ACS Nano **3**(8), 2163-2170(2009). doi:10. 1021/nn900187k

[81] A. Al-Amoudi, J. -J. Chang, A. Leforestier, A. McDowatt&L. M. Salamin, L. P. O. Norlén, K. Richter, N. Sartori Blanc, D. Studer, J. Dubochet, Cryo-electron microscopy of vitreous sections. EMBO J. **23**(18), 3583-3588(2004)

[82] M. Beck, F. Förster, M. Ecke, J. M. Plitzko, F. Melchior, G. Gerisch, W. Baumeister, O. Medalia, Nuclear pore complex structure and dynamics revealed by cryoelectron tomography. Science **306**(5700), 1387-1390(2004)

[83] M. CyrklafF, A. Linaroudis, M. Boicu, P. Chlanda, W. Baumeister, G. Griffiths, J. Krijnse-Locker, Whole cell cryo-electron tomography reveals distinct disassembly intermediates of *Vaccinia virus*. PLoS ONE **2**(5), e420(2007). doi: 10. 1371/journal. pone. 0000420

[84] K. Gmnewald, P. Desai, D. C. Winkler, J. B. Heymann, D. M. Belnap, W. Baumeister, A. C. Steven, Three-dimensional structure of herpes simplex virus from cryo-electron tomography. Science 302(5649), 1396-1398(2003)

[85] S. Nickell, F. Beck, A. Korinek, O. Mihalache, W. Baumeister, J. Plitzko, Automated cryo- electron microscopy of "single particles" applied to the 26S proteasome. FEBS Lett. **581**(15), 2751-2756(2007)

[86] A. Sartori, R. Gatz, F. Beck, A. Rigort, W. Baumeister, J. Plitzko, Correlative microscopy: bridging the gap between fluorescence light microscopy and cryo-electron tomography. J. Struct Biol. **160**(2), 135-145(2007)

[87] K. Aoyama, T. Takagia, A. Hirasec, A. Miyazawa, STEM tomography for thick biological specimens. Ultramicroscopy **109**(1), 70-80(2008)

[88] M. F. Hohmann-Marriott, A. A. Sousa, A. A. Azari, S. Glushakova, G. Zhang, J. Zimmerberg, R. D. Leapman, Nanoscale 3D cellular imaging by axial scanning transmission electron tomography. Nat. Meth. **6**(10), 729-732(2009)

[89] K. J. Batenburg, S. Bals, J. Sijbers, C. Kübel, P. A. Midgley, J. C. Hernandez, U. Kaiser, E. R. Encina E. A. Coronado, G. Van Tendeloo, 3D imaging of nanomaterials by discrete tomography. Ultramicroscopy **109**(6), 730-740(2009)

[90] J. C. Gonzalez, J. C. Hernández, M. López-Haro, E. del Río, J. J. Delgado, A. B. Hungría, S. Trasobares, S. Bernal, P. A. Midgley, J. J. Calvino, 3D characterization of gold nanoparticles supported on heavy metal oxide catalysts by HAADF-STEM electron tomography. Angew. Chem. Int. Ed Engl. **48**(29), 5313-5315(2009)

[91] P. A. Midgley, R. E. Dunin-Borkowski, Electron tomography and holography in materials science. Nat. Mater. **8**(4), 271-280(2009)

［92］U. Ziese，C. Kübel，A. Verkleij，A. J. Koster，Three-dimensional localization of ultrasmall immuno-gold labels by HAADF-STEM tomography. J. Struct. Biol. **138**(1-2)，58-62(2002)

［93］D. J. Stokes，L. Roussel，O. Wilhelmi，L. A. Giannuzzi，D. H. W. Hubert，Recent advances in FIB technology for nano-prototyping and nano-characterisation，in ：*Ion-Beam-Based Nanofabrication. MRS Proceedings*，Vol. 1020，Paper No. 1020-GG01-05，ed. by D. Ila，J. Baglin，N. Kishimoto，P. K. Chu. (Materials Research Society，Warrendale，2007)

［94］Y. Fu. N. K. A. Bryan，Fabrication of three-dimensional microstructures by two-dimensional slice by slice approaching via focused ion beam milling. J. Vac. Sci. Technol. B **22**(4)，1672-1678(2004)

［95］J. Fenn. The Microsoft System Software Hype Cycle Strikes Again(Gartner Group，Stamford，1995)

# 第3章 结构、器件、系统的合成、加工和制造 *

Chad A. Mirkin，Mark Tuominen

**关键词：**制造 图案化 组装 可测量性 大面积 高通量 纳米制造 碳基器件 聚合物 卷滚 树枝球 木质产品

## 3.1 未来十年展望

### 3.1.1 过去十年进展

过去十年是纳米材料合成和加工发展的活跃时期，出现了很多新的纳米材料，同时诞生了新的加工技术。从 2000 年到 2010 年，纳米技术几乎渗入到每一个领域，形成科学与工程的交叉新学科。应用纳米技术已经制造了一些商业产品，包括纳米结构涂料、化妆品、纺织品和磁存储器件，以及其他多种多样的产品。这些产品的出现表明应用目标导向促进了纳米结构的研究，同时开展了重要配套工具的基础研究，促进了纳米材料的合成、制造和纳米结构图案化加工，以及生物活性材料的合成和直接自组装。这些进展表明新纳米制造加工是非常有希望的发展领域，它将驱动产生未来的纳米器件和系统。过去十年已经出现很多新合成的纳米材料，包括气溶胶、胶体、薄膜、纳米晶体金属、陶瓷、生物材料、纳米孔材料和纳米化合物结构。重要的是用这些纳米加工方法学的进展，改进传统工业技术，如煅烧、电镀加工、电沉积、电旋涂、阳极氧化和溅射等。同一时期，还有新纳米结构，如石墨烯的发现，它的奇异特性将可能导致重大的技术进步。

* 撰稿人：Matthew R. Jones, Louise R. Giam, Richard Siegel, James Ruud,
Fereshteh Ebrahimi, Sean Murdock, Robert Hwang, Xiang Zhang, John Milner, John Belk,
Mark Davis, Tadashi Shibata.

C.A. Mirkin (✉)
Department of Chemistry and Director of the International Institute for Nanotechnology,
Northwestern University, 2145 Sheridan Road, Evanston, IL 60208, USA
e-mail: chadnano@northwestern.edu

M. Tuominen
Department of Physics and Co-director of the Center for Hierarchical Manufacturing
and MassNanoTech, University of Massachusetts, Amherst,
411 Hasbrouck Laboratory, Amherst, MA 01003, USA

与纳米合成有关的另一个重要概念是长程有序纳米材料系统。过去十年取得的进展超出人们预想,操纵纳米材料在一维、二维和三维阵列中构建具有很高精度的纳米结构,如利用静电、化学和生物学相互作用,自组装构筑三维扩展的超晶格结构。对这些作用基本机制理解的深入和自组装纳米结构的模拟计算,发展了新产品的设计、制造和生产。另外用各种聚合物系统(块体共聚物)进行直接和分级组装、制造的材料已经成功地用于数据存储、纳米压印和视频显示。与很多传统光刻技术结合进行微米和纳米制造加工,生产了一类新结构,称为人工介质材料(metamaterial),其在物理构筑中存在明显的周期结构,显示了迷人的光学和电磁特性。

典型的无机器件和传感器的研究,发展了自上而下的光刻技术或其他方法,它基于能量破坏结构方法,用软材料将图案转移到表面。这类方法都将对样品产生某种去除性的破坏(图 3.1)。后来出现的软刻蚀和扫描探针基方法,可实现高产量、低成本,能形成任何图案。在此基础上发展的可识别、可操纵结构的新工具,使研究者可能用其系统地研究有机电子器件的性能、生物学界面和化学结构。当自上而下技术达到基本分辨极限时,它需要寻找自下而上单分子级的材料合成,实现构建高有序组装和材料特性的试验平台。

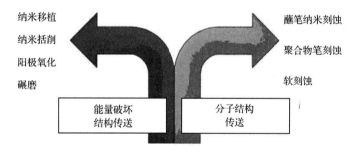

图 3.1 两种现代刻蚀的不同策略,从能量传送到分子传送,
可迅速进展到并行扫描探针基分子印刷技术[1]

现今纳米合成、组装和加工研究的课题主要包括可测量性、柔性、可生产性、可预测性,低成本、安全,以及对于人类健康和环境保护标准的建立。由于无机和有机纳米结构基础物理和化学研究的突破性进展,促进了设计新机器,探索材料特性、组装机制和研制新型工具的迅速发展。过去十年,很多概念性器件的演示和验证,激励了制造技术领域的明显进步。

### 3.1.2 未来十年愿景

研究下一代电子器件始终是纳米技术发展的主要驱动力,在未来十年仍将是需要继续努力研究的重点。过去十年纳米科技的进步将很大地驱动未来十年纳米科技的发展,成为至关重要的纳米制造的基本内容。

　　纳米压印的挑战是超过厘米级大面积和亚 10 nm 分辨率的加工技术,集成前述多种技术策略,适用于硬和软两类物质,特别是满足柔性材料加工的要求。在此基础上预期将光刻技术与超分子化学组装结合,可设计、制造具有高度柔性的纳米结构。在直接自组装和自统调加工取得进展的基础上,尝试了多种应用,如块体共聚物用于高密度磁数据存储、纳米图案化加工等。在未来十年,有望转化为商业可行的纳米器件制造加工平台。其他有关自下而上路径研究,包括一维系统的制造、分离纳米线类材料的在线光刻、用可编程加工构建类 DNA 聚集纳米结构成为有序晶体材料。这类系统不仅可用于分子电子学,而且有益于理解晶体生长的基本过程。另外,在纳米技术的基础研究方面,有用产品和器件的制造将是重点,其中重要的是这些制造保持低成本和可批量的卷滚加工。当考虑继续发展纳米制造加工时,这些技术与现有的器件制造兼容,满足无污染环境的要求。纳米科技用于传统大批量工业生产时,有可能显著改进器件的制造,超出现今集成电子学遇到的Moore 定律极限的约束。控制合成和器件组装的能力将可能产生等离子激元人工介质材料、组合催化剂、碳基电子学和生物活性材料制造等新领域。纳米技术工具提供能快速发展纳米制造、编织结构、最优化控制加工技术,以及研制有重大潜力的催化剂等,这些技术是具有活性的、选择性的和环境兼容的。在某些实验中,它将可能探测样品的物理、化学、力学、光学或生物学的多种特性。对可批量制造的编织纳米化合物,提供光子学、电子学或生物医学等方面的应用,其重要性将日益增加,随结构尺寸减小,其科技性能和灵敏度将显著增强。

　　当要求集成电路器件芯片具有更强的信号加工能力时,其有关科学和工程将从硅时代转移到碳时代,后者在软材料方面更有优势。尽管在进行纳米制造时,多数技术能很容易地制造和保持低成本。这将成为进一步理解和制造 $sp^2$ 纳米碳材料柔性和透明电子学的驱动力,构成多种电子器件研究的焦点。特别是它可用于透明导电电极,能代替现今重要的 ITO 透明电极,用作标准的平板显示器和太阳电池的电极。研究者的努力不仅集中在更好性能的材料上,主要用于三极管、换能器和生物传感器上;而且研究进展将加深理解材料发展变革性的意义,进而发现远超过现今水平的可应用的纳米材料,并能进行大批量商品生产。具有大尺寸石墨烯的大规模制造方法将迅速发展,同样重要的是基础科学的进步,推动合成和表征新材料工具的迅速发展。

　　纳米制造工具和工艺技术将同样是特别重要的,这有利于促进生物活性组装和生物仿真制造、合成的研究。将推动纳米生物技术和纳米药物领域的发展,能更好地进行疫病诊断、药物传送和分子检测。在未来的一些年,应投入大量努力深入理解怎样建立有效的生物分子-电子材料的界面,构建先进的有用的生物活性系统,制造可植入生物兼容的无毒的和持久的器件、化合物,先进技术明显的目标是实现便宜和高质量的加工。

　　在有效制造基础材料和工具研究的协同发展中,同时需要高分辨和高灵敏表征技术。这样的先进手段可包括改进低温场发射透射电子显微镜或低温扫描隧道显微镜。在未来十年,它们是非常有用的,需要达到很好原位表征材料,识别在纳米制造过程中那些重要的稳定的可重复的结构特性。在这个领域内,建立对人类健康和环境友好、安全的标准同样具有重要意义。

## 3.2　过去十年的进展与现状

在实验室规模概念性的纳米材料合成、加工和制造的新方法是可行的,进一步发展将是实现工业规模和批量的商品生产。在过去的几十年,一些技术保持连续地进步,同时出现一些制造新方法,提供新的制造路线和应用的前所未有的机会,它将制造技术带进了新领域,特别是超出一般的实验室规模,研究涉及制造方法、建模、规模扩展、测量表征、加工控制、工具、标准、劳动力、安全和技术,以及发展经济投资的支撑链。为实现纳米技术有利于经济和社会的发展,这些项目必然是研究关注的重点。此外,因为它与商业活动的密切关系,纳米制造要求在工业、科研和政府之间产生有效的协作。

下文将描述过去十年实验室中特殊加工的发展进程和所采用的方法,由于样品的空间局域性、瞬间持续性和匹配物限制,其样品需要给出可测量性、可提供性、刚性和环境友好性。未来十年,新工业规模生产的纳米制造加工将发挥重要作用。

图 3.2 是几个无机纳米材料发现的时间表,这些进展与纳米技术工具有关,它

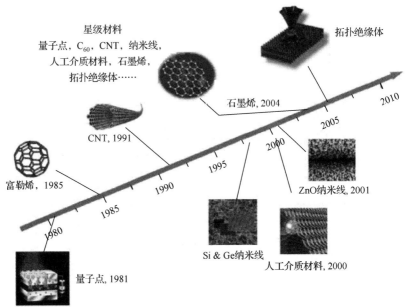

图 3.2　新纳米结构材料出现的时间表,主要材料为:碳纳米管、石墨烯和人工介质材料

促进了纳米制造、编织、结构优化及生物活性、选择性、环境兼容性和可批量制造的催化剂等的探索。在有关的实验中，它将可能研究多种问题，涉及物理、化学、力学、电学、光学或生物学特性。编织纳米化合物大批量制造方法关系到光子学、电子学或生物医学等领域的应用。当科学使制备结构尺寸越来越小，灵敏度越来越高时，结构和特性的测量将变得越来越重要。

### 3.2.1　共聚物块体的纳米光刻

在过去的十年，用迅速发展了块体共聚物的平台和自组装制造具有纳米尺度图案模板[3]。通常，块体共聚物是由两个或多个不同分子材料混合聚合物，满足热力学平衡条件的分子有序排列，构成周期结构的球、圆筒、薄片或更复杂的阵列图案(图 3.3)[4]。

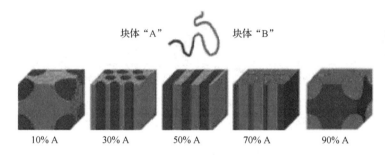

块体"A"　　　块体"B"

10% A　　　30% A　　　50% A　　　70% A　　　90% A

图 3.3　自然产生的双块体共聚物，可用积分数调控某种周期的纳米结构
(数据由 M. Tuominen 提供)

分开的微米相块体双共聚物结构为早期的实验所构建[5-8]，其后发展了沉积或刻蚀制备图案转移技术，表明此技术具有大批量制造的潜力。纳米材料和器件的分级图案控制，可用于制造数据磁存储器、半导体器件、纳米光电器件和其他多种器件。一个有用的器件例子是由双块体共聚合物制造的闪存单胞图案[9]。某些研究显示块体共聚物阵列构造无机介孔结构，或在畴内形成纳米粒子结构[10,11]。也有研究用具有纳米粒子的块体聚合物共组装，在块体共聚物薄膜中实现相选择组装/分散纳米粒子，通过调节相对纳米粒子尺寸形成纳米管、六角结构和其他复杂介观结构[12,13]。双块体共聚物作为主体直接自组装，利用其内部结构或预先制备的表面结构，可控制取向，统调构建纳米尺度聚合物畴阵列的长程有序结构材料[14-18,20,21]。用控制取向方法和卷滚技术可低成本连续制造小到 3 nm 长的圆柱微畴产品[22]。现今的工作表明可以用预图案化表面的块体共聚合物组装成非自然存在的某种任意图案，可能更适合于构建新型纳电子器件——包括平方阵列、T 结、弯曲的各种复杂结构(图 3.4)[23-27,29]。

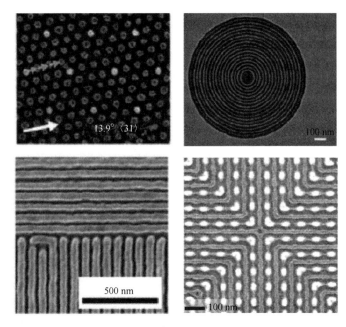

图 3.4　用两种块体共聚物直接自组装的 4 种图案化纳米结构
来源:上左,[14];上右,[23];下左,[28],下右,[29]

相当清楚,通过块体共聚物纳米刻蚀,开创了设计、制造的新路径,其基础研究取得了不断的进展,达到了多级统调,实现了具有创造性的新结构制造。研究的未来主要目标是 3D 图案化的设计和制造。

### 3.2.2　扫描探针基刻蚀

#### 1.蘸笔纳米刻蚀

在过去十年,蘸笔纳米刻蚀(DPN)、聚合物笔刻蚀(PPL)、墨水印刷、转移印刷和扫描探针块体聚合物刻蚀技术的进展如图 3.5 所示。这种工具有能力在样品表面控制合成、放置纳米材料和组建结构,材料与基底具有很宽范围的兼容性。

具有亚 100 nm 分辨率图案化表面结构的加工能力,是半导体工业块体材料尺寸连续小型化的驱动力。采用能进行高密度生物分子阵列功能特性测量的新技术,可进行生物实验研究。在这方面,直接写分子印刷的 DPN 已成为商业制品技术[30-32];其图案化表面具有亚 50 nm 结构尺寸(图 3.6),以此为图案化工具,探索了多种应用。研究了 DPN 的基本传输特性[33,34]、光掩膜制造技术[35]、生物编织器件的制作方法、如在血清样品中构建 HIV 病毒 p24 抗原阵列[36]。

一维(1D)悬壁阵列加工技术的进展,已显著地增加产量能力,与在阵列中的针尖数量有线性关系[37,38]。简单平行化 DPN 的思想可进一步扩展到二维(2D)阵

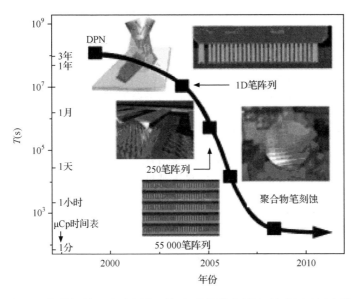

图 3.5 扫描探针基分子印刷工具(如蘸笔纳米刻蚀)的进展时间表[1]

图 3.6 (左)用 DPN 将 Au 粒子-朱草染料图案化的结构图。(右)55 000 只 Si 笔阵列光学
显微像,比例尺为 $100\mu m$。插图为扫描电子显微镜(STM)的笔[32]

列,组成 55 000 个针尖阵列,能力增加多达 4 个量级,在 5 分钟可制造 8800 万量
子点(图 3.6)[39]。至今,制造的 DPN 阵列具有多于 1300 万悬壁针尖,简单的平行
化 DPN 开辟了制造各种纳米结构的新途径,可使样品结构尺寸增加 2~3 个量级,
但仍小于现今广泛应用的微加工技术,如光刻制版、喷墨印刷和自动打点所能做到
的尺寸。将操控尺寸减小到结构尺度,允许研究者在生物学尺度上进行调控。小
于这个特征尺寸,不仅增加每单位面积结构数量,而且能够操纵单粒子结构,如病
毒和单个细胞。在 DPN 组合阵列产生之前,研究了多种形式的加工技术,通常实
用的方法是墨水印刷和同时转移各种不同分子到基底上的方案。

　　研制的微流墨池,能传送多种不同墨汁到 1D 阵列针尖上,可同时沉积多达 8 种不同墨汁[40]。然而,这个技术没有发展到 2D 阵列针尖上,还不能实现大量平行多像素的 DPN 操纵。朝向这个目标,需要发展大量多像素平行化墨汁印刷技术,在 1D 和 2D 针尖阵列实现与不同化学墨汁连接[41]。在下一个十年,DPN 可能成为一代纳米制造工具,具有高产量、高分辨和多像素沉积的能力。

　　2. 聚合物笔刻蚀

　　聚合物笔刻蚀(PPL)与扫描探针刻蚀结合,可能使压印技术实现多种材料高通量的分子印刷(图 3.7)[42]。PPL 依赖于弹性针尖阵列,在力-时间相关模式中能做到刻蚀结构范围从 90nm 到 $10\mu m$ 以上。作为传统的 DPN,沉积结构面积随针尖-基底接触时间线性增加。另外,结构尺寸与加到笔阵列的力大小有线性关系,因为悬臂是弹性的。同一聚合物笔阵列可使用多次,不需要重新加墨水。可用于刻蚀大面积的图案,超过几个平方厘米。

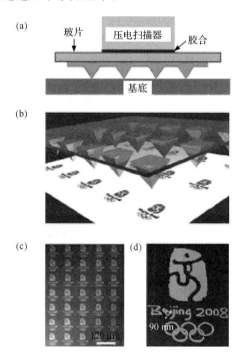

图 3.7　(a)图案化仪器中聚合物笔阵列;(b)加工的北京奥运标志;
(c)纳米 Au 结构的光学显微像;(d)最小结构的光学显微像,线宽为 90nm[42]

　　在 DPN 实验中,应用于 PPL-朱草染料、聚合物和蛋白质等少数几种材料,同样可实现图案化。为产生几种材料多元图案,用这种成熟的聚合物笔模式,沉积墨汁到金字塔尖上,构成很多相似的墨池[43]。

### 3. 多笔光刻

PPL 的扩展称为多笔光刻（BPL），用已知传统的近场光学显微镜的形式，通过笔阵列将光传送到样品表面（图 3.8）[44]。聚合物阵列笔尖端镀上不透明 Au 薄层，然后将其与聚甲基丙烯酸甲酯（poly(methyl methacrylate)）表面接触，制造微米尺寸的孔洞或用聚焦离子束刻蚀产生纳米尺寸孔洞。这样光可能从笔阵列的后面通过孔洞达到光敏感的表面，批量地加工亚衍射限制尺寸的结构。研究者用这个工具能快速设计和加工新器件或模板，因此扫描探针基光刻技术显著地增加了光刻加工的能力。

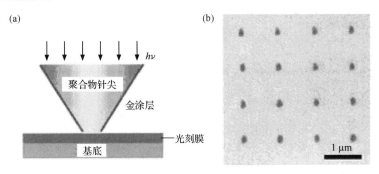

图 3.8  (a)多笔光刻示意图；(b)用 400 nm 光加工 100 nm 结构的 SEM 像[44]

## 3.2.3  1D 系统

### 1. 在线光刻

1D 系统（纳米线和纳米棒）是人们具有浓厚研究兴趣的领域，与之相似的还有零维（0D）系统（纳米粒子和量子点），已知有多种方法能合成这类结构。因此，研究人员考虑从 0D 到 1D 系统的转变有宽阔的策划设计制造空间，这导致应用者的兴趣明显增加[45]。此外，通过沿着线控制直径、长度和结构的成分，以及构建正和负结构，将能实现具有显著增强功能的纳米结构。在这点上，通过纳米线制造和调控方法，研究者可能得到很多相似于各种纳米刻蚀（电子束刻蚀、纳米压印和DPN）技术的有用结果。

对于控制化合物的结构从亚 5 nm 到几微米的尺寸，在线光刻（OWL）是非常有用的加工技术（图 3.9）。在 OWL 加工中，对于电化学沉积纳米线，介孔阳极氧化铝薄膜（可购买商业产品或在实验室制造）是有用的模板，具有阵列通透的圆孔，利用这类模板可生长离散的纳米线。介孔阳极氧化铝膜板，其孔的直径从 400nm 到 13nm。将材料沉积进入这些孔，在介孔氧化铝背面蒸发沉积一层金属作为电极（图 3.9）。

通过电化学反应,金属离子从溶液进入模板的半封闭孔中,纳米线生长长度和成分与所加电流和金属离子先驱物有关。在分离背面的金属层和溶去模板后,可得到悬浮的数百万纳米线(图 3.9)。这个纳米线悬浮液被喷射到用化学或物理方法沉积在载玻片表面的导电(金属)或绝缘体(SiO₂)支撑膜上,然后进行样品结构和特性的研究。这个探索包括保持纳米尺度间隙的纳米线、圆盘和圆盘阵列,制造加工中可精确控制间隙尺寸和厚度、成分和圆盘排列的周期,构造复杂纳米结构。

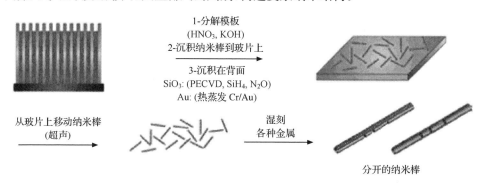

1-分解模板
(HNO₃, KOH)
2-沉积纳米棒到玻片上

3-沉积在背面
SiO₃: (PECVD, SiH₄, N₂O)
Au: (热蒸发 Cr/Au)

从玻片上移动纳米棒
(超声)

湿刻
各种金属

分开的纳米棒

图 3.9　在线光刻(OWL)加工[46]

## 2. OWL 基的编码材料

编码材料的研究和应用涉及编码术、计算、商标保护、物品或人员跟踪,生物学和化学诊断中的标签[47]。用 OWL 制作圆盘和间隙结构类材料是有实际意义的。因为它们是可分散的,考虑每个化学块体结构内基于长度和位置的编码,用传统表面化学容易实现功能化。基于 OWL 加工纳米结构的这些特性,可生产大量最佳圆盘对结构,它能沿着硅化物基底变化圆盘对的数量和位置[48,49]。每个结构表示一个特殊纳米盘编码标志(图 3.10)。

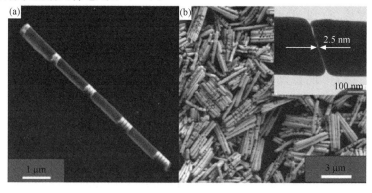

(a)

(b)

2.5 nm

100 nm

1 μm

3 μm

图 3.10　OWL 结构。(a)圆盘阵列[47];(b)均匀棒放大像[46],插图中棒间隙平均为 2.5 nm[48,49]

低聚核苷酸能黏合在 DNA 功能化圆盘对上,并与染色体杂化,可作为识别标志物。特别是低聚核苷酸能捕获和检测杂化的结构,这个三明治检测结构被成功设计和组装,进而实现用 Raman 谱峰强度参数作为测量样品的浓度,检测低聚核苷酸具有低于 pmol/L 的灵敏度。这些是用 OWL 加工结构获得成功应用的例子,有可能应用于高度可裁剪形式表面增强拉曼谱(SERS)活性材料的定位。

**3. 分子电子学试验台**

除等离子激元材料和 SERS 活性基底,OWL 加工可用于合成独特材料,对于理解纳米尺度传输现象是有用的[50]。分子电子学是很有希望发展的新学科,因为其结构简单,能进行高速计算和高密度的数据存储,超出了固体电路传统系统的极限[49]。因为 OWL 可能大批量加工高质量具有亚 5 nm 间隙的纳米线,它是研究设计有机分子自组装间隙结构的电荷传输特性的理想平台(图 3.11)。

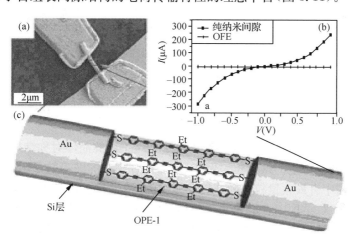

图 3.11　(a)用 OWL 制造有 3nm 间隙纳米线器件的 SEM 像;(b)I-V 特性,OWL 加工 3nm 间隙,用 OPE-1(纯纳米间隙线)修饰前后(OPE 线)的比较;(c)旋涂 OPE-1 有 3nm 间隙分子器件结构图[50]

## 3.2.4　金纳米结构的 DNA-基质组装

纳米技术的重要目标之一是能直接将纳米材料放入三维体系中,这种加入将使材料具有高度特殊性和剪裁能力。通过控制晶格参数、晶体对称性和材料成分,构建复杂纳米结构,这类合成材料将具有惊人的新特性[51,52]。用这种方法可制备有序纳米晶体超晶格结构,其结构和性能依赖于烘干效应或层到层组装技术[53,54]。这些技术显示了实现大面积有序晶化的能力,但它们不是试图控制晶格参数导致超晶格,也不能组装与尺寸无关的粒子。特别引人关注的是用 DNA 的连接编程直接组装三维纳米结构,能非常好地控制所有晶化参量[19]。对于构建纳米尺度结构,DNA 是理想材料。因为它具有自组织能力,能够通过智能 DNA 设计组装材料具有各种特性。当 DNA 连接器具有短的、自补偿末端时,能与金功能化的低聚核苷酸杂化,接着进行感应组装,形成面心立方(FCC)超晶格,用小角 X射线散射可进行测量分析(图 3.12)。同样的,当用非自补偿 DNA 连接器组装,与低聚核苷酸功能粒子杂化时,可观察到形成体心立方(BCC)超晶格。

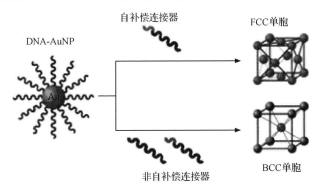

图 3.12　金纳米粒子的 DNA-媒质组装图,具有短识别次序的 DNA 连接器与低聚核苷酸功能化金纳米粒子杂化。这个悬浮识别单元的次序说明组装成 FCC 或 BCC 超晶格[19]

在给定排列中,对于 DNA-金纳米粒子产生不同的晶体对称结构的驱动力,来自杂化相互作用数量的最大化。例如,在 1-化合物中的纳米粒子(自补偿连接器)的 FCC 结构中有最大量粒子间连接。相似的,纳米粒子在 2-化合物中(非自补偿连接器)的 BCC 结构中有最大的杂化相互作用。在低聚核苷酸连接器中,简单地改变核基的数量,科学家能系统地控制粒子间距,导致胶体晶体化,尺寸从约20nm 到约 55 nm[56]。有意思的是,这些胶体最初组装进入无序集合,随后经历重新组织加工最终成为有序超晶格[57]。

固态原子组装和 DNA-基质纳米粒子组装之间的一个明显不同是通过改变其尺寸能够控制纳米结构特性,与它的结晶学排列无关。在不同尺寸的低聚核苷酸-功能化金纳米粒子的自组装加工中,惊人的倾向是其中呈现只含有某种纳米粒子直径与 DNA 长度结合组织成有序超晶格结构(图 3.13)[58]。当 DNA 的长度相对于纳米粒子直径太短时,柔性的 DNA 不能补偿尺寸分散纳米粒子(低聚核苷酸的弹性变化范围必须与粒子直径的分布尺寸有相同量级)。同样的,若 DNA 相对纳米粒子直径太长时,连接器的黏接末端有效浓度减小,足够抑制匹配连接的比例,妨碍了重新组织。理解这些特征有助于说明纳米粒子晶化和开拓晶化范围的机制,可利用选择粒子尺寸和 DNA 长度设计、制造有序超晶格结构。

尽管在 DNA-基质晶化中,晶格中的球形粒子提供有意义的原子平行排布,它

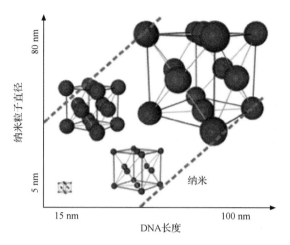

图 3.13　纳米粒子和 DNA 形成有序超晶格的晶化区(虚线),按相对比例画出建模单胞[58]

们不具有在传统固态系统中的方向键合相互作用,这是在自然界中产生明显晶体结构差异的原因。在胶体组装排列中,代替方向相互作用的是球核具有各向异性的纳米结构,它的形式取决于模板独特的超晶格结构[59]。在简单的 1D 纳米棒情况中,观察到类似 2D 有序粒子延伸进入六角堆积片(图 3.14)。这个晶化排列有利于大量杂化相互作用,其正比于棒的长轴,容易形成共面六角堆积。对于 2D 三角纳米棱镜形状的组装,观察到 1D 棱柱形的堆积,显示在棱柱之间面对面连接杂化可能达到最大化(图 3.14)。在菱形十二面体的情况中,在 FCC 晶格中近邻单元间观察到位置和取向两者有序排列。这个单元结构形成的彼此间平行面是特征标记,它们之间有最大化相互作用面积(图 3.14)。在八面体情况中,观察到无序、BCC 晶格和 FCC 晶格之间的相变是 DNA 长度的函数(图 3.14)。

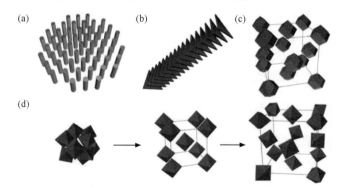

图 3.14　从 DNA-介质组装得到的合成各向异性的纳米结构超晶格模型,(a)2D 六角纳米棒阵列;(b)1D 三角纳米棱柱有序结构;(c)菱形十二面体的面心立方有序结构;(d)在八面体的组装中随增加连接器长度从无序到 BCC 到 FCC 有序的转变[59]

# 3.3　未来 5～10 年的目标、困难与解决方案

在未来十年,合成工作应该努力探索已有进展的批量生产和先进的加工技术,此外研究能够精确控制纳米材料形状、结构、复合物和结晶化技术,在这个领域中存在广阔未知空间。进行加工的基础在于可进一步发展的科学现象,如自组装、定向组装和生物活性合成,将具有低的制造成本和广泛应用的前景。新一代自动控制和制造最佳化结合的发展,将推动下一个十年成为纳米制造大发展的新时期,发展的重点是制造科学和工程,它要求在工业、科学和政府之间进行积极紧密协作。本章下面的部分将讨论发展纳米科技的难得的机会、成功的壁垒、解决挑战提出的问题以及预期的目标。

## 3.3.1　纳米图形化工具

在下一个十年内,研究者希望达到二维和三维宏观材料的控制,具有规模构建块体材料的能力,其结构分辨率小于 1nm,尤其是在纳米压印方面将有显著进展。现今的方法还不能达到这个分辨率,而且通常所用材料也不兼容。因此,这个挑战是控制缺陷尺寸分布必须很窄。在这点上,需要综合自上而下加工和自下而上化学组装,或者探索具有高分辨率的直接组装和控制纳米尺寸的构筑方法。这样,要求将纳米科技工作重点从基础研究向高精度纳米制造技术转变,在这方面现今存在学术界和工业界之间的协作不足的问题。特别是在工业规模的纳米材料合成中,制造到调控之间没有联系。进一步的金融激励,会使工业领导者在招聘人员或寻找合作伙伴时,需要考虑更具有学术背景的,将鼓励在纳米制造科学中努力从事挑战性的工作。工业、科技和政府协作将能使所有参与者评选研究项目和制造试验平台。在这个工作中,他们必须坐到实验室长凳上,论证概念方法和发展规划,探索商业有关产品的价值。通过科学、度量学、测试数据、工具制造和材料合成的发展,这个目标有希望尽快实现。

## 3.3.2　等离激元人工介质材料

新出现的等离激元人工介质材料(metamaterials)存在不严格的结构-特性关系,这是由于目前对于这类体系缺少完全科学的理解。对已有的实验和数据结果分析,有希望在原理上科学地理解结构和相应的特性,进而将能够模拟预测材料的结构和特性。改进理论模拟计算方法和更好的纳米调控技术,使研究者能够进行裁剪取向金属超结构的光学特性。这些人工介质材料作为光接收系统可应用于光电子学中。更特殊的是,对于能量转换、存储、传输和产额效率将产生显著影响,有

利于提高产品约性价比。

### 3.3.3　组合化学

现今高灵敏、高通量检测技术在迅速发展,很多科学领域的新进展有利于迅速发展纳米制造、编织、最佳化和规模材料加工探索,从生物靶样到催化剂,涉及它们的活性、选择性和环境兼容性。对于纳米编织材料,要开展能迅速进行智能结构和特性的组合研究。特别是在纳米粒子催化剂的研究中,需要加强纳米粒子的设计和控制生长,包括调控形状、化学价、成分和其他设计需要的有关参数,进而创建多尺度合成设计规则。为组装这些粒子形成分级的结构,需要对多种纳米系统进行集成。

### 3.3.4　从硅到碳基器件的过渡

现今,从硅时代过渡到碳时代,基本壁垒是集成电子和光子器件发展所遇到的问题。对于制造和集成器件低成本的方法,利用化合物结构的柔性将有助于实现碳基器件。同时,重要的是发掘超硅电子学中的潜力。这需要注意在光电子、催化、生物技术和能源应用领域充分利用纳米硅结构。这个工作将涉及合成和提纯化合物、化学稳定性(避免氧化)和某些化合物的集成。

### 3.3.5　生物活性和仿生器件

将生物分子集成为功能生物活性材料或仿生器件,重要的是对于进一步加强合成、纯化、组装纳米材料基本仪器的研制,使其满足管理机构对临床医生的要求。为此,必须减小纳米结构的异质成分,深入理解机制并进行纳米结构表面有关的生物分子工程研究。此外,需要严格构建有效的生物分子-电子材料界面,尽管现在仍没有完全理解其分子水平的相互作用。作为纳米图案化工具、自上而下加工和自下而上化学组装集成,仍是直接组装研究的挑战,有希望取得重大进展。实现优越的有机-无机纳米材料杂化,同样要求能保持有机化合物特性的加工方法。

### 3.3.6　纳米制造能力

具有可重复性和监控加工的原位分析仪器的进展不足,致使缺乏纳米制造和商品方面创新和发现的能力,影响经济的发展。这是一个壁垒,在未来是必须解决的。

### 3.3.7　木材生产工业中的纳米技术

木材产品纳米技术发展路线图(www. nanotechforest. org)给出工业远景,现今和未来需要不断生产木材基材料,应用纳米科技和工程能全面有效地生产有重大价值的木基纤维材料。这个工业前景将与社会需要协调,建立支撑木材和可持续生产的资源。木材产品工业的纳米技术优先发展领域是改进强度/重量的性能比;提取和使用纳米木质纤维素与木材中的天然纳米纤维;达到更好地理解水-木质素纤维素的相互作用,目的是改进尺寸稳定性和木质原产品的耐久性。

## 3.4　科技基础设施需求

纳米技术中,合成和制造的发展需要基层组织。尽管一些新纳米制造和合成加工可能是简单的、便宜的,但还缺少对它们的全面表征。研究制造过程经历从实验室样品到工厂的产品,需要相当大量的测量表征工作,因此一定的表征速度和测量通量通常是基本要求。由于要求高通量和高速度,相应的生产工具成本也将增加。为加速纳米技术研究和发展,需要解决有关的基本问题:

· 对于高精度、高纯度纳米材料和结构的合成与制造,需要原位或在线表征设备。

· 大批量昂贵的制造、表征和测量设备(电子束光刻、无尘铸造、同步加速器源、中子源)的广泛有效的应用。

· 为促进技术突破和纳米科学研究进展转换到实际产品,需要实现交叉学科研究和活动的广泛集成。

· 发展纳米制造的教育课程,作为一个活跃的整体,需要革新教育和制造工程原理。

· 实现国家纳米制造发展路线图,需要发展工业、学术和政府管理部门的协作。

· 长期战略探索聚焦在基础纳米技术研究方面。

· 部署合理的国家仪器设备配置,促进低成本的,对于环境和健康安全的新编织纳米材料的迅速发展。

· 为进行仪器和工具校准,广泛开发参考标准纳米材料。

· 建立重要的基本数据和纳米材料特性、纳米制造加工和安全的信息数据库。

## 3.5　研发与实施策略

美国对纳米技术必须持续加强基础研究,同时显著地增加纳米制造、产业工程和改革教育的协同发展。发挥这个联合的作用将产生社会和经济效益,主要包括以下几点:

· 培育在工业、大学和研究院之间的协作。通过这个协作关系部署基金分配，避免重复研究，达到更多仪器设备更有效地使用，有益于研究成果更快商业化。这些努力应该保证大企业间的协作和刚启动的小公司的参与，并获得利益。

· 为加速纳米技术发展和商业化，需提升和配置地区簇群的投资。每个簇群应该有相对窄的研究主题，重视发展真正的国家优秀的研究中心。

· 提升交叉学科的组建和发展。特别是面向纳米药物需要的挑战，组织和加强工程师、科学家和临床医师的培训。

· 构造坚实有重要价值的协作关系链，促进研究工作能从原材料到纳米化合物迅速转化为最终产品。解决在纳米技术价值链中的各种缺陷和间隙，推动有希望的应用能够不断成长和繁荣，继续加固美国国家纳米制造网。

· 发展训练程序和纳米制造教育课程。增加投资，加强发展新分析技术人员训练，包括纳米科学和纳米技术的研究生课程及长期项目的研究者的培训，提升学科交叉和综合研究水平。

· 为增进纳米尺度新现象和物质调控的知识，增加基础研究投资。

· 在纳米毒理学中，为评估纳米材料的安全性提供更多投资。

# 3.6　总结与优先领域

在未来十年，研究与发展协会应继续重视进行基础研究活动，加强合成、组装和加工的研究，更强有力地加速纳米制造科学和工程的发展。纳米制造（科学基础、可再生性、可承受的效益成本比）需要发展与其他领域的协作，如纳米生物技术和纳米医药（诊断学、药物传送和疫病治疗）、能源开发（转换、存储、输运和效率）、环境安全（传感器、救治、水纯化）、信息科技（提供数据、建模和信息系统的有效设计、试验、发展与调控）、电子学（基于新构筑，特别是利用纳米材料固有特性和几何结构）、教育挑战（提升纳米科学和纳米工程的学位，充实缺少的教科书，发展社区学院，加强大学生和研究生教育，促进与工业合作）。建议在未来十年加强下列优选发展方向：

· 培养纳米材料和系统的设计者成为教育的主要目标，集成基础研究、建模、模拟、加工和制造是继续推进研发的基础。

· 建立工业规模生产各种材料的纳米结构（粒子、线、管、片、分子组装）的数据库。

· 加强石墨烯和等离子激元材料的大规模环境友好制造的研究。

· 加深对于原子或分子自组装或控制组装机制的基本理解，实现大批量稳定的纳米结构的生产,尤其将新探索扩展到纳米生物药物制造的有关研究。

- 在纳米调控构筑中,发展纳米生物材料自然属性的设计和仿真。
- 发展三维可编程组装、调控规模制造,将出现几个成熟的应用范例。
- 加强批量应用的大面积和柔性显示器材料制造的支撑。
- 在电子学和光电子学领域,发展大于数十平方厘米大面积的压印技术,具有亚 10 nm 的结构分辨力。为研制硬和软物质结合的柔性材料,需要各种策略的集成,目标是纳米压印能达到低成本和大批量生产。发展 AFM 光刻技术,应用于纳米制造。
- 生命-环境友好的纳米制造技术将增长,能满足市场需求。
- 发展纳米信息学的纳米材料和纳米器件。

## 3.7　更广泛的社会影响

为将纳米技术应用于经济,合成和制造是基础。对于社会需求在第 13 章中有详细的描述。在社会的很多领域,纳米技术都有发展潜力,从化妆品到汽车,从电子学到药物。涉及很多重要领域,如生物医学(诊断、药物传送)、电子器件(移动通信系统、便携数据器件)、高效能源技术(产生、转换、传输和存储)和食品工业(生产、包装、安全)等。有关的学科主要涉及生物学、化学、工程和材料科学等。

## 3.8　研究成果与模式转变实例

### 3.8.1　石墨烯的发现(见第 8 章)

联系人：Mark Tuominen,马萨诸塞大学阿默斯特分校

与材料特性研究关系密切的是合成它们的效益-成本,以及与商业产品的关系。一个好的研究例子是碳纳米材料,即石墨烯——单原子层的石墨。初期制造石墨烯的技术不容易达到规模制造(机械剥离石墨层)[60],此法制得石墨烯以后,对其特性进行测试。很快,科学社会发现石墨烯有极好的电子学特性[61],它可能用于各个方面,包括三极管和透明导电电极。令人兴奋的是 2010 年诺贝尔物理学奖奖励了石墨烯的发现。石墨烯的异常特性驱动研究社会迅速探索了生产石墨烯商品可行的方法,从而推动国际半导体技术路线图中,加进了石墨烯和碳纳米管的碳基电子学有关内容(图 3.15)。

在最近两年完成了巨大的跨步,实现了大面积卷滚生产石墨烯[62],现今已将它用在原型显示器件中作为透明导电电极(图 3.16)[63]。这仅表示一种应用,当前

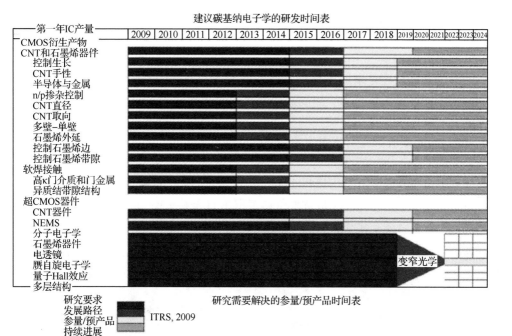

图 3.15　碳纳电子学发展的时间表(2009 年 ITRS)

需要解决紧迫的问题:代替 ITO 作为透明电极,当铟的储量在迅速耗尽时,这显得更为重要。在下一个 10 年,可期望实现碳基纳米材料的更多其他应用。

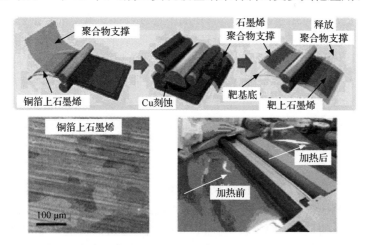

图 3.16　在铜箔上制造石墨烯,可大规模生产,转移到聚合物层上,
构造较大面积的显示器[62,63]

### 3.8.2　原子级精度加工的机遇

联系人：John N. Randall，Zyvex Labs

改进制造精度是增加现有产品效率、质量和可靠性的发展路径，在发展新产业和应用中同样是关键技术。当制造精度接近原子和分子级时，在理想的精度下研究者具有探索物质的量子特性的机会。首先，可能实现纳米尺度的目标，做到不只是相似，而是在所研究的范围内的精确拷贝。

Zyvex Labs 研究发展了原子精度制造技术[64]，其研究是综合两个已知的实验技术：用扫描隧道显微镜(STM)，进行 Si(100) 表面的 H 退钝化刻蚀[65] 和硅原子层外延[66]，用硅乙烷或其他 Si-H 先驱气体沉积在 H 被移去的 Si 基底上(图 3.17)。在超高真空中进行图案化和周期重复沉积，控制产生 3D 结构。

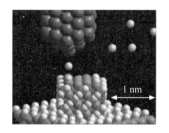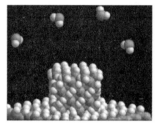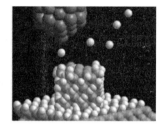

图 3.17　左为用 STM 电子刺激解吸，从 Si(大球)表面移去 H(小球)原子。中间为 Si-H 先驱气体选择沉积在 H 钝化 Si 移去 H 的位置。右为图案化加工，用另一个沉积周期重复产生 3D 结构

数值制造加工可用于探索自然物质的不连续特性。典型的扫描探针操控物质的加工有几个关键特征：针尖不接触任何物质；H 原子移去进入气相中；从气相沉积材料。尽管这个加工过程没有显示原子(吸附的)级的精度，但可得到完善的图案。这个挑战显示很好质量的外延，低于 300℃ 能保持产生原子精度的 3D 结构。实验结果建议，在 220℃ 进行外延生长是可能的，H 在 Si 表面迁移率很低。与这个技术相似的方案包括单层钝化 Si 表面、改进的 STM 针尖技术和应用 MEMS (微机电系统)环路扫描，能有效地进行纳米操纵。这个探索适用于加工要求较小体积的材料。考虑所有模型加工的花费，其产品成本估算接近 2100 美元/$\mu m^3$。在很多应用中，可参考这个价格估算成本-效益。在这些应用中，包括用纳米孔模板制造 DNA 有序结构、计量标准、纳米压印刻蚀模板、纳米机电共振器、极低的功率辐射和 Kane 的量子计算器件。在长期项目中，与其他技术一样，多数产品具有指数增加的性能/成本比。因为这个制造技术适应很多其他材料系统(半导体，金属和绝缘体)，它能变为广泛应用的构筑和效益-成本好的纳米加工。初步估算预言到 2020 年，Zyvex Lab 协会成员用这个平台将发展 7～9 项关键技术，市场价值可达 700 万～60 000 万美元。

### 3.8.3 树枝球：2010～2020 年

联系人：Donald A. Tomalia，美国中央密歇根大学

树枝球（dendrimer）的结构和制造（2000～2010 年）。树枝球是合成的纳米核-壳结构，这类软物质纳米构筑的块体被认为是在线形的、交联的和分枝聚合物之后的第四类宏观分子构筑材料，它们源于两个或更多个树枝球聚在一起形成共同的核。构筑上，它们具有洋葱类结构，由内部的核和末端基组成。

用两个重要的自下而上合成策略：共价分枝和共价汇聚合成[67]（图 3.18）。在 2000 年以前加工制造精细纳米结构的基础上，用这些方法控制合成树枝球结构，其与尺寸、形状、表面化学有密切关系。对于生物纳米粒子，如蛋白质、DNA 和 RNA，通常观察到的是材料的柔性/刚性竞争形成的规则结构[68]。在过去十年中，基本进展是基于滴定化学的无确定形状类的共价合成树枝球。这些共价加工制造了 100 多种不同内核和近 1 000 种不同表面化学的树枝球化合物。最近，Percec 和他的同事报告了基于先驱自组装加工新一类"超分子树枝球的制造方法"（图 3.19），包括两性树枝球[69]。

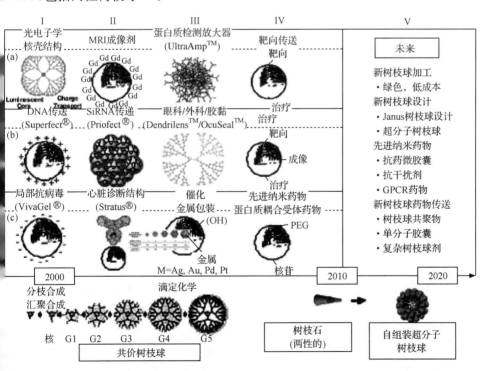

图 3.18 多种纳米结构复合物的商业化树枝球基产品：（2000～2010 年；列 I～IV）和未来发展（2010～2020 年；列 V）

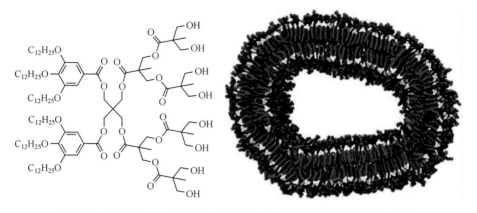

图 3.19　左边为 Janus 树枝球,是两性的,含非极性(左)和极性(右)末端。
右边纳米树枝球结构,截面表明它有双层细胞膜[76]

设计两性树枝球作为临界纳米尺寸的函数,为产生空心/实心树枝球,以及圆筒形树枝球,需要考虑有关参量如尺寸、形状和表面化学等。这些自组装规则/图案化导致第一个 Mendeleev 类的纳米周期结构制造平台的诞生[70]。Tomalia 报告了基于纳米周期概念,利用这样的平台可预言超分子树枝球具有 85%～90% 的精确性[71,72]。由于现今生产成本的限制,这项技术只应用于高附加值的商品生产。

树枝球应用/产品(2000～2010 年)。树枝球基商业产品第一次出现在 20 世纪 90 年代后期。2000 年早期,树枝球的商业产品集中在简单树枝球化合物,其发展与它们纳米尺寸和表面化学的功能有关[72,73]。在 2000～2010 年出现第一个产品,如图 3.18 所示,描述于如下:

· 列 I:(a)有机光发射二极管(Cambridge Display/Sumitomo,Japan),(b)DNA 基因向量(Superfect®;Qiagen,Germany)和(c)抗滤过性病原体(VivaGel®;Starpharma,Australia)。VivaGel® IIa,基于 FDA 的临床试验。

· 列 II:(a)磁共振成像剂(Gadomer-17®;Bayer/Schering Pharma AG,Germany);(b)siRNA 传递载体(Priofect,EMD and Merck);(c)心脏诊断(Stratus;Siemens,Germany)。

· 列 III:(a)蛋白质检测放大器(UltraAmp™,Affymetrix/Genisphere,Inc.),(b)眼科/外科手术黏合剂(DendriLens™/OcuSeal™;HyperBranch Medical Technology,Inc.),(c)金属胶囊/金属绷带催化剂,更复杂的树枝球基纳米器件。

· 列 IV(a)～(c)聚焦在重要纳米药物的应用,包括:(a)治疗癌的靶向传送;(b)具有协同成像能力的癌治疗靶向传送;(c)参照 G-蛋白-耦合受体(GPCR)的药物,制造先进多价纳米药物原型。所有有关的药物都正在开发中(美国国家健康研究所和私人部门,National Institutes of Health and private sector),还没有达到商业产品水平[74]。

现今市场上,对于树枝球基生物学/纳米药物商业应用估价大于 1 亿美元/年。预期发展将达到超过 10 亿美元/年的市场,在近期 FDA 研究的项目中,包含树枝球基和抗过滤性病原体药品课题(VivaGel)。这些树枝球基衍生物代理商特别反对 HIV、生殖疱疹和人类乳突淋瘤的制造生产,但同意有关 FDA 的意见。本质上所有关键特性将影响特殊的树枝球的应用,基于纳米尺度固有特性的商业产品,通常与宽泛量化积木块构筑的种类有关[72]。这些结构不同的树枝球/树枝石积木块作为相当重要的纳米尺度平台,能实现系统的 CNDP 工程/设计,可进一步应用和商业化。

未来(2010～2020 年)。在下一个十年,乐观的预期是将出现有价值的产品,主要集中在社会、健康和经济多个领域。更有效的树枝球的加工(高原子功效,低周期和副产品,列 V),在药物领域之外将出现大量有价值的市场:(a)日用物品制造(增强生产能力,提高质量或改进特性);(b)食物产品(农业产品,增加谷物生产,控制除草剂、杀虫剂和化肥的释放);(c)环境补救(清洁水和空气、屏蔽辐射材料);(d)能源(转换和存储);(e)电子学[计算机小型化、存储器件、照明/显示器件(有机光发射二极管)];(f)各种器物(个人关注的产品、防老用品、传感器、诊断学、喷墨印刷)。

出现了完全新的树枝球/树枝石结构设计(Janus 树枝石/超分子结构的树枝球;列 V),它们基于"点击化学(click chemistry)"合成,聚缩氨酸的树枝球构筑,具有局域特征的树枝球表面功能化,百万个树枝球(聚树枝球)的合成和树枝球基共价/自组装杂化,与其他精确定义的硬/软纳米组件一起,将产生空前的新纳米化合物和装配物。明显进展的几个例子包括:先进的树枝球基多价纳米药物(列 V),在这个领域,如抗菌剂、抗传染药剂和 GPCR 药物等,以及树枝球基药物定向传送/激活和先进靶向传送/策略(列 V)。这些树枝球基定向设计成导向/靶向基因或小分子,进行特种疫病(即癌、糖尿病)治疗,对健康具有最小的损害。研究者将人数据库/技术组合中选择合成更多传统的小分子药物[75]。

### 3.8.4　树枝球族

联系人:Virgil Percec,宾夕法尼亚大学

当将高分枝的两种功能化合物放入水中时,能自发地形成小气泡和其他纳米结构,图 3.19 给出分子结构和纳米树枝球结构。纳米结构可以更广泛地用于传送药物,也可用磷脂或聚合物做成相似的纳米结构。宾夕法尼亚大学的研究者在《科学》杂志上报道了胶囊的新家族,包括管、盘和其他形状——将它们统称为"树枝球矢",可在水中进行 Janus 树枝球的自组装[77]。使各种分子树枝球族能起主体作用,因此有广泛的应用前景,包括药物、成像化合物、诊断剂、化妆品和其他物质的传送工具。脂质体和聚合物——分别用磷脂和聚合物合成的胶囊——作为传送工具,有相似的作用。但有几个缺点:脂质体倾向于不稳定和短寿命,应用于生物受本和形成孔状蛋白质的聚合物膜则太厚。当形成脂质体和聚合物时,有很宽范围

的尺寸分布,做到均一化是困难的。树枝球族有长期的稳定性和较高的尺寸均匀性,对于功能膜-旋涂蛋白质有适合的尺寸,容易功能化。

### 3.8.5　新型纳米陶瓷

联系人: Lynnette D. Madsen,美国国家科学基金会

过去十年,在纳米陶瓷方面取得的关键突破性进展如下:纳米孔材料和结构、应变-工程复杂氧化物、无机纳米管和有关材料。

纳米孔材料和结构。研究集中在纳米孔材料,发展可调制孔尺寸和孔结构技术,其应用领域是广阔的,包括能量电容存储、氢存储、甲烷存储、气体分离、生物分子吸附、海水脱盐和应用于电能转换的多孔电极材料。

用金属萃取碳化物的衍生物(CDCs)产品或从金属碳化法制备非金属材料,研究结果表明是很有希望的[77],这些方法可合成人们熟悉的各种碳结构。制备的 CDC 可控制产生高质量的多孔碳材料,这种材料具有优异的摩擦特性。精确地控制孔度,可实现材料性能的最佳化(图 3.20)。研究控制单胞原浆吸附的基本机制,用碳材料可提供进一步理解其控制因素,应用于解救人们生活中遭受的疫病灾难,如严重的败血病和多样器官损伤[79]。

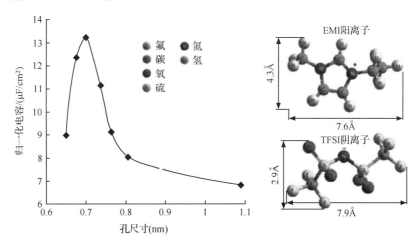

图 3.20　归一化电容与碳化物-衍生碳模板孔尺寸的关系,在离子液体电解质中测试。归一化电容是由重力电容除以比表面积得到的。乙基-甲基亚氨基二乙酸(EMI)和二
(三氟甲烷磺酰)酰亚胺(TFSI)离子表明相关尺寸的 HyperChen 模型[78]

研究者还致力于探索合成封闭孔材料,用于制备表面活性剂胶囊的模板需要具有精细限制的孔阵列。这类表面模板是用创新方法合成的纳米孔材料。这方面的探索扩展了新化合物材料,这种封闭孔材料具有所追求的优异结构特性[80]。

相似的,导电沸石类或氟化物构架是改进电能量存储的重要研究对象[81]。某

些氟化物材料的特性是已知的,但是电绝缘的,微孔沸石具有电活性构架(图3.21)。基于基础科学,可预言新能量存储和转换机制,将设计与电能应用有关的新材料,涉及从电传输到电能消费用品的需求。

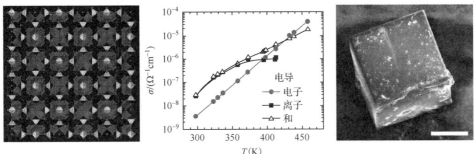

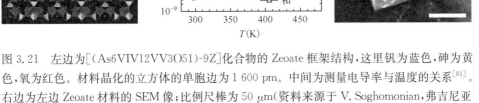

图 3.21　左边为[(As6VIV12VV3O51)-9Z]化合物的 Zeoate 框架结构,这里钒为蓝色,砷为黄色,氧为红色。材料晶化的立方体的单胞边为 1 600 pm。中间为测量电导率与温度的关系[81]。右边为左边 Zeoate 材料的 SEM 像;比例尺棒为 50 $\mu$m(资料来源于 V. Soghomonian,弗吉尼亚理工大学)

　　铁电和相关材料的原子级工程。在外延薄膜结构中,扭曲应变将感应或增强材料的铁电性[82-84]。例如,钛酸锶($SrTiO_3$)具有较强的铁电性,是直接在硅上制备的第一个铁电薄膜材料(图 3.22)[85]。在计算机上用这类铁电材料构造存储器,与磁存储器件相比可以省去耗时的磁靴。即使断电停机,重新启动,也不会丢失信息。

　　用同样的原理,合成新铁电铁磁材料铕钛酸盐($EuTiO_3$),在 4K 产生自发磁化×自发极化,铁电性能高出其他已知材料 100 倍[86]。用第一性原理计算设计强铁电铁磁材料,探索应变与自旋-声子耦合的关系。这些结果打开一个通向制造较高温度的强铁磁铁电材料的新途径,这将显著地改进许多器件的性能,包括磁传感器、能量收集、高密度多值存储元件、无线传送功率的小型化系统、调谐微波滤波器、延迟线、相移器和共振器。

　　上述进展仍存在基础科学未覆盖的种种特殊现象,其中有重要意义的是氧化物界面:自生成超薄磁层、轨道重新排序电子系统和导电电子气,能图案化制造成纳米尺寸三极管[87]。在多数情况中,全部特性取决于几个因素,包括室温迁移率,其通常低于可用值的几个量级。限制迁移率增加可能是由于缺陷导致的样品质量降低,如阳离子非化学计量比、氧缺陷、成分混杂和非均匀性。改进控制和对缺陷进行深入理解是必要的,还要精心改进每个膜的制造,以及检测在超晶格堆积中含有几个导电界面和可能的局域相互连接。样品中可能包括其他功能氧化物材料,如铁电体或强关联材料。含有很多可调制平行界面的样品将会产生新传输特性。其他考虑涉及制造器件和系统的成本效率,以及与现有半导体制造技术的兼容性。

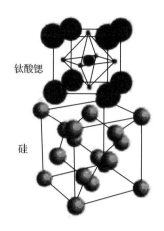

图 3.22 左边为钛酸锶膜和单晶硅间的单胞原子排列。当膜足够薄时,钛酸锶
与硅界面附近发生应变成为铁电体。右边对应变的铁电体写入存储数据时,形
成重新取向电极化(资料来源于 J. Levy,匹兹堡大学)

最后,可能存在制造块体形式的人造新材料,对此 Mannhart 和 Schlom[87] 给出了解释:"在关联系统中界面的理论建模是另一个具有成功机遇的领域,这是人们追求的金山,可完全用来模拟、建模和理论解决材料的设计问题。"

无机纳米管。无机纳米管,如氮化物和氧化物纳米管,可适合于高负载、高温和高压条件下的应用[88]。$TiO_2$ 纳米管可应用于光伏器件、水净化和 $CO_2$ 捕获等。曾预言可制备的硼氮纳米管[89],后来被成功地合成[90]。它们的能隙与壁的数量、直径或手性无关,因此研究者认为这是所希望的绝缘结构,讨论了其几何结构和电学特性有关的原子、分子结构和纳米晶体种类[91]。另外,在纳米管和其他结构中,硼-碳-氮系统有发展潜力[92]。各种纳米管发展的关键因素包括:①效率和有效合成方法;②晶体结构和特殊性质的控制;③纳米管的分散;④在不同材料之间产生强的桥梁化合物[93]。同样,为构建多功能的纳米材料,制造复合、杂化(多成分化合物)的纳米线和纳米管有很好的机会。在下一个十年,产生具有多重纳米尺寸化合物,分级组装复杂构筑材料是可能的。

### 3.8.6 先进的碳线

联系人:Rick Ridgley,美国国家侦察局

对于信息器件小型化的发展,在纳米线的概念中需要关注欧姆损失和信号噪声。航空工业的长久兴趣是减小太空船非活动部分的重量,为此需要节省有效载荷和增加部件效率。通常所用线束重量近似总太空船的 10%~15%。线束的重量包括功率分配电缆(~25%)、数据传输电缆(~55%)、机械扣件和防护件(20%)。若与

太空船功能有关的线束重量、太阳电池板互连和数据传输量减少,将显著节省太空船的重量。另外,若通过使用先进的线束,避免电弧和短路,电子失效率减少,将相当有益于增强太空船的安全和寿命(图 3.23)。

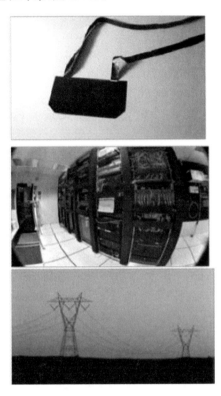

图 3.23　用单壁碳纳米管(SWCNTs)线束连接光伏电池(上)、
数据中心(中)、高电压功率传输线(下)

在高功率传输线中,电阻损耗约为能源工业的 7%。降低这个损失到 6% 将为国家年节省 $4 \times 10^{10}$ kW·h(一年能量节省约等于每年节省 2400 万桶油,或以价格 80 美元/桶计,每年节省 19.2 亿美元)。先进的数据传输和低压电缆是另一个重要的技术领域,可能减少美国能量消耗——达到数据中心年消耗电力的 3%,年增长部分的 12%。

所有这些技术将从先进材料到改进电力线导电性和机械稳定性获益。在历史上,几个通用材料,如钢、铜和铝具有足够的导电性和机械稳定性,但其特性不是很理想。现今,纳米材料的发现,如碳纳米管(CNTs),有可能推进材料的发展,因此先进线的概念可能实现以解决现今面对的一些挑战。CNTs 制造的功率电缆可能会重写平板上的电子电路,甚至电力传输网。

碳纳米管的发展前景。可以设想单壁碳纳米管(SWCNTs)是石墨烯卷成的无缝圆筒,具有富勒烯帽。在管壁之间范德华相互作用导致密堆成束,具有重要物理特性,可用 SEM 测量其尺寸(图 3.24)。碳纳米管中碳原子键合排列将决定 SWCNTs 的手性,其结构是金属的或半导体的,与手性和管束物理有关。碳纳米管具有优异的电导率和热导率,这对导线和电缆应用这两个特性是基本的。当考虑 SWCNTs 电阻率($r$)是 $1.3 \times 10^{-6} \Omega \cdot cm$ 或电导率为 $7.7 \times 10^{5} S/cm$ 时,SWCNTs 与铜相比电导率增加一个量级。对于铜块体电阻率($r$)在室温是 $1.7 \times 10^{-6} \Omega \cdot cm$ 或电导率为 $5.9 \times 10^{5} S \cdot cm$。相对于 Cu(密度为 $8.92 g/cm^3$)的等效电导 $6.6 \times 10^{4}(S \cdot cm^2/g)$。假设 SWCNTs 的密度为 $0.8 g/cm^3$ 产生等效电导率,对于 SWCNTs 为 $9.6 \times 10^{5}(S \cdot cm^2/g)$。这样,SWCNTs 与铜线比较,等效电导率增加了 15 倍。

图 3.24　SWCNTs 的 SEM 像,插图为线的截面(上)、单壁碳纳米管绳电缆(中)、碳纳米管细丝(下)(资料来源于 Nanopower Research Labs at Rochester Institute of Technology)

　　SWCNTs 的另一个重要贡献是它的载流能力。实验结果表明 SWCNTs 在室温可实现弹道电导,其平均自由程高达几百微米[94]。测量电流密度高达 $10^{7} A/cm^2$,理论预言可高到 $10^{13} A/cm^{2[95]}$。对于传统导线应用,重量很小的材料可能载极高的电流,具有极高的强度和柔性,应该是理想的导电材料。另外,这些材料具有异常的力学特性,可能最终改进太空船的刚性和使命,以及高压电功率传输线的长寿命和可靠性。

### 3.8.7　分形纳米制造:多尺度功能材料构筑

　　联系人:Haris Doumanidis,美国国家科学基金会

　　纳米制造挑战之一是用纳米粒子和纳米结构的合成,它们的多尺度集成构筑,具有最佳传输功能。在这个方向上的一些努力,如在多壁碳纳米管(MWCNTs)基

底上成功地生长二级碳纳米管,形成树枝结构图案(图3.25),这里用Ni纳米粒子催化剂在原CNTs上通过乙烯化合物分解生长碳纳米管。纳米/微米纤维相互连接网络是用电旋涂醋酸纤维和其他聚合物方法,通过各种靶距离和电压设置,控制蒸发溶液制成的[97]。

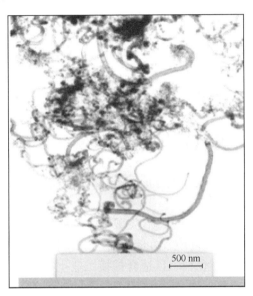

图3.25　多尺度CNTs网[96]

可用随机树枝结构构筑各种金属氧化物(如ZnO,SnO)和双金属氧化物(如钼酸银)[103]材料,用分解阳极氧化膜进行分枝氧化铝和氧化钛纳米管组装(图3.26)。最后用控制超声阳极氧化腐蚀Ti和几种其他材料,实现随机分形图案构

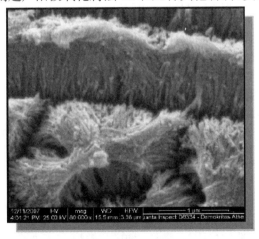

图3.26　随机树枝结构的氧化铝纳米管[105]

成多尺度纳米/微米网络[104]。在这些例子中,主要是纳米成分的合成或制造,如 CNTs、纳米纤维、$Al_2O_3$ 纳米管、纳米晶体,以及 2000 年已知的某些双功能的分枝材料。在过去十年,对它们进行了控制集成和多尺度组装的研究。

不像它们的自然原型,这样随机分形材料网络具有可控产生的随机图案结构,可制造具有挑战性的纳米结构和多尺度集成材料。自上而下制造取决于初期取向,欧几里得设计,不是随机图案。产生所有的分枝(没有组装)是由于局域微结构特性,操纵工具的干扰(明显的)产生形变,还涉及通常的自交叉拓扑,管和小孔内限制的层状生长,然后去除支撑模板,得到的材料多为无序分枝形态。

相反的,自下而上自组装合成,产生积木块结构,其取决于它们的物理化学特性和所选材料耦合的几何拓扑学。在所有情况中,自相似形成的多尺度复杂性将挑战任何单次加工空间的分辨能力,涉及增加或减少某些烦琐工艺过程,规模光刻模板和图案化工具等都将影响制造成本。这样,现今制造分形结构的限制,主要是规模化和特殊技术问题,涉及产生分形 Lichtenberg 图案的高压静电放电、射线辐照绝缘体(线性加速器)等技术。

在纳米规模制造过程中需要革新,突破某些限制,制造第四种随机分枝分形材料,这涉及能源、人类健康和环境友好等方面。未来十年,在分形纳米制造中,需要研究导向功能材料和中空管材料,以适合规模工业生产需要。其中包括模仿细胞矩阵的内部结构的中空管框架;应用框架于骨质材料和涂层的组织工程中;最小植入的外科修补,人造软组织和人造红血球,可用于贫血病和血红蛋白病的治疗。同样可用它们作为太阳电池光电极(染料-激活和杂化聚合物);光催化物质产生氢和在废水处理中去除共氧化物;海水脱盐反渗透膜,电透析和电容性消电离。分形纳米制造预期可用于生物仿真研究,用自然图案化和集成(闪电、河流、雪花、植物和动物组织)进行生物活性加工,最佳化物质输运、能量或信息传输,生物活性分形纳米制造。假设在自然界中生物活性分形制造是偶然事件,相似或有关的变换和传输现象取决于这种结构制造和操作过程中起支配作用的因素及最佳化。未来十年,将有希望结合分形数学与制造加工在实验和计算科学上做出重要贡献。

到 2020 年预期分形纳米制造的应用,将覆盖广阔领域,如脉管内支架的组织工程;最小植入的外科修补;太阳电池的激子化光电极(染料-激活和杂化聚合物);光催化产生氢物质;可逆氢存储和燃料电池膜;纳米结构电池和超电容材料;在废水处理中,先进的氧化物去除膜;脱盐反渗透膜;电渗析和电容性消电离子材料。

### 3.8.8 美国和国际纳米制造网及纳米合作组织

联系人:Mark Tuominen,马萨诸塞大学阿默斯特分校

美国国家纳米制造网(NNN)是科学单位、政府和工业合伙协作组织,共同操作增加美国先进纳米制造实力。NNN 的目的是构建专家和组织网,有利于加速

纳米技术从实验室核心研究和突破到产品制造的转换。通过增加服务范围提升合作和联系的重要价值,包括训练和教育,工业显示和制订发展路线图,主题会议和培训班,建立度量标准和广泛的纳米科技的在线信息资源,组建纳米合作组织(InterNano)。

NNN 是由美国国家科学基金中心(NSFC)的分级制造(HM),马萨诸塞大学阿默斯特分校的纳米尺度科学和工程中心(NSEC)资助与合作,与其他三个纳米制造 NSEC——Northeastern/University of Massachusetts Lowell/University of New Hampshire 的高级制造(HRM)中心,UCLA/Berkeley 的规模和集成纳米制造(SIN)中心和 University of Illinois at Urbana-Champaign 的纳米化学-电学-力学制造系统中心的结合。NNN 同时包括合作参与单位集成纳米技术(IN)的 DOE 中心和国家标准研究院(NIS)、纳米科学技术(TCNST)、精细工程计划(PEP)以及其他公共机构,包括国防部、国家健康研究院、国家安全和健康研究院及其他机构组织。

NNN 重视和帮助呈现具有重要价值的纳米制造链的组成,其中每一个是纳米制造单位或企业的基本部分(图 3.27)。新合伙的扩展涉及工业、政府、科学单位和非政府组织,将有效提升价值链,有益于寻找和选择现今面临的需求和挑战。

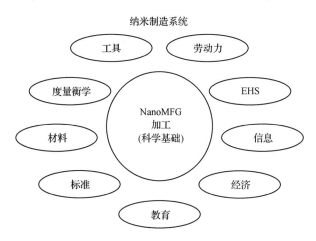

图 3.27 美国国家纳米制造企业的重要部分

InterNano(http://www.internano.org)将资源联系在一起支持、服务于纳米制造协会,提供所需的信息,包括先进的应用、器件、测试表征和材料,这将有利于纳米技术应用的商业发展或市场营销。InterNano 聚集和提供给纳米制造中心信息、专家和资源;NNN 的会议和培训班论文集;纳米制造新闻、评论和关注事件;纳米制造加工、试验平台评估和最好连接实际的研究文化。在这个中心,通过在线资源,搜集保存和分发纳米制造有关信息。

纳米制造协会的 InterNano 积极构建信息工具组,开始有三个部分:智能公司,发现潜在的合作者,建立联系目录;探索和发现纳米制造内容有关的分类学;纳米制造加工的重要数据库,共享纳米制造加工标准和工程纳米材料的共性信息。在纳米制造协会内,InterNano 同样是通过开放同盟数据库进行数据、元数据标准和先进分析工具交流,以及评价发展趋势。

InterNano 象征一个交叉路口,在那里实验室规模的科学研究与工业规模的生产交叉,涉及环境、健康和安全(EHS)、规则、市场调查及企业家身份注册,以及可靠的材料、加工信息、有效建模、分析工具、标准和原型保管。在 InterNano 和 NNN 选择投资中,与知识产权有关的信息分享是所有关系中最具有挑战性的问题。

# 3.9　来自海外实地考察的国际视角

### 3.9.1　美国-欧盟研讨会(德国汉堡)

联系人:Vasco Teixeira,葡萄牙米尼奥大学;Mark Tuominen,马萨诸塞大学阿默斯特分校

在过去的十年,产生、制造和集成新材料构筑与器件的新技术经历了实质性的进展。此外,成熟的分析技术(低温 TEM)现今能够对纳米结构进行很好的表征,其新产品具有时间分辨功能。

在过去的十年,研究者开始深入理解纳米材料和器件生产过程中的科学问题[98,99]。纳米合成工具发展的亮点包括生物活性和自组装加工。例如,纳米压印的出现,作为纳米制造的方法,有广泛的潜在应用前景。多尺度连接建模取得明显进展,但仍没有充分发展。多重纳米层构筑取得显著进展,包括表面和薄膜工业中大量的改进材料,其他薄膜技术取得了充分的发展,如湿涂层(低价薄膜生产技术)、真空涂层和卷滚加工技术。用于分级卷滚和 3D 纳米制造仍在发展。现今功能薄膜用于很多系统,如可裁剪的电子学、磁学、光学、化学和热学特性。一些纳米技术基产品已经出现在市场上(纳米结构涂层、化妆品、纺织品、磁学存储),继续发展仍有很大的潜力。

纳米材料和器件应用于纳米药物,促进了效益-成本的改进,实验室芯片器件和商业产品的发展。在多数情况中,研究纳米粒子对于医疗、诊断和药物传送有应用潜力,但没有达到广泛应用。

未来的纳米材料、器件和系统可导致具有高附加值和较强竞争力的新一代产品,其超级性能有利于应用在广阔范围。通过社会传播和它的活性显示,这些新产品将产生很大影响和效益,改进公民生活的质量。纳米材料工程的突破与它们的纳米结构测量和控制有关,可达到大规模制造和原位集成加工。对于纳米技术短

期策略是发展具有工业集成可能的纳米技术(包括改进传统工业材料)和发展具有竞争力的高质量和性能的新产品,它将有益于消费者。专家组研讨了合成、组装和化合物加工,器件和系统制造,结论是需要聚焦和加强美国和欧盟纳米技术研究。在这个领域中,努力在过去优势的基础上构建和开拓新机会。主要结论摘要如下。

### 1. 展望下一个十年

• 纳米制造方法的效益-成本规模增长。

• 具有自然生物活性的纳米材料设计和制造(仿真、组织工程)。

• 适应性强的自组装纳米材料系统;增加自组装和自适应加工机理认知。

• 对于递送食品实现抗菌剂、杀真菌剂封装和活性包装,或对敏感的纳米粒子进行嵌入食品的智能标志包装。

• 多功能纳米粒子(对于量子信息加工用的单光子源、自旋和光子器件、药物传送和生物跟踪的光子学、纳米器件)。

• 碳纳米材料(纳米管、石墨烯、纳米金刚石、非可见光发射器、碳量子点)。

• 高精度的位置定位(用导向场将量子点放在空洞中)。

• 为增进理解和改进加工的测量,进行原位表征(工业发展中要求进一步的特性、成本和性能的表征,对理解纳米尺度加工的基本机制是需要的,用于原位反应、结构、相变、处理和 3D 生长过程的分析)。

### 2. 未来 5～10 年的战略目标

• 在不久的将来,将产生复杂系统(3D 纳米系统)和多组分产品(有多相组织结构和不同空间特性)。

• 绿色纳米技术,用于大规模纳米材料合成,低成本、安全和更环境友好的生产或加工;替换或不使用受限制的原材料(如 In)[63]。

• 在诊断学、药物传递系统和智能释放领域中应用的纳米药物。

• 用于柔性和透明光电器件的有机-无机混合纳米材料。

• 具有纳米尺度精度的低成本和大面积压印和涂层加工。

• 具有高能量转换效率的纳米构筑新材料(在传统太阳电池中的电极替代物,将减小成本和改进性能)。

• 更好地理解和控制成核过程,这将提升纳米材料的质量。

• 规模纳米制造,将提升具有低成本高质量材料的产品(纳米压印刻蚀),加深理解不同材料产品的基础,发展原位大面积表征,推进加工技术的改进。

• 在人类体内和生活环境中,纳米技术基产品的安全问题。

3. 未来 5～10 年科学和技术组织

· 为支持研究纳米科学和技术发展,保证最好地应用资源和考虑研究及工业组织两方面的需要,经由中心结合大学和工业界,分享贵重设备的成本,组建世界级交叉联系的,具有竞争力研究和发展的基层组织。

· 为研究物质在纳米尺度的现象和制造,提供基础研究基金。

· 训练在纳米技术方面具有投资和创新知识的人员,开设纳米科学和纳米技术的研究生课程,促进研究者转向多学科交叉研究(对研究者设置长期项目,涉及未来纳米技术的战略发展,以及纳米技术有关的研究生课程,研究与发展政策,同样重视在工业和研究中职业培训类的纳米科技教育)。

4. 未来纳米科学、工程研究和教育的进展

· 能源和环境(纳米构筑新材料的发展,包括高效能量转换、水过滤和净化)。

· 纳米药物(纳米诊断学、纳米传送系统、智能生物药物释放)。

· 食品工业(低成本柔性传感器、生物活性包装)。

· 促进实验室研究向工业规模制造的转化,更有效地发展工业规模的纳米制造。

· 集成已有的基层组织,扩大协作交流,包括提供美国-欧盟可用设备的目录。

· 纳米科学和纳米技术的研究生课程。

· 公众接受的纳米制造和纳米技术知识的程度与其信心有关,因此需要通过纳米科技的信息、教育、新闻、公开讨论,增加公众对纳米科技的了解。

### 3.9.2　美国-日本-韩国-中国台湾研讨会(日本东京/筑波大学)

**联系人:**Tadashi Shibata,日本东京大学;Chad Mirkin,美国西北大学

这是学术会议中一个特殊分会的名字,有 25 人出席,讨论的内容直接关系到基础纳米科学技术的发现和发展,其目标是希望加强最终的商品生产,使社会从纳米技术中获得了效益。5 位报告人从不同领域提出了他们的专家观点,涉及药物生物学、化学、材料科学和纳米制造技术。讨论集中在过去十年重要的纳米技术突破,以及到 2020 年的下一个十年,纳米科技的重要发展目标。

1. 过去十年重要纳米技术突破

· 两种重要的纳米材料,碳纳米管[100]与石墨烯的研究和发展[101](这些材料有高的机械强度和极好的电学特性,重量轻,具有柔性,能大面积大批量地生产,而且成本低)。

· 建立了大批量生产的合成方法。

· 用纳米压印和纳米注射成型,适用于大面积制造和大批量生产。

· 结合自上而下和自下而上技术路径,发展块体共聚物刻蚀技术(这是相当有发展前景的)。

· 构造超分子系统[102],适用于高专用化和分子结构组织化。

· 通过壳聚糖纳米粒子实现胰岛素口服药传送(在糖尿病鼠活体实验中有很好的效果)。

### 2. 未来十年纳米技术发展的预想

在过去十年进展的基础上,在下一个十年纳米技术发展方向摘要如下:

· 存储应用,包括电阻 RAM 和图案化基质,因为纳米图案化的存储能力将显著增强,所以这是非常重要的。

· 碳基电子学基于单壁碳纳米管和石墨烯可实现电路集成,将成为主流产品,超越 Moore 定律的极限。

· 晶片规模加工的 DPN 技术将是制造纳米器件和传感器的关键工具,用并行化写入探针将增加产量。

· 自下而上组装结合自上而下加工技术将越来越重要。

· 在低温下构建单晶膜,对于制造 3D 超大尺寸的集成电路(VSLI)芯片将成为重要的技术。

· 生物活性纳米催化系统仿真生物酶,有希望发展成绿色燃料产品。

### 3. 未来十年的目标

· 实现超大面积压印,并且具有优于 1 nm 分辨率的技术,借助扫描探针刻蚀、纳米压印和块体共聚物构筑,进行多种柔性材料制造。

· 口服医用药物,纳米粒子胰岛素传送系统,用较好的纳米制造技术,实现优化纳米结构的批量制造。

· 使用化学限定尺寸和成分的石墨烯、纳米管、纳米粒子和纳米线的加工方法,可进行纳米材料的大规模制造。

· 具有精确定义成分和结构的纳米材料,用于改进电极以实现最佳化处理气体、离子、存储和传输。

· 编织化合物的高通量制造方法,将广泛应用于光子学、电子学和生物医药方面。

· 无毒的、非腐蚀的和持久的生物兼容植入器件。

· 可接受的无污染加工的发展,用于集成器件制造生产线。

· 低温和高质量化学蒸发沉积技术,生长各种单晶薄膜,用于集成芯片生产线。

### 3.9.3　美国-澳大利亚-中国-印度-新加坡研讨会(新加坡)

联系人:Zhongfan Liu,北京大学;Chad Mirkin,美国西北大学

过去十年纳米技术迅速发展,很大地提升了研究从纳米材料合成到目标导向的纳米系统。很多新热点出现,包括 2D 石墨烯、拓扑绝缘体、等离激元人工介质材料和 ZnO 纳米线压电材料。为推进新领域进展,更好地实现控制形状、结构和纳米材料的晶化,探索了很多方法,这对材料的合成和生长起关键作用。一些纳米制造取得了很大的进步,成为规模和批量生产的重要纳米材料,如碳纳米管、发光半导体量子点等。促进应用于增强化合物材料、能量存储的超电容、药物标志和纳米诊断。生物活性和生物仿真合成得到广泛关注,用于获得新纳米结构和功能。

未来十年,存在几个挑战和机遇:

- 从硅到碳基器件的转变。
- 2D 和 3D 控制纳米材料排列。
- 合成、编织和催化剂的最佳化,改进它们的活性、选择性和环境兼容。
- 安全纳米技术基治疗药物的合成和分类。
- 从基础纳米科学转向批量制造的纳米技术。
- 生物分子与电子材料界面的集成。
- 等离激元人工介质材料的发展,理解结构-特性关系,进而探索它们在光子系统中的应用。

对于合成和制造高精度、高纯度纳米材料和纳米结构,需要原位或在线表征。因此广泛有效的庞大昂贵的制造和表征设备,将决定从事长远目标研究者能否进行纳米结构电子器件的研究。因此几类基础组织是重要的,需要开展广泛的集成交叉学科研究和活动,将有助于技术突破,促进纳米科学转化为实际有用的纳米技术。在纳米科技发展中,强调革新和工程发展,因此纳米制造教育课程的发展,应该是这个行动的重要部分。

## 参 考 文 献

[1] Braunschweig,A. ,F. Huo,and C. Mirkin. 2009. Molecular printing. *Nat. Chem.* 1(5):353-358.

[2] President's Council of Advisors on Science and Technology(PCAST). 2010. *Report to the President and Congress on the third assessment of the National Nanotechnology Initiative,assessment and recommendations of the National Nanotechnology Advisory Panel*. Washington,D. C. :Office of Science and Technology Policy.

[3] Bang,J. ,U. Jeong,D. Y. Ryu,T. P. Russell,and C. J. Hawker. 2009. Block copolymer nanolithography:Translation of molecular level control to nanoscale patterns. *Adv. Mater.* 21:1-24.

[4] Bates,F. S. ,and G. H. Fredrickson. 1990. Block copolymer thermodynamics:Theory and experiment. *Ann. Rev. Phys. Chem.* 41:525-557.

[5] Black, C. T. , and O. Bezencenet. 2004. Nanometer-scale pattern registration and alignment by directed diblock copolymer self-assembly. *IEEE Trans. Nanotechnol.* 3: 412-415. 3. Synthesis, Processing, and Manufacturing of Components, Devices, and Systems 102

[6] Guarini, K. W. , C. T. Black, Y. Zhang, H. Kim, E. M. Sikorski, and I. V. Babich. 2002. Process Integration of self-assembled polymer templates into silicon nanofabrication. *J. Vac. Sci. Technol.* B 20: 2788.

[7] Park, M. , C. Harrrison, P. M. Chaikin, R. A. Register, and D. H. Adamson. 1997. Block copolymer lithography: Periodic Arrays of ~1011 holes in 1 square centimeter. *Science* 276: 1401.

[8] Thurn-Albrecht, T. , J. Schotter, G. A. Kaestle, N. Emley, T. Shibauchi, L. Krusin-Elbaum, K. Guarini, C. T. Black, M. T. Tuominen, and T. P. Russell. 2000. Ultrahigh-density nanowire arrays grown in self-assembled diblock copolymer templates. *Science* 290: 2126.

[9] Black, C. T. , R. Ruiz, G. Breyta, J. Y. Cheng, M. E. Colburn, K. W. Guarini, H. C. Kim, and Y. Zhang. 2007. Polymer self assembly in semiconductor microelectronics. *IBM Journal of Research and Development* 51: 605.

[10] Pai, R. A. , R. Humayun, M. T. Schulberg, A. Sengupta, J. N. Sun, and J J. Watkins. 2004. Mesoporous silicates prepared using preorganized templates in supercritical fluids. *Science* 303: 507.

[11] Sivakumar N. , M. Li, R. A. Pai, J. K. Bosworth, P. Busch, D. M. Smilgies, C. K. Ober, T. P. Russell, and J. J. Watkins. 2008. An efficient route to mesoporous silica films with perpendicular nanochannels. *Adv. Mater.* 20: 246.

[12] Warren, S. C. , F. J. Disalvo, and U. Wiesner. 2007a. Nanoparticle-tuned assembly and disassembly of mesostructured silica. *Nat. Mater.* 6: 156. 3. Synthesis, Processing, and Manufacturing of Components, Devices, and Systems 106.

[13] Warren, S. C. , F. J. Disalvo, and U. Wiesner. 2007b. Erratum: Nanoparticle-tuned assembly and disassembly of mesostructured silica hybrid. *Nat. Mater.* 6: 248.

[14] Bita, I. , J. K. W. Yang, Y. S. Jung, C. A. Ross, E. L. Thomas, K. K. Berggren. 2008. Graphoepitaxy of self-assembled block copolymers on 2D periodic patterned templates. *Science* 321: 939.

[15] C. T. Black, O. Bezencenet, Nanometer-scale pattern registration and alignment by directed diblock copolymes self-assembly, IEEE Trans. Nanotechnol. 3412-415(2004)

[16] Cheng, J. Y. , A. M. Mayes, and C. A. Ross. 2004. Nanostructure engineering by templated self-assembly of block copolymers. *Nat. Mater.* 3: 823-828.

[17] Cheng, J. Y. , C. T. Rettner, D. P. Sanders, H. C. Kim, and W. D. Hinsberg. 2008. Dense self-assembly on sparse chemical patterns: Rectifying and multiplying lithographic patterns using block copolymers. *Adv. Mater.* 20: 3155-3158.

[18] Park, S. , B. Kim, O. Yavuzcetin, M. T. Tuominen, and T. P. Russell. 2008. Ordering of PS-b-P4VP on patterned silicon surfaces. *ACS Nano* 2: 1363.

[19] Park, S. Y. , A. K. R. Lytton-Jean, B. Lee, S. Weigand, G. C. Schatz, and C. A. Mirkin 2008. DNA-programmable nanoparticle crystallization. *Nature* 451(7178): 553-556.

[20] Ruiz, R. , H. M. Kang, F. A. Detcheverry, E. Dobisz, D. S. Kercher, T. R. Albrecht, J J. de Pablo, and P. F. Nealey. 2008. Density multiplication and improved lithography by directed block copolymer assembly. *Science* 321: 936. C. A. Mirkin, M. Tuominen 105.

[21] Segalman, R. A. , H. Yokoyama, and E. J. Kramer. 2001. Graphoepitaxy of spherical domain block copolymer films. *Adv. Mater.* 13: 1152-1155.

[22] Park,S. ,D. H. Lee,J. Xu,B. Kim,S. W. Hong,U. Jeong,T. Xu,and T. P. Russell. 2009. Macroscopic 10-terabit-per-square-inch arrays from block copolymers with lateral order. *Science* 323:1030.

[23] Chai,J. ,and J. M. Buriak. 2008. Using cylindrical domains of block copolymers to self-assemble and align metallic nanowires. *ACS Nano* 2:489.

[24] Jung,Y. S. ,J. B. Chang, E. Verploegen, K. K. Berggren, and C. A. Ross. 2010. A path to ultranarrow patterns using self-assembled lithography. *Nano Lett.* 10:1000.

[25] Park,S. M. ,G. S. W. Craig, Y. H. La, H. H. Solak, and P. F. Nealey. 2007. Square arrays of vertical cylinders of PS-b-PMMA on chemically nanopatterned surfaces. *Macromolecules* 40:5084-5094.

[26] Tang,C. B. ,E. M. Lennon, G. H. Fredrickson, E. J. Kramer, and C. J. Hawker. 2008. Evolution of block copolymer lithography to highly ordered square arrays. *Science* 322:429-432.

[27] Wilmes,G. M. ,D. A. Durkee, N. P. Balsara and J. A. Liddle. 2006. Bending soft block copolymer nanostructures by lithographically directed assembly. *Macromolecules* 39:2435-2437.

[28] Galatsis,K. ,K. L. Wang, M. Ozkan, C. S. Ozkan, Y. Huang, J. P. Chang, H. G. Monbouquette, Y. Chen, P. Nealey, and Y. Botros. 2010. Patterning and Templating for Nanoelectronics. *Adv. Mater.* 22: 769-778.

[29] Yang,J. K. W. , Y. S. Jung, J-B. Chang, R. A. Mickiewicz, A. Alexander-Katz, C. A. Ross and K. K. Berggren. 2010. Complex self-assembled patterns using sparse commensurate templates with locally varying motifs. *Nat. Nanotechnol.* 5:256.

[30] A. Braunschweig, A. Senesi, C. Mirkin, Redox-activating dip-pen nanolithography(RA-DPN), J. Am. Chem. . Soc. 131(3)922-923(2009)

[31] Piner,R. ,J. Zhu,F. Xu, S. Hong, C. A. Mirkin. 1999. "Dip-pen" nanolithography. *Science* 283(5402): 661-663.

[32] Salaita,K. , Y. Wang, and C. A. Mirkin. 2007. Applications of dip-pen nanolithography. *Nat. Nanotechnol.* 2(3):145-155.

[33] Giam, L. , Y. Wang, and C. Mirkin. 2009. Nanoscale molecular transport: The case of dip-pen nanolithography. *J. Phys. Chem. A* 113:3779-3782.

[34] Rozhok,S. ,R. Piner, and C. A. Mirkin. 2003. Dip-pen nanolithography: What controls ink transport? *J. Phys. Chem. B* 107(3):751-757.

[35] Jae-Won Jang,R. ,R. G. Sanedrin, A. J. Senesi, Z. Zheng, X. Chen, S. Hwang, L. Huang, and C. A. Mirkin. 2009. Generation of metal photomasks by dip-pen nanolithography. *Small* 5(16):1850-1853.

[36] Lee,K. -B. ,J. Lim, and C. A. Mirkin. 2003. Protein nanostructures formed via direct-write dip-pen nanolithography. *J. Am. Chem. Soc.* 125(19):5588-5589.

[37] Minne,S. ,S. R. Manalis, A. Atalar, and C. F. Quate. 1996. Independent parallel lithography using the atomic force microscope. *J. Vac. Sci. Technol. B* 14(4):2456-2461.

[38] Salaita,K. ,S. W. Lee, X. Wang, L. Huang, T. M. Dellinger, C. Liu, and C. A. Mirkin. 2005. Sub-100 nm, centimeter-scale, parallel dip-pen nanolithography. *Small* 1(10):940-945.

[39] Salaita,K. ,P. Sun, Y. Wang, H. Fuchs, and C. A. Mirkin. 2006. Massively parallel dip-pen nanolithography with 55000-Pen two-dimensional arrays. *Angew. Chem. Int. Ed. Engl.* 45(43):7220-7223, doi: 10. 1002/anie. 200603142.

[40] Banerjee,D. ,A. Nabil, S. Disawal, and J. Fragala. 2005. Optimizing microfluidic ink delivery for dip pen nanolithography. *Journal of Microlithography, Microfabrication, and Microsystems* 4(2): 023014

doi：10. 1117/1. 1898245.

[41] Wang, Y. , L. R. Giam, M. Park, S. Lenhert, H. Fuchs, and C. A. Mirkin. 2008. A self-correcting inking strategy for cantilever arrays addressed by an inkjet printer and used for dip-pen nanolithography. *Small* 4(10):1666-1670, doi: 10. 1002/smll. 200800770.

[42] Huo, F. , Z. Zheng, G. Zheng, L. R. Giam, H. Zhang, and C. A. Mirkin. 2008. Polymer pen lithography. *Science* 321(5896):1658-1660, doi: 10. 1126/science. 1162193.

[43] Zheng, Z. , W. L. Daniel, L. R. Giam, F. Huo, A. J. Senesi, G. Zheng, and C. A. Mirkin 2009. Multiplexed protein arrays enabled by polymer pen lithography: Addressing the inking challenge. *Angew. Chem. Int. Ed. Engl.* 48(41):7626-7629, doi: 10. 1002/anie. 200902649

[44] Huo, F. , G. Zheng, X. Liao, L. R. Giam, J. Chai, X. Chen, W. Shim, and C. A. Mirkin. 2010. Beam pen lithography. *Nat. Nanotechnol.* 5:637-640, doi: 10. 1038/nnano. 2010. 161.

[45] Ozin, G. A. , and A. C. Arsenault. 2005. *Nanochemistry: A chemical approach to nanomaterials.* Cambridge, U. K. : RSC Publishing.

[46] Qin, L. D. , S. Park, L. Huang, C. A. Mirkin. 2005. On - wire lithography. *Science* 309:113-115.

[47] Qin, L. D. , S. Zou, C. Xue, A. Atkinson, G. C. Schatz, and C. A. Mirkin. 2006. Designing, fabricating, and imaging Raman hot spots. *Proc. Natl. Acad. Sci. U. S. A.* 103: 13300-13303, doi: 10. 1073/pnas. 0605889103.

[48] Qin, L. D. , J. W. Jang, L. Huang, and C. A. Mirkin. 2007. Sub-5-nm gaps prepared by on-wire lithography: correlating gap size with electrical transport. *Small* 3: 86-90.

[49] Qin, L. D. , M. J. Banholzer, J. E. Millstone and C. A. Mirkin. 2007. Nanodisk codes. *Nano Lett.* 7: 3849-3853.

[50] Nitzan, A. , and M. A. Ratner. 2003. Electron transport in molecular wire junctions. *Science* 300: 1384-1389.

[51] Chen, X. , Y. -M. Jeon, J. -W. Jang, L. Qin, F. Huo, W. Wei, and C. A. Mirkin. 2008. On-wire lithography-generated molecule-based transport junctions: A new testbed for molecular electronics. *J. Am. Chem. Soc.* 130(26):8166-8168, doi: 10. 1021/ja800338w.

[52] Nie, Z. , A. Petukhova, and E. Kumacheva. 2010. Properties and emerging applications of self-assembled structures made from inorganic nanoparticles. *Nat. Nanotechnol.* 5(1):15-25.

[53] Talapin, D. V. , J. -S. Lee, M. V. Kovalenko, and E. V. Shevchenko. 2009. Prospects of colloidal nanocrystals for electronic and optoelectronic applications. *Chem. Rev.* 110 ( 1 ): 389-458, doi: 10. 1021/cr900137k.

[54] Lin, M. -H. , H. -Y. Chen, and S. Gwo. 2010. Layer-by-layer assembly of three-dimensional colloidal supercrystals with tunable plasmonic properties. *J. Am. Chem. Soc.* 132(32):11259-11263.

[55] Shevchenko, E. V. , D. V. Talapin, N. A. Kotov, S. O'Brien, and C. B. Murray. 2006. Structural diversity in binary nanoparticle superlattices. *Nature* 439(7072):55-59. http://www. nature. com/nature/journal/v439/n7072/abs/nature04414. html - a1.

[56] Hill, H. D. , R. J. Macfarlane, A. J. Senesi, B. Lee, S. Y. Park, and C. A. Mirkin 2008. Controlling the lattice parameters of gold nanoparticle FCC crystals with duplex DNA linkers. *Nano Lett.* 8(8):2341-2344, doi: 10. 1021/nl8011787. C. A. Mirkin, M. Tuominen 103.

[57] Macfarlane, R. J. , B. Lee, H. D. Hill, A. J. Senesi, S. Seifert, and C. A. Mirkin 2009. Assembly and organization processes in DNA-directed colloidal crystallization. *Proc. Natl. Acad. Sci. U. S. A.* 106 ( 26 ):

10493-10498.

[58] Macfarlane, R. , M. R. Jones, A. J. Senesi, K. L. Young, B. Lee, J. Wu, and C. A. Mirkin. 2010. Establishing the design rules for DNA-mediated programmable colloidal crystallization. *Angew. Chem. Int. Ed. Engl.* 49(27):4589-4592.

[59] Jones, M. , R. J. Macfarlane, B. Lee, J. Zhang, K. L. Young, A. J. Senesi, and C. A. Mirkin. . 2010. DNA-nanoparticle superlattices formed from anisotropic building blocks. *Nat. Mater.* 9:913-917,doi:10. 1038/nmat2870.

[60] Novoselov, K. S. , A. K. Geim, S. V. Morozov, D. Jiang, Y. Zhang, S. V. Dubonos, I. V. Grigorieva, and A. A. Firsov, 2004. Electric Field Effect in Atomically Thin Carbon Films. *Science* 306:666-669.

[61] Geim, A. K. , and K. S. Novoselov, 2007. The rise of graphene. *Nature Mater.* 6:183-191.

[62] Li, X. , W. Cai, J. An, S. Kim, J. Nah, D. Yang, R. Piner, A. Velamakanni, I. Jung, E. Tutuc, S. K. Banerjee, L. Colombo, and R. S. Ruoff. 2009. Large-area synthesis of high-quality and uniform graphene films on copper foils. *Science* 324,1312-1314.

[63] Bae, S. , H. Kim, Y. Lee, X. Xu, J. -S. Park, Y. Zheng, J. Balakrishnan, T. Lei, H. R. Kim, Y. I. Song, Y. -J. Kim, K. S. Kim, B. Özyilmaz, J. -H. Ahn, B. H. Hong, and S. Iijima. 2010. Roll-to-roll production of 30-inch graphene films for transparent electrodes. *Nat. Nanotechnol.* 5(8):574-578.

[64] Randall, J. N. , J. W. Lyding, S. Schmucker, J. R. Von Ehr, J. Ballard, R. Saini, H. Xu, and Y. Ding. 2009. Atomic precision lithography on Si. *J. Vac. Sci. Technol.* B 27(6):2764,doi:10. 1116/1. 3237096.

[65] Randall, J. N. , J. B. Ballard, J. W. Lyding, S. Schmucker, J. R. Von Her, R. Saini, H. Xu, and Y. Ding. 2010. Atomic precision patterning on Si: An opportunity for a digitized process. *Microelectronic Engineering* 87(5-8):955-958.

[66] Suda, Y. , N. Hosoya, and K. Miki. 2003. Si submonolayer and monolayer digital growth operation techniques using Si2H6 as atomically controlled growth nanotechnology. *Appl. Surf. Sci.* 216 (1-4): 424-430.

[67] Tomalia, D. A. , and J. M. J. Fréchet, eds. 2001. *Dendrimers and other dendritic polymers*. Chichester, U. K. : J. Wiley & Sons Ltd.

[68] Tomalia, D. A. 2004. Birth of a new macromolecular architecture: Dendrimers as quantized building blocks for nanoscale synthetic polymer chemistry. *Prog. Polym. Sci.* 30(3-4):294-324.

[69] Peterca, M. , V. Percec, M. R. Imam, P. Leowanawat, K. Morimitsu, and P. A. Heiney. 2008. Molecular structure of helical supramolecular dendrimers. *J. Am. Chem. Soc.* 130(44):14840-14852.

[70] Rosen, B. M. , D. A. Wilson, C. J. Wilson, M. Peterca, B. C. Won, C. Huang, L. R. Lipski, X. Zeng, G. Ungar, P. A. Heiney, and Virgil Percec. 2009. Predicting the structure of supramolecular dendrimers via the analysis of libraries of AB3 and constitutional isomeric AB2 biphenylpropyl ether self-assembling dendrons. *J. Am. Chem. Soc.* 131(47):17500-17521,doi: 10. 1021/ja806524m.

[71] Peterca, M. , 2009. In quest of a systematic framework for unifying and defining nanoscience. *J. Nanopart. Res.* 11(6):1251-1310.

[72] Peterca, M. , 2010. Dendrons/dendrimers: Quantized, nano-element like building blocks for soft-soft and soft-hard nano-compound synthesis. *Soft Matter* 6(3):456-474.

[73] Marx, V. 2008. Poised to branch out. *Nat. Biotechnol.* 26(7):729-732.

[74] Menjoge, A. R. , R. M. Kannan, and D. A. Tomalia, 2010. Dendrimer-based drug and imaging conjugates: Design considerations for nanomedical applications. *Drug Discov. Today* 15(5-6):171-185.

[75] Lee,C. C. ,J. A. MacKay,J. M. J. Fréchet,and F. C. Szoka. 2005. Designing dendrimers for biological applications. *Nat. Biotechnol.* 23(12):1517-1526,doi:10. 1038/nbt1171.

[76] Percec,V. ,D. A. Wilson,P. Leowanawat,C. J. Wilson,A. . Hughes,M. S. Kaucher,D. A. Hammer,D. H. Levine,A. J. Kim,F. S. Bates,K. P. Davis,T. P. Lodge,M. L. Klein,R. H. DeVane,E. Aqad,B. M. Rosen,A. O. Argintaru,M. J. Sienkowska,K. Rissanen,S. Nummelin,and J. Ropponen. 2010. Self-assembly of Janus dendrimers into uniform dendrimersomes and other complex architectures. *Science* 328 (5981):1009-1014,doi: 10. 1126/science. 1185547.

[77] Beguin,F. ,and E. Frackowiak,eds. 2009. Carbide-derived carbon and templated carbons. In *Carbon materials for electrochemical energy storage systems*,eds. ,T. Kyotani,J. Chmiola,and Y. Gogotsi. Boca Raton,Fla. : CRC Press/Taylor and Francis;77-114.

[78] Largeot,C. ,C. Portet,J. Chmiola,P. -L. Taberna,Y. Gogotsi,and P. Simon. 2008. Relation between the ion size and pore size for an electric double-layer capacitor. *J. Am. Chem. Soc.* 130(9):2730-2731,doi: 10. 1021/ja7106178.

[79] Yachamaneni,S. ,G. Yushin,S. H. Yeon,Y. Gogotsi,C. Howell,S. Sandeman,G. Phillips,and S. Mikhalovsky. 2010. Mesoporous carbide-derived carbon for cytokine removal from blood plasma. *Biomaterials* 31(18):4789-4794.

[80] Kruk,M. ,and C. M. Hui. 2008. Thermally induced transition between open and closed spherical pores in ordered mesoporous silicas. *J. Am. Chem. Soc.* 130(5):1528-1529.

[81] Soghomonian,V. ,and J. J. Heremans. 2009. Characterization of electrical conductivity in a zeolite like material. *Appl. Phys. Lett.* 95(15):152112.

[82] Choi,K. J. ,M. Biegalski,Y. L. Li,A. Sharan,J. Schubert,R. Uecker,P. Reiche,Y. B. Chen,X. Q. Pan, V. Gopalan,L. -Q. Chen,D. G. Schlom,and C. B. Eom. 2004. Enhancement of ferroelectricity in strained BaTiO$_3$ thin films. *Science* 306(5698):1005-1009,doi: 10. 1126/science. 1103218. Christoforou,T. ,and C. Doumanidis. 2010. Biodegradable cellulose acetate nanofiber fabrication via electrospinning. *J. Nanosci. Nanotechnol.* 10(9):1-8.

[83] Haeni,J. H. ,P. Irvin,W. Chang,R. Uecker,P. Reiche,Y. L. Li,S. Choudhury,W. Tian,M. E. Hawley, B. Craigo,A. K. Tagantsev,X. Q. Pan,S. K. Streiffer,L. Q. Chen,S. W. Kirchoefer,J. Levy,and D. G. Schlom. 2004. Room-temperature ferroelectricity in strained SrTiO$_3$. *Nature* 430(7001):758-761,doi: 10. 1038/nature02773.

[84] Schlom,D. G. , L. -Q. Chen, C. -B. Eom, K. M. Rabe, S. K. Streiffer, and J. -M. Triscone. 2007. Strain tuning of ferroelectric thin films. *Annual Review of Materials Research* 37(1):589-626.

[85] Warusawithana,M. P. ,C. Cen,C. R. Sleasman,J. C. Woicik,Y. Li,L. F. Kourkoutis,J. A. Klug,H. Li, P. Ryan,L. -P. Wang,M. Bedzyk,D. A. Muller,L. -Q. Chen,J. Levy,and D. G. Schlom. 2009. A ferroelectric oxide made directly on silicon. *Science* 324(5925):367-370.

[86] Lee,J. H. ,L. Fang,E. Vlahos,X. Ke,Y. W. Jung,L. F. Kourkoutis,J. -W. Kim,P. J. Ryan,T. Heeg,M. Roeckerath,V. Goian,M. Bernhagen,R. Uecker,P. C. Hammel,K. M. Rabe,S. Kamba,J. Schubert,J. W. Freeland, D. A. Muller, C. J. Fennie, P. Schiffer, V. Gopalan, E. Johnston-Halperin, and D. G. Schlom. 2010. A strong ferroelectric ferromagnet created by means of spin-lattice coupling. *Nature* 466 (7309):954-958.

[87] Mannhart,J. ,and D. G. Schlom. 2010. Oxide interfaces—An opportunity for electronics. *Science* 327 (5973):1607-1611.

[88] Chen, H. , Y. A. Elabd, and G. R. Palmese. 2007. Plasma-aided template synthesis of inorganic nanotubes and nanorods. *J. Mater. Chem.* 17(16):1593-1596.

[89] Rubio, A. , J. L. Corkill, and M. L. Cohen. 1994. Theory of graphitic boron nitride nanotubes. *Phys. Rev. B* 49(7):5081.

[90] Zettl, A. 1996. Non-carbon nanotubes. *Adv. Mater.* 8(5):443-445.

[91] Blase, X. , A. Rubio, S. G. Louie, and M. L. Cohen. 1994. Stability and band gap constancy of boron nitride nanotubes. *Europhys. Lett.* 28(5):335, doi: 10. 1209/0295-5075/28/5/007.

[92] Ci, L. , L. Song, C. Jin, D. Jariwala, D. Wu, Y. Li, A. Srivastava, Z. F. Wang, K. Storr, L. Balicas, F. Liu, and P. M. Ajayan. 2010. Atomic layers of hybridized boron nitride and graphene domains. *Nat. Mater.* 9 (5):430-435, doi:10. 1038/nmat2711.

[93] Golberg, D. , Y. Bando, and C. C. Tang, C. Y. Zhi. 2007. Boron nitride nanotubes. *Adv. Mater.* 19(18): 2413-2432.

[94] Brown, E. , L. Hao, J. C. Gallop, and J. C. Macfarlane. 2005. Ballistic thermal and electrical conductance measurements on individual multiwall carbon nanotubes. *Appl. Phys. Lett.* 87(2):023107.

[95] Collins, P. G. , and A. Phaedon. 2000. Nanotubes for electronics. *Sci. Am.* 283(6):62-69.

[96] Savva, P. G. , K. Polychronopoulou, R. S. Ryzkov, and A. M. Efstathiou. 2010. Low temperature catalytic decomposition of ethylene into H2 and secondary carbon nanotubes over Ni/CNTs. *Appl. Catal. B* 93(3-4):314.

[97] T. Christoforou, C. Doumanidis, Biodegradable cellulose acetate nanofibber fabrication via electrospinning. J. Nanotechnol. 10(9), 1-8(2010)

[98] European Commission. 2004. *Toward a European strategy for nanotechnology.* Luxembourg: Office for Official Publications of the European Communities. 2004. Available online: http://ec. europa. eu/nanotechnology/pdf/nano_com_en_new. pdf.

[99] National Science and Technology Council, Committee on Technology, Subcommittee on Nanoscale Science, Engineering, and Technology. 2003. *National Nanotechnology Initiative: Research and development supporting the next industrial revolution.* Washington, D. C. : National Nanotechnology Initiative. Available online: www. nano. gov/html/res/fy04-pdf/fy04%20. . . /NNI-FY04_front_matter. pdf

[100] Iijima, S. 1991. Helical microtubules of graphitic carbon. *Nature* 354(6348):56-58.

[101] Schwierz, F. 2010. Graphene transistors. *Nat. Nanotechnol.* 5(7):487-496.

[102] Li, W. -S. , and T. Aida. 2009. Dendrimer porphyrins and phthalocyanines. *Chem. Rev.* 109 (11): 6047- 6076.

[103] D. Stone, J. Liu, D. P. Singh, C. Muratore, A. A. Voevodin, S. Mishra, C. Rcbholz, Q. Ge, S. M. Aouadi, Layerd atomic structures of double oxides for low shear strength at high temperatures, Scripta Materialia 62(10), 735-738(2010)

[104] C. C. Doumanidis, Nanomanufacturing of random branching material architectures, Microelectronic Engineering, 86(4-6)467-487

[105] M. Kokonou, C. Rebholz, K. P. Giannakopoulos, C. C. Doumanidis, Low aspect radio porous alumina templates, Microelectron, Eng. 85(2008)1186.

# 第4章 纳米技术环境、健康与安全性问题

André Nel，David Grainger，Pedro J. Alverez，Santokh Badesha，
Vincent Castranova，Mauro Ferrari，Hilary Godwin，Piotr Grodzinski，
Jeff Morris，Nora Savage，Norman Scott，Mark Wiesner

**关键词**：纳米 EHS  纳米材料特性  危害/风险降低  体外/体内  预测性
安全设计方法  工业界的作用  国际观点

## 4.1 未来十年展望

纳米材料的环境、健康、安全性（EHS）定义为：用于风险评估和风险管理方面，与环境健康、人类健康、动物健康以及安全性领域相关术语的集合[1]。为方便起见，本章中我们将使用"nano-EHS"专指纳米科学、技术、工程应用，涉及科学、环境、健康、安全性研究及相关活动。本章概述了过去十年来 nano-EHS 的主要进

A. Nel (✉)
Department of Medicine and California NanoSystems Institute, University of California, 10833
Le Conte Avenue, 52–175 CHS, Los Angeles, CA 90095, USA
e-mail: anel@mednet.ucla.edu

D. Grainger
Department of Pharmaceutics and Pharmaceutical Chemistry, University of Utah,
30 South 2000 East, Room 301, Salt Lake City, UT 84112–5820, USA

P.J. Alvarez
Department of Civil and Environmental Engineering, Rice University, Houston, TX
77251–1892, USA

S. Badesha
Xerox Corporation, PO Box 1000, Mail Stop 7060–583, Wilsonville, OR 97070, USA

V. Castranova
Centers for Disease Control, National Institute for Occupational Safety and Health, Health
Effects Laboratory Division, 1095 Willowdale Road, Morgantown, WV 26505–2888, USA

M. Ferrari
The University of Texas Health Science Center, 1825 Pressler Street, Suite 537D Houston, TX
77031, USA

H. Godwin
Pubic Health–Environmental Health Science, University of California, 951772, Los Angeles,
CA, 90095, USA

展、挑战、发展和未来十年的展望,并未涵盖此领域中所有重要问题的报道或综述

### 4.1.1　过去十年进展

尽管工程纳米材料(ENM)在我们的工作场所、实验室、家庭中的暴露要比以前认为的更为广泛,但目前为止这些材料并未引起任何人类特异性疾病及可证实的环境灾难。人们对 ENM 危险的认知已经从“小的便是危险的”演变成一个更现实的理解,即 ENM 安全性最好应该从其特定使用背景、应用、暴露以及每一种纳米材料的特性来考虑。

由于有机、无机或杂化材料在制备过程中会得到不同的体积、形状、表面积、表面功能及成分,它们的成分可被广泛调节,其结构能根据不同生物和环境使用条件进行动态修饰,因此大多数的 ENM 不能简单描述为一种单一分子、化学物质或材料。nano-EHS 评估的一个最主要的概念进展就是人们对这些动态材料特性的认知,因为材料的特性决定着 ENM 调控、扩散、暴露以及在纳米-生物界面的危害[2-6]。那么随着大量新型材料和材料特性的不断出现,我们必须发展一种可靠的科学平台来阐明材料特性与其 EHS 之间的关系[3,7-9]。由于这些认知的产生需要时间和不断的构建,因此 nano-EHS 的合理政策也在逐步增加。然而利用高通量和快速 ENM 筛选平台,或使用计算方法辅助构建风险模型及危害评估,均能加速其发展[10-13]。

我们必须认识到,工程纳米材料具有多变性和特殊的性质,纳米科技的安全性实施需要多学科交叉合作,远远超出了传统的灾害、暴露以及风险评估模型。除了纳米材料特性的研究,nano-EHS 团体还需要 ENM 的商业使用、命运、转运、生物体积聚、生命循环等信息,所有信息都需要认真地合作,逐渐增加合理决策来引导

P. Grodzinski
Office of Technology and Industrial Relations, National Cancer Institute, Building 31, Room 10,
A49 31 Center Drive, Mail Stop 2580, Bethesda, MD 20892–2580, USA

J. Morris
Ronald Reagan Building and International Trade Center, U.S. Environmental Protection Agency,
Room 71184 1300 Pennsylvania Avenue NW, Washington, DC 20004, USA

N. Savage
U.S. Environmental Protection Agency Office of Research and Development, National Center
for Environmental Research, 1200 Pennsylvania Avenue NW, Mail Stop 8722F, Washington,
DC 20460, USA

N. Scott
Biological and Chemical Engineering, Cornell University, 216 Riley Hall, Ithaca, NY
14853–5701, USA

M. Wiesner
Department of Civil and Environmental Engineering, Duke University, 90287,
120 Hudson Hall, Durham, NC 27708–0287, USA

纳米技术的安全实施。因此,这些数据和信息的收集对研究者、生产者、消费者来说都是很重要的,也有助于 ENM 产品监管部门制定足够的政策法规。

从 2000 年 10 月开始,美国国家科学基金会建立了专项计划,专注于环境中纳米尺度过程研究。美国国家环境保护局从 2003 年建立了纳米技术的 EHS 研究计划。美国国立环境健康科学研究所也从 2004 年建立了相关研究计划。

### 4.1.2　未来十年愿景

纳米技术凭借其广泛的应用而快速渗透到整个社会中,对人类、动物和生态系统的暴露日渐显著[9,14-16],因此我们必须开发一种集成并且可靠的科学平台来进行灾害评估、暴露评估和风险评估,与纳米技术的发展同步进行。高通量和高容量筛选平台能平行测定大批量纳米形态的材料,而不是每次执行一种纳米材料的 nano-EHS 评估[10-13]。

对未来十年的展望,包括 ENM 特性-活性关系的探索及开发、认知领域高容量数据组和计算方法的建立、风险建模,以及辅助相关决策制定的纳米信息学库的建立。这些信息需要整合预测科学[8,9,17,18]和风险管理平台,将特异性材料和 ENM 特性关联到危害、命运及转运、暴露和产生的疾病。为确保未来十年内纳米技术的安全实施,我们需要新的、高灵敏的分析方法学、工具和可行的方案进行工作场所、实验室、家庭和环境中 ENM 的筛选、检测和表征[19,20]。我们也需要为废物处理系统开发有效的检测、遏制及纳米材料去除方法。新的数据和知识的收集将会引领安全材料的设计和绿色制造,将纳米技术转化为可持续发展的基石[19]。纳米技术的安全实施需要学术界、工业界、政府和公众的密切配合,它的成功必将得益于社会、经济和环境。

## 4.2　过去十年的进展与现状

十年前,纳米技术因在电子、廉价太阳能电池、下一代的能量存储、智能抗癌治疗及其他应用领域具有革新性进展,其潜在的价值被广泛认知。在 2000 年美国国家纳米计划(NNI)启动成立的早期,关于 nano-EHS 的研究开始出现,包括一些倡导环境、纳米生物技术和社会影响的组织成立[21];然而要深刻理解,并且将所有解释这项新技术对人类和环境造成影响的不同学科整合起来,则需要相当长的一段时间。一些认知/整合过程中的早期过程如下:

• 2003 年,美国国家毒理学计划首先进行了纳米颗粒、碳纳米管、量子点的测试,美国国家环境保护局(EPA)宣布了第一个关于 nano-EHS 的计划。

• 2004 年 12 月,纳米科学、工程和技术小组委员会,国家科学和技术委员会发表了 NNI 联邦财政年度 2006～2010 的战略计划,其中提到了环境科学与技术。

· 早期，一些关注 nano-EHS 的学术研究中心开始涌现出来，例如莱斯大学的生物和环境纳米技术中心以及加利福尼亚大学的纳米毒理学研究培训计划。

纳米 EHS 的研究和监管政策的实施步伐从 2008 年开始加速，随后针对 nano-EHS 风险评估的同行评审刊物的数量开始迅速增加，从 2004 年的 50 篇左右增长到 2009 年的 250 篇以上。联邦机构调控政策干预的数量随 ENM 安全性疑虑的产生而增加，用于 nano-EHS 研究的美国联邦预算也从 2008 年的 6 790 万美元增长到 2011 年的 1.169 亿美元（预算详见 4.3 节）。

从 EHS 来看，研究者们对常见 ENM 主要形态下的毒理学筛选已取得了一定进展，某些材料特性在纳米尺度下可能产生危害的数据逐渐被报道[5,9,20,22]。这些数据引发了新的担忧，包括纳米颗粒的危害、命运、转运、暴露和生物体内的积累。现在最大的困难是材料的标准化、统一化、nano-EHS 检测和筛选的实施、数据采集、简易风险降低程序和统一治理方案来保证这项技术的安全性实施。新的活性纳米体系和纳米工程器件，包括利用不同纳米材料集成组装的、具有多功能的复合材料，促使我们为其开发新的 nano-EHS 方案。

### 4.2.1　碳纳米管的数据采集、检测及管理

碳纳米管（CNT）是一种可以作为大量收集 nano-EHS 数据的商品化 ENM[23-29]。由于 CNT 在制造业中广泛使用并且产量非常大，并且在包装、分发、振荡、研磨以及运输过程中会形成稳定的粉尘分散，因此工作场所中 CNT 的呼吸暴露成为一种潜在的隐患。由于 CNT 的生产不断扩大加之其高分散特性，以及广泛的产品和客户需求，针对 CNT 的科学研究以及使用规范也随之不断增多。从 2003 年开始，有关报道指出，某些类型的单层或多层 CNT 在实验暴露条件下可能会对肺或间皮表面产生危害，我们也完成了啮齿类动物的一些毒理学研究[23-27,29]。例如 CNT 可能在肺泡区诱导肉芽肿性气道炎症或间质纤维化，它的影响取决于碳纳米管的分散状态。在研究中我们还发现另一种潜在危害，给小鼠腹膜滴注碳纳米管后会引起间皮层内的肉芽肿性气道炎症。这种炎症可能是间皮瘤的前体，利用 p53 缺失的小鼠，在 CNT 暴露下会引发疾病，也证实了这一猜测[30]。

至今还没有临床证据表明，CNT 暴露会引发人类肉芽肿性气道炎症或间质纤维化，美国国家职业健康与安全研究所（NIOSH）通过啮齿类动物研究指出，工作场所中的人类 CNT 暴露可能会造成肺部危害（图 4.1）。NIOSH 建立了尘埃粒子计数器来监测和量化工作场所空气中的 CNT（第 4.8.5 节进行了深入综述）。职业病调查表明，某些工作场所空气中含有相当量的 CNT，并且对颗粒监测也能确立其检测限（LOD）。利用动物肺部荷载评估，根据动物及人类的肺泡上皮细胞表面积比例推算，NIOSH 确定了环境暴露的最高限值，结果显示一些通风口、呼吸器以及 HEPA 过滤器可以非常有效地控制公共场所的暴露量，达到检测限以下。

同时 NIOSH 还发表了劳动者安全性准则,并建议 ENM 生产企业实施安全风险管理项目(如第 4.8.5 节所述)。NIOSH 关于 CNT 的风险管理方案如图 4.1 所示。

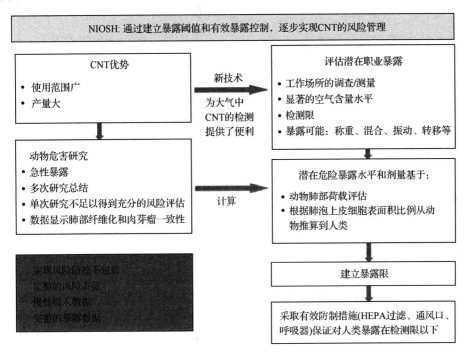

图 4.1　NIOSH 关于 CNT 的风险管理流程(由 A. Nel 提供)

需要强调的是,NIOSH 对 CNT 的通用准则并不意味着所有的 CNT 都是有害的。有非常多的文献指出,CNT 的动物研究结果显示它完全可以使其功能化,来制备安全的成像和药物传输试剂[31-33]。因此辨别纯化状态或功能修饰状态的 CNT(例如,具有高表面吸附污染物的碳同素异形体及相关的合成副产物)是非常重要的。

在科学研究和职业准则不断发展的同时,CNT 也受到 EPA 的严格监管。2008 年 10 月,EPA 根据有毒物质控制法案(TSCA)正式通知销售部门公布 CNT 库存状况,并且要求从 2009 年 3 月开始强制执行这项任务。EPA 认为 CNT 不等同于 TSCA 使用的石墨或碳同素异形体,因此当 CNT 的 TSCA 预生产通知(PMN)提交给 EPA,并已超过 90 天的审查期后,公司方可以进口或制造 CNT,否则进口或生产任何数量非豁免商业目的 CNT 均是违法行为[34]。

### 4.2.2　TiO$_2$,ZnO 以及硅纳米颗粒的数据采集、检测及管理

CNT 只是众多 ENM 决策方法中采集数据的其中一种纳米材料,二氧化钛

(TiO₂)、氧化锌(ZnO)以及硅纳米颗粒也是一些成熟的、易表征的纳米材料,有非常多的信息可以作为监管机构阐明风险和危害问题的材料[35-38]。例如,TiO₂作为一种色素已使用了几十年,从 20 世纪 80 年代人们就已经开始对 TiO₂ 纳米特异性结构的研究。这其中不仅有大量的文献可供参考,同时 NIOSH 也建立了工作场所中 TiO₂ 纳米颗粒的有效风险评估方法。这些准则已公布在门户网站上,例如 NIOSH 报告网站(Approaches to Safe Nanotechnology)[39]、杜邦和环境预防基金的纳米风险框架报告网站(参照 4.8.4 节)[40]。针对于防晒品和化妆品中的 TiO₂、ZnO,越来越多的研究表明消费者的风险其实很低,甚至这一结果使以前持批判意见的非政府组织(环境工作组)发表声明:"经过数月近 400 名同行评审的研究后,我们得出了一个不同的结论,我们建议某些防晒霜可以含有某些纳米材料。"[41]然而现在仍存在许多问题无法解答,比如 TiO₂ 的最终危害,目前仍然没有证据显示此类纳米颗粒在水处理系统或环境中的分散造成的风险,要比应用更广的微米级材料造成的风险更大。目前官方仍认为纳米级 TiO₂ 对环境有潜在毒性[42]。应该澄清的是,纳米 ZnO 的最终危害可能不同于 TiO₂,文献认为 TiO₂ 在环境中具有非常强的毒性[42]。目前 EPA 并未要求 TiO₂ 和 ZnO 作为新的纳米材料需要根据 TSCA 的第 5 节新化学物[34]来报告。然而 EPA 正在研究新使用规则,要求基于现有的化学物质的新纳米颗粒来申报,并申请 90 天的审查期。

### 4.2.3　纳米银的数据采集、检测及管理

研究者和监管部门正在密切关注纳米银,因为它经常在 ENM 中被引用,是一种"明星"纳米产品。含有纳米银的产品经常宣称它们具有抗菌杀虫活性,因此 EPA 已经根据《美国联邦杀虫剂、杀菌剂和灭鼠剂法案》对纳米银进行评估(7 U.S.C. §136 et seq.[43])。从毒理学来看,相对于纳米颗粒对工作者和消费者造成的风险,人们更担忧的是纳米颗粒对环境造成的潜在危害,尤其对水生生物[44,45]。

世界范围内许多政策制定者指出,对实施现有化合物和纳米颗粒的风险管理框架来说,现有数据严重不足。经过一个相对长期的停滞期,一些美国和国际上的政府机构已开始合作并且更积极地进行监管。他们主要的监管包括更多的数据收集工作、全球标准化和风险评估方面的合作,以便于监管部门制定政策,比如由经济合作与发展组织和国际标准化组织发起的数据收集项目和风险管理,就是一些比较好的范例。

在这里值得一提的是过去十年中许多重要的 nano-EHS 进展,即有关环境治理(4.6.1 节)、绿色化学(4.6.1 节)以及提高水和食品安全供给(4.6.1 和 4.6.3 节)的进展。

## 4.3　未来 5～10 年的目标、困难与解决方案

### 4.3.1　建立有效的 nano-EHS 筛选方法和统一方案,促进与纳米技术发展并行的标准化 ENM 风险评估

虽然对大批量生产的 ENM 毒理学筛选已取得一些进展,但仍然缺乏一个标准化的方法和草案,以评估和管理纳米 EHS 问题。这样就导致了许多矛盾的 ENM 危险性评估,甚至不可以重复。因此,对于如何最好地进行以 ENM 风险评估和监管为目的的毒理学筛选[17,46]有着相当大的争论。要想开发这样一种有效统一的筛选方案,一个主要障碍是没有足够的理论知识来阐明哪一种 ENM 理化性质与传输、暴露、计量计算和风险评估有关。另外,还存在一些其他问题,例如缺乏纳米材料分类的标准化命名、缺乏作为对照的标准的纳米材料、新材料新特性的快速引入,以及体外和体内试验能否组成一种最好且有效的方法来进行可靠预测筛选的争论[17,46,47]。为解决这些问题,本书将未来十年内可能出现的方案总结如下:

· 发展可靠的危险评估策略和方案,正确平衡体外体内试验、生物有关的筛选平台以及高通量方法。体外和体内试验对于获取危险材料特性知识非常重要[17,48-50]。分子和细胞水平的体内研究能促进相关知识的获取,但必须保持筛选与体内毒理学结果的相关性,确保筛选的可预见性[17]。这种连接建立了采用细胞和生物分子端点来收集主要筛选数据的相关性。当实验现象较少或机理研究很困难时,筛选数据可用在动物实验之前(图 4.2)。这种方法可以限制动物实验的程度、数量以及成本(4.8.1 节总结了体外筛选可以作为预测体外病理学或疾病的事例)。在设计体外细胞实验时,我们需要考虑以下情况:具有代表性细胞系的选择,细胞培养过程中细胞表型的保持及稳定性,恰当的单参数或多参数的响应跟踪,急性与慢性作用的报告,用以评估在剂量反应曲线线性区的致命和分级致命反应结果剂量使用范围,以及适应高含量和快速通量筛选方法进行快速收集危险数据的能力[46,51]。为了辅助这些筛选工作,我们需要发展并验证一种用于标准化检测的统一方案。例如 nano-EHS 统一国际联盟所做的相关工作(http://www.nanoehsalliance.org),在这里面一些国际知名的科学家努力建立并验证方案,以期将来在系列实验中用于代表性纳米颗粒的毒理学检测。不同实验室之间进行测试,旨在验证一些方案的可靠性和可重复性。目前我们还没有一个能够报告和追踪数据可靠性、重复性的数据库。反过来讲,假如没有测量误差、不确定性和灵敏性的定量观测,纳米材料的设计或纳米材料的 EHS 风险评估都是不可能实现的。

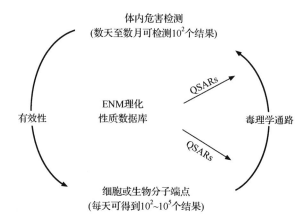

图 4.2　体外和体内试验在获取知识的差异表明,我们需要同时使用两种方法。另外,为了建立预测毒理学结果,验证体内生物分子活性也是必需的(由 A. Nel 提供)

•发展合适的 ENM 剂量测定方法,替代传统上的质量剂量、颗粒数、比表面积剂量。传统的化学剂量由生物体的摄入量来测定,而纳米粒子的剂量往往以暴露介质的添加量来计算,但其在概念上是不准确的。我们应该考虑损伤部位的生物活性剂量。要将 ENM 的毒理学特性与其造成损伤的理化性质相关联,关键是要考虑 ENM 的正电荷、表面活性、氧化还原活性、金属离子的释放、溶解化学和形态学变化、化学吸附的化学物质、稳定剂以及包裹剂的作用[12,36,52-54]。为了有效比较体外短期的机理观察和体内毒性、病理学之间的差异,作为相应的 ENM 暴露毒理学结果,我们必须在 ENM 剂量反应曲线的线性区进行剂量试验。例如,我们在肺动脉毒理学领域剂量评估方面取得了一些进展,包括基于非生物和生物氧自由基的细胞氧化应激梯级评估,以及基于支气管肺泡灌洗(BAL)中性粒细胞(PMN)细胞计数的肺部发炎与 SAD 的关联[52,53,55,56]。

•提高纳米材料显现、命运和转运示踪技术以及暴露评估。在环境、生物医学、生物体系统中,纳米材料跟踪、传感、检测和成像需要新的 ENM 尖端分析技术,这与纳米材料复杂设计技术相似。大气环境中的 ENM 检测和表征技术预计将会迅速发展,这与上面提到的检测工作场所中 CNT 的技术相似。工作场所中其他类型纳米颗粒的检测技术也将得到改进。本书第 4.4 节将会介绍一些新型高灵敏仪器的研究进展,这些仪器主要用来检测复杂生物环境中的 ENM;对农产品和污水处理系统等复杂环境中 ENM 的显现、传播、生物利用度的检测,其相关技术要求将在第 4.4 节和第 4.6 节中进行讨论。

•循环周期分析。分析 ENM 生产、使用和处理等整个价值链中能源消耗和材料使用,对于理解新兴纳米技术产业对整个环境的影响是非常必要的[57]。同样,我们评估纳米材料生产过程中产生的废物也是必需的,这其中包括纳米材料生产车间所产生的废物,以及传统的可能对环境系统造成新的影响的废物(参照 4.8.3 节)。对 ENM 循环周期评估应该从评估及预测纳米材料生产的价值链分析开始,对于预测纳米材料暴露定量估计,这样的分析是必需的。在评估潜在纳米材料暴露时需要确定几个重要因素:纳米材料在商业化产品中的存在形式,这些材料被释放到环境中的可能性,以及纳米颗粒可能发生的影响及其传输和潜在暴露的转换。

### 4.3.2 通过收集商业纳米产品数据、监管、相关决策制定,针对这些 EHS 研究来制定并逐步实施风险降低战略

对纳米材料的全面风险表征,其主要障碍是缺乏对 ENM 危害、命运和转运、剂量以及如何进行 ENM 暴露评估的相关知识[5]。因此针对于大多数 ENM 的成熟全面的风险管理策略,其合理方案难以实施。但是,为了降低认知风险,同时促进纳米技术被公众广泛接受,我们有必要利用现有的能力和纳米处理的基础设施开发安全的实施方案[5]。然后我们就能将风险降低方案告知社会各界和公众,同时也可以阻止纳米技术实施所带来的 EHS 未知不良后果。

工程纳米材料(NP)的风险评估和风险管理范例

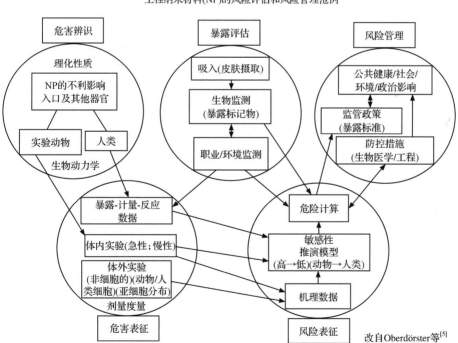

图 4.3　工程纳米颗粒的风险评估和风险管理范例(经 Oberdörster 等授权[5])

为管理 ENM 相关的风险,我们必须收集商业用途数据并公之于众,使 EHS 研究人员进行循环周期和风险分析[57]。这些信息包括商务链、数量以及商业用途中使用 ENM 的类型。虽然美国联邦和州政府机构(例如加利福尼亚州环保局)有权规定收集什么样的数据以及收集方法,促进 NNI 的协作,对于鼓励收集商用数据的政治意愿发挥着重要作用。世界各地的监管机构正在加紧填补有关商用纳米技术主要知识的数据,通过改变现有的法规或制定新的政策以利于数据收集。表 4.1 中列出了美国、加拿大、欧盟监管机构目前及未来的政策。特别值得注意的是美国 EPA 制定的重要新使用规则(SNUR),以及欧盟根据欧洲化学品管理局注册、评估和授权化学品调控政策(REACH)制定的关于将特殊纳米材料归类为"高度关注物质"(SVHC)的决定,这两个规则都为特殊纳米材料的使用制定了密切的监察和监管程序。

表 4.1　　美国、加拿大、欧盟监管机构目前及将来的政策

| 机构/法案 | 管辖范围 | 目前的立场 | 未来展望 |
| --- | --- | --- | --- |
| 美国国家环境保护局(EPA) | 美国 | TSCA 并不要求库存中 ENM 的注册和测试,但对含有新分子结构的 ENM,要求以新材料看待(如碳纳米管) | EPA 并没有将 ENM 标记为新的物质,而是正在使用一些法则,如 SNUR,来限制可能带来风险的特殊纳米材料的使用。TSCA 的改革正在考虑当中 |
| 美国食品药品监督管理局(FDA) | 美国 | FDA 认为其目前做法足以涵盖 NMs,但该机构将对提交数据提供指导,包括尺寸大小 | 最新的科学信息表明,目前某些 NMs 确实存在 EHS 风险。FDA 将逐个处理修定相关政策 |
| 美国消费品安全委员会(CPSC) | 美国 | 没有更多信息之前,CPSC 认为他们的 NMs 现行政策已足够 | CPSC 将考虑在逐案基础上根据证据进行修定 |
| 职业安全与健康管理局(OSHA) | 美国 | 没有更多信息之前,OSHA 认为他们的 NMs 现行政策已足够 | OSHA 将考虑在逐案基础上根据证据进行修定 |
| REACH(化学品注册、评估和授权法规) | 欧盟 | REACH 通过 CAS 登记号来辨识化学品,因此它是通过分子结构,而不是颗粒大小辨识 | 在新数据出现之前,欧盟委员会通过 REACH,利用类似 EPA 的 SNUR 法则,将具体 NMs 作为 SVHC 进行分类,以限制或禁止纳米材料的使用,来替代更具体的监管政策 |
| 加拿大环境保护法(CEPA) | 加拿大 | 2009 年,加拿大政府通过 CEPA 规定,涉及 ENM 的公司必须提交使用和毒理数据 | 2010 年进一步立法正在建立,要求告知 ENM 的行为、风险评估程序,并建立一个纳米技术和 ENM 公共库存 |

资料来源:经 FramingNano Governance Platform[58]许可。

危害和风险管理决策以及监管决策的制定能够推动纳米 EHS 的研究。目前为止,美国机构间的合作还没有促进风险研究和决策制定之间的有效结合。这种

脱节将使相关措施和战略不完全符合政策的需要。现在,个别机构正在尝试单独建立研究和决策之间的结合。同样,在机构间也需要进行类似的工作,以保证风险评估和基于证据的决策制定同时进行。最后,值得一提的是生物模拟实验(*in silico*)在风险等级和风险建模方法上可能做出贡献。

### 4.3.3　与相关知识的获取和决策的逐步制定配套,制定明确的纳米 EHS 监管战略

关于 ENM 的监管政策,目前还存在许多不同的国际利益者间的立场分歧(如表4.2),不同的立场大致分为决策者、商界、学术界和民间社会组织(CSO)。目前对于nano-EHS 监管,在美国还没有形成一个综合的战略,但似乎有从表 4.2 中第二行的立场转移到第三行所示立场的趋势,也就是说,ENM 规则向全面预防和积极道路转变。基于事实的决策是公认的最佳立场,但要达到这一目标还存在许多困难,缺乏相关知识,包括 ENM 危害、剂量、暴露,以及如何进行 ENM 暴露评估。

#### 表 4.2　世界范围内不同利益集团的 ENM 监管政策

| 立场/观点 | 政策制定者 | 商业 | 研究者 | CSO |
|---|---|---|---|---|
| 现有的监管政策是充分的。当科学证据提出修改必要时,监管架构将进行调整 | + | + | | |
| 在处理 N&N 时,需要制定具体规则和标准来支持现有的法规,但现行的监管政策大体上是充分的 | ++ | ++ | ++ | |
| 在确定高潜在风险的情况下,首要任务是为具体的N&N 在逐案基础上修定监管政策 | ++ | + | ++ | + |
| 现行的监管政策一点也不充分。纳米材料应该受到强制的、非特殊化的政策来监管 | | | | ++ |

资料来源:经 FramingNano Governance Platform[58]许可。

注:N&N,nanoscience and nanotechnology,纳米科学与技术。

对于一个理想的纳米监管程序,大多数利益集团可能认同以下几点[58]:

· 纳米技术的重大发展不能阻碍创新及商业增长;
· 纳米技术的监管和法规是一个需要不断适应的动态过程;
· 纳米材料的合理法规需要不断执行国家最先进的知识、方法和监测;
· 在一个动态变化的领域,及时处理不断产生的数据分歧和挑战;
· 为促进商业化,全球协议是必要的;
· 所有相关利益集团和感兴趣的公众必须致力于发展新的 ENM 政策和法规;
· 政府、工业界、学术界和公众之间的合作,对于发展事实监管所需的基础知识是非常重要的。

基于这些原则,也基于我们认识到在主要纳米 EHS 领域,知识的获取很可能是渐进的,未来十年我们的目标将是通过一条自适应、迭代的途径制定纳米监管政

策(图 4.4 左侧)。据此,我们应该确定当前所具备的知识和能力,利用目前已经到位的规章和管理基础,同时将数据收集和信息学成果相结合,并使所有利益相关者参与进来,使其变得更加有效。所有这些,随着知识库和现有能力的增加,可以通过调整和完善监督程序来完成。因此,短期的举措可以包括收集信息,在工作场所和实验室内实施安全条例,采用最优方法对具体 ENM 进行合理化的风险管理(例如对碳纳米管使用 NIOSH 指导原则),以及完善现行法规以获得更完整的产品信息(例如 SNUR 或 SVHC)。

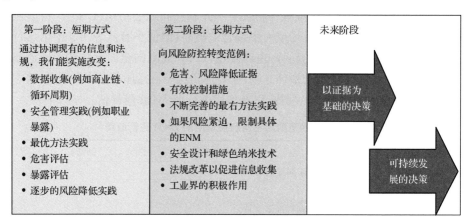

图 4.4　自适应迭代式制定纳米监管政策的一个例子,考虑了在我们目前框架和法规内可以完成的内容,以及更多的数据和信息出现时我们需要转向的目标。这可能指引我们向基于证据和基于可持续性的决策方式发展(由 A. Nel 提供)

　　长远来看,纳米监管政策的制定途径则应转变为一种风险预防范式(图 4.4 右侧),重点变为通过安全管理和最优方法的实行,利用危害、暴露、循环周期方面的数据,为减少风险提供保障。我们的长期目标应该是,利用高通量的性质-活性关系及计算分析中收集的信息,发展 ENM 的安全设计原则,并实现绿色生产。这可能最终演变成基于证据的决策和政策,促进可持续发展(参见第 6 章)。

### 4.3.4　发展计算分析方法,为纳米 EHS 风险评估和模型提供计算机建模

　　对于基于证据的纳米 EHS 决策制定来说,具有挑战性的困难包括环境和哺乳动物体系的复杂性,工程师在设计纳米材料时引入的大量变量,风险分析执行中的关键信息空白,纳米技术的迅速扩张,处理大型数据库能力的欠缺,以及用于编录设计纳米材料标准化命名系统的缺乏[17]。很显然,纳米 EHS 研究的基石是系统性的定量研究,这种研究可以为使用准确的预测性模型及可靠的模拟,提供资料和促进作用[59]。这些模型必须有效且严格地描述不同类型的纳米材料,包括它们的扩散以及与复杂环境和生物系统之间的相互作用。恰当地应用那些最终具备预

测能力的模型,可以使我们通过纳米技术的创新管线加快它的安全商品化。针对纳米-环境接口的模型能帮助工程师构建"安全设计(safe-by-design)"的纳米系统,也能成为公司设计和建立防控及废物处理策略,以尽可能减少纳米材料的暴露。对纳米材料的转运、纳米-生物界面发生的相互作用、循环周期分析和风险建模进行图形化和开放化的自适应定量模拟,能够提供目前无法从实验获得的信息。在细胞和发育生物学的前沿领域,已经有了对这种模型的概念,人们正在设计虚拟环境来模拟各种刺激下的复杂生物学反应[60]。

目前还没有类似于蛋白质数据银行(Protein Data Bank,PDB)的 ENM 数据库。PDB 可作为蛋白质结构的知识库,为已发表文献中提及的蛋白质的分子结构和构象建档,也可作为一个注释、保管以及确认这些结构的聚焦点。这样一个 ENM 结构数据库的建立是非常关键的。目前,对实验样品中纳米材料的结构差异,或这些差异对实验结果的影响还缺乏认识,ENM 结构与其理化、生物、毒理学和生物医学数据之间的关系在此基础上进行。一般情况下,纳米材料具有多分散性和多态性,因此在建模工作中可能有若干不同的亚类需要各自的结构模型。我们建立了结构纳米生物学联合中心 (Collaboratory for Structural Nanobiology,CSN,http://nanobiology.utalca.cl 或 http://nanobiology.ncifcrf.gov),它作为构造和验证分子模型的原型工具,从纳米技术各学科从业者处获得对知识库的现实需求,以及在纳米生物研究方面探索纳米颗粒数据的存储、检索和分析。

尽管计算模型可能需要训练,或输入已验证的实验数据,才能具有预测实际行为的价值,预测模型仍可在确定 ENM 特性对环境和结构改变的灵敏度方面大有作为。随着新的网络环境的出现,人们已经在开发一些关键数据库,比如 nano-HUB.org,以及美国国家癌症研究所的 caBIG(R)癌症综合研究纳米技术工作组(http://www.nanoehsalliance.org/index.php)。另一个利用机器-学习分析提供预测模型的例子,可参考由加州大学纳米技术环境影响研究中心(UC CEIN)开发的构架[61]。(这部分内容会在 4.8.2 节进行深入讨论。)

OECD 公布了一套用于监管的定量构效关系(quantitative structure-activity relationship,QSAR)模型的检验准则[62]。这些准则侧重于以下五个主要概念:

· 定义端点;
· 使用明确的算法;
· 定义适用域;
· 度量拟合优度、可靠性以及预测性;
· 尽可能解释模型的机理。

QASR 建模既需要计算结构和化学参数,也需要理化性质的大型实验数据库。相对于一般化学物质的 QSAR,纳米 QSAR 的概念仍处于发展的早期阶段[63]。鉴于分子结构的高差异性和多种不同作用机制的存在,其中一个可能的目标是对 ENM 分组并分别对单组建模。在每种情况下,都应对模型的适用域仔细验证。纳米 QSAR 的成功发展需要可靠的实验数据以及实验人员与纳米信息学界的共同努力。(纳米信息学所需的新功能、仪器及方法见第 4.4 节。)

### 4.3.5　发展高通量和高容量筛选方案,作为研究纳米材料毒性、危害分级、区分动物研究和纳米 QSAR 模型的优先次序,以及指导纳米材料的安全设计的通用工具

ENM 潜在危害评估的主要困难包括:大批量对纳米材料进行安全性筛选的能力不足,缺乏用于预测毒性的核心结构-活性关系数据,无法在一次实验中涵盖所有的潜在有害材料及其性质,难以对昂贵的动物实验进行优先度分级,不考虑总体亚致死和致死剂量响应参数而使用单一响应参数(如杀伤力)所带来的局限性。

高容量筛选能增进我们对细胞中生物学现象的认识并完善药物筛选途径,因此它是一种可能的解决方法[10-13]。最新的快速通量多参数细胞筛选已被证明是毒理学研究的重要方法。未来十年内的目标是开发和实施新的筛选工具以提高 ENM 危害分析的效率与速度。研究纳米生物界面造成合适的剂量依赖响应以用于高通量筛选,这方面还需要大量探索[51-55]。

高容量筛选的用途包括毒理学损伤途径、信号通路、细胞膜损伤、器官损伤、细胞凋亡和坏死途径、DNA 损伤、致突变性等方面的评估[17]。在基于快速通路的细胞筛选研究中,利用一个或多个上述终点,可以对不同大小、形状、分散性、带隙、表面电荷等材料性能分别进行生物响应测试,以建立纳米材料的性质-活性关系[12]。这就要求我们建立一个 ENM 库[61],包含待具体特性检测(概述于 4.8.2 节),以及基于微孔板的光学分析的方法(荧光、荧光偏振、时间分辨荧光、发光或吸收)。高通量和高容量筛选同样有助于确定有害的材料特性,以用于纳米材料合成的安全设计[12]。

目前针对 ENM 细胞毒性的数据,主要通过单信号读出筛选试验获得。其主要缺点是每个实验只对一种特定的毒性刺激产生一种特定反应,因而预见性有限。多参数筛选实验的使用可以为我们阐明相互关联的分子信号通路或生化现象[12],这样我们就能理解损伤发生的初始机制和时间序列信息。高通量筛选过程中获得的剂量-反应关系可用于评估危害的严重性(例如,是致死还是亚致死)。

作为一个独立的方法,细胞毒性筛选存在不少局限。而且一次细胞损伤的毒理学意义只有在它与完整组织及动物产生的不良生物效应关联时才能确定[46]。要想让体外筛选成为一个真正意义上的预测毒理学方法,体外损伤反应应当直接且明确地与体内损伤反应或不良健康影响关联。暴露的持续时间和强度(急性或慢性)也必须予以考虑。因此,体外筛选试验只是 ENM 安全性评估和检验所需的多个步骤之一。

### 4.3.6　改进用于治疗和诊断的纳米材料的安全性筛选和安全设计

纳米技术已在医学领域取得重要进展,而且正开始改造多种纳米药物的传统

组分(见第 7 章)。预期进展包括:经全身注射和局部植入设备来改善治疗药物分子的输送,开发适用于所有放射成像的造影剂,及在实验室诊断和筛查方法方面进行创新[64,65]。除改进现有的保健方法之外,作为实现个体化医疗[66]、再生医学,以及重新制定生物科学和医学基本原则关键环节的推动者,纳米技术还为真正的变革提供了机会[67]。

随着纳米药物和造影剂在临床上的广泛应用,纳米技术已渗入了整个现代医学[67]。从 1994 年批准第一个基于纳米技术的药物开始,2006 年仅在美国这个行业已经成长到 60 亿美元的市场。在使用过程会中,纳米器件会对人体造成直接或间接暴露,因此其安全性非常重要,并将受益于上文所述对引起毒性的纳米-生物相互作用的探索。目前纳米器件越来越多地用于给药、成像和治疗[68],而关于它们安全性的认识还相对较少。对于那些可能需要安全性测试程序、传统药物筛选中却没有的纳米尺度有害性质,我们仍然缺乏详细信息。不过,目前所有用于临床的基于纳米技术的治疗和成像试剂都已获得美国食品药品监督管理局(Food and Drug Administration,FDA)和世界范围内其他类似机构的批准。目前关于临床使用的纳米颗粒还没有不良反应报道。同样,也还没有文献证据显示临床使用的纳米颗粒会对从事纳米制造、运输、处理、存储、医疗管理和传播的工作人员产生健康危害或不良影响。因此,目前对纳米材料的安全设计的关注,大多源自对下一代纳米级药品和器械制造时可能会出现问题的假设。

将指导 ENM 在纳米医药中的使用的监管合理化是一个主要的挑战。FDA 当前的观点是对纳米结构药物、纳米颗粒显像剂和诊疗剂的监管不需要针对纳米尺度的特别考虑[69]。现已证明纳米药物的安全有效性是最重要的要求。而根据经验,纳米颗粒所运输的药物总体上比使用的 ENM 载体本身毒性更大(需要指出的是,无毒的化疗药物就像一把钝的外科手术刀一样,可能没有任何抗癌疗效)。因此或许可以说,我们的目标并非追求无毒,而是在对患者和社会产生的利弊之间取得平衡[70]。当前,监管部门对纳米材料的批准途径与对其他药物或造影剂相同,FDA 认为用作药物或试剂的完整纳米粒子应当作为一个整体测试,而不是单一成分的组合[71]。

一些消费者群体和非政府组织提出质疑:在对 ENM 性质及体内引起的反应缺乏认识的情况下,纳米疗法的监管是否充分? 基于纳米技术的生物医药发展迅速,未来也许会产生更复杂的生物医学纳米结构。FDA 在认识到风险的情况下,仍未采取任何具体行动监测 ENM 在食品和化妆品中的使用,进一步加剧了其不确定性。在允许任何医疗保健中使用的药品和医疗器械进入市场之前,FDA 都会确定其安全性;但另一方面,对于食品和化妆品,FDA 并没有要求其上市前取得授权的权力,而仅仅有监测其上市后的安全性并强制驱除不安全产品的权力。

FDA 现已开始考虑纳米颗粒药物的安全设计原则[69]。虽然目前的设计方法已经足够可以避免医学纳米颗粒不必要的安全风险,但在"纳米颗粒的合理设计"之类原则之下,新颖的设计范例正在崛起[72,73]。目前已经出现根据设计参数来评估纳米颗粒生物学特性的"设计图"。通过重新设计可以改变 ENM 的生物学特性,例如某些形状特征,它们能使圆盘形状的纳米颗粒选择性移动到血管中血流的边缘并牢固地黏附在血管内皮上,然后从一些血管窗状小孔处进入细胞。虽然这些方法主要是为了优化体内分布和治疗指数,我们同样期待它们成为用来促进纳米安全性的严格定量模拟实验的基石。另一类研究在世界范围内的许多实验室和产业中都在进行,它致力于发展"安全"的纳米载体,优化治疗和造影剂向身体特定部位的输送,然后原位或系统化地完全清除,不留下任何残余。本研究必须考虑体内的代谢和排泄途径。

### 4.3.7　针对逐渐增多的以功能化、嵌入式或复合材料形式引入的更复杂 ENM 的安全性评估思考

目前为止,危害和风险评估的工作还主要集中在基本的 ENM 上,例如纳米颗粒、纳米管、纳米纤维等。一些更复杂的复合材料、嵌入材料、杂化材料和功能材料逐渐被引入,这些新 ENM 使得我们必须调整研究方法,并且决定优先测试哪一种材料或商业产品。这些新型材料包括:作为"第二代"纳米材料引入的活性纳米结构,以及通过引导组装、分层组装、发展纳米复合物、无机有机杂化物得到的"第三和第四代材料"。除了目前 OECD 组织在高容量或高吨位基本材料方面的成果,预计未来十年内还将出现一些新材料,例如汽车催化剂中的铂金/钯纳米粒子、有机物修饰的无机纳米材料、纳米防护涂料、纳米增强材料、经设计的微结构、纳米复合材料、纳米增强金属、纳米/生物软凝聚材料等。危害和风险评估工具必须具备处理这些新型材料特性的方法和手段。这将使我们不仅需要评估商业产品和其中嵌入的纳米材料在出厂状态的情况,也要追踪它们在环境或人类居住场所中的分解产物,以及 ENM 的脱落或排放物。这就增加了其复杂性,涉及有关材料的使用数据收集、循环周期分析以及最终在环境中的处理。工业界将在数据的产生和对这些产品安全性的研究中发挥重要作用。这些数据对于定义潜在的暴露场所是非常重要的,它使危害和风险评估方法得到发展。例如可以使用环境中的生物群落进行沉积和老化研究,从高速公路附近收集从汽车轮胎上磨损或撕裂的微粒或车辆排放的废气,研究复合材料燃烧、侵蚀、研磨、砂光过程中释放的嵌入纳米材料,以及评估建筑材料中释放的纳米材料等。

## 4.4　科技基础设施需求

### 4.4.1　开发先进仪器和分析方法,作为复杂生物及环境体系中 ENM 更加有效、可靠的表征、评估及检测手段

相对来说,目前仍缺乏能在复杂的环境、农业或生物体系中直接获得纳米材料

的性质并达到足够的物理和化学灵敏度，及适用于实时监测或批量处理的技术。在复杂样品中快速、灵敏、准确地鉴定 ENM 的种类和含量的手段对于我们仍存在很大挑战，需要亟待解决。只有开发出新的、能够直接在"真实"的生物学环境和暴露环境中（例如组织切片、食品、环境样品、血液等）检测微量的 ENM 的表征手段，人们才能在纳米 EHS 研究中更好地从动力学角度评价纳米材料在生物界面上的相互作用[20]。下面列举了一些近年来新开发或正在开发的针对生物材料的表征手段：

· 使用扫描电子显微镜（scanning electron microscopy，SEM）和透射电子显微镜（transmission electron microscopy，TEM）追踪细胞或组织对 ENM 的摄入方面取得新进展。标准的 SEM 和 TEM 方法适用于高电子密度材料（如金属纳米颗粒）的成像，但不适于"软"材料如分枝形大分子、脂质体等。近年来已有数项成果提升了 TEM 观察纳米-生物界面的能力。目前 TEM 低温显微技术（TEM cryo-microscopy）已被用于对细胞内结构和未染色的生物分子的常规成像，该技术结合后续数据处理，可实现亚纳米级尺度上单个生物分子的形貌可视化，观察到 X 射线衍射无法测出的构象状态[74]。目前利用共心倾斜测角仪完成对纳米尺度生物空间的三维重构已经成为常规方法[75,76]。像差矫正 TE[A]M 仪器也已经开发并可使用透射（TEM）以及扫描透射（STEM）模式对亚埃级尺度上的纳米颗粒的体相和表面相边缘原子结构直接成像[76]。与能量过滤 TEM 相结合，STEM 给高对比度显示生物结构带来了希望[33,76]。另外，一代新的低电压电子显微镜正逐渐投入应用，它们具有可在低电压下对生物材料取得高对比度，以及可在同一台桌面仪器中包含多种模式（ED、SEM、TEM、STEM；参见 http：//www. lv-em. com）的优势。这一发展使得在野外或在施工现场使用电子显微镜成为可能。

· 提高大体积生物材料中分析纳米尺度颗粒的相关技术。其中包括关联显微技术（correlative microscopy），即使用光学技术识别目标后，将样品转入 TEM 仪器，在维持样品整体冷冻和水化状态的情况下自动取得目标高分辨图像[77-79]。还有一种使用双光束仪器的技术，即用离子束将生物材料切开，由 SEM 观察切面。将切割和记录过程自动化，经数据处理可以得到体相的断层摄像表征[80]。这种方法可被应用于对体相材料进行特异位点靶向全自动分析，材料的结构可通过其细胞成分的不同升华程度辨认。该技术已被用来在低温 TEM 中定向除去无伪影的冷冻组织薄膜[81]。

· 荧光成像新技术。荧光标记纳米颗粒以及相关成像技术（例如共聚焦显微镜）经常遇到标记物不稳定、理化性质改变、激光照射引发光致漂白等潜在问题的困扰。理想情况下，新的成像技术应当能在不造成结构损害的同时以纳米级分辨率实时观察到局部的纳米颗粒。最新进展，例如活体细胞共聚焦显微镜（live cell confocal microscopy），是研究纳米材料在细胞内的运动，如胞吞-胞吐作用、囊泡追踪、颗粒转运、胞核-胞质膜结构等的理想的高分辨成像工具[82]。

· 相干反斯托克斯拉曼散射（coherent anti-Stokes Raman scattering，CARS）

技术的发展使得拉曼光谱用于"化学显微镜",不需染料即可对细胞和细胞器的精细结构根据每一点的化学组成在三维空间内进行成像。例如宽频 CARS(broadband-CARS 或 B-CARS,参见 http://www. sciencedaily. com/releases/2010/10/101014121156. htm)和应用飞秒自适应光谱技术的 CARS(femtosecond adaptive spectroscopic techniques for CARS 或 FAST-CARS,参见 http://www. ncbi. nlm. nih. gov/pmc/articles/PMC123198/)。

• 表面增强拉曼散射光谱(surface-enhanced Raman scattering,SERS)。SERS 是另一种在细胞和活体动物生物成像中广泛应用的技术[83],它测量分子吸附到(如纳米结构的)金属表面后的增强的拉曼光谱。该技术的信号增强效应最多可达 $10^{15}$ 倍,可达到单分子检测灵敏度(如 PEG 修饰的金或银纳米颗粒)。近来利用放射标记的单壁碳纳米管(single-walled carbon nanotubes,SWCNTs)进行的肿瘤成像研究表明,SERS 可能是一种非常有前景的活体分子成像技术[24,84]。

同样,一些用于纳米材料与环境接触中的表面结构与动力学表征的新工具和新技术也随之出现:

• 液相色谱-大气压光电离质谱联用技术(liquid chromatography-atmospheric pressure photoionization-mass spectrometry,LC-APPI-MS)。该技术可用于测定电子亲和势为正值的 ENM 在水溶液中的浓度,检出灵敏度相对较低(如 0.15 pg $C_{60}$)。

• 光谱类技术。例如 X 射线吸收精细结构光谱(X-ray absorption fine structure,XAFS),它包括 X 射线吸收近边光谱(X-ray absorption near-edge spectroscopy,XANES)和广延 X 射线吸收精细结构光谱(extended X-ray absorption fine structure,EXAFS),可与电镜相配合用于测定无机 ENM 的局部原子结构并得到其化学构象。但这些方法往往需要配备同步辐射(synchrotron beamline),该设备过于昂贵,不适宜常规应用,且在多数情况下无法满足需要。

• 环境扫描电子显微镜(environmental scanning electron microscope,ESEM)。该技术与其他电子显微镜技术不同的是,它允许样品室内含有气体而非在真空条件下运行。ESEM 可以对含水样品成像,可用于检测环境中的纳米材料。由于只要气压大于 609 Pa,水在 0 ℃以上就会保持液态,因此含水样品可以使用该技术分析,而不能使用 SEM,因为后者会使得样品在真空条件下脱水。另外,非导电性的样品也无需经过 SEM 要求的预处理,如金薄层或碳薄层沉积等。

纳米技术领域的信息学建设则应整合网站和论坛建设,以增进各个阶段的合作,包括收集客户使用按实际情况配置的高级仪器的需求、仪器样机制作,以及合作开发新型仪器,这些仪器的开发可以使我们加深对纳米材料在生物环境中行为的了解。

### 4.4.2　开发应用于复杂预测建模的计算模型、算法和多学科资源

计算和预测建模对推动纳米 EHS 研究的重要性前文已有提及。这方面技术的发展需要比传统分析方法应用范围更广的全新计算工具,因为传统方法往往只

是针对特定条件下的单一材料。新的计算方法和工具将会实现风险预测（多种材料、不同用途及风险）、材料的结构-活性定量关系（quantitative structure-activity relationships，QSARs）建立、模糊逻辑、自学习、神经网络以及人工智能。一些重要的纳米信息学需求见表 4.3。

表 4.3　重要纳米信息学需求列表

| 数据收集与监护 | 探索、创新、交流及管理相关工具/方法 | 信息的社会共享 |
| --- | --- | --- |
| 实验室高通量数据收集的自动化实现 | 数据挖掘（data mining） | 定义并应对社会学问题 |
| 文献数据收集工具 | 机器学习（machine learning） | 消除教育和认知障碍 |
| 数据库和数据共享 | 可视化分析（visual analytics） | 确定并制定理性管理参数 |
| 追踪 ENM 数据的误差、不确定性和灵敏度 | | |
| 互用性（interoperability） | 语义检索和分析 | 制定使用条款 |
| 元数据标准（metadata standards） | 文献分析 | |
| 纳米材料性质数据 | 质量控制 | |
| 本体学（ontologies） | 标准制订 | |
| 分类学（taxonomies） | 开源 | |
| 开放存取（open access） | | |
| ENM 分子结构 | CSN | |
| 高级仪器 | | |
| 协作研究体（collaboratories） | 风险评估及纳米材料设计预测建模 | |

　　此外还需要一套系统的命名体系，将设计的纳米结构编码用于计算分析。目前还没有一个统一的命名体系，这给数据的解读带来了困难，也阻碍了对研究进展和风险的评估工作。国际纯粹与应用化学联合会（The International Union of Pure and Applied Chemistry，IUPAC）已经为有机、无机、生物和大分子化学领域制订了一套命名体系[85]，而化学文摘社（Chemical Abstracts Service，CAS）也制定了一套用于试剂和新物质的编目系统[86]。但这两个命名体系都不适用于纳米结构材料。一套基于纳米材料的构成和纳米尺度相关性质，如尺寸、形状、核/壳化学以及可溶性等的系统化命名体系对纳米 EHS 研究将会有非常大有意义。

## 4.4.3　通过跨学科教育和训练发展研究人员，尤其是在研究方向集中的纳米 EHS 领域

　　据估计，2009 年纳米科技产品市场规模约为 2 540 亿美元，预计 2015 年将增

长到 2.5 万亿美元(Lux[87])。为维持这一领域的竞争力并尽可能从中获益,需要增加对不同纳米科技产品开发与生产相关部门工作人员。与许多其他前沿科技领域一样,纳米科技的未来不可避免地依赖于跨学科教育和训练。例如,为了创造新的应用于医药的"智能"纳米材料,相关研究人员不仅需要通晓材料学、化学和物理学知识,还同样应该熟悉生命科学、生理学、药学和工程领域。

NSF 在建立一套多学科研究人员和工程师培养流程方面起着至关重要的作用。该机构主办的多个项目,包括纳米科学与工程教育(Nanoscale Science and Engineering Education,NSEE)、纳米科技本科教育(Nanotechnology Undergraduate Education,NUE)、教师研究经验(Research Experience for Teachers,RET)和本科生研究经验(Research Experience for Undergraduates,REU)项目,能够使纳米科技领域的教育模块得到发展。这些教育模块的应用条件很宽泛,从 K-12 到本科生教育领域,因此能够对很大范围的社会人群所受教育产生影响。美国国立卫生研究院(National Institutes of Health,NIH)有针对新兴科技的 T32 和 R25 研究训练/教育资助项目,这些项目对纳米科技相关的跨学科本科教育,与多项目负责人机制的应用有着类似的作用。针对跨学科教育项目(如 NSF 的研究生综合性教育与研究训练)和跨学科研究机构(如美国国立癌症研究院的癌症纳米技术研究中心、NSF 的纳米科学与工程中心)的资助,对于实现单个研究者所不能实现的跨学科纳米科技教育和训练来说是至关重要的。

这些跨学科教育和训练对于我们应对纳米 EHS 作为新兴领域提出的一系列重要挑战是非常必要的。在短期层面,制定 ENM 的安全使用条例需要工业卫生和公众健康方面的研究者和从业者的同时参与。要想将这些实践工作扩散到研发或者使用纳米材料的科学家和工程师群体中去,不仅要求工业卫生专家和纳米科学方面的科学家和工程师通力合作,还需要教育领域成员的加入。与此类似,在发展风险管理以及合适的纳米 EHS 政策和管理策略方面,除了需要纳米科学共同体内部的科学家参与之外,还需要 EHS、风险管理、公共政策和法律方面的人员的帮助。目前美国正在对毒性相关法规进行全面复查,因此对这种交叉合作方面的投入,不但可使纳米科技领域内部稳步增长,同时也为有毒物质相关政策方面的决策制定提供信息。

而在长远层面,我们的发展将比风险管理走得更远,向一种包含了本身更加安全的设计以及更高的可预测性这些概念的风险预防策略推进。这样的发展将会研究出用于关联 ENM 理化性质与它们的生物及环境效应的最佳模型,以及基于这些模型的实用决策方法。这些方法的建立需要各方面的协作研究以及多个学科之间的数据收集工作。在推动这一进程方面,受 NSF 和 EPA 资助[61,88],由加州大学洛杉矶分校(University of California,Los Angeles;UCLA)和杜克大学(Duke University)合作的纳米科技的环境考量研究中心(Centers for Environmental Implications of Nanotechnology)将会扮演十分重要的角色(UC CEIN 的多学科研究总结详见 4.8.2 节)。

# 4.5　研发投资与实施策略

## 4.5.1　加强工业界对纳米 EHS 研发资助方面的作用

在纳米 EHS 研究的早期探索和酝酿阶段,需要充足的联邦资助。但私有产业也同样应该成为纳米 EHS 研究的资助来源,因为相关知识的实践将会改进这些领域的产品并提升它们的商业价值。其中工业界作为我们在标准化测试的建立和安全纳米材料开发方面的合作伙伴,负有特殊的责任。而且,纳米 EHS 研究对新的基于纳米科技的绿色科技、环境净化策略的产生,以及它们自身的商业价值也会有很大贡献。为了可持续性发展,对纳米 EHS 的资助应该视为产品设计和制造过程的一部分来落实,而不是看为后追加措施、安全条例,或强制性清洁开销。

## 4.5.2　加强美国联邦对建设研究 ENM 毒性所需的公共基本设施的关注

当下的一个关键问题是美国联邦政府对纳米 EHS 的支持是否已经足以使我们建立具有安全实现纳米科技的能力。在 2006～2010 年间,EHS 经费约占纳米科技领域的全部联邦经费的 2.8%～5.4%。2011 财年的联邦预算中,预计有 18 亿美元将用于纳米科技领域,其中 1.17 亿(6.6%)被指定资助 EHS 相关的研究。现在还不能确定这一配额是否足以满足所有研究和认知方面的需要,包括新方法开发、候选材料协作筛选、数据收集、模型开发、风险评估和有效的末期商业化。我们还应考虑到,一部分过去分配给纳米 EHS 的联邦经费是面向常规的 ENM 表征、方法开发及测试的,而非针对纳米材料毒理学的研究。对于食品、农产品和工业过程(如涂装)中 ENM 的健康效应的深入研究与分析,目前的资助还非常有限。其他需要资助的还包括应对纳米 EHS 多样化分析需求所需的基础科技与新型仪器。仪器和方法方面的需求在此前的章节已经涉及,但此处我们还要特别强调对公用设施的需求,在这方面,工业界、学术界和政府应该协同帮助纳米 EHS 的研究工作。虽然一些实验室和学术机构拥有非常好的基础设施和设备来开展一般或应用方面的纳米科技研究,但是目前纳米 EHS 研究方面还没有任何公用的设施,因此也不存在或几乎不存在任何知识和方案的转化。这就造成了缺乏合作和公开的问题,使得一些产业(如食品和化妆品工业)内部对纳米 EHS 做出的努力了解非常少。而且,在食品和农业领域的研究中,需要研究的材料通常“不干净”,需要专门设备用于成分分析以及更复杂的检测系统。

### 4.5.3　促进纳米 EHS 研发中的跨界合作

　　促进学术界、政界和工业界之间的合作伙伴关系,对于纳米科技新成果的成功创造、设计、发展、溢价回收(value capture)和争取公众的广泛接受都是必不可少的。这些伙伴关系除了获取知识之外,对于需求导向的认识,实现投资选择也起着非常重要的作用。我们需要组织对话来克服目前工业界对纳米 EHS 研究工作不积极的态度,尤其是在战略项目发展中的形成阶段。考察那些参与提升纳米科技发展安全性的工业部门和团体(例子见 4.8.4 节)所做的努力,以及其他工业部门和产业在工业调查中选择不参与的原因,可能在这个方面有所帮助。目前,调查中浮现的重要问题有:缺乏标准化的 ENM 筛选方案、监管环境不确定性;引发不必要的监视、成本效益因素,以及公共认识。工业界应当看到政府和大学正在积极听取并应对他们的这些担忧。

　　我们只能在信息不对等的情况下加大对基于纳米科技产品的管理力度,同时建立私有-公共伙伴关系以改变目前对话的进程也是非常急需的。最好的研发伙伴关系应该同时涉及政府、工业界和学术界,每一部分都各尽所长。理想情况下收集关于纳米科技在商品和工业品中的安全使用的数据,应当属于各方面的共识而无须单方的强调。工业界现在仍然可能担心泄露商业机密而隐藏手中的数据,但继续采取不愿信息共享的态度可能会造成环境相关法律法规的修改,成为强制措施要求公开,这对增进合作和信任并无好处。这种可能性已经在英国现出端倪,该国上议院最近建议[89],在食品中使用 ENM 的问题上的不合作行为可以作为将相应食品逐出市场的理由。

　　图 4.5 中设计的纳米信息金字塔举例说明了产品信息公开的可能过程。从图上可见,信息公开的最低一级包括大范围的用于登记和编录的物质信息收集,这些信息在下一级转化为化学品安全说明(material substance data sheets,MSDS),交由生产方、加工方、回收方使用。根据物质风险等级的不同,在第二级可能会要求产品插页或标识提供关于产品危害、安全使用、处置和回收的明确信息[3]。另一个方案是采用激励制度,主动与政府机构和学术界合作公开纳米 EHS 数据的产品将会比不提供任何安全信息的产品更容易获得安全档案,从而也更容易进入市场。将公共与私有研究成果相结合也会有助于体外和体内安全评估方案的开发、优化和验证,特别是建立食品、药品以及化妆品安全方面的纳米 EHS 共识,需要工业界持续不断地参与和政府在政策制定方面的协助。

　　私有-公共伙伴关系对于发展研究所有风险和危害、生产更安全的基于纳米科技的产品所必需的高通量方法、性质-活性相关性,以及计算方法同样会有帮助。这不仅将改善发展的可持续性,而且还能够制造一系列更高质量的产品,来回报在纳米安全领域的前期投资。如果我们早日建立这样的跨界合作,使得这些专项经费成为纳

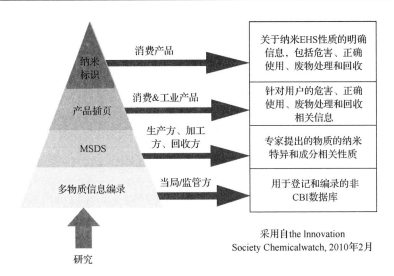

图 4.5 图中的纳米信息金字塔说明了政府、学术界和工业界之间的信息
分步共享过程（由 Widmer 提供[90]）

米科技发展事业不可分割的一部分，这样必将为工业界参与纳米 EHS 研发提供一个先行的、强大的激励。4.8.4 节突出列举了一些私有-公共合作的成功范例。

# 4.6　总结与优先领域

### 4.6.1　纳米科技在促进环境治理和可持续发展中的作用，包括绿色制造业

纳米材料在未来用于环境治理，或作为活性转化试剂、传感器和检测器方面具有潜在的应用价值。例如，铁纳米颗粒作为强效还原剂，可作为吸附剂用于清除土壤和地下水中的氧化污染物。纳米材料和纳米器件可以用来制备成具有高级传感器、监测器、有毒化学品表面吸附的新型过滤膜，以用于污染物的防控[91,92]。几个优秀的范例包括：

· 使用天然和人造纳米结构陶瓷和分子筛，过滤空气中或水中的有害化合物；

· 利用零价铁的还原性和纳米 $TiO_2$、分子筛、纳米磁铁或枝状分子的吸附作用，脱氯还原除去地下水中的三氯乙烯（trichloroethylene，TCE），以及还原固定并除去地下水中的六价铬（$Cr(VI)$ 或 $Cr^{6+}$）；

· 使用含有银/分子筛或光敏纳米材料的高分子薄膜改善水中的生物结垢现象而无需生物杀伤剂。

除了环境治理之外，ENM 还有助于满足日渐增加的对接入点水处理和再利用的需求。分散水处理和再利用方面的进展能够减少对大型设施的依赖，避免水

质在水管网络中的恶化,并为日益增长的人口开发新的用水来源(例如回收水),并减少能耗。未来的城市系统将会越来越多地依赖于高效的、由纳米科技实现的、水质监测、处理和再利用系统,这些系统适用于广谱水污染物,价格适宜,便于操作,并且帮助人们向可持续城市用水管理的终极目标——零排放逼近。一些可能实现这一前景的纳米材料列于表 4.4。

表 4.4  纳米材料在水处理和再利用中的可能应用举例

| 具有潜力的 ENM 材料的性质 | 可实现的技术举例 |
| --- | --- |
| 大的比表面积 | 更优越的吸附剂,不可逆的高吸附容量(如纳米磁铁用于除砷及其他重金属) |
| 较高的催化性质 | 超级催化剂,用于深度氧化(基于 $TiO_2$ 和富勒烯的光催化剂)和还原加工(Pd/Au 用于 TCE 脱氯) |
| 抗菌性 | 无有害副产物杀菌(如 $TiO_2$ 和富勒烯衍生物增强的紫外和日光杀菌) |
| 多功能(抗菌、催化等) | 抗垢(自清洁)功能化滤膜,可使病毒、真菌、细菌灭活并破坏有机污染物 |
| 表面自组装 | 水管和储水系统的表面结构,减少细菌附着、生物薄膜形成和表面腐蚀 |
| 高导电性 | 新型电极,用于电容性离电(电吸附)和低造价、高能效的咸水淡化 |
| 荧光特性 | 高灵敏度传感器,用于检测病原体和其他重要污染物 |

绿色纳米科学追求主动地创立和应用设计规则,来发展更绿色的纳米材料和生产指定组成、结构和纯度的纳米材料的有效且可重复的合成策略[19]。这样绿色纳米科学就与大家所熟知的 12 条关于纳米材料的设计、生产和使用中的绿色化学规则相结合(表 4.5)。

表 4.5  应用绿色化学规则实现绿色纳米科学

| 绿色化学规则 | 设计更绿色的纳米材料及材料生产方法 | 实现绿色纳米科学 |
| --- | --- | --- |
| 1. 避免浪费<br>2. 原子经济 | 设计更安全的纳米材料(4,12) | 确定纳米颗粒尺寸、表面积、表面官能团的生物效应;运用这些知识设计具有所需物理性质的高效的安全材料;避免在纳米颗粒组成中加入有毒成分 |
| 3. 更无害的化学合成<br>4. 设计更安全的纳米材料 | 在设计时减小环境效应(7,10) | 研究纳米材料在环境中的降解和命运;设计能降解为无害亚单位的材料。一个重要的原则是避免在纳米颗粒形成过程中使用有害的元素;使用无害、基于生物的原材料可能是问题关键 |
| 5. 更安全的溶剂/反应介质<br>6. 设计时提高能效 | 设计时减少废料(1,5,8) | 去除大量消耗溶剂的纯化步骤,改用选择性纳米合成(产物纯度和纳米不均一性提高);发展新的纯化方法(如:纳米过滤)以尽可能减少溶剂消耗,采用自底向上的途径提高材料效率,削减步骤 |

| 绿色化学规则 | 设计更绿色的纳米材料及材料生产方法 | 实现绿色纳米科学 |
|---|---|---|
| 7. 可更新的原材料<br>8. 减少派生产物 | 设计时关注过程安全性(3,5,7,12) | 设计并发展更先进的合成方法,比原初制备方法更多地使用温和试剂和溶剂;可能的话更多地使用来自可再生的温和原料;如果可能,找到剧毒和可自燃试剂的替代品 |
| 9. 催化<br>10. 设计时关注降解:为生命周期的结束而设计 | 设计时追求材料效率(2,5,9,11) | 设计新的、简捷的合成方案;用自底向上途径优化原材料加入产品的过程;使用其他反应介质和催化剂提高反应选择性;发展实时监测,用于指导控制复杂的纳米颗粒合成过程 |
| 11. 实时监测和过程控制<br>12. 固有安全性 | 设计时追求能量效率(6,9,11) | 寻找能够在常温而非高温下进行的高效合成途径;使用能在常温附近使用的非共价和自底向上组装方法;使用实时监测优化反应化学并使能耗最小化 |

资料来源:Anastas 和 Warner[93](已由牛津大学出版社许可)

表 4.5 简要列举了所有规则,包括设计更绿色的纳米材料和材料生产方法的途径,和这些途径用于实现绿色纳米科学的方式举例。括号内数字代表规则编号[19]。

绿色纳米材料/加工可以取代那些危险的材料或者已经证明具有高风险的加工过程。利用纳米科技的生产过程很可能更有效利用材料并减少能量需求,从而减少对环境的影响。但在原子层面建立有序结构带来的熵增代价给我们从应用 ENM 解决环境问题中获益造成了障碍。例如,在清除含氧阴离子时,使用纳米氧化铁,相比常规的氯化铁所带来的理论吸附效率提升还远远不及所需的能量投入以及其他相关成本。

### 4.6.2　安全设计方法促进纳米技术的可持续发展

对纳米材料安全设计方面的认识,正在促进纳米 EHS 领域在设计与发展阶段提前思考纳米技术可能的前瞻性特殊应用,而不是被动地等待该技术成熟并已利用后再去考虑其影响[19,20]。对有害纳米材料性质的了解是对生物与生命周期角度进行安全设计的基本要求。目前尚无单一的设计特征符合这一描述,也可能有助于该领域的方法正在鉴定过程中。需要重点指出的是,重新设计具有某些特征的材料可能会影响其本身的性能(如导电性、导热性或磁性),而这些性能对于技术或产品的发展是必需的。因此,在合理考虑对产品性能的潜在影响时,可能需要权衡利弊。

关注 ENM 的暴露控制,而非抑制导致其毒性的固有反应,也许是一种有益的折中策略[20]。因此,利用适当的表面修饰来降低材料生物利用度或迁移率,是降低风险中值得考虑的方案。现代化学工业已证实,一些物质能够通过重新设计而成为更安全、更绿色,且依然有效的产品[19]。非常好的实例包括在环境中会引发大量泡沫的支链烷基苯磺酸盐表面活性剂,可用生物可降解的线形同系物来代替[94]。因此,辨别导致 ENM 有害性的关键功能和理化性质是至关重要的,然后重新设计这些特性以获得更加安全的产品。

　　另一种降低 ENM 毒性的方法是利用纳米颗粒在天然和生物培养基中的聚集特性,该特性可自然降低其生物利用度和可能的生物反应[20]。胶体稳定剂在一定条件下可降解,从而保证 ENM 在起始合成的分散,但其分散性会发生程序性丧失,并引起纳米材料的聚集,从而调控其纳米特性。表面修饰是通过降低未预期的生物反应来提高纳米颗粒安全性的一种设计。例如,化妆品(如防晒霜)中的 $TiO_2$、ZnO 和 $Fe_2O_3$ 纳米颗粒,经常在它们的表面包被疏水性聚合物(如聚甲基乙烯醚/马来酸)以降低其与人类皮肤的直接接触[95]。用聚天冬氨酸包被纳米尺度的零价铁(nanoscale zero-valent iron, NZVI),不仅可防止颗粒聚集以增强纳米颗粒在受污染地下水中的迁移率,使其容易接触到,并脱氯还原水中的三氯乙烯,另外也降低了 NZVI 对原生细菌的毒性,增加了它们在清洁过程中可能的协同作用[96,97]。这也说明人工修饰与天然包被(如溶解的天然有机物)同样能够用于降低纳米材料的毒性,并能够改变对微生物生态系统的影响。

　　此方法的延伸是使用多聚物和去污剂进行表面修饰,通过空间位阻减少真核细胞接触并摄取纳米颗粒。很多这样的表面修饰剂在环境中是不稳定的或可降解的。如果表面修饰脱落后,材料无法经聚集而有效地从系统中清除,那么最初无毒的材料就可能在此时表现出毒性。因此增强表面修饰剂的稳定性或在原始设计中防止其可能造成有害的生物反应也将成为设计的重点之一。带有保护性外壳的纳米颗粒(核-壳体系)也能够减少有毒离子的溶解和释放[98],同时还为防止不必要的细胞摄取提供了物理屏障。非常好的外壳材料可以是一些生物相容的有机或无机物质,如 $PEG-SiO_2$、金和生物相容聚合物[99]。

　　通过材料掺杂,也可以改变材料溶解速率并防止金属离子泄漏(如向 ZnO 中掺杂 $Fe_3O_4$ 可降低其在细胞和斑马鱼中的毒性)[12,20]。表面电荷修饰是另一种降低纳米颗粒毒性的方法[100,101]。例如在金纳米棒表面逐层包被多聚电解质,可改变其表面电荷和功能团,降低细胞摄取量。对于生物持久性纤维材料(如碳纳米管)的安全设计,充分考虑其长宽比、疏水性和硬度是十分重要的[26]。对较短($<5\mu m$)的多壁碳纳米管(multiwalled carbon nanotubes, MWCNTs)进行化学功能化修饰可使其在生理培养基中保持稳定的分散度,以安全地用作成像剂和药物输运载体[32]。利用小的亲水性基团修饰也可提高安全性,实现稳定分散度和高外排速率[32]。因此,根据用途、化学过程、设计和材料性质不同,纳米材料的表面修

布和表面特性能够产生各种不同的性质,可以增加或减少某些类型的暴露。辨别纳米材料有益和有害的具体作用及可能的风险,并利用安全设计原则实现这些作用同时降低风险,是本策略中具有吸引力的目标。

最后,我们还应该考虑纳米材料的处理、在循环周期中的命运,以及遏制政策。一些重点研究领域可以为生态设计与处理 ENM 提供信息。要了解纳米材料因偶然或意外释放而造成的潜在影响,并评估纳米材料的防控、处理技术需求,我们首先需要了解材料的来源及其在各种环境中的潜在排放规模(包括在商业产品的整个循环周期中泄漏的纳米材料)[94]。这需要有一份目录,详细记录在指定空间区域内使用的纳米材料的数量及其在区域间可能的流转情况。从点来源以及非点来源进入环境的纳米材料,其潜在流量定量问题都需要重点考虑。为实现这一目标,我们需要开发合适的分析方法,并找到可用于检测纳米材料在环境中存在或污染的标记物。

此外,纳米材料废弃物有可能进入环保基础设施,如污水处理装置、空气过滤器、袋式除尘器,以及垃圾填埋场衬板。目前尚不清楚纳米材料的意外或有意释放会如何影响这些装置的运转(如对活性污泥中重要益生菌的毒性),也不清楚这些屏蔽技术(如垃圾填埋场衬板)在拦截和吸收纳米材料方面的效率如何。充分认识纳米材料从其循环周期的不同阶段到废物处理系统的流动情况将是重点研究该主题的基础。一项在该领域有影响力的研究详见 4.8.3 节。纳米材料在诸多产品的广泛应用要归因于它们的独特性能,这些特性也令它们的可循环性面临挑战。我们需要具体的指导方案,可能还有产品标识,来强调更安全、更负责地处理与回收含纳米材料的废弃产品。

### 4.6.3　纳米技术在农业和食品中的作用,包括加强食品安全以及证明食品中纳米材料的安全性

纳米技术在建立更安全的食品体系中具有重要作用[102-105]。从生产到消费的每个节点上,纳米技术的应用都可能并将影响食品供应链[106]。尽管在过去的五到六年中,纳米技术在农业和食品体系是一门相对较新的技术,对该领域的推动作用和技术影响还比较有限,但一些农业食品部门也已经取得了一些可喜的成果,详见"第 5 章　纳米技术与可持续发展:环境、水、粮食、矿产和气候"。从食品角度来看,纳米技术可提供大量技术支持,包括:

· 碳纳米管和表面增强拉曼散射(SERS)纳米传感器阵列可检测病原菌、毒素和细菌的存在,并有效消除它们的有害作用,从而保证食品供应的安全;

· 可食用的纳米传感器能够监测食品质量与安全;

· DNA 编码技术是一种简单又廉价的检验食品中细菌和其他病原体的方法;

· 新型生物传感器可检测禽流感病毒;

· 纳米传感设计可用于提高食品的包装安全性、新鲜程度和保质期。

为了促进和扩大纳米技术在粮食和农业中的作用,必须解决进入食物链的纳米材料自身安全性问题,同时向公众阐明纳米技术在该领域应用的益处。除了对可能出现的新型"纳米制造"或"纳米监控"食品健康与安全问题的担忧,在一些非政府组织间还存在着对更宽泛的社会和伦理问题的关注。其中的一个担忧是纳米技术将集中于跨国公司,这可能会影响到穷人的生计。健康和安全,以及对农业基础设施的影响,是目前受到高度关注并存在诸多争议的部分,在过去一些新兴技术出现时也曾经发生过类似的问题和担忧。

一部分公众质疑会受到一些因素的影响,诸如对新风险的担忧、对监管过程的信任或不信任,以及对广泛的社会和伦理问题的担忧等。最近,由英国上议院[89]进行的一项研究,在建立公众的信心和信任方面提供了如下建议:①应该增加对纳米材料的毒性,特别是摄入纳米材料的风险方面的研究;②在食品法规中添加纳米材料的定义,以确保所有因其小尺度而与机体的相互作用发生变化的纳米材料,均在准许投放市场前接受风险评估;③食品监管部门和食品工业部门应合作发展,建立正在开发中的纳米材料的信息数据库,用于预估未来风险需求;④食品监管机构应建立并维护进入市场的含纳米材料产品目录,以提高监管的透明度。

认知风险及社会伦理方面的担忧问题可以通过以下一系列步骤处理:①建立科学家、工程师、农民、食品加工和制造商、感兴趣的非政府组织、政府机构和消费者的广泛联盟,参与到能促进各方面达成共识和制定议程的讨论中去;②发展与FDA 和 EPA 的全面互动,讨论一些法规的必要性;③发展公私伙伴关系,促进农业和食品公司与大学、美国农业部、EPA 和 FDA 的互动;④为公众提供更多参与开放论坛的机会,使他们更好地理解关注与受益。

### 4.6.4　已确定为今后十年首要任务的关键问题

· 建立有效的 nano-EHS 筛选方法和协调方案,在与纳米技术发展相适应的水平上,促进标准化的 ENM 风险评估;

· 争取工业界和非政府组织对纳米 EHS 的积极参与,包括在危害和风险评估、循环周期分析、用于评估暴露场景的非机密性产品信息公开,利用纳米材料的性质-活性关系实现基于产品循环周期策略的安全设计;

· 引入环境友好的纳米制造方法,利用纳米技术代替对人类健康和环境具有不利影响的常规程序、化合物和产品;

· 通过纳米 EHS 研究、商业纳米产品数据收集和新的决策方法,发展可逐步实现的风险降低策略。

· 作为新计划开发中不可缺少的部分,开发高通量分析方法、纳米信息学以及计算机决策方法,帮助模拟和预测纳米材料的危害、进行风险评估以及安全设计等米材料；

　　• 为纳米 EHS 管理建立明确的策略，该策略应同时考虑知识收集以及逐步决策，以最终实现基于事实且促进可持续发展的决策。

## 4.7　更广泛的社会影响

　　虽然学术界、工业界和政府处理的是实际的风险问题，公众更倾向于对未经证实的认知风险产生疑虑，而且他们的观点往往被来自大众新闻媒体和非政府组织缺乏实质内容的报道所左右[107]。只要纳米 EHS 数据存在不足，即使缺乏证据，认知风险的威胁也将持续存在，并可能阻碍市场和技术的发展。非政府组织正在不断督促更详细的法规出台（表 4.2），自然资源保护委员会和地球之友组织等方面则一直主张应该强制执行数据收集程序。因此，学术界、工业界和政府面临的一个关键问题，是如何有效与公众沟通、向公众传递信息并使其参与到有关纳米技术带来的益处、潜在风险以及为确保技术安全正在采取的措施的对话中来。由于纳米科学和纳米技术的复杂性和跨学科性，知识传递和公众教育尚未得到有效开展，目前正亟待关注。沟通和公众教育策略将在第 12 章中讨论。

　　含有基于纳米技术成分的普通消费产品，其安全问题与认知风险密切相关，这些产品包括防晒霜、肥皂、牙膏、服装、食品和化妆品①。对这些产品所含纳米材料的公开需要更大的透明度，包括纳米材料的添加和使用如何能够改善产品质量，及其组成和配方的具体技术数据。由于认知风险，一些有关纳米技术产品的信息被故意隐瞒而未予公开，从长远看来，这些做法可能会对公信力、透明度、公众心中的认识和形象产生负面作用。对于纳米信息金字塔，另外一些主动的建议，如经过仔细斟酌后提供添加说明书或标签的可能，有助于消除这种疑虑（图 4.5）。另外，纳米技术能够在促进食品安全、整治环境、开发更好的医学疗法和改进产品方面发挥重要的作用，向公众解释这些也是非常关键。

## 4.8　研究成果与模式转变实例

### 4.8.1　建立体外危害评估与整体动物体内损伤相关性的典型预测毒理学范例

　　联系人：André Nel，加利福尼亚大学洛杉矶分校（UCLA）
　　美国国家毒理学计划以及国家科学院（NAS）的国家研究委员会（NRC）提出，

----

　　①　对于具体的基于纳米技术产品的例子，请见新兴纳米技术项目（Project for Emerging Nanotechnologies，PEN）消费产品目录（http://www.nanotechproject.org/inventories/consumer）。

21 世纪的毒理学研究,已经主要由疾病特异性模式水平的检测发展到了主要集中于靶向特异性、生物学机制检测研究的预测科学模式[8,18]。预测毒理学可以尽可能早地确定和排除不利安全的新药候选药物的关键,是药物成功开发的重要工具[108]。最近,预测毒理学已被使用到工业化学品毒性,同时也与 ENM 的危险性评估相关[109]。例如,ENM 的危险性筛选的预测毒理学方法能够通过细胞和分子水平损伤评估的方式,来预测体内有害的生物学效应和健康效应[12,17,49,52,53]。这种机械论研究方法可以在大气颗粒物暴露的健康效应的研究中[36,110,111]体现出来。如小尺寸、大表面积,以及具有氧化还原特性的有机化合物和过渡金属等环境超细颗粒物(UFP)的物理化学性质,在靶细胞(如巨噬细胞、上皮细胞、内皮细胞和树突细胞)的颗粒促炎效应研究中是可以通过仪器来检测的[112]。这些颗粒在肺和心血管系统中具有相似的效应,它们在炎症疾病(如呼吸道过敏性炎症和动脉粥样硬化)的发病机理中可能扮演着重要角色。

尽管 ENM 人群暴露并未导致确定的疾病出现[113],但是,大量的研究已经表明细胞水平的毒理学效应与整体动物水平的器官损伤具有相关性。Becher 等[114]的研究结果显示石质颗粒(如石英、长石和霰棱石等)对巨噬细胞和上皮细胞的促炎效应(细胞因子 IL-6、TNF-α 和 MIP-2),与大鼠肺产生中性粒细胞(PMN)炎症的能力具有高度相关性。Sayes 等[47]在比较羰基铁、结晶 $SiO_2$、无定形 $SiO_2$、nano-ZnO 和细颗粒 ZnO 的剂量-效应研究中,并未得到体内结果和细胞效应之间相关性的证据。这项实验中,对大鼠肺上皮细胞和肺泡巨噬细胞内的乳酸脱氢酶(LDH)释放量、代谢活性(MTT 试验)和细胞因子(IL-6、TNF-α 和 MIP-2),与大鼠支气管肺泡灌洗液(BAL)中的 PMN 计数或 LDH 值进行了对比检测。然而,Rushton 等[49]经过对之前数据重新进行分析,结果显示如果颗粒团聚成 SAD,确实具有阳性相关性,并且在剂量-效应曲线最陡峰处进行了分析。重新分析图线显示细胞中 MIP-2 的水平与肺脏中 PMN 的响应以及细胞中 LDH 的释放与 BAL 中的 PMN 响应都具有良好的相关性。

表面积归一化效应可能用于体外/体内预测。Oberdörster 实验室[49]通过对不含细胞与含有细胞的活性氧测试、LDH 释放,以及 IL-8 启动子-荧光素酶报告基因分析法,七种类型不同的颗粒(Au、纳米 $TiO_2$、细颗粒 $TiO_2$、$NH_2$-PS、Ag、碳和 Cu)的支气管灌洗液分析,均证明体外实验和大鼠急性肺炎(PMN 水平)具有相关性。此外,Ken Donaldson 实验室(爱丁堡、苏格兰)分别用低毒性颗粒(如 $TiO_2$、炭黑)和高反应活性石英及金属(如 Ni、Co)纳米颗粒处理 A549 细胞,已经证实 IL-8 的产生与 Wistar 大鼠 BAL 中的 PMN 计数具有相关性[52,53]。该实验还表明,对于低毒性颗粒,颗粒的 SAD 表达对 BAL 中的 PMN 计数的剂量-效应曲线影响较小,而高反应活性的纳米颗粒则由于高的“表面活性”而产生较高斜率的剂量-效应曲线。因此,尽管这样的预测模型和相关性仍然处于早期阶段,但是如果选择合适的效应关系并修正到适当的剂量标准,那么就有可能发展可靠的科学范例,使细胞筛选能够预测体内的潜在危害[49]。

尽管在体外和体内毒理学结果之间已经建立了联系,但是人类疾病的发病机制是依赖于毒理学相关剂量的实际暴露,而不同于剂量依赖性的急性或长期暴露。命运、转运以及暴露评估等关键因素不属于预测毒理学范畴,但却是危险性评估的重要组成。同时也有类似引发、促进等一系列反应的长期毒理学情况,这些是不能由一步毒理学范例所模拟。以石棉纤维引发的肿瘤生成为例,它是需要长期地肉芽肿腹膜炎转变成间皮瘤的癌变过程[26,30]。虽然对长期和生物持久性纤维响应的"frustrated phagocytosis"的筛选评价可以预测慢性间皮炎,但是,这种响应还不能阐明间皮瘤发生发展与诱导突变因子的关系。这可能需要另一个诱导突变因子,如 p53 基因敲除来间接阐明诱导突变因子的作用[30]。

### 4.8.2　加利福尼亚大学纳米技术环境影响研究中心利用多学科研究技术,确立纳米技术环境安全性实施的知识体系举例

联系人：André Nel,加利福尼亚大学洛杉矶分校(UCLA)

加利福尼亚大学纳米技术环境影响研究中心(UC CEIN)的任务是发展一个应用广泛的科学预测模型[17,61],来预述 ENM 的特性和行为,从而测定 ENM 在环境中的扩散、生物体内的积累、食物链传递的营养转移,以及在细胞、组织、生物体乃至生态系统中潜在危害作用的催化活性(图 4.6)。这一多学科模型的关键组成包括：①构建确定成分和组合的 ENM 库,以最大限度地反映市场中广泛的材料；②ENM 的转运和命运,包括释放途径以及能够导致与生物基质相互作用的物理化学和传输特性；③涉及在纳米-生物层面上,与生物-物理化学的相互作用相关的生物分子与细胞损伤机制[20]；④利用纳米-生物层面上的生物-物理化学交互作用和损伤机制,在组织培养细胞、细菌、酵母及胚胎方面进行高通量筛选；⑤利用体外关联性,理解对淡水、海水以及陆地环境中不同阶层或营养生物体可能产生的危害,包括环境中 ENM 危害的警戒物种的筛选鉴定；⑥利用中心数据采集和处理,提供计算机学习及一系列的模型预测计算决策方法(图 4.6)。

UC CEIN 运用的预测性科学是指,每个科学学科进行研究时预测或告知其他学科的人,当他们利用系统变换特性或特性集合制作的 ENM 成分及材料库研究细胞、生物体及人类水平上的生物效应时可能期望找到的东西。例如,试图通过高通量筛选阐明细胞、细菌、酵母或胚胎的应激反应,同时也与淡水、海水和陆地生物群落的营养水平上研究的整个生物有机体是相关的。开展 ENM 的转运和命运评价以及多媒介建模,是为了确定对实际环境媒介作出响应的主要材料特性如何变化,另外可能促进 ENM 的扩散、暴露、生物体内积累以及生物处理过程。计算生物学和计算机处理方法的运用涉及数据整合,目的是界定危害等级,对危害暴露进

图 4.6　UC CEIN 采用多学科预测模型进行危害等级界定以及风险程序分析
（由 V. Castranova 提供）

行建模,危险性程序分析以及建立特性-活性关系。这些研究活动正在与教育培训项目相结合,把在环境中实施纳米技术安全的重要性,告知公众、未来的科学家、联邦和州立机构以及行业内的利益相关者。自 2008 年 9 月加利福尼亚大学纳米技术环境影响研究中心(UC CEIN)成立以来(http: //cein. ucla. edu),已成功地将来自工程学、化学、胶体和材料学、生态学、海洋生物学、细胞生物学、细菌生物学、毒理学、计算机科学以及社会学领域等各学科专家整合成一个相互协作的研究项目,这一研究项目已经证实了利用设计良好、确定成分的金属氧化物库($TiO_2$、$CeO_2$ 和 $ZnO$)及其特性变化(如尺寸、形状、溶解度和带隙调整),可以用来研究不同环境媒介和不同生物学条件下的 ENM 行为[115-117]。通过制订方案来优化颗粒悬浮、分散,以及启动淡水、海水、组织培养条件下的实验,为该研究的实施提供了便利[118]。这也说明在美国国内和国际层面上多学科协作和协调努力的重要性。

　　UC CEIN 的协作研究,已经确定了导致金属氧化物在海水、淡水以及地下水环境中聚集和沉淀的关键材料特性,同时也说明了在淡水中,这些纳米颗粒容易被封端剂所稳定,并有可能阻止或防止这些颗粒扩散到废水处理或雨水溢流系统中[115,119,120]。纳米颗粒库的可用性极大方便了快速-高通量筛选研究的实施,这些研究包括利用机器人化和自动化的高通量筛选实验室、荧光显微镜以及报告细胞系(reporter cell lines)来进行可以预测材料体内毒性的危害等级界定,以及细胞水平的材料特性-活性关系的分析[12]。这些材料在细菌、藻类、浮游植物、萌芽种子、海胆以及斑马鱼胚胎中毒性的差异和相似性进一步反映了细胞水平上的毒性差异[117,121]。

　　还有其他一些实例证明 UC CEIN 的多学科研究方法对于获取 nano-EHS 知识至关重要。其中,与动态能量建模相结合的中型实验生态系的研究,已经证明材料在人口水平上的环境影响归因于 ENM 的特异性,并促使其在陆地和淡水环境中的较高营养水平上的生物体内积累。UC CEIN 有力地证实了水生环境中 ZnO 对初级生产者的高毒性,并将此归因于颗粒的溶解性和有毒锌离子的释放。高通量筛选和特性-活性分析证实了这种关联性,从而得以通过铁掺杂合成毒性较低的氧化锌纳米颗粒[12]。随着颗粒基质中锌离子脱落的减少,细胞试验、细菌、斑马鱼胚胎以及啮齿动物肺中的毒性降低。另外一个减少材料暴露的方法是通过最佳的 pH 去稳定作用、凝结剂的添加、沉淀和超滤作用,去除实验液体中的 ENM。该研究也可以通过计算机模拟,来研究多种环境和实验条件下的纳米颗粒聚集。在专业的计算机体系中进行的数据采集和分析,促进了新特征选择性运算法则的发展,可以筛选并对纳米颗粒的性质进行分级,从而建立量化的活性-结构关系。总之,UC CEIN 的多学科科学平台的整合,已经成为一种特别富有成效的途径,使人们更好地认识纳米技术的环境、健康和安全问题。

### 4.8.3　废水系统中 ENM 环境暴露的量化评估

　　联系人:Paul Westerhoff,亚利桑那州立大学,坦佩

　　污水处理厂(WWTPs)是 ENM 排入水生和陆生生态系统的主要源头。在美国,有 16 000 多家污水处理厂为 75% 以上的人口提供服务,污水处理厂是生活用水、商业及工业用水中材料的拦截器。工程纳米材料的商业引入,使得污水处理厂的污物有迹可循。因此,我们能够将 ENM 与含有相似元素的天然胶体分散物区分开来。对这些体系的研究证明,ENM 的性质会影响生物污水处理中 ENM 的去除,从而导致其分布排放到湖泊与河流,或者是陆地废弃物(如农作物)场地的污泥中。

　　含有 ENM 的商品已被广泛使用了十年以上。以二氧化钛为例,它作为 ENM 已被使用了多年。将牙膏产品丢弃到污水系统中,通过观察和分析,有机基质中悬浮有近球形的二氧化钛纳米颗粒(30~50 nm)的聚集体(200~500 nm)[122]。通过加入氧化氢并加热至 60℃,去除有机背景基质后,电子显微镜成像和元素组成分析结果都得到了显著改善。在废水中也发现了其他较大颗粒的钛材料,主要是正在被开采并在油漆颜料中使用的,不规则形状的微米二氧化钛,另外还有纳米银。Westerhoff 研究小组已经证明了含有纳米银的产品(如一些纺织物、洗发水、清洁

剂、毛巾和玩具)在使用过程中会释放纳米尺寸的银和银离子,其中部分银就会进入到污水系统[14,15,123]。同样,他们的研究证明,化妆品中释放的富勒烯也会进入污水系统[15]。

这项实验工作有助于确定预测 ENM 释放的评估,以作为其生命循环评估的一部分。多种模型均预测,$TiO_2$ 将是诸多 ENM 中释放水平最高的,如表 4.6 所示的某污水处理厂采样结果。总体来说,处理设备能除去污水中将近 80% 的钛。在水中的生物固体物(固定细菌材料,settled bacterial materials)中也有钛材料的积累。二氧化钛纳米颗粒在不同样品中的形态如下:①污水中主要是纳米尺度近似球形的原型二氧化钛;②生物固体物中含有纳米级球形 $TiO_2$、微米级不规则形状的 $TiO_2$ 以及包含 Ti、Si 和其他元素的微米级沉淀物。十几个污水处理厂采样结果类似,结果均表明废水处理类型(如固定还是附着细菌,或者沉淀还是膜生物反应器)将会影响去除 ENM(如 $TiO_2$)的能力。

**表 4.6　污水处理厂钛浓度的变化**

| 采样位置 | 钛浓度/($\mu$g/L) | 生物固体物浓度/($\mu$g/g 固体) |
| --- | --- | --- |
| 未处理 | 180±51 | |
| 初级沉淀 | 113±63 | |
| 污水活化和二次沉淀 | 50 | |
| 经过三级过滤 | 39 | |
| 初级沉淀得到的生物固体物 | | 257 |
| 二级沉淀得到的生物固体物 | | 8139 |

尽管 $TiO_2$ 之外的其他 ENM 还未被大量使用,Westerhoff 课题组已进行批量实验来比较 ENM 的去除能力。ENM 和废水细菌之间的批量吸附试验表明不同类型的 ENM 在细菌表面展现出不同的亲和力(图 4.7)。同时,他们表示美国国家环境保护局颁布的用于评价污水处理中有机化学污染物去除的标准草案不适用于 ENM,需要拟定新的草案(未发表数据)。另外,模拟污水处理厂的长期操作实验表明,ENM 在污水中的浓度在 mg/L 数量级时,ENM 对污水处理系统的生物学功能(营养物去除)的影响可以忽略不计[125]。

Westerhoff 课题组在理解认识 ENM 在污水处理中的命运和进入水循环系统(江河及溪流)的可能性方面已取得了重大进展,同时,他们也开始对陆地使用、烧结或者其他方式丢弃的生物固体物中 ENM 的命运进行研究。区分 ENM 与天然材料或具有相似组成的非工程制造的胶体颗粒(比如,早期讨论的 $TiO_2$,或者是由氯化银制备的 Ag 纳米颗粒),需要分析技术的不断改进。国家勘测监理项目应该

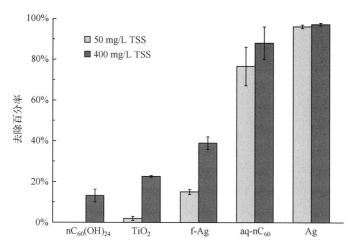

图 4.7　不同 ENM 对废水中细菌的生物吸附能力[124]

实施评估废水(未经处理的废水和污水)、生物固体物和受污染河流中 ENM 的水平。同时,通过了解不同尺寸、电荷和组分的 ENM 与不同类型细菌(革兰氏阴/阳性菌、丝状菌等)表面的相互作用,对污水处理厂去除 ENM 将会起到有利的促进作用。

### 4.8.4　纳米 EHS 认知和风险降低策略的公私合作模式

联系人:David Grainger,美国犹他州大学,盐湖城;Santokh Badesha,施乐公司

新兴纳米技术商业化的产业会面对新产品开发带来的一般市场风险,但是,在当今这个充满虚假信息的时代,这些风险包括:工人和消费者安全的不确定性、未知规则的限制,以及可能引起的公众强烈反应[3,37,58,89,107,113]。此外,随着跨国公司的运营,强加于纳米技术使用和传播的任何监管政策,不同国家会有很大不同(Lux[35])。公私合作模式(PPP),能够为纳米技术的利益相关者,与在其发展早期阶段引起不公平的困扰、阻碍其发展的污蔑者之间,提供结构和信息渠道[126]。许多公私合作模式可以借鉴,包括美国国内微电子组织 Sematech(http://www.se-matech.org/corporate),欧盟的第六、第七框架计划(FP6 和 FP7[127]),美国政府国家技术与标准研究所(NIST)的先进技术合作计划(NIST 2009)[128]。但是,目前只有为数不多的知名 PPPs 将政府或非政府组织与私人公司协调起来,为纳米技术及其商业化制定风险管理、最优实施方法和安全指导方针。而且,以企业利益最大化的角度来看,促进正在讨论纳米技术利益与风险的不同公私机构之间的公开对话,是很有可能实现的。PPP 机制将会大大提高纳米 EHS 风险管理发展过程中利益相关者的兴趣和透明度。

　　杜邦和环境防护纳米风险框架(Environmental Defense NANORisk Framework)就是纳米安全伙伴关系的一个例子[40],该框架是一个开放的信息采集系统,获得的数据可以用来帮助并支持针对于纳米材料安全生产和使用的决策和实施。自 2005 年年底,随着发展,先锋计划还就如何对主要利益相关者之间进行信息沟通和决策处理提供了指导方针。其宗旨是:促进纳米技术产品负责任地发展,增加公众的接受度,支持针对于纳米技术安全合理的政策实施模式的发展。该框架的战略是力求寻找一个系统的、规律的程序,用以识别、管理、并降低整个工程纳米材料产品循环阶段非预期结果的风险[129]。

　　另外值得关注的是,杜邦公司的公私合作伙伴模式,正努力把解决纳米材料的问题延伸到与 NGOs 的工作伙伴关系,同时包括 OECD 的参与。通过 OECD 的行业咨询委员会及其工作小组针对于人造纳米材料的相关活动,杜邦公司帮助提供纳米技术相关的环境和健康问题的信息。与美国化学会纳米技术小组一起,杜邦公司还向美国国家环境保护局和化工行业就纳米材料的安全、健康、环境问题及其监管规则提供信息和建议。杜邦公司是第一家根据美国国家环境保护局 EPA's voluntary Nanomaterials Stewardship Basic Program(http://www. epa. gov/oppt/nano/stewardship. html)提供产品信息的公司。作为欧洲化学工业协会及其下属纳米科技工作小组组成成员,杜邦公司正在欧洲帮助制定类似的工业建议,在欧洲主管当局工作组中代表欧洲化学工业理事会就 REACN 化学品监管,对纳米技术进行审查。杜邦公司已经作出承诺[130],积极参与国际标准化组织框架[131],以全面评估和解决纳米材料及其使用中潜在的环境、健康和安全风险问题。

　　杜邦公司已经支持了莱斯大学生物和环境纳米技术中心的研究,并且是莱斯大学纳米技术国际委员会(ICON)的创办会员(http://icon. rice. edu)。ICON 代表工业、学术、管理机构和非政府组织,力求"评估、对话以及减少纳米技术环境和健康风险,实现纳米技术社会利益的最大化"[130]。

　　现在,作为目前和过去纳米技术 PPP 的参与者和催生者,杜邦公司树立了非常好的榜样。针对纳米技术风险-效益对话和最优实施,培养公私合作模式(PPPs)的其他实例,如 ICON,NOSH 和 OECD,也在不断涌现。EU FP7 框架计划最近也对新的研究计划宣布了一项更新的 PPP 目标(详见 http://cordis. europa. eu/fp7/dc/index. cfm)。

　　通常,在 ENM 产品设计和制造时,所有纳米技术商业化的努力都应遵循良好的产品管理和良好的风险管理策略①。为了适应商业化的策略和目的,行业回应

---

　　① 风险管理策略的例子,请参见网址:http://www. nanoandme. org/downloads/The Responsibl Nano Code. pdf.

公众对纳米技术的态度和非政府组织的立场需要根据事实和现实,要清楚地认识到,纳米技术作为一个年轻的、充满活力的领域,需要积极地、不断地学习,而不是事后反应。全球性新兴的经验和数据的开放共享,将加快利益相关者的教育,他们在建立公私合作关系的信誉和信任上发挥了重要的作用。开放交流的 PPP 机制最便于促进与其他行业界、学术界、公众和政府机构积极交换信息。随着纳米技术领域和新产品的发展,纳米材料的测试和潜在风险能够得到公共信息披露。工业、政府、非政府组织和其他利益相关者必须公开协作,为非常紧迫的监管措施奠定基础,同时为潜在的国际性自愿协议进行评估。为了避免相对忽视造成的冲击,利益相关者必须重新考虑,确保各自的关注,同时,公私风险管理机构负责的风险监管要有可阐释性及良好实施性。

工业界可能更倾向于提倡一个自愿的风险管理和服从体系,而不是单方面强加并且强制执行的一种法律法规(http://www.cefic.be/en/Legislation-and-Partnership.html)。因此,通过 PPP 机制发展的自愿的风险监管体系,需要提前考虑:①发展标准和良好的实施准则,涵盖基础研究的所有方面进行产品的测试和追踪,同时把发展评估其暴露和危害的方法作为首要任务;②为消费者制定职业安全准则、最佳实践环节以及信息披露程序;③建立透明的汇报处理及预测制度,特别是与风险管理相关的新数据和新事件的披露。然而,确保足够的参与性和透明度的自觉汇报体系是非常难建立的,因此,这种体系预期的监管职能也会比较薄弱。无论自愿还是强制管理,工业界都会对知识产权保护及内在竞争优势产生担忧。此外,自愿的自我监管体系往往导致"最小公分母"的结果,这样可能无法向那些更喜欢自愿体系以外运作的企业或者选择不遵守规定的企业施加足够的激励机制。

通过 PPP 运作,新兴行业应尽量加快采取优先、守信以及全面的自我规定,这往往比政府监管更加迅速有效。持续并关注"风险管理最佳实施方法"应该作为一个首要任务。工业界作为利益相关者,不仅需要具有保持技术领先的能力以及保证工作场所和消费者健康和安全的风险评估全球协调标准,并且还需要一个可靠的科学基础,与科研团队、决策者和非政府组织组成信任对话伙伴,来共同制定高效、合理的监管政策。

### 4.8.5 美国国家职业健康与安全研究所(NIOSH)的职业安全准则,包括使用监测设备来对工作场所进行调查

联系人:Vincent Castranova,NIOSH

近年来,ENM(包括碳纳米管 CNT)的产品急剧增加。纳米颗粒在操作过程中,其烟雾化是的确存在的,但是,在纳米颗粒的合成、包装、使用和处理过程中,关于工作场所暴露水平的数据还十分缺乏。此外,各种不同类型的纳米颗粒暴露效

应的相关数据还不完善。NIOSH 正在开展一个多学科研究项目,其目的是:①开发监测空气传播纳米颗粒水平的方法;②检测纳米颗粒在各种工作场所的暴露水平,并把暴露峰值与特定的工作环节相关联;③确定各种纳米颗粒对实验动物肺部暴露的呼吸道和全身系统的影响;④测定剂量效应-时间曲线,研究作用机制和结构-功能之间的关系;⑤发展反映人体响应的动物模型;⑥进行风险评估;⑦评估控制技术以及个人防护设备的有效性。NIOSH 的研究项目已在 Strategic Plan for NIOSH Nanotechnology Reach and Guidance:Filling the knowledge Gaps 发表[132]。NIOSH 将定期公布进展报告(例如,在工作场所的纳米技术安全性的进展[133])。在现有数据的基础上,NIOSH[39] 已出版了 Approaches to Safe Nanotechnology:Managing the Health and Safety Concerns Associated with Engineered Nanomaterial。该文件提出,在缺乏完备信息的情况下,纳米材料制造公司和相关公司应当遵循防御原则,并在工作场所贯彻执行风险管理程序,以尽可能减少工人在纳米材料中的暴露危险性。该方案的关键要素包括以下内容:

　　•要具有预测新的和正出现的风险(危害鉴定)的能力,并得出它们是否与制造工艺、设备或引进新材料的改变有关

　　•工程控制的安装与评估(如排风和除尘系统)

　　•通过监测工作场所空气中纳米颗粒水平,评估控制的有效性

　　•工人正确处理纳米材料的指导和培训(如安全技术操作规程)

　　•个人防护设备的选择和使用(如衣服、手套和呼吸器)

　　NIOSH 应用复杂的阵列颗粒分析仪器,评估了几处纳米技术工作场所的空气环境质量,包括测定颗粒的粒径分布、质量浓度、数量浓度、质量中位数气体动力学直径、数量中位数气体动力学直径和颗粒表面积。由于该仪器(图 4.8)非常庞大,工业卫生学者也不常使用,因此,NIOSH 又开发了纳米颗粒释放评估技术,该技术是利用通用的、手持的,并且实时的监测器来评估工作场所空气中的纳米颗粒水平[134]。

　　此外,NIOSH 正在总结现有毒理学数据并进行风险评估,并对某些纳米颗粒提出暴露限值。《时事情报公报》(*Current Intelligence Bulletin*)[135] 评估了长期呼吸暴露在 $TiO_2$ 细颗粒或纳米颗粒环境中的大鼠肿瘤诱导数据,并对纳米尺度颗粒提出建议暴露限值,此限值要比细颗粒降低一个数量级,该文件正处于发布前的最后审查阶段。NISOH 也正在起草时事情报公报[136],指出 SWCNTs 与 MWCNTs 暴露引起肉芽肿炎症或者纤维化的大量动物实验研究数据具有一致性,并会根据这些数据开展风险评估,来提出 SWCNTs 和 MWCNTs 的暴露限值,具体过程如图 4.1 所示。

图 4.8　应用于实时监测工程纳米颗粒数量、质量、粒径分布以及
比表面积的仪器现场应用实例

## 4.9　来自海外研讨会的国际视角

### 4.9.1　美国-欧盟研讨会（德国汉堡）

小组成员/参与讨论者

Bengt Fadeel（主席），卡罗林斯卡医学院，斯德哥尔摩，瑞典

André Nel（主席），加利福尼亚大学洛杉矶分校（UCLA），美国

Peter Dobson，牛津大学，英国

Rob Aitken，职业医学研究所，爱丁堡，英国

Kenneth Dawson，都柏林大学，爱尔兰

Wolfgang Kreyling，亥姆霍兹中心，慕尼黑，德国

Lutz Mädler，不来梅大学，德国

George Katalagarianakis，欧盟委员会

Ilmari Pykkö，坦佩雷大学，芬兰

Jean-Christophe Schrotter，安茹研究所，威立雅水务水研究中心，法国

总体来说，在过去十年时间，纳米 EHS 领域的关注度大幅提高，但重点都在危险性评估方面，而在暴露问题上进展较少。因此，现有的信息还不足以支持体内或者对人体健康影响的预测。此外，目前为止所得到的毒理学结果，还不足以让我们全面认识纳米材料的安全性，一方面由于材料的物理化学特性表征数据结果互

相矛盾；另一方面，目前正在生产和开发的纳米材料的绝对数量以及它们可变的组成和结构，对 EHS 的研究带来了巨大挑战，因此现在我们仍然需要系统化的研究。目前人们已意识到纳米材料相关研究需逐项进行，以分辨具体材料的性质与有害影响之间的相互关系。因此，纳米材料的 EHS 问题研究是一个涵盖材料科学、生物学、毒理学、医学等多个学科的系统工作。此外，一些范例也支持了我们对纳米材料与生物体系相互作用或相互干扰的理解。

专家小组成员一致认为，应更加侧重纳米安全性的问题，而非仅仅处理纳米毒理学问题。换句话说，设计纳米材料的安全性评估不应该成为纳米技术发展的障碍，而应该促进纳米技术的安全和可持续发展。同时，研讨会的与会者也在推动"安全设计(safety-by-design)"(例如：通过智能的材料设计减少对人类健康和环境的危害)，另外还有 ENM 积极风险管理的概念。为此，EHS 领域需要开展更多的系统研究，并采用高通量筛选(high-throughput screening，HTS)和系统生物学方法。作为一种 ENM 的鉴别归类体系，这些技术也有助于减少动物实验的数量。专家组强调，应着重关注下列新兴主题：

　　· 发展原位(即在活体系统或者相关环境基质中)检测和表征纳米材料的新方法；

　　· 对评估纳米颗粒及更复杂的纳米系统危险性的测试方法进行标准化以及可靠性验证；

　　· 理解生物-纳米相互作用，包括设计的纳米材料在体内的行为和命运，如纳米材料在脑和其他器官中的定位；

　　· 研究纳米材料在体内的长期毒性，使用合理剂量，评估其遗传毒性的终点；

　　· 监测纳米颗粒的人体及环境/生态暴露，以实现这些材料的风险评估；

　　· 发展 HTS 平台和 QSARs；

　　· 用于描述/指纹识别 ENM 分类的系统生物学方法；

　　· 推行"安全文化"(一个由认证测试、标记等组成的系统)来管理纳米材料的风险。

总体而言，在纳米材料的环境、健康和安全性(EHS)评估领域，目前新兴的理念是通过可靠且有预测性的测试方法实现"安全设计"。促进国际合作(如最近欧盟-美国在建模方面的联合呼吁)并共享研究设备和基础设施(如由 FP6 和 FP7 项目组成的欧洲纳米安全群)都很重要[137]。此外，对下一代纳米安全性研究者的跨学科培养也是很有必要的。

### 4.9.2　美国-日本-韩国-中国台湾研讨会(日本东京/筑波大学)

小组成员/参与讨论者

Tatsujiro Suzuki(主席)，东京大学；日本原子能委员会，日本

André Nel(主席),美国加利福尼亚大学洛杉矶分校,美国
Masafumi Ata,国家先进工业科学和技术研究所(AIST),日本
Masashi Gamo,化学品风险管理研究中心,AIST,日本
Satoshi Ishihara,日本科学技术振兴机构(JST),日本
Chin-Chung Tsai,台湾交通大学,台湾,中国
Chung-Shi Yang,纳米医学研究中心,台湾卫生研究院,台湾,中国
以下是对会议讨论重点的总结:

**1. 过去十年带来的观念变化**

· 通过这一新兴学科解决潜在危险的必要性,目前已经普遍得到认可,纳米技术也因此从一个商业和科学梦想转变为广义的社会现象。
· 非政府组织推动了纳米技术在管理、道德等方面规范的形成。
· 政府已经开始着手解决监管问题,审查现有的法规,并关注可能存在的纳米技术所特有的问题。

**2. 最近十年的进展**

· 所有亚洲国家都进行了很多 EHS 相关的研究工作,一些监管机构也已发挥作用,但长期的政策或战略还没有确立。在 EHS 问题的处理方面,大的公司比小的公司表现得更积极些。

**3. 未来十年的展望**

· 在亚洲,EHS 研究的未来资助趋势还未确定。虽然未来五年在台湾预计会有稳定的资金资助,但此公共项目结束后其发展趋势还不清楚。台湾在 EHS 方向的研究资金占总研发支出的 10%,而日本的平均支出不足 2%;而且这项开支每年都有所波动。
· 美国预期计算机和建模技术在 ENM 的预测性毒理学研究中将发挥重要作用,但目前此方法在亚洲仍尚未得到完全认可。
· 所有与会者一致认为,对于解决潜在的 EHS 问题,公众参与/推广是极其必要的。
· 在日本,技术评估有了一些新进展的同时,又出现了一个新焦点,即使用"分布式监管",其前提是对共有知识的宣传,而并不一定与政府机构相联系。在台湾,"nanoMark 计划"推动的实践最为出色,该项目在积极参与的消费群体中取得了成功。
· 国际合作在 EHS 研究中是一个至关重要的因素。日本和韩国都参与到 OECD 的人造纳米材料工作小组(Working Party on Manufactured Nanomateri-

als,WPMN)的工作中,台湾也有兴趣参加 WPMN 的赞助计划。同时日本科学家参加了国际纳米协调联合会(International Association of Nano Harmonization, IANH)。ISO 纳米技术技术委员会(TC229)标准的相关活动也很重要。

### 4.2020 年目标

· 国际性协调是一个重要目标,比如,发展标准化方法、危害评价、风险评估和管理方案等。韩国已提出在 ISO/TC229 中应用 nano-MSDSs,台湾相关部门则采用了类似于美国的 TSCA 政策。

· 将部分 ENM 作为毒性物质分类也应该作为一个重要目标。

· 技术评估应实现制度化。也就是说,这种活动应该成为社会的内在功能。资金支持应该是稳定的,并由一个独立机构来执行。

· 为确保负责任的纳米技术发展,发展公众参与的方法和途径是很有必要的。这需要所有利益相关者的参与,例如科学界、公众、政府、工业和媒体等。

· 国际合作在共享公众参与的成功实践方式中起到重要作用。美国的纳米技术环境影响中心(Centers for the Environmental Implications of Nanotechnology, CEIN)是值得亚洲国家参考的学习模式。

· 目前迫切需要信息共享,通用数据库以及使用标准方案开展研究,以得到具有可比性的数据。台湾三个机构正在开发通用数据库。同时,也需要鼓励工业领域共享其产品中纳米技术应用的数据和信息。例如,有必要知道什么产品涉及纳米技术,以评估其暴露、危险和风险。

### 4.9.3　美国-澳大利亚-中国-印度-新加坡研讨会(新加坡)

小组成员/参与讨论者

Yuliang Zhao(主席),中国科学院(CAS);纳米生物效应与安全性重点实验室,中国

André Nel(主席),美国加利福尼亚大学洛杉矶分校(UCLA),美国

Graeme Batley,联邦科学与工业研究组织,澳大利亚

Graeme Hodge,莫纳什大学,澳大利亚

Joachim Loo,南洋理工大学,新加坡

Yiyan Yang,生物工程和纳米技术研究所,新加坡

Yong Zhang,新加坡国立大学

以下是对会议讨论重点的总结:

### 1.过去十年带来的观念变化

· 通过这一新兴学科解决潜在危险的必要性,目前已经普遍得到认可,纳米技

术也因此从一个商业和科学梦想转变为广义的社会现象。

· 非政府组织推动了纳米技术在管理、道德等方面的规范的形成。

· 政府已经开始着手解决监管问题,审查现有的法规,并关注可能存在的纳米技术所特有的问题。

2. 最近十年的进展

· 过去十年间,有 20 余个 ENM 的潜在毒性得到了测定。尽管由于对材料的表征不足,最初的毒理学数据有不一致的现象,但目前由于有更严格的表征和统一测试工作,文献中报道的数据已经更加一致,且具有可重复性。

· 对纳米技术的描述和定义更加准确,其中最近出版的纳米技术 ISO 定义代表了在这方面的重大进步。

· 提出了用于评估纳米材料潜在毒性的快速高通量筛选技术,并已开始实行。

3. 未来十年的展望

· 由于在纳米 EHS 问题上逐步取得的不断进步,纳米技术的应用也会出现令人振奋的进展。

· 在更多地理解纳米材料造成危害的相关机制和性质之后,纳米材料的安全应用和设计将成为可能。

· 有必要为纳米材料风险评估建立专门针对纳米技术的监管程序,包括对纳米材料的监管。

· 为纳米材料/纳米技术的安全使用建立指导方针,并不断发展自我监管。

4. 2020 年目标

· 目标 1:具有生物危害性的纳米材料相关特性的知识获取要与纳米技术和新产品的扩张保持一致。

— 障碍:鉴于纳米材料特性的繁多和大量新材料的出现,一次只分析一种材料是不现实的。

— 解决方案:大规模实施高通量筛选技术。

· 目标 2:从 ENM 以及 ENM 相关产品开发的初级阶段开始考虑 ENM 的安全性。

— 障碍:无法预测具有潜在有害特性的 ENM,是否会对生物造成危害。

— 解决方案:根据类似"绿色化学"的基本原则,设计开发安全的 ENM,如包被材料以降低/消除其毒性。

· 目标 3:通过上述目标的实现,提升公众对纳米技术的接受和信任度。

5. 基础设施的需求

· 用于 EHS 研究的经费(与应用发展相结合);
· 纳米材料参考资料库;
· 纳米材料特性数据库;
· 仪器;
· 环境检测提出的"重大挑战"。

6. 研发战略

· 经过验证且获国际公认的标准化分析方法;
· 国际合作、平衡,如 OECD、WPMN、ISO 及其他;
· 工业界的参与(包括资金支持)及其在纳米 EHS 研发中的作用。

7. 新出现的主题和重点

· 职业安全研究,LOD 和最小暴露阈值的定义;
· 纳米毒性的机制(对于纳米技术的可预测性和可设计性至关重要),可靠的 ADME/Tox 数据(对于安全性评估的发展至关重要);
· 风险评估、命运和转运模型,QSARs;
· 纳米 ESH 方法学的发展;
· 纳米信息学;
· 解决当前关于对环境、命运和转运、生物聚集、营养转运等影响的知识缺乏问题;
· 知识转化:使"纳米"对公众更加开放,提高公众对科学的信任度。

## 参 考 文 献

[1] National Science,Engineering,and Technology(NSET)Subcommittee of the Committee on Technology of the National Science and Technology Council. Environmental,health,and satety research needs lor engineered nanoscale materials( NSET,Washington,DC,2006), Available online:http://www. nano. gov/html/res/pubs. html

[2] V. L. Colvin,The potential environmental impact of engineered nanomaterials. Nat. Biotechnol. 21(10),1166-1170(2003)

[3] A. D. Maynard. R. J,Aitken,T,Buut,V. Colvin,K. Donaldson,G. Oberdörster,M. A. Philbert,J. Ryan,A. Seaton,V,Slone,S. S. Tinkle,L. Tran. NJ. Walker,D. B. Warheit,Safe handling of nanotechnology. Nature **444**(7117),267-269(2006)

[4] A. E,Nel,T,Xia,L. Madler,N. Li,Toxic potential of materials at the nanolevel. Science **311**(5761),622-627(2006)

[5] G. Oberdörster,A. Maynard,K. Donaldson,V. Castranova,J. Fitzpatrick,K. Ausman,J. Carter,B. Karn,

W. Kreyling, D. Lai, S. Olin, N. Monteiro-Riviere, D. Warheit, H. Yang. ILS1 Research Foundation/Risk Science Institute Nanomaterial Toxicity Screening Working Group. , Principles for characterizing the potential human health effects from exposure to nanomaterials: elements of a screening strategy. Fibre Toxicol. **2**, 8(2005). doi: 10. 1186/1743-8977-2-8

[6] A. Seaton, L. Tran, R. Aitken, K. Donaldson, Nanoparticles, human health hazard and regulation. J. R. Soc. Interface **7**, S119-S129(2010)

[7] National Institute of Environmental Health Sciences(NIEHS), Toxicology in the 21st century: the role of the National Toxicology Program(NIEHS, Research Triangle Park, 2004), Available online: http://ntp. niehs. nih. gov/ntp/main_pages/NTPVision. pdf

[8] National Research Council, *Toxicity Testing in the 21st Century: A Vision and a Strategy* (National Academies Press, Washington, DC, 2007), Available online: http://www. nap. edu/catalog. php? record _id=11970♯toc or http://dels. nas. edu/res-ources/static-assets/materials-based-on-reports/reports-in-brief/Toxicity _Testing _final. pdf

[9] N. Walker, J. R. Bucher, A 21st century paradigm for evaluating the health hazards of nanoscale materials? Toxicol. Sci. **110**, 251-254(2009)

[10] V. C. Abraham, D. L. Taylor, J. R. Haskins, High-content screening applied to large-scale cell biology. Trends Biotechnol. **22**, 15-22(2004)

[11] V. C. Abraham, D. L. Towne, J. F. Waring, U. Warrior, D. J. Burns, Application of a high- content multi-parameter cytotoxicity assay to prioritize compounds based on toxicity poten-tial in humans. J. Biomol. Screen. **13**, 527-537(2008)

[12] S. George, S. Pokhrel, T. Xia. B. Gilbert, Z. Ji, M. Schowaiter, A. Rosenauer, R. Damoiseaux, K. A. Bradley, L. Mädler, A. E. Nel, Use of a rapid cytotoxicity screening approach to engineer a safer zinc oxide nanoparticle through iron doping. ACS Nano **4**, 15-29(2010)

[13] R. F. Service, Nanotechnology: can high-speed tests sort out which nanomaterials are safe? Science **321** (5892), 1036-1037(2008)

[14] T. M Benn, B. Cavanagh, B. K. Hristovski, J. Posner, P. Westerhoff, The release of(nano)silver from consumer products used in the home. J. Environ. Qual. , published online 12 July 2010. doi: 10. 2134/ jeq2009. 0363

[15] T. M Benn, P. Westerhoff, P. Herckes, Detection of fullerenes(C60 and C70)in commercial cosmetics. Environ. Pollu. **159**(5), 1334-1342(2011)http://www. sciencedirect. com/science/article/

[16] D. B. Warheit, C. M. Sayes, K. L. Reed, K. A. Swain, Health effects related to nanoparticle exposures: environmental, health, and safety considerations for assessing hazards and risks. Pharmacol. Ther. **120**, 35-42(2008)

[17] H. Meng, T. Xia, S. George, A. E. Nel, A predictive toxicological paradigm for the safety assessment of nanomaterials. ACS Nano **3**, 1620-1627(2009)

[18] National Toxicology Program(NTP), Toxicology in the 21st century: the role of the National Toxicology Program(Department of Health and Human Services, NIEHS/NTP, Research Triangle Park, 2004), Available online: http://ntp. niehs. nih. gov/ntp/main_pages/NTPVision. pdf

[19] J. E. Hutchinson, Greener nanoscience: a proactive approach to advancing applications and reducing implications of nanotechnology. ACS Nano **2**, 395-402(2008)

[20] A. E. Nel, L. Madler, D. Velegol, T. Xia, E. M. V. Hoek, P. Somasundaran, F. Klaessig, V. Castranova,

M. Thompson, Understanding biophysicochemical interactions at the nano-bio interface. Nat. Mater. **8**, 543-557(2009)

[21] M. C. Roco, Environmentally responsible development of nanotechnology. Environ. Sci. Technol. **39**(5), 106A-112A(2005). doi:10. 1021/es053199u

[22] M. Lundqvist, J. Stigler, G. Elia, I. Lynch, T. Cedervall, K. A. Dawson, Nanoparticle size and surface properties determine the protein corona with possible implications for biological impacts. Proc. Natl. Acad. Sci. U. S. A. **105**, 14265-14270(2008)

[23] C. W. Lam, J. T. James, R. McCluskey, R. L. Hunter, Pulmonary toxicity of single-wall carbon nanotubes in mice 7 and 90 days after intratracheal instillation. Toxicol. Sci. **77**, 126-134(2004)

[24] Z. Liu, *In vivo* biodistribution and highly efficient tumour targeting of carbon nanotubes in mice. Nat. Nanotechnol. **2**, 47-52(2007)

[25] R. Mercer, R. J. Scabilloni, L. Wang, E. Kisin, A. R. Murray, D. Schwegler-Berry, A. A. Shvedova, V. Castranova, Alteration of deposition pattern and pulmonary response as a result of improved dispersion of aspirated single-walled carbon nanotubes in a mouse model. Am. J. Physiol. Lung Cell. Mol. Physiol. **294**, L87-L97(2008)

[26] C. A. Poland, R. Duffin, I. Kinloch, A. Maynard, W. A. H. Wallace, A. Seaton, V. Stone, S. Brown, W. MacNee, K. Donaldson, Carbon nanotubes introduced into the abdominal cavity of mice show asbestos-like pathogenicity in a pilot study. Nat. Nanotechnol. **3**, 423-428(2008)

[27] D. W. Porter, A. F. Hubbs, R. R. Mercer, N. Wu, M. G. Wolfarth, K. Sriram, S. Leon, L. Battelli, D. Schwegler-Berry, S. Friend, M. Andrew, B. T. Chen, S. Tsuruoka, M. Endo, V. Castranova, Mouse pulmonary dose- and time course-responses induced by exposure to multi-walled carbon nanotubes. Toxicology **269**(2-3), 136-147(2010). 10

[28] A. A. Shvedova, V. Castranova, E. R. Kisin, D. Schwegler-Berry, A. R. Murray, V. Z. Gandelsman, A. Maynard, P. Baron, Exposure to carbon nanotube material: assessment of nanotube cytotoxicity using human keratinocyte cells. J. Toxicol. Environ. Health A **66**, 1909-1926(2003)

[29] A. A. Shvedova, E. R. Kisrn, R. Mercer, A. K. Mur/ay, V. J. Johnson, A. I. Potapovich, Y. Y. Tyurina, O. Gorelik, S. Arepalli, D. Schweglei-Berry, A. F. Hubbs, J. S. Antonini, D. E. Evans, B. K. Ku, D. Ramsey, A. Maynard, V. E. Kagan, V. Castranova, P. Baron, Unusual inflarrnatory and fibrogenic pulmonary responses to single-walled carbon nanotubes in mice. Arn. I. Physiol. Lung Cell. Mol. Physiol. **289**, L698-L708(2005)

[30] A. Takagi, A. Hirose, T. Nishimura, N. Fukumori, A. Ogata, N. Ohashi, S. Kitajima, J. Kanno, Induction of mesothelioma in p53+/- mouse by intraperitoneal application of multiwall carbon nanotube. J. Toxicol. Sci. **33**, 105-116(2008)

[31] N. W. S. Kam, M. O'Connell, J. A. Wisdom, H. Dai, Carbon nanotubes as multifunctional biological transporters and near-infrared agents for selective cancer cell destruction. Proc. Natl. Acad. Sci. U. S. A. **102**, 11600-11605(2005)

[32] K. Kostarelos, The long and short of carbon nanotube toxicity. Nat. Biotechnol, **26**, 774-776(2008)

[33] A. E. Porter, Direct imaging of single-walled carbon nanotubes in cells. Nat. Nanotechnol. **2**, 713-717 (2007)

[34] U. S. Environmental Protection Agency(U. S. EPA), TSCA inventory status of nanoscale substances: general approach (2008), Available online: http://ww w . epa. gov/oppt/nano/nmsp-inventorypa-

per2008. pdf

[35] L. Research, *The Nanotech Report*, 5th edn. (Lux Research, New York, 2007)

[36] T. Xia, M. Kovochich, M. Liong, L. Mäedler, B. Gilbert, H. Shi, J. I. Yeh, J. I. Zink, A. E. Nel, Comparison of the mechanism of toxicity of zinc oxide and cerium oxide nanoparticles based on dissolution and oxidative stress properties. ACS Nano 2, 2121-2134(2008)

[37] D. B. Warheit, T. R. Webb, C. M. Sayes, V. L. Colvin, K. L. Reed, Pulmonary instillation studies with nanoscale TiO₂ rods and dots in rats: toxicity is not dependent upon particle size and surface area. Toxicol. Sci. **91**, 227-236(2006)

[38] D. D. Zhang, M. A. Hartsky, and D. B. Warheit. 2002. Time course of quartz and TiO₂ particle: Induced pulmonary inflammation and neutrophil apoptotic responses in rats. Exp. Lung Res. **28**: 641-670(2002)

[39] National Institute for Occupational Safety and Health(NIOSH), Approaches to safe nanotechnology: managing the health and safety concerns associated will engineered nanowaJeriaJs(DHHS)(NIOSH) publication 2009-125, Washington, DC, 2009), Available online: http://www. cdc. gov/nioshytopics/nanotech/safenano

[40] Environmental Defense Fund(EDF), NANO risk framework(2007), Available online: http://nanoriskframework. com/page. cfm? tagID= 1083

[41] Environmental Working Group(EWG), Nanotechnology and sunscreens: EWG's 2009 sunscreen investigation Sect. 4(2009), Available online: http://www. ewg. org/cosmetics/report/sunscreen09/investigation/Nanotechnology-Sunscreens

[42] A. Kahru, H. -C. Dubourguier, From ecotoxicology to nanoecotoxicology. Toxicology **269**, 105-119 (2010)

[43] U. S. Environmental Protection Agency(U. S. EPA), Federal insecticide, fungicide, and rodenticide act (FIFRA)(1996), Available online: http://www. epa. gov/oecaagct/lfra. html

[44] P. V. Asharani, Y. L. Wu, Z. Gong, S. Valiyaveettl, Toxicity of silver nanoparticles in zebrafish models. Nanotechnology **19**, 255102-255110(2008)

[45] N. C. Mueller, B. Nowack, Exposure modeling of engineered nanoparticles in the environment. Environ. Sei. Technol. **42**, 4447-4453(2008)

[46] C. F. Jones, D. W. Grainger, *In vitro* assessments of nanomaterial toxicity. Adv. Drug Deliv. Rev. **61**, 438-456(2009)

[47] C. M. Sayes, K. L. Reed, D. B. Warheit, Assessing toxicity of fine and nanoparticles: comparing *in vitro* measurements to in vivo pulmonary toxicity profiles. Toxicol. Sei. **97**, 163-180(2007)

[48] K. Donaldson, P. J. Borm, G. Oberdörster, K. E. Pinkerton, V. Stone, C. L. Tran, Concordance between *in vitro* and in vivo dosimetry in the proinflammatory effects of low-toxicity, low-solubility particles: the key role of the proximal alveolar region. Inhal. Toxicol. **20**, 53-62(2008)

[49] E. Rushton, J. Jiang, S. Leonard, S. Eberly, V. Castranova, P. Biswas, A. Elder, X. Han, R. Gelein, J. Finkeistein, G. Oberdörster, Concept of assessing nanoparticle hazards considering nanoparticle dosemetric and chemical/biological response-metrics. J. Toxicol. Environ. Health A **73**, 445-461(2010)

[50] T. M. Sager, D. W. Porter, V. A. Robinson, W. G. Lindsley, D. E. Schwegler-Berry, V. Castranova, Improved method to disperse nanoparticles for *in vitro* and in vivo investiga ¬ tion of toxicity. Nanotoxicology **1**, 118-129(2007)

[51] J. G. Teeguarden, P. M. Hinderliter, G. Orr, B. D. Thrall, J. G. Pounds, Particokinetics *in vitro*: dosime-

try considerations for *in vitro* nanoparticle toxicity assessments. Toxicol. Sci. **95**, 300-312(2007)

[52] R. Duffin, L. Tran, D. Brown, V. Stone, K. Donaldson, Proinflammogenic effects of low-toxicity and metal nanoparticles *in vivo* and *in vitro*: highlighting the role of particle surface area and surface reactivity. Inhal. Toxicol. **19**, 849-856(2007)

[53] C. Monteiller, L. Tran, W. MacNee, S. Faux, A. Jones, B. Miller, K. Donaldson, The proinflammatory effects of low-toxicity low-solubility particles, nanoparticles and fine particles, on epithelial cells *in vitro*: the role of surface area. Occup. Environ. Med. **64**, 609-615(2007)

[54] T. Xia, M. Kovochich, M. Liong, J. I. Zink, A. E. Nel, Cationic polystyrene nanosphere toxicity depends on cell-specific endocytic and mitochondrial injury pathways. ACS Nano **2**, 85-96(2008)

[55] G. Oberdörster, E. Oberdörster, J. Oberdörster, Concepts of nanoparticle dose metric and response metric. Environ. Health Perspect. **115**, A290(2007)

[56] T. Xia, M. Kovochich, J. Brant, M. Hotze, J. Sempf, T. Oberley, C. Sioutas, J. I. Yeh, M. R. Wiesner, A. E. Nel, Comparison of the abilities of ambient and manufactured nanoparticles to induce cellular toxicity according to an oxidative stress paradigm. Nano Lett. **6**, 1794- 1807(2006)

[57] S. Chellam, C. A. Serra, M. R. Wiesner, Life cycle cost assessment of operating conditions and pretreatment on integrated membrane systems. J. Am. Water Works Assn. **90**(11)96-104(1998)

[58] M. Widmer, C. Meili, E. Mantovani, A. Porcari, The framing nano governance platform: a new integrated approach to the responsible development of nanotechnologies(FP7: FramingNanoProject Consortium, 2010), Available online: http://www. framingnano. eu/index. php? option = com_ content&-task = view&-id=161 &-Itemid=84

[59] A. Barnard, How can ab initio simulations address risks in nanotech. Nat. Nanotechnol. 4, 332-335(2009)

[60] E. C. Butcher, E. L. Berg, E. J. Kunkel, Systems biology in drug discovery. Nat. Biotechnol. **22**, 1253-1259 (2004)

[61] H. A. Godwin, K. Chopra, K. A. Bradley, Y. Cohen, B. Herr Harthorn, E. M. V. Hoek, P. Holden, A. A. Keller, H. S. Lenihan, R. Nisbet, A. E. Nel, The University of California Center for the Environmental Implications of Nanotechnology. Environ. Sci. Technol. **43**, 6453-6457(2009)

[62] Organisation for Economic Co-operation and Development(OECD), The UN principles for responsible investment and the OECD guidelines for multinational enterprises: complementarities and distinctive contributions. Annex 11-A4, in *Annual Report on the OECD Guidelines for Multinational Enterprises* (OECD, Paris, 2007)

[63] T. Puzyn, D. Leszczynska, J. Leszczynski, Toward the development of "nano-QSARs": advances and challenges. Small **5**, 2494-2509(2009)

[64] M. Ferrari, Cancer nanotechnology: opportunities and challenges. Nat. Rev. Cancer **5**(3), 161-171(2005)

[65] K. Riehemann. S. W. Schneider, T. A. Luger. B. Godwin. M. Ferrari, H. Fuchs, Nanomedicine - Challenge and perspective. Angew. Chem. Int. Ed Engl. **48**(5), 872-897(2010)

[66] J. H. Sakamoto, A. L. van de Ven, B. Godin, E. Bianco, R. E. Serda, A. Grattoni, A. Ziemys, A. Bouamrani. T, Hu. S. I. Ranganathan. E. De Rosa, J. O. Martinez, C. A. Smid, R. M. Buchanan. S. -Y. Lee. S. Srinivasan. M. Landry, A. Meyn, E. Thsciott, X. Liu, P. Decuzzi. M. Ferrari, Enabling individualized therapy through nanotechnology. Pharm. Res. **62**(2). 57-89(2010)

[67] M Ferrari, Frontiers in cancer nanomedicine: directing mass transport through biological banters. Trends Biotechnol. **28**(4), 181-188(2010)

[68] S. E. McNeill. Nanotechnology for the biologist. J. l. eukoc. Biol. **78**. 585-594(2005)

[69] W. R. Sanhat, J. Spiegel. M. Ferrari, A critical path approach to advance nanoensineered medical products. Drug Discov. Today Techil. 4(2)35-41(2007)

[70] M. Ferrari, M. Philibert, W. Sanhai, Nanomedocine and society. Clin. Pharmacol. Ther. 85(5)466-467 (2009)

[71] Food and Drug Administration(FDA), Fact sheet: FDA nanotechnology task force report outlines scientific, regulatory challenges(2007), Available online: http://www. fda. gov/ScienceResearch/SpecialTopics/Nanotechnology/NanotechnologyTaskForce/ucm 110934. htm. Also, the Nanotechnology task force report to which it refers, http://www. fda. gov/ScienceResearch/SpecialTopics/Nanotechnology/NanotechnologyTaskForceReport2007/default. htm

[72] P. Decuzzi, M. Ferrari, Design maps for nanoparticles targeting the diseased microvasculature. Biomaterials **29**(3), 377-384(2008)

[73] P. Decuzzi, R. Pasqualani, W. Arap, M. Ferrari, Intravascular delivery of particulate systems. Pharm. Res. 2(1), 235-243(2008)

[74] X. Yu, L. Jin, Z. H. Zhou, A structure of cytoplasmic polyhedrosis virus by cryo-electron microscopy. Nature **453**, 415-419(2008)

[75] W. Baumeister, A voyage to the inner space of cells. Protein Sei. **14**, 257-269(2005)

[76] B. Carragher, D. Fellmann, F. Guerra, R. A. Milligan, F. Mouche, J. Pulokas, B. Sheehan, J. Quispe, C. Suloway, Y. Zhu, C. S. Potter, Rapid routine structure determination of macromolecular assemblies using electron microscopy: current progress and further challenges. J. Synchrotron Radiat. **11**, 83-85(2004)

[77] V. Lucic. A. H. Kossel, T. Yang, T. Bonhoeffer, W. Baumeister. A Sartori, Multiscale imaging of neurons grown in culture: from light microscopy to cryo-electron tomography. J. Struct Biol. **160**. 146-156(2007)

[78] A. Sartori, R. Gatz, F. Beck, A. Kossel. A. Leis, W. Baumeister, J. M. Plitzko, Correlative microscopy: bridging the gap between fluorescence light microscopy and cryo-electron tomography. J. Struct. Biol. **160**, 135-145(2007)

[79] A. C. Steven, W. Baumeister, The future is hybrid. J. Struct. Biol. **163**, 186-195(2008)

[80] J. A. Heymann, M. Hayles. I. Gestmann, L. A. Giannuzzi, B. Lich, S. Subramaniam, Sitespecific 3D imaging of cells and tissues with a dual beam microscope. J. Struct. Biol. **155**, 63-73(2006)

[81] M. Marko, Focused-ion-beam thinning of frozen-hydrated biological specimens for cryoelectron microscopy. Nat . Methods. **4**, 215-217(2007)

[82] D J. Stephens, VJ. Allan, Light microscopy techniques for live cell imaging. Science **300**. 82-86(2003)

[83] X. Qian, X. -H. Peng, D. O. Ansari, Q. Yin-Goen, G. Z. Chen, D. N. Shin, L. Yang, A. N. Young. M. D. Wang, S. Nie, *In vivo* tumor targeting and spectroscopic detection with surfaceenhanced Raman nanoparticle tags. Nat. Biotechnol. **26**, 83-90(2008)

[84] S. Keren, C. Zavaleta, Z. Cheng, A. de la Zerda, O. Gheysens, S. S. Gambhir, Noninvasive molecular imaging of small living subjects using Raman spectroscopy. Proc. Nad. Acad. Sci. U. S. A. **105**, 5844-5849 (2008)

[85] DJ. Gentleman, W. C. W. Chan, A systematic nomenclature for codifying engineered nano-structures. Small **5**, 426-431(2009)

[86] RJ. Rowlett An interpretation of Chemical Abstracts Service indexing policies. J. Chem. Inf. Cornput Sci. **24**, 152-154(1984)

[87] L. Research, *The Recession's Ripple Effect on Nanotech: State of the Market Report* (Lux Research, New York, 2009)

[88] M. R. Wiesner, G. V. Lowry, KL. Jones, M. F. Hochella, R. T. Di Guilio, E. Casman, E. S. Bernhardt Decreasing uncertainties in assessing environmental exposure, risk, and ecological implications of nanomaterials. Environ. Sci. Technol. **43**, 6458-6462(2009)

[89] House of Lords of the UK Parliament Science and Technology Committee. Nanotechnologies and food 1 st Report of Session 2009-10, vol 1. HL Paper 22-1 (The Stationery Office Limited, London, 2010), Available online: http://www. publications. parliament. uk/pa/ld/ldsctech. htm

[90] M. Widmer, The "Nano Information Pyramid" as an approach to the "no data, no market" problem of Nanotechnologies(The Innovation Society, St. Gallen, 2010), Available online: http://www. innovationsgesellschaft. ch/index. php? news-id＝265&section＝news&cmd＝details

[91] Q. Li, S. Mahendra, D. Y. Lyon, L. Brunet M. V. Liga, D. Li, PJJ. Alvarez, Antimicrobial nanomaterials for water disinfection and microbial control: potential applications and impliWafer Res. **42**. 4591-4602 (2008)

[92] M. A. Shannon, P. W. Bohn. M. Elimelech. J. G. Georgiadis, BJ. Marinas, A. M. Mayes, Science and technology for water purification in the coming decades. Nature **452**. 301-310(2008)

[93] P. T. Anastas, J. C. Warner, *Green Chemistry: Theory and Practice* (Oxford University Press. New York, 1998)

[94] P. J. J. Alvarez, V. Colvin. J. Lead, V. Stone, Research priorities to advance eco-responsible nanotechnology. ACS Nano **3**. 1616-1619(2009)

[95] W. A. lee, N. Pernodet. B. Lin, C. H. Lin, E. Hatchwell, M. H. Rafailovich. Multicomponent polymer coating to block photocatalytic activity of $TiO_2$, nanopanicles. Chem. Common. Camb **45**. 4815-4817 (2007)

[96] T1 KWWing K B fiffyy F_G. Minkley. G. V. Lowrv. R. D. Millon. Impact of nanoscalc zoo valent iron on geochemistry and microbial populations in nichloroethyfene contami ¬ nated aquifer materials. Environ. ScL Technol. **44**. 3474-3480(3010)

[97] Z. Xiu, Z. Jm. T. Li, S. Mahendra, G. V. Lowiy, P. J. J. Alvarez. Effects of nano-scale valent iron particles a mixed culture decchoriating trichloroethylene. Biresoor. Techno. **101**. 1141-1146(2010)

[98] C. Kirchner, T. Liedl, S. Kurdera, T. Pellegrino, A. Muño Javier, H. E. Gaub, S. Stölzie, N. Fertig, W. J. Parak, Cytotoxicity of colloidal CdSe and CdSe/ZnS nanoparticles. Nano Lett. **5**, 331-338(2005)

[99] T. K. Jain, M. A. Morales, S. K. Sahoo, D. L. Leslie-Pelecky, V. Labhasetwar, Iron oxide nanoparticles for sustained delivery of anticancer agents. Mol. Pharm. **2**, 194-205(2005)

[100] T. S. Hauck, A. A. Ghazani, W. C. Chan, Assessing the effect of surface chemistry on gold nanorod uptake, toxicity, and gene expression in mammalian cells. Small **4**, 153-159(2008)

[101] J. A. Khan, B. Pillai, T. K. Das, Y. Singh, S. Maiti, Molecular effects of uptake of gold nanoparticles tin HeLa cells. Chembiochem **8**, 1237-1240(2007)

[102] N. R. Scon, H. Chen, Sana scale *Science and Engineering for Agriculture and Food Systems*. Roadmap report of the national planning workshop, 18-19 November 2002(USDA/CSREES. Washington, DC, 2003), Available online: http://www. nseafs. cornell. edu/web. roadmap. pdf

[103] P. R. Snnivas, M. Phil ben, T. Q. Vu, Q. Huang. J. K. Kokini, E. Saos, H. Chen, C. M. Petersen, K. E. Friedl, C. McDade-Nguttet, V. Hubbard, P. Starke-Reed, N. Miller, J. M. Betz, J. Dwyer, J. Milner, S.

A. Ross. Nanotechnology research: applications to nutritional sciences. J. Nutr. **140**. 119-124(2009)

[104] T. Tarver,Food nanotechnology: a scientific status summary synopsis. Food Technol. **60**(11), 22-26 (2006)

[105] J. Weiss. P Takhistov. J. McClement,Functional materials in food nanotechnology. J. Food Sci. **71**(9), R107-RU6(2006)

[106] N. R. Scon,Impact of nanoscale technologies in animal management,*in Animal Production and Animal Science1 Worldwide*,ed. by A. Rosati,A. Tewolde. C. Mosconi(Wageningen Academic Publishers,Wageningen. 2007),pp. 283-291

[107] N. Pidgeon,B. Herr Harthorn. K. Bryant. T. Rogers-Hayden,Deliberating the risks of nanolechnologies for energy and health applications in the United States and United Kingdom. Nat. Nanotechnol. **4**. 95-98 (2009)

[108] H. S. Rosenkrantz,A. R. Cunningham, Y. P. Zhang, H. G. Claycamp,O. T. Macina. N. B. Sussman,S. G. Grant, G. Klopman,Development, characterization and application of predictive-toxicology models SAR. QSAR Environ. Res. **10**,277-298(1999)

[109] R. Benigni, T. I. Netzeva, E. Benfenati,C. Bossa. R. Franke,C. Helma,E. Hulaebos,C. Marchanl, A. Richard,Y. -T. Woo,C. Yang,The expanding role of predictive toxicology: an update on the(Q)SAR models of mutagens and carcinogens. J. Environ. Sci,Health C **25**,S3 97(2007)

[110] B. Fuhini,Surface reactivity in the pathogenic response to pathogenic response to particilates. Environ. Health Perspect **105**. 1013-1020(1997)

[111] V. Vallyathan,S. Leonard,P. Kuppusamy,D. Pack. M. Chzhan,S. P. Sanders,J. L. Zweir,Oxidative stress in silicosis: evidence for the enhanced clearance of free radicals from whole lungs. Mol. Cell. Biochem. **168**. 125-132(1997)

[112] A. Nel,Atmosphere. Air pollution-related illness: biomolecular effects of particles. Science **308**. 804 (2005)

[113] T. Xia,N. Li. A. E. Nel,Potential health impact of nanoparticles. Annu. Rev. Public Health **30**. 21. 1-21. 14(2009)

[114] R. Becher. R. B. Hetland. M. Refsnes. J. E. Dahl,H. J. Dahlman. P. E. Schwarze,Rat lung inflammatory responses after *in vivo* and *in vitro* exposure to various stone particles,Inhal. Toxicol. **13**, 789-805 (2001)

[115] A. Keller. X,Wang,D. Zhou, H. Lenihan,G. Cherr,B. Cardinale,R. J. Miller,Stability and aggregation of metal oxide nanoparticles in natural aqueous matrices. Environ. Sci. Technol. **44**(6), 1962-1967 (2010)

[116] M. L. López-Moreno,G. de la Rosa,J. A. Hernández-Viezcas,J. R. Peral ta-Videa,J. L. Gardea-Torresdey,XAS corroboration of the uptake and storage of $CeO_2$,nanoparticles and assessment of their differential toxicity in four edible plant species. J. Agrie. Food Chem. **58**,3689-3693(2010)

[117] R. J. Miller. H. S. Lenihan, E. B. Muller,N. Tseng,S. K. Hanna,A. A. Keller,Impacts of metal oxide nanoparticles on marine phytoplankton. Environ. Sci. Technol(online publication 14 May 2010). doi:l0. I021/esl00247x

[118] Z. Ji,X. Jin,S. George,T. Xia,H. Meng,X. Wang,E. Suarez,H. Zhang,E. M. V. Hoek. H. Godwin,A. E. Nel,J. I. Zink,Dispersion and stability optimization of $TiO_2$ nanoparticles in cell culture media. Environ. Sci. Technol(online publication 10 June2010). doi: 10. 1021/es100417s

[119] P. Wang, A. Keller, Natural and engineered nano and collodial transport: role of zeta potential in prediction of particle distribution. Langmuir **25**(12), 6856-6862(2009)

[120] P. Wang, Q. Shi, H. Liang, D. Steuerman, G. Stucy, A. A. Keller, Enhanced environmental mobility of carbon nanotubes in the presence of humic acid and their removal from aqueous solution. Small **4**(12), 2166-2170(2008)

[121] J. Priester, P. Stoimenov, R. Mielke, S. Webb, C. Ehrhardt, J. Zhang, G. Stocky, P. Holden, Effects of soluble cadmium salts versus CdSe quantum dots on the growth of planktonic *Pseudomonas aeruginosa*. Environ. Sci. Technol. **43**(7), 2589-2594(2009)

[122] M. A. Kiser, P. Westerhoflf, T. Benn, Y. Wang, J. Pérez-Rivera, K. Hristovski, Titanium nanomaterial removal and release from wastewater treatment plants. Environ. Sci. Technol. **43**, 6757-6763(2009)

[123] T. M. Benn, P. Westerhoff, Nanoparticle silver released into water from commercially avail ¬ able sock fabrics. Environ. Sci. Technol. **42**, 4133-4139(2008)

[124] A. Kiser, H. Ryu, G. Jang, K. Hristovski, P. Westerhoff, Biosorption of nanoparticles on heterotrophic wastewater biomass. Water Res. 44(14), 4105-4114(2010). doi: 10. 1016(j. watres. 2010. 05. 036

[125] P. Westerhoff, G. Song, K. Hristovski, M. A. Kiser, Occurrence and removal of titanium at full scale wastewater treatment plants: Implications for TiO₂ Nanomaterials, J. Environ. Moni. DOI: 10. 1039/ C1EM10017C(2011)

[126] ChemicalWatch, A range of tools are needed to communicate the risks of nanomaterials through the value chain. Monthly Briefing(CW Research, Shrewsbury, 2010), Available at: http://chemical watch. com/3311

[127] P. Aguar, J. J. Murcia Nicolàs, EU Nanotechnology R&D in the Field of Health and linvironmental Impact of Nanoparticles(European Commission Research Directorate-General(PP6/7), Brussels, 2008), Available online: ftp://ftp. cordis. europa. eu/pub/nanotechnology/docs/fi nal-version . pdf

[128] National Institute of Standards and Technology(NIST), Advance Technology Program(ATP)economic studies, survey results, reports and working papers(2009)(online index), Available online: http:// www. atp. nist. gov/eao/eao _pubs. htm

[129] Environmental Defense Fund(EDF), DuPont nano risk framework(2008), Available online: http://innovation. edf. org/page. cfm? tagID＝30725

[130] DuPont, Position statement: DuPont NanoScale Science & Engineering(NS&E)(2010), Available online: http://www2. dupont. com/Media_Center/en_US/position_statements/nano technology. html

[131] International Organization for Standardization(ISO), Web ale of ISO Technical Committee 229(Nanotechnologies)(2010), http://www. iso. org/iso/iso_technical_committee? commid ＝381983

[132] National Institute for Occupational Safety and Health(NIOSH), Strategic plan for NIOSH nanotechnology research and guidance: filling the knowledge gaps(DHHS/CDC, Adama, 2008), Available online: http://wwwxdc. gov/niosh/topics/nanotech/strat_plan. html

[133] National Institute for Occupational Safety and Health(NIOSH), Progress toward safe nanoechnology in the workplace (DHHS/CDC, Atlanta, 2007), Available online: httpV/www. cdc. gov/niosh/doc8/ 2007-123

[134] M. Methner, L. Hodson, C. Geraci, Nanoparticle emission assessment technique(NEAT)for the identifi cation and measurement of potential inhalation exposure to engineered nanomaterials - Part A. J. Occup. Environ. Hyg. 7, 127-132(2010)

135] National Institute for Occupational Safety and Health(NIOSH), NIOSH current intelligence bulletin: evaluation of health hazards and recommendations for occupational exposure to titanium dioxide, in Final Policy Clearance for Full Publication(NIOSH, NIOSH Docket ♯ 100, Washington, DC, 2005), Available online: http://www. cdc. gov/niosh/review/public/tio2

136] National Institute for Occupational Safety and Health(NIOSH), NIOSH current intelligence bulletin: occupational exposure to carbon nanotubes and nanofibers. Draft being * evaluated for policy clearance for placement online on the NIOSH Web site for public comment. Approval anticipated by the end of 2010

137] M. Riedicker, G. Katalagarianakis(eds. ), Compendium of projects in the European NanoSafety Cluster ( 2010 ), Available online: ftp://ftp. cordis. europa. eu/pub/nanotechnology/docs/compendium-nanosafety-cluster2010_en. pdf

# 第5章 纳米技术与可持续发展：环境、水、粮食、矿产和气候

Mamadou Diallo，C. Jeffrey Brinker

**关键词**：纳米材料　水过滤　清洁环境　粮食和农业系统　矿产　气候变化　交通运输　生物多样性　绿色生产　地球工程　国际展望

全球可持续发展面临着众多挑战，涉及多个领域。本章主要关注纳米技术为清洁环境、水资源、粮食供应、矿产资源、绿色生产、人类住所、交通运输、气候变化和生物多样性所提供的可持续性的解决方案。"第6章　纳米技术与可持续发展：能源的转换、储存和保护"主要关注基于纳米技术的能源解决方案及其对其他可持续发展领域的影响。

## 5.1　未来十年展望

### 5.1.1　过去十年进展

布伦特兰委员会（Brundtland's Commission）把可持续性放在社会、经济和环

\* 撰稿人：André Nel, Mark Shannon, Nora Savage, Norman Scott, James Murday.

M. Diallo (✉)
Environmental Science and Engineering, Division of Engineering and Applied Science,
California Institute of Technology, 1200 East California Boulevard, Mail Stop 139-74,
Pasadena, CA 91125, USA
and
Graduate School of Energy, Environment, Water and Sustainability (EEWS),
Korea Advanced Institute of Science and Technology (KAIST), 291 Daehak-ro, Yuseong-gu,
Daejeon 305-701, Republic of Korea
e-mail: Diallo@wag.caltech.edu, mdiallo@kaist.ac.kr

C.J. Brinker
Department of Chemical and Nuclear Engineering, University of New Mexico,
1001 University Boulevard SE, Albuquerque, NM 87131, USA
and
Department 1002, Sandia National Laboratories, Self-Assembled Materials,
Albuquerque, NM 87131, USA

境因素的中心地位(图 5.1)，指出"可持续发展是指既能满足当代人的需求，又不损害后代人满足其需求的能力的发展模式"[1]。可持续性同时包含了对人、对环境和对经济的考虑。为了达到可持续性这一目的，最关键的是处理好"社会系统"(即支持人类在地球上生存的各种社会机构)、"地球系统"(即满足人类生活的地球生态系统)和"人体系统"(即影响人体健康的各种因素)之间的复杂关系[2]。每个人的生活和成长都离不开粮食、水、能源、住所、衣物、医疗、工作等。21 世纪人类所面临的最大的挑战就是在给人类提供更好的生存条件的同时，使人类活动对地球生态系统和环境所造成的影响最小化。

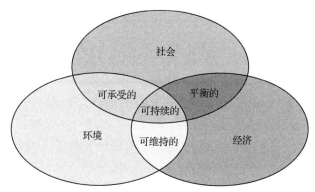

图 5.1　可持续性的三个立足点

　　在 2000 年，纳米研究的主要内容是发现和表征纳米材料以及模拟纳米尺度的一些现象。随着纳米技术的发展，有关可持续性的两个关键问题被提到了未来十年的研究日程上：

　　·如何利用纳米技术来解决全球可持续性发展中的问题？

　　·纳米技术自身是否能以可持续的模式发展？

　　在美国国家纳米计划(National Nanotechnology Initiative，NNI)提出后，纳米技术就被寄希望于能为水、能源、粮食、住所、矿产资源、清洁环境、气候和生物多样性的供应与保护提供可持续性的解决方案。事实上，可持续发展就是 NNI 的一个出发点。在 1999 年发布的纳米技术研究指南报告中，"通过显著降低材料和能源的消耗、减少污染源和提高再生利用率来维持工业的可持续发展"被列为 NNI 的一个重要目标[85]。随后，在 2000 年 9 月 15 日康奈尔纳米制造中心举行的一场演说中，美国国家科学基金会的 Mike Roco[3](随后他成为了美国国家科学技术委员会纳米科学与技术分委员会的联合主席)讨论了如何利用纳米技术提高农业粮食产率以满足日益增长的人口需求，提供更加经济有效的水处理和脱盐技术，以及发展可更新的能源如更高效的太阳能转换设备。他认为纳米技术能够"突破现有可持续发展中的一些限制……如纳米尺度上的生产就是一种可持续的模式：更少的材料,更少的水,更少的能源,产生更少的生产废弃物,而且可以提供新的能源转化和水过滤方法……"[4]。

### 5.1.2　未来十年愿景:一个平衡的世界

在过去 10 000 年中,地球已经经历了许多轮的环境大变迁,伴随着人类文明的兴起、发展和繁荣。在这个过程中,地球的环境始终保持在一个稳定的状态[5]。但是,这种稳定目前已受到了地球上庞大的人口数目的严重威胁。到 2012 年,全球总人口已达到大约 70 亿[6],而且全世界的人均工业产量还在继续增长。

从工业革命以来,人类活动就成为了全球环境变化的主要推动力,这使地球系统(图 5.2)逐渐脱离了稳定的状态并将会造成严重的后果。这一观点主要是恢复联盟(Resilience Alliance)的研究人员提出来的[5]。他们将地球系统定义为影响地球环境状态的物理、化学、生物和社会经济过程的总和。Rockström 等[5]提出了一个新理论框架——"地球界限"来"评估在地球系统中人类活动的安全范围"。他们从 9 个方面来定义地球界限,这 9 个方面构成了地球可持续发展的基础:气候变化、生物多样性减少速率(包括陆生和海生)、氮循环和磷循环的干扰因素、平流层臭氧损耗、海洋酸化、全球淡水消耗、土地使用、化学污染和大气气溶胶含量(见图 5.2 和表 5.1)。

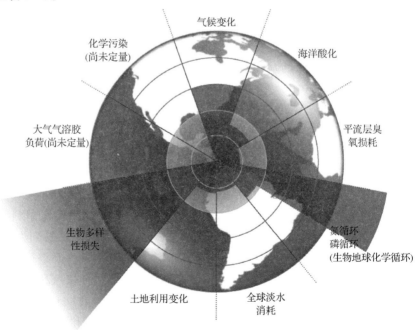

图 5.2　地球界限理论:内圈的绿色阴影部分代表安全范围,其轮廓即为界限水平。
每个楔形区域的边界代表目前所处的水平(根据表 1 中的参数估计)[5]

**表 5.1　地球界限理论中的界限水平和目前所处的水平**

地球界限

| 地球系统过程 | 评价参数 | 界限水平 | 现状水平 | 工业前水平 |
|---|---|---|---|---|
| 气候变化 | (1)大气层中二氧化碳浓度(百万分之一体积) | 350 | 387 | 280 |
| | (2)辐射强迫的变化(瓦/平方米) | 1 | 1.5 | 0 |
| 生物多样性减少速率 | 消减速率(每百万物种消减的物种数/年) | 10 | >100 | 0.1~1 |
| 氮循环(与磷循环共界限) | 大气层中人类消耗的 $N_2$ 总量(Mt/a) | 35 | 121 | 0 |
| 磷循环(与氮循环共界限) | 进入海洋的磷的总量(Mt/a) | 11 | 8.5~9.5 | ~1 |
| 平流层臭氧损耗 | 臭氧浓度(Dobson 单位) | 276 | 283 | 290 |
| 海洋酸化 | 全球海洋表层水中碳酸盐的平均饱和态 | 2.75 | 2.90 | 3.44 |
| 全球淡水消耗 | 人类消耗的淡水($km^3/a$) | 4000 | 2600 | 415 |
| 土地使用 | 全球转化成耕地的土地比例 | 15 | 11.7 | 低 |
| 大气气溶胶含量 | 区域背景下大气中颗粒物的总体浓度 | 待测 | | |
| 化学污染 | 例如:释放到环境中的持久性有机污染物、塑料、内分泌干扰物、重金属和核废料的总量、环境浓度及其对生态系统和地球系统造成的影响 | 待测 | | |

来自: Rockström 等[5]。

　　Rockström 等[5]认为,人类活动对地球系统过程的影响必须要保持在地球界限内,才能避免灾难性的环境变化;他们认为目前人类已经超过 9 个界限中的 3 个:①大气 $CO_2$ 浓度;②生物多样性消减速率;③生物圈 $N_2$ 的摄入量。而在全球淡水消耗方面,他们认为"剩余的安全空间大体上可能还可以满足未来人类对淡水的需求"(http://www.ecologyandsociety.org/vol14/iss2/art32)。

　　可以预期的是,纳米技术能够对地球可持续发展的各个方面产生都积极的影响。这些影响能够用一些量化的指标来进行衡量,例如地球界限中的评价参数(如大气 $CO_2$ 浓度等)。在下面的讨论中,我们将重点关注在下一个十年中纳米技术有可能产生重大影响的可持续发展领域,以能源、水、自然资源等的利用率作为可持续性的最重要的评价指标。

# 5.2　过去十年的进展与现状

为了回答上面提出的有关可持续性的两个关键问题,在下面的部分将围绕可持续性的 9 个目标(即地球界限理论中的 9 个方面)来进行讨论,评价纳米技术如何促进这些目标的达成和其中涉及的量化指标的变化。

### 5.2.1　可持续的水供应:提供洁净的水源

世界上许多地区在可持续的水资源供应方面都面临着许多困难,这包括人类生活、农业、食品加工、能源、矿物冶炼、化学和工业生产等各个方面的用水。随着人口的增长,对水资源的需求量越来越大;与此同时,淡水污染和盐化日趋严重,地下水消耗变快,积雪和冰川由于气候变化发生消融,蓄水量也日益减少,这些因素使水资源供应的压力越来越大。图 5.3 是美国的淡水资源分布图。红色区域代表在 1980 年到 1999 年间地下蓄水层下沉超过 60 英尺(1 英尺＝3.048×10⁻¹ m)的地区。需要注意的是,随着地下蓄水层下沉,其含盐量也会显著升高。地下水的盐化已成为美国墨西哥湾沿岸、大西洋和太平洋南部沿岸等地区日益严重的问题。

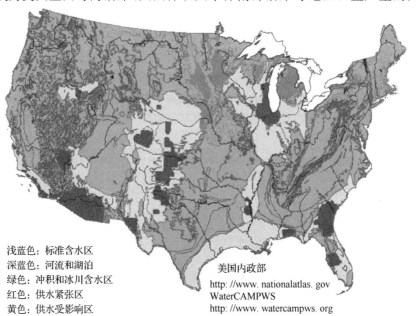

图 5.3　美国的淡水资源分布图,包括所有的河流、湖泊、标准和"远古"地下水。过量取水会使地下水量骤减并影响到整个供水。图中红色区域代表地下水供应紧张的区域,黄色代表地下水受到影响的区域[7]

由于地表污染物和营养物质（硝酸盐和磷酸盐）的排放，河水和湖泊水的盐化也在日益加剧。

目前水供应在减少，但经济在发展，人口在增长，能源消耗也在增加，这都需要越来越多的水资源。图 5.4 预测了未来二十年的美国耗水量情况。

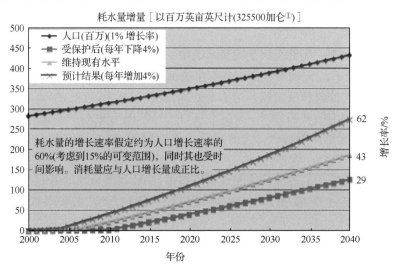

图 5.4　美国耗水量预测。最顶部的线代表美国总人口增长，增长速率假定为 1%（介于最高和最低估计值）[7]。水供应的增长必须维系人口的增长速率，以人均消耗量的变化估算，情况如下：在现有的技术条件下，随着经济的增长和能源消耗的增多，将会产生每年人均 4% 的增幅，到 2040 年耗水量将增加 62%（第二根线）；若维持现有的水平，到 2040 年耗水量将增加 43%（第三根线）；若因为水资源保护和使用效率的提高，导致每年人均 4% 的降幅，到 2040 年耗水量将增加 20%（最底下的线）。经预测，到 2040 须减少 60% 的生活用水、30% 的能源用水和 20% 的农业和畜牧业用水，要达到这些目标必须要有新的技术产生

除了美国，世界上其他很多地区也面临着水资源供应紧张的问题。联合国环境规划署（UNEP）预测，到 2020 年世界上的许多地区都会产生淡水短缺的情况[8]。

纳米技术能够提供高效、低成本和环境可持续性的解决方案，为人类生活、农业、工业提供清洁的水源。

现状

过去十年，在水处理、脱盐和再生领域，纳米技术取得了很多突出的进展[9-13]，例如：

· 纳米吸附剂。具有高吸附容量和选择性，能够从受污染的水体中高效地去

—————————————————
① 1 加仑＝3.78541 升。

除阴、阳离子和有机物质,这些纳米吸附剂包括纳米黏土、金属氧化物纳米粒子、沸石、纳米多孔碳膜、纳米多孔聚合物等。

· 纳米催化剂和具备氧化还原活性的纳米粒子。能够有效地将有毒有机物质和氧负离子转化为无毒的副产物,包括能够被可见光活化的纳米 $TiO_2$ 光催化剂、具有氧化还原活性的零价纳米铁($Fe^0$),双金属纳米催化剂如 $Fe^0/Pd^0$、$Fe^0/Pt^0$、$Fe^0/Ag^0$、$Fe^0/Ni^0$ 和 $Fe^0/Co^0$。

· 纳米杀菌剂。能够杀灭受污染水源中的细菌,同时不产生有毒的副产物,包括 $MgO$ 纳米粒子、$Ag^0$ 纳米粒子和具有生物活性的枝状聚合物。

· 纳米结构滤膜和反应膜。用于水处理、脱盐和再生,包括:①碳纳米管滤膜,能够除去水中的细菌和病毒[14];②反渗透(RO)膜,具有更高的水通量,如沸石纳米复合膜[15]和碳纳米管膜[16];③纳米纤维聚合物膜,具有更高的分离效率和水通量[86]。

· 基于纳米粒子的过滤系统和设备。包括:①枝状聚合物增强的超滤系统,能够使用低压膜过滤除去水溶液中的离子[17,18];②纳流海水脱盐系统[19](见 8.8.1 节)。

### 5.2.2　食品安全和可持续性:养活地球

2008 年,美国的粮食消耗总成本是 11 650 亿美元[20]。另一项与此相关的开支是与饮食传染相关的医疗费用,为每年 1 520 亿美元[21]。Godfray 等[22]预测到 2050 年世界总人口将达到 90 亿,在未来 40 年世界将面临严重的粮食供应问题。要解决这个问题,必须生产更多的粮食,同时要从根本上改变现有的农业生产模式:①尽可能地减少农业和粮食工业对环境的影响;②控制全球气候变化的影响;③保证粮食供应的安全性。纳米技术的应用能够在粮食的生产、加工、储藏和分配方面都起到重要作用[23-25]。

现状

在 2002 年 11 月华盛顿召开的研讨会报告发表后,纳米技术在农业和粮食系统中的应用就被提上了美国的科研日程[26]。在报告中,提出了一些可能的应用方面,包括:

· 疾病诊断和治疗中的传输系统;

· 分子和细胞繁殖的新手段;

· 开发新的和改善现有的食品(如开发尺寸更小、更均一的食物颗粒,耐热巧克力,食品粉末乳液等);

· 新的食品包装材料。

到目前为止,纳米技术已经在食品材料(纳米粒子、纳米乳液和纳米复合物)、食品和生物安全(纳米传感器和纳米示踪器)、食品生产(运输和包装)和加工(纳米

生物技术)等各方面都取得了许多显著进展,例如:

- 利用分子印迹聚合物来识别和检测植物及昆虫病毒;
- 在一些重要的农业微生物环境中,利用 DNA 纳米条形码监测细菌;
- 利用纳米复合材料检测穿孔毒素;
- 表面增强拉曼光谱(SERS)纳米传感阵列检测经食物传播的细菌和毒素;
- 利用可食用的纳米粒子作为食品质量和安全的传感器;
- 加工具有控制释放特性的可食用纳米复合"营养"膜;
- 利用纳流阵列检测病原体和细菌。

## 5.2.3　可持续的住所:为人类提供居所

在美国,商用和民用住房要消耗总能源的 40%,排放的 $CO_2$ 占总 $CO_2$ 排放量的 39%[27]。其中,取暖、制冷和照明占到了商用和民用住房消耗总能源的约 50%[27]。因此,提高住房的能源使用效率能够显著减少建筑对环境造成的影响。美国能源部(DOE)倡议了一系列的研究计划来开发和论证零能源建筑(ZEB)[28]。ZEB 的设计和建造理念就是实现全年的零净能源消耗和零碳排放。

现状

纳米技术为 ZEB 的一些关键组件提供了一个多功能的制造平台,例如:①超绝缘气溶胶(见"第 11 章　纳米技术应用:高性能材料和潜在的领域");②更高效的固态照明和加热系统(见"第 6 章　纳米技术与可持续发展:能源的转换、储存和保护")。

## 5.2.4　可持续的交通运输:制造"绿色"的交通工具

在美国,交通运输产生的 $CO_2$ 约占总 $CO_2$ 排放量的 33%,交通运输要消耗 66% 的燃油,产生 50% 的城市空气污染[29-31]。包括美国在内的很多国家都出台了绿色交通工具的研发计划,包括电力和混合动力驱动的汽车、货车和客车,旨在提高 50% 的燃油利用率(见 DOE 1.87 亿超级货车研发计划网站,http://www.energy.gov/8506.htm)。在下一代可持续性的海、路、空交通运输系统的一些关键组件的构建中,纳米技术正在发挥重要作用。

现状

美国国家研究委员会的一项研究指出,汽车燃油消耗与车重呈线性关系(图 5.5)[32]。NNI 在早期就预见纳米技术能够制造出"强度是目前的十倍但是重量更轻的钢铁材料"[33]14。例如,单壁碳纳米管(SWNTs)的密度校正模量和强度分别是钢丝的 19 和 56 倍[34],因此 SWNTs 很有可能用于制造新型的汽车材料,具备更轻的质量和更强的机械性能。这其中的关键问题在于如何使 SWNTs 在基体(如聚合物)中分散均匀,并且通过设计 SWNTs 与基体材料之间的界面来控制两者之间的黏附性和压力传递。过去十年中,在碳纳米管-聚合物复合纳米材料

(PNCs)和 PNCs 黏土的开发方面已取得了显著的进展,获得了一系列硬度、强度和韧性更强的材料[35,36]。

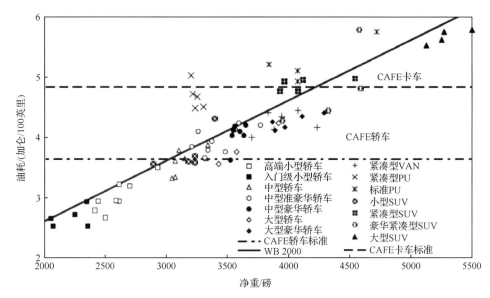

图 5.5　车重和燃油消耗之间的关系。例如,减少 20% 的车重,燃油消耗也会相应地减少 15%[32]
CAFE:平均燃油经济性标准

### 5.2.5　矿产资源:可持续的矿物提取与使用

　　天然矿物资源来自地球的岩石圈、水圈、生物圈和大气圈,是构建可持续发展的人类社会的基石。矿产资源与能源、水一样,都是经济发展所不可或缺的。2006年,经美国国家研究委员会(NRC)估测,非燃油类的矿产资源对美国经济的附加值超过了 2.1 万亿美元[9]。

　　原位采矿(ISM)目前正成为更高效、环境更友好的贵金属采矿技术[36]。原位浸矿(ISL)就是一种 ISM 技术,在提取贵金属/元素(如 U(VI)、Cu(II)和 Au(I))时,直接将浸出液(通常也叫浸滤液)注入到地下的矿区进行提取(图 5.6)。ISL在采矿和回收目标矿物的时候不需要将矿区以上的土地挖开。在铀矿开采中,当矿区以上部分是可渗透性的地表结构如沙石的时候,ISL 就成为了技术上的最佳选择[32]。目前世界上大约 20% 的铀都是通过 ISL 法开采的。

　　虽然美国是目前世界上最大的矿石生产国,但是依然有 70% 的重要矿物原料依赖于进口,其中包含很多被美国国家研究委员会列入了重要矿物清单的矿物[9]。除了在核能工业中使用的铀,其他一些重要工业也需要使用大量的矿石原料(表5.2),如铜、锰、锂、钛、钨、钴、镍、铬、铂类金属(如铂、钯和钌)和稀土元素(如铈、铈、钕、钆、铽)[9]。

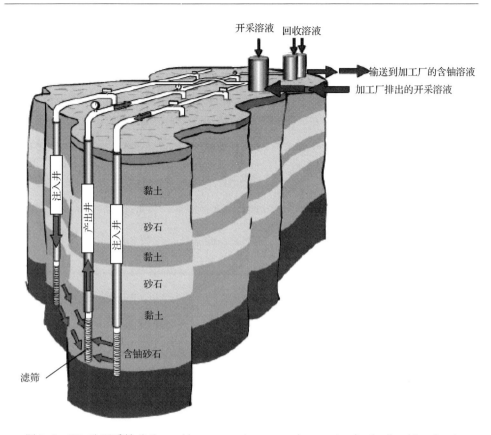

图 5.6　ISL 法开采铀矿（http://www.uraniumsa.org/processing/insitu_leaching.htm）

表 5.2　稀土元素的用途

| 用途 | 比例 |
| --- | --- |
| 汽车催化转化器 | 32 |
| 冶金添加剂和合金 | 21 |
| 玻璃抛光和陶瓷 | 14 |
| 磷（电视、显示器、雷达、照明） | 10 |
| 石油精炼催化剂 | 89 |
| 永磁体 | 2 |
| 其他 | 13 |

资料来源：美国国家研究委员会地球资源分委员会，重要矿物对美国经济影响评价委员会[9]。

在可持续的能源生产与储存中，纳米技术被广泛应用于相关材料、设备和系统的构建，而这又建立在对多种矿产资源的需求的基础上（表 5.3；又见"第 6 章　纳米技术与可持续发展：能源的转换、储存和保护"）[37]。

**表 5.3　纳米材料在动力和能源系统中的一些应用**

| 启动公司 | 技术 | 电源部件 | 应用 | 使用的纳米材料 |
|---|---|---|---|---|
| A₁₂₃电池系统 | 磷酸锂盐(LFP) | 实用产品 | 频率调节 | LFP 纳米粒子 |
| Altair Nanotechnologies | 钛酸锂盐(LTO) | 实用产品 | 频率调节 | LTO 纳米粒子 |
| GeoBattery | LFP | 实用产品 | 网格存储 | LFP 纳米粒子 |
| A₁₂₃电池系统 | LFP | 便携式电源产品 | 电源 | LFP 纳米粒子 |
| American lithium energy | 锂镍钴氧化物(LNCO)、LFP | 便携式电源产品 | 电动车 | LFP 纳米粒子 |
| Anzode | 镍锌 | 便携式电源产品 | 电动车 | 纳米多孔锌 |
| CFX battery | 一次性锂 | 便携式电源产品 | 军用 | 碳纳米管、纳米多孔碳、石墨烯 |
| China BAK battery | 锂离子,包括LCO、镍锰钴(NMC)、锂锰尖晶石(LMS)、LFP | 便携式电源产品 | 电动车、滑板车、电源 | LFP 纳米粒子 |
| International battery | 锂离子,包括NMC、LFP | 便携式电源产品 | 便携式军用电源 | LFP 纳米粒子 |
| K₂ energy solutions | LFP | 便携式电源产品 | 电源、园艺工具、电动车、滑板车 | LFP 纳米粒子 |
| NanoeXa | LFP 和 NMC | 便携式电源产品 | 电源 | 纳米结构 LFP、纳米结构 NMC |
| Pihsiang energy technology | LFP、锂聚合物 | 便携式电源产品 | 医疗、电动车、滑板车 | 碳涂层 LFP 纳米粒子 |
| Planar energy devices | 锂离子 | 便携式电源产品 | 军用和专用手持设备 | 纳米增强复合物 |

资料来源:Lux[37]。

现状

目前,纳米技术在矿物勘探、开采、提取和加工中的应用还较少。在前瞻协会(Foresight Institute)发布的一份白皮书中,Gillett[38]考察了纳米技术在矿物提取和贵金属/贵重元素加工中的应用潜力。虽然美国地质调查局出台过一份纳米研究计划,但目前研究还主要局限于细菌介导的纳米粒子合成和对工程纳米粒子的环境影响的表征上(http://microbiology.usgs.gov/nanotechnology.html)。在过去十年,在贵金属离子的提取方面,开发了一些高容量、高选择性和可回收的超分

子配体与吸附剂,取得了如下一些重要进展:

· 枝状聚合物螯合剂,可用于多种贵金属的提取,如 Cu(II)、Ni(II)、Zn(II)、Fe(III)、Co(II)、Pd(II)、Pt(II)、Ag(I)、An(I)、Gd(III)、U(VI)[87,18]

· 基于枝状聚合物的分离体系,可用于从溶液中回收金属离子[17,18](5.8.3 节)

· 基于介多孔载体-自组装单层膜的纳米吸附剂,可用于多种金属离子的回收,如 Cu(II)、Ni(II)、Zn(II)、Fe(III)、Co(II)、Pd(II)、Pt(II)、Ag(I)、An(I)、Gd(III)、U(VI)[39]

## 5.2.6　可持续的生产:减少工业对环境的影响

工业生产对环境具有严重影响。首先,它需要消耗大量的原料、能源和水;其次,它会产生大量的废弃物(包括气态、液态和固态的)和有毒的副产物,需要进行掩埋或转化为其他无毒的产物。因此,许多工厂在废弃物处理和环境修复方面都花费了大量的金钱和人力。绿色生产是指通过多种途径来达到以下目的:

· 设计和合成环境友好的化合物和工艺过程(绿色化学)

· 开发和商品化环境友好的工业过程和产品(绿色化工)

纳米技术能够促进各个方面的绿色生产,包括半导体、化工、石油化学、材料加工、医药以及其他许多工业领域[40]。

现状

亚利桑那大学环境友好半导体制造工业研究中心下属的半导体研究公司目前正在研究使用纳米技术来减少半导体工业对环境的影响[41],如开发使用纳米膜来组装微芯片的新方法(如选择性沉积法)。碳纳米管和纳米黏土也被用于聚合物材料中的阻燃添加剂,这些材料被期望能够在未来取代目前使用的有毒溴代阻燃添加剂[42]。铁基纳米催化剂在贵重化学品合成中能够提供更高的产率(~90%)并减少废料的产生。Zeng 等[43]开发了一种可回收利用的 $Fe_3O_4$ 磁性纳米材料,能够催化醛、炔和胺的偶联反应生成生物活性中间体如炔丙基胺类,通过磁性分离可将 $Fe_3O_4$ 磁性纳米催化剂回收利用,重复使用 12 次后也不会发生失活。

## 5.2.7　维持清洁的环境:减少污染的影响

绿色生产被证明是减少甚至消除排放到土壤、水和空气中的有毒污染物的最有效的办法。但是,大规模地推广绿色生产可能需要数十年的时间。因此,在短期内需要有更有效、更经济的办法来监测环境中的污染物(环境监测),减少工业污染源排放(废物处理),以及清理受污染的地区(环境修复)。2010 年的墨西哥深水海湾漏油事件(http://www.energy.gov/open/oil_spill_updates.htm)也表明需要有更有效的技术来监测和清理海洋生态系统中的原油泄漏。

现状

工程纳米材料在传感和检测设备中的应用使开发新一代的环境监测理念、设备和系统成为可能[44-48]。与传统传感器相比，纳米传感器能耗更低，对资源需求量更小，而且重复利用性更好。设备中可以整合多种传感与检测模块，如化学模块（如分子识别）、光学模块（如荧光）和机械模块（如共振）。一些可能的应用包括检测气态、液态或土壤介质中的化合物，生物介质（细胞、器官、组织等）中的样品采集与检测，以及一些物理参数（压力、温度、距离等）的监测。即使有害目标分析物的浓度非常低，纳米传感器也能够进行快速、准确的检测。

纳米技术也可以用来开发更高效、更经济的废物处理和环境修复技术[12,49]。零价纳米铁（NZVI）颗粒已被证明是一种非常高效的氧化还原介质，可用于多种有机污染物的降解，特别是氯代烃类[50-52]。含有高度枝化的纳米聚合物的枝状纳米材料已被成功地用于"封闭"环境中的污染物。这种枝状纳米材料一般可回收，具有良好的水溶性，在无机污染物、重金属、生物污染物和辐射物的去除中都具有极大的应用潜力[53-56]。另一项重大进展是制备浸润性可控的纳米线膜，其浸润性可从超疏水变化到超亲水，在清理原油泄露中具有很好的应用潜力（见 5.8.4 节）。

### 5.2.8 保护地球的气候：减少温室气体的影响

全球气候变化是 21 世纪全世界面临的最棘手的问题[57]。在过去二十年，人们逐渐达成共识，化石燃料（如煤炭和石油）燃烧释放的二氧化碳（$CO_2$）是全球气候变化的主要原因[57]。目前，化石燃料提供着全球 80% 的能源需求[58]。虽然有很多非 $CO_2$ 释放型的能源正在开发中（见第 6 章），但是在未来很长一段时间里，世界仍需要燃烧大量的化石燃料。因此，碳捕集与封存技术（CCS）在短期和中期内仍然是切实有效的减少大气 $CO_2$ 含量的方法[58]。

现状

CCS 技术中最重要的步骤是将 $CO_2$ 从气体混合物中高效、高选择性地分离出来。纳米技术能够制造高效、低成本、环境适宜的吸附剂，用于火力发电厂与相关工厂的烟道气中 $CO_2$ 的分离（捕集与释放）（图 5.7）。过去 5 年中，在这方面取得了很多显著的进展，例如：

- 氨基共价修饰的纳米多孔二氧化硅颗粒[59]
- 纳米金属有机骨架材料（MOFs）[60]
- 纳米沸石咪唑酯骨架结构材料（ZIF）[61,62]（见 5.8.5 节）

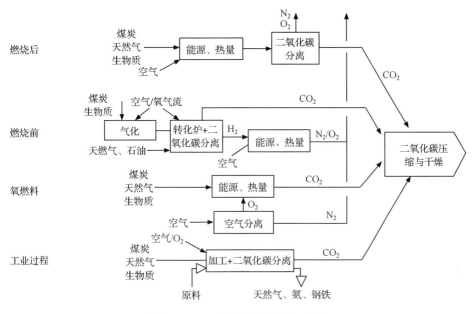

图 5.7　CCS 技术中的气体分离[58]

### 5.2.9　维持地球的自然资本：保护地球生态系统的生物多样性

人类的生存与发展严重依赖于地球的自然资本——生物资源和生态系统。地球的生物资源是极其多样的，包括无数种植物、动物、微生物，它们为人类提供了大部分的食物、种子、医药中间体和木制品[63]。地球拥有多种多样的生态系统（如湿地、雨林、海洋、珊瑚礁和冰川），为以下方面提供了基本设施：①水的储存和释放；②$CO_2$的吸收和储存；③营养物质的储存和回收；④污染物的吸收和降解。保护地球生态系统的生物多样性对于人类的生存和发展至关重要。

现状

纳米技术在保护生物多样性中的应用目前研究还较少[64]，在这方面未来还需要更完备的研究和发展规划。

## 5.3　未来 5～10 年的目标、困难与解决方案

### 5.3.1　可持续的清洁水供应

清洁水源的供应是 21 世纪人类社会和经济面临的最严重的问题之一[12,13]。如前所述，世界上许多地区对水的需求越来越高，但淡水供应却越来越紧张。能源问题和水问题密切相关（图 5.8）。能源的产出需要大量清洁的水资源，而水的生

产和运输也需要大量的能源。因此,能源与水的这种相互依存的关系[65]加剧了全球淡水资源的供应压力。

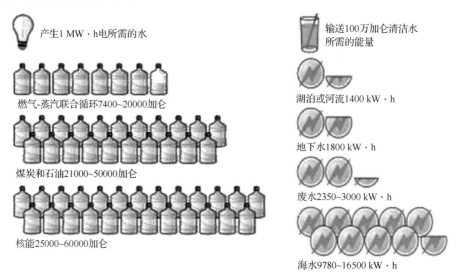

图 5.8　能源与水密切相关;两者都处于供应短缺的状态;因此,这两个问题需要同时解决

联合国政府间气候变化专门委员会发布的一份报告中指出[66],全球气候变化会从几个方面对世界淡水供应造成不利影响:①使干旱和洪涝灾害发生的频率增高;②使积雪和冰川中储备的水量减少;③使水中的盐度增加,并促进了沉积物、营养物质和污染物在不同流域之间的传播,使整体的水质下降。因此,在未来十年和更长远的时期内,为了满足全世界日益增长的清洁水源需求,必须要大力提高从受损水体(如废水、微咸水和海水)中提取清洁淡水的量。

· 大约 70%～90% 的农业和工业用水通过废水的形式返回到环境中[7]。废水含有 25 MJ/kg 干重的有机物质,包括营养物质和具有燃烧值的化合物[7]。目前废水的处理技术是能耗型的矿化技术;未来必须要发展更高效的萃取技术来从废水中提取清洁水、能源、营养物质和有用的有机物质。

· 海水和含盐地下水中的微咸水占到了全球水总量的～97%[13]。从含盐水中每提取 1 m³ 的清洁水需要消耗大约 2.58～4.36 kW·h 的能源[65]。未来必须要发展能耗更低的萃取技术来从微咸水和海水中提取清洁水和有价值的矿物质(如锂)。

纳米技术、化学分离、生物技术和膜技术的结合,将给水脱盐和再生技术带来革命性的变化,主要包括以下几个方面:

· 太阳能电化学和光催化体系,可用于从废水中提取清洁水和产生能源物质(如氢气)(见 5.8.2 节)。

· 分离体系(如分离膜和吸附剂)，可从工业和市政废水中选择性地提取清洁水和有价值的物质(如有机物和营养物质)。

· 低能耗的膜和过滤体系，可选择性地去除和结合微咸水及海水中的离子，并且具有很高的水回收率(>90%)和极小的环境危害(如卤水产生更少)。

· 太阳能和高性能去离子体系，能够以低成本去除微咸水和海水中的盐类，且环境危害小(卤水产生更少)。

## 5.3.2　可持续的农业和粮食生产

可以预期，纳米技术与生物技术、植物学、动物学、粮食和农作物科技的结合必将在未来 5~10 年内带来革命性的进展，包括：

· 在基因和细胞水平上对农作物、动物和微生物实现"再造工程"；

· 利用纳米生物传感器识别粮食中病原体、毒素和细菌；

· 利用识别系统对动物和植物原料实现从产生到消耗的全程跟踪；

· 利用纳米技术开发具有更低热量，更少脂肪、盐和糖，但同时味道和口感不变的食物；

· 在植物和动物养殖中使用传感、监测和积极响应介入的集成系统；

· 利用智能场系统来检测、定位、报告和直接用水；

· 精确和可控地施放肥料和杀虫剂；

· 开发能够抵御旱灾、高盐、高湿的新型植物；

· 开发用于食品包装和接触材料的纳米膜，可延长食品保鲜期，提高食品品质，降低对冷藏的需求。

## 5.3.3　可持续的人类住所

在未来 5~10 年，纳米技术将继续为零能耗的商用和民用建筑提供有力的技术支持，预期的主要进展包括：

· 更高效的有机发光二极管(OLED，见第 6 章)；

· 超绝缘和自清洁窗户；

· 更高效的光电屋顶系统(见第 6 章)；

· 更高效的传感器，用于监测和优化建筑内能源使用。

## 5.3.4　可持续的交通运输

可以预期，在未来 5~10 年内，纳米技术将会成为制造新一代交通运输系统的关键平台，预期的重要进展包括：

· 更高效、更轻的汽车和飞机制造材料；

· 高性能汽车轮胎；

· 高效非铂催化转化器；

· 新型的、更高效的燃料和动力系统(见第 6 章)。

### 5.3.5　可持续的原材料提取和使用

2010 年,世界稀土市场上 97％的稀土(REE)来自中国,中国对稀土出口的限制[67,68]阻碍了重要矿物(表 5.2)的可持续供应。纳米技术成为了解决全球重要矿物如稀土元素的可持续供应问题的关键技术。可以预期,在未来十年内,纳米技术与地质科学、合成生物学、生物技术和分离科学技术的结合,将在矿物提取、加工和纯化技术中带来巨大的变革,包括:

· 开发非酸性的微生物滤液,能够选择性地将矿物中的贵金属离子(如铂类金属、稀土元素和铀)浸提出来,而又不会过多地溶解周围岩石中的基体物质;

· 为 ISL 采矿(图 5.6)和湿法冶金开发更高效的、更加环境友好的浸滤液;

· 开发更高效、更经济、环境危害更小的分离体系(如溶剂萃取的螯合配体、离子交换媒介和亲和膜),用于从矿渣、滤液和废水中回收有用原料和元素(如稀土元素)。

纳米技术还能够提高矿物资源的使用效率,开发无毒的低成本替代品来取代表 5.2 中的稀土原料,从而极大地减少重要矿物的消耗量。例如,特拉华大学和内布拉斯加州立大学的一个纳米技术联合研究小组从美国能源高级研究计划署(ARPA-E)获得了一个 450 万美元的项目,开发比"世界上最强磁铁"$Nd_2Fe_{14}B$ 磁性更强的磁性纳米材料(20～30 nm)[69]。这项研究中的一个关键目标就是开发"不含 REE 的高各向异性、高磁化强度的富铁、钴或锰的掺杂材料"[69]。

### 5.3.6　可持续的生产

在未来十年,纳米技术与绿色化学、绿色工业的结合将使我们可以构建可持续的生产和加工体系,包括:

· 半导体、化工、石油、金属/矿产和医药工业中环境友好的制造原料和生产工艺;

· 化工、石油和医药工业中高性能的纳米催化剂;

· 更高效的纳米技术消费产品,如基于纳米技术的高性能、环境友好的"绿色汽车"(图 5.9)。

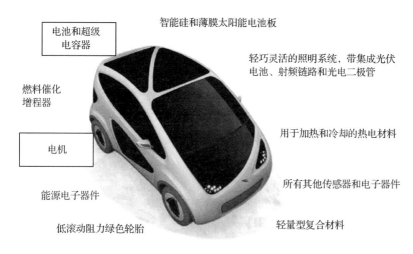

智能硅和薄膜太阳能电池板

电池和超级电容器

轻巧灵活的照明系统,带集成光伏电池、射频链路和光电二极管

燃料催化增程器

用于加热和冷却的热电材料

电机

所有其他传感器和电子器件

能源电子器件

低滚动阻力绿色轮胎

轻量型复合材料

图 5.9　新一代电动汽车中的纳米材料组件(由菲亚特的 Pietro Perlo 提供, http://www.gennesys2010.eu/)

### 5.3.7　维持清洁的环境

可以预期,在未来 5～10 年内,将会开发出更微小的通用型传感器,用于环境 (空气、水和土壤)中的实时监测。例如,智能型和普适型的纳米传感设备能够在检测到特定化合物的时候执行一些预设的操作,将其安置在地表水中或地下,能够跟踪这些环境中的污染物的迁移,并且通过预置的保护措施来防止水源的继续污染。在未来,这些传感器将具有更强的计算能力和速度,同时体积更小,因此在应用方面会更加高效。另一方面,也需要继续开发低成本的环境清理和修复技术来处理一些新型污染物,包括一些医药品、日用品和纳米材料。

### 5.3.8　保持气候:减少温室气体的影响

纳米金属-有机骨架材料(MOFs)和纳米沸石咪唑酯骨架结构材料(ZIFs)是非常有应用前景的 $CO_2$ 吸附剂,具备高吸附容量、高选择性和吸附可逆性。但是,第一代的纳米 MOFs 和 ZIFs 只具有单一的功能,即 $CO_2$ 分离,因此它们在降低大气温室气体方面还不足以引发巨大变革。下一代的材料不但要能捕集 $CO_2$,而且要能将其转化为其他有用的产品(如燃料和化学品)。在未来 5～10 年内,纳米技术与化学分离、催化和系统工程的结合,将会在 $CO_2$ 捕集和转化技术方面产生革命性的进展,包括:

· 纳米尺度吸附剂:具有功能化的尺寸和形状选择的分子孔洞,不但能够捕集 $CO_2$,而且能将其转化为其他有用的产品;

· 纳米多孔纤维或膜:具有功能化的尺寸和形状选择的分子孔洞,能够同时实

现 $CO_2$ 的捕集和转化。

除了 $CO_2$ 的捕集、转化和储存,地球工程也是一种潜在的气候变化缓解技术。地球工程的最终目的是在平流层开发大型的"冷凝"系统来减缓全球变暖。5.8.6 节讨论了纳米技术作为一种可行的技术平台在地球工程中的应用。

### 5.3.9　保护生物多样性

在未来十年或更长的时间内,在保护生物多样性方面,纳米技术将会继续发挥重要作用:

·开发先进的传感器和设备来监测生物系统的健康度(如土壤/水组成、营养物质/污染物的负荷、微生物代谢和植物健康);

·开发先进的传感器和设备来监测和跟踪动物在陆地和海洋生态系统中的迁移;

·如本文中所论述,开发低成本和环境适宜的全球可持续发展方案,包括能源、水、环境、气候变化等各个方面。

## 5.4　科技基础设施需求

在过去十年,纳米技术的研究重点已经由纳米材料的发现、表征和模拟逐步过渡到纳米系统、设备和产品的开发。在未来十年内,需要继续借用纳米技术的力量来开发下一代的可持续性产品、工艺和技术。在科技基础建设及研发投资方面的关键需求包括:

·对可持续发展的各个方面都要进行全局研究,包括低成本的环境风险评价

·为纳米材料的可持续应用建立规模化的制造工厂和中心;

·为纳米材料的可持续应用建立专门的表征机构;

·为纳米材料的可持续应用开发计算机辅助建模和工艺设计工具;

·为纳米增强的可持续性技术建立测试平台。

## 5.5　研发投资与实施策略

可持续发展需要综合考虑社会、经济和环境因素,因此,在总结纳米技术的优先研究领域时必须要综合考虑基础科学(如材料合成、表征和模拟)、工程(如系统设计、制造和测试)、商品化(如新产品)和社会效益(如新就业机会和更清洁的环境)各个方面。因此,可持续发展中的纳米技术解决方案并不能简简单单地认为是小规模的或单个研究者就能进行的研究计划。可持续发展的研发需要整合不同的研究目标,从一开始就需要包含多学科的研究规划,需要多个领域不同的研究人员

参与,并且需要国家政府一级的经费支持和研发中心。为了达到这些目标,需要有以下的措施:

· 在可持续发展的关键方面建立研究中心来开发和实施纳米技术解决方案,同时建立合适的开源数据库和合作公司;

· 建立新的经费支持机制来推进有前景的早期研究计划,如对有商业化潜力的项目自动追加支持;

· 在规划的初始阶段就将工业生产考虑进来;

· 促进研究所/公立实验室的知识和技术转化(如建立学术型的子公司)。

## 5.6　总结与优先领域

全球可持续发展面临着众多挑战,涉及多个领域。能源产生和使用、水的使用和运输、$CO_2$ 释放、工业生产,这些方面都紧密地联系在一起。纳米技术能够为可持续发展提供突破性的解决方案,特别是在能源的生产、储存和使用(见第 6 章)、清洁水资源、粮食/农业资源、绿色生产和气候变化方面。未来十年的重点研究领域包括:

· 综合研究可持续发展的各个方面和影响因素,全面考察如何利用纳米技术来突破可持续发展中的一些限制;

· 太阳能光催化体系和分离体系(如模拟离子通道的纳米多孔膜),能够从受损水体(包括废水、微咸水和海水)中提取清洁水、能源和有价值的物质(如营养物质和矿物);

· 规模化的多功能吸附剂/膜,能够从烟道气中捕集 $CO_2$,并将其转化为其他有用的产物(如化学原料),以供工业使用;

· 开发更高效、更经济和环境适宜的分离体系(如溶剂萃取的螯合配体、离子交换媒介和亲和膜),用于从矿渣、滤液和废水中回收重要矿物(如稀土元素REE);

· 开发绿色生产工艺,以便:①开发无毒的低成本的 REE 替代品;②减少甚至消除释放到环境(包括土壤、水和大气)中的有毒污染物。

## 5.7　更广泛的社会影响

每个人在地球上生存和发展都需要充足的食物、水、能源、住所、衣物、医疗和就业条件。21 世纪人类所面临的最大的挑战就是在给人类提供更好的生存条件的同时,使人类活动对地球生态系统和环境所造成的影响最小化。纳米技术能够在各方面为人类在地球上的可持续发展提供助力。但是,在大规模地应用纳米可持续发展技术之前,必须要正确认识纳米技术本身对人类健康和环境可能造成的一些消极影响,并且对这些影响进行有效的处理。这是非常重要的一点。

# 5.8　研究成果与模式转变实例

### 5.8.1　纳流海水脱盐系统

联系人:Jongyoon Han,麻省理工学院

图 5.10 展示了一种新的有前景的终端海水脱盐纳米技术。这种纳流海水脱盐设备的能耗与大规模反渗流脱盐系统相当[19],但是不需要使用高压来驱动,而是使用低压和电力来驱使海水通过一个含纳米接口的微通道。这种纳米接口由离子选择性的纳米多孔 Nafion 膜构成,能够导致离子浓缩极化,使海水流分离成去离子流(淡水)和富离子流(浓缩海水),从而达到海水脱盐的目的。

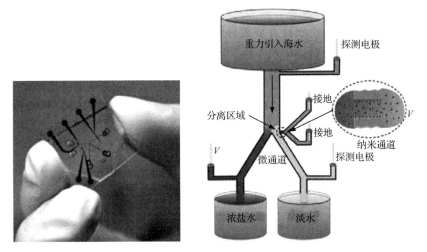

图 5.10　芯片尺寸的纳流海水脱盐设备(左图),其能源消耗与大规模反渗透脱盐系统相当[19]

### 5.8.2　用于可持续性水利用的太阳能光催化和电化学系统

联系人:Michael Hoffmann,加州理工学院对低碳型替代能源的需求与日俱增。太阳能电化学或光催化系统(图 5.11)能够使用水中的有机污染物作为电子供体,通过分解水产生氢气,从而同时达到两个目标:产生能源和产生清洁水[70-72]。将 $BiO_x$-$TiO_2$/Ti 阳极与不锈钢或功能化金属阴极结合使用,用光电(PV)阵列供能,就能够同时达到水净化和产氢的目的。此外,还能够通过往反应器中通空气来控制氢气的产生。也有报道称,其他的一些杂化接口和混合金属纳米氧化物半导体可用于高效电化学催化剂,促进阳极和阴极的电子传递。

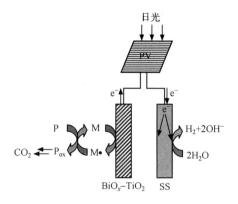

图 5.11  用于可持续性水循环使用的
太阳能光电催化系统

### 5.8.3  使用枝状聚合物滤膜从溶液中回收金属离子

联系人:Marmadou Diallo,加州理工学院

Diallo 等[17,18]开发了一种枝状聚合物强化的超滤(DEF)系统,能够使用低压膜过滤将溶解在水溶液中的阳离子去除(图 5.12)。DEF 结合了枝状聚合物和超滤或微孔滤膜。将功能化的水溶性高分子枝状聚合物加入到水溶液中,能够与目标离子相结合。对大多数金属离子而言,改变溶液的酸度或盐度就能实现目标金

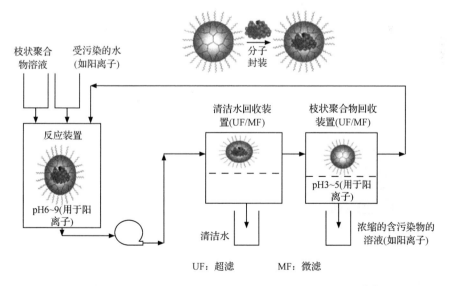

图 5.12  枝状聚合物过滤法用于从溶液中回收金属离子(由 Diallo[18]提供)

属离子的结合和释放。因此,使用一个两步过滤的工艺就能达到回收和富集水中多数离子的目的,包括 Cu(II)、Ag(I)和 U(VI)。DFE 的一个关键特性是将功能化枝状聚合物与现有的分离技术如超滤(UF)和微滤(MF)结合了起来,这就产生了新一代的灵活、可控、规模化的金属离子分离工艺。DEF 的灵活性体现在其枝状聚合物的分子设计上。DEF 系统的硬件设施可以固定,仅仅通过改变枝状聚合物结构和枝状聚合物回收体系就能应用于不同的目标金属离子,因此是一种可控的方法。DEF 工艺有许多潜在应用,包括从采矿/湿法冶金溶液、ISL 溶液和工业废水中收回贵金属离子如铂类金属、稀土元素和锕族元素。

### 5.8.4　超疏水纳米线膜用于油水分离

联系人:Francesco Stellaci,麻省理工学院

Yuan 等[73]开发了一种新型的湿润性可控的纳米多孔膜(图 5.13)。这种膜是将氧化锰纳米线自组装到一种开放多孔网络中构成的。用硅烷对这种膜进行涂层后,Yuan 等[73]获得了一种油水分离膜系统,能够"基于超疏水和毛细作用,选择性地从水中吸附 20 倍材料自重的油"。最近,MIT 的一个工程师团队使用超疏水纳米线开发了一种能够清理海水中的原油泄漏的机器人(图 5.14)(TechNews Daily,2010 年 8 月 25 日)。

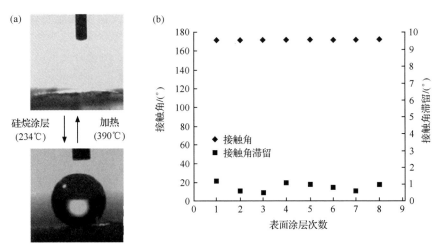

图 5.13　具有可控湿润性的纳米线膜[73]。

(a)超亲水(上图)和超疏水(下图)间的可逆转化;(b)表面涂层次数对接触角和滞留效应的影响

图 5.14 "海洋蜂群"是一种纳米技术内核的原油泄露清理机器人，由 MIT 的一个工程师团队开发（*TechNews Daily*，2010 年 8 月 25 日）。机器人的传输带涂布着一层超疏水纳米线网格[73]

### 5.8.5　MOFs 和 ZIFs 用于 $CO_2$ 捕集和转化

联系人：Omar Yashi，加立福尼亚大学洛杉矶分校

纳米沸石咪唑酯骨架结构材料（ZIFs；图 5.15[61,62]）和多功能化（MTV）金属-有机骨架材料（MOFs）[74]具有很高的 $CO_2$ 吸附容量、选择性和可逆性[62]。ZIFs 比沸石具有更大的孔径（2～3 nm），因此可以加工成吸附剂和气体分离膜[75]。MTV-MOFs 在骨架的连接基团上引入了多种功能基团，能够显著增强其对 $CO_2$ 的吸附选择性。ZIFs 和 MTV-MOFs，具有高化学稳定性，并且能够和不同的有机

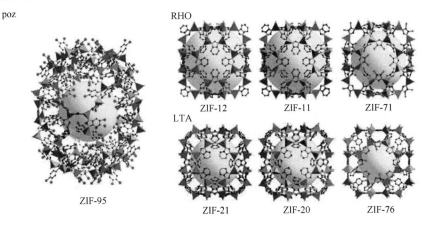

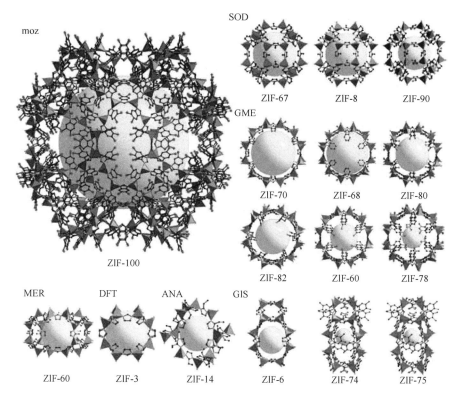

图 5.15　沸石咪唑酯骨架结构材料的晶体结构,按其不同的拓扑结构分类(以三个字母
的符号表示)。图中的球代表结构中的孔洞[62]

单体反应,以工业规模进行生产。因此,纳米 ZIFs 和 MTV-MOFs 用于新一代的
$CO_2$ 捕集和转化媒介具有巨大的应用潜力。

### 5.8.6　纳米技术与地球工程

联系人:Jason Blackstock 和 David Guston 亚利桑那州立大学

为了缓解气候变化,"地球工程"概念的提出吸引了科学界和公众越来越多的
注意力(*Science Daily*,2010 年)。地球工程是指人为地改变一部分气候系统来抵
消温室气体导致的气候变化。其中,最主要的一个概念称为"太阳辐射管理"
(SRM),是指往平流层注入反射特性的纳米颗粒,以达到人为地降低地球的大气
和地表对太阳光的吸收量的目的。到目前为止,这种用于 SRM 的反射性纳米颗
粒还处于理论探讨中,相关的理论计算仍非常有限。但是,近些年科学界[78]和公
共文献[79]中对深入发展 SRM 研究计划的呼声越来越高(图 5.16),包括将兆吨级
的合适的工程化纳米颗粒分散到大气中的计划。最近,俄罗斯进行了首个场实验,
将少量的二氧化硫气溶胶分散到了环境中[80]。

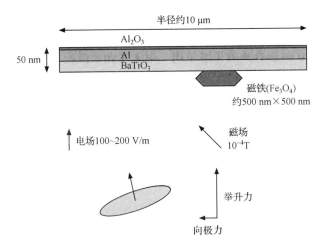

图 5.16　用于 SRM 地球工程的自动飘浮纳米盘的设计理念[76,77]。理论上，这种纳米盘具有以下三个特性：①具有约 25 nm 厚的铝层，能够反射电磁谱的可见光，但对红外区透明；②能够通过钛酸钡与平流层自然电场（100～200 V/m）的相互作用而自动飘浮进入平流层；③在纳米盘的非中心部位有一部分磁性氧化铁（$Fe_3O_4$），能够与地球的磁场发生相互作用使纳米盘发生"倾斜"，导致纳米盘在布朗力的作用下沿地球的磁极方向在北极上空聚集。图中的不同材料层和尺寸都可以通过现有的纳米加工技术制造出来

SRM 中最常用的反射纳米颗粒是二氧化硫[81,82]，因为这种颗粒类似于自然中火山喷发产生的颗粒，并且可以对其尺寸分布进行优化和设计以便得到最佳的散射特性。但是，近期的文献报道[83,84]，介电和金属材料有可能具有优异的散射性质，有些甚至具有磁性或光致飘浮的性质（可应用于中等海拔、地域范围内分散的纳米雾）。目前，基于纳米颗粒的气候控制技术的小型和中型场测试计划正在认真研讨中，预计最快到 2015 年就会开始实施。这种大规模的纳米颗粒大气分散研究必须要在一个可靠的纳米技术研究框架内进行。

# 5.9　来自海外实地考察的国际视角

## 5.9.1　美国-欧盟研讨会(德国汉堡)

小组成员/参与讨论者
Antonio Macromini(共同主席)，威尼斯大学，意大利
Mamadou Diallo(共同主席)，加州理工学院，美国
C. Jeffrey Brinker，新墨西哥大学和桑迪亚国家实验室，美国
Inge Genné，VITO，比利时

Karl-Heinz Haas,弗劳恩霍夫硅酸盐研究所,德国

John Schmiz,NXP

Udo Weimar,图宾根大学物理与理论化学研究所,德国

在过去十年,纳米技术已成为解决全球可持续发展问题的一个重要技术平台,特别是在能源、水、粮食、住所、交通运输、矿产资源、绿色生产、清洁环境、气候变化和生物多样性方面。一些关键性的进展包括:①更高效的可更新能源生产和存储技术;②增强的水处理和脱盐膜技术;③增强的食品安全体系(检测和跟踪);④更高效的贵金属回收分离体系;⑤更高效的微型化污染物检测/监测传感器和更有效的环境修复技术;⑥更高效的 $CO_2$ 捕集媒介;⑦消耗更少材料、能源和水的微芯片加工工艺。

在未来十年,纳米技术将继续在开发和商品化新一代可持续性产品、工艺和技术方面发挥重要作用。一些重点研究领域包括:①水脱盐和再生;② $CO_2$ 捕集和转化;③绿色生产。现有的反渗流(RO)脱盐膜的水回收率不高(40%~70%),在操作中需要使用高压(10~70 bar,1 bar=$10^5$ Pa),而且会产生大量的废液需要处理。因此,在水脱盐和再生领域,最重要的目标就是开发新一代的低压(0.5~5 bar)、高回收率(>95%)膜,并且具有以下功能:

· 能够抵御含盐水体(如微咸水和海水)中溶解的阴离子与阳离子;

· 能够可逆地、选择性地结合和释放含盐水体中溶解的阴离子与阳离子;

· 能够从市政和工业废水中提取清洁水、营养物质和其他有价值的化合物。

现有的 $CO_2$ 捕集媒介只具有单一的功能,即从烟道气中分离 $CO_2$。因此,在缓解气候变化和减少温室气体释放方面,最重要的开发目标是:

· 具有纳米孔洞、尺寸和形状选择的媒介,能够捕集 $CO_2$ 并将其转化为其他有用的产物;

· 内置纳米孔洞的膜反应器,能够捕集 $CO_2$ 并将其转化为其他有用的产物。

绿色生产已证明是提高产能的同时减少排放到环境中的有毒污染物的最有效的方法。纳米技术是绿色生产中的一项关键技术,重点研究领域包括:

· 半导体工业中纳米增强的、环境友好的生产工艺和产品;

· 化学、石油和医药工业中高性能的纳米催化剂;

· 更高效的基于纳米技术的消费产品(如纳米技术强化的“绿色”汽车)。

纳米技术对人类健康和环境的潜在的副作用也不能忽视。为了缓解纳米材料和产品可能具有的环境影响,最重要的是在设计的时候就以一种可持续的、生命周期导向的方式进行,在环境影响、技术需求、成本、文化性和合法性之间达到平衡。符合环境保护和资源节约理念的设计策略包括:延长产品和材料的生命周期,减少材料强度和进行过程管理。为了达到这一目的,需要使用合适的环境分析工具。

纳米技术的可持续发展也需要教育和培养一批新的科学家、工程师、企业家、

决策者和管理者。这些教育和培训不单是在自然科学或工程上,而且需要全方位的教育,必须要培养社会意识,包括实践沟通、经营和管理技能。目前,这方面的劳动力需求还处于一个急缺的状态,任何对教育的拖延最终都会对创新造成阻碍。

最后,虽然纳米技术在解决全球可持续发展问题方面具有非常美好的前景,我们也必须要清楚认识到一些纳米材料可能具有环境和健康危害。因此,在大规模地应用纳米可持续发展技术之前,我们必须要保证纳米技术本身对人类和环境可能造成的一些消极影响得到了有效的认识和处理。

### 5.9.2　美国-日本-韩国-中国台湾研讨会(日本东京/筑波大学)

小组成员/参与讨论者

Chul-Jin Choi(共同主席),材料和科学研究所,韩国

James Murday(共同主席),南加州大学,美国

Tomoji Kawai,大阪大学,日本

Chuen-Jinn Tsai,台湾交通大学,中国

Jong Won Kim,高等教育研究数据收集办公室,韩国

Kohei Uosaki,国立材料科学研究所,日本

在过去十年,纳米技术成为了解决全球可持续发展问题的一种理想的技术平台,特别是在能源、水(图 5.17)、粮食、住所、交通运输、矿产资源、绿色生产、清洁

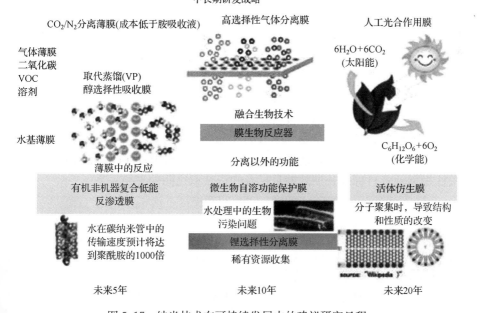

图 5.17　纳米技术在可持续发展中的建议研究日程

环境、气候变化和生物多样性方面。在这十年里,在可持续发展的许多领域都取得了重要进展,包括:①用于检测纳米材料和监测其环境毒性的传感新概念和新设备;②智能(自清洁)窗户和墙壁;③纳米吸附剂、纳米催化剂和纳米滤膜;④纳流病原体检测阵列;⑤更高效的纳米建筑绝缘材料。

在未来十年内,重点研究领域包括:①$CO_2$捕集和转化;②水脱盐和再生,如更高效的脱盐膜的开发;③人工光合成;④绿色生产,如用生物质能燃料/沼气和纳米催化剂来替代现有的石油/石脑油原料;⑤从半导体工业和电气设备中回收和循环利用受限制材料。

### 5.9.3　美国-澳大利亚-中国-印度-沙特阿拉伯-新加坡研讨会(新加坡)

小组成员/参与讨论者

Murali Sastry(共同主席),塔塔化工公司创新中心,印度

James Murday(共同主席),南加州大学,美国

Rose Amal,新南威尔士大学,澳大利亚

Calum Drummond,联邦科学与工业研究组织,澳大利亚

Craig Johnson,创新、工业、科学和研究部,澳大利亚

Subodh Mhaisalkar,南洋理工大学,新加坡

在过去十年,纳米技术的研究领域已经由纳米方面的发现逐步转变到纳米加工、技术和产品。但是,在可持续发展的纳米技术解决方案方面,目前研究还较少。在未来 5~10 年内,研发和市场化的重点领域在于:

- 绿色生产和纳米技术;
- 改进的水过滤技术;
- 具有自加热功能和耐磨损、抗寒和抗生物污染的功能化涂层;
- 纳米结构的溶液加工方法(区别于真空加工方法);
- 无废液产生的纳米回收和清除技术。

未来的研发和投资策略是继续着眼于地区与国家的综合利益,因此需要工业界和学术界的通力合作。目前强调越来越多的是短期商业目标,未来必须要更多地关注短期商业目标与长期战略目标及知识获取之间的平衡关系。

### 参 考 文 献

[1] H. Brundtland, Towards sustainable development. (Chapter 2 in A/42/427). *Our common Future: Report of the World Commission on Environment and Development* (1987), Available online: http://www. u. documents. net/ocf-02. htm

[2] D. J. Rapport, Sustainability science: an ecohealth perspective. Sustain. Sci. **2**, 77-84(2007)

[3] M. C. Roco, From vision to the implementation of the U. S. National Nanotechnology Initiative. J. Nano. art. Res. **3**(1), 5-11(2001)

[4] M. C. Roco,Broader societal issues of nanotechnology. J. Nanopart. Res. **5**,181-189(2003)

[5] J. Rockström,W. Steffen,K. Noone,Å. Persson,F. S. Chapin III,E. F. Lambin,T. M. Lenton,M. Scheffer,C. Folke,H. J. Schellnhuber,B. Nykvist,C. A. de Wit,T. Hughes,S. van der Leeuw,H. Rodhe,S. Sörlin,P. K. Snyder,R. Costanza,U. Svedin,M. Falkenmark,L. Karlberg,R. W. Corell,V. J. Fabry,J. Hansen,B. Walker,D. Liverman,K. Richardson,P. Crutzen,J. A. Foley,A safe operating space for humanity. Nature **461**,472-475(2009)

[6] U. S. Census Bureau,World POPClock Projection(2010),Available online:http://www. census. gov/ipc/www/popclockworld. html

[7] M. A. Shannon,Net energy and clean water from wastewater. ARPA-E Workshop(2010),Available online:http://arpae. energy. gov/ConferencesEvents/PastWorkshops/Wastewater. aspx

[8] United Nations Environment Programme(UNEP),*Challenges to International Waters—Regional Assessments in a Global Perspective*(UNEP,Nairobi,2006)

[9] Committee on Critical Mineral Impacts of the U. S. Economy,Committee on Earth Resources,National Research Council,*Minerals,Critical Minerals,and the U. S. Economy*(National Academies Press,Washington,2008). ISBN 0-309-11283-4

[10] T. Hillie,M. Munshinghe,M. Hlope,Y. Deraniyagala,n. d. Nanotechnology,water,and development,Available online:http://www. merid. org/nano/waterpaper

[11] Organisation for Economic Co-operation and Development(OECD),Global challenges:nanotechnology and water(2008). Report of an OECD workshop on exposure assessment. Series on the safety of nanomanufactured materials ♯13(2008),DSTI/STP/NANO(2008)14

[12] N. Savage,M. Diallo,Nanomaterials and water purification:opportunities and challenges. J. Nanopart. Res. **7**,331-342(2005)

[13] M. A. Shannon,P. W. Bohn,M. Elimelech,J. G. Georgiadis,MJ. Marinas,A. M. Mayes,Science and technology for water purification in the coming decades. Nature **452**,301-310(2008)

[14] A. Srivastava,O. N. Srivastava,S. Talapatra,R. Vajtai,P. M. Ajayan,Carbon nanotube filters. Nat. Mater. **3**(9),610-614(2004)

[15] B. H. Jeong,E. M. V. Hoek,Y. Yan,X. Huang,A. Subramani,G. Hurwitz,A. K. Ghosh,A. Jawor,Interfacial polymerization of thin film nanocomposites:a new concept for reverse osmosis membranes. J. Memb. Sci. **294**,1-7(2007)

[16] J. K. Holt,H. G. Park,Y. Wang,M. Stadermann,A. B. Artyukhin,C. P. Grigoropoulos,A. Noy,Bakajin,Fast mass transport through sub-2-nanometer carbon nanotubes. Science **312**,1034-1037(2006)

[17] M. S. Diallo,S. Christie,P. Swaminathan,J. H. Johnson Jr. ,W. A. Goddard III,Dendrimer-enhanced ultrafiltration. 1. Recovery of Cu(II) from aqueous solutions using Gx-NH2 PAMAM dendrimers with ethylene diamine core. Environ. Sci. Technol. **39**(5),1366-1377(2005)

[18] M. S. Diallo,Water treatment by dendrimer enhanced filtration. U. S. Patent 7,470,369,30 Dec 2008

[19] S. J. Kim,S. H. Ko,K. H. Kang,J. Y. Han,Direct seawater desalination by ion concentration polarization. Nat. Nanotechnol. **5**,297-301(2010)

[20] U. S. Department of Agriculture,Economic Research Service(USDA-ERS),Table 1-Food and alcoholic beverages:total expenditures ( 2009 ),Available online: http://www. ers. usda. gov/briefmg/CPIFoodAndExpenditures/Data/Expen ditures_tables/table1. htm

[21] R. L. Scharff,Health-related costs from foodborne illness in the United States(Produce Safety Project,

Washington,DC,2010),Available online:http://www. producesafetyproject. org/media? id®0009

[22] H. C. J. Godfray,J. R. Beddington. l. R. Crute,L. Haddad,D. Lawrence. J. F. Muir,J. Pretty, S. Robinson,S. M. Thomas,C. Toulmin,Food security:the challenge of feeding 9 billion people. Science **327**, 812-818(2010)

[23] P. R. Srinivas,M. Philbert,T. Q. Vu,Q. Huang,J. K. Kokini,E. Saos,H. Chen,C. M. Petersen,K. E. Friedl,C. McDade-Nguttet,V. Hubbard,P. Starke-Reed,N. Miller,J. M. Betz,J. Dwyer,J. Milner,S. A. Ross,Nanotechnology research:applications to nutritional sciences. J. Nutr. **140**,119-124(2009),Available online:http://www. foodpolitics. com/wp-content/uploads/NanotechReview. pdf

[24] T. Tarver,Food nanotechnology,a scientific status summary synopsis. Food Technol. **60**(11),22-26 (2006),Available online:http://members. ift. org/IFT/Pubs /FoodTechnology/Archives/ft_l 106. htm

[25] House of Lords of the United Kingdom,Nanotechnologies and food(2010). Science and Technology Committee. 1st Report of Session 2009-10,Vol. I. HL Paper. 22-1,Available online:http://www. publications. parliament. uk/pa/ld/ldsctech. htm

[26] N. R. Scott,H. Chen,Nanoscale science and engineering for agriculture and food systems. Roadmap report of the national planning workshop(Washington DC,2003),Available online:http://www. nseafs. cornell. edu/web. roadmap. pdf. Accessed 18-19 Nov 2002

[27] U. S. Department of Energy(DOE),Buildings energy data book(2009),Available online:http://buildingsdatabook. eere. energy. gov

[28] P. A. Torcellini,D. B. Crawley,Understanding zero energy buildings. Am. Soc. Heat. Refriger. Air Cond. Eng. J. **48**(9),62-69(2006)

[29] Committee on State Practices in Setting Mobile Source Emissions Standards,National Research Council, *State and Federal Standards for Mobile-Sources Emissions* (National Academies Press,Washington, 2006)

[30] S. C. Davis,S. W. Diegel,R. G. Boundy,*Transportation Energy Data Book*,27 ORNL-6981st edn,(Oak Ridge National Laboratory,Oak Ridge,2008)

[31] U. S. Environmental Protection Agency(EPA),*Inventory of US. Greenhouse Gas Emissions and Sinks*: 1990-2006(EPA,Washington,2008)

[32] Committee on the Effectiveness and Impact of Corporate Average Fuel Economy(CAFE)Standards,National Research Council. ,*Effectiveness and impact of Corporate Avewge M Ewmmy(CAFE)Standanis* (National Academies Press,Washington,2002)

[33] National Nanotechnology Initiative(NNI),The initiative and its implementation plan(2000),Ava,ilable online:http://www. nano. gov/html/res/nni2. pdf

[34] R. H. Baughman,A. A. Zakhidov,W. A. de Heer,Carbon nanotubes-the route toward applications. Science **297**,787-792(2002)

[35] J. N. Coleman,U. Khan,Y. Gun'ko,Mechanical reinforcement of polymers using carbon nanotubes. Adv. Mater. **18**,689-706(2006)

[36] Committee on Technologies for the Mining Industry,Committee on Earth Resources,National Research Council. ,*Evolutionary and Revolutionary Technologies for Mining*(National Academies Press,Washington,2002)

[37] Lux Research,The governing green giants:makers of cleantech nanointermediates on the Lux Innovation Grid Paper LRNI-R-09-07(Lux Research Nanomaterials Intelligence service,New York,2010)

[38] S. L. Gillett, Nanotechnology: clean energy and resources for the future. White paper for the Foresight Institute(2002), Available online: http://www. foresight. org/impact/whitepaper_ illos_rev3. pdf

[39] Pacific Northwest National Laboratory(PNNL), SAMMS technical summary(2009), Available online: http://samms. pnl. gov/samms. pdf

[40] K. F. Schmidt, Green nanotechnology: it is easier than you think Project on Emerging Nanotechnologies (Pen 8)(Woodrow Wilson International Center for Scholars, Washington, DC, 2007)

[41] F. Shadman, Environmental challenges and opportunities in nano-manufacturing. Project on Emerging Nanotechnologies(Pen 8)(Woodrow Wilson International Center for Scholars, Washington, DC, 2006), Available online: http://www. nan otechproject . org/file_download /58

[42] T. Kashiwagi, E. Grulke, J. Hilding, R. Harris, W. Awad, J. Douglas, Thermal degradation and flammability properties of poly(propylene)/carbon nanotube composites. Macromol. Rapid Commun. 23, 761-765(2002)

[43] T. Zeng, W. -W Chen. C. M. Cirtiu, A. Moores, G. Song, C. -J. Li. C-J. Pe$_3$O$_4$ nanoparticles: a robust and magnetically recoverable catalyst for three-component coupling of aldehyde, alkyne and amine. Green Chem. 12, 570-573(2010)

[44] C. L. Aravinda. S. Cosnter. W. Chen, N. V. Myung, A, Mulchandani, Label-free detection of cupric ions and histidine-tagged proteins using single poly(pyrrole)-NTA chelator conducting polymer nanotube chemiresistivc sensor. Biosens. Bioelectron, 24, 1451-1455(2009)

[45] Z. Y. Fan, D. W. Wang. P. C. Chang, W. Y. Tseng, J. G. Lu, ZnO nanowire field-cffect transistor and oxygen sensing property. Appl. Phys. Lett. 85. 5923-5925(2004)

[46] D. G. Rickerby, M. Morisson, Nanotechnology and the environment: a European perspective. Sci. Technol. Adv. Mat. 8. 19-24(2007)

[47] A. Vaseashia. D. Dimova-Malinovska, Nanostructured and nanoscale devices, sensors, and detectors. Sci. Technol. Adv. Mat. 6. 312-318(2005)

[48] B. Wang, A. P. Cote, H. Furukawa, M. O'Keeffe, O. M. Yaghi, Colossal cages in zeolitic imidazolate frameworks as selective carbon dioxide reservoirs. Nature 453, 207-211(2008)

[49] P. G. Tratnyek, R. L. Johnson, Nanotechnologies for environmental ceamp. Nano Today 1(2), 44-48 (2006)

[50] Y. Liu, S. A. Majetich, R. D. Tilton, D. S. ShoJI, G. V. Lowry, TCE drrtloriatfioi rafter pathways, and efficiency of nanotcaJe iron particles with different properties Emiron, Sci Technol. 39, 1338-1345(2005)

[51] G. V. Lowry, K. M. Johnson, Congener-specific dechlorination of dissolved PCBs by microscale and nanoscale zero-valent iron in a water/methanol solution. Environ. Sci. Technol 38(19), 5208-5216(2004)

[52] H. Song, E. R. Carraway, Reduction of chlorinated ethanes by nanosized zero-valent iron kinetics, pathways, and effects of reaction conditions. Environ. Sci. Technol. 39. 6237-6254(2005)

[53] R. M. Crooks, M. Q. Zhao, L. Sun, V. Chechik, L. K. Yeung. Dendrimer-cncapsulated metal nanoparticles: synthesis, characterization, and application to catalysis. Acc. Chem. Res. 34. 181-190(2001)

[54] L. Balogh, D. R. Swanson, D. A. Tomalia, G. L. Hagnauer. E. T. McManus, Deadrimer complexes and nanooomposites as antimicrobial agents. Nano Lett. 1(1)18-21(2001)

[55] E. R. Birnbaum. K. C. Rau. N. N. Sauer, Selective anion binding from water using soluble polymers. Sep. Sci. Technol. 38(2), 389-404(2009)

[56] M. S. Dialkx. S. Christie. P. Swaminathan. L. Balogh, X. Shi, W. Um, C. Papelis, W. A. Goddard, J. H.

Johnson,Dendritic chelating agents. I. Cu(II)binding to ethylene dnaane case poly(amidoamine)dendri- men in aqueous solutions. Langmuir **20**,2640-2651(2004)

[57] Intergovernmental Panel on Climate Change(IPCC). in *Climate Change* 2007:*The Physical Science Ba- sis*;ed. by S. Solomon. D. Qin,M. Manning,Z. Chen,M. Maqais,K. B. Averyt,M. Tignor,H. L. Miller (Cambridge University Press,Cambridge,2007)

[58] IntergovemmentaI Panel on Climate Change(IPCC),in *Carbon Dioxide Capture and Storage*,ed. by Metz Bert. Davidson Ogunlade, Heleen de Coninek, Loos Manuela, Meyer Lea(Cambridge University Press,Cambridge,2005)

[59] F. R. Zheng,R. S. Addleman,C. Aardahl,G. E. Fryxell,D. R. Brown,T. S. Zemamaa,Attam functional- ized nanoporous materials for carbon dioxide($CO_2$)capture,in *Environmental Applications of Nanoma- terials*,ed. by G. E. Fryxell,G. Cao,(Imperial College Press,London,2007),pp. 285-312

[60] D,Britt,H Furukawa. B. Wang,T. G. Glover,O. M. Yagbi,Highly efficient separation of carbon dioxide by a metal organic framework with open metal sites,Proc. Natl. Acad. Sex U. S. A. **106**,20037-20640 (2009)

[61] R. Banerjee,A. Phan,B. Wang,C. B. Knobler,H. Furukawa,M. O'Keeffe,O. M. Yaghi,High-throughput synthesis of zeolitic imidazolate frameworks and applications to CO capture. Science 319,939-943(2008)

[62] A. Phan,C. J. Doonan,F. J. Uribe-Romo,C. B. Knobler,M. O'Keeffe,O. M. Yaghi,Synthesis,structure, and carbon dioxide capture properties of zeolitic imidazolate frameworks. Acc. Chem. Res. **43**,58-67 (2010)

[63] Convention on Biological Diversity(CBD),Sustaining Life on Earth(Secretariat of the Convention on Bi- ological Diversity,Montreal,2010). ISBN 92-807-1904-1

[64] Global Biodiversity Sub-Committee(GBSC),Nanotechnology and biodiversity:an initial consideration of whether research on the implications of nanotechnology is adequate for meeting aspirations for global biodiversity conservation(2009). Paper GECC GBSC(09)14,Available online:http://www. jncc. gov. uk/page-4628

[65] M. E. Webber,Energy versus water:solving both crises together. *Scientific American Earth* (October Special Edition)(2008),pp. 34-41

[66] Intergovernmental Panel on Climate Change(IPCC),Climate change and water,in *Technical Paper of the Intergovernmental Panel on Climate Change*,ed. by B. C. Bates,Z. W. Kundzewicz,S. Wu,J. P. Pal- utikof(IPCC Secretariat,Geneva,2008)

[67] A. Aston,China's rare-earth monopoly. MIT Technology Review(2010),Available online:http://www. technologyreview. com/energy/26538/7p1=A2 15 Oct 2010

[68] C. Hurst,China's rare earth elements industry:what Can the West Learn(Institute for the Analysis of Global Security,Potomac,2010),Available online:http://www. iags. org/reports. htm

[69] Advanced Research Projects Agency-Energy(ARPA-E),High energy permanent magnets for hybrid ve- hicles and alternative energy(2010),Available online:http://arpa-e. energy. gov/ProgramsProjects/ BroadFundingAnnouncement/VehicleTechnologies. aspx

[70] J. Choi,H. Park,M. R. Hoffmann,Effects of single metal-ion doping on the visible-light photoreactivity of $TiO_2$. J. Phys. Chem. C **114**(2),783(2010)

[71] H. Park,C. D. Vecitis,M. R. Hoffmann,Electrochemical water splitting coupled with organic compound oxidation:the role of active chlorine species. J. Phys. Chem. C **113**(18),7935-7945(2009)

[72] L. A. Silva, S. Y. Ryu, J. Choi, W. Choi, M. R. Hoffmann, Photocatalytic hydrogen production with visible light over Pt-interlinked hybrid composites of cubic-phase and hexagonal-phase CdS. J. Phys. Chem. C **112**(32), 12069-12073(2008)

[73] J. Yuan, X. Liu, O. Akbulut, J. Hu, S. L. Suib, J. Kong, F. Stellacci, Superwetting nanowire membranes for selective absorption. Nat. Nanotechnol. **3**, 332-336(2008)

[74] H. Deng, C. J. Doonan, H. Furukawa, R. B. Ferreira, J. Towne, C. B. Knobler. B. Wang. O. M. Yaghi, Multiple functional groups of varying ratios in metal-organic frameworks. Science **327**, 846-850(2010)

[75] Y. Liu, E. Hu, E. A. Khan, Z. Lai, Synthesis and characterization of ZIF-69 membranes and separation for $CC_2/CO$ mixture. J. Memb. Sci. **353**, 36-40(2010)

[76] D. W. Keith, Photophoretic levitation of aerosols for geoengineering. Geophy Res Abstr 10, EGU2008-A-11400(European Geophysical Union, Vienna, 2008a)

[77] D. W. Keith, Photophoretic levitation of stratospheric aerosols for efficient geoengineering. Paper read at *Kavli Institute for Theoretical Physics Conference*: Frontiers of Climate Science, Santa Barbara, 2008b, Available online: http://onli ne. itp. ucsb. edu/online/climate_ c08/keith

[78] D. W. Keith, E. Parson, M. G. Morgan, Research on global sun block needed now. Nature **463**, 426-427(2010)

[79] T. Homer-Dixon, D. Keith, Blocking the sky to save the earth, Op-Ed. New York limes, **19** Sept 2008

[80] YuA Izrael, V. M. Zakharov, N. N. Petrov, A. G. Ryaboshapko, V. N. Ivanov, A. V. Savchenko, AVYuV Andreev, YuA Puzov, B. G. Danelyan, V. P. Kulyapin, Field experiment on studying solar radiation passing through aerosol layers. Russ. Meteorol. Hydrol. **34**, 265-274(2009)

[81] J. J. Blackstock, D. S. Battisti, K. Caldeira, D. M. Eardley, J. I. Katz, D. W. Keith, A. A. N. Patrinos, D. P. Schrag, R. H. Socolow, S. E. Koonin, Climate engineering responses to climate emergencies(2009), Available online: http://arxiv. Org/pdf /0907. 5140

[82] P. J. Rasch, P. J. Crutzen, D. B. Coleman, Exploring the geoengineering of climate using strato-spheric sulfate aerosols: the role of particle size. Geophys. Res. Lett. **35**, L02809(2008)

[83] D. W. Keith, Geoengineering the climate: history and prospect. Annu. Rev. Energ. Environ. **25**, 245-284(2000)

[84] E. Teller, L. Wood, R. Hyde, Global warming and ice ages: I. Prospects for physicsbased modulation of global change. University of California Research Laboratory Report UCRL-JC-128715(Lawrence Livermore National Laboratories, Berkeley, Aug 1997)

[85] M. C. Roco, R. S. Williams and P. Alivisatos, Nanotechnology Research Directions: Vision for Nanotechnology in the Next Decade, IWGN Workshop Report, U. S. National Science and Technology Council, (1999), Washington, D. C. Also published by Springer(previously Kluwer), (2000), Dordrecht. Available on line on http://www. wtec. org/loyola/nano/IWGN. Research. Dire ctions/

[86] S. Kaur, R. Gopal, W. J. Ng, S. Ramakrishna, T. Masuura, Next-Generation Fibrous Media for Water Treatment, MRS Bulletin. **33**(1), 21-26(2008),

[87] Tomalia, D. A. , Henderson, S. A. Diallo, M. S. Dendrimers-An Enabling Synthetic Science To Controlled Organic Nanostructures. Chapter 24. Handbook of Nanoscience, Engineering and Technology. 2nd Edition. 2007. Second Edition: Goddard, W. A. III. ; Brenner, D. W. ; Lyshevski, S. E. and Iafrate, G. J. ; Eds. ; CRC Press: Boca Raton

# 第 6 章　纳米技术与可持续发展：能源的转换、储存和保护

**关键词：**光伏　太阳能电池　电池　电容器　固态照明　热电　储氢　隔热照明和绿色环保建筑　国际预期

## 6.1　未来十年展望

生活水平的逐渐提高和人口的日益增长不可避免地带来了全球范围的能源问题。按照目前的趋势，世界范围内的能源消耗总量将在未来 20 年内增加大约 40%（图 6.1），并且到 2050 年达到现今水平的近两倍。从理论上说，仅仅依靠煤等化石能源的供应就可以满足这一需求。然而，由于大气中二氧化碳（$CO_2$）排放量的累积性特征，为了能在 21 世纪中叶将大气中的二氧化碳含量控制在史前时期的两倍，人们需要制定、发展并合理配置能减少碳排放量的能源计划，确保所提供的能源总量要同当今能源供给总量相当甚至更多[1,2]。但是燃烧化石能源会对气候带来负面影响，另外全世界范围的对有限化石能源的竞争，以及由于能源紧张而造成的如化肥等能源密集型商品价格的上涨，很容易导致显著的地缘政治和社会问题。这也就是为什么能源问题往往被上升到国家安全的高度上。基于这些原因，美国总统提出到 2012 年 10% 的电力要由可再生能源产生，而到 2025 年这一数字要增加到 25%。（注：这一目标已出现在美国总统竞选议程里，见 http:// change. gov/agenda/energy_and _cnviroment_agenda/。）

C.J. Brinker (✉)
Department of Chemical and Nuclear Engineering, University of New Mexico,
1001 University Boulevard SE, Albuquerque, NM 87131, USA
and
Department 1002, Sandia National Laboratories, Self-Assembled Materials,
Albuquerque, NM 87131, USA
e-mail: jbrinker@unm.edu

D. Ginger
Department of Chemistry, University of Washington, Box 351700,
Seattle, WA 98195-1700, USA

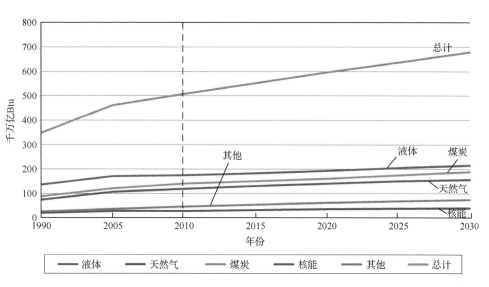

图 6.1 世界范围内的总能源消耗(1990~2030 年),以千万亿英热(Btu,1Btu=1.05506×10³J)为单位(来源:美国能源信息管理机构,http://www.eia.doe.gov/oiaf/forecasting.html)

当今社会所面临的最重要的技术难题是如何用一种环保的并不会引起地缘政治上冲突的方式来满足全世界日益增长的人口对能源的需求[1,2]。解决例如气候变化、空气和水污染、经济发展、国家安全,甚至贫穷和全球健康等问题同我们能否在摈弃一切地缘政治冲突的基础上提供清洁、低成本、可再生能源的能力紧紧地联系在一起。像美国这样的成熟的经济体对能源需求的增长小于快速发展中的经济体(图 6.2)。即使是这样,解决能源问题仍然是一种全方位的巨大挑战。如果要顺利地实现前面所述目标,需要重新调整美国境内近 85% 的主要能源供给。首先,我们需要规划美国境内可产生太瓦(terawatts)级可持续能源供应的装机容量,找到有效地大规模储存能源的新途径;其次,开发出能从废液流中高效分离出废弃副产品的新方法;最后,我们必须利用储藏丰富的低成本材料,采用可持续发展的过程来实现这些目标。

总之,现有技术可利用的资源有限、效率低、成本高,因此不能进行大规模的能源配置。然而,在未来的数十年间,必须完成对整个能源布局的重新配置。在这种情况下,纳米科学和纳米技术将为利用美国境内资源提供源源不断的清洁能源起到革命性作用。

过去十年的研究表明,实现更高效和更低成本的能源转换和储存所面临的技术挑战与人们对纳米尺度各类现象的理解和控制直接相关。在未来十年里,我们可以预期随着纳米科学和纳米技术研究的深入,下述新技术将成为现实。比如:低成本的光伏太阳能电池、新型可应用于交通运输和并网储能的电池、将太阳能或者

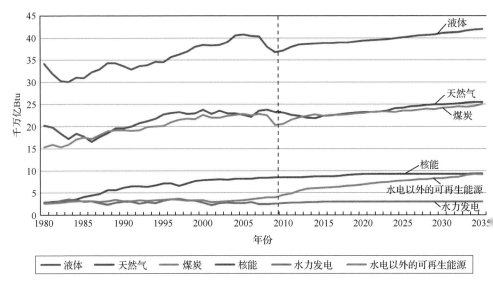

图 6.2　根据不同的能源来源绘制的美国总能耗(1980～2035 年),以千万亿英热(Btu)为单位
(来源:美国能源信息管理机构,http://www.eia.doe.gov/oiaf/forecasting.html)

电能高效率低成本地转化为化学能源的新技术、新型可实现人工光合作用和消耗
$CO_2$ 的催化剂和催化系统、具有超高比表面积的能源储存材料、用于水或气体纯
化的新型膜材料以及实现高效率热能电能相互转换的热电材料器件。

# 6.2　过去十年的进展与现状

　　2000 年到 2010 年的研究表明,纳米技术为实现高效和可持续发展的能源转
换、储存和保护提供了强有力的支持。具体表现在:
　　· 通过控制光与固体材料的相互作用,利用低成本的半导体技术制备光伏
器件
　　· 制备可以将太阳能高效转换为化学能源的光催化剂
　　· 开发在多种能源应用中能满足不同分离需要的新型膜材料(可参见第 5 章)
　　· 将化学能源转换为电能(反之亦然)
　　· 提高电池的能量及功率密度
　　· 解决显示、固态照明、热电转换、摩擦等领域的效率问题
　　过去十年里涌现出的许多研究方向都有可能在今后十年里带来技术革新。这
直接取决于在纳米材料合成、器件集成、表征技术和纳米尺度物理现象的建模与理
解等领域取得的成就。这一节将列出过去十年里在应用方面取得的一些进展。

### 6.2.1　纳米有机(塑料)光伏技术

太阳能也许是最丰富和最具有吸引力的长期可持续能源。然而,为了降低太阳能发电的成本和实现大规模应用,人们仍将高度关注新的技术突破。过去十年中,人们开发出了基于塑料等高分子的具有纳米结构并且成本低廉的有机太阳能电池。有机光电效应并不依赖于传统的单个 p-n 结。相反地,它的发光机理与激子在纳米尺度受主/施主界面上的分离直接相关。这一界面同时为带正电的空穴和带负电的电子提供了传输的途径。在这类器件中,光电流由以下四个连续过程产生:吸收光子并产生激子;激子扩散到异质结中;激子分离为电子与空穴;最后电子和空穴传输到外电路中。纳米尺度高分子混合物相分离的优化和新型纳米材料的使用(图 6.3)提高了各步骤的效率。

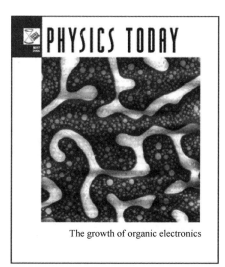

图 6.3　过去十年研究表明,控制纳米尺度薄膜的形貌是提高有机太阳能电池性能的
关键(Physics Today,2005 年 5 月期刊封面)

此外,在过去十年里,基于高分子的太阳能电池的研究有了显著进展。最初作为基础科学研究课题,它的转换效率不到 1%。发展到 2010 年这一效率提高到8%(例如文献[3,4]),并达到制备器件的要求。这一成果不仅催生了 Konarka、Plextronics、Solarmar 等一系列新公司,而且引起了许多大公司的兴趣。基于这些研发成果,有机光伏器件正进入消费电子市场。如果在未来十年中对这一领域基础和应用研究上的投入可以带来同前十年程度相似的在器件性能和使用寿命方面的进展,那么有机光伏技术将会对太瓦级发电最终产生重要影响。借助纳米科学和纳米技术,我们可以通过自组装更好地控制活性层的形貌,理解和简化从光激发到电荷收集过程中不同的机理[5],利用纳米结构保护层提高寿命,采用基于纳米

结构的光子捕获方法提高光吸收，以及采用纳米有机/无机复合物等新型材料来收集更宽光谱范围的太阳光，最终实现光伏器件性能的提高。在不远的将来，以上方面所取得的成果将会把转换效率提高到 10% 左右。

### 6.2.2 纳米无机光伏技术

过去十年，胶体合成方面的进展极大地刺激了利用无机纳米颗粒作为前驱体，采用低成本液相沉积方法制备薄膜太阳能电池技术的发展。通过纳米尺度调控，可以控制光吸收和能带的排列，并通过电荷倍增等特殊现象来提高光伏性能（图 6.4）。

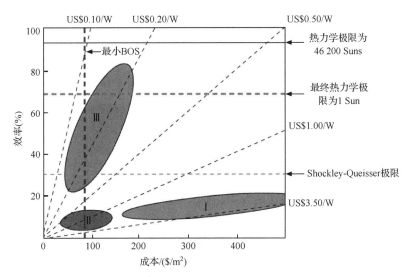

图 6.4 光伏器件成本与器件效率和单位面积成本之间的关系。光伏电池器件的成本优值由每单位面积器件成本与最大单位面积发电功率的比值决定。虚线为 $/W 的定值。区域指的是第一代、第二代（薄膜光伏）和第三代（先进的/未来的光伏）太阳能电池（来源：Green[6]）

理论上讲，单能带无机太阳能器件的转换效率最高不会超过 31%，这是因为能量比活性光伏（PV）材料吸收阈值低的光子不能被吸收，而能量高于能隙的光子迅速地向固体晶格放热。如果能去除 Shockely-Queisser 理论效率上限的限制条件，这一最高理论转换效率值是可以被突破的[1,7]。然而，由于没有任何太阳能电池可以达到 100% 的效率，我们在提高性能的同时还要考虑如何不断降低成本。

通过纳米结构化可以减小电荷的传输距离，提高电流提取效率，从而可以采用低成本、低纯度的无机材料制备性能优异的光伏（PV）器件。在未来十年里，这些研究成果将推动低成本薄膜太阳能电池技术的发展，其突出意义是能在更短的时间内收回成本。

### 6.2.3　人工光合作用

光合作用为如何将太阳能转化为燃料提供了蓝图。实际上，我们今天消耗的所有化石能源都是植物光合作用的产物。通过自然或者人工光合作用来制造燃料需要三个涉及纳米尺度的结构单元：①吸收太阳光并将激发能量转换为电化学能量的反应中心（氧化-还原对）；②可以利用这一过程产生的电化学能量将水催化分解为氢离子、电子和氧气的反应中心；③可以利用还原产物制造如碳氢化合物、脂类或者氢气等燃料的催化系统。

在过去十年里，一些研究小组探索了如何制备与纳米尺度光合作用系统组成部分的相似的物质。而且，他们还开发了实验室里利用太阳光制造燃料的人工光合作用系统，例如人工反应中心。在这些反应中心里，电子被注入到位于透明电极上的二氧化钛纳米颗粒的导带里，并和铂或者氢化酶等催化剂发生耦合产生氢气。而氧气的生成则通过这些反应中心内的氧化对与二氧化铱纳米颗粒的相互耦合，从而利用太阳光在纳米尺度上实现水分解。然而，该系统的问题是低效率和必要的外加电场。效率、耐久性以及纳米系统的整合会是研究的重点。在未来十年中，这些方面的显著改善将是实现人工光合作用作为一种能源收集与转换技术的必要条件[8]。

### 6.2.4　纳米结构与电力储存

类似于前面所涉及的能源来源，太阳能或者风能等可再生能源系统同样需要将现有能量储存并在不同规模下再次利用。作为一种清洁和高效的能源，电能最具有满足未来能源需求的潜力。人们可以利用蓄能电站将多余的电能储存起来。但是，这只能实现大规模的在固定区域内的储存。最近一份美国能源部研讨会的报告指出[7]，利用水、风、太阳能等可再生能源产生的电能与大到公共设施和小到便携电器的大范围的有效电能储存能力紧密相关，这些储存可以通过化学储能（如电池）或者电容器等储能方式来实现。纳米结构不仅能提高储存与释放能量的效率，而且能减少由于离子嵌入而导致的体积膨胀，从而提高稳定性。

使用纳米结构将有益于解决电池技术领域面临的诸如内部比表面积、电子与离子传导率、相稳定性/可逆性等问题。2000 年，将电池用于交通运输和开发混合动力汽车遭到从公众到工业界的广泛质疑。当时，锂离子电池的能量密度和功率密度大概为 100 Wh/kg～200 W/kg。而到 2010 年时，利用电池驱动的汽车已屡见不鲜（如最热卖品牌之一丰田 Prius、雪佛莱 Volt 和日产 Leaf）。应用在汽车工业的锂离子电池能量密度和功率密度可以达到 150 Wh/kg～3000 W/kg，并具有10 年的寿命。锂离子电池还进入了大规模并网能量储存这一产业。未来十年中，我们可以预期新型纳米结构电池系统的发展。由于锂-硫电池的理论比容量和能量密度可以达到传统锂离子电池的五倍以上,锂-硫电池在过去二十年里得到了广泛关注。最近有报道说一种高度有序的纳米结构碳-硫正极材料的能量密度高达 1320 mAh/g [9]。图 6.5 展示了一种利用具有高比表面积的硅纳米线制备的锂离子电池负极。低维纳米材料可以可逆而迅速地实现锂离子的嵌入和脱出而不会导致性能衰减。

 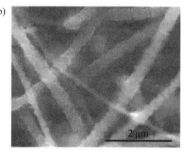

图 6.5　具有纳米结构的材料,如用作锂电池负极的硅纳米线。

(a)电化学循环前;(b)电化学循环后。该材料可以将电池性能提高十倍以上(来源:Chan 等[10])

超级电容器具有高功率密度(几 kW/kg)和相对较低的能量密度[11,12]。能量密度与 $1/2\ CV^2$ 成正比,这里 $C$ 代表电容,$V$ 代表电极两端的工作电压。电容($C$)正比于可容纳离子的电极表面积,因此纳米结构的电极可以容纳几百倍甚至上千倍于传统电极的电荷量。纳米结构同样可以提高赝电容。赝电容的机理不再是通过静电储能,而是通过表面或者体材料内部的氧化-还原反应进行电荷储存。十年前人们发现二氧化钌具有巨大的比电容值(接近 1000 F/g)。但是,钌是一种贵重而又稀缺的资源。逐渐地,具有纳米结构而又价格低廉的替代品,如二氧化锰、氧化镍和五氧化二钒被开发出来。二氧化锰的理论比电容值可达 1380 F/g,但是到目前为止,实验值只能达到理论值的 30%[11]。在未来十年内需要更深入的研究,设计和组装具有纳米结构的复合物,将低成本的过渡金属氧化物纳米颗粒与多孔碳或者高分子基体复合在一起。

### 6.2.5　储氢

在 1997 年,有报道表明单根直径为 1.2 nm 的单壁碳纳米管(SWCNTs)在室温和相对低的压力下可以储存质量分数为 10% 的氢气[13]。此碳管是在电弧放电的条件下通过石墨与钴的共蒸发合成的。这一结果预示着碳管可以达到美国能源部(DOE)提出的质量分数至少为 6% 的储氢要求,因此,这一具有应用前景的结果很快引起了许多关注。过去十年间,人们报道的碳纳米管(CNTs)储氢结果存在很大的争议。最近,有结果表明在室温和 12 MPa 的压力下,碳纳米管的储氢质量分数仅能达到 1.7%[14]。这一数值远远低于美国能源部的标准。同时，由于纳米颗粒纯化与表征的技术进步，人们在这一领域已经达成共识，那就是纯碳纳米管作为储氢材料不具备应用前景和开发价值。然而，我们仍然可以预测在未来的十年里将出现新型的具有高比表面积的纳米材料，如金属-有机物骨架体系（MOFs），并以此为基础开发更高效的储氢。不过需要额外说明的是，电池技术的不断发展会给储氢前景带来一定的竞争压力。

## 6.2.6　纳米照明技术

在美国，照明用电大约占总用电量的 22%，相当于美国的消费者每年要在这上面花费 500 亿美元。作为一种新兴的照明技术，固态照明的效率具有比传统技术高大约 3 倍（163 lm/W）到 6 倍（286 lm/W）的潜力，因此能相应地降低能耗。过去十年里在这一领域已取得了很大的进展。商用固态照明器件在普通电流密度条件下，可以达到 59 lm/W 的发光效率并保持高显色质量。现在最先进的固态照明技术使用高度纳米化的 InGaN/GaN（氮化铟镓/氮化镓）层状结构[15]。这一器件首先生长在蓝宝石衬底上，随后经过以下步骤制备：薄膜沉积与剥离、层间连接与去除以及图形化。

需要指出的是，最新的固态照明技术虽然在未来有可能会被广泛应用，但是其照明功效值却远低于现今使用的其他人工照明技术（包括白炽灯、荧光灯、高效电弧等）。具有高显色指数并工作在高电流驱动条件下的固态照明器件的功效仅为 23 lm/W，从长远的角度看还需要不断降低这类器件的使用成本。因此，器件的照明功效还需要再提高 5 倍到 10 倍。正因为这一差距，人们必须不断探索和理解发生在光子结构内的能量转换机理和反应过程，包括：如何获得预期过程、如何将注入的载流子（固体中的电子和空穴）转换为光（自由空间中的光子）、如何避开其他过程。对这些机理基础层面上的理解[2]将会有益于我们合理地设计固态照明材料和结构[16]，并通过改变实验条件来控制照明过程中的损耗。这两方面也是美国能源部科学办公室关于"固态照明的基本研究要求"（Basic Research Needs for Solid-State Lighting）报告中提及的要解决的两大难题[17]。

## 6.2.7　纳米热电技术

世界能源中一大部分（90%）是由效率为 30%～40% 的热机提供的。因此，每年大约 15 TW 的能量会以热的形式损失到环境里。基于热电效应的器件可以直接将由温度差产生的热流转化为电（反之亦然）。所以，这些能将热能直接转换为电能的器件在能源转换技术上有很强的应用前景。尽管如此，由于转换效率低，热电器件的应用仍不普遍。现如今，它们仅仅被用在特别强调耐久性和简便性而对性能没有过高要求的特定领域[18,19]。

热电材料的好坏取决于它的优值 $ZT$，$ZT$ 由 $ZT=S^2\sigma T/\kappa$ 定义。这里 $S$ 为热电系数，也就是塞贝克系数，$\sigma$ 是电导率，$\kappa$ 是热导率，$T$ 是热力学温度。$ZT$ 的大小决定了热电材料能在多大程度上接近理论上的卡诺效率值。$S^2\sigma$ 又被称为功率因子(PF)，是获得高性能的关键性因素。高功率因子意味着这种热电材料在发电中可以产生高电压和高电流。$ZT$ 没有热力学上的上限，然而现今使用的热电材料的 $ZT$ 值都小于 1。如果要与传统制冷设备和发电系统相媲美，我们必须要开发出 $ZT$ 大于 3 的热电材料[18]。实际上 $S,\sigma,\kappa$ 是相互依存的，改变其中一个变量也会影响另外两个变量，因而热电材料的优化是一个艰巨的任务。但是，近年来通过成功制备纳米结构热电材料获得了显著的性能改善，热电材料在不久的将来会有崭新的应用。

十年前，降低 $\kappa$ 而不影响 $S$ 和 $\sigma$ 的主要方法是采用具有重原子的半导体如 $Bi_2Te_3$ 以及它与 Sb，Sn 或 Pb 形成的合金。重原子通过降低固体中的声速来降低热导率。但是，1999 年人们发现层状纳米结构能通过声子束缚和声子散射机理更有效地影响声子输运，从而显著降低材料热导率[20,21]。不久后，利用分子束外延(MBE)生长的超晶格结构 PbTe-PbSe 薄膜和利用化学气相沉积生长的 $Bi_2Te_3$-$Bi_2Se_3$ 纳米结构具有超低的晶格热导率[22,23]。这些报道引起了人们对其他系统，特别是体材料系统中这一现象的兴趣，这是因为超晶格对于实际应用来说太昂贵而且容易损坏。

虽然最近有证据表明超晶格结构中的晶格热导率并非像最初报道中的那么低[24]，但是后续的针对体材料的研究工作证实了利用这种方法可以实现超低的晶格热导率并且可以提高 $ZT$ 值(>1)[25-27]。从那时起，热电优值的提高大多通过降低体材料晶格热导率来实现，而不是借助于提高功率因子。这些研究结果也给出了新一代热电体材料的优值范围：1.3～1.7。热电优值的提高可以归因于引入了纳米结构和化学组分上的不均匀性，实现了现有材料的优化，从而显著地降低了晶格热导率。因此，通过不同的纳米技术路线，可以显著提高热电产能系统的效率。

### 6.2.8　纳米隔热技术

美国能源部年度能源展望报告中指出，居民与商业建筑消耗了全美 36% 的能源并排放了 30% 的温室气体。商用和民用能耗中大约 65% 是用来供热(46%)、使用空调(9%)或者冰箱(10%)。除了开发新型的用于供暖和制冷的可再生能源外，纳米技术在能源保护方面也扮演着重要的角色。通过溅射或者化学气相沉积制备的具有低辐射系数的纳米二氧化钛涂层应用在商用与民用的"隔热玻璃单元"(IGU)上已很常见。多孔特别是纳米材料在先进绝热领域更是至关重要。二氧化硅气溶胶能降低传导、对流、辐射三种形式的热传导，是一种优异的隔热材料。其超低密度($1.9~mg/cm^3$，http://eetd.lbl.gov/ECS/Aerogels/sa-thermal.html)和彼此间微弱连接的二氧化硅框架降低了以传导方式进行的传热。其次，由于孔径小于室温下气体分子平均自由程，因而抑制了对流传热。最后，二氧化硅气溶胶具有很强的红外吸收能力，可以减少辐射传热。大致估算，这些性质导致了二氧化硅气溶胶具有仅为 $0.03\sim0.004$ W/mK 的超低热导率[28]，这意味着 8.9 cm 厚的气溶胶对应的热阻值为 $14\sim105$。而同样厚度的普通墙壁的热阻值仅为 13。过去十年中，利用 Brinker 和 Smith 在 20 世纪 90 年代中期发明的制备方法[29,30]，可以在避免使用超临界条件下进行商用气溶胶生产。人们利用纳米扩散阻挡层便可在低真空条件下获得高热阻值。这是由它们的纳米结构决定的。因此，在未来十年内，可以预期纳米多孔气溶胶或者纳米二氧化硅会广泛应用在真空绝热面板中[31]。

# 6.3　未来 5～10 年的目标、困难与解决方案

在未来十年，纳米技术的研究将促进不同规模多种能源技术的开发。纳米技术将为实现下述目标起到重要作用：

- 太瓦级具有接近化石能源成本的太阳能发电；
- 将电能或者太阳能转换为化学能源的低成本催化剂；
- 电动运输和可再生并网系统的储能装置；
- 高效纳米照明材料；
- 实现低成本能源转换的纳米热电材料。

## 6.3.1　太瓦级具有接近化石能源成本的太阳能发电

从长远来看，太阳能光伏也许是最具有吸引力的可再生能源。通过此技术可以将太阳光直接转换为电能，而不需要任何机械运动，也不会产生噪声。这种技术每单位面积能产生比任何其他可再生能源更多的能量。实际上，美国能源部估计仅仅依靠安装在屋顶上的太阳能装置产生的能量就相当于当今美国总能耗的大约 20％（不仅仅局限于电能）[27]。如果考虑到很多大型的可再生能源项目都面临着公众对其占地面积过大而产生的反对意见，太阳能发电无疑具有一定优势。也许更重要的是，光伏具有可扩容性，它不仅可以为小到小型电器、家居，也可以为大到公共设施提供电力。过去十年间，光伏产业以年均 40％ 的速度增长，是这一时期全世界增长最快的产业之一[32]。这期间，中国、欧洲和日本是世界上最主要的光伏制造商。然而，现有的光伏技术还不能以低成本的方式快速地提供太瓦级容量的供电，人们必须以环保为出发点寻找其他替代技术。2009 年世界范围内的光伏产业市场价值超过 500 亿美元[32]，按照这个趋势光伏产业将成为世界上最大的半导体产业。因此，对纳米光伏研究的投入有着足够的经济诱因。

要想成为未来主要的能源，必须要进一步发展现有光伏技术，不仅应能提供同

样或者比当前电网更低的供电价格,而且能够在短期内回收成本,并采用储备丰富的原料和实现量产,达到数十兆瓦级别的年产能。纳米技术对在未来十年内实现大规模的低成本光伏器件生产起着重要的作用。几乎所有的光伏技术都会受益于纳米结构引发的新型光俘获与光收集机制。同样地,有机、无机和混合光伏技术对纳米尺度异质界面上能量与电荷转移过程的控制,新型纳米材料的合成方法,先进的纳米尺度电荷产生、转移和复合过程的探测技术,将不断推进纳米光伏技术的发展。

以下特别挑选的实例将说明纳米技术如何推动新一代光伏技术的发展:

· 纳米化学与纳米材料学,用于合成与自组装具有高度有序相分离结构的高性能和高均一性的体相异质结(塑料)太阳能电池。

· 纳米化学与纳米材料学,用于低成本制备具有特定组成和低缺陷浓度的无机薄膜。

· 自组装技术,用于低成本制备高长径比的纳米棒电极。

· 低成本的化学方法,用于合成量子束缚结构来调控吸收带隙。

· 利用纳米粒子或者量子点的载流子倍增或热载流子收集效应来突破薄膜器件的 Schokley-Queisser 极限。

· 开发应用在光收集领域的新型纳米结构,包括等离子体纳米结构、能将光子倍频化的纳米结构,以及用作荧光浓缩器的纳米荧光颗粒。

· 基于无机纳米线、碳纳米管、石墨烯及相关材料的新型透明导体。这些材料可作为新型太阳能电池基板来取代昂贵的透明导电氧化物材料。

· 新型成像与测量工具,用来表征新一代纳米结构太阳能电池的性能与制备中产生的缺陷。

· 新型纳米保护涂层,用来提高低成本半导体薄膜材料的环境适应能力。

### 6.3.2　将电能或者太阳能转换为化学能源的低成本催化剂

将电能低成本地转换为能驱动海、陆、空交通工具的高能燃料将是作为替代能源的光伏、太阳热能、风能、水电与核电得到充分利用的前提。类似于植物的光合作用,用人工方式将阳光转化为化学燃料引起了科学家的广泛关注。无论是人工的还是天然的光合作用,在未来十年中都会面临同样的难题,这就是如何利用低成本的性能稳定的电极材料实现复杂的涉及多电子的氧化-还原化学反应。光催化剂必须要能实现有效的宽波段太阳光吸收。

新型催化技术以提高低成本原料的性能为目标,利用纳米复合体系中的不同材料来实现各个独立的过程,例如通过氧化-还原化学反应进行的光吸收过程。通过纳米异质催化剂的研究将加快转换速率,增加活性位点浓度,提高寿命和抗污染能力。和光伏技术一样,光催化学同样受益于纳米结构对光吸收的调控。仿生学和合成生物学借助了自然界概念，获得了比自然生物系统更优异的性能。

### 6.3.3 电动运输和可再生并网系统的储能装置

如果太阳能和风能等可再生能源提供的电力可以占总数的 20% 以上，那么先进的能量储存将变得非常重要[33]。在未来十年中，如何提高电能的储存不仅对便携式电子产品的应用非常重要，而且在电动交通运输方面的应用也会变得越来越重要。电池技术的成果使得混合动力汽车的发展成为可能，而且将出现上百万的可充电式混合电力汽车（PHEVs）。到 2020 年，新一代的"超越锂"化学将带来市场的新转型。一台电动汽车要想行驶 200 英里（1 英里＝1609.344 米），电池性能需要达到 400 Wh/kg 到 800 Wh/L，并且价格低于 $100/kWh，要达到这一目标离不开纳米技术。纳米技术不仅可以促进电池内的高效扩散与置换反应，而且可以用来制备多功能兼具离子电导和电子电导的复合材料。利用纳米嵌段共聚物或者纳米无机/有机复合材料可以改进电解质的性能。通过自组装、亚组装和双极性电化学链接可以同时提高性能并降低成本。这些进展使得电池在驱动交通工具、电网的高功率快速储能，以及为太阳能和风能等再生能源装置提供本地能量储存等领域得到了广泛的应用。

### 6.3.4 高效纳米照明材料

新型的复杂发光二极管（LED）代表了十年研发成果的积累。然而，有两大技术难题制约了照明技术的快速发展，也正是这两大难题造成了前文提及的固态照明器件与现有人工照明器件之间 5～10 倍的性能差异。第一个技术难题是如何填补绿-黄-橙色的照明波段空白。虽然 InGaN/GaN 层状结构在蓝光和紫光的波段范围内具有一定的发光效率，但是它在绿光、黄光还有橙光的长波段范围内的发光效率却很低。磷光粉具有将短波光子转化为长波的能力，虽然可以在一定程度上解决这一问题，但是会产生显著的斯托克斯频移衰减。理想的具有高显色指数和高效率的白光光源应该由半导体光源直接发出的四种波长的光组成（463 nm、530 nm、573 nm 和 614 nm）。然而到目前为止，只能实现第一种波长的有效照明。

第二个技术难题是高功率密度反转。虽然 InGaN/GaN 在较低的功率密度下具有一定效率，然而在高功率密度下的效率却很低。但是为了实现器件的最高光输出，必须实现高功率密度下的高效照明，只有这样才能降低照明器件的成本。

简单地说，我们可以认为这两大技术难题是由通过缺陷调整的多样性的多体（如俄歇）过程引起的，但是在更深的层次上，对这两大技术难题的来源还没有明确的认识。研究向 LED 中注入电子和空穴所带来的后续过程如图 6.6 所示。这些电子和空穴将会相互作用形成激子，而激子的后续行为将由其自身的浓度以及与

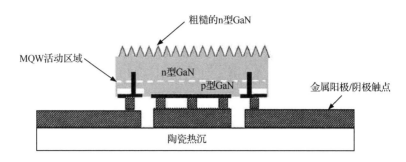

图 6.6　最先进的薄膜倒装(TFFC)InGaN-GaN 发光二极管

它们发生相互作用的其他因素决定(缺陷、声子、光子等)。这些在 LED 内部的相互作用具有不可预见性,在某些特定情况下会导致激子的衰减和能量的损失,然而在另外一些情况下该现象不会发生。这些结果导致了科学界在关于材料和实验条件的选择上存在很大的争论,也表明了基础和应用研究在发展高性能 LED 中的重要性。

当激子与光子浓度较低时,激子-激子与激子-光子相互作用较弱。激子的衰减可通过电子-空穴复合实现,这也是一个优选的能导致发光的能量转换过程。但是,这一过程是一条缓慢的路线,激子会与缺陷或声子等其他实体发生作用。其中一些相互作用会导致发光,而另外一些过程则不会。由于材料中存在多种缺陷(空位、间隙或者杂质),而很多缺陷不能通过现有的表征技术来确认,因此并不能确认激子衰减的过程,从而无法通过可控的纳米材料与结构的生长来控制某种缺陷。

当激子与光子浓度较高时,激子-激子与激子-光子相互作用将会变强。这将会产生多种激子衰减过程,譬如受激发辐射、形成极化激元、多体俄歇过程、缺陷或者声子辅助的俄歇过程。在金属体系,激子甚至可以和等离基元发生相互作用。需要强调的是,一些激子衰减过程能导致发光而另外一些过程却不能导致发光。由于在通常的实验条件下很难界定多种过程,因此在特定材料结构与实验条件下,哪种过程处于主导地位还存在很大争议[35]。

### 6.3.5　实现低成本能源转换的纳米热电材料

最切实可行和具有应有前景的热电材料是体相纳米复合材料。图 6.7 展示了一个典型的 $Si_{80}Ge_{20}$ 纳米复合材料的微观结构以及几个重要的尺度标识。由于纳米结构中晶粒尺寸小于声子的平均自由程而大于电子或者空穴的平均自由程,导致在晶界处发生的声子散射要比电子或者空穴散射更强烈,因而增强了 $ZT$[19]。如今存在两种主要的具有纳米结构的体材料[36]:①一种是通过相分离现象,例如旋节线分解和成核生长,自发形成纳米尺度不均匀材料。②另一种是先被粉碎成为纳米晶,随后再进行烧结或压实成为体材料。同超晶格相比,这两种材料均具有低成本与制备方法简单的优点。这一概念被广泛应用于其他体系，如 $Bi_xSb_{2-x}$ $Te_3$[37] 和 $AgPb_mSbTe_{2+m}$，后者在 600 K 具有 1.7 左右的优值[38]。过去十年中对 $ZT$ 的改进无一例外地遵循降低晶格热导率这一原则，但是不能无限降低晶格热导率。未来的发展将取决于功率因子的跨越式提高[36]。

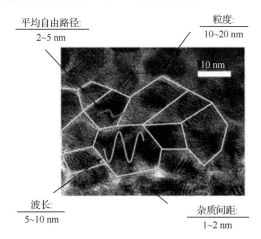

图 6.7　重掺杂的 $Si_{80}Ge_{20}$ 的纳米复合材料的 TEM 照片。图中标出了几个通过数值计算得到的重要的特征长度[19]

# 6.4　科技基础设施需求

与能源相关的研究，包括电池和太阳能领域等，具有多样性的特点，因而必须建立配套的多种科学技术基础设施。这些基础设施需满足以下条件：

•能为开发和购买仪器设备的高校和全国用户共享的设施提供支持。这些仪器设备将用来探求电荷输运、产生和复合过程中的基础问题，以及在高时间和空间分辨率下研究纳米异质结构中的光吸收与能量输运。

•能在公立和私立大学发生资金困难而不得不解雇维护大型设备与计算设施的技术人员时提供联邦资金援助。这一做法的好处是可以长期稳定地维持在基础设施上的投入。

•能不断增加经认证的性能测试设施（包括太阳能电池的性能与寿命，以及电网级别的能量储存等）。

•能从软件和硬件上升级计算资源以解决小到原子过程、大到器件性能的不同尺度的问题。

•能建立不同规模的生产线，用于薄膜沉积和胶体涂层等。

•能支持开发更多的用于与能源相关的理论计算的代码并由顶级专家维护。

· 能以建立有特定能源应用目标为前提,加快纳米技术的开发和应用。例如:建立相关机构,用以评估高效节能建筑,燃料转换方法,太阳能及其他电池生产、使用性能和寿命。

# 6.5　研发投资与实施策略

概括地说,由于能源问题将长期存在,我们在制定能源领域基础和应用研究的投资与实施战略时,必须重视这一问题的长期性与复杂性。为了提高能源问题研究经费的使用效率,在这里给出如下具体建议:

· 持续扩大学生以及博士后基金的资助范围。这些支持纳米科学与纳米技术在能源领域里研究的基金将有助于培训下一代的科学界领军人物,并且能吸引最优秀的学生到最有革新性的项目中进行创新性的研究工作。好处是将给学生和博士后更多的自由度。而由独立研究人员或者研究中心提供的资助则不具有上述优点。

· 通过能源领域里的合作研究建立前期竞争。借助于半导体业界的合作研究模式和"最佳范例"建立新的构架。这一构架不仅能用于加强能源领域研究的前期竞争,而且可以加强高校和工业界的联系,加快实验室成果向实际应用的转化。

· 实现联邦机构间的协调、合作与整合。由于这些问题的交织性,相比历史上联邦资金支持的项目,能源研究需要淡化想法和项目的"所有权",应鼓励利用多种资源的杠杆作用来实现既定目标。

· 提高资助金额和资助率。最近很多能源研究上的"特别项目"只有不到 1% 的成功率。从积极方面来看,这一结果反映了包含科学诸多层面的为解决能源问题而提出的诸多想法和问题。但是对于一个新项目来说,1%～10% 的资助率意味着申请人员和评审人员工作的巨大浪费。在这一良莠不齐的背景下,项目管理者也很难挑选出最佳提案。各联邦机构资助的项目数量应与其所获得的联邦研究经费成比例。

· 对国家能源研究中心的持续投入。美国能源部和其他相关联邦机构最近投资建立了许多大型能源中心。这些中心很有潜力在未来实现能源转换上的突破。但是,为了能够实现长期目标,需要连续的资助和稳定的可预期投入。

· 对规模小的研究团队提供长期的资助。能源问题是多学科问题,建立学科交叉需要时间。对小团队的资助可以以一种灵活的方式来促进合作并尝试新想法。鼓励理论工作者与实验工作者进行合作的资助将为这一领域的研究产生巨大的影响。

# 6.6　总结与优先领域

今天，以一个环境与地缘政治均可持续发展的方式来满足能源需要是人类社会面临的最重要的技术问题。除了气候变化之外，每年由于化石燃料的使用而造成的经济损失已达 1200 亿美元[34]。未来十年，能源将是纳米技术最优先考虑的应用，同样，能源领域的应用也是纳米科学研究的最大驱动力。纳米科学和技术将会为提高能效、发展低成本替代能源和高效能源储存带来全方位的技术革新。重点扶持的方面是：

· 太阳能发电：解决能源问题只能通过对多种技术的可持续的研发投入。这一问题过大，而我们现有的技术仍处于初级阶段，因此现在还不能确定在未来十年里哪项技术将占主导作用。然而，太阳能是最丰富和最具有吸引力的长期可再生能源。由于太阳能的成本高于化石燃料和其他替代能源，目前还无法从纳米科技的进步中获益（目前不可能投入上万亿美元使用现有技术重新布局太瓦级太阳能电厂）。我们把太阳能光伏（从较低的程度上来说，指太阳能光电化学电池）作为研究投入的长期战略。开发太瓦级的低于化石能源成本的太阳能供电也许是能源领域里的研究所能取得的最伟大成果。在任何情况下，太阳能光伏已成为世界上最大的半导体产业。美国可以加大这一领域的投入并参与竞争，或者将这一市场拱手让与他人。

· 储存：储存对如电动交通工具和可再生电网等多种可再生技术具有重要意义，这一领域中纳米科学和技术的研究也是一个重点扶持方向。目前电池处于技术上的引领地位，然而在解决了基础科学难题的前提下，能实现电能与化学燃料高效相互转化的催化剂也会起到重要的作用。

· 效率：虽然目前最重要的是开发例如太阳能等新型可再生能源，但是能否合理利用现有的有限资源同样重要。新型能高效利用现有能源的技术，包括固态照明器件、利用热电回收废热、提高隔热效率的建筑等将是纳米技术的重点扶持方向。

· 人力资源的发展：研究生和博士后将会是未来的"寻找清洁能源"这一伟大工程的领导者。最优秀最聪明的学生目前正在进行化学、物理、生物、数学、工程等多方面的研究。为博士生和博士后提供更多的机会将有助于他们能全身心地投入到短期和中期的研究工作中去，并能一定程度上减少存在于新兴的重大研究项目中的官僚现象的影响。也就是说，新整合的研究目标需要在时间与空间上同当前的能源问题相对应。

# 6.7 更广泛的社会影响

如果纳米技术的研究突破能转化为实际应用,实现低成本的能源转换、储存和高效利用,它将成为支撑经济增长、可持续发展和国家安全等方面的顶梁柱。可再生能源与水资源也是紧密相关,不仅表现在与能源相关的水资源利用,而且表现在气候变化对降水的影响。低成本可再生能源同全球健康也是紧密相连的,表现在空气和水污染带来的影响,发展中国家的可用冷冻资源与医疗卫生,以及由于居住和气候变化带来的新的疾病传播方式的可能性。纳米技术可以对能源蓝图有正面的影响,产生学生和公众都能容易理解的范例,最终公众将从中获益。其收益将最终超越纳米医药学与纳米电子学。

# 6.8 研究成果与模式转变实例

### 6.8.1 有机光伏和纳米光伏技术

目前在实验室级别的有机太阳能电池的效率可达到大约 8%,在原型器件生产中效率可达约 4%～5%。如图 6.8 的右图所示,有机太阳能电池通过使用柔性和轻质的材料将太阳能转化为电能可以降低材料成本、人工成本和系统成本[4,39,40]。

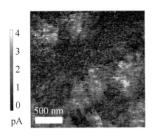

图 6.8 左:原型电池的光电流的纳米图像显示,有机太阳能电池具有纳米结构。右:由 Konarka 生产并由德国公司销售的柔性纳米有机太阳能电池可以放置在软包装内,为便携式电子设备充电。由纳米技术带来的太阳能电池效率和寿命的提高使有机太阳能电池体系可以用于大规模的商用发电(图片来源:http://www.konarka.com)

在过去的 15 年里,高分子体相异质结太阳能电池的能量转换效率得到了显著的提高,1995 年聚对苯乙炔(PPV)体系的能量转换效率小于 1%[41],2005 年聚3-己基噻吩(P3HT)体系的能量转换效率提高到 4%～5%[42],根据近期报道效率可达 6%[43],到 2010 年这一数值已超过 8%。但是有机太阳能电池的效率还是低于如 Si、CdTe 和 CIGS 等无机太阳能电池,因此限制了其大范围的应用。

最近 Park 等报道的体相异质结器件的效率可超过 6%,这种器件依靠系统的方法,采用了多种纳米尺度材料,增大了太阳光谱内可吸收光子的频率范围和器件的内部量子效率(IQE)[40]。采用一种新型交替排布的低能隙共聚高分子结构,结合富勒烯衍生物、纳米尺度二氧化钛光学垫片和空穴阻挡层,可以展示出更有效的光子吸收和更高的开路电压。内部量子系数(IQE)是由三个步骤决定的:①光激发激子并迁移/扩散到体异质界面;②界面处的激子脱出和电荷分离;③电极处的电荷收集。由于只有更小尺度才能带来更大的产生电子-空穴分离的界面面积,而且步骤①中的激子的扩散距离一般小于 10 nm[44,45],所以 BHJ 的尺度应小于20 nm。该类器件具有纳米尺度特性,可获得超过 6% 的能量转换效率和接近100% 的内部量子效率,意味着每个吸收的光子都可以产生一对可分离的载流子,并且所有的光激发载流子都可以在电极处被收集起来。

尽管上述工作颇具希望,文献中也指出为了达到商业化标准,有机太阳能电池需要实现 8%~10% 的集成器件效率和大约 7 年的使用寿命[44]。未来努力的方向包括改进高分子性能、BHJ 界面的形貌和整体的器件设计。最近一份报告描述了一种新型用于 BHJ 高分子/氟化物太阳能电池的噻吩和苯并噻吩高分子(PTBs)材料。这类高分子具有很低的最高占据分子轨道(HOMO)能级,提供了高开路电压($V_{oc}$),并且具有一个适宜的最低未占据分子轨道(LUMO)能级,提供产生电荷分离的足够大的偏压。另外通过合理选择溶剂,薄膜形貌在激子扩散距离尺度内可控,可获得 7.4% 的能量转换效率[4]。可以预期,实现从实验室尺度向大规模工业生产的有效转化将取决于对纳米尺度薄膜形貌的掌控[45]。嵌段共聚物通过自组装形成高度有序并具有可控的热力学限定的三维界面体异质结,将会实现体异质结界面的优化(图 6.9)。

图 6.9　利用嵌段共聚物自组装双组分连续 BHJ 的形貌[46]

纳米技术在光伏技术领域的重要影响不仅仅体现在有机太阳能电池方面。Wadia 等[16]调研了不同无机光伏技术所需的原材料供给(图 6.10)。他们得出的结论是,有若干种材料都有可能超过晶体硅的年发电量并能降低材料成本。然而,将这些材料应用到高效低成本的光伏技术中需要利用纳米技术——利用量子束缚效应调节半导体能隙;利用纳米尺度的电荷收集方法克服复合损失;提高薄膜体系的光收集性能;利用纳米胶体制备具有合适的化学计量配比、表面化学性质和缺陷抑制机制的薄膜。

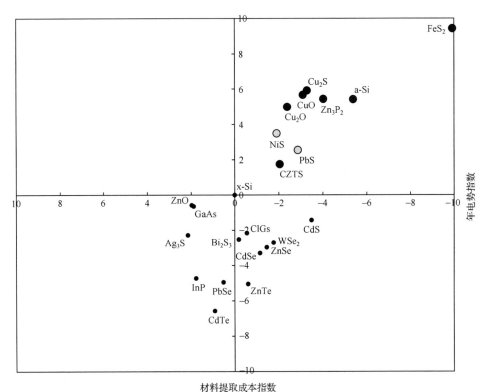

图 6.10　Wadia 等的文章中报道的具有光伏应用前景的各种无机材料,所有材料按提炼成本和发电能力排序[16]。图中 ● 表示的材料是作者认为最具有长期潜能的材料。纳米技术将提高在多种材料组合体系中的光吸收,有助于薄膜制备,提高载流子的收集/复合损耗比例和调节能隙

使器件效率超过 31% 的 Shockley-Queisser 理论效率极限与纳米结构密不可分。这一理论效率极限产生的原因是能量低于活性光伏材料吸收阈值的光子不能够被吸收,而能量高于能隙的光子迅速地向固体晶格放热。一种可以超过理论极限效率的方法是通过单个高能光子激发多个电子-空穴对(激子)。这一方法基于载流子倍增(CM)机制。最初报道是在 2004 年关于量子束缚半导体纳米晶体的

研究中，该研究发现了独特的活跃多激子快速俄歇复合过程[47]。然而近年来，CM理论备受争议，人们或认为这一现象不存在，或认为在纳米晶体中 CM 现象产生的光子比在固体材料中少[48]。一篇近期的文献综述认为，其争论是由于由纳米晶体中的光激发电荷引起了 CM 测量结果的差异性[49]。其结论是纳米晶体的 CM现象比在体材料中要强，并且因为在宽带隙范围内可获得适宜的 CM 效率，纳米晶体的 CM 相比于其相应的体材料具有更大的光伏和光催化潜力。不论 CM 效应的实际结果如何，利用 CM 效应提高光伏器件效率无疑需要更先进的纳米结构，要在比俄歇结合过程更短的时间间隔内成功收集激子。

## 6.8.2　纳米结构电池

过去十年里，纳米技术在能源储存领域发生了模式转变，尤其体现在混合动力汽车的成功发展上。直到 2000 年还存在着许多能否将电池应用在交通运输领域的质疑。甚至存在着安全问题：例如新闻报道多起电池起火问题，上百万个笔记本用锂离子电池被召回，混合动力汽车被公众和汽车产业广泛质疑。十年后，丰田Prius 汽车是全球销量最好的汽车之一，并且绝大多数汽车制造商生产和销售混合动力汽车。纳米技术用于新电池材料中可以提高扩散和置换反应的效率，从而提高电池的功率密度、能量密度和寿命，并发展了新型混合电子/离子传导和储存机制、新型电解质和新型电化学组装方法。

## 6.8.3　新型固态照明结构

### 1. 不局限于二维结构——纳米点、线和混合结构

目前的固态照明结构主要采用层状的平面二维异质结构（如图 6.6 所示）。这种结构可以高度纳米工程化，其性能必将获得不断的改善。然而这一结构具有两个严重的缺点。从材料合成的角度看，在二维平面内应变不能够弹性释放，造成了众所周知的成分和层厚的限制。从物理学的角度看，载流子（量子或经典载流子）只在一个维度内受到限制，其局域性比在多维限制结构要小，导致更弱的载流子相互作用。因此纳米线和纳米点在未来十年将是很重要的固态照明结构。图 6.11显示了 GaN（芯）/InGaN（壳）（以及其他可能的壳层结构）轴向异质结构。这些结构由一根先纵向生长再轴向生长的纳米线构筑。InGaN 形成了一种量子阱结构，在这一结构中电子-空穴对也就是激子轴向受限，因此增加了其径向复合概率。径向纳米线异质结构将在纳米线体积范围内实现活性发光区域的表面积最大化，因此可以作为基本结构实现在黄光到红光波长范围有效发光的纳米线照明器件。

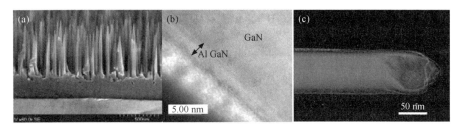

图 6.11　由约 2.5 nm 厚的 AlN 或 AlGaN 壳层和 GaN 芯组成的纳米线图像。
(a)SEM 图像；(b)高分辨截面 TEM 图像；(c)重构的三维 TEM 断层扫描图,显示边缘处的 AlN,
GaN 芯和尖端的 Ni 催化剂[50,51]

　　尽管采用低维度材料能提高应变承受能力,扩大化学成分范围,增加电子束缚程度,从而在大波长范围内调制发光能量并保持高发光效率,但是同时会造成载流子阻塞并使输运变得更困难。这些优点和不足说明具有最佳性能的固态照明结构应该是由多维度子系统组成并综合各维度子系统的优势。一个有特殊前景和希望的方法是将量子阱里的激子通过无辐射耦合(例如偶极子-偶极子,或者 Forster 过程)[52]转化为量子点重叠层里的激子,并在量子点中发射光子。Klimov 最近展示了可以用这种替代方法发出白光[53](图 6.12)。

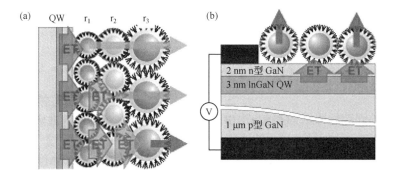

图 6.12　(a)白光照明器件示意图:纳米晶可在 480 nm($r_1$)、540 nm($r_2$)、630 nm($r_3$)
波长发光。(b)电动单色光能量转换装置示意图(源自 Achermann 等[53])

### 2. 光-物质强相互作用

　　光-物质弱相互作用区域可能并不是长期最好的固态照明模式。发光二极管(LEDs)是基于电子-空穴对与最弱的电磁场即真空的相互作用。在弱电磁场中,电子-空穴对向光子的能量转换过程很慢。要使该转换过程有效进行,其他过程就要更慢。激光是激发光,其电子-空穴对与放大和谐振的电磁场相互作用,所以能加快由电子-空穴对向光子的能量转换。实际上,最高效的电致发光设备是高能红外波段 900 nm 的 InGaAs/GaAs 半导体二极管激光器，其效率可高达 80% 左右。

　　另外，我们可以预期，一些光子器件结构如微谐振腔可以提供非常强的电磁场强度，从而导致连续循环的电子-空穴对和电磁场之间的能量传输。与典型的激子不可逆衰减成自发射的光子不同，激子和光子在拉比频率谐振进行能量交换。在这些条件下，强烈耦合的激子和光子能级分裂为高极化态和低极化态。这两种极化态均具有双重的激子和光子特征，其能量差对应于拉比能量。对于半导体材料，这揭示了一种新型的光和物质相互作用机理，可以改变不同能量转换方式的优先权，使能够产生自由光子的转换方式占主导。

### 6.8.4　提高热电优值：$ZT > 1$

　　如上所述，近十年来主要是通过降低晶格热导率来提高热电优值，$ZT = S^2 \sigma T / \kappa$（$S$ 是热电系数，也叫塞贝克系数，$\sigma$ 是电导率，$\kappa$ 是热导率，$T$ 是热力学温度）（图6.13）。今后热电优值的进一步改善将主要基于功率因子的大幅度提高[36]。

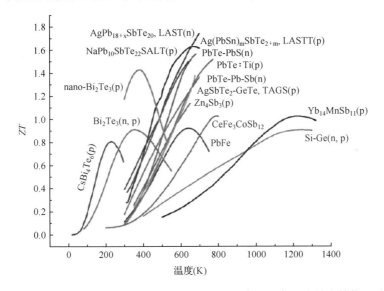

图 6.13　目前常用的体热电材料。所有高性能材料（高 $ZT$）都具有纳米结构。对实际应用而言，$ZT$ 值应至少为 3[36]

　　近期的文献综述表明[19,36]，有下述构筑纳米结构的方法可以提高功率因子 $S^2 \sigma$：

　　• 提高迁移率。减少晶界对电子输运的影响可以提高材料电学性能。重掺杂纳米结构 n 型 $Si_{80}Ge_{20}$，在室温下实验测得的迁移率比理论值低 40%，意味着如果迁移率能接近理论值，就可以将 $ZT$ 提高 40%。

　　• 能量选择。晶界不仅可以降低迁移率，还能起到能量选择的作用。因为低能电子会降低塞贝克系数,产生负面影响,因此提出了能量选择的概念,利用附加的散射机制,低能电子被优先散射,减小了它们对输运性能的影响,从而可以提高塞贝克系数。在纳米复合材料中,主要的散射机制是电子在晶界处的散射,会降低电子迁移率,但同时也会优先散射能量低于势垒高度的电子。

　　• 引入谐振能级提高态密度。近期结果表明,可以利用杂质能级提高塞贝克系数从而提高 $ZT$[54]。位于导带或价带的杂质能级能产生一个提高局域电子态密度的谐振能级。如果费米能级在这附近,理论上讲可以提高塞贝克系数。Minnich 等[19]认为,可以同时利用谐振能级和纳米复合材料的概念设计一种新材料:例如利用非常简单的常规方法将 Tl 掺入到 PbTe 中制备纳米复合材料,其热导率会低于体材料值,但是由于 Tl 掺杂,其电学性质会得到显著的提高。

　　• 降低双极性效应。利用纳米复合材料提高热电优值主要是通过降低晶格热导率。然而纳米复合材料晶格热导率通常很低,因此电子热导率和双极性热导率对总热导率的贡献在量级上与晶格热导率基本相当。双极性效应是由电子和空穴这两种类型的载流子引起的。利用纳米复合材料降低双极性效应的原理是,制备一种能优先散射少数载流子而保留多数载流子的纳米结构。这一概念已经在 $Bi_xSb_{2-x}Te$ 纳米复合合金材料里实现,但是在该材料中电子优先散射的原因尚不清楚[37]。还需要更深入地理解电子和空穴在晶界处的散射过程,来进一步增强择优散射。

　　• 降低电子热导率。另外一种提高 $ZT$ 的方法是降低电子热导率。这看起来似乎是不可能的,因为所有的载流子都不可避免地传热。尽管理论工作表明存在违背经典导电导热关系的维德曼-弗兰兹定律的可能性,但是还没有纳米复合材料开发策略。

　　• 纳米晶物理参数的优化。多晶热电纳米复合材料的理论计算[55]表明,通过改变纳米晶的势垒高度、宽度和间隙等物理参数,可以提高每个载流子的平均能量,从而提高功率因子,改善热电性能。这一模型很有前景并且具有普适性,通过采用合适的电子结构参数,可以适用于其他纳米复合材料体系[36]。

## 6.8.5　纳米技术和其他热学性能

　　人们长期致力于发展针对不同应用的固态热-能转换方式。利用热电效应、磁热效应、热电子发射[56]和近来发展的激光制冷[57]都是固态能量转换的基础。尽管有一些特定的应用,固态能量转换技术只占美国能源技术的一少部分。其原因与上述关于热电效应的讨论相关,最近的评论指出,"热电效应缺乏前景"[58],强调了任何固态体系中热力学效率的重要性。对于磁热效应等其他技术,近期工作表明即使不发现任何新的物理机制,现有的材料性能也已经接近于最好水平[59]。要想对全国的能源使用和控制温室气体的产生做出重大贡献,必须开辟一条能与现有机械产能功率相媲美甚至有所超越的新途径。

近来电热效应(ECE)的发展表明了 ECE 在热学应用的潜力[60-63]。电热效应是与热电效应相反的过程。在绝热条件下,在电热材料上施加电场能降低极化场的熵,从而使材料升温,而撤销电场后又使材料降温。与之相似,改变电热材料的温度能发电。尽管基于热电效应发展了温度传感技术,但是 ECE 还没有在产能和热引擎等领域得到应用。

由高质量材料组成的纳米结构薄膜的电热系数得到了提高,因此该薄膜具有比体相电热器件更优异的性能。2005 年以来文献记载了 $PbZr_{0.95}Ti_{0.05}O_3$[62] 和聚偏氟乙烯(PVDF)以及相关共聚高分子薄膜电热系数的改善[63]。研究人员最新报道,基于 PVDF 的二元共聚高分子和三元共聚高分子薄膜在外加 27V 电压下可以实现可逆的 21K 的温度变化[15]。

如 Epstein 和 Malloy[60] 所述,电热薄膜构成了新型高性能热引擎的基础。电热薄膜有可能实现能源技术突破的四个原因是:首先,之前使用的体电热效应(或者磁热效应)受到了体材料散热困难的限制[60]。使用纳米尺度电热材料薄膜增加了面积/体积比并加速了热输运过程。第二,先进的薄膜生长和制备技术在纳米尺度改善了材料质量,因此获得了电热系数的改善。特别是理解和控制纳米尺度高分子结晶化是非常重要的[61]。第三,使用薄膜材料可降低 ECE 所需的驱动电压。最后,PVDF 和相关材料是环保的,不含铅或其他重金属,并只含很少量会产生温室气体排放的化学物质。

如上所述,热电和 Peltier/Seebeck 器件的效率由于热导率和电导率相互制约而受到限制。Vining[58] 指出,如果能够控制电热薄膜材料的热导率,就能开发出一种新型的薄膜热引擎技术。

在纳米尺度上控制热导率的一个实例是基于液晶系统的特殊性能。科学家们早就意识到一些液晶系统的热传导具有很强的各向异性[64-68]。在棒状噻吩基液晶体系中,平行于分子链方向的热导率比垂直方向大三倍以上。可以利用这一热传导的各向异性制备薄膜热开关。薄膜热开关由一层很薄的液晶组成,液晶的取向可以从平行于薄膜平面转向垂直于薄膜平面。当液晶取向主要是垂直于薄膜平面时,垂直薄膜平面方向的热导率相比平行薄膜方向得到了增强。液晶的取向可以通过外加电场控制,从而起到"热开关"的作用。

碳纳米管也具有高度的热传导各向异性[69-72],基于碳纳米管可以提高液晶的开关比。其他类似电浸润等机制也可用作热开关,其性能是由纳米尺度的界面声子态密度和快速开关等现象决定的,必须要有很高的热对比度。

### 6.8.6　防辐射金属用于新一代核反应堆

在发展新一代核反应器中的一项重要任务是设计具有抗极端辐射损伤的核材料。在多年的服役过程中，会产生由辐射引起的点缺陷（间隙和空位）[73]，点缺陷还会进一步团聚形成间隙群、堆垛层错四面体和孔洞[74]，最终导致材料膨胀、硬化、非晶化和脆化，造成材料失效[75]。在过去十年里，含有大量晶界的纳米晶材料如镍、铜[76]、金[77]、钯、$ZrO_2$[78]、$MgGa_2O_4$[79]，表现出了比多晶材料更高的耐辐射性。

这些实验结果揭示了晶界吸收缺陷的机制，并在大晶粒多晶材料里得到证实，受辐射后在晶界附近 10～100 nm 范围内并未出现大量的缺陷。因此，如果材料晶粒尺寸小于材料特有的无缺陷区尺寸，那么在晶粒内部就只会有比较少量的缺陷。最近理论计算揭示了纳米尺度耐辐射机制[80]。Bai 等发现晶界具有令人吃惊的"吸附-脱附"效应。在受辐射条件下，间隙原子沉积在晶界处，并作为源头使间隙原子移动到附近与空位中和。这种新奇的复合机制的能量势垒比传统的空位扩散低，因此可以有效地中和附近的不可移动空位，从而实现辐射损伤的自愈合。这种间隙原子的"吸附-脱附"机制可以用来解释纳米晶（NC）材料在不同的条件下具有与多晶（PC）材料不同的耐辐射性[76-79]。

### 6.8.7　纳米结构燃料电池

对便携设备供电的需求不断增加，促使在全球范围内大力发展高能量密度电源。尽管近年来锂离子电池技术可以驱动更高功率密度的设备，但是其发展还是滞后于便携设备的发展，这一矛盾在未来几年还将存在。微燃料电池（MFC）有可能解决这一矛盾。MFC 的能量密度比电池高一个量级。然而获得高能量密度的 MFC 受制于制备、性能、可靠性、尺寸和价格等问题。

其核心问题是高分子薄膜。该薄膜在低湿度下具有低质子导通率，并且其体积随湿度变化大，是失效和难于集成的主要原因。几十年来，人们一直致力于发展先进薄膜材料和结构。如果有所突破，将带来低温燃料电池技术的重要进步。另外，发展与半导体和微机电系统（MEMS）硅加工工艺兼容的薄膜制备技术将会是一重大突破。为了实现这些目标，Moghaddam 等[81]提出了表面纳米工程化固定几何尺寸 PEM 的概念，使材料在很大的湿度范围内不发生体积变化并保持几乎恒定的质子传导率。其关键是制备具有约 5～7 nm 孔洞的硅薄膜，单层自组装分子膜沉积在孔洞表面，然后再用一层由等离子体辅助原子层沉积方法制备的多孔二氧化硅将孔洞覆盖[82]。该技术可以减小孔径并实现水合作用，在低湿度条件下获得比 Nafion 膜高 2～3 个数量级的质子传导率。由这种质子交换膜构成的 MEA 的能量密度比以干燥氢气为原料的空气阴极高一个量级。

# 6.9　来自海外实地考察的国际视角

## 6.9.1　美国-欧盟研讨会(德国汉堡)

小组成员/参与讨论者

Bertrand Fillon(主席),可替代能源和原子能委员会(CEA),法国

C. Jeffrey Brinker(主席),新墨西哥大学,美国

Udo Weimar,图宾根大学,德国

Vasco Teixeira,米尼奥大学,葡萄牙

Liam Blunt,哈德斯菲尔德大学,英国

Lutz Maedler,不来梅大学,德国

过去十年的研究工作表明,实现高效低成本的能量转换和储存所面临的技术挑战与人们对纳米尺度各类现象的理解和控制直接相关。这些研究工作主要集中在发现纳米尺度的现象以及通过实验对适当的理论进行验证,例如在提高第三代光伏电池、燃料电池薄膜和热电器件的转换效率上取得了一定成果。未来十年的研究发展战略将向系统地开发纳米技术的方向发生转变。要将不同纳米尺度范围内的现象和结构与优化器件性能这一终极目标相结合,而不是仅仅关心具有纳米尺度单一组分(例如:研究燃料电池整体而非单一的燃料电池薄膜,研究全球电池管理系统而非单一电池电极)。另外还会重点研究从材料来源到器件生产的全球产业链过程。这样就可以利用柔性基底来制备能源器件(例如:印制电池电极、用印制方法替代真空沉积技术制备太阳能电池等)和通过多种纳米层状结构和异质结构构筑新型器件,实现例如卷对卷过程等低成本制备技术。一些传统领域如锂离子电池和热电材料的研究出现了新的思路,而类似碳纳米管储氢等研究方向已被证实是不可行的。

在今后十年里,能源领域将是纳米技术最重要的应用,也将是纳米科学研究最主要的推动力。如果能够深入理解并能在纳米尺度控制材料尺寸和结构,并用强有力的手段来实现纳米尺度的制备和表征,纳米结构材料将在能源技术领域具有重要的发展前景。研究目标是发展适宜的纳米结构/纳米织构器件,开发自我再生系统(例如:人工光合作用薄膜)以获得高效能源。我们预期要使纳米科学和纳米技术推动大范围、低成本和高能效的能源技术的发展,必须开发储藏丰富并不产生碳排放的低成本原料,发展可替代能源,并实现高效能源储存。一般来讲,主要目标是获得高效和低成本的能源器件,工作重点将转移到发展大规模的高效和低成本的制备技术。调控不同级别和寿命要求的能源需求和对循环寿命的分析也是十分重要的。

今后十年纳米科学和纳米技术的主要研究重点将集中在以下几个方面:

- 发展可大规模量产和低成本的能源器件制备技术,例如:卷到卷制程,自组

装(用于光伏、燃料电池、电池等),和其他利用储藏丰富、价格低廉、低纯度的材料(如 $FeS_2$)采用自下而上的制备方法。

- 发展适宜的纳米结构/纳米织构器件,提高能源利用效率。
- 通过增强光耦合、改善界面性能、调控带隙,提高光伏器件的效率。
- 提高用作电动运输和可再生并网系统的电池的安全性、功率密度、能量密度和使用寿命。
- 研发出低成本催化剂和可大规模制备的纳米结构,将电能和太阳能转化为化学燃料。同时,其效率要高于自然界的光合作用。
- 通过将导热和导电过程相分离,显著提高实现热能与电能直接转化的热电材料优值。
- 继续发展纳米结构材料,提高从建筑工程到工业分离等各领域的能源利用效率。

目前,能源领域的相关科学问题具有分散性和多样性,对未来能源发展尚未形成一个很清晰的导向,很多研究小组都在沿着不同的方向工作。目前所急需的是配置和简化大规模实验室的使用,并在国际范围内列出不同国家拥有哪些试点和大规模设施。

能源技术的突破必须依靠纳米科学的发展,并贯穿整个产业链:包括合成、表征、现象和性能模拟。这一新的科技时代必将带来经济、安全、持久、可靠、和环境友好的能源转换系统。这方面的科学研究还处在初级阶段,为了取得对全世界都至关重要的革命性的进步,必须进行下述工作:

- 查明现有设施(包括组织机构、试点生产线等);
- 制定出"纳米技术用于能源应用"的国际导向;
- 确定不同应用的能源需求;
- 分析现有各研究机构资助的项目;
- 规划纳米能源技术的研究战略。

### 6.9.2 美国-日本-韩国-中国台湾研讨会(日本东京/筑波大学)

小组成员/参与讨论者

Wei-Fang Su(主席),台湾大学,中国

James Murday(主席),南加州大学,美国

Chul-Jin Choi,韩国材料科学研究所,韩国

与会者一致认为,能否用一种环保和地缘政治可持续发展的方式满足世界日益增长的人口对能源的需求,是当今社会所面临的最重要的技术难题。日本、韩国和中国台湾这类地处岛屿、半岛、山地的国家和地区缺乏足够的土地面积直接利用太阳能。在这种情况下,纳米科技在利用不同国家拥有的资源,发展可再生清洁能

原领域将起到重要作用。

来自日本、韩国、美国和中国台湾地区的代表提出了在今后十年中纳米科学和技术的研究重点:

· 通过增强光耦合和调控界面性能以及能隙宽度,开发高能量转换效率(>40%)的光伏电池。

· 利用价格低廉并且储藏丰富的碳氢化合物等原材料,利用自组装和自下而上的制备方法,发展可大规模量产的低成本长寿命光伏电池(<0.5 美金,寿命>15 年)制备技术。使用这些材料制备太阳能电池,而不是将它们作为燃料并产生温室气体 $CO_2$。这类太阳能电池应使用低成本的柔性非铟基的透明电极,例如炭基电极等。

· 开展纳米尺度界面相互作用和纳米结构的研究,提高用作电动运输和可再生并网系统的电池的功率密度、能量密度和使用寿命。

· 设计和发展用作高效能量储存的超级电容器。

· 研发出低成本催化剂和可大规模制备的纳米尺度结构,将电能和太阳能转化为化学燃料,其效率要高于自然界的光合作用。

· 在系统层面而不再是针对电极等单一组分开展研究,提高燃料电池的效率、稳定性和使用寿命。图 6.14 是锂空气电池示意图。在中国大陆、台湾地区和其他亚洲国家和地区,需要中等容量的燃料电池来驱动摩托车和其他便携设备。

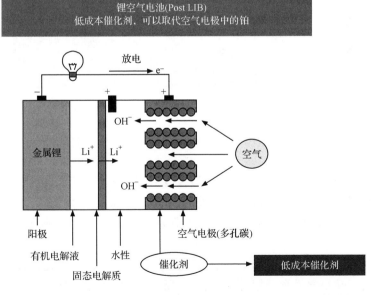

图 6.14　通过固态电解质薄膜将有机电解质和水基电解质分离,构成新型高容量锂-空气电池(50 000 mAh/g,按空气电极计算)[83]

· 显著提高将热能直接转化成电能的热电材料的优值。

· 发展适宜的纳米结构/纳米织构器件,提高能源利用效率。在这一过程中需要开发出用于特定应用的新材料。

· 建立模型,以此预测并指导发展适宜的纳米结构/纳米织构器件,用于产能和能源保护。

· 核算出基于不同方法的产能和储能的系统成本。图 6.15 所示的是一个具体的实例。循环寿命问题需要考虑在内。

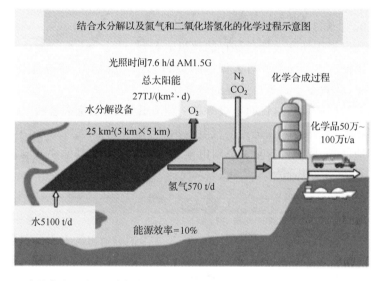

图 6.15　将收集太阳能、生产氢气并去除 $CO_2$ 相结合的系统(源自 K. Domen,东京大学)

· 继续发展三维纳米结构材料,提高从建筑工程到工业分离等各领域的能源利用效率。

研讨会也提出了今后十年里纳米科技发展所需的三种组织机构条件:①建立精准到原子尺度的测试平台;②建立数据中心,组建高端研究团队,建立模型指导新型纳米材料和纳米结构的研究;③与工业界相结合,建立针对不同应用的纳米材料制造设施。

对于科研人员的培养,未来关于纳米科学和纳米工程的研究和教育将涌现出的课题是:①从小学教育开始,探讨我们日常生活中的能源利用和保护,例如在室外晒干衣服而不再使用烘干机;②理解产品中的能源消耗的真实成本;③探讨纳米技术在降低能耗方面所起的作用。

对于研发策略,研究工作的出发点与能源需求的程度和紧迫性直接相关。各类研发机构和标准工作组要充分考虑工业界在能源应用方面的需求,而不能减少纳米科技领域的基础研究工作。对研发的投入将集中在建立一个最先进的可共享的平台,同时对其运行、维护和技术支持给予资金投入。

能源问题影响到我们日常生活的方方面面,在纳米科技领域进行持之以恒的研发工作将会解决今后十年里能源生产与消耗的问题。

### 6.9.3  美国-澳大利亚-中国-印度-沙特阿拉伯-新加坡研讨会(新加坡)

小组成员/参与讨论者

Subodh Mhaisalkar(主席),南洋理工大学,新加坡

James Murday(主席),南加州大学,美国

Huey-Hoon Hng,南洋理工大学,新加坡

Scott Watkins,澳大利亚联邦科学与工业研究组织,澳大利亚

中国很快就要公布《新兴能源产业发展规划》,到 2020 年将投资 5 万亿人民币(7390 亿美元)。

《中国证券报》,2010 年 8 月 8 日

……对于我们的未来而言,没有任何事情像能源问题一样重要……

美国巴拉克·奥巴马总统,2009 年 1 月 26 日

全球人口和生活水平的日益增长、气候变化、安全可靠的低碳能源的供给、能源-水资源的关系对正常商业的严重威胁等问题都使得能源问题成为全球共同关注的首要问题。在今后 40 年里,为了在现有生活水平上实现人类的可持续发展,必须实现大规模太瓦级能源的低成本可持续发展,并且发展减少 $CO_2$ 排放的措施(图 6.16)。

中国、美国和欧盟是三个最大的温室气体排放区域,总共占据了全球总排放量的 40%(维基百科,《京都协议书》),并且代表了发达国家和发展中国家面临的问题。对美国而言,电力研究机构预测温室气体排放量需要比 2005 年削减 80% 以上。只有在科学、技术、工业和商业的各个方面都有重大突破,才有可能将海洋温度提升控制在 3℃ 以内,并提供可再生能源确保人类的可持续发展。在这种情况下,纳米科技在指导能源生产、能源转换运输和储存、再生和交通运输,以及碳的俘获、封存和转换领域将起到重要作用。

在过去十年里纳米科技最重要的贡献是催化技术和微电子技术的发展,获得了纳米薄膜和低材料、能源和水消耗的纳米制备技术。在今后十年里,纳米技术无疑会在下述领域起到重要的作用(图 6.17)。

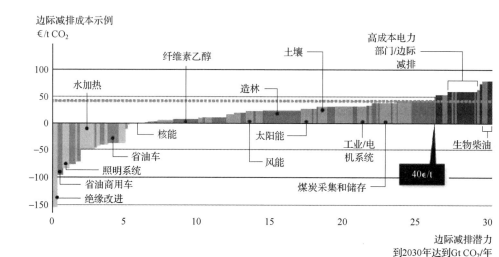

图 6.16  减少温室气体排放的成本和不同技术及系统的减排能力。图中左半部分€/t CO₂
零线以下的部分代表通过提高能源利用效率获得减排的项目

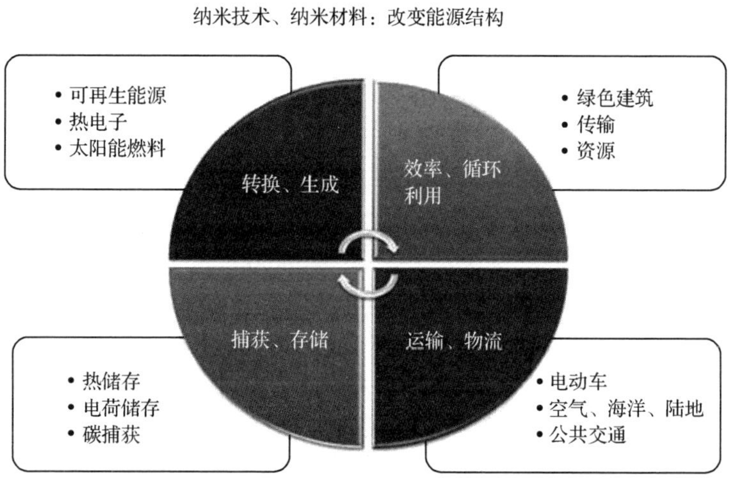

图 6.17  纳米技术和纳米材料将影响能源和可持续发展的所有领域

## 1. 能源生产与转化

·可再生能源和替代能源:众所周知,纳米技术在包括太阳能光伏技术等可持
续能源领域起到了重要作用(第一代多晶硅,第二代薄膜太阳能电池,第三代高分
子染料敏化电池)。通过使用活性纳米材料来利用太阳能在基于太阳能的能源系
统和高能效应用中至关重要。纳米复合材料和纳米涂层等纳米技术将在风能和海

水能源利用上起到决定性作用。在过去 20 年里一直被忽视的整个核能领域现今又重新得到了重视，纳米技术有可能解决现存的核燃料、反应堆设计和构筑、核废料分离与固定。

· 热电和压电：在回收废热和废动力领域蕴藏着很多机遇，利用纳米技术能增加能源转换效率和系统热电优值。

· 太阳能和合成燃料：纳米技术可以用来制备高效催化剂和纳米结构，实现光催化、碳捕集并转化为碳氢化合物。这些碳氢化合物具有高能量密度，并具有完善的运输系统，这对于世界上那些不具有其他可再生能源的区域具有十分重要的意义。

### 2. 能量获得和储存

· 储电：需要提高电池能量、功率密度和寿命，建立可持续发展电池材料和电池的回收制度。可以预期纳米材料和纳米碳结构（石墨烯、碳纳米管、无定形碳）将在发展便携能源（交通运输）和固定能源（例如调节用电高峰）上取得突破。

· 储热：在全球气候问题背景下，储热在家用热水和工业应用等方面具有重要作用。在热带地区，将太阳能和纳米相变材料结合起来，可以减少热负载。

· 碳俘获：需要发展纳米材料和基于纳米纤维的分离系统和方法，用来进行碳俘获与封存。

### 3. 效率和回收

· 传输：电力传输过程中的能源损耗约为总能源的 25%。采用包括高温超导体材料等新材料，将降低这一损耗，并在电力传输领域获得巨大突破。

· 节能建筑（图 6.18）：各类建筑的能耗约占我们使用的总能源的 60%。发展节能战略会比发展新型产能技术更有效。纳米材料在下述领域起到重要作用：玻璃、热反射涂层、相变材料、高反射涂层和替代建筑材料（如采用纳米材料增强的高性能混凝土）。纳米材料的研究也会带来空调（如磁热制冷、吸附制冷）、除湿和固态照明方面的新概念。

· 资源：回收和制备合成气也受益于纳米催化技术的突破。尚需不断地努力来提高石油相关产品纯化和燃烧过程的能量效率。在生物燃料、氢致燃料（也可以从动物废品中获得）和纤维素生物燃料等领域纳米技术也存在着许多机遇。

### 4. 运输和物流

· 电动汽车：在人口超过百万的大城市中，交通运输产生的 $CO_2$ 占总 $CO_2$ 排放量的 20%。电动汽车的发展将对提高能源效率和减少大气中的 $CO_2$ 量起到重要的作用（假定发电厂具有低 $CO_2$ 排放量）。电动汽车成功发展的关键是电池技术和

图 6.18　绿色环保建筑的组成

用作电池正极、负极和电解质的新型纳米材料。

・海陆空交通运输：类似于用于陆路交通的电动汽车，用于电动海上交通的采用燃料电池驱动的轮船也可以提高能源效率和减少 $CO_2$ 排放。用于空运和海运的纳米复合材料也有利于提高燃料效率。新型净化技术和催化剂技术将带来纳米技术的突破性发展。

5. 教育和培训

・目前的首要任务是培养具有多学科交叉技能的新一代科学家和工程师。公众-个人-学术界之间更加紧密的合作可以使学生拥有全球视野，并且能够利用纳米技术解决我们所面临的能源和可持续发展问题的众多挑战。

## 参 考 文 献

[1] N. S. Lewis，Toward cost effective solar energy use. Science **315**(5813)，798-801(2(X)7)

[2] N. S. Lewis，O. G. Nocera Powering the planet；chemical challenges in solar energy utilization. Proc. Natl Acad. Sci. U. S. A. 103(43)，15729-15735(2006)

[3] Business Wire，Solarmer Energy，Inc. breaks psychological barrier with 8. 13% OPV efficiency(2010) Available online：http://www. businesswire. com/news/home/20l00727005484/en/Solarner-Energy Bneaks-Psychological-Barrier-8. 13-OPV. 27 July 2010

[4] Y. Liang，Z. Xu，J. Xial，S. T. Tsai，Y. Wu，G. Li，C. Ray，L. Yu，For the bright future-bulk heterojunction polymer solar cells with power conversion efficiency of 7. 4%. Adv. Mater. **22**，1-4(2010). doi：10. 1002

adma. 200903528

[5] P. Heremans, D. Cheyns, B. P. Rand, Strategies for increasing the efficiency of heterojunction organic solar cells: material selection and device architecture. Acc. Chem. Res. **42**(11), 1740-1747(2009)

[6] M. A. Green, *Third Generation Photovoltaics: Advanced Solar Energy Conversion* (Springer, Berlin, 2004)

[7] U. S. Department of Energy Office of Basic Energy Sciences(DOE/BES), Basic research needs for solar energy utilization. Report of the Basic Energy Sciences Workshop on Solar Energy Utilization. 18-21 April 2004(U. S. Department of Energy Office of Basic Energy Sciences. Washington. DC * 2005), Available online: http://www. sc. doe. gov/bes/reports/files/SEU_rptpdf

[8] D. Gust. T. A. Moore, A. L. Moore, Solar fuels via artificial photosynthesis. Acc. Chem. Res. **42**(12), 1890-1898(2009)

[9] X. Ji, T. L. Kvu, L. F. Nazar, A highly ordered nanostructured carbon-sulphur cathode for lithium-sulphur batteries. Nat Mater. **8**, 500-506(2009)

[10] C. K. Chan, H. Peng, G. Liu, K. Mcllwrath, X. F. Zhang, R. A. Huggins, Y. Cui, High-performance lithium battery anodes using silicon nanowires. Nat. Nanotechnol. **3**, 31-35 (2008). doi: 10. 1038/nnano. 2007. 411

[11] C. Xu, F. Kang, B. Li, H. Du, Recent progress on manganese dioxide supercapacitors. J. Mater. Res. 25 (8), 1421-1432(2010). doi: 10. 1557/JMR. 2010. 0211

[12] L. Zhang, X. S. Zhao, Carbon-based materials as supercapacitor electrodes. Chem. Soc. Rev. **38**(9), 2520-2531(2009)

[13] A. C. Dillon, K. M. Jones, T. A. Bekkedahl, C. H. Kiang, D. S. Bethune, M. J. Heben, Storage of hydrogen in single-walled carbon nanotubes. Nature **386**, 377-379(1997)

[14] C. Liu. Y. Chen. C. -Z. Wu, S. -T. Xu. H. -M. Cheng. Hydrogen storage in carbon nanocubes revisited. Carbon **48**. 452-455(2010)

[15] O. B. Shchekin. J. E. Epler. T. A. Trottier. D. A. Margalith. High performance thin-film flip-chip InGaN-GaN light-emitting diodes. Appl. Phys. Lett. **89**. 071109(2006)

[16] C. Wadia. A. P. Alivisatos, D. M. Kammen. Materials availability expands the opportunity for large-scale photovoltaics deployment. Environ. Sci. Technol. **43**(6). 2072-2077(2009)

[17] U. S. Department of Energy Office of Basic Energy Sciences(DOE/BES). Basic Research Needs for Solid-State Lighting. Report of the Basic Energy Sciences Workshop on Solid-State Lighting 22-24 May 2006 (U. S. Department of Energy Office of Basic Energy Sciences. Washington. DC. 2006), Available online: http://www. sc. doe. gov/bes/reports/files/SSLjpt. pdf

[18] A. Majumdar. Materials science: enhanced thermoelectricity in semiconductor nanostructures. Science **303**(5659). 777-778(2004)

[19] A. J. Minnich, M. S. Dresselhaus, Z. F. Ren, G. Chen, Bulk nanostructured thermoelectric materials: current research and future prospects. Energy Environ. Sci. 2(5), 466-479(2009)

[20] A. Balandin, K. L. Wang. Effect of pbonon confinement on the thermoelectric figure of merit of quantum wells. J. Appl. Phys. **84**( 11), 6149-6153(1998)

[21] G. Chen, Thermal conductivity and ballistic-phonon transport in the cross-plane direction of superlattices. Phys. Rev. B **57**(23), 14958(1998)

[22] T. C. Harman. P. J. Taylor, M. P. Walsh, B. E. LaForge, Quantum dot superlattice thermoelectric materi-

als and devices. Science **297**(5590),2229-2232(2002)

[23] R. Venkatasubramanian,E. Siivola,T. Colpitts,B. O'Quinn,Thin-film thermoelectric devices with high room-temperature figures of merit. Nature **413**(6856),597-602(2001)

[24] Y. K. Koh,C. J. Vineis,S. D. Calawa,M. P. Walsh,D. G. Cahill,Lattice thermal conductivity of nano-structured thermoelectric materials based on PbTe. Appl. Phys. Lett. **94**(15),153Id-153103(2009)

[25] G. Chen,M. S. Dresselhaus,G. Dresselhaus,J. P. Fleurial,T. Caillat,Recent developments in thermoelec-tric materials. Int. Mater. Rev. **48**,45-66(2003)

[26] H. -K. Lyeo,A. A. Khajetoorians,L. Shi,K. P. Pipe,R. J. Ram,A. Shakouri,C. K. Shih,Profiling the thermoelectric power of semiconductor junctions with nanometer resolution. Science **303**(5659),816-818 (2004). doi:10. 1126/science. 1091600

[27] U. S. Department of Energy Office of Energy Efficiency and Renewable Energy(DOE/EEaR),Solar en-ergy technologies program:Multi-Year Program Plan 2007-2011,2006(DOE)(2006),Available online: http://wwwl. eere. energy. gov/solar/pdfs/set_myp_2007-201Lproof_2. pdf

[28] J. Fricke, A. Emmerling, Aerogels. J. Am. Ceram. Soc. **75**(8),2027-2036(1992). Available online: http://eetd. lbl . gov/ECS/Aerogels/sa-thermal . html

[29] R. Deshpande,D. W. Hua,D. M. Smith,C. J. Brinker,Pore structure evolution in silica-gel during aging drying. 3. Effects of surface-tension. J. Non. Cryst. Solids **144**(1),32-44(1992)

[30] S. S. Prakash,C. J. Brinker,A. J. Hurd,S. M. Rao,Silica aerogel films prepared at ambientpressure by using surface derivatization to induce reversible drying shrinkage. Nature 374(6521),439-443(1995)

[31] R. Baetens,B. P. Jelle,J. V. Thue,M. J. Tenpierik,S. Grynning,S. Uvsl0kk,A. Gustavsen,Vacuum insu-lation panels for building applications:a review and beyond. Energy Build 42,147-172(2010)

[32] A. Jaeger-Waldau,PV Status Report 2009:research,solar cell production,and market implementation of photovoltaics(European Commission Joint Research Centre Institute for Energy,lspra,2009),Available online:http://re. jrc. ec. europa. eu/refsys/pdf/PV-Report2009. pdf

[33] N. R. Council, *Electricity from Renewable Resources*: Status, Prospects, and Impediments ( National Academy of Sciences,Washington,DC,2010)

[34] J. Johnson,Fossil fuel costs. Chem. Eng. News **87**(43),6(2009)

[35] J. Hader,J. V. Moloney,B. Pasenow,S. W. Koch,M. Sabathil,N. Linder,S. Lutgen,On the importance of radiative and Auger losses in GaN-based quantum wells. Appl. Phys. Lett. **92**,261103(2008). doi:l0. 1063/1. 2953543

[36] M. G. Kanatzidis, Nanostructured thermoelectrics:the new paradigm? Chem. Mater. **22**(3),648-659 (2009)

[37] B. Poudel,Q. Hao,Y. Ma,Y. Lan,A. Minnich,B. Yu,X. Yan,D. Wang,A. Muto,D. Vashaee,X. Chen,J. Liu,M. S. Dresselhaus,G. Chen,Z. Ren,High-thermoelectric performance of nanostructured bismuth antimony telluride bulk alloys. Science 320(5876),634-638(2008). doi :10. 1126/science. 1156446

[38] K. F. Hsu,S. Loo,F. Guo,W. Chen,J. S. Dyck,C. Uher,T. Hogan,E. K. Polychroniadis,M. G. Kanatzi dis,Cubic AgPb$_m$SbTe$_{2+m}$:bulk thermoelectric materials with high figure of merit. Science **303**(5659),818-821(2004). doi:10. 1126/science. 1092963

[39] Business Wire,To cap off a magnificent year,Solarmer achieves 7. 9% NREL Certified Plastic Solar Cell Efficiency(2009),Available online:http://www. businesswire. com/news/home/20091201005430/en/Cap-Magnificient-Year-Solarmer-Achieves-7. 9-NREL

［40］ R. Gaudiana, Third-generation photovoltaic technology-the potential for low-cost solar energy conversion. J. Phys. Chem. Lett. **1**(7), 1288-1289(2010). doi: 10. 1021/jzl00290q

［41］ G. Yu, J. Gao, J. C. Hummelen, F. Wudl, A. J. Heeger, Polymer photovoltaic cells: enhanced efficiencies via a network of internal donor-acceptor hetrojunctions. Science **270**, 1789-1791(1995)

［42］ 4G. Li, V. Shrotriya, J. S. Huang, Y. Yao, T. Moriarty, K. Emery, Y. Yang, High-efficiency solution processable polymer photovoltaic cells by self-organization of polymer blends. Nat. Mater, **4**, 864-868 (2005). doi: 10. 1038/nmatl500

［43］ S. H. Park, A. Roy, S. Beaupré, S. Cho, N. Coates, J. S. Moon, D. Moses, M. Leclerc, K. Lee, A. J. Heeger, Bulk heterojunction solar cells with internal quantum efficiency approaching 100%. Nat. Photonics **3** (5), 297-302(2009)

［44］ G. Dennler, M. C. Scharber, C. J. Brabec, Polymer-fullerene bulk-heterojunction solar cells. Adv. Mater. 21(13), 1323-1338(2009). doi: 10. 1002/adma. 200801283

［45］ R. Giridharagopal, D. S. Ginger, Characterizing morphology in bulk heterojunction organic photovoltaic systems. J. Chem. Phys. Lett. **1**(7), 1160-1169(2010)

［46］ E. J. W. Crossland, M. Kamperman, M. Nedelcu, C. Ducati, U. Wiesner, D. -M. Smilgies, G. E. S. Toombes, M. A. Hillmyer, S. Ludwigs, U. O. Steiner, H. J. Snaith, A bicontinuous double gyroid hybrid solar cell. Nano Lett. 9(8), 2807-2812(2009). doi: 10. 1021/nl803174p

［47］ R. D. Schaller, V. I. Klimov, High efficiency carrier multiplication in PbSe nanocrystals: impli-cations for solar energy conversion. Phys. Rev. Lett. **92**, 186601(2004). doi: 10. 1103/PhysRevLett. 92. 186601

［48］ G. Nair, M. G. Bawendi, Carrier multiplication yields of CdSe and CdTe nanocrystals by transient photoluminescence spectroscopy. Phys. Rev. B **76**, 081304(R)(2007)

［49］ J. A. McGuire, M. Sykora, J. Joo, J. M. Pietryga, V. I. Klimov, Apparent versus true carrier multiplication yields in semiconductor nanocrystals. Nano Lett. **10**, 2049-2057(2010)

［50］ I. Arslan, A. A. Talin, G. T. Wang, Three-dimensional visualization of surface defects in coreshell nanowires. J. Phys. Chem. C **112**, 11093(2008)

［51］ G. T. Wang, A. A. Talin, D. J. Werder, J. R. Creighton, E. Lai, R. J. Anderson, I. Arslan, Highly aligned, template-free growth and characterization of vertical GaN nanowires on sapphire by metal-organic chemical vapor deposition. Nanotechnology **17**, 5773(2006)

［52］ V. M. Agranovich, D. M. Basko, G. C. La Rocca, F. Bassani, New concept for organic LEDs: non-radiative electronic energy transfer from semiconductor quantum well to organic overlayer. Synth. Met. **116**(1-3), 349-351(2001)

［53］ M. Achermann, M. A. Petruska, S. Kos, D. L. Smith, D. D. Koleske, V. I. Klimov, Energytransfer pumping of semiconductor nanocrystals using an epitaxial quantum well. Nature **429**(6992), 642-646(2004)

［54］ J. P. Heremans, V. Jovovic, E. S. Toberer, A. Saramat, K. Kurosaki, A. Charoenphakdee, S. Yamanaka, G J. Snyder, Enhancement of thermoelectric efficiency in PbTe by distortion of the electronic density of states. Science 321(5888), 554-557(2008). doi: 10. 1126/science. 1159725

［55］ A. Popescu, L. M. Woods, J. Martin, G. S. Nolas, Model of transport properties of thermoelectric nanocomposite materials. Phys. Rev. B **79**(20), 205302(2009)

［56］ Y. Hishinuma, T. H. Geballe, B. Y. Moyzhes, T. W. Kenny, Refrigeration by combined tunneling and thermionic emission in vacuum: use of nanometer scale design. Appl. Phys. Lett. **78**(17), 2572-2574 (2001)

[57] D. V. Seletskiy, S. D. Melgaard, S. Bigotta, A. Di Lieto, M. Tonelli, S. -B. Mansoor, Laser cooling of solids to cryogenic temperatures. Nat. Photonics **4**(3), 161-164(2010). doi: 10. 1038/nphoton. 2009. 269

[58] C. B. Vining, An inconvenient truth about thermoelectrics. Nat. Mater. **8**(2), 83-85(2009)

[59] V. I. Zverev, A. M. Tishin, M. D. Kuz'min, The maximum possible magnetocaloric Delta T effect. J. AD-DI. Phvs. **107**(4). 043907-043903(2010)

[60] R. I. Epstein, K. J. Malloy, Electrocaloric devices based on thin-film heat switches. J. Appl. Phys. **106** (6), 064509-064507(2009)

[61] P. F. Liu, J. L. Wang, XJ. Meng, J. Yang, B. Dkhil, J. H. Chu, Huge electrocaloric effect in Langmuir-Blodgett ferroelectric polymer thin films. New J. Phys. 12, 023035(2010). doi: 10. 1088/1367-2630/12/2/023035

[62] A. S. Mischenko, Q. Zhang, J. F. Scott, R. W. Whatmore, N. D. Mathur, Giant electrocaloric effect in thin-film PbZr$_{0.95}$Ti$_{0.05}$O$_3$ Science **311**(5765), 1270-1271(2006). doi: 10. 1126/science. 1123811

[63] B. Neese, B. Chu, S. -G. Lu, Y. Wang, E. Furman, Q. M. Zhang, Large electrocaloric effect in ferroelectric polymers near room temperature. Science **321**(5890), 821-823(2008). doi: 10. 1126/science. 1159655

[64] T. Kato, T. Nagahara, Y. Agari, M. Ochi, High thermal conductivity of polymerizable liquid-crystal acrylic film having a twisted molecular orientation. J. Polym. Sci. B Polym. Phys. **44**(10), 1419-1425(2006)

[65] M. Marinelli, F. Mercuri, U. Zammit, F. Scudieri, Thermal conductivity and thermal diffusiv- ity of the cyanobiphenyl(nCB) homologous series. Phys. Rev. E **58**(5), 5860(1998)

[66] J. R. D. Pereira, A. J. Palangana, A. C. Bento, M. L. Baesso, A. M. Mansanares, E. C. da Silva, Thermal diflfusivity anisotropy in calamitic-nematic lyotropic liquid crystal. Rev. Sci. Instrum. **74**(1), 822-824 (2003). doi: 10. 1063/1. 1519677 DOI: dx. doi. oig

[67] F. Rondelez, W. Urbach, H. Hervet, Origin of thermal conductivity anisotropy in liquid crystalline phases. Phys. Rev. Lett. **41**(15), 1058(1978)

[68] W. Urbach, H. Hervet, F. Rondelez, Thermal diffusivity in mesophases: a systematic study in 4-4 [prime]-di-(n-alkoxy)azoxy benzenes. J. Chem. Phys. **78**(8), 5113-5124(1983)

[69] I. Dierking, G. Scalia, P. Morales, Liquid crystal-carbon nanotube dispersions. J. Appi. Phys. **97**(4), 044309-044305(2005)

[70] J. Lagerwall, G. Scalia, M. Haluska, U. Dettlaff-Weglikowslka, S. Roth, F. Giesselmann, Nanotuble alignment using lyotropic liquid crystals. Adv. Mater. **19**(3), 359-364(2007). doi: 10. 1002/adma. 20060889

[71] M. D. Lynch, D. L. Patrick, Organizing carbon nanotubes with liquid crystals. Nano Lett. **2**(11), 1197-1201(2002)

[72] W. Song, I. A. Kinloch, A. H. Windlc, Nematic liquid crystallinity of multiwall carbon nanotubes. Science 302(5649), 1363(2003). doi: 10. 1126/science. 1089764

[73] G. D. Watkins, BPR Observation of close Frenkel pairs in irradiated ZnSe, Phys. Rev. Lett. **33**(4), 223 (1974)

[74] B. D. Wirth, Materials science: how does radiation damage materials? Science **318**(5852), 923-924 (2007). doi: 10. 1126/science. 1150394

[75] T. Diaz de la Rubia, H. M. Zbib, T. A. Khraishi, B. D. Wirth, M. Victoria, M. J. Caturla, Multiscale modelling of plastic flow localization in irradiated materials. Nature **406**(6798), 871-874(2000)

[76] N. Nita, R. Schaeublin, M. Victoria, Impact of irradiation on the microstructure of nanocrystalline materials. J. Nucl. Mater. 329-333(Part 2), 953-957(2004)

[77] Y. Chimi. A. Iwasea, N. Ishikawaa, M. Kobiyamab, T. Inamib, S. Okuda, Accumulation and recovery of defects in ion-irradiated nanocrystalline gold. J. Nucl. Mater. 297(3), 355-357(2001). doi: 10. 1016/ S0022-3115(01)00629-8

[78] M. Rose, A. G. Balogh, H. Hahn, Instability of irradiation induced defects in nanostructured materials. Nucl Instrum. Meth. B **127-128**, 119-122(1997)

[79] T. D. Shea, S. Feng, M. Tang, J. A. Valdez, Y. Wang, K. E. Sickafiis, Enhanced radiation tolerance in nanocrystalline MgGa$_2$O$_4$. Appl. Phys. Lett. **90**(26), 263115-263113(2007). doi: 10. ! 063/1. 2753098

[80] X. -M. Bai, A. F. Voter, R. G. Hoagland. M. Nastasi, B. P. Uberuaga, Efficient annealing of radiation damage near grain boundaries via interstitial emission. Science **327**, 1631-1634(2010)

[81] S. Moghaddam. E. Pengwang. Y. -B. Jiang. A. R. Garcia. DJ. Burnett, CJ. Brinker. R. I. Masel. M. A. Shannon. An inorganic-organic proton exchange membrane for fuel cells with a controlled nanoscale pore structure. Nat. Nano **5**(3), 230-236(2010). doi: 10. 1038/nnano. 2010. 13

[82] Y. B. Jiang. N. G. Liu. H. Gerung. J. L. Cecchi. C. J. Brinker. Nanometer-thick, conformal pore sealing of self-assembled mesoporous silica by plasma-assisted atomic layer deposition. J. Am. Chem. Soc. **128**(34) 11018-11019(2006)

[83] H. Zhou, Y. Wang. Development of a new-type lithium-air battery with large capacity. Advanced Industrial Science and Technology(AIST)Press Release(2009) Available online: http://www. aist. go. jp/aist _e/latest_research/2009/20090727/20090727. html

# 第7章 纳米技术应用:纳米生物系统、医学和健康 *

Chad A. Mirkin，André Nel，C. Shad Thaxton

**关键词:**纳米技术 纳米诊断 纳米治疗学 诊疗学 转化的纳米技术 影像 药物输运 癌症治疗 组织再生 合成生物学 传感器与人体健康监测 国际视角

# 7.1 未来十年展望

## 7.1.1 过去十年进展

在过去的十年里,纳米医学和纳米生物学已经经历了彻底的变革,已经从科学幻想走到真正的科学。在这个领域中讨论"纳米机器人"进展的阶段已经结束,相比于基于分子结构与途径的传统分析与治疗而言,出现了具有更多优点的系统和纳米材料。我们已经认识到,很多生物学过程是在纳米尺度水平上发生的,因此需要提供合适的途径,以采用工程化纳米材料的结构与功能,在纳米生物界面上进行疾病的机理、诊断、治疗以及在前所未有的复杂水平上的成像[1]。制备大量的纳米结构,加上先进的化学控制,以获得生物识别和相互作用的能力。通常化学控制

* 撰稿人: Barbara A. Baird, Carl Batt, David Grainger, Sanjiv Sam Gambhir, Demir Akin, Otto Zhou, J. Fraser Stoddart, Thomas J. Meade, Piotr Grodzinski, Dorothy Farrell, Harry F. Tibbals, Joseph De Simone.

C.A. Mirkin (✉)
Department of Chemistry, Northwestern University, 2145 Sheridan Road,
Evanston, IL 60208, USA
e-mail: chadnano@northwestern.edu

A. Nel
Department of Medicine and California NanoSystems Institute, University of California,
10833 Le Conte Avenue, 52-175 CHS, Los Angeles, CA 90095, USA

C.S. Thaxton
Institute for Bionanotechnology in Medicine, Northwestern University,
Robert H. Lurie Building, 303 E Superior Street, Room 10-250,
Chicago, IL 60611, USA

使得纳米材料在治疗、影像剂、诊断、组织工程材料以及基础科学应用上改善性能。

因此,已建立了这样的基础,来构建使得医学与生物学领域发生变革的系统。早期的工作已经提供了重要的证据,说明基于纳米结构所具有的性能,提供出不仅有别于疾病检测、管理、治疗以及在某种程度上预防的通常方法,而且会更好。已经发明了分析工具,可以对生物结构进行成像和操纵,就像在几年前的科幻小说中见到的那样。这些工具急剧加速了对复杂生物学系统的基本理解,并提供了在纳米医学前沿中快速转化进展的基础。当我们在迈向未来十年的时候,通过生物系统体内和体外纳米材料的应用,以及结合对如此纳米生物界面进行检测的精密工具,已经越来越意识到这样的相互作用是复杂的,而且要保证正确的评价。这一章介绍了一些在生物与医学中产生主要影响的,基于纳米技术工具、材料和系统的典型例子。最后的几节则从国际视角上,提出了纳米技术和纳米生物系统对健康和医学发生影响的展望。

### 7.1.2　未来十年愿景

生物的有机和合成化学正在新的界面科学上发挥作用。这些新的界面科学能更好地理解生物学在纳米生物界面和专门设计制造的纳米材料或纳米级系统,可以从根本上影响人类健康[1]。(有关合成生物学和纳米技术的独特展望,参见7.8.2节。)纳米生物界面定义为纳米材料表面与生物元件表面动态的物理化学相互作用,而生物元件,诸如蛋白质、膜、磷脂、内质网小泡、细胞器、DNA 和生物流体。这些相互作用的结果决定了纳米材料的摄入、生物相容性,以及能用于进行治疗和诊断的生物-物理化学反应的可能性。这也包括了决定蛋白冠形成的动态相互作用。这些蛋白冠特别对应于那些影响药物输运与纳米材料安全性的单个生物元件、在细胞表面生物膜上的粒子包裹、内质网摄入和溶酶体与线粒体扰动[1]。另一方面,生物元件和纳米颗粒之间的相互作用会导致纳米颗粒的相变、表面重构、溶解,以及表面能的释放。在生物层面上探测这些纳米生物界面,有助于对由纳米材料性质,诸如尺寸、形状、表面化学、表面电荷、疏水性、粗糙度以及表面包裹影响的表面-活性结果的预测。

通过对纳米生物界面更全面的认识,纳米医学将获得更高的产出,其努力将更可预见。这个医学的新分支将会变革医学之路,使其富有成效、创造新的诊断的方法以及医药的治疗能力,在分子与细胞生物学中催生出非凡的进展。在图 7.1 中展示出了纳米医学中的基石。正是有这样的基石,通过纳米材料和器件在分析和影像、靶向治疗和药物输运、成像结合输运功能(诊疗学),以及表面纳米改性的组织工程中的运用,实质上提升了医学诊断、影像和治疗的水平。

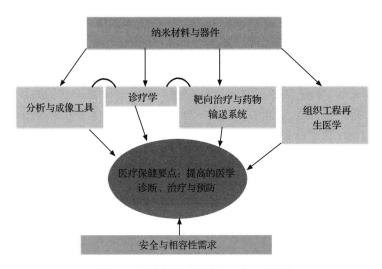

图 7.1 纳米医学基石(由 A. Nel 提供)

基于纳米科学应用于医学的更具希望的前景(图 7.2),是超高灵敏度及选择性多路诊断、药物输送和对癌症及其他疾病的靶向治疗、活体成像、组织/器官再生和基因治疗。在改进策略以应对处理生物系统的需求下,所有这些应用都与相关的工程化进展相结合。药物输运、影像和诊断学的新方法将被认真研究和发展,更精密的纳治疗学和诊断学将成为目前医学临床所用诊断和治疗方法的补充。为了促进这个发展,必须推进向新的制造途径提供手段。所有的新产品都必须进行严格的安全评价和建立相容性标准,这些也就是工程化纳米材料的新性能正在受到挑战,并可能由此引起新的生物风险的地方[3]。

纳米技术使得发展高精准的体外和体内传感器、新的影像对比剂和局部治疗平台成为可能[4](也参见 7.8.3 节)。目前的传感器大部分用于体外,减少样品尺寸和多道分析检测持续地引导着传统治疗水平的提高。在未来,诊断学将提供出更早期和更精准的生物分析检测能力,局部的纳治疗将提供更有效的治疗方法。此外,纳诊断能力的进展将促进更加健全地实现个体化医疗,因为将采用基于疾病表型分型的生物标记,指导对特定病人和特定疾病的靶向治疗。定量化的体内纳米传感器将产生一个可在体内多处进行系统诊断的飞跃,并且这样的能力与局部和靶向的纳治疗相结合,将大大提高治疗的功效,且将副作用减少到最小。尽管在体内诊断从长远来看极具前景,但目前体外诊断方法正更快速地转化到临床应用中去,主要有几个原因:包括使用在较小复杂性的监管环境、对目前的传感器平台比较熟悉且有效,以及更直接地进入到相关的临床样品。下一步就将是不需要全身注射的体内传感器。随后,当有关的特异性疾病标志物的知识不断增加,治疗学变得更加精细,全身性的体内传感器的需求和必要性将增大。最终,生物工程和再

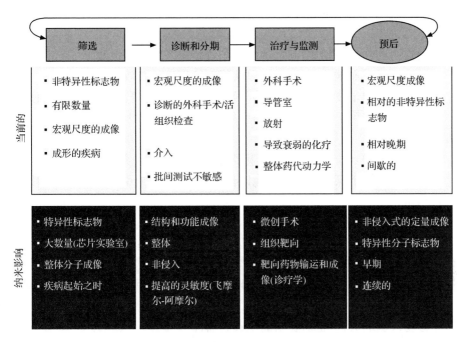

图 7.2　纳米技术对未来临床医疗将产生的影响(来源于 European Science Foundation Forward Look Report[2],有修改)

生物纳米界面的持续研究进展,将为引导干细胞的归宿以及走向再生医学提供坚实的手段。

　　纳米技术也使得产生新的、特异性的治疗方法,以对付癌症。这将成为纳米医学在未来十年中具有高影响性的领域(见 7.8.1 节)。尽管以往的癌症生物学甚至更为精细的化学治疗已经取得了进展,但对患高恶性程度癌症的病人而言,前景依然严峻;过去 50 年来,一些癌症(如脑癌、卵巢癌、肺癌和胰腺癌)患者的预期寿命没有可觉察到的改变。通过纳米医学的以下几条途径可能改善这个前景:①针对具有特定癌症类型病人进行亚型的甄别并进行相应的靶向治疗,以充分实现个体化的医疗。②发展具有高效与低副作用的靶向治疗。未来十年伴随着对癌症患者靶向治疗以及限制副作用的纳治疗能力的增加,要进行法规的改变,以更快的速度实现对病人最有希望的前景。实际上,有关纳米技术在癌症治疗中的作用被打了折扣,而预期应有十分重要的影响。在未来十年中,应可能包括:

　　•发展定点照护的纳米器件,能对未经处理的体内流体进行多点和快速分析,以进行早期诊断和对治疗进行监测;

　　•发展诊疗和对治疗过程监测的纳米器件,以检测和鉴别循环肿瘤细胞和循不肿瘤引发细胞;

·实施成功的临床试验,以推进采用纳米颗粒输运 siRNA 分子以及其他核酸的治疗不断进步;

·与自由药物传递相比,新颖的纳米药物传递系统显著地改善了靶向治疗;

·设计可通过血脑屏障的颗粒,以获得对脑瘤更加有效的治疗;

·支持基于纳米技术对细胞迁移与细胞运动能力的研究,以发展抗转移药物;

·支持对可应用于病人分类的纳米技术工具进行研发,以促进更加向个体医学方向发展;

·发展基于纳米粒的技术,以克服多药耐药(MDR)并弄清相关机制;

·发展能够用于探测肿瘤微环境以便肿瘤识别和/或引发药物释放的纳米粒(组装)结构;

·实现可对外科手术进行过程监测的纳米技术;

·发展诊疗多功能纳米尺度平台,以实现对肿瘤微环境进行鉴别、随即实施治疗,以及提供对治疗效率进行读出的综合。

纳米技术对癌症以及其他疾病的影响力,依据于在所有各个阶段上,有关诊断、治疗和监测疾病的器件设计与组成。另外,对于认识疾病的发展与传布,以及逆转或改变疾病的进程,也需要新的工具和器件。

总之,纳米技术对未来单点临床照护发展的影响将是多方面的,将会体现在对病人筛查、诊断、分期、治疗以及监测等各个技术的明显进步。

# 7.2　过去十年的进展与现状

在当前纳米技术的研究中,纳米生物系统和纳米医药领域的发展是最令人激动且发展最快的。比如,纳米技术现在被用于:开发细胞系统研究操作的强力工具,可以发现非常早期的病变的体外超灵敏诊断技术,能提供更高的对比度且具有比分子系统更加有效的靶向性的体内造影剂,以及例如癌症、心脏病这些疑难疾病和再生医学的新疗法。在过去的十年中,在这些领域的研究和进展已经迈出了非凡的一步,展望未来,纳米技术的各个分支领域将在实现新功能方面有革命性的突破。十年中重要的里程碑事件如下:

·美国食品药品监督管理局批准了第一个纳米诊断方法[5];

·美国食品药品监督管理局认证第一个纳米级的体外诊断工具[6];

·第一个涉及纳米材料输送系统的小干扰 RNA 的人体试验[7];

·检测胞内遗传物质及其代谢活动的细胞内探针的开发[8-10];

·治疗靶位点的成像(个性化医疗)[11-15];

·通过应激反应控制释放客体分子的机械化纳米颗粒的开发[16-22]。

虽然有许多纳米技术对于生物医药领域有重大影响，但仅举出如下几个重点例子说明。

### 7.2.1　体外诊断

#### 1. 生物条码检测

医疗领域越来越渴望采用新技术，使特定疾病的生物标记的准确的早期检测成为可能，以实现及时的个性化治疗。最应优先研究的，和检测现有的生物标记的新技术开发一样重要的，是鉴定和验证"低丰度的"生物标记。疾病或特定病人的生物标记的早期检出，需要能够在低丰度时测出标志物的技术。生物条码检测，是由美国西北大学的 Mirkin 组开创的，它超越了传统方法，提供了显著的敏感性优势，如酶联免疫吸附试验（ELISA），无需昂贵、费时、技术要求高的酶的扩增步骤（例如聚合酶链反应，PCR 技术）[23-29]。生物条码检测和它的相近方法正在研究一些早期发现是非常重要的疾病过程，并且在进行一些改动后它适用于任何其他的疾病。

生物条码检测是一个夹心法，涉及两种探针，探针具有对靶向生物标记的检测和分离的功能，并在读取检测结果时放大信号，而无需使用酶信号放大的方法（图 7.3）[26]。

图 7.3 说明了蛋白检测的概念[26]，然而，生物条码检测适用于检测任何靶向分子，例如核酸[25]，适合两个检测探针之间的"三明治"捕获。第一个基底颗粒是一个微米级的磁性粒子（MMP），表面修饰有特定靶向的识别物。单克隆抗体和短

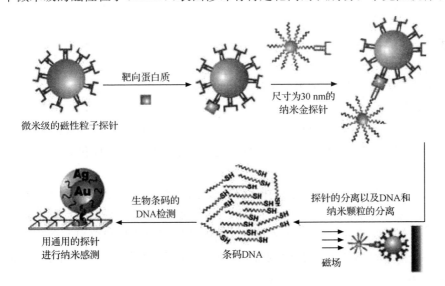

图 7.3　蛋白质的生物条码检测（Nam 等[26]）

互补寡核苷酸,分别用于蛋白质和核酸的生物标记指标。将 MMP 与含有靶向生物条码的溶液混合,使得特定靶向物结合到 MMP 的表面。然后用磁选分离被选出的靶向物。接下来,含有金纳米粒子(AuNP)的溶液被添加到 MMP 靶向的结合体中。

重要的是,金纳米粒子探针有两个重要的基本功能。首先,识别元素绑定到金纳米粒子探针上,用于夹住靶向生物分子。抗体用于检测蛋白质而寡核苷酸探针针对靶向核酸。第二,在金纳米粒子的表面固定化生物条码序列是任意选择的替代标记物,用于检出靶向生物分子的存在。通常情况下,生物条码是 20,所以核苷酸的长度提供约 $4^{20}$ 个特异的条码标识。条码 DNA 不参与靶向识别,但它最终将靶向信号放大、识别和量化。

加入金纳米粒子探针后,夹住靶向生物分子的混合结构用磁场进行分离,洗掉未发生结合的金纳米粒子探针,然后用化学法释放纳米金表面的生物条码。然后添加释放出的生物条码 DNA 到 DNA 芯片上,在芯片上条码被按照特定的阵列进行排布,然后使用表面功能化的纳米金探针进行检测,纳米金探针的表面修饰了与通用的生物条码互补的寡核苷酸序列。在被称为生物感测法检测的最后一个步骤,修饰有生物条码 DNA 的金纳米粒子的特征光学信号势必被极大地放大,因为表面修饰了的纳米金探针催化了银和/或金的电镀还原[30,31]。最终,生物标记在原来溶液中的存在和浓度,由相应的生物条码阵列的存在和染色强度所决定。

最初阐述的前列腺癌生物标记、前列腺特异性抗原(PSA)①,比起传统的 ELISA 检测,用生物条码检测法灵度敏可提高 $10^6$ 倍[26]。生物条码检测的灵敏度主要来自以下方面:

· 由于是同质性的检测,而且检测中用了高浓度的靶向识别物质,靶向物质的捕获是极其高效的;

· 除了识别元素,金纳米粒子探测器携带数百种生物条码 DNA 链,这使得信号直接被放大;

· 生物感测法检测,FDA 批准的第一纳米检测法和生物条码检测[31]的最后一步,基于修饰了生物条码的纳米金探针对于特征光学信号的催化放大,具有灵敏度高的特点。

从最初的 PSA 纳米检测法的概念验证发展到临床应用,大部分的工作已经完成了。作为前列腺癌的早期检测标志物,PSA 对于前列腺癌缺乏特异性,在临床使用上是有争议的[33,34]。然而,手术切除前列腺(因为前列腺癌)后,假定的血清 PSA 唯一来源已被消除。在前列腺切除后的设置,假设病灶局限于器官,血清

---

① PSA 是检查前列腺的血清标志物,也是进行第一次、第二次前列腺癌治疗后前列腺癌复发的标志物[32]

PSA 的水平下降到无法使用以商业的酶联免疫吸附技术为基础的方法进行检测。不幸的是,高达 40% 的病人接受前列腺癌根治术后前列腺癌复发,往往检测 PSA 的时候,出现从检测不到,到检测出随后上升的情况[32,35-37]。在这里,临床资料表明,在很低的血清 PSA 出现时进行早期辐射治疗,可以提高患者的生存率[38]。

因此,之前的工作说明,灵敏度高的前列腺切除后 PSA 检测,可以在前列腺癌复发的诊断方面提供大量的宝贵时间[39],Mirkin 小组利用生物条码检测,评估提高灵敏度可否为前列腺癌复发的临床诊断提供有用的信息[40]。在初步研究中,预期可以收集到前列腺癌患者的连续的血清标本。先使用前常规方法对血清标本进行检测,然后再进行生物条码检测。这项研究既有前列腺癌复发的患者也有不复发的患者,首先得到一个 PSA 由可检测出到上升的结果。用生物条码检测法检测的血清标本的(<0.1 ng/mL PSA)PSA 含量也有最小值,与传统方法一样。然而,与传统的 ELISA 检测相比,生物条码检测的灵敏度要高 300 倍,低至 0.3 pg/mL。使用生物条码检测,PSA 可以在所有患者的血清中被检测到,于是可以将患者分为三类:

(1) 生物条码 PSA 值低且不升高[图 7.4(a)]

(2) 最初生物条码 PSA 值低,但后来升高[图 7.4(b)],在某些情况下,传统的 PSA 检测法也可以检测出[图 7.4(c)]

(3) 生物条码值低,患者接受了前列腺癌辅助介入疗法,使 PSA 的值降低到传统方法检测不到的水平(不在图中)

总体而言,这一初步研究得出结论,使用敏感度更高的纳米技术分析方法,前列腺癌患者在接受了前列腺切除术后,可以更准确、更快速地分析病情进展,并在进行辅助治疗后继续密切监控病情。

最近,通过一个类似的评估,一种仅商业研究使用的纳米粒子 PAS 检测法的灵敏度(Verisense PSA,Nanopshere 公司,布鲁克,IL)与生物条码 PSA 检测法相比。这项研究的目的是要验证初步研究的结果,并且重复试验的样本包括了超过 00 位接受了临床局限性前列腺癌治疗术后前列腺癌患复发的患者。这些数据虽然尚未公布,但这么大量的重复性研究的结果证实了那些初步研究,现正在启动一个前瞻性的大型、多机构参与的临床试验,去验证这一技术并评估其在控制前列腺复发方面的临床应用价值。

**2. 基于纳米金颗粒的纳米耀斑:细胞内探针**

聚合酶链反应的发现(PCR)彻底改变了基础科学研究的几乎所有方面,并深地影响了临床医学。同样,更现代的定量 PCR 技术(qPCR)可以用于检测和定感兴趣的 mRNA,例如在不同的细胞和组织中评估 mRNA 转录水平的变化。据该技术的灵敏度和动态范围,无论是单细胞或大量的细胞都可以进行定量分。然而,使用 PCR 或 qPCR 方法进行基因分析的要求之一是,所研究的细胞或

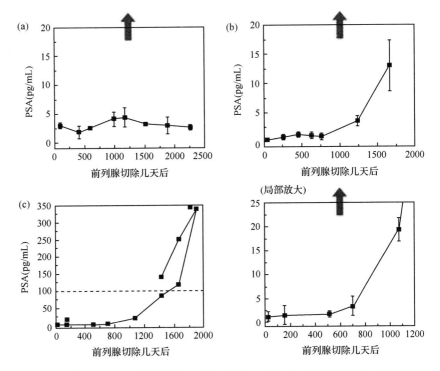

图 7.4　生物条码 PSA 含量曲线图。手术后($T=0$ 时),生物条码检测(■)清楚地描绘了 PSA 含量的变化,反应出了治疗情况,比市场上的 PSA 的免疫检测法灵敏得多(100 pg/mL,●)。箭头(放大部分)或虚线,显示出的值均低于 1 ng/mL 的临床检测下限(由 Thaxton 等提供[40])

组织一定会被破坏。也就是说,PCR 需要细胞裂解,去溶解细胞内 mRNA 的物种。这从根本上严重限制了 qPCR 的应用:

(1)从细胞脂磷脂双层膜中分离出靶向 mRNA,使 mRNA 极易受到大量的高效的核酸、酶(例如,核糖核酸酶)的降解。若想要实验成功,每一步操作都要谨慎小心。

(2)因为进行了细胞裂解,就不能同时评估因为不断变化的 mRNA 水平导致的活细胞中的蛋白质和/或其他小分子的实时变化。

(3)用于实验的细胞不可再用于别的试验。

为了解决上述限制,开发了一种新的细胞内诊断材料[8-10]。表面功能化 DNA 寡核苷酸的纳米金如图 7.5 所示。DNA 纳米金颗粒具有的独特性能,因载有与感兴趣靶向互补的寡核苷酸而成为一种优越的探针。在一个细胞外的诊断试验中,它们表现出增加靶向寡核苷酸的结合常数,即灵敏度的提高[41],和在完全匹配和不匹配的靶向之间精准的结合情况的变化,以及选择性额的提高[42-44]。

些特性可以使蛋白质和核酸的检测可以达到定点照护的要求。由 Nanosphere 公司商业化,许多 FDA 批准的药物基因组学测试,检测药物代谢酶的单个碱基的变化,为个性化医学的发展提供真正的机会。然而,在细胞外的、体外的诊断都只是对这些独特的探针对生物医学影响的简单的一瞥。DNA 金纳米颗粒也呈现出在细胞内的应用的非凡前景,包括检测靶向分子,以及作为一个潜在的新的并且有效的疗法[45,46]。在这里,DNA 金纳米颗粒表现出:

- 普遍的并高于 99% 的被培养细胞摄取(超过 40 个细胞株并且原代细胞已经过测试);
- 细胞摄取的过程中没有使用有细胞毒性的转染试剂;
- 摄入 DNA 金纳米颗粒没有内在的细胞毒性;
- 颗粒的独特性质使表面修饰的寡核苷酸稳定,不会被核酸酶降解[47];
- 载有寡核苷酸的纳米颗粒可在 mRNA 水平,用于检测和调节靶基因[9,46,48]。

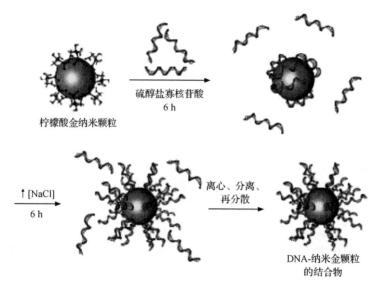

图 7.5　DNA 金纳米颗粒的合成。柠檬酸金纳米颗粒与烷基硫醇修饰的寡核苷酸进行 6 h 的混合。硫醇吸附在金纳米颗粒的表面,使 DNA 在金纳米颗粒的表内与金纳米颗粒形成一个松散的结合。在逐渐加入盐(NaCl)的过程中,纳米颗粒需要超过 6 h,使烷基-硫醇寡核苷酸密集装载在金纳米颗粒的表面。离心分离 DNA-金纳米颗粒结合物与未反应成分(由 Chad Mirkin 提供)

纳米耀斑技术(图 7.6),由 Mirkin 组开创,是这些特殊纳米材料在细胞内应用的绝妙例子[8,9]。当绑定到一个金纳米颗粒上时,分子荧光团的"闪耀"产生的荧光,会有效地被邻近的金纳米颗粒猝灭[49]。在 DNA 纳米金表面,有效的荧光猝灭和增强的寡核苷酸的稳定性[47],使得转染后的背景信号显著降低(基于红外)。

转染进入细胞后,荧光标记的寡核苷酸耀斑脱离金纳米颗粒表面,依靠与靶向 mRNA 的补充结合,消除金纳米颗粒的猝灭影响,使在细胞内的荧光产生一个可检测的增强。由于荧光的增强与特定的靶向 mRNA 的存在相关联(图 7.7),载有荧光标记的寡核苷酸的 DNA 金纳米颗粒,用作细胞内靶向 mRNA 的探针,以评估因细胞活动而导致的靶向 mRNA 的变化[48]。

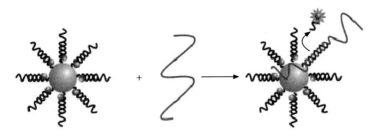

图 7.6 纳米耀斑。金纳米颗粒(大球)表面功能化上密集的硫醇盐寡核苷酸。绑定到寡核苷酸金纳米颗粒上的是标记有短寡核苷酸(耀斑)的荧光团(小球)。定向杂交使分子荧光团充分接近金纳米颗粒,使得荧光猝灭。当遇到一个细胞内的靶向 mRNA 时(波浪线),耀斑脱离并且分子荧光团发出明亮的荧光(由 Mirkin 提供)

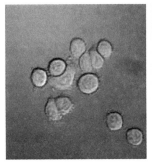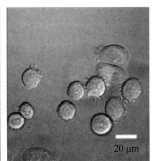

图 7.7 细胞内的纳米耀斑。图中显示,人乳腺癌细胞株(SKBR3,左和右)转染了靶向生存素 mRNA 序列的纳米耀斑粒子,其中生存素 mRNA 是已知的 SKBr3 细胞会表达的 mRNA。在左侧,纳米耀斑序列和靶向生存素 mRNA 的序列互补后,可以观察到明亮的荧光。在右侧,加入对照用的杂乱的纳米耀斑序列后,观察到的荧光很微弱。中间的图,说明了缺乏生存素的情况,纳米耀斑转染入一种不表达生存素的细胞株(小鼠内皮细胞,C166)(由 Mirkin 提供)

DNA 金纳米颗粒的独特性质进一步增强了细胞内与靶向 mRNA 的结合[42-44]。经过测试,由于纳米耀斑探针易进入所有类型的细胞,Mirkin 小组建议纳米耀斑探针可作为一种通用的活细胞靶向 mRNA 的量化平台,因为其有着同时检测蛋白质或小分子的潜力。而且因为细胞不被破坏,流式细胞仪和光学显微镜与纳米耀斑结合使用可取代的 qPCR,同时保持细胞可用于后续试验。更重要的是,使用流式细胞仪或激光共聚焦显微镜时,比起 qPCR(即可能用共聚焦显微镜进行单细胞分析)灵敏度没有降低,同时保持了可以进行全部检测的分析范围,可以平均从数百到数以千次对单个细胞进行测量(流式细胞仪)。

## 7.2.2　体内成像

### 1. 仪器:基于碳纳米管的 X 射线系统的诊断成像和放射线疗法

目前,X 射线辐射已经广泛用于体内癌症的检测和放射治疗。例如,乳房 X 射线检查是乳腺癌筛查的最常见的方式,并且在美国所有的癌症患者中,超过60%接受放射治疗。基于 X 射线的成像和放射治疗设备,也需要不断地增加分辨率,使肿瘤可在较早阶段发现,以尽量减少照射剂量,增加投送的准确性,并尽量减少放疗期间的正常组织损伤。新的基于碳纳米管的 X 射线技术,使新的成像和放射治疗设备在这些方面的表现有所改善。

利用纳米材料的最新进展,已经开发了新的 X 射线源技术(图 7.8)。碳纳米管(CNTs)是用来代替传统的热电子细丝的"冷"的产生 X 射线的电子源。该技术能够产生时间和空间可调制的 X 射线辐射,可以随时选通,并与生理信号同步。空间分布的 X 射线源阵列技术为开发体内成像系统,尤其是断层扫描系统,开辟了新的可能性,并可能具有更高的分辨率、成像速度和扩展功能。通过将 X 射线源分布在一个大面积的区域内,在某个放疗治疗的应用中,该技术可以产生更高的剂量率。纳米技术自其发明以来,使 X 射线源技术从一个简单的学术稀奇发现心发展到商业化生产。其在癌症的检测和治疗方面的应用,学术机构和工业都在积极研究。

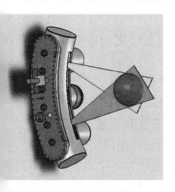

图 7.8　(左)原理图,显示一个碳纳米管的 X 射线源阵列;(右)方形几何纳米管 X 射线源阵列,由 52 个独立控制的 X 射线束组成,XinRay 公司制造(由 Otto Zhou 提供,北卡罗莱纳大学)

利用 CNT 的 X 射线源的可电子编程能力,生理门控,微电脑断层扫描仪已经研制成功。通过将 X 射线曝光和数据收集与非定期的呼吸和心脏运动同步,可获得自由呼吸小鼠的高分辨率 CT(计算机断层扫描)图像,以最小的运动模糊程度。现在北卡罗莱纳大学(UNC)的癌症研究人员经常大量使用这种扫描仪(图 7.9)。

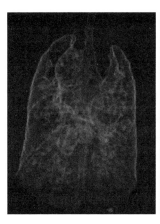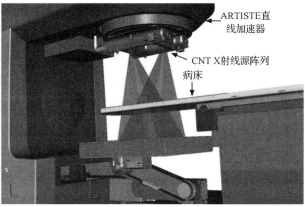

图 7.9　左:前瞻性门控 micro-CT 老鼠肺部肿瘤模型成像(UNC data. Mouse model from Dr. B. Kim)。右:一个碳纳米管 X 射线源装在放射治疗机上的图示(Image courtesy of J. Maltz of Siemens and P. Lagani of XinRay Systems)

西门子和 XinRay 公司开发了高速断层合成扫描仪提供实时图像,引导放射治疗,使用了分布式碳纳米管的 X 射线源阵列技术。在治疗过程中,该设备将使肿瘤学家实时"看到"肿瘤,将实现更精确的辐射传递。此扫描仪已与西门子 Artiste 治疗系统集成。目前正在 UNC 肿瘤医院测试。临床试验计划于 2010 年。

2. 分子成像

从宏观水平及生理上的诊断及成像技术获得的信息已成功地指导了临床预后。然而,在这个水平上的成像,忽视大多数疾病背后的分子过程。分子成像在试图利用分子作为标记,是为了早期诊断和追踪疾病的进展,希望可以显著改善患者的诊治。分子成像可以被定义为"通过使用远程成像探测器,对动物活体生物过程,模型系统,和人类的细胞和分子水平的生物过程的表征和测量"[50]。

在过去的十年,多功能纳米材料的表面功能已使附加功能的实现成为可能,包括多模式探针的开发,利用多个成像方式,以及治疗诊断学探针来实现同时给药和诊断成像。在新的纳米材料的设计策略中包括开发合成步骤,与感兴趣的分子表面功能化。

控制反应条件,可以生成化学性质类似组成的纳米材料,但具有独特的物理性质,并加以应用。例如,在聚乙二醇和油胺的环境中用一锅法热分解反应,制得水

溶性磁性 $Fe_3O_4$ "纳米花",包括高结晶的 39 nm,47 nm 和 74 nm 尺寸的颗粒[110]。纳米花由一些多种 $Fe_3O_4$ 纳米颗粒组成。$Fe_3O_4$ 纳米颗粒的协同磁性可增加磁共振成像(MRI)的对比度,明显比市售造影剂效果好。通过修改纳米花合成的反应条件(例如,稳定的表面活性剂,试剂浓度,反应时间和温度),可合成核心大小可调的超小型 $Fe_3O_4$ 磁性纳米粒子[110]。合成的 3~5 nm 超小纳米粒子具有可与市售 MRI 造影剂相媲美的对比度。相比市售造影剂,超小纳米粒子预计将拥有理想的药代动力学参数,可以逃避网状内皮系统(RES),延长循环寿命,实现更好的分子靶向[51]。

纳米材料的性质可以通过在其表面修饰分子来获得所需的功能。通常情况下,纳米材料和所附的分子之间的协同效应,可以提高纳米材料的性能,如修饰了 Gd(III)分子配合物的纳米金钢石[52]。磁性 Gd(III)配合物和非磁性纳米金刚石结合产生一个高灵敏度的磁共振造影剂[Gd(III)-ND]。表面固定 Gd(III)配合物的纳米金刚石,相对于没有 Gd(III)配合物的纳米金刚石,表现出十倍的 MR 信号增强,是迄今为止第二个最有力的 Gd(III)造影剂(58.8 L/cmmol · s)。特殊的 MRI 对比增强可能是由于 Gd(III)配合物的较慢的翻滚率,Gd(III)-ND 在溶液中聚集,以及纳米金刚石表面附近独特的水化环境造成的。

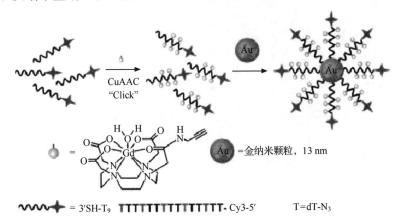

图 7.10 Cy3-DNA-Gd(III)@AuNP 结合物的示意图。Gd(III)配合物采用点击化学法与金纳米颗粒结合,以及与荧光 DNA 的共价连接。得到的纳米共价连接是稳定的,多模式(MR,荧光和 CT),以及细胞渗透性(Song 等[14])

利用广泛的纳米材料表面改性潜力,复杂系统与多模式成像能力已经实现。已报道的 Cy3DNA-Gd(III)@AuNP 多模式探针是一个表面固定有 DNA 的金纳米颗粒,DNA 上修饰有 Cy3 荧光染料和 Gd(III)配合物(图 7.10)。磁性 Gd(III)配合物和 Cy3 标记的荧光染料的共存使 Cy3DNA Gd(III)@金纳米粒子可以将 MRI 和共聚焦显微镜检测相结合(图 7.11)。高的亚细胞分辨率的共聚焦显微镜验证 Cy3DNA-Gd(III)@AuNP 的细胞内传递,还可由 MRI 可视化。自从纳米金作为 CT 造影剂,这些纳米共价连接物成为很有前景的多模式探针,包括 MR,荧光和 CT。该系统拥有多个分子成像的特点,包括磁共振造影剂灵敏度增强,细胞内转运和多模式性质,是纳米材料多功能化的最新例子之一。

纳米材料领域在分子成像的磁共振造影剂的开发方面取得了长足的进步。在赋予纳米材料所需的属性众多策略中,合成步骤和复杂的表面改性取得了研究进展。同时研制出高灵敏度,且具有最佳的药代动力学参数,细胞内转运,多模式和治疗诊断功能的探针正在成为现实。

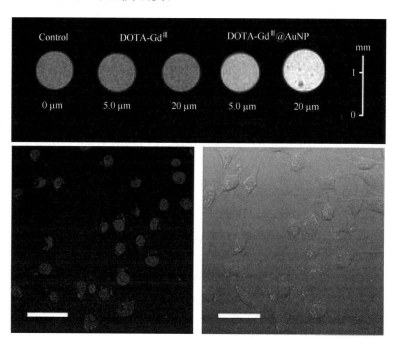

图 7.11　NIH/3 T3 细胞与 Cy3-DNA-Gd(III)@AuNP 共轭物孵育的体外 MR 和共聚焦荧光显微图像。磁共振成像(顶部)在 14.1 T 和 25℃ 的条件下,细胞分别与 5 mmol/L 和 20 mmol/L 纳米共轭物及对照分子试剂(Gd(III)-DOTA)共孵育的对比。聚焦成像(底部),细胞与 0.2 nm 纳米共价结合物孵育。(左下)DAPI 和 Cy3-DNA-Gd(III)@AuNP 结合的频道。(右下)与透射光重叠的图像。比例尺为 50 mm(Song 等[14])

### 3. 癌症的纳米成像

纳米科学应用于癌症研究对于未来消除癌症是至关重要的,并正在对癌症的诊断和治疗方法上产生革命性的重大影响。其有能力提供极高的灵敏度,产量和灵活度,纳米技术有可能深刻地影响癌症病人的治疗方式。体内诊断配合使用的体外诊断,实现了一个单独的策略没办法完成的协同作用,这在未来可显著影响癌症患者的治疗方式。纳米技术不仅可以通过基因组/蛋白质纳米传感器极大推进体外诊断;还可以通过纳米颗粒的分子成像技术推进体内诊断。一个适合小肿瘤检测技术,可以基于拉曼效应,即分子的非弹性散射光。拉曼效应非常薄弱,产生的信号低。然而,由于没有自体荧光,信噪比通常非常高。与现有的诊断方法相比,这种相对价格低廉,易于使用的成像技术,可以提供更好的深度和空间信息。为了进一步提高这项技术的应用,表面修饰小分子的金纳米颗粒正在研发中,纳米粒子通过增加非弹性散射光以增强拉曼效应(表面增强拉曼散射,SERS)。同样,这些纳米粒子表面的功能分子,让它们可以留存于肿瘤[12,15,53]。适用于小动物的成像设备已经被开发,以检测这些纳米粒子在活体生物中的情况,并且,这项技术其中一个应用目前正在接受 FDA 的评估,即将应用于大肠癌的内窥镜拉曼成像和筛检工具。

该技术的灵敏度比使用荧光量子点高 100 倍。根据金纳米粒子的表面分子,每个纳米粒子产生一个独特的拉曼信号,允许同时在活体中检测 10~40 种不同的信号;因此,拉曼技术的灵敏性和复用功能是无与伦比的。然而,其光线的穿透深度有限,阻碍了临床的直接应用。因此,一种更合适在临床上利用其特性的方式,是将内镜与拉曼光谱结合起来。据最近报道,结肠平坦型病变含有癌变组织的可能性是常规结肠镜检查的息肉型病变的五倍以上。将拉曼内窥镜与局部给药结合起来使用(例如,通过喷涂),在结肠镜检查中,肿瘤靶向的拉曼纳米粒子可以提供一种高灵敏度的新方式来检测,很可能忽略不良的平坦型病变和非常小的肿瘤。SERS 纳米粒子在结肠中的这一典型应用,可以尽量减少纳米粒子的全身分布,从而避免纳米粒子的潜在毒性并且使拉曼光谱仪作为内窥镜成像工具应用于临床。

据目前预计,靶向肿瘤的纳米粒子将完全取代目前用于检测癌症的方法,但我们更希望的是加上血液生物标记后,可以检测早期病变,以及可以进行影像研究,用于有关疾病的检测。为了实现这一目标,斯坦福大学先进癌症纳米技术中心,专门研究治疗反应的研究员(CCNE-TR),花费 5 年时间共同研究与卵巢、前列腺、肺和胰腺癌症相关或与预测这些疾病相关的生物标记组,并且功能化它们的基于纳米粒子显影剂,来检测这些生物标记。而所有这些技术仍处于起步阶段,下一代设备,例如,那些使用光声成像取代乳房 X 射线检查的设备[54],将很快被实现。

体内分子成像具有巨大的潜力影响癌症疾病的早期检测、确定疾病的进展情况、基于治疗诊断学或靶向治疗的个性化治疗,并测量治疗的分子水平效果。

### 7.2.3　治疗

#### 1. 靶向载人类 siRNA 纳米粒子

首例载人类 siRNA 的靶向纳米粒子,药物 CALAA-01,在 1996 年有加州理工学院的戴维斯小组开始研究[55]。他们的目标是建立一个多功能靶向癌症治疗方法,以实现核酸的全身给药。他们自己阐述的设计方法,是这样一个系统,以构建一个多功能的胶体粒子——用于治疗目的、顺序构建形成的纳米粒子。此时,"纳米粒"一词还未广泛使用。最初的药物示意图(图 7.12)介绍了一个设想的治疗所需的组件:(1)含环糊精聚合物(CDP)的核心,自发地与核酸自组装成小的直径小于 100 nm 胶体颗粒,(2)由肿瘤细胞特异性吸收的靶向配体,以及(3)胞内体内部酸性的增加,使颗粒解聚[55]然后胞内体释放出用于治疗的核酸。这种 CDP 系统最初设想使用质粒 DNA;然而,因为 CDP 与核酸的结合是依靠静电相互作用,普遍认为,该方法可能是一个普通的候选核酸疗法。除了平台的普遍性,选取平台的组件要考虑到它们的向上扩展和制造的难易度。

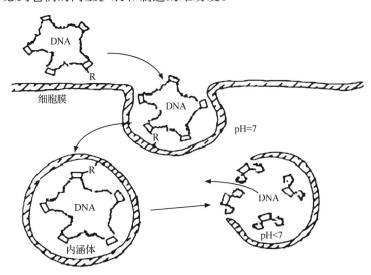

图 7.12　预想纳米递送策略,最终成为 CALAA-01[55]

CALAA-01 体现了这个最初的设想。CALAA-01 最终发展为,包括一些关键部件的自发组装成直径约 70 nm 治疗纳米粒子[55]。在除了 CDP 粒子核心和 siRNA 有效载荷,成形的纳米粒子的表面还装饰有(1)金刚烷-聚乙二醇(AD-PEG)保证药物在生物基质中的稳定,(2)金刚烷-聚乙二醇-铁传递蛋白(AD-PEG-Tf)肿瘤特异性靶向和细胞摄取,和(3)咪唑残留物:测定细胞摄取后胞内体的 pH 值的下降,并促使胞内体释放核酸药物。金刚烷是一种结合紧密的小分子,在成形的纳米粒子表面与环糊精形成包合物的,因此,结合上 PEG 和铁传递蛋白。

　　开发共价结合治疗后不久,研究者发现纳米粒子可以通过自组装形成,通过同时发生的组件重组和组件混合[56,57]。这一发现产生了一个独特的两步制备方法(图 7.13),这是一个快速直接的自组装过程,即纳米给药系统的各个组件(CDP,AD-PEG,AD-PEG-TF)以及 siRNA 的自组装,靶向治疗[56]。

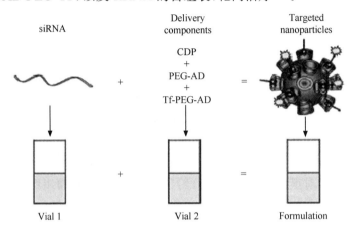

图 7.13　CALAA-01 的制备方法[55]

　　这一方法使得 siRNA 的溶解后紧接着就与纳米输送系统组件重组。因为siRNA溶解后是高度不稳定的,但之后的自组装过程,保护其不被核酸酶降解。此外,这两步成形法允许 siRNA 与 CALAA-01 系统组件的载药分子是分开的,并且在引入临床前,分别在动物模型中测试其安全性[58,59]。分离组件混合以后形成的纳米粒子治疗剂,在大小和分子组成方面都具有很好的特性[56]。

　　在体外和体内初步的关于基于 CDP 的 siRNA 载药系统(发表在 2005 年)的验证,使用了弥散的尤因氏肉瘤的小鼠模型[60]。在这些研究中,siRNA 靶向了EWS-FLI1 融合基因的断点,这是一个在 TC71 细胞中致癌转录的激活点,对EWS-FLI1 和转铁蛋白受体表达阳性[60]。除了在体外抑制其靶基因产物,转染萤火虫荧光素酶的 TC71 细胞注入 NOD/SCID 小鼠,作为转移性尤因氏肉瘤的模型系统,使得肿瘤的传播和治疗效果可使用生物发光成像进行评估。在这种小鼠模型,研究人员使用了基于 CDP 的 siRNA 靶向载药粒子,证明抗肿瘤作用和特定靶mRNA 的下调[60]。进一步的研究证明,基于 CDP 的载药系统没有妨碍先天免疫反应[60],并主动靶向转铁蛋白受体,提高了肿瘤细胞摄取[61]。这些鼓舞人心的动物实验结果,为实现基于 CDP 的 siRNA 治疗平台的临床应用,奠定了坚实的基础。

　　就 CALAA-01 而言,siRNA 靶向的核糖核酸还原酶亚基 2(RRM2)被确定[58,59]。此外,siRNA 靶向 RRM2 在小鼠、大鼠、猴和人类上表现出完整序列的同源性,同一种 siRNA 可被用于所有的动物模型,进行初步研究。靶向 RRM2,Davis 和他的同事们证实了随着肿瘤细胞的生长潜力降低,出现有效的蛋白质降低,他们采用的是皮下小鼠模型的神经母细胞瘤[62]。

根据上述实验和为了向药物临床试验的启动靠拢,Davis 和他的同事们进行的第一次研究显示,基于 CDP 的纳米粒子的系统中,多剂量 siRNA,应用于非人类的灵长类动物时可以做到安全[58,59]。这项研究表明,在小鼠模型中,剂量参数耐受性良好,与那些已经证明了的抗肿瘤疗效相似。此外,还观察到可逆毒性,以高剂量使轻度肾功能不全的形式表现出来,但是,小鼠模型的药效学研究的推断表明治疗剂量范围将很大。CALAA-01 在 2008 年 5 月,成为第一个人类 siRNA 靶向载体[55]。这项研究的详细信息,以及侧重于纳米粒子疗法的信息,可以在 http://www.clinicaltrials.gov 上浏览到。在第一阶段的研究中,患者被施以 CALAA-01,以评估药物的安全性。评估中以静脉滴注的方式给药,21 天为一周期,分别在第 1,3,8 和第 10 天给药。重要的是,在 Davis 组最近的一项研究[7],表明用 CALAA-01 对黑色素瘤患者全身给药后,在患者的肿瘤组织中 CALAA-01 有效靶向了 RRM2,通过有效的 RNA 干扰作用机制。当然,CALAA-01 临床试验的最新结果备受期待。

更多的纳米疗法即将问世,将追随着 CALAA-01 进入临床。作为一个开拓性的纳米粒子疗法,我们可以从 CALAA-01 上学到很多东西。例如,在细节、制备表征和质量控制上一丝不苟的设计,这都为 CALAA-01 成为临床前和临床试验的药物,提供了一个坚实的平台。此外,选择一个多物种通用但具有特殊靶向性的 siRNA 序列(靶向 RRM2),使得 CALAA-01 可以直接在多种动物模型中进行评估,最终可以进行人体评估。最后,在临床前的测试中采用了大量不同的动物模型,为预估人类的安全剂量参数提供必要的数据,并且进而制定了具体的药物安全监测草案。依照 CALAA-01,预计现在是一个"婴儿"的领域将最终衍生出新疗法因为纳米技术的进步,将为人类的健康管理方面带来显著改善。

## 2. 用于治疗的核酸功能化金纳米粒子

上述的 DNA 金纳米粒子平台,关于体外的细胞内外的诊断应用,也正作为下一代基因表达调控治疗型纳米例子,处于开发中。如前所述,金纳米粒子作为一个负载寡核苷酸平台(功能化),并允许高密度的寡核苷酸被加载到每一个金纳米粒子的表面(约每个 13 nm 的粒子上有 80 股)[63,64](见图 7.5 上图)。正如纳米耀珠的例子中证明的那样,共轭物可以包括大量的连续修饰,包括可释放荧光团,以方便检测。这种局部高密度的 DNA 和纳米粒子可进行多价态相互作用的能力,被假设是这一类材料的独特性能的由来,包括它们的靶向结合特性和细胞转染的倾向[45,64]。这些微粒很容易被细胞摄取[64],显示出与互补靶标的强力结合[45],对核酸酶降解稳定[45,46],不存在固有的细胞毒性。共轭物在细胞内环境中可以至少数天保持完好和功能,抑制蛋白的表达[45,46]。

　　因此,这些共轭物表现为单体药剂,却同时具有转染和基因表达调控的能力。此外,与未标记或荧光标记的 DNA 探针相比,结合了互补靶标的 DNA 金纳米粒子产生出不寻常的急剧融化转变,在某些情况下超过 1℃[42-44,65]。与那些核苷酸错配相比,这大大增加了对完全匹配的靶序列的选择性和特异性。

　　将遗传物质导入细胞和组织(例如,DNA 和 RNA)具有重要的治疗和诊断应用前景[66]。然而,将核酸发展成可行的胞内诊断或治疗药物面临着以下挑战:①稳定的细胞转染;②可进入各种类型的细胞;③毒性;④药物稳定性;⑤疗效[66]。DNA 金纳米粒子作为治疗药物的初步评估得益于在实现胞外诊断应用方面纳米共轭物的独特性能。DNA-金纳米粒子是一种创新的方式用于胞内治疗,实现高效地反义寡核苷酸转染,进而调节基因表达;重要的是,粒子本身表现为反义药剂,而不只是一个核酸载体(图 7.14[46])。此外,表面功能化 siRNA 的金纳米粒子也可合成并被证实可调节胞内基因表达[45]。值得注意的是,在这些实验的过程中,在解决传统的基因调控技术相关问题的前提下,对核酸功能化金纳米粒子的共性进行了研究。最终,表面高密度负载 DNA 的金纳米粒子,在胞外诊断方面至关重要,比起传统的细胞内基因调控方法,DNA 金纳米粒子系统表现出了明显的优势。目前,siRNA-或 DNA-金纳米粒子的治疗平台被应用到各种各样的候选疾病中(从脑肿瘤到心脏疾病),可以克服疾病治疗中的重大障碍。为了更迅速地使这项技术商品化,并将之从实验室转化到临床中,西北大学教授 Mirkin 和 Thaxton 共同创办了 AuraSense,LLC。

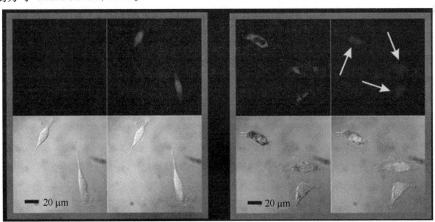

图 7.14　反义 DNA 金纳米粒子。(左边图组)小鼠内皮 C166 细胞表达绿色荧光蛋白(GFP;光亮区域,未经处理的)。(右边图组)Cy5 的反义 GFP-AuNPs 转染入 C166 细胞,降低了 GFP[46]的表达

### 3. 仿生高密度脂蛋白

考虑到动脉粥样硬化在世界范围内的流行和死亡率,研究动脉粥样硬化的意义是深远的[67,68]。动脉粥样硬化是多余循环胆固醇[69,70]引起的一种全身动脉网的慢性侵润性炎症疾病。胆固醇在人体水环境中不溶解,所以胆固醇以一种动态纳米粒子为载体,即脂蛋白(LPS),进行传送[69]。胆固醇的主要 LP 载体是低密度脂蛋白(LDL)和高密度脂蛋白(HDL)。高的 LDL 水平,促使动脉粥样硬化,并且可能提高患心血管疾病的风险[71,72]。降低 LDL 的治疗已被证明可以减少心血管疾病的死亡率[73-75]。相反,HDL 是众所周知的,促进胆固醇的逆向转运(RCT),从周围沉积网(巨噬细胞,泡沫细胞)转移入肝脏进行代谢[76-78]。因此,HDL 水平与患心血管疾病的风险呈反比例关系[76]。

尽管已有 LDL 降低治法,但利用 HDL[78-82]的有益性质来解决实质的心血管疾病负担,发展其成为一种新疗法是有价值的。HDL 是一个动态血清纳米结构,从初始结构演变成成熟的球形结构;在这两种结构,表面成分是(1)APOA1,(2)磷脂,和(3)游离胆固醇。HDL 在从初始到球形结构的成熟过程中,游离胆固醇通过卵磷脂的作用酯化:胆固醇酰基转移酶(LCAT)将胆固醇酯添加到 HDL 的核心以增加疏水性。这个过程增加了粒子的大小,使之变成球形。为了模仿这一生物过程,需要从下往上制备仿生 HDL 的纳米结构,在一定程度上,需要用纳米技术代替生物过程。具体来说,使用 5nm 直径的金纳米粒子为核心的仿生 HDL,生物过程需要仿生 HDL 的表面化学性质与自然成熟的球形 HDL 相同这一点,可以达到[83]。为了证明这一概念,即发展纳米粒子作为一种新型工具和治疗药物去研究和治疗动脉粥样硬化,制备了一种合成 HDL 仿生纳米结构(HDL AuNP),由 Thaxton 和 Mirkin 研究组合作完成,并测定了其胆固醇结合的特性[83](图 7.15)。合成物的大小,形状,表面化学性质高度模仿了自然成熟的球形 HDL(见表 7.1)。

表 7.1  HDL 复合物的水动力尺寸

| 颗粒 | 水动力尺寸/nm |
| --- | --- |
| Au NP(直径 5 nm) | 9.2±2.1 |
| Au NP+APOA1 | 11.0±2.5 |
| Au NP+APOA1+磷脂 | 17.9±3.1 |

如前所述,HDL 将胆固醇运输到肝脏是一个重要的机制,因为这防止了动脉粥样硬化的发展[78]。因此,HDL-AuNPs 是否结合上了胆固醇决定了这些结构可作为治疗药物的潜力。通过使用胆固醇类似物,测量胆固醇与 HDL-AuNPs 的测

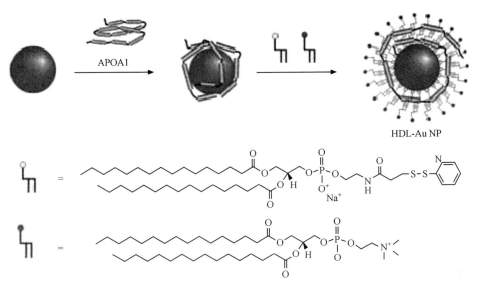

图 7.15 模板化合成球形 HDL AuNPs[83]

量结合常数是 3.8 nm(图 7.16)。有趣的是,几乎没有与自然 HDL 的 $K_d$(解离常数)进行比较的数据。因此,HDL AuNPs 是关键的仿生纳米结构,可作为进一步比较的参考。目前的研究工作围绕着 HDL AuNPs 的生物学性质展开,包括体外和体内两方面。

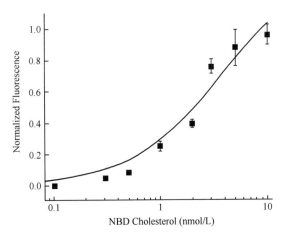

图 7.16 用荧光胆固醇对 HDL-AuNPs 进行模拟的束缚等温线。将 NBD 胆固醇滴入 5 nm 的 HDL-AuNPs 溶液中。荧光与 NBD 胆固醇浓度被用来计算 HDL-AuNPs 的 $K_d$(由 C. S. Thaxton 提供)

### 4. 载药机械化纳米粒子

化学系统可以说是最好的,因为它的强大和"智能"。想像一个特殊靶向癌细胞的载抗癌药物装置,包括一个有纳米天线的坚固纳米容器和相关部件。

西北大学的 Stoddart 组与 Zink,Nel 教授和加州大学洛杉矶分校的(UCLA)Tamanoi 合作开发了一种由直径为 200~500 nm 的介孔二氧化硅纳米粒子组成的载药系统。散布在纳米粒子表面上的是不同型号的纳米机器,有化学驱动型(通过 pH 值变化),生化驱动型(通过酶作用)或光物理驱动型(通过光)[16-22]。因为二氧化硅具有刚性,化学惰性和透明性,二氧化硅是一个有吸引力的材料,可以吸附上这些部件。

从历史上看,分子机器往往基于双稳态轮烷[84,85],这是机械互锁分子组成的一环型组件,可诱导其沿连在纳米粒子表面的柄型组件移动,从一端开始直到被另一端一个大塞子组件终止,柄型组件防止环形部件脱离柄型组件。这些柄型组件,在接近介孔纳米粒子的表面,被赋予识别元素。因此,当一个大环,如环糊精或瓜环,在表面附近与识别元素络合,它充当了门卫,并保存了纳米粒子介孔通道里的货物(即一种药物或造影剂)。当其从表面移开时,门被打开,孔里的内容(货物)就被释放到周围环境中。可以将大环分子门卫从纳米粒子的表面移开有两个基本机制:(1)纳米阀系统,在柄型组件的表面载有在第二种识别元素,允许门卫大环分子从纳米粒子的表面滑走,释放纳米孔里的货物,或(2)端断系统,在柄型组件上设定一个断点,塞子组件就可以在特定的刺激下被移除,让门卫大环分子从柄型组件上完全滑脱,从而释放介孔二氧化硅纳米粒子中的货物(MSNP)。图 7.17 显示了纳米阀/端断系统机械化纳米的系统的基本设计。

最近,已经开发出了纳米阀系统,可以通过提高 pH 值[86],或降低 pH 值[87]来释放货物,显示出其在生物环境中的应用潜力。许多种端断系统也被开发出来,其中有一种采用了酯键断裂酶,在曝光时可释放货物[88]。目前,Stoddart 组正在开发别的端断系统,可以对肿瘤组织过表达的特定酶产生响应,然后释放货物,这将有可能为多种癌症提供新的诊断和治疗方法。

在 UCLA 的加州纳米技术研究院的纳米加工中心的 Zink,Nel 和 Tamanoi 已经开发出一种载阿霉素的 pH 敏感的 MSNP,可将阿霉素送入癌细胞的酸化细胞区室中,并且当 pH 值低于 6 时,释放药物到细胞核中[20,21]。在血液的生理 pH 值(7.4)条件下,药物保留在纳米粒子中,这在理论上意味着当用其靶向载药到肿瘤细胞时,例如,通过结合表面配体(如叶酸),可以控制药物释放,以防止全身性的副作用[17]。

MSNP 除了按需给药的机械化特点,基于这种粒子的平台已被赋予了额外的设计特点,成为一个多功能的治疗和成像平台。首先,与配体(如叶酸)的结合使得

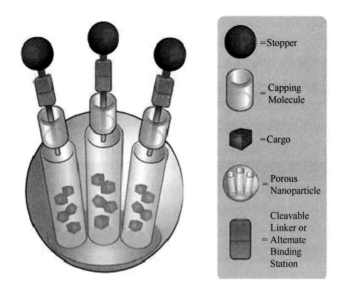

图 7.17　介孔二氧化硅纳米粒子的示意图(SiO₂,平均直径为 200 nm)修饰了一层[2] 轮烷,在纳米粒子的表面。将货物从纳米粒子的孔中释放出来有两种方法,要么迫使 大环分子移动到柄型组件的另一端结合位点(纳米阀),或切断柄型组件使大环分子 完全脱离(SNAP-TOPS)(由 F. Stoddart 和 A. Nel 提供)

立子可以靶向乳腺癌或胰腺癌细胞;第二,超顺磁性氧化铁纳米晶体封装入 MSNP 中,可进行磁共振成像,使粒子可用于治疗诊断[17]。第三,UCLA 小组最近 己表示,它可以在从纳米孔释放阿霉素的同时释放靶向 Pgp(渗透性糖蛋白)转运 蛋白的 siRNA,该蛋白涉及阿霉素和其他化疗药物耐药[20,21]。这可通过将聚乙烯 于带负电荷的粒子表面,实现二次但稳定的 siRNA 负载,同时保证纳米孔仍可 争电吸附阿霉素。这使得这种双重载药系统部分恢复阿霉素在鳞状细胞癌的细胞 末的灵敏度,一种被认为由于过表达 Pgp 而对阿霉素耐药的细胞(图 7.18)。第 日,额外表面功能化与聚乙二醇(PEG)和其他空间位阻物质,可以调整 MSNP 体 内分布,减少网状内皮系统(RES)的摄取,并在小鼠皮下移植瘤中增强电子顺磁共 辰(EPR)谱。所有上述的特点,在静脉注射过程中均证实是安全的,此外,大部分 主射的硅在几天之内,都可从尿液和粪便中回收到,使这个系统成为一个多功能的 战药平台[19]。

　　功能化 MSNPs 显示出巨大潜力,很可能在不久的将来,成为药物治疗的首选 疗法。也许这些载药系统最吸引人的特性是其固有的可组合性,功能化 MSNP 的 各个组件可以方便地互换。这源于组件载药系统采用的分段合成法,因此可以加 上各种表位,如靶向分子或荧光标记,对纳米粒子的性质进行进一步调试。此外, MSNPs[18]可以被活细胞摄取,细胞[20,21]在溶酶体内释放造影剂或治疗药物。表

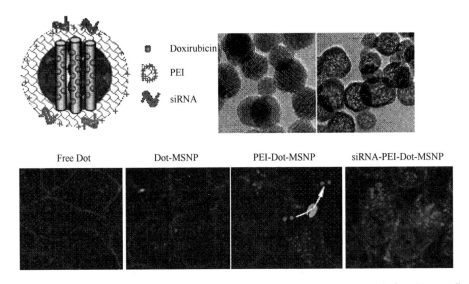

图 7.18　药物和 siRNA 同时运送到鳞癌细胞株(HELA),防止了由于过度表达的 Pgp 药物转运蛋白(排出阿霉素)产生的阿霉素耐药性[20,21]。利用涂有阳离子聚乙烯亚胺(PEI)聚合物(右上)的介孔二氧化硅纳米粒子(MSNP;TEM 图像在顶部中间),PEI 可以黏附 PGP siRNA 在颗粒表面(左上)。这种方法保持 MSNP 的孔可以静电吸附阿霉素。HELA 细胞的聚焦显微镜照片(底部图片)显示了被酸化内涵体吸收后,位于粒子上的(点)荧光化阿霉素在。该系列照片进一步证明,比起游离的药物,包封在粒子中的阿霉素的摄取量更大,基本上所有阿霉素在内涵体中被质子释放出(干扰药物的静电吸附),但被 Pgp 转运蛋白排出,图示为叠加在聚焦照片上的部分(在标记为 PEI-Dot-MSNP 图片中)。然而,如果药物与 siRNA 同时载入,siRNA 停止 Pgp 的表达,保证足量释放出的药物进入细胞核,诱导细胞凋亡,如标题为 siRNA-PEI-Dot-MSNP 的图片所示。因此,双重载药可以克服肿瘤耐药
(由 A. Nel 和 F. Stoddart 提供)

连接或黏接阳离子基团可显着增强内吞作用的摄取[17,22]。此外,高长径比的 MSNPs 可以大幅增加大胞饮摄取,通过一个由外而内或由内而外的通信系统,涉及丝状伪足和细胞骨架。在体内的研究也表明,这些载药系统是无毒的,由于大多不起反应的元件,如二氧化硅纳米例子环糊精封盖分子;在体外研究中,接触到这些载体也未显示任何不良影响[19-22]。这些证据支持了这一想法,即功能化 MSNP 可以并将成为战胜致命疾病的有力武器。

## 5. 印刷纳米粒子用于治疗

DeSimone 组在 UNC 的卡罗莱纳州癌症纳米技术先进中心发明了印刷(基于非润湿模板的图案复制)技术,可以实现在颗粒大小,形状,弹性模量,化学成分,以及表面功能方面,精确地设计和制造纳米粒子(图 7.19)[89-91]。

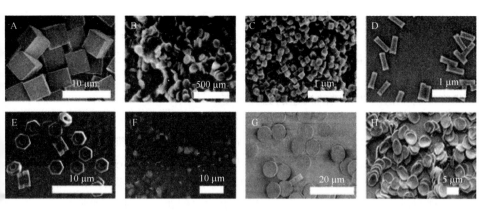

图 7.19　印刷法是一种创新的方法来制备纳米粒子，精确控制粒径，形状，成分，货物和表面特性，而所有这些都会影响载抗癌药物的纳米粒在体内的行为。（A）～（H）展示了用印刷法制备的不同尺寸，粒子，形状和成分的纳米粒子（来自于 Gratton 等[89]）

　　印刷颗粒是目前正设计用于癌症预防、诊断和治疗方面的新疗法。在纳米尺度上控制粒子的大小，组成，形状的能力非常适合研制多种用于特殊诊断和药物载体应用的特殊材料。

### 7.2.4　组织再生

　　组织再生技术在医疗领域是一种主要需求，可以促进，如骨骼，软骨，血管，膀胱，神经再生等潜在的应用。每年全球近 50 万患者接受髋关节置换术而，而大约相同数量的患者因受伤或先天性缺陷等原因需要骨重建。此外，每年有 1 6 万美国人失去牙齿，需要植牙。预计每年仅在美国的医疗植入装置的年市场规模估计最少 20 亿美元，并且预计未来十年以每年 10％的速度增长。不幸的是，目前的医疗植入设备有着各种各样的副作用，包括磨损，免疫反应，炎症和纤维化。造成这些副作用的原因是其组织相容性差，导致植入物松动以及周围组织的机械损伤。

　　现在有越来越多的共识：纳米植入物比传统的材料有潜在优势；使用纳米结构和合成的代成形素（生长因子的生物活性类似物）可以大大促进组织再生，例如，通过模仿天然细胞外基质（ECM）。这些类工程纳米粒子的一个关键设计特点，似乎是它们的表面形貌，特别是这样的表面特征：影响细胞附着，生长的信号，以及诱导参与细胞分化的基因的能力（涉及的细胞类型可能为内皮细胞，血管平滑肌，肌肉细胞，软骨细胞，成骨细胞，神经细胞，胚胎干细胞）。

　　虽然再生医学有这样一个共识，就是再生药物要对医疗体系产生重大影响，成本是一个问题。研究必须不仅着重于制定主要慢性病的治疗方案，还需要考虑高昂的医疗成本，而纳米功能材料可以降低这一成本。因此，纳米技术在再生医学领或，将可能在伤口愈合、尿失禁、主要关节的骨性关节炎、糖尿病、冠心病和心力衰竭、中风、帕金森氏症、脊柱脊髓损伤以及肾功能衰竭等方面产生重大影响。竞争激烈的情况下,骨科、牙科植入物、伤口愈合是最容易渗透的市场,而在解决心血管疾病,干细胞治疗脊髓损伤等方向正有着重大进展。这些进展可能通过这样的发展而实现:再生医学领域从模仿自然组织生物力学性能的惰性聚合物向促进组织自我修复的生物活性物质的构建的方向改变。

例如,因为大多数 ECM 的功能在纳米级水平自然运作,先进的仿生材料引入纳米架构的功能以模拟多功能的 ECM。这项工作,必须了解细胞如何检测生物材料,以及可能会导致炎症,纤维化,免疫排斥反应的下游通路。此外,还有一种治疗手段有着较高的临床需求,即控制炎症以及内源性或移植细胞的 ECM 的辅助构建。高通量筛选(HTS)的方法可以帮助解决这些问题,通过使用细胞端点和多功能的纳米材料库,使协助组织再生方向的细胞生物学研究可以进行。HTS 也可以用来检测纳米材料的潜在危险性造成的不良后果,然后通过重新设计材料的特性,以提高材料的安全性[1,3,16]。这方面在第 3 章中有更详细的描述。

两大类多功能 ECM 类似物已然出现,即纳米结构的材料和人工合成的代成形素。纳米结构仿生需要三维工程或自组装技术支架的开发,这可以通过纳米加工技术实现,例如静电和软光刻技术。为构建多功能工程纳米材料(ENMs),功能化纳米线,纳米粒子以及碳纳米管均为良好的平台。其他的一些研究致力于研究自适应材料,这种材料能改变自身的特性以适应环境。也可以设计出成对需求刺激敏感的生物相容性 ENM 组件,如化学、电、机械、光和热触发器。举一个例子,一种高分子物质[聚(N-异丙基丙烯酰胺)],在经历了一个随温度变化的转变,可以从疏水变为亲水,涂有该物质的细胞培养皿孵育的结果显示在 20℃ 时比 37℃(体温)亲水一些。这种亲水性转变,使得主要人体组织细胞培养成为可能,如心肌细胞或角膜上皮细胞,使得细胞从培养器皿表面剥离时可以是完整的一片并保留完整的 ECM[92,93]。例如,当使用这种方式获取成片的心肌细胞时(图 7.20),完整的 ECM 使得细胞层可以自我黏附,从而自发折叠形成多层细胞,可用于心肌补片,例如运动障碍心梗后的部分。组织工程细胞层片为修补受损的角膜以及其他组织包括心脏组织,提供了可能。此外,该技术也可能被用来构建一个完整的器官,如心脏或膀胱,利用一系列三维的模板。

通过提供生化信号,合成的代形态素可以引导组织再生。例如,纳米生物材料,将形态素引入其结构中以提供胞外或胞内信号,在一个适当的三维环境中,铺设梯度和/或定时释放。例如,提供生物配体的树状系统,携带生长因子类似物的纳米粒子,分子驱动的梯度纳米凝胶和纳米补片。

由于其具备有效分离技术、可塑性及体外扩增能力,越来越多的,干细胞被提出可作为细胞疗法的药剂。

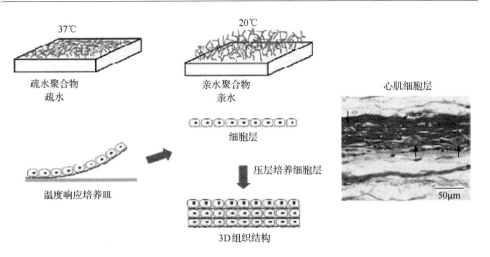

图 7.20　心肌细胞层片工程。细胞层片技术是基于对温敏聚合物利用,聚(N-异丙基丙烯酰胺),这种聚合物在 37℃ 时是疏水的,使最初的组织培养细胞可以构建一个 ECM,并且可以保持完好无损。当培养皿的温度下降到 20℃ 时,聚合物变为亲水性的,释放细胞片。收集了无数层的心肌细胞层片,可以叠加在一起分,形成一个三维的自发跳动的心肌样的组织结构,可用于修补心肌缺损,以及为重建一个完整的心管提供了可能(来自 Masuda 等[94])

　　然而,迄今为止,阻碍现有技术的是缺乏重复性控制所需的分化途径,缺乏对产量的控制,以及细胞到达靶点的比例很低。纳米技术可以促进两类增强细胞疗法产品的研发,即(1)细胞移植和(2)适当分化的细胞的运载系统。运载工具包括聚合物和生物相容性的部分,可作为细胞储存器,提供免疫保护,提高细胞的存活率,载体降解时控制募集因子和生长因子的释放。一个例子是,门静脉移植过程中,有一种能够包绕胰岛的材料。另外,纳米材料,可用于构建三维多功能支架,可为原生组织提供恒定的机械稳定性和结构完整性。在培养过程中,细胞-生物材料的复合,可提供与体内组织的生长和成熟相似的理化条件。西北大学 Stupp 实验室的工作,以脊髓损伤和修复为前提,说明了这一点[112]。正如图 7.21 所示,肽两亲物(PAs)是独特的材料,自组装成圆柱纳米纤维,其展露在表面的肽可以促进轴突生长[111]。在脊髓损伤的小鼠模型中,观察到未治疗的动物与采用了肽两亲物生成的纳米纤维支架的动物之间,轴突再生存在着显著差异[112]。

　　细胞疗法还需要对病人进行个性化设计和制造,而不是现成的细胞制剂。由于细胞或组织工程产品的培养仍受到高变异性和效率低下的限制,所以需要开发出经济的组织培养制造系统。纳米材料在这一开发过程中可以发挥作用,因为它们可以为三维培养系统和生物反应器的设计的提供理化环境。

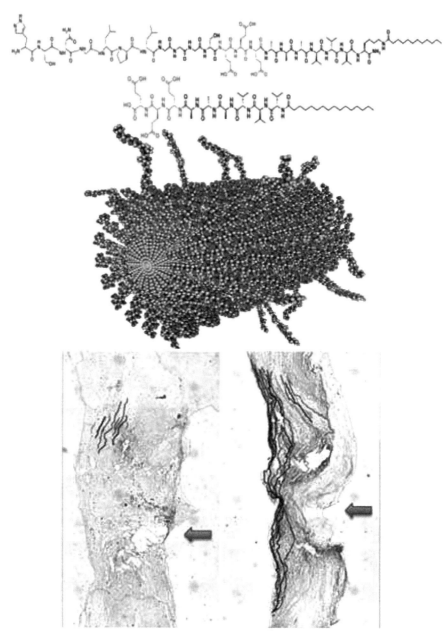

图 7.21　肽两亲物(PAs)和脊髓损伤。(上)展示了二个肽的 PA 分子。上面的 PA 有一种多肽生长因子,从下面描绘的核心 PA 分子上延伸出来。(中)盐水溶液中混合 PAs,遍会自组装成纳米纤维,且纤维外部展露出多肽生长因子。(下)在脊髓损伤的小鼠模型中,在损伤部位注射 PAs(箭头)促进轴突生长(彩色线条)并且桥接了损伤区域(右)与未处理小鼠形成对比(左)(来自 S. Stupp)

## 7.2.5　纳米生物技术和细胞生物学

纳米结构是生命的基础，包括蛋白质、DNA 和脂质，细胞内的所有运转，这些运转过程可能要考虑到复杂的生物系统的各个单位，从细胞到组织到器官到生命体。分析和衔接复杂系统的努力方向，以人类医学为例，往往是在细胞水平上的。例如，癌症诊断方法，寻求在细胞表面的或由细胞分泌生物标志物，药物必须运载到特定类型的细胞，必须成功越过细胞障碍；成功的组织工程和植入物需要相容的细胞相互作用和增长。纳米医学的进展将永远不是被促进就是被限制，关键在于研究者对细胞运精细转过程的认识。同样，他们在开发用于医疗或作其他方向的智能多功能装置时，将大大受益于可以维持复杂细胞系统的设备。在许多方面，细胞处于纳米生物技术前景的核心地位。

从生物学的角度来看，细胞是含有各种生物分子成分的分层组织，这使得细胞在一个特定的生物环境保持动态平衡，并对外部信号作出适当的回应。纳米生物技术可制造微米级和纳米级加工的材料，以及可在亚细胞和分子水平上，检测和操控细胞系统的设备。在本章的其他部分描述基于纳米技术的分析方法，现在可以确定单个细胞的组成。此信息可用于，在不断增长的生物学认识的情况下，对细胞过程的组成成分的研究。例如，许多实验室已经研究了各种有关生理的细胞类型的刺激的信号转导通路。通过引入遗传，生化和物理的方法，关键酶以及调控结构和机制，已被定义。然而，必要的空间排列和调控是非常难以进行的，因为细胞的异质性和对纳米级分辨率的要求。微米加工和纳米加工的进展，为之前不可能研究的细胞生物学的复杂问题，提供了新的机会。特别是空间调控细胞过程，这可以通过设计细胞可产生响应的化学和物理环境来进行检测。平版印刷法和选择性化学修饰提供了生物相容性表面，在细胞组织的微米和亚微米尺度上，控制细胞相互作用。结合上荧光显微镜和细胞生物学的其他方法，可以成为扩展型的设备。

细胞表面反应的相互作用是生理活动的基本，但如果失调，就会导致病理状态，如肿瘤的生长。材料表面图案化上微触点，它可以系统地研究空间维度对于化学相互作用的重要性[95-99]。在过去的几年里，大量的研究已利用图案化表面，研究细胞表面相互作用的空间控制以及解决具体问题，如形态和黏附、树突分支、迁移和动力传导（细胞如何将力学信号转换成化学响应）。细胞与微加工后表面含有PDMS（聚二甲基硅氧烷）的弹性针样柱之间的力学相互作用已进行了定量测量[100,101]。细胞对环境化学信号的应答（如抗原、生长因子、细胞因子）依靠特定的细胞表面受体。这些刺激分子与受体结合，刺激跨膜和胞内信号传导，最后引起整个细胞应答。在微米和亚微米尺度上，时空定位膜上受体对于细胞应答的总效率和调节是至关重要的。如果设计好环境，那么反应化学信号刺激的细胞空间调控应答，可以通过监测选择性标记成分再分配或信号通路的改变来研究。图案化表面法使其易于信号传导,包括专门的区域或相互作用,如成群的受体组成的膜结构域或细胞间形成的突触。这些方法已证实有研究免疫系统细胞的价值,这些细胞通过大量抗原受体接收刺激。例如,免疫球蛋白 E(IgE)的受体(FceRI),在过敏性免疫反应中扮演重要角色。

信号传导过程早期出现的空间调控产分为两个阶段:(1)细胞活化所需的 IgE-FceRI 复合物的配体依赖连接;(2)选择性靶向激活受体区域的信号蛋白。结构已知的配体,可用于检测信号传导通路中的结构性限制。空间调控的第一阶段的检测采用纳米生物技术的自下而上的方法:合成有着明确结构特性的多价配体,以控制 IgE-FceRI 的结合方式,从而通过二者的交联激活细胞。二价配体两端以及聚(乙烯)乙二醇的弹性间隔区(10 nm 范围内)有抗原组,与 IgE 分子内的两个结合位点交联。这些可用于 IgE 分子间交联的有效抑制剂和细胞活化,并对过敏疗法的发展提出了潜在方向。采用二价配体含有双链 DNA(dsDNA)刚性间隔区,DNA 长度在 50 nm 左右,可研究交联的 IgE-FceRI 刺激的信号传导机制。这些配体刺激细胞产生低水平脱粒和还显示出长度依赖。分支双链 DNA 结构被发现更有效,因为三聚体和更大的 IgE 受体的交联度,从而产生更高水平的细胞应答。三价的 Y-DNP3 配体触发的强劲信号应答以两个不同的方式进行,一种依赖配体长度,另一种不依赖长度。这种空间的不一致促进蛋白质的物理耦合(其中一个方式的关键过程),也揭示了信号传导的分支通路。

图案化抗原已证实可用于研究膜区域化信号传导。质膜上的信号发生组件的空间定位已成为相当热门的课题,并且越来越多的证据指出膜结构域参与其中。然而,用直接方法研究膜的空间重组和靶向信号发生,受到细胞和刺激的典型异质性的限制,以及光的衍射极限的限制。表面图案化上含有特定配体的脂质双层膜,采用蒸发聚对二甲苯的方法。这些微制造基底允许,在生理条件下,用荧光显微镜观察被标记的带有受体的细胞成分聚集后再分配,并在相同的图案上聚集。图案化脂质双层基底使其可以采用其他光学测量方法。例如,荧光漂白恢复可以被用来评估的蛋白质富集在图案化了配体和 IgE-FceRI 区域时的动态性质(图 7.22)。

图案化基底还显示出,在大量或激活的受体或其他区域,选择性靶向高位细胞结构。一项研究表明,细胞表面的整合素,优先结合到硅片表面,然而特别是细胞骨架结合蛋白(例如,桩蛋白),聚集于受体处,与整合素无关。siRNA 的补充生化研究表明,桩蛋白通过受体簇参与信号发生。其他的研究监测了激膜转运,并发现,回收内涵体靶向受体簇,而分泌性溶酶体靶向其他位置。

纳米孔为研究细胞膜动力学提供单分子级分辨率的方法。虽然表面图案化微米尺寸特征形貌已证实可用于研究近细胞膜的细胞信号传导的空间调控,但最终说明细胞的自动调节和应激反应需要研究 100 nm 尺度上发生的分子动力学和相互作用。虽然已经可以图案化这些特征形貌小至 50 nm,但通过荧光显微镜将活

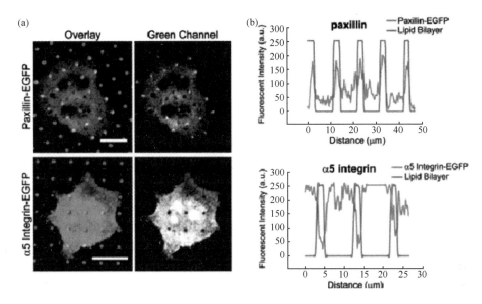

图 7.22　桩蛋白根据交联 IgE-FCRI 和图案化的脂质双层进行聚集后重新分配,但整合素排斥这些区域。共聚焦显微镜显示,表达 paxillin-EGFP 或整合素 a5-EGFP(绿色)的细胞,与图案化了受体特异性配体的脂质双层(红点)共孵育后,中。(a)桩蛋白根据 IgE-FceRI 集中于图案化了配体的区域,而 a5-整合素(比例尺:20 mm)被排除在外。(b)(a)中的强度谱线证实,桩蛋白的聚集和整合排除完全一致,在局限的图案化脂双层上(来自 Torres 等[102])

细胞可视化,尺度实际上一直没有低于 600 nm。新的超高分辨率荧光法,包括 PALM,STORM,和 STED,逐渐可以克服这些限制。加工技术,例如零模式波导 (ZMWs),可用于克服光的衍射极限。ZMWs 最初用于研究膜模型上荧光脂质探针的扩散以及微摩尔级浓度的单酶在荧光底物上的流动。随后的研究表明,活细胞的细胞膜可用这些光学纳米结构,以高灵敏度进行探测。使用 ZMW 结合荧光和电子显微镜表征肥大细胞相互作用,表明活细胞的细胞膜渗透这些纳米结构具有骨架依赖性。这种定位细胞膜的方法,允许采用荧光相关光谱技术高分辨率检测荧光标记分子。这些光学纳米结构给予了在细胞膜上单分子动力学研究独特优势,或者与之接近的,生理相关的分子浓度方面。

# 7.3　未来 5～10 年的目标、困难与解决方案

纳米生物系统科学和工程是最令人兴奋最具有挑战性的事之一,并且随着纳米技术行业的迅速发展,社会在生物医药和医疗服务仍然面临着严峻的挑战。在未来 5～10 年,纳米技术将在克服这些挑战方面扮演重要的角色。下面介绍一些具体目标,先讨论近期将克服的障碍,然后提出纳米技术的解决方案,以克服这些

障碍并实现目标。

### 7.3.1　生物标志物

成功治疗人类疾病,需要准确的诊断和有效的治疗方法。成功实现个性化医疗需要标志物既针对疾病本身又要识别出适合这种疗法的患者亚群。因此,诊断方法的改进,以达到尽早发现疾病的目标,甚至可以检查出单个病变细胞或指征潜在疾病的生物标志物。目前,对疾病特异性标志物没有足够的认识;进一步而言,目前诊断方法的灵敏度可能不容许最具代表性但低丰度生物标志物的检测和定量。最后,将很可能是这样的情况,一组对于疾病检测最准确的生物标志物,需要可以实现同时检测多个目标,快速,廉价,以及定点照护的诊断平台。在纳米技术的进步将实现这样的纳米材料,可以特异性结合靶生物标志物并且放大识别和定量的检测信号,以用于体外和体内诊断。重要的是,改进这些技术,使他们能够识别低丰度的未知生物标志物,然后确定哪些标志物是特异性反应某个已知病情,然后可能实现灵敏度极高的纳米技术,再结合上成像功能,以传达疾病的形态,结构和功能特征;多用途的体外诊断设备;和监护分析和治疗的可植入设备。

### 7.3.2　体外诊断

未来发展的目标是改进目前的诊断方法,以实现类似 PCR 的灵敏度,通过使用纳米尺度操作以评估特定疾病的生物标志物用于定点照护。然而,这种平台的开发受到了一定阻碍,包括缺乏关特异性和非特异性生物相互作用知识,缺乏亲和性药剂和扩增法,缺乏合适有效的生物标志物。为了克服这些障碍,需要纳米级的高灵敏度和特异性,加上更多的对于影响纳米探针和靶标生物纳米界面的了解。纳米材料和表面功能化修饰,将能更好地抑制生物分子间的非特异性相互作用,同时促进特异性相互作用。最后,样本处理和自催化纳米技术将提供前所未有纯化以及结合靶标后产生信号。结合两者,纳米技术的进展以及对于生物纳米界面更透彻的了解,将发展出强大的多功能诊断分析法,可以很容易地从背景噪声中筛选出仅几个靶分子产生特异性信号。

### 7.3.3　纳米治疗

制药业是一个寻求大胆的创新的行业。纳米技术在未来的 5～10 年的一个重要的目标是发展纳米药物以提供新的治疗方法。在进行这些努力时,专业知识和商业方面都存在巨大障碍。研发和转化纳米疗法直至临床使用的过程中,花费昂贵,费时,需要监管机构的批准,并需要适当报销。预计在未来十年中,制药公司和联邦政府需要投入大量的资金,才能实现纳米治疗技术的发展,尤其是在小企业的风险资本融资减弱的时候。此外,监管机构意识到新纳米疗法需要人体测试以及人体的临床测试设计。与产品开发方面,纳米治疗正面临着重大的挑战,如需要具有良好的药代动力学参数,生物体内分布概况,靶向给药,组织渗透,药物释放,并能够以图像方式反应定位情况和有效性。这些挑战出现在,开发新纳米制造法,研究日益复杂的纳米结构,更好地理解一个生物纳米界面,以及更好的发展层次化纳米疗法。

### 7.3.4　纳米技术和干细胞

干细胞与其物理化学环境相互作用,而这些相互作用引导干细胞维持和分化。目前,对于干细胞调控方面的了解不足,包括多能状态和潜在的生物调节机制的生物学知识,限制了干细胞的直接操控。利用纳米技术可以更深入了解干细胞与其环境间的复杂相互作用,以便更正规地监测干细胞应答,然后系统地了解引导干细胞分化和表型的过程。纳米阵列技术,纳米粒子用于给干细胞提供分化信号,以及对于生物纳米界面充分认识,将可以设计制造出合适的支架以引导干细胞活动。

### 7.3.5　组织工程

修理或更换受损的组织和器官的工程功能组织,为治疗某些最具毁灭性和衰竭性的人类神经和肌肉骨骼疾病,点亮了一盏明灯。目前,没有现成的技术或手段可以快速,可再生的重建合适的组织结构。纳米架构和人工合成的代成形素(生长因子的生物活性类似物),是天然细胞外基质中的主要部分并提供生长信号,可以采用多项技术去实现,包括(1)静电和分子印刷法(例如,蘸笔纳米光刻,接触印刷)开发三维工程或自组装支架;(2)功能化纳米粒子,纳米线,碳纳米管用于建立多任务复合纳米材料;以及(3)携带生长因子类似物的树枝状生物配体或纳米珠。这些材料和技术将在组织再生和修复领域快速发展。

### 7.3.6　纳米医药经济学

纳米医药的目标是降低成本,提供更准确,更早期的诊断方法,提供有效的个性化医疗,简化和规范医疗服务。这对于需花费较高的医疗费用慢性疾病(如心血管疾病和糖尿病)方面尤其如此。然而,开发纳米技术是昂贵的,有来自通用公司的竞争,困难的报销情况,监管机构没有预先集中于复杂的往往多学科的药物和/或设备,以及资金环境相当局限。最终,纳米技术可以实现低成本,准确,定量,可靠,可接触材料用于诊断和治疗,而通过创新计划资助,规范,和商业化的纳米技术以省成本。这是很难预测纳米生物材料对整体经济的影响,包括在本报告中讨论到的材料或者将在未来 5～10 年用于医疗领域的其他转化技术。对纳米技术的整体市场规模有许多估计。一个近期的综述[103]列举了三种不同的来源,并预计整体市场规模将在 2.6～2.95 万亿美元之间,2014 年或 2015 年。NSF 估计,到

2015 年的市场规模为 1 万亿美元,其中 180 亿美元将归于纳米医药制品[103]。无论如何估计,尽管纳米生物系统发展中存在本章提到的挑战,纳米技术肯定将在未来 5~10 年内,对卫生和医药领域产生重大影响。

## 7.4　科技基础设施需求

　　为了充分认识纳米技术在生物医学中的前景,需要显著改善科学和技术的基础设施。在创新的纳米技术研究投资是必要的。先进中心(人才中心,卓越中心),已被证实是非常有效的方式,汇集了医学、科学和工程等多个学科,并解决该领域的重要问题。建立这些中心的重中之重是按疾病种类,逐个建立。这将需要更多的有针对性的资金支持,但重要的是,这些中心将汇集并刺激纳米医药领域商品化和商业化发展的新机遇。为了使新兴的诊断和治疗工具顺利产出,必须建立一个进行临床试验的基础设施。美国食品和药物监督管理局(FDA)必须建立自己的内部基础设施,以一种及时,高效,安全的方式对这些重要的创新做出评价。此外,必须考虑如何使医师掌握这些技术,可以通过有针对性的培训,投入临床试验,最后需要完善的报销政策这些环节来实现。

　　教育的投资和创新需要从基础层次教育(K-12)开始,通过医生和教授提高在科学和数学等领域的职业研究人员的录取量和提高新兴纳米技术在临床上的应用。一线的纳米学术研究者,临床医生,以及制药和生物技术产业人员之间需要加强沟通。着重研究患者面临的最重要问题,然后集中精力开发关键问题的协作解决方案,必将促进和加快转化最有前景技术。

　　为了充分实现纳米技术在生物医学领域的潜力,可靠地生产及表征高品质纳米材料是势在必行的。这将建立高品质材料的可重复加工平台以及解答一些针对性问题,包括材料用于体外诊断、治疗、作为组织支架,并作为引导干细胞行为(细胞命运)等等。此外,大量采用新工具表征材料及其与生物系统的相互作用,需要将迄今一直是经验性的活动转化为推理性的。建立科学的共识,例如标准化纳米材料需要的体外和体内试验,将为科学家评估新药提供参照标准。

## 7.5　研发投资与实施策略

　　以上所述的挑战表明,在纳米医药领域需要大量投资;但是,投资回报率将非常可观,例如创造就业岗位,美国在全球经济中的竞争地位,以及在改善人类健康方面,直接与纳米技术相关。小创业公司往往是大步推动产品开发的初始实体大幅提升小公司将努力转化成商业成功的方法之一,将是针对创业公司或大型生物技术以及选择投资他们的制药公司,建立财政奖励系统。另一种方法,将对小创业公司的成功产生更直接的影响,就是增加政府对小型纳米技术公司的资助,以提高他们吸引私有集团投资的能力。

　　下一步,关键是找出并解决在生物医学中的最重大的问题。找出关键的问题不是一个简单的过程。纳米科学的研究往往是做化学家,材料科学家做的事,诸如此类,因为进行纳米技术开发需要基于对纳米结构的新特性认识;然而,他们可能不会集中精力在生物医学中的具体应用上。提高卫生技术人员与制药行业的专家之间的沟通可以提高技术的转化率,例如,在学术界,强调纳米技术发展对于生物医学所有领域的重要性可能是一种直接的方式,促进早期的商业和临床利益。正如证据在不断产生,纳米技术从经验性科学发展为基于准确描述的推断性纳米系统,广泛宣传这一点将会成为当务之急,以避免在研发中的浪费,并更明确的集中发展纳米材料和系统用于为下一代的体外诊断试剂,纳米疗法,造影剂和技术,结合治疗诊断学,操控干细胞的材料和再生型人体组织。

# 7.6　总结与优先领域

　　在过去的十年里,已经在纳米生物系统领域取得实质性进展。目前,基于纳米技术的诊断法,治疗法和造影剂正用于临床患者,同时紧密观察这些药物的优越之处,对比常规技术并观察病人康复情况。此外,纳米材料的开发已有了重大进展,开发出了可以操控干细胞和工程细胞和组织。最后,研究纠结在生物纳米界面,以及如何改变纳米材料和纳米工程化表面以实现特异性和非特异性的生物纳米相互作用。

　　在这些进展的基础,在未来 5～10 年内需要完成大量的工作以更充分地开发纳米生物系统的前景。首先,体外诊断能力,需要加以调整,使之不仅可以检测量微乎其微已知目标生物标志物,也可以识别新的生物标志物对于某个特定的疾病。生物标志物的研究工作可发现多种生物标志物,并且开发出可以进行复和检测的纳米技术。对于疗法方面,需要新方法,使纳米粒子有效地靶向特定的病变细胞和组织。这些纳米结构应该能够携带多功能的货物,实现载药(如小分子或核酸制剂),特异性靶句,组织渗透力以及定位和分子活动机制的成像功能。对于 RNAi 这种特殊情况,绝对需要纳米载药方法以实现这整类治疗性分子的巨大潜力。下一步,需要更充分地研究发展纳米材料的生物纳米界面,以实现引导干细胞行为和组织再生。此外,对生物纳米界面更完整认识是必要,以预测纳米材料在体内的行为,以便更合理地开发诊断,治疗,成像,和治疗诊断学药剂的纳米材料,并预测其毒性。

　　总的来说,在未来十年持续不断地在纳米技术和纳米生物系统领域投资才能实现这些进展。需要新的机制,为研究实验室和小型创业公司提供资金。因为在纳米生物医药的进步很大程度上取决于紧密的合作,汇集个人在纳米材料的合成与表征的,生物学家的,工程师的,医生的专业知识,这种合作应被推行。最后,在过去十年来纳米技术发展的价值,以及其在未来对于生物系统、医药、医疗保健的影响不应低估。

# 7.7　更广泛的社会影响

社会准备从纳米生物技术的发展中获得实实在在的好处。新的纳米技术已经用于临场并使病人受益。未来将出现比以往更智能更先进的纳米技术,能够确定特定疾病的生物标志物谱,以实现疾病的早期发现和监测。纳米疗法将根据病人自身情况量身打造,实现个性化医疗,靶向病变组织,根除疾病而不损害附近的正常细胞和组织。此外,纳米材料是,开发利用干细胞和组织工程的方法,以治疗一些最具毁灭性衰竭性的人类疾病的关键。总体而言,在纳米生物技术研发持续投资,预计将显著改善医疗保健,创造就业机会,促进构建一个新的高新技术产业基地,并带动一个繁荣的新时代。

# 7.8　研究成果与模式转变实例

## 7.8.1　美国国家癌症研究所:纳米技术联盟

癌症

联系人:Piotr Grodzinski,国家卫生研究院/国家癌症研究所

虽然在过去 50 年我们已经在了解癌症发生和蔓延的生物学过程以及机制方面,有了巨大进步,但是癌症治疗即处理的标准制度与 1960 年时在很大程度上是相同的,都是进行手术切除后接着化疗和/或放疗之后再定期拍片检查是否存在复发转移。虽然癌症的诱因及特点存在高度异质性,但是癌症是一种细胞疾病,早期通常局限于特定的组织或器官;但其治疗和处理方法,往往很大范围侵袭性地作用于患者全身,而且整个患者群体采用的是一样的疗法。采用这些效果不佳的疗法的结果,是治疗过程中产生副作用以至于阻碍甚至终止治疗,误报率高的筛查过程以及不必要的费用和痛苦,不仅如此这些方法还无法足够早地检测到最危险最具蔓延性的癌症,以便进行有效干预。采用纳米材料与纳米技术来改善这种情况的效果已被显现出来,使用肿瘤特异性给药的纳米制剂,实现定点治疗并且优化剧毒的化疗药物的治疗指数;使用具有新颖的物理(光学、磁、机械)特性的纳米材料,实现更灵敏的肿瘤标志物的检测以及更可靠更特异的体内成像和癌症检查。将先进的成像技术与传统外科技术相结合以引导手术,可以更成功地切除癌性肿瘤,切除术仍然是多种癌症的最有效疗法。这些新技术已开始使癌症治疗变得更具有靶向性,疗法的伤害性更小,识别并只作用于癌细胞,再加上复合多模式成像和筛查技术,可以准确实时地检测、层化和监测疾病。

实体肿瘤的供养通常依靠一根生长迅速的血管,多孔但缺乏足够的淋巴引流

血管的开口允许纳米材料(50~250 nm)渗出并进入肿瘤,而不足的引流使这些材料在肿瘤中积累。比起小分子药剂,这增强渗透率和积累的效果,导致肿瘤负载更多的大分子量药剂以及纳米粒子。增加了造影剂和治疗药剂肿瘤中的负载,减少了全身分布,减少了药物的脱靶效应以及成像的噪声。纳米粒子的比表面积和封装体积大,可实现多种造影剂和药物的输送。表面附着的肿瘤细胞特异性配体,多肽和抗体,增加了肿瘤细胞最药物的摄取。胞内靶向给药提高了疗效的药物的结果并实现更多种类药物靶向,包括基因沉默 RNA 干扰治疗。早期的证据还表明,为吞作用介导的纳米材料的摄取可以回避肿瘤细胞耐药的主动外排机制。

当纳米载体用于构建已经批准的造影剂和治疗药物的载药系统,正准备用于临床,纳米粒子介导的癌症疗法未来将有两大进展。首先是开发用于治疗和/或诊断的新性能纳米材料。例如,使用外加交变磁场使磁性纳米粒子在癌症部位发热,产生热疗效果并使癌细胞死亡,并利用黄金纳米粒子/棒/球的光热性能检测和杀死癌组织,通过激发荧光以及红外辐射加热。这些物理介导的,局部癌症疗法,降低副作用和肿瘤细胞耐药性。第二个进步是引入功能化纳米系统。这些系统包括,根据肿瘤或血液中检测到的生化信号,释放治疗药物的粒子和设备,同时反馈肿瘤的化学和物理微环境,实现采用一个系统同时进行治疗和监测。例如,一个环境介导聚集的磁性纳米粒子团聚体,药物释放和磁共振造影的控制都取决于聚集状态。在纳米粒子的表面修饰多个报道分子,并将多个纳米粒子加载到同一个设备上,可以实现复合多模式分子成像和信息量更大的监测。这种功能化的分子成象可用于光学活检,当肿瘤在不断分化和生长时。

开发和评价靶向癌症细胞表面、肿瘤血管和微环境导向分子是必要的,以增加上述癌症纳米技术战略的疗效。除了纳米载体性质用一级尺寸的合理设计,对纳米载体的形状谨慎选择,也可使得瘤内以及胞内载运的进一步增强。精心设计的纳米载体可以按时控制药物释放,根据内部环境(如 pH 值,癌症特异性酶或受体)或外部刺激(如辐射,超声波)。在癌症检测,治疗和监测方面的改善,将由在体外检测技术的进展实现。更快速,灵敏的检测将实现新癌症生物标志物的识别和确认,包括肿瘤代谢,生长和休眠以及类型和阶段的预后标志物。许多这些技术将依靠纳米材料的固有的特点和大的比表面积,以提高检测灵敏度。例如,基于磁性纳米粒子的磁阻传感器,基于纳米悬臂共振的分子探测器,以及通过表面功能化实现的信号放大。非蛋白质生物标志物将是开发便宜,可靠的体外分析法必不可少的材料。低成本的肿瘤基因组学和蛋白质组学分析也将成为个体病患制定最佳医护策略的关键。微流控将是实现大部分这些进展的主干技术,尤其是癌症细胞检测策略。

使用纳米技术预防癌症,目前仍是一个不发达领域。化学抗癌纳米制剂目前正在研究中,用来识别高危患者的生物标志物谱。更为重大的研究包括,将上述癌症检测技术引入高危人群护理标准中,甚至结合治疗载药系统,发现疾病后即触发释放。

### 7.8.2　纳米生物技术与合成生物学的视角

联系人:Carl Batt,康奈尔大学

生物技术的历史,可以追溯到远古时代,其中尤为突出的是:发展过程,致病微生物的发现,并在最近几年,有目的改善利用这些微生物。5000 年以前的埃及人不理解面包变啤酒的微生物基础,现代生物技术却可以生产制造稀有的生物分子以治疗复杂疾病。基因工程技术已有目的性地用于改善个别产品单个和多个重要性状,但是,基因工程被宿主环境和宿主细胞内的竞争性代谢活动所限制。未来10 年,纳米技术衍生工具将促使合成生物学领域出现重大进展。

在过去的 50 年,各种纳米技术产品的出现预示着众多生物技术领域的进展。核酸测序和合成的进展已实现了新的应用,这反过来又带动了需求。提高读取和创造核酸序列的速度和精度,并降低其成本(图 7.23),已由通过基于纳米技术的原件实现。

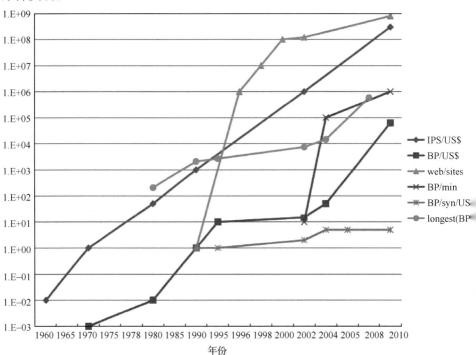

图 7.23　随时间变化,DNA 合成、测序成本、速度和基因合成的发展,与计算能力和网站数量的发展相比。每秒指令数(IPS/美元),碱基对测序(BP/美元),碱基对合成(BP SYN/美元),测序速度(BP/分钟)和反馈最长单个 DNA 序列(最长的 BP)报告数据或从报告数据估算而得[104]

解构复杂的生物系统然后进行重建工作将在某个时刻大量被新办法替换,依靠我们的知识基础和预测结果的能力,创建这些元件无需参照现有系统。从头开始直到完全创建出复杂的生物系统本质上需要合成生物学努力发展。为了实现这一目标,必须加强齐心协力的合作,这将较先前更能推动纳米生物技术领域的发展,当技术更多地被用于认识领域,而不是创造。

DNA 合成和测序的成本降低,与摩尔定律预测的相同,表明需求的力量促进更好的生物技术工具的开发(图 7.24)。DNA 的合成和测序的改善率可能已经超过摩尔定律预测。部分的原因,可能是由于操控核酸能力的加强而导致的速度,成本和最终利益之间的更直接联系。

纳米技术使核酸测序和合成方法产生了显著的进步。在核酸测序领域,纳米尺度电泳平台可以将核酸片段分离分辨率提高到单个碱基对的水平,并通过减少先脱液的干扰以提高灵敏度。纳米技术使得测序技术的发展已经超出了全行业的桑格(链终止)测序法,基于毛细管电泳分离法。例如,在核酸测序已经从一个相对单线的方法发展为大规模并联平台。平行测序法已经由纳米珠和微流控实现,使在同一时间大规模读取 DNA 分子成为可能。

以类似的方式,基于优良的亚磷胺化学法合成核酸同样可以引入纳米技术加以改进;高度可控的固态制剂可以打破目前序列的极限长度,并且降低成本。DNA 合成成本相对性地降低,主要是因为市场以及合理的商业准备、运输和处置成本。然而,最引人注目的突破,是可以合成和组装的 DNA 序列的长度。现在,先进的 DNA 化学合成法,加上方便的组装技术,为构建长链核酸提供了一种手段。

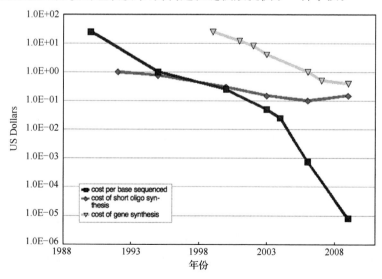

图 7.24 1990~2006 年 DNA 的合成成本降低趋势(来自 R. Carlson,http://www.synthesis.cc)

核酸测序和合成的技术进展,已经创建了一个强大的生物技术和生物系统工程平台,创造出一系列产品。整个微生物领域已被重新构建:据报道,关于支原体已经进行了一个相对简单的第一次测试[105]。在未来十年,能够合成的 DNA 序列将越来越长,并且常规的基因组的构建将始于设计,最后得到一个完整的基因组。虽然基因组合成的进步将不断继续,但是利用基因组创造新的有机体,仍将存在重大的挑战,概述如下。

合成生物学是生物系统的观点从一个全新的设计角度,包含过去 100 年的知识,以建立更好的系统。在未来十年内,整个生物技术领域的需求将推动有用的工具和进展的不断产生,并由纳米技术使其相结合,推动合成生物学这一新兴领域向前发展。

最初自下而上构建病毒的方法已经演变成创建简单的单细胞有机体。纳米技术提供工具和方法,以进一步建造混合生物系统,不单靠天然生物大分子(核酸、蛋白质、脂肪、碳水化合物),而且引入非生物分子,包括半导体材料的自我复制的混合生物系统,不像传统中认为的那种生物材料,已然出现。硅藻和其他类似的生物将硅纳入到蛋白质模板中,创建刚性外部结构。这种生物矿化过程表明,合成生物学,扩展到半导体为基础的结构,可以通过利用硅藻的生物矿化机制,编码出它们的基因组,来人工复制。将更多的材料搭配与生物系统兼容,已经由引入非天然氨基酸体这一项目的发展体现出来[106]。这种扩大的氨基酸谱使更多转译后的化学物质可被利用,进一步提高生物系统的功能频谱。例如,引入带有叠氮基团的氨基酸类似物,可以用来进行后续的"点击"反应[107],最简单的应用是在表面上固定蛋白质,但也可推断出更具体的步骤,以模仿各种转译后改性(糖基化)。因为纳米技术推进和合成生物学,并成为其一个重要组成部分,所以必须克服一些挑战,包括接合各种元素以及确保过程的相容性,特别是处理相对脆弱的生物分子的时候。然而,生物分子那令人惊讶的弹性,以及极端环境下(pH 值、温度、离子强度)生存能力表明可以利用纳米技术工具和方法获得许多生物组分。

在未来面临的最大挑战涉及系统的重新设计,以及准确预测这些合成系统性能的能力。仿生生物系统没有打破潜力和想像力的限制。从重新构建的系统的角度来看,最紧迫的挑战是"启动系统",而核酸是唯一切入点。这些系统已经经过了亿万年的演变,公认的解决方法是由催化核酸分子着手。有一个潜在方法可能以启动系统——纳米技术,设计和制造具有精确定位功能的设备奠定一个基础,正如 RNA 聚合酶转录 DNA 序列,然后核糖体将这些信息转化成蛋白质。关于机械合成法的争议及其最终的可行性和/或实用性将持续下去[108]。

从本质上讲,合成生物学未来将可以在进化史中书写一章,并取代从理论模型得出的自然选择定律。以过去 100 年或以上的观察为基础,这些模型都将被构建和验证,并将仍然有进化成分存在,但这一过程也可能将被几轮计算所取代。

### 7.8.3 使用纳米传感器的范式转换

监测人类健康/行为

联络人:Harry Tibbals,得克萨斯大学西南医学中心

自 2000 年以来,基于先进纳米技术的人体检测传感器有着显著的进步。如十年前计划的那样,除了技术和应用类型的逐步改进,许多的发展已经在方法和途径上产生了范式转换。体内的生物医学纳米传感器在以下几个方面已取得重大进展:物理和生理传感器,成像,生物标志物和诊断,以及集成纳米传感器系统[109]。由于将纳米技术应用于血压、组织压、pH 值、大脑活动电生理监测方法中,生物生理的检测能力在过去十年中有所改善。表 7.2、表 7.3 和图 7.25 给出了自 2000 年以来医药领域中基于纳米技术关键进步的典型例子。

许多研究方向的问题,可以在 2020 年前成功地解决:

· 许多监测人体的医疗技术还处于"概念型"阶段。未来十年将可看到它们发展成应用于医疗设备和系统的原型机,直至临床试验。那些通过安全性和有效性测试的成果将很快出现在医疗实践中。

· 将出现、集传感、通信和治疗于一体的复合系统,实现检测、监控,并根据个体和群体的健康状况变化提供治疗。

**表 7.2 用纳米传感器监测人类健康和行为方式的变化**

| 2000 年以前 | 2000~2010 年 | 2010~2020 年 | 2020~2030 年 | 医学应用 |
|---|---|---|---|---|
| 脉搏-氧饱和度仪<br>表皮、黏附、有线,<br>1~2 cm³ | 黏附,有线通信,<br><1 cm³ | 黏附,可穿戴,<br>无线通信,0.1 cm³ | 可植入,包埋,无线通信,远程遥控,<0.001 cm³ | 心血管疾病,ICU,手术中监控 |
| 加速度测量术<br>表皮、黏附、有线,<br>1~2 cm³ | 黏附,有线通信,<br><1 cm³ | 黏附,可植入,无线通信 | 可植入,包埋,无线通信,远程遥控,<0.001 cm³ | 运用于家庭监控,术后监控,老年病学骨科,神经内科(步态分析),心血管疾病 |
| 压力<br>表皮、黏附、有线,<br>2~4 cm³ | 黏附,有线通信,<br><1 cm³ | 无线植入,<br>0.001 cm³ | 可植入,可吸收,无线通信,远程遥控,<0.001 cm³ | Ob-Gyn(子宫)术中及术后的监测,胃、肠、骨科,假肢及心血管疾病 |
| 潮湿度<br>表皮、黏附、有线,<br>3~4 cm³ | 黏附,有线通信,<br><1 cm³ | 无线/远程光学传感 0.001 cm³ | 可植入,可吸收,无线通信,远程遥控,<0.001 cm³ | Ob-Gyn(子宫),术中及术后监测,胃、肠、骨科,假肢及心血管疾病 |

续表

| 2000 年以前 | 2000～2010 年 | 2010～2020 年 | 2020～2030 年 | 医学应用 |
|---|---|---|---|---|
| 电位(皮肤)<br>表皮,黏附,有线,<br>3～4 cm³ | 黏附,有线通信,<br><1 cm³ | 无线/远程光学传<br>感 0.001 cm³ | 可植入,可吸收,<br>无线通信,远程遥<br>控,<0.001 cm³ | Ob-Gyn(子宫),<br>术中及术后监测,<br>胃,肠,骨科,假肢<br>及心血管疾病 |
| 阻抗(内部):<br>表皮,黏附,有线通<br>信,3～4 cm³ | 黏附,有线通信,<br><2 cm³ | 无线/远程光学传<br>感 0.001 cm³ | 植入,可吸收,无<br>线远程通信,<br><0.001 cm³ | OB-GYN(子宫),<br>术中及<br>术后的监测,<br>胃,肠,<br>泌尿科,骨科,<br>心血管疾病 |
| pH:<br>表皮,黏附,有线通<br>信,3～4 cm³ | 黏附,有线通信,<br><1 cm³ | 无线,可移植,可<br>吸收 0.001 cm³ | 植入,可吸收,无<br>线远程通信,<br><0.001 cm³ | 胃肠道,术中及术<br>后的监测,<br>泌尿科,伤口愈合 |
| 葡萄糖传感器:<br>表皮采样 | 用纳米针阵列以<br>及可植入 MEMS<br>(微机电系统)通<br>过皮肤采样 | 长期可植入微/纳<br>机电及无线监测<br>和反馈系统,以及<br>在通过可穿戴式<br>微型泵进行胰岛<br>素给药中的应用 | 在人造胰腺并/或<br>被包裹的活细胞<br>生物反应器中与<br>纳米传感器相<br>结合 | 糖尿病,内分泌<br>学,免疫学 |
| EMG:脑电磁图<br>表皮,房间大小<br>(量子扰动超导探测<br>器,SQUID) | 表皮,可放入橱柜<br>(量子扰动超导探<br>测器,SQUID) | 可黏附,无线,<br>1000 cm³ | 可穿戴,无线<<br>1000 cm³ NEMS<br>(纳机电系统) | 神经病学,神经外<br>科(通过脑磁<br>感应)修补<br>(脑部界面) |
| 荧光标记,用于生物<br>标记的纳米点<br>表皮(用于细胞培养<br>及实验室样品制作) | 体内:可注射(通<br>过光谱探针探测,<br>内窥镜)(癌症) | 体内:可注射(通<br>过无线光谱探针)<br>(其他疾病) | 体内,可吸收<br>可注射,可吸收<br>(通过无线光谱探<br>针,基于皮肤监测<br>的表面红外)(大<br>量的诊断方式) | 癌症,感染性疾<br>病,炎症,退化,基<br>因疾病 |
| 超声和光声增强纳<br>米粒子<br>表面(用于细胞培养<br>及实验室样品制作) | 体内:可注射,(通<br>过光纤探针探测,<br>内窥镜)(癌症) | 体内:可注射(通<br>过无线光谱探针)<br>(其他疾病) | 体内,可吸收<br>可注射,可吸收<br>(通过无线光谱探<br>针,基于皮肤监测<br>的表面红外)(大<br>量的诊断方式) | 癌症,感染性疾<br>病,炎症,退化,基<br>因疾病 |

续表

| 2000 年以前 | 2000~2010 年 | 2010~2020 年 | 2020~2030 年 | 医学应用 |
|---|---|---|---|---|
| 傅里叶变换红外(FTIR)光谱和拉曼(Raman)光谱表面(用于细胞培养及实验室样品制作) | 表面(单细胞检测) | 用于体内单细胞无线检测的可黏附,可植入 MEMS | 可黏附,可植入,可注射,可吸收 NMS 并用于体内单细胞分辨率的筛选机监测 | 癌症,感染性疾病,炎症,退化,基因疾病 |
| 质谱(MS)表面(细胞培养,提取以及样品制作) | 单分子检测质谱,表面,实验室(概念的实验证明) | 可插入及可黏附、用于监测单分子的质谱 | 可植入等 | 癌症,感染性疾病,炎症,退化,基因疾病 |
| 纳米传感器在组织支架中的应用概念 | 对于干细胞和自体细胞生长的实验指导 | 验证概念,初期原型,临床实验,批准使用 | 应用于医疗实践下一代活细胞组织支架 | 外科,神经,脑部及骨骼的再生,关节和软骨,心脏,烧伤和创伤 |
| 纳米传感器在感觉神经再生中的应用概念,无线操作 | 通过纳米传感器改进的人工视网膜和人工耳蜗移植的实验原型 | 尺寸及能量需求上的减小,通过纳米发电机来获得能量 | 对传感器界面的表面纳米工程,用来提高生物相容性,延长寿命。活细胞集成 | 视觉,听觉 |
| 集成纳米器件用于靶向治疗概念,在治疗诊断中用于载药和射频治疗靶向的纳米颗粒 | 发展处一些特定靶向的纳米颗粒,并用于成像,热、辐射治疗以及药物递送 | 根据个人基因型和显型定制靶向纳米疗法的平台 | 植入、集成的纳米系统用于监测以及反馈病理状况 | 感染性疾病,癌症,退化性疾病,慢性代谢疾病,创伤,应力引发疾病 |

**表 7.3 用于人体测量的医学纳米技术进展**

| 技术 | 应用领域 | 定性/定量进展 | 发展进程 | | | | |
|---|---|---|---|---|---|---|---|
| | | | 概念验证 | 原型 | 预临床 | 临床试验 | 应用 |
| MEMS 压力监测 | 血压,动脉内部(心血管MEMS) | 无线,少量侵入,连续,3 倍信号放大 | 2001 | 2002 | 2003 | 2005 | 2006 |
| MEMS 用于胃和食管癌监测 | 胃酸返流,早期癌症:pH值,阻抗 | 无线,少量侵入,5 倍信号放大 | Bravo:2002 UTA:2004 | Bravo:2003 UTA:2005 | Bravo:2003 UTA:2007 | Bravo:2005 | Bravo:2007 |
| MEG:MEMS 和脑电磁图 | 脑部监控,修补 | 少量侵入,敏感度为 100 至1000 倍 | NIST,Bell Labs:2003~2004 | 2005 | 2006~2007 | 2004~2009 | 2005~ |

续表

| 技术 | 应用领域 | 定性/定量进展 | 发展进程 | | | | |
|------|---------|--------------|---------|------|-------|---------|------|
| | | | 概念验证 | 原型 | 预临床 | 临床试验 | 应用 |
| 金纳米点和纳米棒 | 诊断学成像:X 射线及超声增强 | 敏感度为 1000 倍 | 2000～2005 | 2003～2006 | 2004～2008 | | |
| 硅,陶瓷染料掺杂 | 体内探测生物标记物 | 有选择性,稳定,敏感度为 100～1000 | 2001～2005 | 2003～2006 | 2005～2008 | | |
| 用于核磁共振(MRI)的纳米功能颗粒 | 造影剂增强核磁造影 | 造影增强,50 倍 | 2005～2006 | 2006～2007 | 2007～2009 | | |
| 用于表面拉曼增强的纳米结构 | 检测在皮肤、组织、呼吸、体液中的生物标记物 | 检测敏感度增强 $10^{14}$～$10^{15}$ | 2000～2005 | 2003～2006 | 2005～2009 | | |
| 基于硅纳米线,碳纳米管,生物场效应管的无标记纳米工程微流控芯片 | 检测 DNA,蛋白质,生物标记物,用于癌症早期诊断,退行性疾病,个体化医疗 | 检测时间降低 100 倍,检测花费降低 20 倍,器件花费降低 100 倍 | 2001～2005 | 2004～2007 | 2006～2008 | 2009～2010 | 2010 |
| 用于 DNA 测序的纳米技术 | 个体化医疗,靶向治疗 | 每 40min 检测 4 亿碱基对,检测整个人类基因组只需 15min(2013 年),遵循摩尔定律:每 18 个月处理能力翻番 | 2000 | 2001～2005 | 2005～2009 | 2005～2009 | 2009～2010 |
| 无线通信的可穿戴/可植入医学传感器 | 监测术后治疗,疾病预防,健康维持,远程检查和疾病处置(如糖尿病和心血管疾病) | 遵循摩尔定律 | 2002～2005 | 2003～2006 | 2005～2009 | 2007～2010 | 2010 |

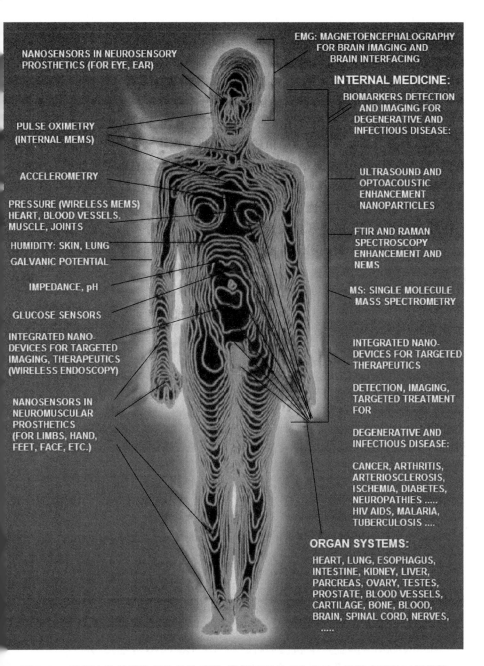

图 7.25　监测人体健康和行为的传感器;详情见表 7.2 和表 7.3 以及应用的时间框架

（从 http://www.csm.ornl.gov/SC98/viz/viz4.html 改编）

· 几种智能集成的纳米传感器和纳米材料的新领域,未来的发展潜力特别令人兴奋,因为可使由大脑和神经、心血管缺血、退行性疾病而受到损伤组织再生,如阿尔茨海默病和 ALS(肌萎缩性侧索硬化)。一个是将蛋白纳米科技用于细胞的表观遗传重构。细胞级的纳米技术将用于:利用一个人的自体的成熟细胞创造出干细胞,消除免疫排斥反应,胚胎干细胞,用于医疗的细胞基因工程。相对于目前通过构建的纳米组织工程支架以及植入干细胞生长,智能纳米植入技术将被应用到引导细胞生长,分化和迁移中;这对于推动干细胞疗法发展非常重要。

• 在未来十年内另一个领域也将发展起来,增加精密纳米传感器的使用,以指导手术和医疗干预,如组织移植,包括在手术室植入活组织支架。这些定制的植入物将可以实时产生,根据传感器对组织损伤、免疫情况、DNA 匹配情况的判定,通过载有纳米工程的快速成型系统三维组织,组装成植入物,使之载有生物大分子和细胞,并使其以适合的形状,大小的和结构满足一个正在发生的特定手术。

• 另一个领域是低成本耐用智能植入式纳米传感器,用于预警早期的健康问题,监测治疗进展,采用纳米活化或化学药物的体内治疗,自动响应嵌入式控制系统,或根据医疗服务提供者的命令远程监护患者。这些将越来越多地被医疗服务提供者以及协同和咨询护理单位,用于远程检查和评价患者的状况[109]。

• 基于纳米技术的生物传感器正飞速发展,有助于产生出更有效更低成本的卫生保健法。这些方法可以解决经济,人口,环境和流行病学方面的挑战。生物医学纳米传感器,是一个潜在的颠覆性技术力量,将重整医疗改革的工具模式和运转模式,将是满足不断变化的医疗保健需求的战略方针。是否能克服这一挑战,将取决于是否持续致力于基础研究和发展,以及进一步将已验证的新技术能力发展到实际医疗应用中去。

# 7.9　来自海外实地考察的国际视角

## 7.9.1　美国-欧盟研讨会(德国汉堡)

小组成员/参加讨论人员

Chrit Moonen(共同主持),国家科学研究中心/波尔多第二大学,法国

Andre Nel(共同主持),加州大学洛杉矶分校,美国

Costas Kiparissides,塞萨洛尼基亚里士多德大学,希腊

Simone Sprio,陶瓷科学和技术研究所(ISTEC-CNR),意大利

Günter Gauglitz,蒂宾根大学,德国

Milos Nesladek,哈瑟尔特大学,比利时

Peter Dobson,牛津大学,英国

Wolfgang Kreyling,亥姆霍兹慕尼黑中心,德国

投稿人:Chad Mirkin,西北大学;C. Shad Thaxton,西北大学

本摘要这在很大程度上由 Chad Mirkin,Andre Nel 和 C. Shad Thaxton 总结概括而得,于 2010 年 3 月 9~10 日在美国伊利诺伊州举行的研讨会上。该工作组在汉堡会议上,关于纳米生物系统,医学和健康主题的讨论与埃文斯顿会议的结果高度一致(下面第一部分)。在汉堡会议讨论聚焦于监管工作的重要性。这总结在了第二部分。

### 1. 第一部分:埃文斯顿的会议摘要

纳米结构目前正用于强大工具的开发,以操控和研究细胞系统;超灵敏的体外诊断可以发现疾病的非常早期阶段的迹象;体内造影剂,相较于分子系统提供更好的对比度以及更有效的靶向;衰竭性疾病,如癌症、心脏疾病、再生医学的新型疗法。这些进展将加强科学家和临床医生的能力,以非常深刻和有意义的方式改变人民的生活。而纳米生物系统科学和工程是纳米技术中最令人兴奋的,具有挑战性和迅速增长的方向之一,在生物医药和医疗服务方面,社会仍然面临着严峻的挑战。在未来十年内需要攻克的重大挑战包括:

· 验证疾病,如癌症、心血管疾病、糖尿病、衰老、组织/器官再生过程中的分子和细胞起源;

· 通过新生物标志物的识别,诊断工具包和先进的成像技术,实现健康监测和疾病的早期发现;

· 建立再生医学,生物相容性假肢,干细胞工程的学科基地;

· 发展定量研究生物纳米系统和亚细胞成分同步工作过程的方法,建立纳米级的系统生物学;

· 开发新设备或系统,实现靶向按需给药以及成像组件;

· 加强对纳米科技在生物医学界宗旨的理解,可能加速新技术从实验室转化到临床;

· 实现快速、高效、划算的个性化医疗和定点照护(POC)的医疗服务。

为了通过生物医学纳米技术的逐步发展来应对这些挑战,重大的投资对于生物医学纳米技术的研究,旨在商业化纳米技术的小企业,所有级别的科学和数学教育,都势在必行。此外,监管制度需要改变,保证更快速地评估新技术,使其早日获批,使受过培训的医疗服务提供者可以将之安全用于患者。依靠重大投资和重点合作,纳米医学以惊人的速度向前发展。因此,一些范式转变正在成为现实,其中包括,通过早期诊断和治疗从整体角度攻克癌症,以及个性化医疗和癌症预防。纳米技术对于生物医学的整体影响将是多方面的,包括先进的筛查,诊断和分期,个性化治疗和监测,以及后续工作。快速成功取决于重点合作,未来的投资,以及对纳米医药的现实和前景的广泛宣传。

2. 第二部分：纳米医药和纳米生物系统发展的监管

显而易见地，监管问题对于技术的临床转化、卫生保健纳米技术以及公司的创立都有很大的影响。有必要加强欧美合作，在关于监管机构的重要问题方面，如重复性、优良的制造工艺、生物分布、毒性、免疫原性等。医疗纳米技术工作的科学家应在早期加入监管机构。一个主要目标是建立一个精简、高效、监管途径。第二个目标是整合科研经费的筹资方法，以支持监管部门批准。第三个目标是要解决资金缺口"从科学到市场"，鉴于监管问题。

### 7.9.2　美国-日本-韩国-中国台湾研讨会（日本东京/筑波大学）

小组成员/参加讨论人员

Kazunori Kataoka（共同主持），日本东京大学

Chad A. Mirkin（共同主持），西北大学，美国

Andre Nel，美国加州大学洛杉矶分校，美国

Yoshinobu Baba，名古屋大学，日本

Chi-Hung Lin，阳明大学，台湾

Teruo Okano，东京女子大学，日本

Joon Won Park，浦项科学技术大学，韩国

Yuji Miyahara，国家材料科学研究所（NIMS），日本

1. 过去十年纳米技术的变化

纳米技术明确地加快了科学领域的整合，从而加快打破经典学科之间的界限最终，建立新的跨学科纳米技术科学，及其相关的被称为"纳米生物技术"的生物学分支。

从过去十年来，对于新兴纳米生物技术的愿景已逐渐侧重于纳米医学的建立包括载药系统，再生医学，分子成像，诊断设备。依靠传感，处理，以及手术模式等方面的突破，纳米医学可实现微创或无创诊断和靶向治疗，如图 7.26 所示。

此外，有重要的研究，旨在于将上述功能融入单个平台中，生成诊断治疗纳米生物设备（纳米诊断治疗）。

2. 纳米生物技术在未来十年愿景

在小组讨论中特别地提出五个具体议题，描绘了未来十年纳米生物技术领域的愿景：

- 超灵敏，高特异性，微创，可靠（强大）的检测技术，用于诊断，预后和预防；
- 多功能纳米生物设备，使诊断和治疗一体化；

·加快基于纳米生物技术的方法和设备的转化,用于临床定点照护;

·纳米生理学的创新:通过使用多功能纳米器件,在手术时进行活体的纳米级监测;

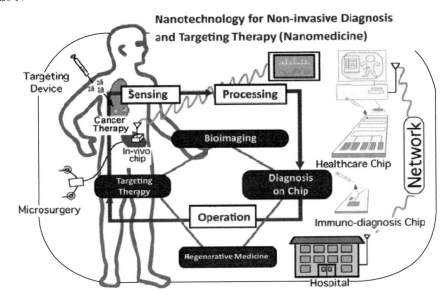

图 7.26　纳米技术在医学领域的愿景(来自于东京大学的 Center for NanoBio Integration,
http://park. itc. u-tokyo. ac. jp/CNBI/e/index. html)

·纳米生物技术的应用,要确保纳米加工过程是环保的,以及有害化学品和有害生物的监测和检测。

3. 过去的十年,纳米生物技术对主要科学/工程发展和技术影响

小组选择了以下几个,在过去的十年,纳米生物技术领域最具影响力的重大进展:

·纳米载体系统的开发,用于以 EPR 效应为前提的癌症化疗,产生了新疗法,不但经济且具有更高的疗效和更低的副作用。

·细胞层片组织工程,用于组织的修复和再生,已被引入心脏衰竭及角膜疾病的治疗,并且具有食管上皮癌手术后组织修复的潜在应用可能。在这三个领域中,组织工程细胞层片疗法已经开始用于治疗人类患者。

·综合自下而上和自上而下的纳米技术,发展出超灵敏和高度特异性的生物检测系统,在蛋白质生物标志物检测及临床诊断方面产生了重大影响。

**4. 为未来 5～10 年的目标:机遇、障碍及解决方案**

该小组讨论以下七个目标的机遇、障碍和解决方案。

目标 1:发展多功能纳米生物器件以实现单一平台的生物成像和靶向治疗(诊断治疗纳米器件)。

障碍:胞吞转运作用引起的高外渗潜力是纳米载体发展的一个重大的挑战。这可能使探针和药物通过血脑屏障,从而开创纳米技术诊断和治疗法,用于顽固性脑部疾病,包括阿尔茨海默症和帕金森症。

解决方案:在噬菌体展示技术的最新进展,强调使用多种肽序列,以促进血管内皮细胞的胞吞转运作用的潜力。将这些肽耦合或结合在纳米载体上,以穿过血脑屏障,是一种很有前景的方法。

目标 2:超灵敏,特异性高,微创和可靠的(强劲)复合检测技术。

这将使诊断具有在疾病最初出现的时候就发现它的能力,例如,单个的病变细胞或分子水平的病理生理过程。这种方法将实现癌症的早期检测。

障碍:开发具有 PCR 技术灵敏度,但没有复杂的系统。该系统应可检测多种分析物,包括核酸,蛋白质,小分子,金属离子,并能够复合使用,且适用于定点照护。

解决方案:条码技术,微流控芯片诊断技术。这需要医疗技术和纳米技术部门之间的密切合作。证实这种方法的效用是重要的,作为重大疾病靶向的关键性突破,以证实智能纳米感测装置的临床效用。

目标 3:基于纳米技术的远程疾病监测,以实现在线检测和信息传递。

障碍:相对短缺的医护人员,定点照护在医疗条件匮乏的农村社区的普及。安全和监管问题。

解决方案:便携式纳米传感设备。建立监管政策,并在政府监管机构内培训技术人员。

目标 4:构建,用于器官修复和替代,具有促进组织再生的结构的细胞层片。

障碍:缺乏器官捐赠者以及现成可用的组织和器官的资源。

解决方案:使用纳米架构、合成成形素、仿生细胞外基质,引导细胞生长和组织和器官的重建。档案保护。

目标 5:生物纳米结构(例如,核酸、蛋白质等)于生物电子学和环保的纳米加工工艺的应用。

障碍:为制造和集成制定可行的战略。

解决方案:将无机材料与生物结构相结合研究。为整个系统的构建制定设计规则。

目标 6:单细胞介入和诊断,包括干细胞生长和分化以及细胞水平的基因组学和蛋白质组学。

障碍:灵敏度,转染,对于这种技术的需求的实例有限。

解决方案:开发具有高灵敏度的纳米生物工具,更多实例以及应用。

目标 7:干细胞分化和特异性递送设备,实现高效递送,并作为可扩展的模板,例如纳米结构的表面。

障碍:了解引导细胞分化的化学和物理刺激,了解信号通路。

解决方案:纳米结构界面,3D 纳米结构,以及成形素的合成。

### 5. 研发投资和实施策略

实施一个促进跨学科研究的战略,通过建立配备尖端仪器和动物实验室的“纳米生物”开放式创新中心。特别是研发性投资建立纳米医疗中心,在医学院和医院,使基于纳米技术的治疗,诊断,设备和系统发展至临床。

### 6. 对未来纳米科学研究和教育,新出现的议题和优先事项

该小组达成的共识,应优先加强通过纳米技术在单分子和细胞水平研究对“生命”的认识。这项技术也应适用于在体内纳米生物器件,具有结合分子自组装和纳米加工工艺制得的智能功能。这些纳米器件也将有助于构建新的科学领域,“纳米生理学”和纳米系统生物学,可用于研究纳米生物学的治疗诊断学方法。

### 7. 纳米技术的研发对社会的影响

在纳米医学方面取得重大进展,可以让我们在早期治愈癌症,而后延长人类长寿。将纳米和信息技术相结合,使诊断和治疗,不论病患的年龄,财富,地位和国家贡献,都享受到高品质的生活,为不断提高人类福利。此外,了解单个细胞的行为,加深了我们对地球上生命的理解,有可能促使与生物圈相关的整个领域,包括保健学和医疗实践,产生范式转变。

### 7.9.3　美国-澳大利亚-中国-印度-沙特阿拉伯-新加坡研讨会(新加坡)

小组成员/参加讨论

Yi Yan Yang(共同主持),新加坡生物工程和纳米技术研究所

Chad Mirkin(共同主持),西北大学,美国

在以下几个方面中,该研究小组将会在广泛的范围内回答和健康以及纳米生物技术相关的问题,他们主要着眼于未来的发展方向。

### 1. 纳米技术的前景在过去十年内发生了什么变化?

从概念到实现(诊断,体内成像和治疗)——FDA 批准该系统以及人类首次纳米药物试验:

- 纳米治疗技术成为一个新的给药平台;
- 从单一组分过渡到更先进的多功能系统。

2. 该领域未来的发展方向?

- 对生物体系统进行成像,其空间分辨率和时间尺度分别达到分子水平以及化学反应和生物过程水平;
- 非侵入性病理学探究;
- 生物药物(多肽,蛋白质,核酸)和细胞输送系统;
- 克服和预防耐药;
- 预防,减轻或消除转移癌症;
- 对完整的膜蛋白进行原子水平分辨率的成像,以确定药物靶点;
- 普及,实现真正的定点照护分子诊断系统。

3. 过去十年内产生了哪些主要的科学/技术进步以及影响?

- FDA 批准纳米诊断系统;
- 首次 siRNA 纳米载药系统的人体试验;
- 通过更好的工具以及纳米粒子造影剂的协助,实现了生物体内成像分辨率的显著提高。

4. 未来 5～10 年的目标:机遇,困难,解决方案?

- 对生物体进行分子水平分辨率的成像,其时间尺度在化学反应和生物过程水平
- 障碍:分辨率,背景和时间尺度。
- 解决方案:财政支持,理解背景的作用,探针灵敏度,不同成像方式的结合克服计算和建模的不足。
- 非侵入性病理学探究。
- 障碍:缺乏足够的工具和生物标记数据库。
- 解决方案:体外分子诊断和体内成像工具的配套,并结合积极的方法来确定和调整分子和结构标记物,并用于特定的病理学和病理生理学过程。具有增强的灵敏度并对某一疾病有特异性的新型纳米造影剂。解决样品统计问题。
- 生物药物(多肽,蛋白质,核酸)和细胞输送系统。
- 障碍:药物和细胞不稳定,环境相容性,有效克服抗药性的靶向方案。
- 解决方案:通过纳米材料包裹,固定,运送并在疾病位点释放治疗药物。
- 克服和预防耐药。
- 屏障:药物和细胞不稳定,环境不相容。

－解决方案:纳米级药物/基因双调控系统,绕过耐药机制的"隐形"递送和进入位点。同时多药物和辅助药物的递送。

· 预防,减轻或消除转移癌

－障碍:对于癌症转移途径缺乏了解,无法对其进行有效干预。转移性疾病的未知性质。

－解决方案:传递生物信号,在转移癌细胞的萌芽阶段进行阻止。纳米颗粒递送系统。包裹转移细胞。

· 对于膜蛋白的原子水平成像,以确定药物的靶向位点

－障碍:缺乏完整膜蛋白的成核和结晶现象的理解。在膜环境中的跟踪膜蛋白的构象变化。

－解决方案:更好的 EM 和相关的高分辨率成像方法,细胞膜结构和动力学仿生的两亲性纳米结构。

· 普及,实现真正的定点照护分子诊断系统。

－障碍:提高灵敏度和特异性,分子结构和功能成像,治疗反应的分子水平检测,非侵入性的成像和微创成像,自动化(样品制备,成像和识别),单细胞的分子成像和断层扫描,单细胞分子提取,同一个细胞中多分析物的提取(DNA,RNA,蛋白质,代谢物)。

－解决方案:多路复用的多功能纳米平台。

5. 纳米技术研发对社会的影响

· 转型;
· 经济建设;
· 提高生活质量;
· 解决如个性化医疗,食品安全,气候变化,水安全和可持续发展等全球性挑战。

## 参 考 文 献

[1] A. E. Nel, L. Madler, D. Velegol, T. Xia, E. M. V. Hoek, P. Somasundaran, F. Klaessig, V. Castranova, M. Thompson, Understanding biophysicochemical interactions at the nanobio interface. Nat. Mater. **8**(7), 543-557(2009). doi:10. 1038/nmat2442

[2] European Science Foundation(ESF), *Nanomedicine: An ESF-European Medical Research Council Forward Look Report*(ESF, Strasbourg, France, 2005), Available online: http://www. esf. org/publications/forward-looks. html

[3] A. Nel, T. Xia, L. Madler, N. Li, Toxic potential of materials at the nanolevel. Science **311**(5761), 622-627(2006). doi:10. 1126/science. 1114397

[4] P. Grodzinski, M. Silver, L. K. Molnar, Nanotechnology for cancer diagnostics: promises and challenges. Expert Rev. Mol. Diagn. **6**(3), 307-318(2006)

[5] F. Alexis, E. M. Pridgen, R. Langer, O. C. Farokhzad, Nanoparticle technologies for cancer therapy. Handb. Exp. Pharmacol. **197**, 55-86(2010)

[6] S. X. Tang, J. Zhao, J. J. Storhoff, P. J. Norris, R. F. Little, R. Yarchoan, S. L. Stramer, T. Patno, M. Domanus, A. Dhar, C. Mirkin, I. K. Hewlett, Nanoparticle-based biobarcode amplification assay(BCA)for sensitive and early detection of human immunodeficiency type 1 capsid(p24)antigen. J. Acquir. Immune Defic. Syndr. **46**(2), 231-237(2007). doi: 10. 1097/QAI. 0b013e31814a554b

[7] M. E. Davis, J. E. Zuckerman, C. H. Choi, D. Seligson, A. Tolcher, C. A. Alabi, Y. Yen, J. D. Heidel, A. Ribas, Evidence of RNAi in humans from systemically administered siRNA via targeted nanoparticles. Nature **464**(7291), 1067-1070(2010). doi: 10. 1038/nature08956

[8] A. E. Prigodich, D. S. Seferos, M. D. Massich, D. A. Giljohann, B. C. Lane, C. A. Mirkin, Nano-flares for mRNA regulation and detection. ACS Nano **3**(8), 2147-2152(2009). doi: 10. 1021/nn9003814

[9] D. S. Seferos, D. A. Giljohann, H. D. Hill, A. E. Prigodich, C. A. Mirkin, Nano-flares: probes for transfection and mRNA detection in living cells. J. Am. Chem. Soc. **129**(50), 15477-15479(2007). doi: 10. 1021/ja0776529

[10] D. Zheng, D. S. Seferos, D. A. Giljohann, P. C. Patel, C. A. Mirkin, Aptamer nano-flares for molecular detection in living cells. Nano Lett. **9**(9), 3258-3261(2009). doi: 10. 1021/nl901517b

[11] A. De la Zerda, C. Zavaleta, S. Keren, S. Vaithilingham, S. Bodapati, Z. liu, J. Levi, B. R. Smith, T. Ma, O. Oralkan, Z. Cheng, X. Chen, H. Dai, B. T. Kuri-Yakub, S. S. Gambhir, Carbon nanotubes as photoacoustic molecular imaging agents in living mice. Nat. Nanotechnol. **3**(9), 557-562(2008). doi: 10. 1038/nnano. 2008. 231

[12] S. Keren, C. Zavaleta, Z. Cheng, A. de la Zerda, O. Gheysens, S. S. Gambhir, Noninvasive molecular imaging of small living subjects using Raman spectroscopy. Proc. Natl. Acad. Sci. U. S. A. **105**(15), 5844-5849(2008). doi: 10. 1073/pnas. 0710575105

[13] J. L. Major, T. J. Meade, Bioresponsive, cell-penetrating, and multimeric MR contrast agents. Acc. Chem. Res. **42**(7), 893-903(2009). doi: 10. 1021/ar800245h

[14] Y. Song, X. Xu, K. W. MacRenaris, X. Q. Zhang, C. A. Mirkin, T. J. Meade, Multimodal gadolinium-enriched DNA-gold nanoparticle conjugates for cellular imaging. Angew. Chem. Int. Ed Engl. **48**(48), 9143-9147(2009)

[15] C. Zavaleta, A. de la Zerda, Z. Liu, S. Keren, Z. Cheng, M. Schipper, X. Chen, H. Dai, S. S. Gambhir, Noninvasive Raman spectroscopy in living mice for evaluation of tumor targeting with carbon nanotubes. Nano Lett. **8**(9), 2800-805(2008). Available online: http://www. adelazerda. com/NanoLetters_08. pdf

[16] S. George, S. Pokhrel, T. Xia, B. Gilbert, Z. Ji, M. Schowalter, A. Rosenauer, R. Damoiseaux, K. A. Bradley, L. Madler, A. E. Nel, Use of a rapid cytotoxicity screening approach to engineer a safer zinc oxide nanoparticle through iron doping. ACS Nano **4**(1), 15-29(2010)

[17] M. Liong, J. Lu, M. Kovochich, T. Xia, S. G. Ruehm, A. E. Nel, F. Tamanoi, J. I. Zink, Multifunctional inorganic nanoparticles for imaging, targeting, and drug delivery. ACS Nano **2**(5), 889-896(2008). doi: 10. 1021/nn800072t

[18] J. Lu, M. Liong, S. Sherman, T. Xia, M. Kovochich, A. Nel, J. Zink, F. Tamanoi, Mesoporous silica nanoparticles for cancer therapy: energy-dependent cellular uptake and delivery of paclitaxel to cancer cells. Nanobiotechnology **3**(3), 89-95(2007). doi: 10. 1007/s12030-008-9003-3

[19] J. Lu, M. Liong, Z. Li, J. I. Zink, F. Tamanoi, Biocompatability, biodistribution, and drugdelivery efficiency of mesoporous silica nanoparticles for cancer therapy in animals. Small **6**(16), 1794-1805(2010)

[20] H. Meng, M. Liong, T. Xia, Z. Li, Z. Ji, J. I. Link, A. E. Nel, Engineered design of mesoporous silica nano-particles to deliver doxorubicin and Pgp siRNA to overcome drug resistance in a cancer cell line. ACS Nano **4**(8), 4539-4550(2010). doi: 10. 1021/nn100690m

[21] H. Meng, M. Xie, T. Xia, Y. Zhao, F. Tamanoi, J. F. Stoddart, J. I. Zink, A. Nel, Autonomous *in vitro* anticancer drug release from mesoporous silica nanoparticles by pH-sensitive nanovalves. J. Am. Chem. Soc. **132**(36), 12690-12697(2010). doi: 10. 1021/ja104501a

[22] T. Xia, M. Kovochich, M. Liong, H. Meng, S. Kabahie, S. george, J. I. Zink, A. Nel, Polyethyleneimine coating enhances the cellular uptake of mesoporous silica nanoparticles and allows safe delivery of siRNA and DNA constructs. ACS Nano **3**(10), 3273-3286(2009)

[23] D. G. Georganopoulou, L. Chang, J. W. Nam, C. S. Thaxton, E. J. Mufson, W. L. Klein, C. A. Mirkin, Nanoparticle-based detection in cerebral spinal fluid of a soluble pathogenic biomarker for Alzheimer's disease. Proc. Natl. Acad. Sci. U. S. A. **102**(7), 2273-2276(2004). doi: 10. 1073/pnas. 0409336102

[24] C. A. Mirkin, C. S. Thaxton, N. L. Rosi, Nanostructures in biodefense and molecular diagnostics. Expert Rev. Mol. Diagn. **4**(6), 749-751(2004)

[25] J. M. Nam, S. I. Stoeva, C. A. Mirkin, Bio-bar-code-based DNA detection with PCR-like sensitivity. J. Am. Chem. Soc. **126**(19), 5932-5933(2004). doi: 10. 1021/ja049384+

[26] J. M. Nam, C. S. Thaxton, C. A. Mirkin, Nanoparticle-based bio-bar codes for the ultrasensitive detection of proteins. Science **301**(5641), 1884-1886(2003). doi: 10. 1126/science. 1088755

[27] S. I. Stoeva, J. S. Lee, C. S. Thaxton, C. A. Mirkin, Multiplexed DNA detection with biobarcoded nanop-article probes. Angew. Chem. Int. Ed Engl. **45**(20), 3303-3306(2006). doi: 10. 1002/anie. 200600124

[28] C. S. Thaxton, H. D. Hill, D. G. Georganopoulou, S. I. Stoeva, C. A. Mirkin, A bio-bar-code assay based upon dithiothreitol-induced oligonucleotide release. Anal. Chem. **77**(24), 8174-8178(2005)

[29] C. S. Thaxton, N. L. Rosi, C. A. Mirkin, Optically and chemically encoded nanoparticle materials for DNA and protein detection. MRS Bull. **30**(5), 376-380(2005)

[30] D. Kim, W. L. Daniel, C. A. Mirkin, Microarray-based multiplexed scanometric immunoassay for protein cancer markers using gold nanoparticle probes. Anal. Chem. **81** (21), 9183-9187 (2009). doi: 10. 1021/ac9018389

[31] T. A. Taton, C. A. Mirkin, R. L. Letsinger, Scanometric DNA array detection with nanoparticle probes. Science **289**(5485), 1757-1760(2000). doi: 10. 1126/science. 289. 5485. 1757

[32] C. R. Pound, A. W. Partin, M. A. Eisenberger, D. W. Chan, J. D. Pearson, P. C. Walsh, Natural history of progression after PSA elevation following radical prostatectomy. JAMA **281**(17), 1591-1597(1999)

[33] G. L. Andriole, R. L. Grubb III, S. S. Buys, D. Chia, T. R. Church, M. N. Fouad, E. P. Gelmann, P. A. Kvale, D. J. Reding, J. L. Weissfeld, L. A. Yokochi, E. D. Crawford, B. O'Brien, J. D. Clapp, J. M. Rath-mell, T. L. Riley, R. B. Hayes, B. S. Kramer, G. Izmirlian, A. B. Miller, P. F. Pinsky, P. C. Prorok, J. K. Gohagan, C. D. Berg, Mortality results from a randomized prostate-cancer screening trial. N. Engl. J. Med. **360**(13), 1310-1319(2009)

[34] F. H. Schroder, J. Hugosson, M. J. Roobol, T. L. J. Tammela, S. Ciatto, V. Nelen, M. Kwiatkowski, M. Lujan, H. Lilja, M. Zappa, L. J. Denis, F. Recker, A. Berenguer, L. Määttänen, C. H. Bangma, G. Aus, A. Villers, X. Rebillard, T. van der Kwast, B. G. Blijenberg, S. M. Moss, H. J. de Koning, A. Auvinen, ER-SPC Investigators, Screening and prostate-cancer mortality in a randomized European study. N. Engl. J. Med. **360**(13), 1320-1328(2009)

[35] W. J. Catalona, D. S. Smith, 5-year tumor recurrence rates after anatomical radical retropubic prostatec-

tomy for prostate cancer. J. Urol. **152**(5),1837-1842(1994)

[36] T. L. Jang,M. Han,K. A. Roehl,S. A. Hawkins,W. J. Catalona,More favorable tumor features andprogression-free survival rates in a longitudinal prostate cancer screening study:PSA era and threshold-specific effects. Urology **67**(2),343-348(2006). doi:10. 1016/j. urology. 2005. 08. 048

[37] J. G. Trapasso,J. B. deKernion,R. B. Smith,F. Dorey,The incidence and significance of detectable levels of serum prostate specific antigen after radical prostatectomy. J. Urol. **152**(5),1821-1825(1994)

[38] B. J. Trock,M. Han,S. J. Freedland,E. B. Humphreys,T. L. DeWeese,A. W. Partin,P. C. Walsh,Prostate cancer-specific survival following salvage radiotherapy vs observation in men with biochemical recurrence after radical prostatectomy. JAMA **299**(23),2760-2769(2008)

[39] H. Yu,E. P. Diamandis,A. F. Prestigiacomo,T. A. Stamey,Ultrasensitive assay of prostatespecific antigen used for early detection of prostate cancer relapse and estimation of tumordoubling time after radical prostatectomy. Clin. Chem. **41**(3),430-434(1995)

[40] C. S. Thaxton,R. Elghanian,A. D. Thomas,S. I. Stoeva,J. S. Lee,N. D. Smith,A. J. Schaeffer,H. Klocker,W. Horninger,G. Bartsch,C. A. Mirkin,Nanoparticle-based bio-barcode assay redefines "undetectable" PSA and biochemical recurrence after radical prostatectomy. Proc. Natl. Acad. Sci. U. S. A. **106**(44),18437-18442(2009). doi:10. 1073/pnas. 0904719106

[41] A. K. Lytton-Jean,C. A. Mirkin,A thermodynamic investigation into the binding properties of DNA functionalized gold nanoparticle probes and molecular fluorophore probes. J. Am. Chem. Soc. **127**(37),12754-12755(2005)

[42] R. Elghanian,J. J. Storhoff,R. C. Mucic,R. L. Letsinger,C. A. Mirkin,Selective colorimetric detection of polynucleotides based on the distance-dependent optical properties of gold nanoparticles. Science **277**(5329),1078-1081(1997). doi:10. 1126/science. 277. 5329. 1078

[43] J. J. Storhoff,A. D. Lucas,V. Garimella,Y. P. Bao,U. R. Muller,Homogeneous detection of unamplified genomic DNA sequences based on colorimetric scatter of gold nanoparticle probes. Nat. Biotechnol. **22**(7),883-887(2004)

[44] J. J. Storhoff,S. S. Marla,P. Bao,S. Hagenow,H. Mehta,A. Lucas,V. Garimella,T. Patno,W. Buckingham,W. Cork,U. R. Muller,Gold nanoparticle-based detection of genomic DNA targets on microarrays using a novel optical detection system. Biosens. Bioelectron. **19**(8),875-883(2004). doi:10. 1016/j. bios. 2003. 08. 014

[45] D. A. Giljohann,D. S. Seferos,A. E. Prigodich,P. C. Patel,C. A. Mirkin,Gene regulation with polyvalent siRNA-nanoparticle conjugates. J. Am. Chem. Soc. **131**(6),2072-2073(2009). doi:10. 1021/ja808719p

[46] N. L. Rosi,D. A. Giljohann,C. S. Thaxton,A. K. R. Lytton-Jean,M. S. Han,C. A. Mirkin,Oligonucleotide-modified gold nanoparticles for intracellular gene regulation. Science **312**(5776),1027-1030(2006). doi:10. 1126/science. 1125559

[47] D. S. Seferos,A. E. Prigodich,D. A. Giljohann,P. C. Patel,C. A. Mirkin,Polyvalent DNA nanoparticle conjugates stabilize nucleic acids. Nano Lett. **9**(1),308-311(2009). doi:10. 1021/nl802958f

[48] D. S. Seferos,D. A. Giljohann,N. L. Rosi,C. A. Mirkin,Locked nucleic acid-nanoparticle conjugates. Chem. Biochem **8**(11),1230-1232(2007). doi:10. 1002/cbic. 200700262

[49] N. Nerambourg,R. Praho,M. H. V. Werts,D. Thomas,M. Blanchard-Desce,Hydrophilic monolayer-protected gold nanoparticles and their functionalisation with fluorescent chromophores. Int. J. Nanotechnol. **5**(6-8),722-740(2008). doi:10. 1504/IJNT. 2008. 018693

[50] T. Meade,Seeing is believing. Acad. Radiol. **8**(1),1-3(2001)

[51] D. Neuberger, J. Wong, Suspension for intravenous injection: image analysis of scanning electron micrographs of particles to determine size and volume. PDA J. Pharm. Sci. Technol. **59**(3), 187-199(2005)

[52] L. M. Manus, D. J. Mastarone, E. A. Waters, X. -Q. Zhang, E. A. Schultz-Sikma, K. W. MacRenaris, D. Ho, T. J. Meade, Gd(III)-nanodiamond conjugates for MRI contrast enhancement. Nano Lett. **10**(2), 484-489(2010). doi:10. 1021/nl903264h

[53] C. L. Zavaleta, B. R. Smith, I. Walton, W. Doering, G. Davis, B. Shojaei, M. J. Natan, S. S. Gambhir, Multiplexed imaging of surface enhanced Raman scattering nanotags in living mice using noninvasive Raman spectroscopy. Proc. Natl. Acad. Sci. U. S. A. **106** (32), 13511-13516 (2009). doi: 10. 1073/pnas. 0813327106

[54] S. M. van de Ven, N. Mincu, J. Brunette, G. Ma, M. Khayat, D. M. Ikeda, S. S. Gambhir, Molecular imaging using light-absorbing imaging agents and a clinical optical breast imaging system-a phantom study. Department of Radiology, Stanford University Medical Center, Stanford, CA, USA. Mol Imaging Biol. Apr; **13**(2):232-238(2011)

[55] M. E. Davis, The first targeted delivery of siRNA in humans via a self-assembling, cyclodextrin polymer-based nanoparticle: from concept to clinic. Mol. Pharm. **6**(3), 659-668(2009). doi:10. 1021/mp900015y

[56] D. W. Bartlett, M. E. Davis, Physicochemical and biological characterization of targeted, nucleic acid-containing nanoparticles. Bioconjug. Chem. **18**(2), 456-468(2007). doi:10. 1021/bc0603539

[57] S. H. Pun, N. C. Bellocq, A. Liu, G. Jensen, T. Machemer, E. Quijano, T. Schluep, S. Wen, H. Engler, J. Heidel, M. E. Davis, Cyclodextrin-modified polyethylenimine polymers for gene delivery. Bioconjug. Chem. **15**(4), 831-840(2004). doi:10. 1021/bc049891g

[58] D. J. Heidel, J. D. Heidel, J. Yi-Ching Liu, Y. Yen, B. Zhou, B. S. E. Heale, J. J. Rossi, D. W. Bartlett, M. E. Davis, Potent siRNA inhibitors of ribonucleotide reductase subunit RRM2 reduce cell proliferation *in vitro* and *in vivo*. Clin. Cancer Res. **13**(7), 2207-2215(2007). doi:10. 1158/1078-0432. CCR-06-2218

[59] D. J. Heidel, Z. Yu, J. Yi-Ching Liu, S. M. Rele, Y. Liang, R. K. Zeidan, D. J. Kornbrust, M. E. Davis, Administration in non-human primates of escalating intravenous doses of targeted nanoparticles containing ribonucleotide reductase subunit M2 siRNA. Proc. Natl. Acad. Sci. U. S. A. **104**(14), 5715-5721(2007). doi:10. 1073/pnas. 0701458104

[60] S. Hu-Lieskovan, J. D. Heidel, D. W. Bartlett, M. W. Davis, T. J. Triche, Sequence-specific knockdown of EWS-FLI1 by targeted, nonviral delivery of small interfering RNA inhibits tumor growth in a murine model of metastatic Ewing's sarcoma. Cancer Res. **65**(19), 8984-8992(2005). doi:10. 1158/0008-5472. CAN-05-0565

[61] D. W. Bartlett, H. Su, I. J. Hildebrandt, W. A. Weber, M. E. Davis, Impact of tumor-specific targeting on the biodistribution and efficacy of siRNA nanoparticles measured by multimodality *in vivo* imaging. Proc. Natl. Acad. Sci. U. S. A. **104**(39), 15549-15554(2007). doi:10. 1073/pnas. 0707461104

[62] D. W. Bartlett, M. E. Davis, Impact of tumor-specific targeting and dosing schedule on tumor growth inhibition after intravenous administration of siRNA-containing nanoparticles. Biotechnol. Bioeng. **99**(4), 975-85(2008). doi:10. 1002/bit. 21668

[63] L. M. Demers, C. A. Mirkin, R. C. Mucic, R. A. Reynolds III, R. L. Letsinger, R. Elghanian, G. Viswanadham, A fluorescence-based method for determining the surface coverage and hybridization efficiency of thiol-capped oligonucleotides bound to gold thin films and nanoparticles. Anal. Chem. **72**(22), 5535-5541(2000)

[64] D. A. Giljohann, D. S. Seferos, P. C. Patel, J. E. Millstone, N. L. Rosi, C. A. Mirkin, Oligonucleotide load-

ing determines cellular uptake of DNA-modified gold nanoparticles. Nano Lett. **7**(12),3818-3821(2007)

[65] C. A. Mirkin,R. L. Letsinger,R. C. Mucic,J. J. Storhoff,A DNA-based method for rationally assembling nanoparticles into macroscopic materials. Nature **382**(6592),607-609(1996). doi:10. 1038/382607a0

[66] I. Lebedeva,C. A. Stein,Antisense oligonucleotides:promise and reality. Annu. Rev. Pharmacol. Toxicol. **41**,403-419(2001)

[67] G. S. Getz,C. A. Reardon,Nutrition and cardiovascular disease. Arterioscler. Thromb. Vasc. Biol. **2**(12),2499-2506(2007)

[68] R. Josi,S. Jan,Y. Wu,S. MacMahon,Global inequalities in access to cardiovascular health care. J. Am. Coll. Cardiol. **52**(23),1817-1825(2008)

[69] A. J. Lusis,Atherosclerosis. Nature **407**(6801),233-241(2000)

[70] L. G. Spagnoli,E. Bonanno,G. Sangiorgi,A. Mauriello,Role of inflammation in atherosclerosis. J. Nucl. Med. **48**(11),1800-1815(2007). doi:10. 2967/jnumed. 107. 038661

[71] W. B. Kannel,W. P. Castelli,T. Gordon,P. M. McNamara,Serum cholesterol,lipoproteins,and the risk of coronary heart disease:the Framingham study. Ann. Intern. Med. **74**(1),1-12(1971)

[72] W. B. Kannel,P. W. F. Wilson,An update on coronary risk factors. Med. Clin. North Am. **79**(5),951-971 (1995)

[73] T. C. Andrews,K. Raby,J. Barry,C. L. Naimi,E. Allred,P. Ganz,A. P. Selwyn,Effect of cholesterol re duction on myocardial ischemia in patients with coronary disease. Circulation **95**(2),324-328(1997)

[74] C. M. Ballantyne,J. A. Herd,J. K. Dunn,P. H. Jones,J. A. Farmer,A. M. Gotto Jr. ,Effects of lipid low ering therapy on progression of coronary and carotid artery disease. Curr. Opin. Lipidol. **8**(6),354-36 (1997)

[75] A. Zambon,J. E. Hokanson,Lipoprotein classes and coronary disease regression. Curr. Opin. Lipidol. **9** (4),329-336(1998)

[76] H. B. Brewer,Increasing HDL cholesterol levels. N. Engl. J. Med. **350**(15),1491-1494(2004)

[77] E. M. Degoma,R. L. Degoma,D. J. Rader,Beyond high-density lipoprotein cholesterol levels:evaluating high-density lipoprotein function as influenced by novel therapeutic approaches. J. Am. Coll. Cardiol. **5** (23),2199-2211(2008)

[78] T. Joy,R. A. Hegele,Is raising HDL a futile strategy for atheroprotection? Nat. Rev. Drug Discovery **7** (2),143-155(2008)

[79] P. Conca,G. Franceschini,Synthetic HDL as a new treatment for atherosclerosis regression:has the time come? Nutr. Metab. Cardiovasc. Dis. **18**(4),329-335(2008)

[80] A. Kontush,M. J. Chapman,Antiatherogenic small,dense HDL - guardian angel of the arterial wall Nat. Clin. Pract. Cardiovasc. Med. **3**(3),144-153(2006). doi:10. 1038/ncpcardio0500

[81] I. M. Singh,M. H. Shishehbor,B. J. Ansell,High-density lipoprotein as a therapeutic target- A systemat ic review. JAMA **298**(7),786-798(2007)

[82] G. F. Watts,P. H. R. Barrett,D. C. Chan,HDL metabolism in context:looking on the bright side. Curr. Opin. Lipidol. **19**(4),395-404(2008)

[83] C. S. Thaxton,W. L. Daniel,D. A. Giljohann,A. D. Thomas,C. A. Mirkin,Templated spherical high den sity lipoprotein nanoparticles. J. Am. Chem. Soc. **131**(4),1384-1385(2009). doi:10. 1021/ja808856z

[84] Y. Klichko,M. Liong,E. Choi,S. Angelos,A. E. Nel,J. F. Stoddart,F. Tamanoi,J. I. Zink,Mesostruc tured silica for optical functionality,nanomachines,and drug delivery. J. Am. Ceram. Soc. **92**(s1),s2-s1 (2009). doi:10. 1111/j. 1551-2916. 2008. 02722. x

[85] S. Saha, E. Johansson, A. H. Flood, H. -R. Tseng, J. I. Zink, J. F. Stoddart, A photoactive molecular triad as a nanoscale power supply for a supramolecular machine. Chemistry **11**(23), 6846-6858(2005). doi: 10. 1002/chem. 200500371

[86] S. Angelos, Y. W. Yang, K. Patel, J. F. Stoddart, J. I. Zink, pH-responsive supramolecular nanovalves based on cucurbit[6]uril pseudorotaxanes. Angew. Chem. Weinheim. Bergstr. Ger. **47**(12), 2222-2226 (2008). doi:10. 1002/anie. 200705211

[87] N. M. Khashab, M. E. Belowich, A. Trabolsi, D. C. Friedman, C. Valente, Y. Lau, H. A. Khatib, J. I. Zink, J. F. Stoddart, pH-responsive mechanised nanoparticles gated by semirotaxanes. Chem. Commun. Camb. **36**, 5371-5373(2009). doi:10. 1039/B910431C

[88] K. Patel, S. Angelos, W. R. Dichtel, A. Coskun, Y. -W. Yang, J. I. Zink, J. F. Stoddart, Enzymeresponsive snap-top covered silica nanocontainers. J. Am. Chem. Soc. **130**(8), 2382-2383 (2008). doi: 10. 1021/ja0772086

[89] S. E. Gratton, S. S. Williams, M. E. Napier, P. D. Pohlhaus, Z. Zhou, K. B. Wiles, B. W. Maynor, C. Shen, T. Olafsen, E. T. Samulski, J. M. DeSimone, he pursuit of a scalable nanofabrication platform for use in material and life science applications. Acc. Chem. Res. **41**(12), 1685-1695 (2008). doi: 10. 1021/ar8000348

[90] L. E. Euluss, J. A. DuPont, S. Gratton, J. DeSimone, Imparting size, shape, and composition control of materials for nanomedicine. Chem. Soc. Rev. **35**(11), 1095-1104(2006). doi:10. 1039/B600913C

[91] R. A. Petros, P. A. Ropp, J. M. DeSimone, Reductively labile PRINT particles for the delivery of doxorubicin to HeLa cells. J. Am. Chem. Soc. **130**(15), 5008-5009(2008)

[92] I. Elloumi-Hannachi, M. Yamato, T. Okano, Cell sheet engineering: a unique nanotechnology for scaffold-free tissue reconstruction with clinical applications in regenerative medicine. J. Intern. Med. **267**(1), 54-70(2010)

[93] T. Shimizu, H. Sekine, M. Yamato, T. Okano, Cell sheet-based myocardial tissue engineering: new hope for damaged heart rescue. Curr. Pharm. Des. **15**(24), 2807-2814(2009)

[94] S. Masuda, T. Shimizu, M. Yamato, T. Okano, Cell sheet engineering for heart tissue repair. Adv. Drug Deliv. Rev. **60**, 277-285(2008)

[95] C. S. Chen, M. Mrksich, S. Huang, G. M. Whitesides, D. E. Ingber, Micropatterned surfaces for control of cell shape, position, and function. Biotechnol. Prog. **14**(3), 356-363(1998). doi:10. 1021/bp980031m

[96] J. James, E. D. Goluch, H. Hu, C. Liu, M. Mrksich, ubcellular curvature at the perimeter of micropatterned cells influences lamellipodial distribution and cell polarity. Cell Motil. Cytoskeleton **65**(11), 841-852(2008). Available online: http://www. mech. northwestern. edu/medx/web/publications/papers/196. pdf

[97] M. Mrksich, C. S. Chen, Y. Xia, L. E. Dike, D. E. Ingber, G. M. Whitesides, Controlling cell attachment on contoured surfaces with self-assembled monolayers of alkanethiolates on gold. Proc. Natl. Acad. Sci. U. S. A. **93**(20), 10775-10778(1996)

[98] M. Mrksich, L. E. Dike, J. Tien, D. E. Ingber, G. M. Whitesides, Using microcontact printing to pattern the attachment of mammalian cells to self-assembled monolayers of alkanethiolates on transparent films of gold and silver. Exp. Cell Res. **235**(2), 305-313(1997)

[99] M. Mrksich, G. M. Whitesides, Using self-assembled monolayers to understand the interactions of man-made surfaces with proteins and cells. Annu. Rev. Biophys. Biomol. Struct. **25**, 55-78(1996)

[100] S. Heydarkhan-Hagvall, C. H. Choi, J. Dunn, S. Heydarkhan, K. Schenke-Layland, W. R. MacLellan, R.

· 320 · 面向 2020 年社会需求的纳米科技研究

E. Beygui, Influence of systematically varied nano-scale topography on cell morphology and adhesion. Cell Commun. Adhes. **14**(5),181-194(2007)

[101] J. H. Silver, J. C. Lin, F. Lim, V. A. Tegoulia, M. K. Chaudhury, S. L. Cooper, Surface properties and hemocompatibility of alkyl-siloxane monolayers supported on silicone rubber: effect of alkyl chain length and ionic functionality. Biomaterials **20**(17),1533-1543(1999). doi:10. 1016/S0142-9612(98) 00173-2

[102] A. J. Torres, L. Vasudevan, D. Holowka, B. A. Baird, Focal adhesion proteins connect IgE receptors to the cytoskeleton as revealed by micropatterned ligand arrays. Proc. Natl. Acad. Sci. U. S. A. **105**(45), 17238-17244(2008). doi:10. 1073/pnas. 0802138105

[103] D. W. Hobson, Commercialization of nanotechnology Wiley Interdiscip. Rev. Nanomed. Nanobiotechnol. **1**(2),189-202(2009). doi:10. 1002/wnan. 28

[104] J. Shendure, R. D. Mitra, C. Varma, G. M. Church, Advanced sequencing technologies: methods and goals. Nat. Rev. Genet. **5**(5),335-344(2004). doi:10. 1038/nrg1325

[105] D. Gibson, G. A. Benders, C. Andrews-Pfannkoch, E. A. Denisova, H. Baden-Tillson, J. Zaveri, T. B. Stockwell, A. Brownley, D. W. Thomas, M. A. Algire, C. Merryman, L. Young, V. N. Noskov, J. I. Glass, J. C. Venter, C. A. Hutchison III, H. O. Smith, Complete chemical synthesis, assembly, and cloning of a Mycoplasma genitalium genome. Sci. Signal. **319**(5867),1215-1220(2008)

[106] C. Noren, S. Anthony-Cahill, M. Griffith, P. Schultz, A general method for site-specific incorporation of unnatural amino acids into proteins. Science **244**(4901),182-188(1989). doi:10. 1126/science. 2649980

[107] C. Gauchet, G. Labadie, C. Poulter, Regio- and chemoselective covalent immobilization of proteins through unnatural amino acids. J. Am. Chem. Soc. **128**(29),9274-9275(2006)

[108] R. Baum, Drexler and Smalley make the case for and against 'molecular assemblers. Chem. Eng. News **81**(48),37-42(2003). Available online: http://pubs. acs. org/cen/coverstory/8148/8148 counterpoint. html

[109] H. F. Tibbals, *Medical Nanotechnology and Nanomedicine* (CRC Press, Boca Raton, 2010)

[110] F. Hu, K. W. MacRenaris, E. A. Waters, E. A. Schultz-Sikma, A. L. Eckermann, T. J. Meade, Highly dispersible, superparamagnetic magnetite nanoflowers for magnetic resonance imaging. Chem. Commun. Camb. **46**(1),73-75(2010). doi:10. 1039/b916562b

[111] R. M. Shah, N. A. Shah, M. M. Del Rosario Lim, C. Hsieh, G. Nuber, S. I. Stupp, Supramolecular design of self-assembling nanofibers for cartilage regeneration. Proc. Natl. Acad. Sci. **107**(8),3293-3298(2010)

[112] V. M. Tysseling-Mattiace, V. Sahni, K. L. Niece, D. Birch, C. Czeisler, M. G. Fehlings, S. I. Stupp, J. A. Kessler, Self-assembling nanofibers inhibit glial scar formation and promote axon elongation after spinal cord injury. J. Neurosci. **28**(14),3814-3823(2008)

# 第8章 纳米技术应用:纳米电子学与纳米磁学

Jeffrey Welser, Stuart A. Wolf, Phaedon Avouris, Tom Theis

**关键词:** 纳米电子学 纳米磁学 CMOS FET MRAM 闪存 自组装 自旋电子学 碳纳米管 石墨烯 设备 国际视野

## 8.1 未来十年展望

### 8.1.1 过去十年进展

在过去十年中,纳米电子器件(包括纳米磁性器件)技术水平从尺寸大于 100 nm 迅速发展到 30 nm 甚至更小,为进一步研发 15 nm 器件(包括逻辑电路和存储器)奠定了基础。在向这一尺度推进的过程中,许多结构中关键层的厚度将缩减至 1 nm;目前,金属氧化物半导体场效应晶体管(MOSFET)器件的阈值电压受控于不足 100 个原子,边缘线粗糙度要求为几纳米。这些进步都需要更多的接近原子级控制,用于沉积、图案化和表征。

### 8.1.2 未来十年愿景

在未来十年,研究学界必须着重研究将所有器件缩减至 10 nm 甚至更小的可能性。此外,还应该更加注重如何利用纳米级新物理学来增强器件的功能性。然而遗憾的是,在过去十年中,虽然纳米电子技术界已凭借不断增强的能力来缩小现有器件,并尝试去修正在过去半个世纪中推动指数小型化进展的微观物理学,但纳

J. Welser (✉)
Semiconductor Research Corporation, 1101 Slater Road, Suite 120, Durham, NC 27703, USA
and
IBM Almaden Research Center, 650 Harry Road, San Jose, CA 95120, USA
e-mail: jeff.welser@src.org

S.A. Wolf
NanoStar, University of Virginia, 395 McCormick Road, Charlottesville, VA 22904, USA

P. Avouris
IBM T.J. Watson Center, P.O. Box 218, Yorktown Heights, NY 10598, USA

T. Theis
IBM, 1101 Kitchawan Road, Yorktown Heights, NY 10598, USA

米电子器件是否是提高纳米级材料控制能力的主要推动因素(包括经济层面和技术层面)这一问题仍旧存在争议。在小于 10 nm 的器件领域中,接受新的纳米尺寸现象,并聚焦如何利用这些现象超越金属氧化物半导体(CMOS)器件是我们唯一的选择。这不仅仅意味着利用新的纳米电子现象,还需要加强利用纳米级物质的磁性、自旋电子和其他特性,例如用于计算的状态变量和新的数据存储形式。此外,新的功能不仅将改进我们现有的产品,还将打开新的应用领域,包括新传感器、超低功耗器件和柔性电子器件。最终,除了目前笔记本电脑和手机应用以及逐渐成为家电、汽车、家庭和医疗主要组成部分的应用外,半导体纳米电子器件的应用将遍布各类产品和行业,这一点尚未被新一代企业家所普遍认识。

　　要扩大纳米电子应用领域,研发过程不仅要关注器件,还要放眼于电路、架构、最终应用;以及对我们日常生活所产生的社会影响。有关用于新器件的新材料和新科学现象的重点研究仍将继续,除此之外,还需要加大纳米系统的研发力度,不仅要充分利用器件特性,还需要考虑如何探索新架构中多器件之间的相互作用。这一过程对跨越材料级和系统级的设计工具和方法需求日益增加,同时还要不断加深基础科学和实际应用领域研发人员之间的合作。因此,未来 10 年将愈发需要多学科团队参与纳米电子器件和纳米磁性器件的研究。

## 8.2　过去十年的进展与现状

　　21 世纪第一个十年中,纳米电子材料和器件取得了重大进展,但就器件缩减至纳米尺度来说,受影响最大的莫过于半导体领域。30 多年来,该领域平均每 18~24 个月发生一次变革,每次变革能够使芯片中的场效应晶体管(FET)数量增加一倍,这一趋势便是后来的"摩尔定律"[1]。芯片每单位面积信息处理能力的指数增长(更重要的是每美元的增长)不仅提高了现有基于芯片的产品速度和/或逐年降低成本,还大大增加了使用半导体芯片的产品数量,从超级计算机到手机甚至是面包机。随着晶体管尺度的缩减,其成就在半导体收入的指数增长中可见一斑(图 8.1)。在过去十年中,产业规模扩大了近一倍,市值有望在 2010 年突破 3000亿美元大关,美国市场占有率约达 50%。这对大多数发达国家将起到极大的推动作用。

　　近年来的这些进展克服了日益增加的困难,继续保持发展需要持续不断地利用纳米结构和特性。根据晶体管尺度变换的既成规则[2],缩减场效应晶体管的关键尺寸时,应按比例降低工作电压。按照这一规则,场效应晶体管的速度增加时器件所占面积以及所需电力减少,因此面积功率密度保持不变。在过去十年中,器件的栅极长度缩减至 100 nm 以下,为此研发人员不得不放弃原有降低电压规则其主要原因是要使场效应晶体管的状态从"关"(低电流)转换至"开"(高电流)需要

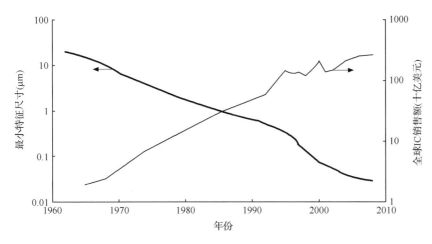

图 8.1　晶体管缩小(粗线)对半导体收入(细线)的影响(由 Texas Instruments 的
　　　R. Doering 提供;数据来自半导体行业协会 http://www.sia-online.org)

一个最小栅电压摆幅。如果摆幅过小,器件在所谓的"关"状态下将发生过大漏电
流(高无源功耗)或在"开"状态下发生低电流(低电路)。未来 5~10 年内似乎我们
还可以继续缩减器件尺寸,然而利用该类器件的设计必须不断牺牲晶体管数密度
来换取速度的提升,从而将减缓芯片中日益增加的功率密度[3]。这将限制我们进
一步缩减尺寸以实现增加推动行业发展至今的提升计算能力[秒/(美元·瓦特)]
的完整历史成果的能力。功率密度挑战影响着所有应用(包括数据中心环境下的
大型服务器),除此之外,整体能耗还为增加移动设备数量带来了更大的问题。解
决这些问题的器件不仅要具备低工作能耗的特性,还需要超低(或零)被动能耗和
待机能耗需求。性能和漏电流之间的取舍是这些应用中的一大难题,新型的非易
失性器件——甚至有可能是逻辑器件——可为此提供巨大优势。另外,超低功率
晶体管不仅能够延长传统电池的寿命,还将为未来支持该类器件的更先进的能量
收集技术开辟道路。

　　场效应晶体管已经缩减至数十纳米尺寸范围,在此前提下,虽然该类器件受益
于新的纳米现象,但其性能却受到增加遂穿电流以及制造过程达到原子级精度的
挑战。以过去十年第一阶段的 90 nm 节点研发工作为例,栅极绝缘层(一定数量
的含硅氮氧化物原子层)的厚度接近 1.5 nm,不仅会产生无法接受的超高遂穿漏
电流,还要求单层控制贯穿整个 200 mm 的晶片。对此的解决方案是引入一个介
电常数更高的绝缘层,以增加厚度,但在大多数情况下还需要将栅电极过程改为多
晶硅和金属组合[4]。这一解决方案减小了电厚度,进一步缩小了栅极长度。然而,
即使采用高 K 材料,绝缘层厚度仍然停留在数纳米,而且势垒高度也有所降低。
栅电极材料的进一步改进可能将由此受限,因此进一步缩减栅极长度需依赖于新器件结构的引入,详情参见后文。

现在,晶体管栅极长度约为 30 nm。凭借目前的光学光刻技术极其困难去实现,需要利用 193 nm 波长光,为此研发人员不得不采用一些特殊技术,包括光刻胶、限制性设计规则、在掩模中广泛使用光学邻近校正技术以及最近引进的用于减小曝光有效折射率的浸入式技术[5]。此外,由于场效应晶体管的许多电性能指数依赖于栅极长度(包括漏电流),因此必须将这些尺寸控制在几纳米范围内。跨越整个晶片以及更多在单芯片中的线宽变动是限制最终芯片成品率和性能不一致性的主要易变原因之一,因此开发新的图形化解决方案至关重要。行业目前所采用的方法是推动光学光刻技术向远紫外光刻(EUV)发展,但这仍将是一大挑战,主要在于能否找到合适的掩模和光刻胶[6],因此仍需推进该领域的主要研发工作。除光学光刻技术,新兴的图形化工艺[7]、扫描探针微影技术[8]以及各种形式的自组装[9,10]也将被采纳。这些将是未来十年的关键研究领域。

特别值得注意的是,栅氧化层和光刻技术的改进建立在纳米制造研究和过去十年中实现的特性描述基础之上。继续缩减尺度将需要从根本上改进用于纳米级结构高精度制造的光刻技术和其他工艺。而方法改进对于获得所需精确度来说亦是必不可少。此外,未来的器件还必须能够直接利用纳米效应。举一个有趣的例子,用于非易失性闪存[11](飞思卡尔半导体 2010)的纳米晶浮栅[12,13]已经进入市场。采用纳米晶而非连续浮栅来储存电荷将允许未来的闪存器件使用更薄的绝缘层并提高尺度缩减潜力。纳米材料和器件物理学方面的最新进展还得益于另外两个非易失性存储器件的快速发展,这两个器件即将进入商业领域。相变存储(PCM)数十年来一直不断发展,由于其卓越的尺寸缩减潜力,目前已经被视为硅闪存最有可能的替代品。大量材料研究显示,在厚度达到 1 nm 的薄膜中相变行为十分清晰,而探索性器件研究表明,器件采用体积仅为数立方纳米的活性材料是可行的[14]。展望未来,金属氧化物的氧空位输运以及诱发材料电阻变化的其他效应的认知进展将对其他电阻存储器件领域产生巨大影响,包括全新"忆阻器"器件[15-17],该器件可用于记忆体[18]、存储器甚至是模仿大脑突触功能的电路[19,20]。其他新兴非易失性存储器技术还包括磁性随机存取记忆体(MRAM)。该技术自20 世纪 90 年代中期进入商业发展,并承诺大幅提高速度、降低功率并达到远超过闪存或 PCM 的更高耐久性。尽管如此,超小器件的发展道路是在一项科学突破后才得以明确——即自旋扭矩转换效应的实验验证[21]。请参阅后文中有关纳米磁性器件和自旋电子学的讨论。

对于数字逻辑电路中所使用的场效应晶体管来说,降维结构是未来最有前景的发展方向,以超薄绝缘硅片(SOI)以及双栅极或 FinFET 器件[22]为起点,最终到完全一维结构,如纳米线[23]和纳米管[24]。所有这些结构将改进场效应晶体管沟道电流的栅极控制,更短沟道并提高性能。尤其值得一提的是,过去十年中,研发人员对碳纳米管(CNTs)进行了大量研究,并利用其高载流子迁移率、高导热性和独特物理性质获得了许多有趣的实证[24]。在高性能电子器件中使用纳米管和纳米线尚存在关键的障碍,那就是缺乏适当的制造方法使直径均匀的管/线在较大面积中紧密堆积,同时达到低缺陷和一致的电性能。在目前采用薄膜晶体管(TFTs)的柔性电子器件或应用中,大大放宽了这些要求。碳纳米管的首个大规模应用是作为中端性能柔性电子器件中的网状结构,在未来这一领域的重要性还将不断提高。

无论采用何种材料或结构,由于器件操作的物理基础,上述所有场效应晶体管都将趋近某些硬性限制。因此非常需要探索能够规避这些限制的新器件概念。相同的因素还推动了其他两项技术的发展——首个基于双极型工艺的固态晶体管以及目前的场效应晶体管,前者诞生于 20 世纪 90 年代末真空管和机械开关达到相同功率限制之时,后者则在 20 世纪 80 年代末取代了大多数半导体应用中的双极晶体管。另一主要器件转型的潜力在过去十年的初期得以确认,半导体研发公司(SRC)和美国国家科学基金会(NSF)为此联合举办了一系列业界-学术界-政府研讨会[25-27]。与此同时,美国半导体产业协会(SIA)技术战略委员会还举行了多次研讨会,会议的目标是确立推动集成电路技术突破当前尺度限制的研究举措。这些活动最终明确了作为下一变革研究重要组成部分的关键研究载体,随后由 SIA在 2005 年成立了纳米电子研究倡议组织(NRI, http://nri. src. org)。NRI 由SRC 负责管理,肩负着在 2020 年之前验证能够取代 CMOS 场效应晶体管作为逻辑开关的新计算器件之使命。相较于终极的场效应管,这些器件必须在功率、性能、密度和/或成本方面显示出巨大优势,而且最重要的是必须使半导体行业扩大历史成本和性能趋势以迎接信息技术的到来[28]。

NRI 的主要目标是规避目前限制 CMOS 技术发展的功率密度问题。为了打破这一限制,必须从根本上改变器件物理或操作模式,以大幅降低每次开关操作的能耗。实现这一目标的关键在于使用替代状态变量来传达信息的开关(相对于依赖于电荷耗散运动的场效应晶体管),以及执行逻辑所需的相应互连和电路。此外,纳米声子工程以及关键器件结构定向自组装的研究也将同步进行,这两项研究的目的都是控制热量并隔绝系统发生热噪声的潜在因素。与过去半个世纪推动经济发展的因素相同,寻找 2020 年之后能够继续推动纳米电子器件进展的新型开关所面临的挑战和紧迫性不容小觑,应将其作为未来十年纳米电子器件研发工作的主要焦点之一。

过去十年中纳米电子领域取得的许多进展已经对主流电子器件产生了影响,与此同时,许多其他的技术突破展现了未来十年中继续创新的希望。例子包括:

- 发现石墨烯并研发受控生长或合成方法[29]。
- 阐明含碳纳米管和石墨烯的电子、光学和热性质,创造出一类新的电子材料——碳电子器件。
- 发现能够实现磁性电压控制的电磁材料和多铁性材料[30]。
- 实验实现自旋转矩开关[21]。
- 发现自旋霍尔效应[31-33]。
- 证实半导体的自旋注入和自旋读出。
- 发现拓扑绝缘体——具有特殊集体输运性质的物质中拓扑结构不同的一种新电子状态。[34-36]
- 稀磁半导体材料的认知和研发进展[37,38]。
- 有关半导体纳米线生长的化学性质和物理性质的基本理解。
- 为一系列潜在的器件工艺应用探索纳米固态电化学[39]。
- 这些技术突破中的一部分已经进驻主要的新技术探索领域,目前最大的两个领域是石墨烯电子器件和自旋电子学。

### 8.2.1　石墨烯电子器件

　　未来纳米电子器件最有趣的发展之一是,重新发现石墨烯(一种单层的石墨碳)是一种具有特殊物理性质的潜在基材。该材料几乎具备含碳纳米管的所有优势(以及其他属性),作为一种平面材料,能够使器件制造更简单。然而,石墨烯的制备仍然极具挑战。石墨烯的电子结构于 1945 年得以计算[40],而在金属[41]、碳化硅[42]和氧化石墨烯[43]上生产石墨的验证时间比其更早,石墨烯电子特性的研究直到 2004 年发现了单层石墨烯从石墨烯上剥落并堆积在二氧化硅上才正式开始[29]。早期实验和理论工作聚焦于二维电子气相属性,特别是有关石墨烯的量子霍尔效应[44,45]及其最小电导率[46]的研究。输运测量明确了其卓越的电性能:平均自由路径为数百纳米到一微米,支持状态下的命令迁移率为 10 000 $cm^2/Vs$,悬浮状态下超过 200 000 $cm^2/Vs$[46,47]。除此之外,石墨烯还具有极高的电流承载能力和出色的导热性和机械强度。

　　石墨烯很早便被作为场效应晶体管的沟道,由于石墨烯状态密度随能量发生线性变化[48],器件电流可以通过栅极场进行适当调制。然而,由于缺乏带隙(石墨烯是一种零带隙的半导体),所得的电流开/关比通常小于 10。因此,尽管石墨烯被大众媒体誉为 Si-MOSFET 的替代品,但缺乏带隙却限制了其在数字电子器件中的使用。另一方面,双层石墨烯由所谓的 AB 层叠层或伯纳尔式堆叠构成,两层之间的相互作用理论于 2006 年得以揭示,由此开启了带隙在垂直强电场中的应用[49]。早期实验未能揭示重要的带隙打开[50],主要归因于所使用的双层样品质量。近期使用绝缘栅堆叠的实验证实了电性带隙高于 140 meV[51],并有望取得进一步进展。

初步的石墨烯实验采用膨胀石墨。不久之后,出现了用于单层和多层石墨生长的合成技术。现在,主要合成技术利用碳化硅的热分解[52]以及金属的化学气相沉积,如镍[53]或铜[53]。

尽管石墨烯目前尚无法用于数字电子应用,然而由于其具有室温下载流子迁移率极高、最终厚度极小、高跨导、适度的电流场调谐等特性,因此适合用于高频模拟电子应用。特别值得一提的是,射频场效应晶体管(RF-FETs)可用于无线电通信、雷达、安全和医疗成像、车辆导航系统以及其他大量应用。目前,射频石墨烯晶体管在膨胀石墨基础上所获得的截止频率(fT)记录达到 50 GHz[55]。当然,商业应用还需要的晶圆级石墨烯,可采用上述石墨烯合成技术来实现。其中,基于碳化硅的方法已经获得了晶圆尺寸的石墨烯样品。由碳化硅的硅表面制成的石墨烯晶圆表现出良好的层厚控制和形态学特征,目前的迁移率范围达到 1 000~3 000 $cm^2/Vs$。碳面的碳化硅所生成的石墨烯具有更高的迁移率,但层厚度较大且形态学特征较难掌控。射频晶体管已采用碳化硅硅面衍生的 2 in 石墨烯晶圆[55,56]。目前的记录是来自 IBM 的 24 nm 栅极长度晶体管,截止频率为 100 GHz[57]。这已经是继 Si-CMOS 晶体管以来的一大显著成就,Si-CMOS 晶体管与该晶体管栅极长度相同,截止频率为 40 GHz。目前所达到的 $f_T$x(栅极长度)(22 GHz・$\mu m$)超越了大部分半导体,器件的缩减和石墨烯迁移率的改进都有望达到更高频率的性能(图 8.2)。

光电子学是石墨烯应用的另一可能领域,该领域可以充分利用其独特的电子和空穴输运特性以及在很宽的波长范围内(每个原子层约 2%)极强的光吸收能力。超快(>40 GHz)金属石墨烯-金属光电探测器已被证实[58],最近这些光电探测器已用于光数据流的可靠探测,探测速度高达 10 Gbits/s[59]。由单层和双层石墨烯制成的太赫兹发射器很有可能即将出现。

最后,在传统电子输运和光学器件基础上,石墨烯的物理学特征可为实现具有独特功能的器件提供新的可能性。二维蜂窝状晶格结构的石墨烯产生了一个圆锥形的能带结构,从而使电子表现为无质量狄拉克费米子。一些提议的器件充分利用石墨烯中电子类似光子行为的优点,同时利用 p-n 结来构建可编程互连或韦谢立戈透镜器件[60]。

另一种新的晶体管概念采用了一种完全不同的方法,即双层赝自旋场效应晶体管(BiSFET)[61]。在该器件中,两个金属氧化物栅极夹着两个由隧道氧化层隔开的单接触石墨烯单分子膜。该器件充分利用了赝自旋的特性[62],预测到在特定栅极条件下石墨层之间会形成激子凝聚,从而导致两层之间可能产生集体多体电荷[63]。通过该器件将有望实现能耗极低的开关,甚至是在室温[61]。

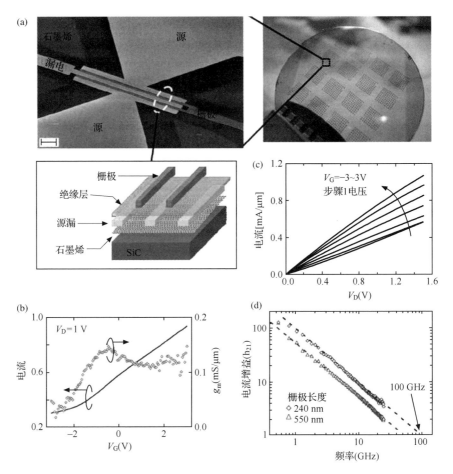

图 8.2 (a)顶栅石墨烯场效应晶体管的扫描电子显微镜图像和示意性剖视图。2 英寸石墨烯/碳化硅晶圆的光学图像以及石墨烯器件阵列见右侧。晶体管带有双门沟道,用于增加驱动电流并降低栅极电阻。比例尺为 2 $\mu$m。(b)240 nm 栅极长度石墨烯晶体管的漏电流 $I_D$ 作为栅极电压 $V_G$ 的函数,漏偏压为 1 V。所显示的电流根据总沟道宽度进行了标准化。器件电导率 $g_m = dI_D/dV_G$ 显示在右轴上。(c)测量所得的漏电流 $I_D$ 作为石墨烯场效应晶体管漏偏压的函数,不同顶栅电压下的栅极长度 $L_g$ 为 240 nm。(d)测量所得小信号电流增益 $|h_{21}|$ 作为 240 nm 栅极和 550 nm 栅极石墨烯场效应晶体管的频率($f$)函数,分别以(◇)和(△)表示。这两个器件的电流增益均表现出 $1/f$ 依赖,而 550 nm 和 240 nm 器件的截止频率 $f_T$ 经确定分别为 53 GHz 和 100 GHz[57]

## 8.2.2　纳米磁性器件与自旋电子学

从传统意义上来讲,芯片产业是由电子器件和半导体延伸而来,而磁性器件则是存储器产业的基础。在过去十年中,纳米尺寸的磁性器件以及用于控制自旋特性的新方法进展大大增加了纳米磁性器件的使用,包括在芯片中的应用。自旋电子学已经取得了显著进步,尤其是基于纳米多层结构的领域,即磁隧道结(MTJ)[64,65]。磁隧道结的使用目前已得到普及,作为传感器的关键组成部分,用于读取磁盘中存储的信息。2006 年,一种新型非易失性无限耐力的计算机记忆体被引入市场,称为磁阻随机存取存储器或 MRAM[66]。该存储器目前由飞思卡尔半导体公司的分公司 Everspin 制造并销售,并在过去数年中将 MRAM 引入越来越多的市场。此外,MRAM 还将为需要抗辐射非易失性存储器的防御系统提供关键组成部分;霍尼韦尔公司与 Everspin 公司为提供此类产品建立了合作,目前产品即将进入生产阶段。磁性隧道结(MTJ)还可作为传感器,用于工业传感以及手机行业等多个应用领域,为其提供位置信息(三维磁罗盘)。

有多项关键发现推动了 MRAM 的成功开发,包括一种新颖的位开关方法,称为旋档切换开关[67],而新隧道势垒的发现则提高了隧道磁阻比(TMR)的数量级[68]。在过去十年的最初阶段,研发人员通过自旋极化电流的散射发现了磁化反转现象,并由此克服了 MRAM 的另一个主要障碍[21]。这一发现被称为自旋扭矩(ST 或 STT)转换,将使 MRAM 的尺寸缩减至 10 nm 以下,这是利用电流产生磁场的传统转换方式永远无法达到的。凭借磁场隧道结"自由层"的快速进动磁化,自旋扭矩转换还能产生自旋波辐射。这些纳米振子还可广泛用于信号生成和处理以及射频检测和辐射的相控阵。最后,自旋扭矩转换还为移动磁性纳米线中的磁畴壁提供了途径[69]。该技术为信息存储甚至信息处理提供了一个替代途径。在发现自旋扭矩转换之前,磁畴壁要通过改变磁场进行移动,这一方法十分烦琐且耗电极高。

自旋电子学的另一个主要发展方向是通过加入稀释磁性离子(特别是锰)实现传统半导体的磁化[70]。在大多数情况下磁性由载流子介导,载流子浓度可通过电流控制,因此这些材料提供了前所未有的电场控制磁化能力。半导体自旋电子学领域在过去十年中已成倍增长,但由于缺少居里温度超过室温的磁性半导体,发展进程受到阻碍。然而,各种自旋注入和场效应晶体管类器件的原理性理论表明,只要找到适当的材料,为半导体器件增加自旋自由度,跨越许多不同的电子学和光子学领域的大量应用将成为现实[70]。

## 8.3　未来 5～10 年的目标、困难与解决方案

在未来十年中,有许多硕果累累的纳米电子领域有待进一步探索,制造、器件和架构领域的六个主要目标和发展方向尤为重要,如后文所述。

### 8.3.1　制造:实现低维材料的三维原子水平控制

该目标不仅包括纳米管和纳米线的生长,控制其直径、手征并放置在晶圆中,

还包括大面积单层(或多层)石墨烯的生长。除此之外还包括层状结构和界面的生产,这对一些新兴领域来说至关重要,如拓扑绝缘体、多铁性材料、复合金属氧化物以及更为复杂的结构,包括用于制造人工磁电结构的含有铁磁粒子的铁电材料晶格结构。虽然不同材料有着不同的难题,但所有这些材料都要求增强生长和/或蚀刻过程中的厚度和横向尺寸控制,并且使用具有足够多维度分辨率的度量工具来测量结构。此外,还需要不断改进材料的预测建模,以独特的功能引领新材料和界面的设计。

### 8.3.2　制造:结合光刻技术和自组装将半任意结构的精度推进至 1 nm

虽然自组装有望为创建超小图案提供解决方案,但目前在大多数应用中的缺陷数量过高,而简单的自组装工艺又只能产生重复的结构。因此必须降低自组装的缺陷率,而且必须为自组装和平面图案化开发有效的集成机制,以实现任意图案[71]。鉴于目前的尺度缩减进度,复杂电路和系统中的器件制造很快将需要达到 1 nm 精度。因此,继续投资进行精密图案化科学和工程研究至关重要。与此同时,架构和电路还必须能够兼容不完整结构,并允许更频繁的器件布局。不同研究领域之间的沟通将成为达到这一平衡的必要条件。

### 8.3.3　器件:开发超低能耗逻辑和存储所需的器件

功率几乎是所有纳米电子器件继续缩小尺寸的一大障碍,因此开发在室温下能耗极低的器件已是迫在眉睫。逻辑器件所面临的挑战尤为艰巨,因为必须保持足够的速度来不断提高每瓦单位面积每秒的整体计算能力。鉴于过去的经验,仅依靠等比例缩减场效应晶体管的尺寸是无法达到这一点的,因此我们的工作重点必须为能够在保持逻辑状态分辨率的前提下使储存能耗低于场效应晶体管的器件及器件概念,或在给定能耗和面积下执行复杂功能和/或多位计算的器件。除了速度因素外,任何类型低能耗器件的最大障碍是热噪声鲁棒性。为应对这些挑战,未来的备选器件必须考虑到集体效应和替代状态变量。这意味着需要新的信息表达方法,这些方法必须具有可归入不同状态的材料特性或参数。凝聚态理论提供了大量具有对称性破缺的材料,从而实现了以不同有序参数为特征的分区,包括铁电、反铁电、铁磁、反铁磁、铁弹性和铁氧磁材料等等[72]。在许多情况下,这些有序参数与晶格结构的原子结构相耦合。有序耦合的实例包括磁电、压电、压磁、电致伸缩以及磁致伸缩效应。识别哪一效应能够在低能耗的前提下以合理的速度进行控制,同时保持热鲁棒性,关键在于进行室温下计算。除此之外,还必须考虑将这些器件用于在一段时间内与周围环境失去平衡时仍能运行的电路,或者能够恢复计算周期内转换能量的电路。为此还必须进行声子工程领域的研究,以更好地控制其与纳米器件之间的热相互作用。最后,在移动应用中,需要格外注意降低(或消除)待机功耗和漏电,可通过非易失性器件解决方案实现。

### 8.3.4　器件:探索用于存储、逻辑和新功能的自旋

　　除了许多潜在的状态变量有待探索外,自旋电子学领域的时机业已成熟,将成为未来十年中的一个重点领域。自旋和磁性器件对于存储设备的价值已经得以验证,并将越来越多地用于存储,不仅如此,它们还提供了许多其他的潜在机会,包括传感器、振荡器、逻辑器件等。在研究单自旋和集体自旋态的行为的同时,寻找高能效的方法来控制自旋十分必要,可利用多铁性和稀磁半导体材料的电场来实现。这要求改进材料和表征工具用于测量单个自旋和纳米磁铁,特别是在新型材料中的行为的动力学。

### 8.3.5　架构:整合架构和纳米器件研究,实现独特的计算功能

　　过去十年,我们的主要研究任务是验证纳米电子器件和新的科学现象,未来十年,工作重心将转变为实现大规模整合并执行有效的功能上。在集成方面,所需研究包括纳米结构的大规模重复性制造研究;具有互连可能且不基于电荷的器件(及其对功耗和速度的影响);考量纳米结构与环境以及纳米结构之间的相互作用;处理随机过程、噪声和热管理问题。在功能方面,架构研发人员不应迫使新器件融入当前基于电荷的布尔系统,而是应该将眼光投向寻找新架构,充分利用给定器件的特殊功能来实施重要的算法或应用,如模式匹配、快速傅里叶变换(FFT)计算、加密等。此外,他们还应着重考虑如何在大多数纳米器件的现状(例如密集、速度慢、高缺陷水平的门海阵列)基础上使物尽其用(例如合并存储器和逻辑电路或利用非易失性开关打造可编程架构的前景)。设计师还应运用抽象思维考虑以完全不同的方法进行更为通用的计算,着眼于随机计算或"几乎正确"的计算,随后就确保向器件研发人员提供有关新器件架构实现所需的功能类型的反馈意见。

### 8.3.6　架构:加强关注新兴的非 IT 应用

　　电子器件的未来主要市场很可能突破传统信息技术(IT)领域,转向汽车、家电、家庭甚至人体的嵌入式应用。但目前的大部分研究仍然着重于传统的计算机芯片应用。低功耗器件、传感器、发射器、接收器和柔性基板等领域的技术突破是该类嵌入式应用的关键,为实现这一目标,还需要进行更多的纳米结构研究。与此同时,随着纳米电子器件的普及,还需要加强了解纳米电子元件对环境的影响。这些非 IT 应用各有要求(例如,高温、超低功耗、生物环保包装等),研究工作必须从一开始就聚焦最终应用,而不是仅仅关注改进传统环境中的计算能力或存储器等一般问题。

# 8.4　科技基础设施需求

要实现 8.3 节中所列的目标,用于原子尺度制造、表征和有源结构建模的低成本且随时可用的工具是进行纳米电子和纳米磁性研究的基本需求。在制造方面,将可靠图形化精度推进至 1 nm 的能力至关重要,可能需要一组工具来整合自上而下(光刻)和自下而上(自组装)技术。在表征分析方面的基本需求是能够测量原子层静态结构(垂直和横向)的工具以及能够在实时分析该类结构生长和图案化的工具,目的是更好地了解和控制材料生长动力学。除此之外,单载流子输运动力学、自旋进动、磁性和铁电畴重新定位以及一系列其他材料状态转换的分析能力也将随选择状态变量的探索而日益重要。在建模方面,加大力度研发可将第一原理模拟原子尺度扩大至宏观规模、器件(和电路)相关结构是主要目标。最后,这些领域的基础设施和工具开发不仅应该着重于实验室中"单一器件"的解析工具,还应关注将该类工作扩大至"十亿器件"的工具,从而实现成本效益的纳米制造。这一切并不仅仅局限于扩大制造工具,还包括寻找用于监测和控制内联制造过程关键参数的高效的非破坏性表征技术,以及开发能够加快产品开发中的器件和电路设计、同时又不损失精确度的多尺度建模工具。

尽管所采用的材料数量逐年递增,但仍然以无机半导体、金属和绝缘体为主,包括日益增加的铁电、铁磁甚至是多铁性材料。因此所需要的工具与美国国家纳米材料制造和表征设施(包括大学、NIST 和 DOE 国家实验室用户设施)目前提供的工具相差无几。美国国家纳米技术基础设施网络(NNIN,http://www.nnin.org/)是这方面的一个典范,但其所支持的全美国设施数量以及自身工具更新仍有待大幅提升。NNIN 设施大部分建于 20 世纪 80 年代和 90 年代,主要用于微电子产品研发,因此在纳米电子时代已嫌陈旧。此外,NNIN 目前的投资模式大部分仅侧重于最初设备购买,依靠向用户收费来回收运营成本,对于许多现代仪表设备来说是不适用的。这些设备动辄耗资 500 万~1000 万美元,通常每年仅保修费用就高达设备价格的 10%;此外还要加上负责设备操作和维护的人员费用。由于用户收费需控制在普通资助和天使基金所能承受的范围内,特别是对于大学研究人员或创业公司,因此这一持续经营成本中的大部分应纳入 NNIN 计划。

大学中的设备投资应侧重于有效制造纳米器件所需的日常工具。虽然 NNICN 的国家实验室以及少数几所大学拥有该类设备,但却无法根据需要随时指派研究生前往这些设施或在建造复杂结构需要延长时间时移居该地。研究生们与自己的教授和同学一同进行日常研究将更为实际,因此扩大 NNIN 机构覆盖范围至关重要。日常研究所需的工具不仅包括制造工具,如先进的电子束、纳米压印光刻技术和集成设备,还包括像差校正透射电子显微镜和纳米聚焦离子束(FIB

仪器等表征设备。如果需要来回移动位置以测量每个过程阶段结束后的结构,精度低于 1 nm 的光刻和蚀刻设备将无法胜任工作。随着人们对磁特性研究的日益关注,先进设备将逐渐成为磁力测定、磁力显微镜以及磁场易感性和输运研究的必要条件。最后,加大对实验装备开发的扶持力度,在某些情况下还需要与设备供应商建立协作,这种情况在以 International Technology Road for Semiconductors (ITRS)(《国际半导体技术发展路线图》)为指引的半导体行业中十分常见。各大院校支持新设备开发的重点应放在通过技术突破能够打造全新创新平台的领域中,如保真度、精度和能力更高的晶圆级定向自组装(用于非常规结构)以及用于评估结构质量的度量设备,实现这些技术的制造是这一切的最终目标。

国家实验室还应该对世界级用户设施进行持续投资。该类设施不仅可作为不同地理区域的上述枢纽设施,还应着重于仅用于非常规专业测量和/或成本过高而无法在不同地点进行维护的大型个性化工具。NIST 中子源以及各种 DOE 光源更是很好的例子,其他实例包括 NIST 研发任务中的尖端实验度量工具。持续投资该类设施及其高成本效益的应用对于推进纳米电子器件前沿来说至关重要。

最后,纳米电子器件还将继续依赖于先进的建模和模拟工具,因此 nanoHub (http://nanohub.org/)等资源仍至关重要。这些资源中有许多已经纳入 NSF 的初步多年投资计划,随后将实现资金自给,而 NSF 或其他政府机构的持续投资能够更好地确保其获得充分扶持,保持尖端水平,并为所有研发人员所用。

## 8.5 研发投资与实施策略

随着研究的深入,我们必须从头开始全面考虑问题,例如要求电路和架构专家积极参与材料和器件的早期研究,因此,资助虚拟中心的大型可持续性多学科团队对于了解如何有效利用新现象来说更为重要,这些团队将为了实现下一个技术突破而共同努力。例如,在项目启动时联合材料科学家、物理学家、器件设计师、建模师以及电路和系统设计专家,无疑将能够针对新器件是否真正能够与 CMOS 相媲美提供更现实的评估。为提高工作效率,这些虚拟中心必须任务明确——即使是基础研究,工作组必须作为团队进行工作,而不仅仅是一众研究人员的累加。建立团队时,邀请特定领域(往往需要具有地理分散性的多机构团队)中最出色的研究人员与建立最有效的合作(在单一机构中往往更容易实现)同等重要。这一点可通过提供充足资金为每位主要研究者(PI)配置至少 2～3 名学生或博士后、为每所大学至少配置 2～3 位主要研究者来实现。这一模式能够确保虚拟中心集思广益,并保证每所大学都有一定数量的合作者。加入虚拟中心的大学总数将取决于项目范围和所需的学科数量。

有些小型高风险项目只有 1～2 名新领域主要研究者参与,随着鼓励跨界创新工作的日益重要,加大该类项目的投资力度也将成为必需。这些项目常常被忽视,尤其在同行评审过程中,但其极有可能实现技术突破,推动未来更大规模的研究。投资小型项目时,一定要与大型研究中心区别对待,不要使其承担额外的非研究目标,这一点非常重要。教育、扩大范围和广泛影响等要求应纳入大型研究中心的任务范畴,而小型项目则只需专注于研究本身,使研究小组实现其最大价值。

无论研究项目的规模大小,都应加强大学和业界研究人员之间的互动,基础研究也包括在内。至少要强化业界科学家在评估新建议中的作用,尤其是纳米电子器件和纳米磁性器件领域,因为在不了解现有生产技术的实际需求或当前状态的条件下,学术界通常无法对其进行正确评估。纯学术同行评审过程中还存在一个内在冲突,那就是专家之间存在竞争关系以争取科研经费。由于收紧预算将引发各机构产生高风险厌恶情绪,往往会导致投资结果缺乏创新,而仅仅停留在改良建议层面。对更有可能改变游戏规则的领域来说,行业可作为推动研究的催化剂,因为这些领域不太可能选择改良研究,在自己的领域内更能发挥其优势。真正的协作不仅仅只是提案审查,而应涉及真正的人才交流,例如研究生花时间在工业环境中或业界研究人员受委派在大学实验室协助工作。如此不仅能促进资源共享,更重要的是还能促进专业知识共享。例如,如果大学在不知道是否可实现实际制造的前提下进行器件研究,会造成时间和金钱的双重浪费;另一方面,为方便起见业界有时会采用试错方法,这种方法可大大受益于学术研究视角提供的资料。

最好的研发合作关系由政府、大学和行业三部分构成,各自发挥其优势。纳米电子研究倡议(NRI)便是一个实例,多次美国的"国家纳米计划(NNI)"战略报告给予其高度评价。NRI 已成立四个区域中心,用于在全美国范围进行后 CMOS 器件研究。各中心从总部所在地的主要州级机构(有时为市级)获取大量资金,行业内部和 NIST 也为此贡献力量。此外,NRI 还为现有 NSF 纳米科学和工程中心个别项目联合筹资。虽然行业资金本身小于政府资助(约占总资金额的 20%),但是足以确保行业与各研发中心积极合作,不仅能参与 NRI 中心的建议选择过程,而且还能够向大学和 NSF 中心派遣相关人员,同时邀请研究生到成员公司实习并在毕业后成为永久员工。尽管其任务具有长期性,但这种合作方式创造了一个以目标为导向的基础科学研究计划,由此加速了器件相关科学的发展步伐,并将加快技术向公司的转移,最终实现商业化。

真正的政府-大学-行业(GUI)创新中心是一种新模式,将进一步推动这一合作的发展。在美国,GUI 很可能会设在美国能源部国家科学资源中心(NSRCs,http://www.science.doe.gov/nano/)、NIST Nanofab(http://cnst.nist.gov/nanofab/nanofab.html)或学术行业混合研究机构,如奥尔巴尼纳米技术研究中心。其他国家也有类似的设施可以利用。GUI 主要由联邦机构出资,由行业内部承担一小部分成本,并由主要实验室提供设施支持。这一模式将聚集一小群学术界、业界和政府机构的研究人员,集中力量解决特定的纳米电子器件"硬问题"。为尚无解决方案的技术扫清阻碍,其进步的障碍是我们的一大挑战;要求在工艺和材料的认知、预测和控制方面取得基本进展,在此基础上进行概念证明演示;需要由约 10~15 名研发人员组成的多学科小组实现,研究工作将持续 3~4 年;以国家实验室促进美国的创新研究并提升产业竞争力的使命为基准,并依靠实验室的专业知识和设施能力;如果研发成功,将通过创建全新创新平台发挥重要的潜在经济影响,并确保行业某一重要产品领域的进步。以研发低功耗室温多铁性材料为例,该项研究的目的是实现磁畴和/或自旋的电气操纵,或研发一种大面积双层石墨烯,用于演示室温下超低能耗器件和互连应用的激子凝聚。

该类合作的关键在于各方根据自有资产来贡献自身力量:例如,联邦机构为基础研究提供了大部分资金;州政府提供基础设施支持,包括校园内的研究设施以及邻近校园的孵化器实验室和科技园,以鼓励新技术的快速推广(和经济发展);行业内提供了足够的资金以保持其参与能力,更重要的是促进工作人员在研究过程和技术转让中的积极参与和引导。

虽然上述各种合作模式和多学科研究方法始终具有一定重要性,但随着纳米电子学与其他应用领域的不断融合,在未来十年中该领域的发展形势将日益紧迫。例如,纳米传感器将被部署在越来越多的不同环境中,由此出现对纳米电子器件的新要求,这些要求必须贯穿研究始终;RFID 标签必须具有灵活、牢固、能源收集和成本低廉的特点;用于检测有毒气体的化学传感器(无论是在工业环境还是在时代广场)必须不断提高灵敏度,不仅如此,还要不断提高感知目标分子的准确性;嵌入人体的传感器必须能够耐受化学环境,测量、记录和传输所需信息,并对生物系统本身完全无害。多学科研发小组专注于基础科学研究特定系统上和应用领域,平衡这些日益增加(往往相互冲突)的要求将推动该类小组增加投资的需求。

# 8.6　总结与优先领域

在纳米电子和纳米磁性器件方面,研发重点必须继续放在增加每美元实现的功能上,旨在改进现有产品并开拓全新产品领域。实现这一目标的主要障碍不仅仅是缩减器件尺寸,还必须减低器件功耗以增加功率密度并控制结构变化,使大规模集成得以实现。鉴于这一点,未来十年优先投资重点应放在实现以下六大目标上:

- 制造:实现低维材料的三维原子水平控制;
- 制造:结合光刻技术和自组装将半任意结构的精度推进至 1 nm;
- 器件:开发超低能耗逻辑和存储所需的器件;
- 器件:探索用于存储、逻辑和新功能的自旋技术;

· 架构：整合架构和纳米器件研究，实现独特的计算功能；

· 架构：加强关注新兴的非 IT 应用。

进行这些优先工作时，必须平衡基础科学和材料研究（对于推进当前技术并发现新的纳米电子探索领域所需的技术突破至关重要）与将这些发现纳入现实产品和未来创新并实现最终目标这两者之间的关系，这一点十分重要。必须在研发团体之间以及学术界和行业实验室之间建立更紧密的联系，以确保使大规模制造的相关问题成为研究过程中不可或缺的一部分，减少多年研发工作后出现意外状况的可能性。日益多样化的纳米电子器件应用潜力要求各研究领域之间更紧密地结合，包括医学、能源、传感器以及改善我们的生活并保护地球环境的整个"智能"产品和基础设施领域。特别值得注意的是，研发人员从一开始便要从整个系统角度出发考虑，而不能仅局限于单个器件或材料，使应用推动研究工作向最有效的方向发展。这种跨学科的系统方法以及研究和制造领域更密切的联系应促进新技术（包括无法预测的衍生技术）从研究实验室向开发和制造领域的加速转移。

# 8.7　更广泛的社会影响

可以说，在过去 50 年中，纳米电子学无疑已经成为主要的经济驱动力。据估计，IT 生产和密集型 IT 行业目前占美国国内生产总值（GDP）的四分之一以上，推动着美国 50％的经济增长[73]。这一显著影响很大程度上来自于半导体芯片的逐年缩小以及由此带来的功能/美元比率提高，因此寻找能够继续推动这一经济引擎的纳米电子器件成为一项迫切需求。与此同时，未来纳米电子半导体对于解决当今社会所面临的其他重大挑战来说将是至关重要的。

例如，低能耗器件将有助于解决全球面临的许多能源相关挑战。首先，改用低能耗器件能够大幅降低 IT 系统能耗，如日益增加的数据中心，2006 年这些中心的用电量占美国用电量的 1.5％，并且有可能在五年内翻一番[74]。尽管过去在效率方面已经取得了巨大进展，目前晶体管的开关能耗量仍高达理论下限的 10 000 倍[27]，这意味着效率仍有很大的提升空间。其次，半导体芯片使目前几乎所有节能增效解决方案得以实现。这些芯片将纳入用于监视和控制的高级传感器，覆盖范围从小家电延伸到"智能建筑"，并将成为智能电网的核心，用于跟踪智能高效的发电、输电以及全美国范围内的能源使用[75]。据美国委员会最近的一份《高效节能经济（2009 年）》报告估计，至 2030 年广泛实施半导体技术进行节能增效可以为美国节省 1.2 万亿千瓦小时能源并减少二氧化碳排放 733 MMT。最后，继续缩减器件尺寸对于高性能计算（HPC）来说非常重要，该类设备是了解能源解决方案基础单元和现象的重要工具，包括复杂的纳米催化剂、燃料电池组件以及地质尺度封存过程中的碳运输。

在过去十年中,HPC 一直在背后支持着几乎所有主要的科技进步和创新,不仅是能源方面,还包括材料科学、工程、生命科学、气候和环境以及国防和安全。尤其在生物学领域,人类基因组的序列分析可以说是计算技术所取得的与医学科学同等的又一大成功。增加计算能力对推进微生物学和化学发展来说至关重要,如从蛋白质折叠研究到新药物的发现。

除了计算能力的提升外,生物工程界还在不断开发可植入体内进行连续健康监测的新仪器和传感器。许多该类传感器需要复杂的控制电路、电源以及发送/接收模块。纳米电子学技术承诺在更小的器件中实现更多功能,使体内传感器的复杂性日益增加。目标应用包括新的给药和 DNA 测序形式、使用半导体量子点标记生物分子以及其他细胞和分子水平的纳米执行器和传感器。通过为医疗服务提供者提供新的诊断和治疗方案,纳米电子学在不久的将来无疑将对医疗实践产生深远的影响,并将成为生物技术领域强有力的增长动力。

日益普及的移动电子设备和高速接入将改变我们的社会乃至全球互动的整体性质。在未来十年中,全世界大多数人将通过基于 Web 的传统界面持续获取全球和彼此信息,并将越来越多地采用各种形式的虚拟化和增强现实,这一点是可以预见甚至不可避免的。这一切将加快向一系列远程技术的过渡,包括更多远程业务交互、更多劳动力全球化、更多远程娱乐传递、法律指导、教育以及医疗等(包括外科手术)一度被认为无法进行"外包"的服务。由于个人希望充分利用网络世界同时保护自己的敏感信息,信息接入的普及将继续提高对隐私的关注。这将不可避免地引发社会对"隐私"和"公共"信息的重新定义,并为可以接受的互动制定新的文化规范,通过提高在线互动的全球性、多文化性、多民族性和多宗教性使其更为人性化。试想一下,如果实时的自然语言翻译能够为所有人使用(如果不能在未来十年内实现,则将在其后十年实现),全球互动将加快到何等境界。所有这些变化无疑将为目前的企业商业模式以及国家经济模式带来一系列新的挑战,这两者既要尽全力充分利用由真正全球范围内可访问的信息、劳动力和供应链带来的大量新机遇,同时还要保持自身竞争优势及其员工和公民的福利。

## 8.8　研究成果与模式转变实例

### 8.1　纳米磁性器件

联系人:S. Wolf,弗吉尼亚大学

磁场交换 MRAM 无法良好地缩减至约 90 nm 以下,原因在于比特的写入需要通过两条垂直线(字和位线)产生一个磁场,随着比特尺寸的缩小,必须增加磁各向异性能量以保留存储信息,从而导致写入电流增加-反向缩减(图 8.3)。因此,

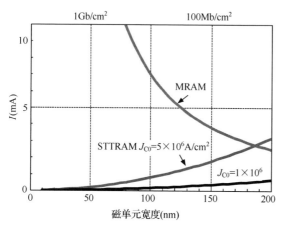

图 8.3　MRAM 和 STTRAM 的写入电流缩减
趋势对比（Wolf 等[76]）

必须进一步完善前文所述的自旋扭矩转换开关。如果能够将开关的电流密度降低至 $10^6$ A/cm² 以下，新 MRAM（STTRAM 或 STMRAM，取决于开发者）将能够实现完美尺度变换（图 8.3）。为了实现这些目标，需要对新磁性材料和新型结构进行大量研究。然而，该研究一旦成功，STTRAM 将成为一种通用存储器，最终取代大多数或所有现有的半导体存储器技术（表 8.1）。此外，还有其他一些独特的方式可将 MTJ 用于新型存储器，如赛道内存[21]，这些方式的实现需要

表 8.1　记忆体技术性能对比

| | SRAM | DRAM | 闪存（NOR） | 闪存（NAND） | FeRAM | MRAM | PRAM | STTRAM |
|---|---|---|---|---|---|---|---|---|
| 非易变性 | 否 | 否 | 是 | 是 | 是 | 是 | 是 | 是 |
| 单元尺寸（$F^2$） | 50~120 | 6~10 | 10 | 5 | 15~34 | 16~40 | 6~12 | 6~20 |
| 读取时间（ns） | 1~100 | 30 | 10 | 50 | 20~80 | 3~20 | 20~50 | 2~20 |
| 写入/擦除时间 (ns) | 1~100 | 50 / 50 | 1μs /10ms | 1ms /0.1ms | 50 / 50 | 3~20 | 50/120 | 2~20 |
| 耐久性 | $10^{16}$ | $10^{16}$ | $10^5$ | $10^5$ | $10^{12}$ | $>10^{15}$ | $10^{10}$ | $>10^{15}$ |
| 写入功耗 | 低 | 低 | 极高 | 极高 | 低 | 高 | 低 | 低 |
| 其他功耗 | 漏电 | 刷新电流 | 无 | 无 | 无 | 无 | 无 | 无 |
| 是否需要高压 | 否 | 2V | 6~8V | 16~20V | 2~3V | 3V | 1.5~3V | <1.5V |
| | 现有产品 | | | | | | 原型机 | |

资料来源：Wolf 等[76]。

计磁畴壁和畴壁运动的认知进行大量研究。事实上,目前已经有一类 MRAM 能够利用可移动磁畴壁将信息写入自由层。这一过程还涉及自旋扭矩,但磁畴壁驱动方法的细节仍有待进一步的科学研究。

未来十年,另一个极具潜力的目标是信号产生和探测用自旋扭矩纳米振荡器的开发。这些振荡器的调谐范围极宽(多个八度),但需要大磁场来达到最高频率(近 100 GHz)。理论上,这些振荡器可以使用内部或交换磁场,但这一理论尚未得到证实。有关该类振荡器的潜力和局限性的深化研究将最终决定其实用性。

磁性元胞自动机是最近的一项研发成果,是一种潜力极大的超低功耗逻辑范式[77]。这些结构利用纳米磁铁之间磁性、偶极和交流耦合的集体性质进行低功耗转换和信息传递。最近提出的一些结构利用铁电/铁磁界面的铁弹耦合来控制铁磁体的易磁化轴方向,并提供了一种在运行中重新配置磁性元胞自动机阵列的方法[76]。重新配置阵列的能力还使阵列非常规律,并能服从于自组装技术(请参阅第 8.4 节)。

如果半导体自旋电子学成为非磁性半导体经典电子器件的潜在补充/替代产品,则必须开发或证实坚固耐用的高居里温度稀磁半导体。此外,半导体中的单自旋已成为量子信息处理的量子比特的潜在来源之一。特别值得一提的是,金刚石中的氮空位(NV)中心是极具潜力的自旋量子比特,但仍然需要进行大量研究来控制这些“缺陷”的位置及其相互作用[78]。

## 8.2　自旋转移扭矩产生新的纳米磁性技术

联系人:Dan D. Ralph,康奈尔大学

纳米器件的制造能力将允许使用最近发现的自旋转移扭矩机制对磁性元件的方向进行高效的电控制,这一能力将推动新磁技术的产生。这一新技术可以向磁体施加转矩,这种方法的每单位电流比依靠磁场的旧方法强百倍。这种创新型磁控制正在迅速发展,新的磁记忆技术以及用于信号处理的高频器件也将由此产生。

自旋转移扭矩的理论基于每个电子都具有内部自旋和电荷这一事实。在大多数现有电子技术中,自旋并不影响器件功能,因为当电子穿过金属或半导体时,自旋轴可以随机重新调整,如此平均来看,长度尺度超过数百纳米时将不保存自旋方向。但是,凭借 100 纳米以下器件生产的最新进展,现在已经能够开发出利用自旋极化电流来保持清晰自旋轴的新技术。

自旋转移矩的实现利用了由纳米级厚度的磁性和非磁性材料堆叠构成的器件(图 8.4),电流将垂直流入堆叠层。操作的第一步是调整流动电子自旋轴的方向,使其平均自旋指向同一方向。可通过迫使电子穿过第一层磁性材料完成这一步,该层作为过滤器,可使电子自旋方向与其磁化方向相一致。这些自旋极化电子然后将流经非磁性间隔材料,直到其达到第二个磁性层。只要间隔层的厚度小于

约 100 nm,电子的自旋方向便可以通过间隔层保存。当到达第二磁性层时,自旋极化电子将经历第二阶段的自旋过滤,在这个过程中,它们可以将部分自旋传递纟第二磁性层,从而施加足够强的转矩来重新调整该层的磁化方向。根据器件的ì计,这一转矩既可用于在两个不同角度之间转换第二层的磁性取向,也可用于激活磁性层的动态状态,在该状态下其磁化强度进动至千兆赫频率。

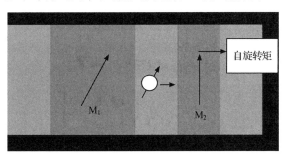

图 8.4　磁性层自旋过滤所产生的自旋极化电子可对下游的第二磁性层施加强大的
转矩(由 D. Ralph 提供)

自旋转移矩的第一理论预测于 1996 年提出[79],并在 2000 年[21]进行的首批纟验中证实了这一转矩足以产生磁性开关。在以后的十年中,这一结果的相关科和技术发展十分迅速。大型公司(日立、海力士、英特尔、IBM、美光、高通、索尼、芝)和创业公司(Avalanche、Crocus、EverSpin、Grandis、MagIC、Spin Transf Technologies)都制定了积极的开发计划。有多家公司已经证实了多兆位随机取存储器电路的可行性,其中自旋扭矩用于写入和擦除磁信息。这些记忆体能提供速度、低成本、高密度以及无磨损等卓越性能,除此之外还具有非易失性(可电源关闭时保存信息)等额外优势,可以最大限度缩减其器件尺寸以实现硅处玛任何一种基于硅的存储器都不可能同时具有这些优势(图 8.5)。

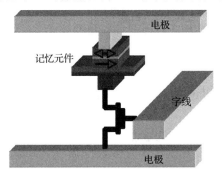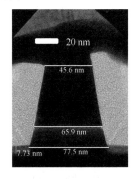

图 8.5　自旋转矩存储器电路原理图,以及 40 nm 宽存储元件的截面图
(图片由 IBM 公司的 Daniel Worledge 提供)

虽然各大公司对最新进展都有所保密,首批商用自旋扭矩存储器产品有望在2～3 年内面市。这些产品的最初目标预计将为专门应用,例如取代由电池供电的SRAM 以及为航天设备提供抗辐射非易失性存储器。随着公司技术发展的日渐成熟,自旋扭矩存储器将有望延伸至更大的市场,以微处理器中的嵌入存储单元为特别侧重点,旨在提高其性能并降低功耗。如果在这方面取得成功,自旋扭矩存储器每年可能为半导体存储市场赚取数十亿美元。

其他自旋扭矩器件也将带来全新类型的技术。基于自旋扭矩激发磁性层动态旋进状态的能力[80],将有望实现仅有几纳米大小且频率可调的微波信号源。相较于现有技术,自旋扭矩器件在微波探测和高速信号处理功能方面也更胜一筹。开发这些能力的研究目前正在进行中,目的是为短距离芯片到芯片通信和其他应用制造基于自旋转矩的微波源和探测器。

### 8.8.3　高性能电子器件在碳纳米管中的应用

联系人:J. Appenzeller,普渡大学

基于碳纳米管(CNTs)的许多不同应用已经得以探索,在此前提下,本节将主要针对主要成就、关键应用以及高性能电子器件领域(笔者认为以最有前景的方法利用了碳纳米管独特方面的领域)所面临的挑战进行评述。以下各节将着重讲述未来纳米电子器件的关键组成部分——低功耗高速开关与碳纳米管。

#### 1. 主要成就

**弹道输运**:散射事件通常会阻碍凝聚态物质中的电子输运,最终限制常规场效应晶体管(FET)应用的开关速度。在理想情况下,弹道输运可实现无散射输运是高性能器件应用的最理想条件。据笔者所知,碳纳米管是唯一一类能够在室温下进行弹道输运的材料[81-84],这是由缩小后向散射相空间而导致。碳纳米管作为"天然"的超薄体沟道这一属性和事实是下一节中所讨论的高性能器件的关键要素。

低功耗应用潜力

· 带间隧穿晶体管:降低电源电压是降低电子器件功耗的最有效方法。在理想情况下不需要牺牲开启状态下的性能。带间隧穿晶体管(T-FET)这一器件概念引起了世界各地参与这一任务的众多研究组的讨论。碳纳米管是第一种经实验证明 T-FET 确实可以在远低于 60mV/dec 的反常亚阈值斜率下工作的材料[85]。图 8.6 举例说明了其工作原理以及栅极电压对能带结构的影响。详细的模拟工作进一步突出了碳纳米管在超低功耗器件应用中的潜力[86,87]。

· 量子电容限制下的操作(一维):碳纳米管(在室温下理想实施的一维系统)可以在所谓的量子电容限制(QCL)下工作的这一重要发现为上述方面提供了进

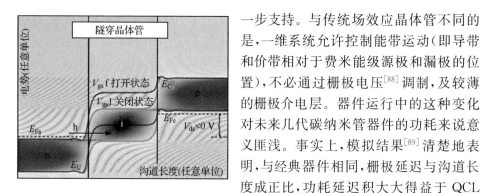

图 8.6　p 型 T-CNTFET 在开/关状态下的导带和价带。从源向空穴注入足够的负栅极电压[85]

一步支持。与传统场效应晶体管不同的是，一维系统允许控制能带运动（即导带和价带相对于费米能级源极和漏极的位置），不必通过栅极电压[88]调制，及较薄的栅极介电层。器件运行中的这种变化对未来几代碳纳米管器件的功耗来说意义匪浅。事实上，模拟结果[89]清楚地表明，与经典器件相同，栅极延迟与沟道长度成正比，功耗延迟积大大得益于 QCL 机制。由于量子电容与沟道长度 L 成正比，但不受栅氧化层厚度 $t_{ox}$ 影响，更短的沟道长度将转化为较小的总电容——这一结果通常是所需的较薄栅氧化层补偿，以防止成比例增加的场效应管发生短沟道效应。这意味着相较于传统的同类产品，一维碳纳米管场效应晶体管（如果比例适当）功耗将大幅降低。

**环形振荡器**：除上述器件相关的重大成就外，碳纳米管领域电路实现方面最关键的技术突破当属单个碳纳米管上 5 级环形振荡器的实验实现[90]（图 8.7）。实验演示不仅表明 CMOS 型架构可与碳纳米管结合，还表明金属栅极的功函数调整是调整碳纳米管场效应晶体管阈值电压的一个选项。

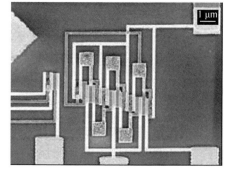

图 8.7　CMOS 型 5 级环形振荡器在单个碳纳米管中的实现[90]

2. 主要应用领域

低功耗电子学：上述研究成果表明碳纳米管是弹道导弹的一维导体，可在量子电容限制下工作，并可用来创造带间遂穿晶体管等新器件，这些成果是作者对碳纳米管在低功耗器件应用中的特殊效用进行总结的理论基础。在未来几代器件和电路中结合碳纳米管的固有优点无疑将是最有利的应用领域。

终极 CMOS：由于体积超小并具有出色的输运特性，碳纳米管还将进入超小型 CMOS 应用。目前（2010 年），虽然沟道长度小于 10 nm 的碳纳米管场效应晶体管仍缺少实证，但研发人员确信碳纳米管能够缩减至这一沟道长度，同时还能保持长沟道型器件特征。理想的静电条件可有效抑制短沟道效应。

### 3. 主要挑战

密集排列的碳纳米管阵列:为实现上述所有电子应用,仅使用单个碳纳米管是不够的,而必须使用大量碳纳米管组成并行阵列,且间距约为 10 nm。密集的半导体碳纳米管阵列将能够获得所需的电流,传统电路通常要通过调整单个器件沟道宽度才能达到这一目的。为了利用"极少数量"碳纳米管在不损失性能的前提下恢复这一宽度缩小,高密度碳纳米管填充是非常可取的,尽管该领域已经取得了巨大进步,但尚未达到最高水平。因此,需要通过对纳米管直径和手性的控制合成来改进并进一步创新,从而促使密集型碳纳米管阵列的形成。

低功耗电路实现:要超越设备级和简单电路实现的演示,开发基于碳纳米管独特的隧穿特性的新型低功耗电路是一个必要条件。由于迄今为止我们还未明确寄生效应和互连会对未来碳纳米管电路的整体性能产生何等影响,在这一背景下深化碳纳米管的研究显得尤为重要,目的是使未来高性能低功耗的电子应用成为现实。

## 8.4　石墨烯电子器件

联系人:P. Avouris,IBM

石墨烯领域仅有不到五年的历史,其基本认知尚不完整。例如,散射机制的性质仍存在不确定性,而这一点却决定着石墨烯中的电学输运。石墨烯与绝缘基板和金属触点之间的相互作用性质仍未得到良好的理解。

射频器件便是一个明确的石墨烯应用途径。其优势不仅在于能够实现极高的工作频率,从而实现通信和成像领域的新应用,而且还有可能采用更简单和更低成本的制造技术,而这正是目前 III～V 半导体技术所需要的。为达到这一目标,需实现一些进展,尤其是石墨烯合成。我们十分有必要开发大规模的石墨烯生长技术(用于 8～12 英寸的晶圆)。目前,合成石墨烯的同质性不足,而且尚未实现大面积(晶圆级)的严格层厚控制地区。结构缺陷和杂质未实现完全控制,而且其对石墨烯电气性能的影响也尚不明确。因此,我们必须要开发用于测量大规模同质增长、流动性和样品纯度的诊断技术。这可能需要各种现有技术的集成,例如,将电子显微镜、干涉测量和拉曼成像集成在单一仪器设备中。

研发化学气相沉积(CVD)法来取代昂贵的碳化硅方法是十分好的选择。铜表面化学气相沉积法尤其有望实现,因为铜不溶解碳,因此石墨烯的生长将自我限制在单层水平。铜基板的溶解可利用卷对卷技术将石墨烯转移到聚合物基板上,然后石墨烯可用于需要透明导电电极的应用,如光伏发电和显示器[91]。进一步纯化以去除掺杂物可确保这一方法在器件应用中的使用。

自由态石墨烯中的载流子具有非常高的迁移率,栅绝缘膜上的沉积——通常为无机氧化物,如二氧化硅、二氧化铪和三氧化二铝——会大大降低这一迁移率。因此需要在石墨烯和这些氧化物之间插入间隔层来促进适当成核并防止退化[92]。

另一个需要注意的领域是器件的热管理。由于石墨烯在范德华力的作用下与基板相结合,导致声子流和功耗不畅;其结果导致石墨烯器件中电流的自加热现象十分严重[93,94]。

器件架构有望取得进展。器件缩小和寄生效应最小化将大幅提高性能,尤其是功率增益。此外还需要高击穿阈值的高 K 电介质。这种电介质还可通过施加较强的电场在双层石墨烯中打开较大的带隙。该类器件可用于数字器件,还可作为太赫兹发射器和光电探测器。

石墨烯的光电应用十分需要增加光响应。这可能需要采用带分隔层的多层组装以最大限度地减少电流屏蔽效应、与硅波导集成或等离激元增强。

### 8.8.5　异质纳米线器件

联系人:T. Picraux,桑迪亚国家实验室综合纳米技术中心(CINT)

在过去二十年中,基于平面技术的硅微电子领域在引进新材料的基础之上取得了重大进展,与此相同,纳米材料合成方法也将为先进器件的探索开辟新类型的电子质量非均质材料。半导体纳米线的自下而上组装为开发新材料组合并实现电子和光电子学开辟了道路,这是传统平面处理所无法实现的。实例包括基于气液固技术的硅、锗、砷化铟、磷化铟镓、氮化铝镓、氧化锌和其他半导体纳米线的 CVD 生长。可以对这些结构在核-壳和轴向异质结构形态下的单晶组合(图 8.8)合成获得新的能带偏移和应变诱导能带调制,构造出过去无法想像的能带工程器件结构。

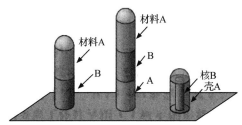

图 8.8　显示生长过程中纵向和径向引入的不同材料结构异质纳米线生长

这些纳米结构缺乏横向约束和应变共享,意味着其制造过程可以消除应变和失配位错,为高性能电子和光电器件开创新机遇。以硅-锗轴向异质结构隧穿场效应晶体管为例,该晶体管的性能优于采用自上而下同质化器件(驱动电流更大且亚阈值斜率更佳)。其他可能性包括带有逻辑和存储器的集成发光器件和探测器,及基于自旋的新器件。虽然该类材料的生长方法已经确立,但针对新的异质材料组合和器件的可控器件结构和电学掺杂仍有待探索。

为探索这种新的异质纳米器件,纳米科学必须解决一项重要挑战,即开发新方法以实现这些结构与硅晶圆、三维柔性电路或其他器件平台的集成(可参阅第 3 章),为大型异质器件阵列实现高可标注和重复结构的方法将成为其实际应用的核心。为此,必须进一步开发新方法,以将自下而上和自上而下制造集成大规模高复制阵列。为器件架构开发新方法、进行新的工艺组合以改善图案化以及将器件集成成为整体结构是纳米科学所面临的重大挑战。

### 8.8.6　用于计算的仿生智能物理系统

联系人:Kang Wang,加利福尼亚大学洛杉矶分校(UCLA),美国

纳米科学和纳米工程学为新特性和改良材料提供了保证。然而,这些新潜力同时也为我们带来了大量挑战。继目前以 CMOS 为主的电子器件之后的新一代电子系统将采用完全不同的概念,其目的是推动信息系统突破 CMOS 的尺度限制。利用新纳米级物理概念和属性的智能物理系统是其中的可能成果之一。

我们目前对自然界的认识中缺乏有关所有生物系统中明显的复杂性演化的有效说明。可对具有无限相关长度的纳米系统的自组织临界性(SOC)进行探索以了解智能的出现,还可借此了解并解决一些最高度互动性的复杂问题。这一方法如能实现,将会出现一种超越现有计算机的全新信息处理模式。这一新处理能力可用于了解一系列复杂问题,如生命系统的复杂性、人类智能的性质以及复杂的物理世界和社会问题。除此之外,这一能力还可广泛用于许多应用,如自主系统、复杂问题决策(例如财政)、改进军事接触中的态势感知和决策支持、互联网流量管理、地震预测及其他领域。新的研究方向应以 SOC 及其属性研究以及利用 SOC 进行信息处理为主。

# 8.9　来自海外实地考察的国际视角

### 8.9.1　美国-欧盟研讨会(德国汉堡)

小组成员/参与讨论者

Clivia Sotomayor Torres(联合主席),纳米科学与技术研究中心,西班牙

Jeffrey Welser(联合主席),IBM 公司,美国

J-P Bourgouin,CEA,法国

D. Dascalu,IMT 公司,布加勒斯特,罗马尼亚

Jozef Devreese,安特卫普大学,比利时

M. Dragoman,IMT 公司,布加勒斯特,罗马尼亚

Mark Lundstrom,普渡大学,美国

A. Mueller,IMT 公司,布加勒斯特,罗马尼亚

E. Nommiste,塔尔图大学,爱沙尼亚

H. Pedersen,EC,比利时

M. Penn,Future Horizons Ltd. 公司,英国

John Schmitz,NXP Semiconductors 公司,德国

Wolfgang Wenzel,卡尔斯鲁厄技术研究所,德国

总体而言,此次研讨会进一步强调了前次美国研讨会上提出的优先工作,另外还着重讨论了使用纳米电子器件增加电流的事宜——即所谓的"超越摩尔定律"方法(图 8.9)。欧洲纳米电子学研究策略的更详细回顾可参阅 2009 年欧盟纳米电子学研讨会(FP7 2009)会议记录。

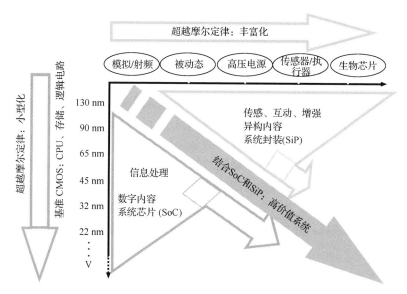

图 8.9　追求替代技术对于实现"超越摩尔定律"的重要性(由 John Schmitz 提供,Reliability in the More than Moore Landscape,IEEE International Integrated Reliability Workshop(IEEE 国际综合可靠性研讨会);2009 年 10 月 18 日;加利福尼亚州塔霍湖。http://www. iirw. org/09/IIRW_keynote_final_posting. pdf)

以下为会议决定的前 10 项优先研究工作——对美国研讨会中制定的六大优先工作进行了扩充,欧盟的补充内容以黑体字表示:

·制造:实现低维材料的三维原子水平控制。

·制造:结合光刻技术和自组装将半任意结构的精度推进至 1 nm,**可借鉴并利用生物学和超分子化学**。

• 理论与模拟：同时发展多物理场和多尺度模型与器件和电路乃至非平衡系统的预测能力。

• 器件：为超低能量耗散的逻辑和存储开发器件，**同时探索低-$k_B T$ 信息过程和随机过程**。

• 器件：探索用于存储、逻辑和新功能的自旋技术。

• 器件：研究用于单个器件和/或功能的声子物理和物理系统噪声，向可靠的电路和系统发展，降低数据传输的开关能耗和能源需求，以达到整体出色的热管理。

• 器件：探索硅生物（硅蛋白和硅分子）界面上的电荷转移和功能，实现纳米级异构集成。

• 器件与系统：加入模拟功能，这是传感器和执行器产品的关键所在。采用新架构概念区分和集成模拟与数字功能或模块，同时满足噪声、线性度和能耗等相关要求。

• 架构：整合架构和纳米器件研究，以实现独特的计算能力**并开发计算信息理论**。

• 架构：加强关注新兴的非 IT 应用。

除了通过"超越摩尔定律"研究来寻找新功能，这些新增的优先工作还特别强调了基础科学研究与更侧重于技术的研究工作的整合。重视从生物界/自然界获取灵感，不仅有利于促进制造技术的发展，还能找出有效的噪音和可变性管理方法，甚至新的计算方法。此外，改进模拟技术的需求也备受关注，包括目前无法良好地缩减尺寸的应用（例如射频晶体管）以及通过传感器和执行器连接至非数字化世界的应用。这一切都要求我们组建跨学科团队，从材料与物理到技术与系统设计（图 8.10），乃至涵盖所有这些领域的建模工具。

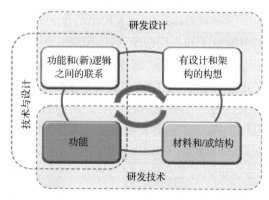

图 8.10　纳米电子学设计和技术之间的关系（摘自 EP FP7 项目 NANO-TEC，
协调员 CM Sotomayor Torres，http://www.fp7-nanotec.eu）

最后,欧盟(在美国研讨会中提出)还将日益关注如何确保这项工作所需设施的可用性这一问题。包括技术和模拟工具在内的科研基础设施政策应降低顶尖纳米电子学研究实验室不断增加的维护成本,从而缩短概念验证和潜在可行技术之间的差距。单一类型的基础设施无法满足所有纳米电子学研究的需求。因此必须从区域和全球角度出发进行协调。

这种跨学科的系统方法以及研究和制造领域更密切的联系应促进新技术(包括无法预测的衍生技术)从研究实验室向开发和制造领域的加速转移。纳米电子学具有极其重要的意义,不仅在过去半个世纪作为世界经济的增长引擎,还在几乎所有主要科学工程学科中发挥着重要作用,帮助解决社会各方面的难题,鉴于此,美国和欧盟研究人员一致认为继续推进研究以及随之而来的产品创新至关重要。

### 8.9.2 美国-日本-韩国-中国台湾研讨会(日本东京/筑波大学)

小组成员/参与讨论者

Ming-Huei Hong(联合主席),NTHU,中国台湾

Stu Wolf(联合主席),弗吉尼亚大学,美国

Masashi Kawasaki,东北大学,日本

Yoshihige Suzuki,大阪大学,日本

Kyounghoon Yang,韩国科学技术院,韩国

Naoki Yokoyama,富士通实验室,日本

Iwao Ohdomari,JST,日本

Tetsuji Yasuda,AIST,日本

Shinji Yuasa,AIST,日本

此次研讨会从多个方面对美国研讨会上提出的优先工作进行了补充,包括用于存储和逻辑电路的自旋电子和自旋扭矩器件,但与欧洲研讨会相同的是,该研讨会对继续开发 CMOS 及其相关器件的"超越摩尔定律"表现出了极大关注,旨在最终实现"超越 CMOS"的器件,如为利用非多值布尔逻辑和神经网络的低功耗电子器件提供所需的纳米共振隧穿二极管(nRTDs)。研讨会还对有关低耗散电子器件的其他几个领域进行了深入讨论,包括超导性和拓扑绝缘体、除电荷和自旋外使用莫特转变的状态变量(即莫特电子)以及轨道自由度(轨道电子学)。相较于前几次研讨会,此次会议进一步提高了对量子信息的关注度,并将其作为研发目标之一(见后文)。除逻辑电路和存储器外,会议还讨论了电子学的其他几个领域,包括光伏电池和电池组等事宜,更为详尽的内容请参照其他会议。

本次研讨会针对未来五到十年的发展制定了 5 个具体研究目标:

- 将 CMOS 缩减至 10 nm 以下;
- 低压 CMOS(0.1～0.3 V);
- 采用非易失性架构的逻辑电路;
- 使用金刚石中的氮空位(NV)中心等新型材料验证 10 个固态量子比特的量子处理器在室温下的工作;
- 验证非布尔型 RTD IC 原型机是否能够在降低 10～100 倍功耗的前提下进行神经形态处理。

解决推动技术逐步成熟相关问题的基础设施需求是会议中引起广泛讨论的另一内容。会议明确强调了对大型综合性中心的需求。主要建议之一是稳定并持续支持需要相当大投资的大型处理/表征设施。此外还强调了继续稳定地向研发中心和大型设施输送科学家、工程师和技术人员的必要性。最后,会议建议为小学到高中的所有学生提供一项激励机制,以支持纳米研究的探索并鼓励他们在未来成为新一代的科学家和工程师。

会议讨论的与整体策略相关的最后一个主题着重强调了两个关键领域:

- 加大工作力度实现研究全球化,使关键成果能够广泛传播,同时使教育工具实现全球化。
- 我们必须确保仍将纳米电子学作为关键技术研究领域,因为该领域为众多其他领域奠定了基础,包括生物医学、能源、信息和通信技术。

## 9.3　美国-澳大利亚-中国-印度-沙特阿拉伯-新加坡研讨会(新加坡)

小组成员/参与讨论者

Andrew Wee(联合主席),新加坡国立大学,新加坡

Stu Wolf(联合主席),弗吉尼亚大学,美国

Michelle Simmons,新南威尔士大学,澳大利亚

Wei Huang,南京邮电大学,中国

Yong Lim Foo,IMRE,新加坡

此次研讨会对芝加哥研讨会中确立的未来十年愿景进行了补充,主要包括三方面:

- 分子电子学的新方法;
- 提高不同材料的集成度,例如锗和 III～V 族在硅上的集成以及无机-有机复合体;
- 加强关注量子信息,包括开发多量子比特的可扩展架构以及耦合光学系统、微波系统和固态系统。

一些细节讨论参见图 8.11,该部分内容摘自 International Technology Road

map for Semiconductors(2009)。

　　此次会议中有关 2020 年目标的讨论以芝加哥会议为典范,验证了实现低维材料的三维原子水平控制这一目标,除此之外还增加了以下内容:除原子级材料的控制和表征之外,整合不同长度尺度的工具来实现快速低成本制造的能力也是未来发展的一大阻碍。在解决方案方面,我们增加了原子级结构受控化学合成的使用这一内容,以石墨烯纳米带和无机纳米线的生长和集成为例进行了讨论说明。会议还就芝加哥会议制定的制造和器件发展目标进行了讨论和验证,在此基础上增加了一项重要目标:探索计算保密通信的量子态。这一目标的壁垒因素包括缺乏能够超越传统计算现行通路、尚不具备传输量子态的能力,以及缺乏多尺度建模和模拟技术。要解决这些问题必须探索不同的架构、整合固态、光纤和微波等方法并开发改良型的建模和模拟工具。

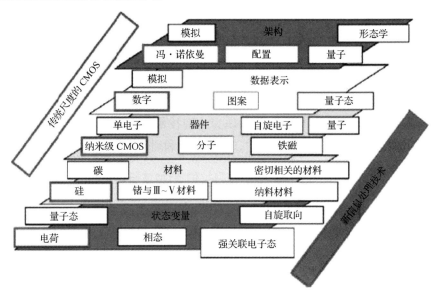

图 8.11　国际半导体技术发展路线图:纳米信息处理器件新兴研究分类法(所列技术项目为具有代表性的项目,并非全部项目)(摘自 International Technology Road map for Semiconductors(2009))。

　　在新南威尔士大学,Michelle Simmons 播放了一张幻灯片(图 8.12),描绘在过去十年中取得重大进展的量子信息处理器的发展历程。这一幻灯片极好地展示了纳米技术新发展。

　　此次会议对芝加哥研讨会的最后一项补充是制定新的全球研发战略,主要强调国际网络的形成以实现优势互补。

量子信息处理的发展

其他竞争技术
……

NMR QC　　　硅 QC　　　超导或QC　　　离子阱 QC　　　光学 QC

实例: 硅量子计算

$^{28}$Si中$^{31}$P供体原子的电子自旋

优势:

- 弛豫时间$T_1$长
- 可与现有市值数十亿美元的硅微电子行业相融合,并且可扩展

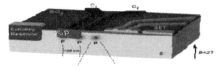

磷原子光刻

挑战:

- 需要利用原子预测使硅与纳米三维表面栅极达成一致
  → 扫描探针和 MBE
  → 定向自组装

精细　　　　　原子

图 8.12　量子信息处理方法(由 M. Simmons 提供)

# 参 考 文 献

[1] G. E. Moore, Cramming more components onto integrated circuits. Electronics **38**(8),114-117(1965)

[2] R. H. Dennard, F. H. Gaensslen, H. -N. Yu, V. L. Rideout, E. Bassous, A. R. LeBlanc, Design for ion-implanted MOSFET's with very small physical dimensions. IEEE J. Solid State Circ. **SC-9**(5),256-268 (1974)

[3] D. J. Frank, Power-constrained device and technology design for the end of scaling. Int. Electron. Devices. Meet. (IEDM)2002 Dig,643-646(2002). doi:10. 1109/EEDM. 2002. 1175921

[4] B. H. Lee, S. C. Song, R. Choi, R Kirsch, Metal electrode/high-k dielectric gate-stack technology for power management. IEEE Trans. Electron Devices **55**(1),8-20(2008). doi:10. 1109/TED. 2007. 911044

[5] S. Sivakumar, Lithography challenges for 32 nm technologies and beyond. Int. Electron. Device. Meet. **2006**,1-4(2006). doi:10. 1109/IEDM. 2006. 346952

[6] B. Wu, A. Kumar, Extreme ultraviolet lithography:a review. J. Vac. Sci. Technol. B Microelectron. Nanometer Struct. **25**(6),1743-1761(2007). doi:10. 1116/1. 2794048

[7] H. Schift, Nanoimprint lithography:an old story in modem times? A review. J. Vac. Sci. Technol. B Microelectron. Nanometer Struct. **26**(2),458-480(2008). doi:10. 1116/1. 2890972

[8] D. Pires, J. L. Hedrick, A. De Silva, J. Frommer, B. Gotsmann, H. Wolf, D. Michel, U. Duerig, A. W. Knoll, Nanoscale three-dimensional patterning of molecular resists by scanning probes. Science **328**,732-735(2010)

[9] G. S. Craig, P. F. Nealey, Exploring the manufacturability of using block copolymers as resist materials in conjunction with advanced lithographic tools. J. Vac. Sci. Technol. B **25**(6),1969-1975(2007). doi:10.

1116/1. 2801888

[10] W. Lu, A. M. Sastry, Self-assembly for semiconductor industry. IEEE Trans. Semicond. Manuf. **20**(4), 421-431(2007). doi:10. 1109/TSM. 2007. 907622

[11] S. Tiwari, F. Rana, K. Chan, H. Hanafi, Wei Chan, D. Buchanan, Int. Electron. Devices. Meet. ,521-524 (1995). doi:10. 1109/IEDM. 1995. 499252

[12] K. -M. Chang, Silicon nanocrystal memory:technology and applications. Int Solid-State Integr Circ Technol(ICSICT'06),25-728(2006). doi:10. 1109/ICSICT. 2006. 306469

[13] Freescale Semiconductor, Inc, Thin film storage(TFS)with flex memory technology(2010), Availableat: http://www. freescale. com/webapp/sps/site/overview. jsp? nodeId＝0ST287482188DB3. Accessed 14 May 2010

[14] G. W. Burr, M. J. Breitwisch, M. F. Franceschini, D. Garetto, K. Gopalakrishnan, B. Jackson, B. Kurdi, C. Lam, L. A. Lastras, A. Padilla, B. Rajendran, S. Raoux, R. S. Shenoy, Phase change memory technology. J. Vac. Sci. Technol. B **28**,223—262(2010). doi:10. 1116/1. 3301579

[15] L. O. Chua, Memristor:the missing circuit element. IEEE Trans. Circuit Theory **CT18**,507-519(1971). doi:0. 1109/TCT. 1971. 1083337

[16] D. B. Strukov, G. S. Snider, D. R. Stewart, R. S. Williams, The missing memristor found [Letter]. Nature **453**(7191),80-83(2008). doi:10. 1038/nature06932

[17] J. J. Yang. M. D. Pickett, X. Li. D. A. A. Ohlberg, D. R. Stewart. R. S. Williams, Memristive switching mechanism for metal-oxide-metal nanodevices. Nat. Nanotechnol. **3**,429-433(2008)

[18] P. Vontobel, W. Robinett. J. Strasnicky, P. J. Kuekes. R. S. Williams. Writing to and reading from a nano scale crossbar memory based on memristors. Nanotechnology **20**. 425204(2009)

[19] J. Borghetti, Z. Li, J. Strasnicky, X. Li, D. A. A. Ohlbeig, W. Wu, D. R. Stewart, R. S. Williams, A hybrid nanomemristor/transistor logic circuit capable of self-programming. Proc. Natl. Acad. Sci. U. S. A. **106**, 1699-1703(2009)

[20] J. Borghetti, G. S. Snider, P. J. Kuekes, J. J. Yang, D. R. Stewart, R. S. Williams, 'Memristive' switches enable 'stateful' logic operations via material implication. Nature **464**,873-876(2010). doi :10. 1038/nature08940

[21] J. A. Katine, F. J. Albert, R. A. Buhrman, E. B. Myers, D. C. Ralph, Current-driven magnetization reversal and spin-wave excitations in Co/Cu/Co pillars. Phys. Rev. Lett. **84**,3149-3152(2000)

[22] M. Jurczak, N. Collaert, A. Veloso, T. Hoffmann, S. Biesemans, Review of HNFET technology. IEEE Int. SOI Conf,1-4(2009). doi :10. 1109/SOI. 2009. 5318794

[23] W. Lu, Nanowire based electronics:challenges and prospects. IEDM **2009**,1-4 (2009). doi:10. 1109 IEDM. 2009. 5424283

[24] P. Avouris, J. Appenzeller, R. Martel, S. Wind, Carbon nanotube electronics. Proc. IEEE **91**(11),1772 1784(2003). doi:10. 1109/JPROC. 2003. 818338

[25] R. K. Cavin, V. V. Zhirnov, Silicon nanoelectronics and beyond:reflections from a semiconductor industry-govemment workshop. J. Nanopart. Res. **8**,137-147(2004)

[26] R. K. Cavin. V. V. Zhirnov, G. l. Bourianoff, J. A. Hutchby, D. J. C. Herr, H. H. Hosack, W. H. Joyner T. A. Wooldridge. A long-term view of research targets in nanoelectronics. J. Nanopart. Res. **7**,573-58 (2005)

[27] R. K. Cavin, V. V. Zhirnov, D. J. C. Herr, A. Avila, J. Hutchby, Research directions and challenges i

nanoelectronics. J. Nanopart. Res. **8**,841-858(2006)

[28] J. J. Welser,G. l. Bourianoff,V. V. Zhirnov,R. K. Cavin,The quest for the next information processing technology. J. Nanopart. Res. **10**(1),I—10(2008)

[29] K. S. Novoselov,A. K. Geim,S. V. Morozov,D. Jiang,Y. Zhang,S. V. Dubonos,I. V. Grigorieva,A. A. Firsov,Electric field effect in atomically thin carbon films. Science **306**,666-669(2004). doi:10. 1126/science. 11028%

[30] J. Wang. J. B. Neaton,H. Zheng,V. Nagarajan,S. B. Ogale,B. Liu,D. Viehland,V. Vaithyanathan. D. G. Schlom,U. V. Waghmare,N. A. Spaldin,K. M. Rabe,M. Wuttig. K. Kumcsh. Hpitaxial BifeO₃,multiferroic thin film heterostructures. Science **299**,1719(2003)

[31] M. I. D'yakonov,V. l. Perei',Possibility of orientating electron spins with current. JETP Lett. **13**,467-469(1971)

[32] Y. K. Kato,R. C. Myers,A. C. Gossard,D. D. Awschalom,Observation of the spin Hall effect in semiconductors. Science **306**,1910(2004)

[33] J. Wunderlich,B. Kaestner,J. Sinova,T. Jungwirth,Experimental observation of the spin-Hall effect in a two-dimensional spin-orbit coupled semiconductor system. Phys. Rev. Lett. **94**,047204(2005)

[34] B. A. Bemevig,T. L. Hughes,S. -C. Zhang,Quantum spin hall effect and topological phase transi-tion in HgTe quantum wells. Science **314**(5806),1757(2006). doi:10. 1126/science. 1133734

[35] Y. L. Chen,J. G. Analytis,J. -H. Chu,Z. K. Liu,S. -K. Mo,X. L. Qi,H. J. Zhang,D. H. Lu,X. Dai,Z. Fang,S. C. Zhang,I. R. Fisher,Z. Hussain,Z. -X. Shen,Experimental realization of a three-dimensional topological insulator,Bi2Te3. Science **325**,178-181(2009). doi:10. 1126/science. 1173034

[36] M. König,S. Wiedmann,C. Brüne,A. Roth,H. Buhmann,L. W. Molenkamp,X. -L. Qi,S. -C. Zhang,Quantum spin hall insulator state in HgTe quantum wells. Science **318**(5851),766-770(2007). doi:10. 1126/science. 1148047

[37] T. Dietl,H. Ohno,F. Matsukura,J. Cibert,D. Ferrand,Zener model description of ferromagnetism in zinc-blend magnetic semiconductors. Science **287**,1019(2000)

[38] H. Ohno,A. Shen,F. Matsukura,A. Oiwa,A. Endo,S. Katsumoto,Y. Iye,(Ga,Mn)As:a new diluted magnetic semiconductor based on GaAs. Appl. Phys. Lett. **69**. 363(1996). doi:10. 1063/l. 118061

[39] K. Terabe,T. Hasegawa. T. Nakayama. M. Aono. Quantized conductance atomic switch. Nature **433**,47-49(2005)

[40] P. R. Wallace,The band theory of graphite. Phys. Rev. **71**, 622-634(1947). doirlO. l 103/PhysRev. 71. 622

[41] J. W. May,Platinum surface LEED rings. Surf. Sci. **17**,267-270(1969). doi:10. 1016/0039- 6028(69) 90227-1

[42] A. J. Van Bommel,J. E. Crombeen,A. Van Tooren,LEED and Auger electron observations of the SiC (0001)surface. Surf. Sci. **48**,463-472(1975). doi:10. 1016/0039-6028(75)90419-7

[43] H. P. Boem,A. Clauss,G. O. Fischer,U. Hofmann,Thin carbon leaves. Z. Naturforsch. **17b**,150-153 (1962)

[44] K. S. Novoselov,A. K. Geim. S. V. Morozov,D. Jiang,M. I. Katsnelson,LV. Grigorieva,S. V. Dubonos,A. A. Firsov,Two-dimensional gas of massless Dirac fermions in graphene. Nature **438**,197-200(2005). doi:10. 1038/nature04233

[45] Y. Zhang,Y. -W. Tan,H. L. Stormer,P. Kim,Experimental observation of the quantum Hall effect and

Berry's phase in graphene. Nature **438**,201-204(2005)

[46] A. K. Geim, A. K. Novoselov, The rise of graphene. Nat. Mater. **6**,183-191 (2007). doi:10. 1038 nmat 1849

[47] K. I. Bolotin, KJ. Sikes, Z. Jiang, G. Fundenberg, J. Hone, P. Kim, H. L. Stormer, Ultrahigh electro mobility in suspended graphene. Solid State Commun. **146**,351-355(2008). doi:10. 1016/j. ssc. 2008. 02 024

[48] A. K. Geim, Graphene: status and prospects. Science **324**. 1530-1534 (2009). doi: 10. 1126 science. 1158877

[49] E. McCann, Asymmetry gap in the electronic band structure of bilayer graphene. Phys. Rev. B **74**,16140 (R)(2006). doi:10. 1103/PhysRevB. 74. 161403

[50] J. B. Oostinga, H. B. Heersche, X. Liu, A. F. Morpurgo, L. M. K. Vandersypen, Gate-induced insulatin state in bilayer graphene devices. Nat. Mater. **7**,151-157(2008). doi:10. 1038/nmat2082

[51] F. Xia, D. B. Farmer, Y. -M. Lin, P. Avouris, Graphene field-effect transistors with high on/off currer ratio and large transport band gap at room temperature. Nano Lett. **10**, 715-718 (2010). doi: 10 1021/nl9039636

[52] C. Berger, Z. Song, T. Li, X. Li, A. Y. Ogbazghi, R. Feng, Z. Dai, A. N. Marchenkov, E. H. Conrad, P. N First, W. A. de Heer, Ultrathin epitaxial graphite: 2D electron gas properties and a route toward gra phene-based nanoelectronics. J. Phys. Chem. B **108**,19912-19916(2004). doi:10. 1021 /jp040650f

[53] A. Reina, X. Jia, J. Ho, D. Nezich, H. Son, V. Bulovic, M. S. Dresselhaus, J. Kong, Large area, few-laye graphene films on arbitrary substrates by chemical vapor deposition. Nano Lett. **9**, 30-35 (2009). doi 10. 1021/nl801827v

[54] X. Li, W. Cai, J. An, S. Kim, J. Nah, D. Yang, R. Piner, A. Velamakanni, I. Jung, E. Tutuc, S. K. Baner jee, L. Colombo, R. Ruoff, Large-area synthesis of high-quality and uniform graphene films on coppe foils. Science **324**,1312-1314(2009). doi:10. 1126/science. 1171245

[55] Y. -M. Lin, H. -Y. Chiu, K. A. Jenkins, D. B. Farmer, P. Avouris, A. Valdes-Garcia, Dual-gate graphen FETs with of 50 GHz. IEEE Electron Device Lett. **31**,68-70(2010). doi:0. 1109/LED. 2009. 2034876

[56] J. S. Moon, D. Curtis, M. Hu, D. Wong, C. McGuire, P. M. Campbell, G. Jemigan, J. L. Tedesco, B. Var Mil, R. Myers-Ward, C. Eddy, D. K. Gaskill, Epitaxial-graphene RF rield-effect transistors on Si-face H-SiC substrates. IEEE Electron Device Lett. **30**,650-652(2009)doi:10. 11 09/LED. 2009. 2020699

[57] Y. -M. Lin, C. Dimitrakopoulos, K. A. Jenkins, D. B. Farmer, H. -Y. Chiu, A. Grill, Ph Avouris, 100-GH transistors from wafer-scale epitaxial graphene. Science **327** (5966), 662 (2010). doi: 10. 1126 science. 1184289

[58] F. Xia, T. Mueller, Y. -M. Lin, A. Valdes-Garcia, Ph Avouris, Ultrafast graphene photodetector [Le ter]. Nat. Nanotechnol. **4**,839-843(2009). doi:10. 1038/nnano. 2009. 292

[59] T. Mueller, F. Xia, P. Avouris, Graphene photodetectors for high-speed optical communications [Le ter]. Nat. Photonics **4**,297-301(2010). doi:10. 1038/nphoton. 2010. 40

[60] V. V. Chelanov, V. Fal'ko, B. Altshuler, The focusing of electron flow and a Veselago lens ingrapher p-n junctions. Science **315**,1252-1255(2007)

[61] S. K. Baneijee, L. F. Register, E. Tutuc, D. Reddy, A. H. MacDonald, Bilayer pseudospin fieldeffect tran sistor(BiSFET): a proposed new logic device. IEEE Electron Devices. Lett. **30**(2),158-160(2009)

[62] H. Min, G. Borghi, M. Polini, A. H. MacDonald, Pseudospin magnetism in graphene. Phys. Rev. B **77**(1

Jan),041407-1(2008). doi:10. 1103/PhysRevB. 77. 041407

[63] J. -J. Su, A. H. MacDonald, How to make a bilayer exciton condensate flow. Nat. Phys. **4**,799-802(2008)

[64] T. Miyazaki, N. Tezuka, Giant magnetic tunneling effect in Fe/Al2O3/Fe junction. J. Magn. Magn. Mater. **139**,L231-L234(1995)

[65] J. S. Moodera, L. R. Kinder, T. M. Wong, R. Meservey, Large magnetoresistance at room-temperature in ferromagnetic thin-film tunnel-junctions. Phys. Rev. Lett. **74**,3273-3276(1995)

[66] S. Tehrani, J. M. Slaughter, E. Chen, M. Durlam, J. Shi, M. DeHerrera, Progress and outlook for MR AM technology. IEEE Trans. Magn. **35**,2814-2819(1999)

[67] B. N. Engel, J. Akerman, B. Butcher, R. W. Dave, M. DeHerrera, M. Durlam, G. Grynkewich, J. Janesky, S. V. Pietambaram, N. D. Rizzo, J. M. Slaughter, K. Smith, J. J. Sun, S. Tehrani, A 4-Mb toggle MRAM based on a novel bit and switching method. IEEE Trans. Magn. **41**,132-136(2005)

[68] W. H. Butler, X. G. Zhang, T. C. Shulthess, J. M. MacLaren, Spin-dependent tunneling conductance of Fe/Mg. OFe sandwiches. Phys. Rev. B **63**,0544416(2001)

[69] S. S. P. Parkin, M. Hayashi, L. Thomas, Magnetic domain wall racetrack memory. Science **320**,209-211 (2008)

[70] S. A. Wolf, D. D. Awschalom, R. A. Buhrman, J. M. Daughton, S. Von Molnar, M. L. Routes, A. Y. Chelkanova, D. M. Treger, Spintronics: a spin based electronics vision for the future. Science **294**,1488-1495 (2001)

[71] H. M. Saavedra, TJ. Mullen, P. P. Zhang, D. C. Dewey, S. A. Claridge, P. S. Weiss, Hybrid approaches in nanolithography. Rep. Prog. Phys. **73**,036501(2010). doi:10. 1088/0034-4885/73/3/036501

[72] W. Eerenstein, N. D. Mathur, J. E Scott, Multiferroic and magnetoelectric materials. Nature **442**(17), 759-765(2006). doi:10. 1038/nature05023

[73] D. Jorgenson, Moore's law and the emergence of the new economy. Semiconductor Industry Association 2005 annual report:2020 is closer than you think, pp. 16-20(2005), Available online: http://www. siaonline. org/galleries/annual_report/Annual%20Report%202005. pdf

[74] U. S. Environmental Protection Agency(U. S. EPA). (August 2). Report to Congress on server and data center energy efficiency Public Law 109-431(2007), Available online: http://www. energystar. gov/

[75] American Council for an Energy-Efficient Economy, Semiconductor technologies: the potential to revolutionize U. S. energy productivity (ACEEE, Washington, D. C, 2009), Available online: http://www. aceee. org/pubs/e094. htm

[76] S. A. Wolf, J. Lu, M. Stan, E. Chen, D. M. Treger, The promise of nanomagnetics and spintronics for future logic and universal memory. *Proc. IEEE.* **98**,2155-2168(2010), Available at: http://ieeexplore. ieee. org/stamp/stamp. jsp? amumber=05640335. Accessed 12 Dec 2010

[77] A. Orlov, A. Imre, G. Csaba, L. Ji, W. Porod, G. H. Bernstein, Magnetic quantum-dot cellular automata: recent developments and prospects. J. Nanoelectron. Optoelectron. **3**,55-68(2008)

[78] R. Hanson, D. D. Awschalom, Coherent manipulation of single spins in semiconductors. Nature **453**, 1043-1049(2008)

[79] J. C. Slonczewski, Current-driven excitation of magnetic multilayers. J. Magn. Magn. Mater. **159**,L1-L7 (1996)

[80] S. I. Kiselev, J. C. Sankey, I. N. Krivorotov, N. C. Emley, R. J. Schoelkopf, R. A. Buhrman, D. C. Ralph, Microwave oscillations of a nanomagnet driven by a spin-polarized current. Nature **425**,380-383(2003)

[81] T. Durkop, S. A. Getty, E. Cobas, M. S. Führer, Extraordinary mobility in semiconducting carbon nanotubes. Nano Lett. **4**, 35-39(2004)

[82] A. D. Franklin, G. Tulevski, J. B. Hannon, Z. Chen, Can carbon nanotube transistors be scaled without performance degradation? IEEE IEDM Tech. Dig. 561-564(2009)

[83] A. Javey, J. Guo, Q. Wang, M. Lundstrom, H. Dai, Ballistic carbon nanotube field-effect transistors. Nature **424**, 654-657(2003)

[84] S. J. Wind, Appenzeller, Ph Avouris, Lateral scaling in carbon nanotube field-effect transistors. Phys. Rev. Lett. **91**, 058301-1-058301-4(2003)

[85] J. Appenzeller, Y. -M. Lin, J. Knoch, Ph Avouris, Band-to-band tunneling in carbon nanotube field-effect transistors. Phys. Rev. Lett. **93**, 196805-1-196805-4(2004)

[86] J. Appenzeller, Y. -M. Lin, J. Knoch, Ph Avouris, Comparing carbon nanotube transistors - the ideal choice: a novel tunneling device design. IEEE Trans. Electron Devices **52**, 2568-2576(2005)

[87] S. O. Koswatta, D. E. Nikonov, M. S. Lundstrom, Computational study of carbon nanotube p-i-n tunneling FETs. IEDM Tech. Dig. **2005**, 518-521(2004)

[88] J. Knoch, J. Appenzeller, Carbon nanotube field-effect transistors—The importance of being small, in *Amlware, hardware technology drivers of ambient intelligence*, ed. by S. Mukheijee, E. Aarts, R. Roovers, F. Widdershoven, M. Ouwerkerk(Springer, New York, 2006), pp. 371-402

[89] j. Knoch, W. Riess, J. Appenzeller, Outperforming the conventional scaling rules in the quantum capacitance limit. IEEE Electron Devices Lett. **29**, 372-374(2008)

[90] Z. Chen, J. Appenzeller, Y. -M. Lin, J. S. Oakley, A. G. Rinzler, J. Tang, S. Wind, P. Solomon, Ph Avouris, An integrated logic circuit assembled on a single carbon nanotube. Science **311**, 1735(2006)

[91] S. Bae, H. K. Kim, Y. Lee, X. Xu, J. -S. Park, Y. Zheng, J. Balakrishnan, D. Im, T. Lei, Y. I. Song, Y. J. Kim, K. S. Kim, B. özyilmaz, J. -H. Ahn, B. H. Hong, S. Iijima, 30-inch roll-based production of high-quality graphene films for flexible transparent electrodes. Mater. Sei. (2010). doi: arXiv: 0912. 5485 [cond-mat. mtrl-sci]. Forthcoming

[92] D. B. Farmer, R. Golizadeh-Mojarad, V. Perebeinos, Y. -M. Lin, G. S. Tulevski, J. C. Tsang, P. Avouris, Chemical doping and electron-hole conduction asymmetry in graphene devices. Nano Lett. 9, 388-392 (2009). doi: 10. 1021 /nl803214a

[93] D. H. Chae, B. Krauss, K. von Klitzing, J. H. Smet, Hot phonons in an electrically biased graphene constriction. Nano Lett. 10, 466-471(2010). doi: 10. 1021/nl903167f

[94] M. Freitag, M. Steiner, Y. Martin, V. Perebeinos, Z. Chen, J. C. Tsang, P. Avouris, Energy dissipation in graphene field-effect transistors. Nano Lett. **9**, 1883-1888(2009). doi: 10. 1021/nl803883h

[95] L. Berger, Emission of spin waves by a magnetic multilayer traversed by a current. Phys. Rev. **B** 54, 9353-9358(1996)

# 第9章 纳米技术应用:纳米光子学和表面等离激元学

Evelyn L. Hu,Mark Brongersma,Adra Baca

**关键词**:纳米光子学 表面等离激元学 微腔和纳腔 电路 国际视野

## 9.1 未来十年展望

纳米光子学和表面等离激元学的主要研究方向都集中于合成、操控和表征旋光纳米结构,旨在发展纳米领域中的新功能仪器、化学和生物传感器、信息和通信技术、高效太阳能电池和发光器件,以及在诸如疾病治疗、环境治理等许多方面的应用。光子学和等离激元学有个共同的特点,就是它们虽然都有 40～50 年的历史,但真正成为一门独立的科学,还是近十年因纳米科学的发展。光子材料和器件从 20 世纪六七十年代起就在通信、能量转换和传感技术方面有了广泛的应用。在纳米尺度的光子学,或称"纳米光子学",可以定义为"在光波长或亚波长尺度下,由自然或人工合成材料的物理、化学和结构特性导控的相关光与物质相互作用的科学与工程技术"[1]。概括地讲,在今后十年内,纳米光子结构和器件将很有可能大幅降低器件运行的功率,增大集成信息系统的密度且降低功耗,提高图像采集和微纳加工技术的空间分辨率,并开发出具有更高灵敏度和特殊功能的传感器。

表面等离激元学旨在利用金属纳米结构的特殊光学性质,设计与操控在纳米尺度下光的传输与路径[2-4]。在最近十年,这个年轻的研究领域快速起步并飞速发展,带给我们许多激动人心的基础科学发现,以及在今后十年中全新的应用前景。这些应用包括靶向药物治疗,超高分辨率图像采集和微纳加工技术,以及在空间和频率上极高精度的控制光学过程。此外,由于表面等离激元学同时具有与微电子器件相匹配以及如光子器件般的高速度的优点,表面等离激元学与电子器件将极

E.L. Hu (✉)
Harvard School of Engineering and Applied Sciences, 29 Oxford Street,
Cambridge, MA 02138, USA
e-mail: ehu@seas.harvard.edu

M. Brongersma
Stanford University, Durand Building, 496 Lomita Mall, Stanford, CA 94305-4034, USA

A. Baca
Corning, Inc., 1 Riverfront Plaza, Corning, NY 14831-0001, USA

可能应用于下一代高速、宽带、低能耗的计算机与通信系统中。

### 9.1.1　过去十年进展

尽管纳米光子学和表面等离激元学与当今许多核心技术的发展相关,其器件并没有在 1999 年的"纳米技术十年发展前瞻"的研究报告中被特别提及[5]。部分原因可能是诸如抗反射镀层和分布式布拉格反射镜等一维纳米结构早已在光学设计和加工中被应用。例如第一台可在室温下工作的有源层仅为 20 nm 厚的量子阱激光器在 1978 年就已被报道[6];而今天,量子阱激光器已成为室温固态半导体器件的标准,不但效率高,而且成本低廉。

其实许多在如今快速发展的纳米光子学领域中的关键概念,在过去几十年内就已经建立了。这些概念在实际中的应用,甚至引导出更多新型光子学现象和器件,则直接得益于近些年在纳米结构多维度可控制造技术方面的进步。例如,Yablonovitch[7]在其早年的文章中就讨论过介电材料在一个光波长空间尺度下折射率的变化。他推测这些光子晶体对材料中的自发辐射会有重要影响。而负折射率材料,即超材料中的一种,也早在 20 世纪 60 年代就被 Veselago 预料到[8]。表面等离激元是导致表面增强拉曼效应的核心概念,而表面增强拉曼光谱(SERS)早在二十世纪七十年代就被广泛应用[9,10]。当然,现在的表面等离激元学,和纳米光子学一样,涵盖了更广泛的纳米结构和应用范围[11]。

### 9.1.2　未来十年愿景

光学结构的纳米制造技术的发展,以及对相关材料物性的调控能力的提高,使研究人员能够开发纳米光子学和等离激元学的发展潜力,而这种潜力的展现,又吸引了人们对这个领域研究的进一步投入。展望未来的十年,我们有理由相信纳米光子学和等离激元学将会在新型药物治疗、低功率、高带宽、高密度计算机和通信设备,时空高分辨图像采集和传感技术,以及高效光源和光探测器方面得到重要应用,并帮助我们在光与物质相互作用的研究方向上获得许多重大科学发现。

## 9.2　过去十年的进展与现状

### 9.2.1　纳米光子学

在最近的 5～10 年,纳米光子学的应用无论在数量和广度上都取得了巨大的进展。这直接得益于计算机设计软件的开发和普及,微纳加工新技术的出现,以及新的光学和结构表征手段的发展。而最重要的因素,则是尺度等于或小于光波长的微纳光子器件的开发。

过去十年中,电磁和电子器件的模拟工具获得了巨大的发展。几乎任何人都可用低价获得好的商业甚至免费软件包[如有限差分时域法(FDTD)、离散偶极近似法(DDA)、边界元方法(BEM)、有限差分频域法(FDFD)等]。而微纳加工技术的进展,包括高精度图形刻写(如电子束曝光)和转移(如低损离子束刻蚀),也极大地提高了光子晶体、微盘、环形谐振器等器件的工效。

纳米光子学中新现象的发现主要得益于诸如扫描近场光学显微镜(SNOM)等纳米尺度的光学表征技术的普及。这些技术能够得到普及,既是因为越来越多的公司参与研发和销售,也是因为它们越来越易于被用户掌握和使用。

纳米光子学的进展也同样得益于很多结构表征手段的发展。这些手段包括原子力显微镜(AFM)、纳米俄歇谱、纳米二次离子质谱、扫描电子显微镜(SEM)和透射电子显微镜(TEM)等技术。正是依靠这些技术,才能够建立纳米结构的空间尺寸、原子结构和空间排列与相应的光学性质的关联。

对纳米光子结构的软件模拟和微纳加工方面的进展使得高质量光学结构($Q$,即低光学损失)的获得变成可能(图 9.1)[12]。这些高质量的光学结构,反过来又帮助我们设计不同的光学态,将光局域化和减速,得到高效光源,并通过光与物质的强相互作用获得新的量子态。

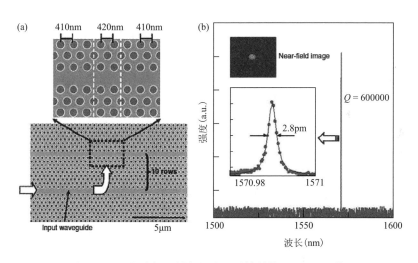

图 9.1 (a)微纳加工制备的光子晶体结构的 SEM 图像;
(b)微腔光谱显示 $Q=600\ 000$[12]

最为突出的是介电材料做到了:

· 在光子晶体波导[13,14]和耦合环形谐振器[15]中将光减速。这不仅是个重要的科学发现,它同时隐示在集成光路片上可能做到光的可控延迟传输和信息存储(图 9.2)。

· 介电纳腔和量子点之间的强耦合也被多个研究组发现[17-19]。这使我们认识到激子-光子(极化子)态可以用作量子信息传送,也可以用来制作超低阈值的激光。

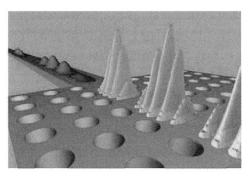

图 9.2　示意图展示光波进入慢速区域后的脉冲压缩和强度增加[16]

### 9.2.2　表面等离激元学

作为金属纳米结构的重大应用,表面增强拉曼光谱(SERS)早在 20 世纪 70 年代就已被发现[10,20,21]。但表面等离激元学在其他新方向上的应用和发展,却是在90 年代后期到 21 世纪初开始的。在那段时间,大量实验不断地报道光在金属纳米结构中的传输可以突破衍射极限[22],带有纳米孔洞的金属薄膜可以有极高的透光率[23](图 9.3),一个简单的金属薄膜可以用作光透镜[24]。等离激元学基元随后被发现可以用来构成超材料,也就是一种通过人工设计合成的纳米超结构,从而获得学界更加重视。这个新兴领域的快速发展,已使我们在光信息传输方面对光的控制达到前所未有的程度[25]。

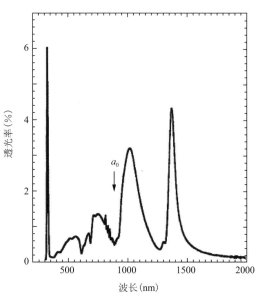

图 9.3　在 200nm 厚的 Ag 薄膜中直径 150nm 洞的方形阵列(周期 900nm)的零级透射谱。
最强透射峰在 1370nm,比单个洞的直径大了近 10 倍[23]

　　就在这些新奇现象变得引人注目时,一线的科研人员开始意识到金属自身的严重局限性。其中最大且至今未解决的问题是金属在与光相互作用时的电阻加热损失。因此,找出绕过这个难点的方案变得很有价值。在有些时候,局部区域产生的热可能是有益的,而另外一些时候这些热产生的效应可以被忽略。今后需要进一步研究如何利用透明的导电氧化物等新材料以及如何调节金属能带结构来解决问题[26]。

　　过去十年中,表面等离激元学在许多不同的地方得到了应用。早期的应用主要是在发展更好的扫描近场光学显微镜(SNOM)以及生物传感方法。近期的应用主要是在一些新技术上,包括热助磁存储[27]、热法癌症治疗[28]、催化和纳米结构生长[29]、太阳能电池[30,31]以及计算机芯片[32,33]。此外,高介电材料在天线、波导和谐振器方面的应用也值得进一步的开发[34,35]。那些能展现光学共振的材料尤其值得注意,因为它们可以显现很大的正、负或接近零的介电常数。

　　上述应用中,有几个用到了光致发热,尽管这种发热效应最初被认为是等离激元学的弱点。在研究人员认识到光致发热会严重影响芯片上等离波导的远距离信息传输后[36],现已确认,为使等离光学与 CMOS 技术相匹配,制备在功率、速度、材料等方面满足要求的调制器和探测器是可行的。能够将量子发射器与某个特定的光学模式相耦合的等离光源,最先可能应用在量子等离激元学领域,然后是用于在芯片尺度上操作的高效光源[37,38]。从这个意义上讲,最近预测[39]并实现[40-42]的纳米金属相干光源是极其重要的进展(图 9.4)。

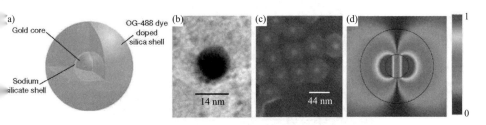

图 9.4　"Spaser"示意图:表面等离子体的非线性光学效应。

(a)杂化结构示意图;(b)该结构中 Au 核的 TEM 图;(c)杂化结构的 SEM 图;(d)Spaser 工作时的场强
分布(计算模拟)[41]

　　有关等离激元学、光子学和电子学的理论和模拟,Nader Engheta[43]最近发展了一套很好的理论体系,其处理纳米材料的光学或称"超材料电子学"的方法与经典电子线路处理方法类似。在他的理论框架下,绝缘体被看作电容,金属被看作电感,能量耗散(放热)可以看作是引入相应的电阻。如此,为使一个纳米光路达到需要的操作,只需按照优化经典电路的方法即可做到。

# 9.3　未来 5～10 年的目标、困难与解决方案

## 9.3.1　纳米光子学

### 1. 与电子线路结合以达到超小和超高速的信息传输

过去十年中,纳米光子器件结构有了快速的发展。用这些微型光学器件,我们可以想像制造与当今集成电路相竞争的集成光路。然而我们还远远没有充分利用光子巨大的信息存储量和超高速度来处理和传输信息。迄今,光纤已经成为远程信息传输的主流媒介,光子也被明确地认定其将在未来计算机中发挥多重重要作用。尽管芯片上和芯片间的光互连已被开发了一段时间,由于加速优化的微处理器以及芯片上多功能微处理器的出现,纳米光子学中线路连接的有关问题变得迫切需要解决。虽然硅是间接带隙材料,随着 CMOS 和 CMOS 兼容工艺的快速发展,诸如图 9.5 所示的耦合谐振波导等硅基器件的开发日益受到重视[45,55]。此外,半导体或金属结构制备的超小型激光可直接作为高效光源应用于芯片集成中[46]。

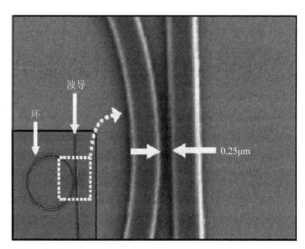

图 9.5　与波导耦合的硅基环形谐振器的 SEM 图。插图为整个环形结构[44]

### 2. 控制光阱和器件集成在生物学中的应用

除了在信息技术方面日益增加的重要性,光子对于生物体来说也是最基本的能量来源,而且在化学、生物和医学领域也有广泛应用。在未来的十年中,用于太阳能电池的光阱技术和用于清洁燃料生成、高效热电转化的光催化技术,以及其他"绿色"光子学技术有望得到巨大发展。与信息网络相连的微型光电传感器平台很有可能引发生物学和医学的一场革命。由于电路和光路可以在同一个平台上集

成,我们有理由相信大量如硅基技术般低成本的新型光子学应用将被开发出来。

在可见光和近红外之后,随着更多的低成本、易操作的光子学元件(如光源、开关、探测器等)的开发和光子学在生物、国家安全、国防领域的大量应用,中红外和太赫兹频段也将被进一步重视。光子学器件尺寸缩小至纳米尺度时,新的物理现象的衍生也将帮助发展新的光子操控和路径化的方法。

3. 利用光控制材料的热学和机械性能

新近被发现的纳米结构中的光学模式与机械模式的耦合(图 9.6)得到了广泛重视。除了温度、机械模式和光学之间相互关联的基础科学意义,相关器件的开发也成为可能。

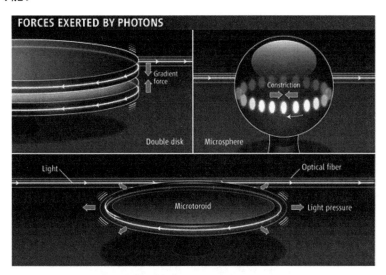

图 9.6　光可以通过施加压力使光学谐振器振动(下图)、产生推拉(左上)或
导致材料收缩(右上)[47]

## 9.3.2　等离激元学

1. 对光流的控制

超小等离激元学或高指数半导体微腔、波导(图 9.6)给我们带来了新的预想不到的机会。等离激元学结构和含深亚波长基元的超材料使光能够用全新的方式被连接和被主动操控。包括变换光学和新型模拟工具在内的数学方法的发展,以及在实验室中取得的研究进展,正使我们能够真正做到对光流的控制。

等离激元学中最重要的进展似乎非常依赖于所设计的金属结构的一个关键特性:它们都展现出无法企及的聚光能力。即便是一个简单的球形纳米颗粒,也能如小天线般地俘获和汇聚光波,其基本原理与手机和收音机中普遍使用的射频天线很相似。通过把光限制在纳米尺度的空间内,等离激元学还能够使我们在即便用最先进的光子晶体也无法做到的尺度上对光与物质的相互作用进行基础研究。限制光的空间尺度效应很容易用一个(模)体积为 $V_M$ 的共振腔或微腔来解释。当光被限制在很小的空间内与物质相互作用时,很多物理过程都被极大增强。当然,这种相互作用的强度会因为光损耗而被减弱。光损耗会直接导致微腔内光子的寿命缩短,而光子的寿命通常可以用光学质量因子 $Q$ 来量化表达,这里许多光学过程的效率都与 $Q/V_M$ 的某种次方相关。虽然金属纳腔的 $Q$ 值很小(一般在 10~1000),但它们的 $V_M$ 值小到可以让其在整体效应上超越有几个数量级大 $Q$ 值的用介电材料制备的微腔。等离结构的小尺寸和低 $Q$ 值还使它们具有超快速度($<$100 fs[48])和宽频光响应等优势。

### 2. 等离激元学、光子学和电子学之间的结合

过去十年,等离激元学对未来器件技术的发展及其与电子学和传统光子学的互补作用已逐渐明晰。这几种技术都充分利用了相关材料的优越特性。半导体材料的电学特性使计算机和信息存储达到了真正的纳米尺度;介电材料(如玻璃)的高透明性保证了信息传输的长距离和快速。遗憾的是半导体电子器件的速度受到了连接(RC)延迟的限制,而光子器件的尺寸因为衍射极限而难以缩小。等离激元学则可以同时做到小尺度和快速性,恰好弥补了电子和光子器件的缺憾(图 9.7)。因此等离激元学器件可能结合电子学和光子学器件的优势,成为新一代具有综合优点的器件。

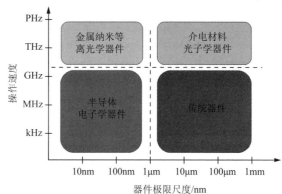

图 9.7　几种集成芯片技术的工作速度和临界尺度。工作速度和器件尺寸主要取决于半导体(电子器件)、绝缘体(光子器件)和金属(等离激元学器件)的材料特性。虚线指示各种技术的物理极限:半导体电子器件因连接延迟其工作速度限于 10GHz;介电光子器件尺寸受限于衍射极限;等离激元学器件结合前两者的优点,具有光子器件的速度和电子器件的纳米尺寸

(摘自 Brongersma 和 Shalaev[3])

半导体和光子晶体产业一直在持续高速发展，而今后十年等离激元学的产业前景十分引人关注。要继续甚至加速发展纳米光子学和等离激元学，我们必须首先克服一些障碍。这些障碍与科技界的基础结构有直接关系，将在第 10 章详述。

# 9.4　科技基础设施需求

## 9.4.1　发展纳米光子学和表面等离激元学的简单设计规则和耦合光学仿真工具

虽然有很多成熟的电磁和电子器件的仿真工具可以借鉴，但还是面临着很多新的挑战。随着光子器件集成化后的复杂度提升，急需开发出一套简单易行的纳米光子和等离光学器件的设计手段。好的设计方法能够隐藏每个单独器件内部的复杂性，而抓住器件的基本功能，并关注与其他器件的相互作用。这种简化办法能够发展出系统层面的理论和仿真工具，用于模拟大规模集成电路的行为。必须持续发展理论框架以便关注纳米光学或者超颖电路的新功能。

为了能够正确地预测光电器件的行为，仿真工具必须能够同时计算电子流和光子流以及它们之间的相互作用。但是，目前这类仿真工具基本上还只能分别计算电子和光子的行为，然后用某些特定的办法把它们结合起来。而其他自由度的耦合，如机械、热、磁、生物也正在变得越来越重要。把光学仿真工具与量子力学仿真工具结合在一些应用场合也变得越来越重要。许多光学仿真工具直接采用了材料的宏观性质，如介电常数的实部和虚部，这在许多纳米结构的有源和无源系统中显然是不成立的，因此我们需要回到更基本的理论中寻求帮助。

## 9.4.2　支持新且扩展的纳米光子、等离激元器件和电路的制备工具和设施

在过去的十年间，人们发展出一系列新颖的纳米加工和合成技术。虽然硅是间接带隙材料，但是随着 CMOS 以及 CMOS 兼容工艺的快速发展，硅基器件已经成为主流。特别是随着更多材料能够直接在硅上制备，这种趋势得到了进一步的加强。新的晶圆键合技术可以很方便地在硅上制备像Ⅲ～Ⅴ族半导体之类的有源光学器件。因此我们必须教育和培养下一代光学工程师充分地利用硅基的优势，帮助他们方便地使用这些设备，且开始着手为可预期的未来高速增长需求提前建设新的基础设施。

精湛的电子束光刻技术以及聚焦离子束刻蚀也是制备纳米光子与表面等离激元器件的一种非常重要且非常有效的手段，其空间分辨率能够优于 10 nm。这类纳米加工手段面临的最大问题是如何降低成本以满足快速增长的用户需求。由于美国的设备研究经费与商业设备成本之间差距越来越大，学术界的研究小组进行基础设施建设越来越困难，而且工业界也面临着类似的情形。因此，发展不太昂贵

的印刷技术(如纳米压印光刻技术)、图形化技术(如纳米球光刻技术)以及材料的化学合成技术(如纳米球、纳米线的自组织生长和催化)非常必要。虽然面临着缺陷较多、可重复性和通用性差等问题,但这些方法也能提供类似的 10nm 尺度的纳米加工能力。

所有的纳米光子加工技术都需要达到以下几点要求:①能精确控制微结构的尺寸、形状和定位;②高度可重复性;③提高材料纯度的可控性;④寻找集成和界面组合电子和传统光学器件的新方法。芯片量级的器件还面临着额外的纯净度和材料兼容性方面的挑战。此外,我们还必须考虑到伴随着纳米光子和表面等离激元结构而产生的卫生和安全方面的问题。

### 9.4.3　加强对纳米光子、表面等离激元材料和器件的光学和结构表征能力的研究

虽然科学界已经从传统光学的纳米表征手段获益匪浅,但是对扫描近场光学显微镜获得的图像定量分析仍然不太尽如人意,我们需要更加丰富的经验,发展更好的扫描近场光学显微镜的针尖和更好的处理软件。对于能在原子尺度上将结构和材料性质与纳米光子器件和纳米材料的光学性质相关联的表征工具的需求日益增加。新的光学表征手段包括阴极发光显微镜、光学扫描隧道显微镜和带电子能量损失能谱(EELS)的透射电镜。这些表征手段已经可以用来研究纳米尺度的等离子体模(比扫描近场光学显微镜高 1~2 个量级)。类似这些设备能帮助仿真工具把光学、电子学和量子效应这些在纳米光子和表面等离激元器件中重要性逐步增加的因素以合适的方式同时考虑在内。

研究人员将继续依靠并使用这些最先进的结构表征工具,因为它们的性能参数还在不断提升中。

### 9.4.4　构建新的教育系统,促进多元化,跨学科和相互协作

纳米光子学和等离激元学已经迅速扩大到信息技术、生物学等许多应用领域,它也正在以某种方式重组,并进一步发展我们的教育体系。这些领域的跨学科性质,需要发展一种共同的语言和新的教育方法和工具。在这样一个快速发展的具有广泛应用前景的领域,参与者需要多样化的背景培训。例如,十年前关于等离激元学的研讨会还非常罕见,听众主要包括铁杆理论学家和一些零星的实验学家。目前,每年在全球各地有超过 20 个关于等离激元学的专题研讨会/会议,参与者有学术界的,也有工业界的,背景非常广,有物理、化学、材料科学、电气工程、生物、医药。为了充分利用光学的多用途、多视角,应当建立起多样化的教育计划,减少由于各个领域使用的专业词汇上的差异而引起的误解,以确定共同的理念和加强新的、有价值的合作。

# 9.5　研发投资与实施策略

在过去的十年中,美国联邦政府为纳米技术的基础研究投入了大量经费,建立了完善的纳米技术设施网络。美国国家纳米计划为众多的纳米研究中心的发展提供了一个框架,并获得了联邦和州政府机构的支持。许多纳米研究中心的运行经费来自于联邦政府、大学和工业界,成为一个联系各方的纽带。主要的投资还来自于国防部、能源部、国家卫生研究院、国家科学基金会,以及其他联邦机构。

研究中心汇集了纳米光子学研究所需要的众多关键模块和各类专家,研究包括复杂的器件仿真,材料的合成,先进的器件加工和物性表征。这些中心的广度和多样性也有利于将科技创新与实际应用连接起来。

为了使纳米光子学尽可能地发挥其影响力,应寻求一个创新的协调机制,使得能和工业界分享这些研究装置和研究能力:

·相关学术机构的决策者应该敏锐地认识到需求驱动的研究对工业界才是至关重要的。

·应探讨如何加快从实验室到工厂的技术转换,推进纳米光子学新发明的规模化和产业化。

# 9.6　总结与优先领域

在过去十年,纳米光子学领域经历了迅速的发展,但是我们并没有充分掌握和利用这些技术的潜力,如在高速信息传输、能量捕获、存储及传感器等方面的应用。在材料合成、高分辨加工、光学行为的模拟和计算,以及纳米光子学结构特征等方面的综合进步,使得在尺度小于或等于光波长的集成光学结构中,可以展示出光学相干、局域以及开关特性。纳米光子学元件取得的进展开始真正集成到主流电子技术中。

研究的当前任务应该把在这个领域中最近的一些显著进展,通过范式成像,以及运用光子的信息处理,发展到一个新的水平。这些领域包括:

·设计和制作完全可以控制光子寿命和相互作用的光学谐振腔。在众多重要的类型中,下面几种已经或有望在将来实现:

—最近实现了 10s 的纳瓦超低阈值激光。我们期待在未来发展出“无阈值”激光,这种光学腔和增益介质之间的能量转换效率非常高,激光可以通过微弱的能量激发达到非常高的能量。

—最近在固态光学腔中实现了“慢光”。这使我们首次看到了在芯片上进行光子信息处理的光子延时和存储的可行性,使得在带宽和高速低能耗有很大优势的全光学处理成为可能。展望未来,我们最终有可能实现无损耗储存的慢光,并且存储时间可以达到百万秒甚至更长。

·等离激元学的快速发展,为光子学在很多领域内的应用开启了巨大新的可能性,在许多方面都产生巨大的影响,包括:

— 最近在单分子成像方面的发展,使得局域激发和增强信号发射可以最终实现光从单分子中的可控和特殊吸收及发射。

— 等离激元学结构已经初步显示可被用作在可见光和近红外波段内的超材料。其中有材料显示出负折射率。虽然这些结构初步展示出增强图像的功能,我们期待真正"超级镜片"将会实现,其空间分辨率将大大小于所用光的波长。

— 分离的等离子器件,如天线和波导也已被科研人员所展示。这些金属元件的尺寸和特性,使它们很适于被集成到复杂电路中,制成增强带宽的光电电路,并且可以在更高的频率和更低的耗散下工作。

掌握并发挥纳米光子学的巨大潜力,关键在于研究人员,而研究人员依赖于以下这些技术工具的进步:

·可以覆盖不同尺度的计算工具,要求可以耦合光学模拟和量子力学模拟,以及耦合热能、机械能、磁能以及电能态的光学模拟。

·可以帮助理解关联材料结构性质和它们光学表现的光学结构特征工具。

·高精细的纳米加工技术($\sim 1$ nm),使用便捷,并且与其他材料和技术的兼容性。

持续的经费投入到这个快速发展的交叉学科领域也很重要,重点是放在新的人才培养模式以及可以将基础科学与新的应用联系在一起的能力。

## 9.7　更广泛的社会影响

正如前文指出的,纳米光子学的应用有着深刻而广泛的社会影响。纳米光子学元器件已经被集成到主流的硅基电子学平台中,用以提供高带宽、低延时的信息传输,来挑战未来计算机中的尺度问题。纳米光子学在很多方面都起着非常关键的作用,例如更高效的能量采集器,生物学、安全保障等平台中高灵敏、可集成传感器,以及在疾病治疗(图 9.8)和环境治理方面。

纵观纳米光子学的多方面应用,其优势不仅在于元件或系统的尺寸,而且还在于其新的物理机制。纳米光子学的小尺寸元件具有很大的优势,因为它的高集成度,以及与异质结材料体系的组合可以形成许多不同的技术平台。纳米光子学中尺寸的减小也产生了许多新的物理现象,例如光学态和频率的控制,以及在亚微波频段将光局域的能力。随着未来我们对纳米光子学元件和系统的理解掌握,其对社会的影响会更加深远。

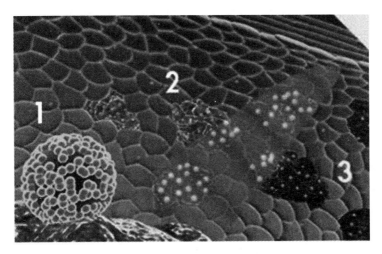

图 9.8 使用金覆盖等离激元器件(纳米壳)治疗癌症

(a)每个纳米壳是白细胞的约 1/10000;(b)通过抗体控制它们,大约每 20 个纳米壳覆盖一个癌细胞;

(c)等离激元的反应集中了外部传出的红外辐射,有选择性地直接摧毁癌细胞[49]

# 9.8 研究成果与模式转变实例

## 9.8.1 芯片上的纳米光子学

联系人:Michal Lipson 康奈尔大学

在未来,电子学将依赖纳米光子学在芯片上传导信息。这将使电子器件在尺寸和带宽上得到继续发展,并且不存在能量的限制。为了实现这个蓝图,要求光学器件与电子学所基于的硅基材料相兼容,换句话说,人们需要硅基纳米光子学(图 9.9)。这样的器件最早在 2004 年被提出。

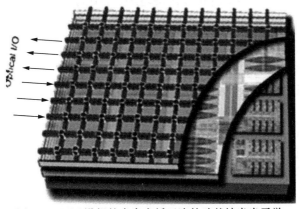

图 9.9 IBM 设想的未来光纤互连的硅基纳米光子学

硅基纳米光子学一直被认为有很大的局限性,因为不能在硅中有效地放大和消除光。但是,最近康奈尔大学的研究者和其他人通过运用硅作为非线性光学材料,实现了光的放大和消除。其中一个主要原因是,硅的折射系数非常大,因此可以制造高度集成的波导,用来将光紧紧束缚(图 9.10)。在拥有这个非常重要的性质的同时,这些波导可以运用波导色散来保持非线性过程的动量(如相位匹配),这将大大提高它的工作效率。

这种色散的控制已经用于在极大的频宽范围的信号放大[50]。接下来可以设想一个微米尺寸器件放大整个通信频宽范围。基于这样的器件,研究人员展示了一个可以在很大频段内消光的超小器件。这种消光是类激光的,并且可以当作硅基芯片的起点[51](图 9.11)。

从计算到通信,硅基纳米光子学未来的应用很宽广。今天,很大程度上基于前述进展,中小企业已开始将这项技术商业化。此外,计算机工业界(如英特尔、IBM),对硅基纳米光子学的发展做出了卓越的贡献,它们未来目标是将这种技术运用到计算机系统中。

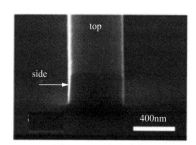

图 9.10　硅基波导

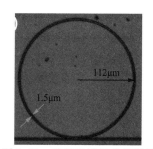

图 9.11　硅基光学振荡器器件

## 9.9　来自海外实地考察的国际视角

### 9.9.1　美国-欧盟研讨会(德国汉堡)

小组成员/参与讨论者:

Fernando Briones Fernandez-Pola(主席),西班牙国家研究委员会(CSIC),西班牙

Evelyn Hu(主席),哈佛大学,剑桥,马萨诸塞州,美国

M. Alterelli,欧洲 X 射线自由电子激光中心(XFEL),德国

Y. Bruynserade,天主教鲁汶大学,比利时

J. C. Goldschmidt,太阳能系统弗劳恩霍夫研究所(ISE),德国

M. Kirm,塔尔图大学物理学院,爱沙尼亚

感谢 C. Sotomayor-Torres,纳米科学与技术研究中心(CINN),西班牙

研讨会的特殊之处在于其着重关注在纳米光子学和等离光学领域的创新及应用,并致力于推动诸如光伏效应研究、高效催化过程以及改进医学成像技术等相关研究领域的发展进步。同许多其他的研讨会一样,在飞速发展的等离光学领域,已经有很多实质性的进展和美好的前景被发现,但是我们依然在以下方面存在更多的机遇:

· 用于量子通信和量子计算的,快速且可靠的单光子源
· 发展新型高分辨率的成像和表征手段,扩展表征探测频率到红外波段和太赫兹范围
· 更高空间分辨率和时间分辨率的光调控自旋相关现象

另外,与会者还注意到可以将纳米光子学和等离光学相关元器件更好地集成到一个统一的纳米电子器件平台上的潜能。

会议还集中讨论了我们如何更好地利用如同步辐射和自由电子激光器等新型大型设备。这些大装置可以帮助我们更好地表征包含纳米光子学基元的纳米元器件,同时在纳米光子器件的加工方面也有很大的潜能。这些高能光源有能力实现对于纳米结构亚皮秒时间分辨率的三维成像。

在意识到光子学和等离光学领域的创新对于高效能器件(如光伏器件)和生物医学研究(如成像技术)等相关广阔应用领域的重大价值之后,与会者还指出了为材料合成、纳米加工和材料表征构建一个普适通用基础设施平台的必要性。

会议中对于可以促进相关领域飞速发展的研发战略的讨论为我们带来了关于合作研发环境的创新和新观点。虽然从某种意义上讲,这是这一领域中几乎所有研讨会都会有的共同主题,但是这里仍然有必要提及一下欧洲学术界特有的一些问题。它们包括:

· 通过创造合作,来促进工程界和学术界之间的互动,在竞争前期的研究水平上构建起达到临界规模的研发环境(实现集群效应);
· 增强大学与大型研究设施之间的合作;
· 模仿欧洲科学研究委员会的经费资助项目(http://erc.europa.eu),大量切实地对年轻有为的研究者给予经费支持。

最后,尽管在研讨会上没有特别提出,但应该关注到欧洲委员会已经积极制定了光子学与纳米技术的战略线路。于 2005 年 6 月成立的 MONA(Merging Optics and Nanotechnologies,光学与纳米技术联合)学会,由数百名工业界和学术界研究者组成。他们在过去的两年中参与一系列研讨会、座谈会和专业访谈,为光电子学与纳米技术在欧洲的发展制定了路线图[52](图 9.12)。这个路线图在 2010 年 1 月召开的第二届光子学战略研究议程大会上被进一步更新[53](图 9.13)。

图 9.12　融合光学和纳米技术的路线图报告封面(参考光学与纳米技术联合会[52])

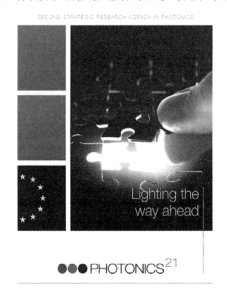

图 9.13　第二次光子学战略研究议程封面(参考欧洲纳米光子学组织[53])

正如 Martin Goetzeler(OSRAM 的首席执行官)在他报告的前言中所说的那样:

"当第一届光子学战略研究议程于 2006 年提出时,光子学在欧洲与今天的状况非常不同。光子学 21 才刚开始构建一个自己的领域……今天,在欧洲,超过5000 家公司制造光子学产品,他们中大部分是中小型企业。直接从事这部分工作的员工达 300 000 人,而更多的人则作为其供应商。近四年,这一领域在欧洲创造了不少于 40 000 份工作机会。光子学的创新发展是经济利益增长的核心驱动力。2008 年,光子学产品的世界市场高达 2700 亿欧元,其中的 550 亿欧元由欧洲生产——相比于 2005 年,增长了 30%。我们在照明、制造技术、医学技术、国防(原文如此)领域的光子学和光学元件与系统尤其强大。

在 2009 年 9 月,欧洲委员会指定光子学作为五个能实现我们未来繁荣的技术之一。这不仅标志着光子学重要的经济价值,也预示着光子学为我们攻克时代重大挑战的巨大潜能。"

另外,欧洲卓越网络的成员在纳米光子学实现分子尺度科技中描述了"新兴纳米光子学路线图"(图 9.14)。更多信息通过点击欧洲纳米光子学协会网站获取(http://www.nanophotonicseurope.org/)。

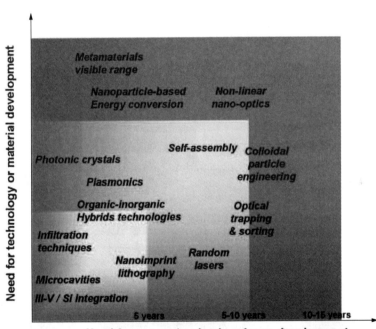

The figure above illustrates a landscape mapping the maturity status of concepts, technologies, materials and application domains related to nanophotonics covered in this roadmap.

图 9.14 部分纳米光子学路线图[54]

### 9.9.2 美国-日本-韩国-中国台湾研讨会(日本东京/筑波大学)

小组成员/参与讨论者
Satashi Kawata(主席),大阪大学,日本
Evelyn Hu(主席),哈佛大学,剑桥,马萨诸塞州,美国

Yasuhiko Arakawa,东京大学,日本

Susumu Noda,京都大学,日本

Yong-Tak Lee,光州科学技术研究所,韩国

Chi-Kuang Sun,台湾大学和"中央"科学院,台湾,中国

Kawata 教授以讨论日本、韩国和中国台湾对光子学的长期投资开始了研讨会。例如,早在 1981 年日本政府成立了光电子联合研究,实验室(OJL)来引导基础研究,实现光电子集成电路的制造,同时在工程的最后将技术转变为九个其成员公司。

在此次研讨会上,一些话题将给出更深度的讨论,展现专门的知识和各位研讨会参与者做出的持久贡献。Kawata 教授讨论了利用双光子的湮灭形成的三维金属性纳米结构,这在等离子体应用方面具有巨大的潜在价值。他还讨论了"针尖加强"的拉曼光谱,这是革新性的超高分辨成像设备。Arakawa 教授是一位在半导体量子点光子器件科学技术领域的领军人物,他讨论了量子点激光在速度和高温稳定性方面的优势。图 9.15 展示了他对于从这些纳米结构光子器件获得的利益的想像。

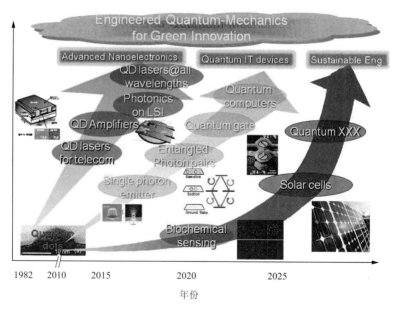

图 9.15　量子点技术的增殖(由 Y. Arakawa 提供)

因在光子晶体腔科学和应用上的贡献被国际公认的 Noda 教授讨论了"最终控制光子"在能量高效传感器、光源和下一代信息处理方面的进展和前景。图 9.16 展示了他的想像。

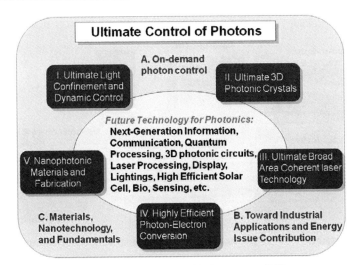

图 9.16　光子的最终控制(由 S. Noda 提供)

Sun 教授给出了一个很有意思的将光子学和等离激元学应用到生物医学的深入讨论。他的讨论涉及广阔,包括了利用等离激元结构和胶状量子点作为显像剂应用到生物医学上,还有利用新奇光子学平台实现微生物诊断。他关于纳米光子学对生物医学的应用和平台的原件展现在图 9.17 中。

Lee 教授讨论了纳米光子学和等离激元学对信息处理的重要性,提供了单片集成光子源、探测器、波导和互相连接。他的远见展现在图 9.18 中。

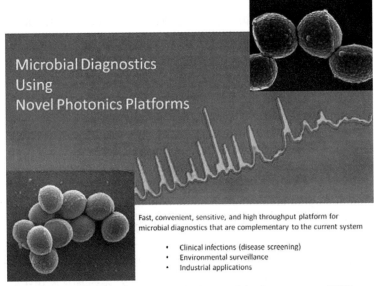

图 9.17　纳米光子学的生物医学应用和平台(由 C.-K. Sun 提供)

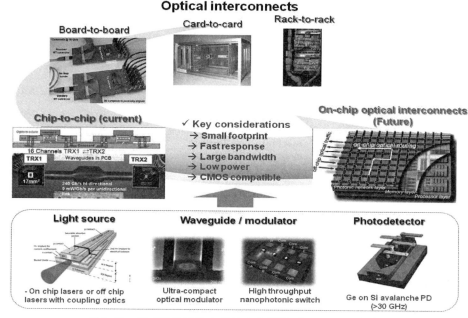

图 9.18　集成信息系统中的纳米光子学(由 Y. T. Lee 提供)

与会者还讨论了在人力和创意上长期投资的必要性,在合作的环境中工作,提供新的教育和将允许探索新的纳米光子学概念的研究中心,这将超越旧的、受传统约束的视野。

### 9.9.3　美国-澳大利亚-中国-印度-沙特阿拉伯-新加坡研讨会(新加坡)

小组成员/参与讨论者

Paul Mulvaney(主席),墨尔本大学,澳大利亚

Mark Lundstrom(主席),普渡大学,西拉斐特,印第安纳州,美国

Chennupati Jagadish,澳大利亚国立大学,澳大利亚

Chen Wang,国家纳米科学中心,北京,中国

除了美国的主导者之外,来自澳大利亚和中国的与会者的输入使得分组会议有所突破。此次讨论在一些重点方面产生的分歧也很明显。

目前澳大利亚在环境科学上展现了很强大的实力。对于经济环保型传感器而言,纳米光子学被看作一个重要的平台。所谓"超敏传感"可以具有极大的经济效益。

生物传感器、生物鉴定和其他一些在生物和医学领域的应用被看作纳米光子学的重要驱动力。在这一领域最引人注目的是两大公会朝着发展仿生眼的方向努力。澳大利亚是仿生耳的领先者,这项连接电子学和神经结构的技术被看作是使

生眼看起来可行的重要平台。

澳大利亚是开采太阳能的理想地区,这是由于高强度的太阳暴晒,而且面积大(大致相当美国本土 85% 的面积),人口密度低(全国人口仅相当于加利福尼亚州)。总而言之,纳米光子学在光伏和高效使用能源的智能窗的解决方案上体现出的潜力是非常引人注目的活动。

和美国相比,澳大利亚比较欠缺的是连接防御应用和使用纳米光子学在电子工业产生优势等领域。但是,很明显的是澳大利亚的研究者把集成光学结构和传统电子学作为了一个非常可取的长期目标。

此次突破性的分组会议确定了纳米光子学在今后十年中的重要应用和目标:

- 全光学芯片;
- 在可见光波段操作的美特材料;
- 单(生物)分子探测;
- 人工光合系统在能源上的应用。

研讨会此次分会参与者经讨论一致认为,需要的基础设施有:

- 合作(信息共享、联合资料库的建立);
- 网络化制造、计量、表征资源;
- 开放式源、多尺度计算工具更广泛的可用性(特别是对纳米光子电路的设计)。

在此,与会者强调了一些必要条件:战略性、长期性,也许是"中央级"资助;大学和行业之间的赛前合作;对纳米技术时代更好的培训。他们还呼吁一个"纳米光子路线图"(注意欧盟围绕"路线图"进行的活动,见 9.9.2 节)。

## 参 考 文 献

[1] National Research Council of the National Academies(NRC), Nanophotonics: Accessibility nd Applicability(National Academies Press, Washington, DC, 2008)

[2] W. D. Barnes, A. Dereux, T. W. Ebbesen, Surface plasmon subwavelength optics. Nature 424, 824-830 (2003)

[3] M. Brongersma, V. Shalaev, The case for plasmonics. Science 328, 440-441(2010)

[4] J. A. Schuller, E. S. Barnard, W. Cai, Y. C. Jun, J. S. White, M. L. Brongersma, Plasmonics for extreme light concentration and manipulation. Nat. Mater. 9, 193-204(2010). doi: 10. 1038/nmat2630

[5] M. Roco, S. Williams, P. Alivisatos(eds. ), Nanotechnology Research Directions: Vision for Nanotechnology R&D in the Next Decade. (NSTC/Springer, Washington, DC, 1999), previously Kluwer, 2000. Available online: http://www. nano. gov/html/res/pubs. html

[6] R. D. Dupuis, P. D. Dapkus, N. Holonyak, E. A. Rezek, R. Chin, Room-temperature laser operation of quantum-well Ga(1-x) Al(x) As-GaAs laser diodes grown by metalorganic chemical vapor deposition. Appl. Phys. Lett. 32(5), 295-299(1978). doi: 10. 1063/1. 90026

[7] E. Yablonovitch, Inhibited spontaneous emission in solid-state physics and electronics. Phys. Rev. Lett. 58(20), 2059-2062(1987). Available online: http://www. ee. ucla. edu/labs/photon/pubs/ey1987prl5820. pdf

［8］V. G. Veselago, Electrodynamics of substances with simultaneously negative values of sigma and mu. Sov. Phys. USPEKHI USSR 10, 509-514(1968)

［9］M. C. Albrecht, J. A. Creighton, Anomalously intense Raman-spectra of pyridine at a silver electrode. J. Am. Chem. Soc. 99, 5215-5217(1977)

［10］D. L. Jeanmaire, R. P. Van Duyne, Surface Raman spectroelectrochemistry. 1. Heterocyclic, aromatic, and aliphatic amines adsorbed on the anodized silver electrode. J. Electroanal. Chem. 82(1), 1-20(1977). doi: 10. 1016/S0022-0728(77)80224-6

［11］M. Brongersma, Plasmonics: electromagnetic energy transfer and switching in nanoparticle chain-arrays below the diffraction limit. in MRS. Symposium Proceedings H(Molecular Electronics), vol 582, Boston 1999, p 502

［12］B. -S. S. Song, T. A. Noda, Y. Akahane, Ultra-high-Q photonic double-heterostructure nanocavity. Nat. Mater. 4, 207-210(2005). doi: 10. 1038/nmat1320

［13］H. K. Gersen, T. J. Karle, R. J. P. Engelen, W. Bogaerts, J. P. Korterik, N. F. van Hulst, T. F. Krauss, L. Kuipers, Real-space observation of ultraslow light in photonic crystal waveguides. Phys. Rev. Lett. 94(7), 073903/1-4(2005). doi: 10. 1103/PhysRevLett. 94. 073903

［14］M. Y. Notomi, K. Yamada, A. Shinya, J. Takahashi, C. Takahashi, I. Yokohama, Extremely large group velocity dispersion of line-defect waveguides in photonic crystal slabs. Phys. Rev. Lett. 87, 253902/1 (2001). doi: 10. 1103/PhysRevLett. 87. 253902

［15］Y. A. Vlasov, M. O'Boyle, H. F. Hamann, S. J. McNab, Active control of slow light on a chip with photonic crystal waveguides. Nature 438, 65-69(2005). doi: 10. 1038/nature04210

［16］T. Krauss, Slow light in photonic crystal waveguides. J. Phys. D 40(9), 2666-2670(2007). doi: 10. 1088/0022-3727/40/9/S07

［17］K. B. Hennessy, A. Badolato, M. Winger, D. Gerace, M. Atatüre, S. Gulde, S. Fält, E. L. Hu, A. Imamoglu, Quantum nature of a strongly coupled single quantum dot-cavity system. Nature 445, 896-899 (2007). doi: 10. 1038/nature05586

［18］J. S. Reithmaier, Strong coupling in a single quantum dot-semiconductor microcavity system. Nature 432, 197-200(2004)

［19］T. Yoshie, A. Scherer, J. Hendrickson, G. Khitrova, H. M. Gibbs, G. Rupper, C. Ell, O. B. Shchekin, D. G. Deppe, Vacuum Rabi splitting with a single quantum dot in a photonic crystal cavity. Nature 432, 200-203(2004). doi: 10. 1038/nature03119

［20］M. H. Fleischmann, P. J. Hendra, A. J. McQuillan, Raman spectra of pyridine adsorbed at a silver electrode. Chem. Phys. Lett. 26, 163-166(1974). doi: 10. 1016/0009-2614(74)85388-1

［21］M. Moskovits, Surface-roughness and enhanced intensity of Raman-scattering by molecules adsorbed on metals. J. Chem. Phys. 69, 4159-4162(1978). doi: 10. 1063/1. 437095

［22］J. Takahara, S. Yamagishi, H. Taki, A. Morimoto, T. Kobayashi, Guiding of a one-dimensional optical beam with nanometer diameter. Opt. Lett. 22(7), 475-477(1997). doi: 10. 1364/OL. 22. 000475

［23］T. L. Ebbesen, H. J. Lezec, H. F. Ghaemi, T. Thio, P. A. Wolff, Extraordinary optical transmission through sub-wavelength hole arrays. Nature 391, 667-669(1998). doi: 10. 1038/35570

［24］J. Pendry, Negative refraction makes a perfect lens. Phys. Rev. Lett. 85, 3966-3969(2000). doi: 10. 1103/PhysRevLett. 85. 3966

［25］V. M. Shalaev, Transforming light. Science 322, 384-386(2008). doi: 10. 1126/science. 1166079

[26] P. R. West, S. Ishii, G. V. Naik, N. K. Emani, V. M. Shalaev, A. Boltasseva, Searching for better plasmonic materials. Laser Photon. Rev. 1-13, (2010). doi: 10. 1002/lpor. 200900055

[27] W. P. Challener, C. Peng, A. V. Itagi, D. Karns, W. Peng, Y. Peng, X. M. Yang, X. Zhu, N. J. Gokemeijer, Y. -T. Hsia, G. Ju, R. E. Rottmayer, M. A. Seigler, E. C. Gage, Heat-assisted magnetic recording by a near-field transducer with efficient optical energy transfer. Nat. Photonics 3, 220-224 (2009). doi: 10. 1038/nphoton. 2009. 2

[28] L. S. Hirsch, R. J. Stafford, J. A. Bankson, S. R. Sershen, B. Rivera, R. E. Price, J. D. Hazle, N. J. Halas, J. L. West, Nanoshell-mediated near-infrared thermal therapy of tumors under magnetic resonance guidance. Proc. Natl. Acad. Sci. U. S. A. 100(23), 13549-13554(2003). doi: 10. 1073/pnas. 2232479100

[29] L. B. Cao, D. N. Barsic, A. R. Guichard, Plasmon-assisted local temperature control to pattern individual semiconductor nanowires and carbon nanotubes. Nano Lett. 7(11), 3523-3527(2007)

[30] H. P. Atwater, A. Polman, Plasmonics for improved photovoltaic devices. Nat. Mater. 9(3), 205-213 (2009)

[31] R. W. Pala, J. White, E. Barnard, J. Liu, M. L. Brongersma, Design of plasmonic thin-film solar cells with broadband absorption enhancements. Adv. Mater. 21, 3504-3509(2009). doi: 10. 1002/adma. 200900331

[32] W. W. Cai, J. S. White, M. L. Brongersma, Compact, high-speed and power-efficient electrooptic plasmonic modulators. Nano Lett. 9(12), 4403-4411(2009)

[33] L. S. Tang, E. Kocabas, S. Latif, A. K. Okyay, D. -S. Ly-Gagnon, K. C. Saraswat, D. A. B. Miller, Nanometre-scale germanium photodetector enhanced by a near-infrared dipole antenna. Nat. Photonics 2, 226-229(2008). doi: doi: 10. 1038/nphoton. 2008. 30

[34] L. W. Cao, J. S. White, J. -S. Park, J. A. Schuller, B. M. Clemens, M. L. Brongersma, Engineering light absorption in semiconductor nanowire devices. Nat. Mater. 8, 643-647(2009). doi: 10. 1038/nmat2477

[35] J. A. Schuller, T. Taubner, M. L. Brongersma, Optical antenna thermal emitters. Nat. Photonics 3, 658-661(2009). doi: 10. 1038/nphoton. 2009. 188

[36] R. Zia, J. A. Schuller, A. Chandran, M. L. Brongersma, Plasmonics: the next chip-scale technology. Mater. Today 9, 20-27(2006)

[37] A. M. Akimov, A. Mukherjee, C. L. Yu, D. E. Chang, A. S. Zibrov, P. R. Hemmer, H. Park, M. D. Lukin, Generation of single optical plasmons in metallic nanowired coupled to quantum dots. Nature 450, 402-406(2007)

[38] A. J. Hryciw, Y. C. Jun, M. L. Brongersma, Electrifying plasmonics on silicon. Nat. Mater. 9, 3-4(2010). doi: 10. 1038/nmat2598

[39] D. S. Bergman, M. I. Stockman, Surface plasmon amplification by stimulated emission of radiation. Phys. Rev. Lett. 90, 027402(2003)

[40] M. T. Hill, Y. -S. Oei, B. Smalbrugge, Y. Zhu, T. de Vries, P. J. van Veldhoven, F. W. M. van Otten, T. J. Eijkemans, J. P. Turkiewicz, H. de Waardt, E. J. Geluk, S. -H. Kwon, Y. -H. Lee, R. Nötzel, M. K. Smit, Lasing in metallic-coated nanocavities. Nat. Photonics 1, 589-594 (2007). doi: 10. 1038/nphoton. 2007. 171

[41] M. Z. Noginov, G. Zhu, A. M. Belgrave, R. Bakker, V. M. Shalaev, E. E. Narimanov, S. Stout, E. Herz, T. Suteewong, U. Wiesner, Demonstration of a spaser-based nanolaser. Nature 460, 1110-1112(2009). doi: 10. 1038/nature08318

[42] R. F. Oulton, V. J. Sorger, T. Zentgraf, R. -M. Ma, C. Gladden, L. Dai, G. Bartal, X. Zhang, Plasmon la-

sers at deep subwavelength scale. Nature 461,629-632(2009). doi:10.1038/nature08364

[43] N. Engheta,Circuits with light at nanoscales: optical nanocircuits inspired by metamaterials. Science 31
(5845),1698-1702(2007). doi:10.1126/science.1133268

[44] V. R. Almeida,C. A. Barrios,R. R. Panepucci,M. Lipson,All-optical control of light on a silicon chip
Nature 431,1081-1084(2004)

[45] H. Hogan,Silicon photonics could save the computer industry. Photon. Spectra(Mar),36(2010),Avail
ble online: http://www.photonics.com/Article.aspx? AID=41611

[46] R. F. Service,Ever-smaller lasers pave the way for data highways made of light. Science 328,810(201

[47] A. Cho,Putting light's light touch to work as optics meets mechanics. Science 328(5980),812(2010
doi:10.1126/science.328.5980.812

[48] M. Stockman,The spaser as a nanoscale quantum generator and ultrafast amplifier. J. Opt. 12,02400
024021(2010). doi:10.1088/2040-8978/12/2/024004

[49] K. Kelleher,Engineers light up cancer research. Emerging medicine: scientists design gold "nanoshell
that seek and destroy tumors. PopSci. (2003). Posted 6 Nov 2003. Retrieved 30 May 2010 from http:
www.popsci.com/scitech/article/2003-11/engineers-light-cancer-research

[50] M. Foster,R. Salem,D. Geraghty,A. Turner-Foster,M. Lipson,A. Gaeta,Silicon-chip-based ultrafa
optical oscilloscope. Nature 456,81-84(2008). doi:10.1038/nature07430

[51] J. Levy,A. Gondarenko,M. Foster,A. Gaeta,M. Lipson,CMOS-compatible multiple-wavelength oscill
tor for on-chip optical interconnects. Nat. Photonics 4,37-40(2009). doi:10.1038/nphoton.2009.259

[52] MONA Consortium,Merging optics and nanotechnologies: a European roadmap for photonics and nar
technologies(2008),Available online: http://www.ist-mona.org/

[53] Nanophotonics Europe Organization,Lighting the way ahead. Photonics 21: second strategic researc
agendain photonics. (European Technology Platform Photonics21,Dieseldorf,2010),Available onlin
http://www.photonics21.org/download/SRA_2010.pdf

[54] PhOREMOST Network of Excellence,Emerging Nanophotonics(PhOREMOST,Cork,2008)

[55] F. Xia,L. Sekaric,Y. Vlasov,Ultracompact optical buffers on a silicon chip. Nat. Photonics 1,65-
(2007). doi:10.1038/nphoton.2006.42

# 第 10 章 纳米技术应用:纳米材料催化

Evelyn L. Hu, S. Mark Davis, Robert Davis, Erik Scher

**关键词:** 催化 纳米催化 合成方法 燃料室 国际视野

## 10.1 未来十年展望

### 10.1.1 过去十年进展

1999 年的"纳米技术研究方向"报告将纳米材料催化作用纳入了能源和化工行业的纳米技术应用范畴[1]。该愿景以识别"纳米结构新属性"为中心,将带来高产率高选择性的催化突破。该报告中引用的一个例子是根据观察发现,虽然散金大部分是不起反应的,但可以观察到直径小于 3~5 nm 的纳米金有高选择性的催化活性[2]。纳米粒子和纳米材料在传统工业催化剂的有效性中发挥着重要作用[3],在过去十年中,纳米材料及其特征的控制以及原子活性位点催化过程的现场探测已经取得了重大进步。

### 10.1.2 未来十年愿景

过去十年中纳米催化材料的进展为以纳米科技为灵感的设计、合成以及重要的工业催化材料的形成带来崭新视角。"确定性"纳米催化方面的进一步发展及其在能源和环境领域的广泛应用使该领域在未来投资中的重要性得以突显。如10.2节中所述,纳米催化面临着一个重大挑战和愿景,即提供能够通过精确控制催化剂

E.L. Hu(⊠)
Harvard School of Engineering and Applied Sciences, 29 Oxford Street,
Cambridge, MA 02138, USA
e-mail: ehu@seas.harvard.edu

S.M. Davis
ExxonMobil Chemical R&D, BTEC-East 2313, 5959 Las Colinas Boulevard,
Irving, TX 75039-2298, USA

R. Davis
Department of Chemical Engineering, University of Virginia, 102 Engineers' Way,
P.O. Box 400741, Charlottesville, VA 22904-4741, USA

E. Scher
Siluria, 2625 Hanover Street, Palo Alto, CA 94304, USA

成分和结构来更精确有效地控制反应通道的催化材料,长度尺度从 1 nm～1 $\mu$m 不等。

这种控制将确保纳米催化剂的广泛开发和部署,能够更有效且更有针对性地将低级烃类转化为高价值的燃料和化学品,降低对石油的依赖,更有效地减轻污染,充分利用太阳能,有选择地重新定向能源以推动热力学"上坡"化学过程。建立和控制复合粒子结构的科学协议应对催化剂尺度上推的改良方法以及大规模制造进行模拟,这是纳米材料在新的商业催化剂应用中实现广泛应用的必要条件。

# 10.2　过去十年的进展与现状

美国国家科学基金会(NSF)于 2003 年召开了一次以"催化的未来方向:纳米级功能结构"为主题的研讨会,此次会议在 NSF 位于弗吉尼亚州阿灵顿的总部召开[4]。会议共有 35 位贵宾出席,主要来自美国学术机构、政府机构、国家实验室以及该领域最出色并为催化研究的未来方向作出愿景陈述的各大公司。研讨会分为三个工作组,分别聚焦于①合成;②表征;③催化剂的理论建模。这些主题为随后世界技术评估中心(WTEC)进行的全球最先进纳米材料催化及其研究趋势评估提供了基本框架;这一研究由该领域的八位专家组成的工作小组于 2009 年完成[5]。

上述两项研究(2003 年和 2009 年)一致认为,新纳米级催化剂的合成需要有关复杂的多组分亚稳态系统分子自组装的基础认知,新开发的纳米技术工具将有可能在新催化结构中发挥重要作用。此外,这两项研究还针对纳米表征方法在催化中的广泛使用以及新改良的现场表征方法需求进行了报告,拓宽了探测纳米催化剂在其工作状态下的温度、压力、空间分辨率极限。最后,尽管有关跨越多个时间和空间尺度的复杂化学反应和模型理论描述在过去十年中取得了重大进展,我们仍然需要继续改进以开发计算的预测能力,尤其是液相系统。2003 年研讨会为我们提出了一大挑战,即"控制尺度从 1 nm～1 $\mu$m 的催化材料的成分和结构,以提供能够准确有效地控制反应通道的催化材料"[4]。尽管我们在这一挑战方面已经取得了很大的进步,但前方仍然障碍重重。

## 10.2.1　纳米催化剂的合成

控制纳米尺度下的表面结构和化学反应性是催化研究和工程中最为重要的沸石是典型的大面积结晶固体,带有纳米级孔和空腔,能够高度精确地控制催化成分以及试剂和产物的扩散路径。以 20 世纪 80 年代的研究为例,该研究巧妙地证明了燃料生产相关的烃反应中沸石孔金属粒子大小的精确控制。特别值得一提的是，仅由几个原子组成的铂团簇可通过化学方法在 L 沸石的纳米通道中进行简单合成，生成具有极大活性和选择性的催化剂，用于通过直链烷烃生产苯和甲苯。但是，纳米多孔催化剂都面临着同样的问题，即分子尺寸与这些孔相似的反应物和产物会遇到严重的扩散阻力。如果这些孔的入口被副产物或碳堆积堵塞，孔的整个内部区域都将无法进行催化。

为了克服这些固有的扩散限制，全球各大实验室合成了微孔分子筛（即带有纳米孔的沸石），由介孔互相连成的阵列（即尺寸更大的孔），以改善材料内部区域与反应物和产物的接触。这些混合微孔-中孔沸石的多重合成策略最近取得了新进展，将下列材料纳入使用：

· 使用季铵离子等新型有机结构导向剂制作原沸石合成以及烷基链的模板，促进结构导向剂和胶束单位的聚合[6]；

· 元素碳（炭黑、碳纤维、碳纳米管等形式）沸石合成凝胶中的介孔模板，最后可以在升高温下完全氧化除去[7]；

· 预制沸石纳米粒子作为结构基础单元，在表面活性剂的作用下形成较大的晶体[8]。

上述合成方法所得到的材料中，单个固体颗粒同时带有微孔和中孔，大大促进了反应物和产物向活性位点所在的内部区域输运。克服扩散限制的另一种方法是合成带有大孔隙系统的新沸石结构，从而完全避免产生过小的孔尺寸[9]。虽然这种方法有一定吸引力，但在催化反应条件下大量合成大孔材料及其稳定性面临着极大挑战。

最近，小金属粒子和金属氧化物纳米粒子（带有受约束的大小、形状和特定表面取向）的合成取得了喜人的进展，如暴露在选择性的{100}晶面用于二烯的氢化[10]的 Pd 纳米粒子，以及暴露在活性{100}晶面用于一氧化碳氧化的二氧化铈粒子[11]。这些进步为催化剂制备指明了未来发展方向，使从业者能够更合理地为高特异性、结构敏感的催化反应设计和制备具有特定表面结构的催化剂[12,13]。

## 10.2.2　纳米催化剂的表征

在过去十年中，现场光谱工具和原子高分辨电子显微技术的快速发展彻底改变了纳米尺度催化剂结构的认知。现代催化实验室通常会采用一整套的表征方法，如吸附、程序升温反应、X 射线衍射、扫描和透射电子显微镜、电子光谱（X 射线、光电子和俄歇光谱）以及电子顺磁共振、紫外/可见光、拉曼光谱和红外光谱。不仅是催化反应前后，在表征催化剂在反应状态方面的研究已经取得重大进展，同时催化剂作为高度活性固体经常在反应条件下进行重组的实现也得以提升。在这一基础上设计出的新样品细胞能够通过所有基于光子的光谱以及 EPR 和 NMR 光谱表现材料特性，同时可表现反应动力特性及其选择性。

　　最近表征仪器方面的一项发展对基于电子的方法进行了调整,如在更接近催化反应条件下调整 X 射线光电子能谱(XPS)和电子显微镜。例如,通过同步辐射光源提供的高光子通量以及反应室的差压抽气可获取催化表面在毫巴反应压力下的 XPS 数据[14](图 10.1)。同样,透射电子显微镜的新样品池可直接观察金属纳米粒子在温度升高和毫巴反应压力下的反应环境[15]。最近,像差校正在高分辨率电子显微镜中的使用使催化剂样品的表征达到前所未有的清晰度。

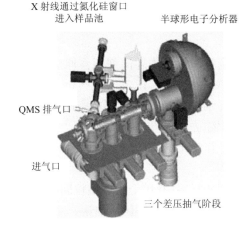

　　　　　X 射线通过氮化硅窗口　　　　　　　　　半球形电子分析器
　　　　　　　进入样品池

　　　　QMS 排气口

　　　　进气口

　　　　　　　　　　　　　　　　　　三个差压抽气阶段

图 10.1　　用于在毫巴压力下执行 XPS 并能够在高通量下操作的仪器
(由德国 Fritz Haber 研究所提供)

　　由于硬 X 射线可用于探测高温高压下或处于液相的固体,无需催化剂结晶同步辐射方法在催化剂表征方面继续发挥着重要作用。软 X 射线同步辐射光谱可以提供局部表面结构和成分的补充信息。因此,近期世界各地的催化界都对同步加速器表征方法的能量分辨率、空间分辨率和时间分辨率进行了快速改善。

　　目前,我们已经能够以时间分辨方式从催化剂中同时获得小角和广角 X 射线散射,同时记录 X 射线吸收光谱。在催化转化中,一些光束线可以在 0.1 s 内获取 EXAFS(扩展 X 射线吸收精细结构)谱,尽管一些催化实验室早已开始商用红外(IR)显微镜和拉曼显微镜,然而具有空间分辨率的 X 射线吸收光谱的实现仍有待长时间发展。最近,荷兰研究人员在进行 Fischer-Tropsch 合成反应时,已经在一个 600 nm 的氧化铁颗粒上实现了具有空间分辨率的近边谱。

　　随着催化剂研究向生物质转化成液体产品等新技术领域的扩展,表征方法的需求将不断增长,以便了解液体环境中的固体结构。因此在未来十年,国家级用户设施将在催化领域的电子显微镜、磁共振和同步加速器辐射研究中发挥越来越重要的作用。

### 10.2.3　催化理论与模拟

　　在过去十年中,计算催化已经达到能够为该领域提供必要的补充实验研究的水平(图 10.2)。计算机处理器速度、并行架构的大规模实施、更有效的理论和计算方法的开发等进展使固体表面催化反应的复杂模拟(通常与实验结果相匹配)得以实现。正如 2009 年 WTEC 小组在“纳米材料催化研究的国际评估”报告中所述,理论和模拟现在已经能够预测良好模型催化剂的结构和特性、模拟各种实验工具提供的能谱、阐明催化反应路径并开始引导新催化材料和组分的探索。

　　现有的计算工具可提供表面吸附物的键长和键角(精度分别达到 0.005 nm 和 2°)以及吸附物的光谱特征等结构信息。此外,现在通常在几天内便可完成吸附键能、活化障碍和整体反应能的计算,精确度达到约 20 kJ/mol 或更高。虽然计算估计的能级超出预测绝对反应速率的化学精度,但计算催化现在已经可以用于有效地判别催化剂成分并反应条件的反应路径并预测总趋势。

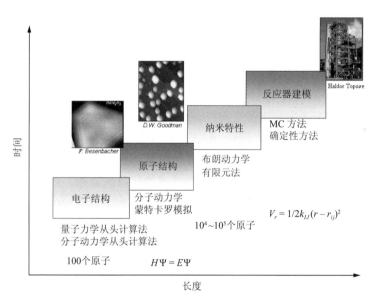

图 10.2　多相催化中时间尺度和空间尺度的层次结构以及相关的建模方法[5]

　　尽管描述分子级催化反应的计算催化进展快速,但使用理论和模拟引导催化剂合成的发展却不尽如人意(近期情况请参阅[16]及其参考文献)。催化剂制备往往主要涉及亚稳态结构的自组装,由系统中分子的弱相互作用引导。在催化反应过程中,这些结构通常要通过动态重排进一步修改。由于目前的理论方法无法良好地描述弱力,且非平衡结构很难通过计算找到,因此催化剂的设计和预测性合成对计算界发起了严峻的挑战。

### 10.2.4　应用领域与经济影响

催化剂制造是现代纳米科学方法的最早商业应用领域之一。重要实例包括制造汽车催化转换器过程中的溶胶-凝胶涂层处理以及使用沸石和定制框架结构进行形状选择性的化学品和燃料处理。如前文所述,在过去十年中,随着新合成方法和表征方法的诞生,纳米技术在催化剂生产中的直接应用发展迅速。据估计,来自现代纳米技术的合成方法目前已在 30%～40% 甚至更多的全球催化剂产品中得以应用[17](还可参阅"Catalyst Group 资源 2010")。这些商用方法均为专利,因此公开文献中该类应用的详细信息相对较少。近期商用催化剂应用的具体实例请参阅 10.8 节。更多实例可参阅 Catalyst Group 近期进行的多用户研究[17,18]。

全球催化剂业务代表着一个每年 180 亿～200 亿产值,应用主要涉及炼油、化工处理和环境催化的企业(使用许可,催化集团资源,2008)。环境催化(使用许可[19])。大多数商用催化创新仍然以大幅提高产品选择性和能效为目标,旨在将全球每天约 80 万桶的石油转化为运输燃料和石化产品。目前每桶原料约 100 美元或更多,凭借这一产品价值,这些技术对整个价值链的全球经济影响每年高达数万亿美元。因此,目前催化仍然是现代纳米技术最成功的商业应用领域。

据 2009 年 WTEC 催化报告[5]称,在这项研究中,非石油原料的转化在几乎所有受访国家中都是高度优先工作,包括煤、天然气、生物量燃料、能源和化学品。特别是在中国,非传统能源应用备受重视,特别是使用煤炭生产液体燃料和化学品的应用。许多地区进行了大量光催化、制氢和燃料电池研究。人们普遍认为,能源载体和化学品的生产乃至最终使用都应该尽可能地减少对环境的影响;为此,研发人员一直在环境可持续发展这一框架中积极寻求催化解决方案。超低硫燃料的催化生产、可再生碳源和阳光的使用、温室气体二氧化碳向有用产品的转化、烃类的高选择性氧化以及废物流的后期催化处理都是全球在该领域的重点研究对象。人们对各种可再生植物资源催化转化为化合能源这一领域的关注日益提高,如生物油(可结合炼油厂原料改良的液体原料 )、生物柴油、氢、醇等。

### 10.2.5　总结

纳米材料催化是全球范围内一个活跃的研究领域。根据一项详细的文献计量学分析[5],该领域的增长速度几乎超越了所有科学领域,其原因可能是人们对未来的能源安全和环境可持续性的日益关注。在研究论文发表数量上,西欧地区目前居于世界领先地位,但在过去十年中亚洲研究的快速增长对其地位发起了挑战。西欧和亚洲过去十年的催化研究投资水平远远超过美国。这项分析还指出,美国近期的出版物在全球范围内被引用的最多,这表明美国的科研经费在最高质量的实验室中得到了有效分配。

# 10.3　未来 5~10 年的目标、困难与解决方案

在过去三十年中,新型纳米材料的合成与表征在学术和工业研究背景下取得了很大进展。特别是过去十年,美国的"国家纳米计划(NNI)"等计划直接或间接地推动了解并改善纳米材料性能的工具和技术发展,如扫描透射电子显微镜(STEM)、原子力显微镜/静电力显微镜(AFM/EFM)和聚焦离子束(FIB)技术。与此同时,高通量筛选工具的发展使可用的经验数据总数急剧增加,包括由 Symyx、Avantium、Hte 及其他科学器材公司所开发的工具。实验界直接受惠于这些数据,并为理论界提供了更多的数据池,帮助其开发并完善反应机理模型。在过去几十年中,美国国家计算机中心(劳伦斯·利弗莫尔国家实验室、阿贡国家实验室和劳伦斯伯克利国家实验室等)的增长创造出更多更准确的机理模型。

鉴于合成方法、表征、理论、信息和 HTE 工具开发取得的巨大进步,我们面临的下一个挑战是大幅拓宽该类知识和能力的实际应用。能源和商品化工行业仍然存在许多挑战,需要依靠基于新纳米催化剂体系的解决方案来解决。这项工作需要学术界和工业实验室协力完成,不仅包括纳米材料的基础研究,还包括用于解决催化领域最困难的问题的纳米材料应用。其中最主要的催化反应包括:链烷烃的选择性氧化、烷烃到烯烃的氧化脱氢、二氧化碳重整以及最具挑战性的选择性氧化——甲烷到乙烯的氧化偶合[20]。

多年来,工业界和学术界的研究人员对许多该类反应和其他具有商业价值的反应进行了探索,但这些探索工作大多发生于近期的纳米材料开发进展之前,甚至早于高通量筛选和改良建模技术的广泛使用。将极大受益于最新进展的两个具体反应实例如下。如果这些问题中的任何一个在未来十年中得以解决,美国将通过更好地使用预测到的大量天然气储量而获益深远。

## 0.3.1　二氧化碳重整

甲烷的二氧化碳重整(CDR)是将生产液流或天然来源中的二氧化碳转化为更有价值的化工产品、合成气(氢和一氧化碳的混合物)。在二氧化碳重整过程中,两种强有力的温室气体——甲烷和二氧化碳的混合物将转化为合成气,反应式如下:$CH_4 + CO_2 \longrightarrow 2CO + 2H_2$。然后,合成气可通过成熟的 Fischer-Tropsch 反应等工业化生产过程转化为一系列烃类产品,用于生产甲醇、乙醇、柴油和汽油等液体燃料。这一技术不仅能够去除大气中的二氧化碳并减少甲烷(另一种温室气体)的排放,还能创造一种除石油之外的新燃料来源。二氧化碳重整与使用水的传

统甲烷蒸气重整不同,对于缺乏水源的地区来说十分具有吸引力,而且还能产生氢气和一氧化碳比例为 1:1 的合成气,因此是长链烃 Fischer-Tropsch 合成的最佳原料。

遗憾的是,尽管其有着巨大的潜在价值,目前二氧化碳重整尚没有成熟的工业技术。其主要问题在于高温反应条件下,碳沉积通过 Bouduard 反应($2CO \longrightarrow C + CO_2$)和/或甲烷裂解($CH_4 \longrightarrow C + 2H_2$)引起催化剂失活(即焦化)的副作用[21]。焦化结果与复杂的反应机制以及反应中所用催化剂的反应动力学密切相关。

要提高反应的选择性,向所需的合成气产物靠拢,同时降低催化剂表面焦化,必须采用新方法进行催化剂的表面设计和制造,而纳米材料合成与表征领域的进步将促进这一目标的达成。

### 10.3.2　甲烷到乙烯的氧化偶合

乙烯是全世界产量最大的化工中间体,广泛用于重要的工业产品,包括塑料、表面活性剂和药品。乙烯的全球年产量超过 1.4 亿 t,其中 25% 以上产自美国。乙烯的全球需求以每年约 4% 的速度持续稳步增长[22]。乙烯主要通过高温蒸气裂化石脑油进行生产,另外一小部分则通过乙烷生产。吸热裂解反应和产品分离的过程都需要高温(>900 ℃)和高能量输入。所产生的蒸气裂化是日用化工产品的最大燃料消耗以及二氧化碳排放过程[23]。

甲烷到乙烯的氧化偶合(OCM)用于天然气直接活化,是一个极具潜力的反应,其反应式为:$2CH_4 + O_2 \Longrightarrow C_2H_4 + 2H_2O$。该反应是放热反应($\Delta H = -67$ kcal/mol,1 kcal = 4186.8 J),迄今只能在极高温度下进行(>700 ℃)。在反应过程中,甲烷($CH_4$)在催化剂表面上被活化,形成甲基自由基,随后甲基自由基与乙烷($C_2H_6$)偶合,通过脱氢生成乙烯($C_2H_4$)。有关甲烷氧化偶合反应的初次报告早在 30 年前,一直是备受关注的研究目标,然而常规催化剂制备尚未达到具有商业吸引力的产率和选择性。工业界和学术界实验室发布的许多出版物不断证实了甲烷的转化率与选择性成反比这一特性,即转化率低时选择性高或转化率高时选择性低[24]。要打破这一循环,必须开发一种在低温下(<700℃)对甲烷键活化具有特定活性的催化剂。自工业界和学术界集中力量研发这一反应迄今已有 15 年。在此期间,自下而上的纳米材料合成、高通量筛选、先进的表征方法以及改良建模方法都取得了巨大进展。如果现在将这些技术进展用于解决这一问题,推动在较低温度下的高选择性可能取得重大进展,由此得出商业上可行的过程,同时减少我们对石油的依赖,并减少我们的二氧化碳足迹。

甲烷氧化偶合等相对困难但回报高的反应要取得技术突破,将需要学术界、国家实验室、创新型小企业和跨国化工公司广泛合作,集中力量进行研发。

## 10.4　科技基础设施需求

近年来,合成新的纳米催化剂领域已经取得了重大进展。仪器的进步是其取得进展的一个重要因素,使研发人员能够在催化剂工作状态下进行监测,从而使其能够接近催化剂的结构和功能之间的循环。要进一步推进研发工作,需要更深入地了解复杂多组分亚稳态系统的分子自组装。而这一点反过来又依赖于理论和模拟的关键进步以及提供所需空间、能量和时间分辨率的新现场表征方法的研发和可用性,使研发人员能够在催化剂的工作状态下进行研究。

特别需要一提的是,必须开发适当仪器以允许在适当的压力和温度条件下探测纳米催化剂,同时保持最高的空间分辨率。可对金属纳米晶体的动态重塑进行现场研究的高分辨率显微镜可提供有关纳米结构中的催化作用机制的重要见解。对纳米催化剂进行高通量合成和筛选的互补性综合手段允许其更快地向最佳结构和组合物集中。

如 10.2 节所述,同步加速器在催化剂的表征中发挥了重要作用,因为其所产生的硬 X 射线可在高温高压(催化"工作状态")或液相下探测固体,无需使催化剂结晶。因此必须为纳米催化领域的研究人员广泛提供复杂和昂贵的大型设备,如同步加速器、高分辨率电子显微镜和高场磁共振设备。

虽然近期与催化反应理论和模拟相关的计算技术取得了重大进展,仍需要进一步改进以提高计算方法(特别是反应系统)精确性,并开发预测性功能。方法的准确性仍然是反应系统的一大问题,需要更好地连接表面吸附物模拟及其产品转化率。因此,我们仍需进行大量工作,将用于描述吸附物种相关结构和能量的从头计算法与描述其在表面上的扩散和反应所需的原子模拟相结合。此外,我们还需要更多能力利用理论和模拟引导原子尺度以及代表催化剂载体结构的更大尺度的催化剂合成。理论方法目前仍无法很好地描述光催化过程中可能发生的光激发事件,随着研发人员寻找更佳的太阳能利用途径这一工作的推进,该领域在未来十年有可能成为更重要的领域。

## 10.5　研发投资与实施策略

据 2009 年 WTEC 催化报告[5]称,"欧洲催化研究的整体投资水平高于美国"。报告还称,该领域高等学府和企业之间的合作在欧洲和亚洲(与知识产权环境有关)更为普遍,此外,"欧洲和亚洲国家还出色地结合了学术研究和国家实验室研发活动"。所有这些观察结果为美国未来在该领域内的投资提供了有价值的基准。计算和合成领域需要取得重大进展,最重要的是,必须为科研界研发并提供适当的仪器。以适当的分辨率(空间、时间)在催化剂工作状态下对其进行监测的能力对于了解和控制纳米催化剂来说至关重要。应扩大对大规模国家设施和顶尖专用仪器的投资,此外还应提供专项资金支持新一代仪器的研发。纳米催化剂具有极大潜力,能够大幅提升我们的生活质量,该领域的研发投资应体现这一点,将其与燃料、化学品和能源效率领域的社会影响同等视之。

从实际应用的角度来看,在纳米技术催化方面,更有前景但难度较大的两大前沿领域是纳米孔隙度跨越多个尺度的大量催化剂颗粒的预测性设计和制造。这将需要开发更好的、以成本有效性结构为导向的方法来进一步控制高度分散材料的大小、形状和原子表面结构,同时还要开发适当的方法来更好地生产良好的微孔和介孔支持结构。此外,还需要采用更佳合成方法建立和控制多尺度复合粒子结构,进而推动催化剂尺度上推和大规模制造所需的改进工具发展,促进纳米材料在商业应用中的普及。

此外,还亟须提高反应建模能力来更好地偶合催化反应途径与多尺度微孔和介孔材料的分子输运,例如,通过基本的表面反应动力学技术进行多组分粉末或粒料的多尺度建模整合输运。该领域的进展应能够大力促进下一代商用催化剂结构的更高效设计、开发和优化。

# 10.6 总结与优先领域

纳米材料催化为更高效、低成本和环境可持续的能源载体和化学品生产带来了巨大的发展潜力,使其与环境的可持续发展步伐保持一致。尽管该领域已经取得了巨大进步,但仍面临着巨大的挑战。研究重点应建立在该领域近期的重大进展基础上,大力推动 10.3 节中所述的重点反应研发。

重点研发目标如下:

· 在温度、压力和反应物通量升高的"实际"条件下对一些"工作状态"下的催化过程进行表征的初步工作近期已获得成功。此外,"单转化"事件(即单催化事件)的监测已经实现。最终目标是对"工作状态"条件下的多步骤催化过程进行完整描述。

· 控制纳米催化剂大小、结构和晶体组分的能力已经稳步提升。为了充分利用这些结构,必须通过催化过程本身来确保这些纳米催化剂的鲁棒性和稳定性。

· 最后,纳米催化剂优先研究工作的整体目标是实现多尺度(1 nm~1 μm)催化剂组分和结构的精确控制,从而有效地控制反应途径。

为了实现这些重点研究目标,必须要更好地了解和控制分子尺度多组分亚稳态系统的合成以及这些系统与较大分散复合粒子结构的组装。需要推动纳米表征技术的发展,尤其是能够在催化剂"工作状态"的温度和压力条件下进行现场监测的技术。最后,复杂催化反应的理论描述也需要进一步发展,以提供预测能力。

鉴于最高质量表征工具的重要性,我们应将资源投资作为一项优先工作,大力开发能够促进现场纳米表征的仪器。此外还应将提供该类仪器的制造方法作为优先重点,包括使同步辐射光束线等国家资源在研究界得到更广泛的利用。该领域面临着环保、能源和可持续发展等挑战,因此必须大力鼓励和促进行业学术合作。

除研究催化反应方法外,我们还应专注于解决过去 50 年中已经发现但尚未攻克的最具挑战性和有利可图的反应。特别是能够成功利用天然气原料生产大宗化学品的催化剂,从广泛使用的烯烃(乙烯和丙烯)到芳烃和汽油,取代其目前作为热源的主要用途。如果我们专心研究这些反应中的一个或两个,在未来十年中,商业化示范规模的工厂研发必将取得重大进展。

# 10.7　更广泛的社会影响

更有效和选择性更高的催化剂可能会对能源产生和效率、减轻污染、商品和特种化学品以及药品生产乃至全球经济健康和发展产生深远的影响。因此,纳米催化剂领域的研发将对社会及其生活水平产生深远影响。事实上,据 2009 年 WTEC 催化报告[5]称,刺激全球大多数催化研究发展的主要应用都与能源和环境有关。催化的发展不仅将通过更便宜的新改良产品直接影响社会,还可能对类似 20 世纪早期的哈伯博斯制氨法等技术产生更大影响。使用天然气作为大宗化学品的原料来取代燃烧用途,将同时产生多个积极的影响:减少美国对石油的依赖、增加天然气在北美的价值、减少二氧化碳排放和温室气体总排放量以及降低全球的石油需求。

# 10.8　研究成果与模式转变实例

## 10.8.1　单催化事件的直接观察

联系人:Robert R. Davis,美国弗吉尼亚大学

过去的十年发展纳米技术的工具使研究人员第一次能够在实际操作条件下观察并分析固体表面的单个催化事件。鉴于光谱方法多年来一直被用于探测催化表面的反应性,而且微观方法能够揭示催化剂本身的原子结构,有时甚至能揭示催化表面吸附覆盖层的组织结构,研究人员证明催化转化事件的单分子分辨率是难以捉摸的。2006 年,M. Roeffaers 及其同事在《自然》中发表了一篇具有里程碑意义的论文,通过计算单转化事件证实了近场光学显微镜在映射晶体表面催化活性的

空间分布中的使用范围[25]。由于单个基本反应可能发生在亚皮秒时间尺度上,随后无法采用这一方法,则可通过典型的转化期($10^{-2}$～$10^2$ s)进行监测催化循环的整体转化。

　　Roeffaers 实验的原理示意图参见图 10.3。催化剂为片状堆叠的锂-铝层状双金属氢氧化物(LDH),组装成带有较大基底{0001}晶面的柱状晶体。三水铝石型片材中同时存在 $Li^+$ 和 $Al^{3+}$,产生了由片材之间的阴离子平衡的净正电荷。当平衡电荷种类为 $OH^-$ 时,固体 LDH 作为布朗斯台德碱发挥有效功能,然后实现水解、酯化和酯基转移等催化反应。Roeffaers 等在显微镜载玻片上装入了一个 LDH 催化剂的单晶,载玻片上的基底{0001}晶面与盖玻片平行。随后,研究人员使用一种非荧光性荧光素酯——二乙酸羧基荧光素(C-FDA)作为 LDH 催化活性碱基位点的探测剂,因为无论是 C-FDA 水解还是酯与丁醇的酯交换反应,其反应产物都具有荧光性。如图 10.3 所示,使用适当波长照射 LDH 六角形晶体可直接观察到 C-FDA 在稠密介质中的水解或酯交换反应。

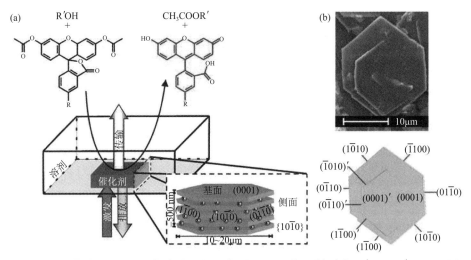

图 10.3　　实验设置。(a)实验设置的示意图:LDH 粒子暴露在 $R'OH$($R'=$ —H 用于水解;$R'=n$-$C_4H_9$ 用于酯交换反应)溶液中的荧光素酯($R=$ —COOH 用于 C-FDA;$R=$ —H 用于 FDA)下。实验采用了 488 nm 激发光的宽视场显微镜。插图显示了六角 LDH 微晶的不同晶面,并带有米勒指数。(b)典型 LDH 晶体的扫描电子显微镜照片,不同晶面分配给共生晶体[25]

　　图 10.4 中的亮点对应单一荧光产物分子的催化形成,包括与丁醇进行酯交换反应[图 10.4(a)～图 10.4(d)]或 C-FDA 水解[图 10.4(e)～图 10.4(h)]。研究者们能够记录点图的时间演变(对应各活性位点的催化转化)以及反应产物扩散在整个表面造成的点运动。图 10.4(c)和图 10.4(g)总结的反应速率分布使各位点

活动和催化剂表面上的空间位置直接相关联。

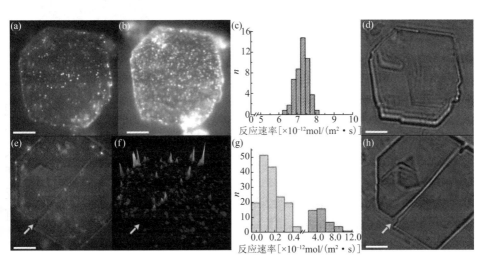

图 10.4 单个 LDH 粒子上的催化反应宽视场图像。(a~d)C-FDA 的酯交换反应,40 nmol/L (a)和 700 nmol/L(b)的 1-丁醇酯聚集在同一 LDH 晶体上。(c)1 $\mu m^2$ 域在晶面上的初始反应速率分布($n=50$)。(d)晶体的透射图像。(e~h)LDH 晶体上 600 nM C-FDA 的水解。(e)荧光图像,显示晶体边缘上单产物分子的形成(每个图像 96 ms)。(f)同一晶体在 256 张连续图像中的累计点强度。(g)1 $\mu m^2$ 域在 LDH 晶面上的初始反应速率分布($n=207$)。分布图清楚地显示了两个具有不同统计学意义的亚群。较快的对象对应$\{10\bar{1}0\}$面(红色/右图)上的活动域,$\{0001\}$面上则为较慢对象(绿色/左图)。(h)传输图像。比例尺,5 $\mu m$。(e),(f),(h) 中的箭头表示同一晶体上的相同观察方向[25]

随后的另一项研究观察了单点水平下的催化转化,对各金属纳米粒子上发生的分子级氧化还原催化反应进行了监测(图 10.5)。Xu 等[26]发现,球形金纳米粒子可通过 $NH_2OH$ 将非荧光刃天青催化还原为荧光试卤灵,为单分子观察提供了基础,如图 10.5(a)所示[26]。研究人员通过监测固定位置上的光阵[在图 10.5(b)中以箭头标识]和绘制随时间变化的光强度图,记录了单个纳米金粒子上不断变化的催化反应。

荧光强度数值大致相同,表示一个刃天青分子在金颗粒解吸前转化为试卤灵。(在约 1% 的轨迹中,一个点的强度达到正常值的两倍,表明两个产物分子被吸附在金纳米粒子上,如图 10.5(d)所示。)图 10.5(c)中央的时间段标识为关,该阶段中的金粒子无荧光性,与金粒子裸露或有非荧光物质吸附在其表面上的时间相对应。标识为开的时间段与产物吸附在金粒子表面的时间相对应(解吸入液相之前)。根据强度分布,计算出单个金纳米粒子上整体催化转化频率的统计学数值。

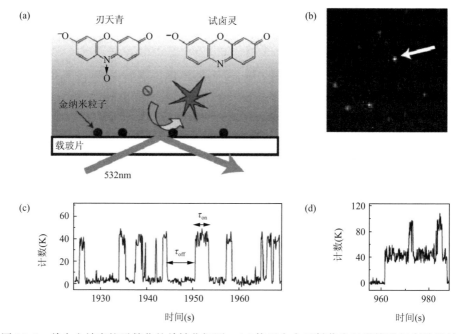

图 10.5　单个金纳米粒子催化的单转化探测。(a)使用全内反射荧光显微镜进行实验设计。(b)催化过程中荧光产物的典型图像(～18 × 18 $\mu m^2$),每帧 100 ms。像素大小约为 270 nm,造成幻动的荧光点。(c)荧光点构成的一段荧光轨迹在(b)中以箭头标识,使用 0.05 $\mu mol/L$ 刃天青和 1 mmol/L $NH_2OH$。(d)另一段荧光轨迹显示了相同条件下的两个层次[26]

　　具备观察表面上单个分子催化事件的能力后,多相催化领域将能够探索金属粒子大小对各种反应动力学参数的影响,如活性、选择性和失活,并且能够探索催化剂颗粒对表面反应性的动态重组影响。将这一技术转化为一般的催化实践面临着一大挑战,即需要改变分子反应时的荧光性质。这一条件制约了绝大多数使用这一技术的商业相关化学转化研究。尽管如此,这些研究工作中得出的基本概念以及微观方法的持续发展必定会为固体表面催化反应研究领域带来一个新的纳米技术时代。

### 10.8.2　代表性工业催化剂应用

联系人:S. Mark Davis,埃克森美孚化工

　　纳米微孔材料用于择形埃克森美孚催化过程的两个最新实例应用是①使用烷烃汽油生产高品质润滑油基础油时使用的选择性加氢异构化催化剂(此过程中也被称为 $MSDW^{TM}$);②使用乙烯和苯进行高选择性乙苯生产时使用的催化剂(也被称为 $EBMax^{TM}$)[27]。专有的中等孔径大小沸石的通道内部发生普通石蜡加氢异构化。通过精心设计的孔尺寸和结晶形态,可使分子扩散速率发生较大的差异,使

正构烷烃能够进入并优先反应,产生甲基支链的异链烷烃,而更大或高度支化的分子则将被排除在活性位点之外。

乙苯反应的另一策略采用了带有十元环和十二元环窗口的中等孔径沸石。在这种情况下,大多数催化反应发生在沸石的外表面或临近表面的区域上。十二元环面在单烷基化反应中是有效的,可产生所需的乙苯产物,而扩散进入沸石内部的分子移动性受限,更容易出现多烷基化反应。石蜡加氢异构化和芳烃烷基化催化剂的替代催化剂体系最近已成功开发,开发过程采用了与其他工业实验室(如Chevron、Axens、中国石油化工集团公司以及美国环球石油产品公司的实验室)类似的原则。

Haldor Topsoe 实验室最近开发出多个新催化剂系列,现代纳米合成方法大大影响了这些催化剂的分散相结构。其中一项创新是 BRIM™ 催化剂系列,该系列用于柴油和其他石油馏分流物的加氢脱硫(HDS)[28]。在这些体系中,特殊催化剂合成方法被用来生产高分散、优化的硫化钼颗粒,这些颗粒在催化剂预处理过程中更为活跃并能更有效地硫化。近期,使用高分辨率电子显微镜和互补方法的详细表征研究表明,小金属硫化物颗粒的边缘表现出半金属电子态,有助于达到很高的催化活性[29]。Haldor Topsoe 最近还用新的 Fence™ 催化剂实现了商业化,该催化剂主要用于合成气转化为甲醇。在这种情况下,粒度分布受控的小氧化铝颗粒与氧化锌上的铜紧密结合,即形成催化剂活性相。氧化铝为结构助剂,有效抑制了铜烧结,进而提高了长效催化剂的活性保持[30]。

据 Headwaters NanoKinetix 公司报道,该公司也已应用纳米技术合成方法打造出新的商用催化剂体系。其中一个实例是使用氢氧直接合成过氧化氢的 NxCat™ 催化剂体系[31],还可参阅[32,33]。该公司采用专有技术生产均匀支撑的 4 nm 铂-钯合金颗粒,大部分(110)晶面取向都是高选择性所需的。这一新催化剂体系于 2007 年荣获了美国环境保护局(EPA)的"EPA 绿色化学奖",并通过 Headwaters 和 Evonik 的合资公司实现了商业化生产。Headwaters 公司的另一项创新是 NxCat™ 催化剂体系,该体系用于更具选择性的石脑油重整以生产高辛烷值汽油。此前 Somorjai 和各大院校的表面科学和催化研究[34],表明(111)铂表面取向对更有选择性地催化链烷烃脱氢生成高辛烷值芳烃是必需的。Headwaters 的科学家们为生产大面积负载型催化剂找到了新的结构导向合成方法,展示出较高的铂表面取向程度[31],还可参阅[35-39]。Headwaters 还报告了纳米工程学在新加氢催化剂体系开发过程中的应用。

现代纳米技术对开展工业催化剂的研究和开发所需的工具也有显著影响。用于实验室快速机器人合成、表征和并行筛选的高通量组合方法从根本上改变了催化剂的发现过程。这些工具的使能技术跨越多个领域,包括微传感器、微机械、微电子、快速分析、数据可视化和建模。尽管要使该类工具直接进入催化剂开发和商业化生产中仍有大量工作要做,但该类发展在未来几年中将会有喜人的进展。

### 10.8.3　燃料电池电催化剂研发

联系人：Alex Harris,布鲁克海文国家实验室 ①

电极材料研究为燃料电池商业化扫除了大量障碍。2002 年以来,布鲁克海文国家实验室进行了大量研究,实现了金属的电化学活性,这一化学活性可通过金属单原子层交叠进行调谐,即核-壳纳米颗粒合成,一种活性金属的一个或两个原子层装饰第二种金属组成的芯颗粒。2003～2010 年,EERE 燃料电池计划为这些核-壳纳米催化剂提供了资金,并推动其进一步发展。研究发现了燃料电池的电催化剂,证实了提高性能所需的昂贵铂金可减少到 $\frac{1}{20} \sim \frac{1}{4}$ 的用量,长期稳定性方面也取得了重要进展。

在这些可喜的成果基础上,BNL 从 2005 年起加入了由工业合作伙伴(GM、Toyota、UTC Fuel Cells 和 Battelle)资助的“合作研究和开发协议(CRADAs)”,继续推进尺度上推并评估商业潜力。商业合作伙伴现在认为,这些核-壳纳米催化剂是目前最有前景的电催化途径,将助力低温燃料电池在汽车和固定应用中实现商业化。

该研发项目已经诞生了大量专利和专利申请,知识产权组合已经成为吸引CRADA 和商业合作伙伴的重要因素,相关企业将有机会占据有竞争力的市场地位。BNL 实验室的“技术成熟计划(TMP)”为促进实验室发明的技术准备提供了充足资金,包括尺度上推或生命周期展示/测试,旨在提高其商业潜力。在这种情况下,BNL TMP 资金助力合成技术从测试数量(毫克或更少)到 10 g 批次的尺度上推,并为较大规模的组装燃料电池测试开发了内部电解质膜组装(MEA)制造和燃料电池测试站。这一尺度上推研究工作对于技术从实验室到实际部署的进展来说至关重要。

# 10.9　来自海外实地考察的国际视角

除了 2010 年 3 月 9～10 日在芝加哥召开的“纳米科学和工程学的长期影响和未来机遇”研讨会之外,与该研究相关的汉堡、东京/筑波、新加坡等国际研讨会中并未设立单独的催化分组会议,但在光子学、等离子体学和能源分组会议中均不同程度地讨论了这一主题。这些分组会议对更高效和更具体的催化剂在增效节能过

---

　①　由美国能源部(DOE)基础能源科学办公室(BES)以及能源效率和可再生能源办公室(EERE)提供支持。

程中的重要性普遍达成共识。例如,纳米光子器件可在局部偶合光催化剂,推动催化过程发展。

在筑波大学举行美国-日本-韩国-中国台湾研讨会上,东京大学的 Kazunari Domen 教授针对催化提出了一些工作,包括东京都立大学 M. Haruta 教授目前正在进行的工作。图 10.6 展示了 Haruta 教授的研究工作,Haruta 教授在研讨会上向大家举例说明了低活性和高活性金基催化剂的纳米结构差异。会议并未着重考虑纳米催化的具体愿景、机遇和挑战。值得一提的是,2009 年的 WTEC 研究对大量国际研发活动进行了全面回顾,读者可以参考该报告以了解最近全球纳米技术研究催化方面的发展趋势[5]。

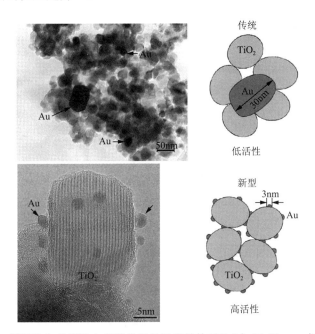

图 10.6　低活性和高活性金基催化剂的纳米结构对比(由 M. Haruta 提供)

## 参 考 文 献

[1] M. C. Roco, S. Williams, P. Alivisatos, *Nanotechnology Research Directions: IWGN Workshop Report* (WTEC, Baltimore, 1999)

[2] M. Manila, Size-and support-dependency in the catalysis of gold. Catal. Today **36**(1), 153-160(1997). doi: 10. 1016/S0920-5861(96)00208-8

[3] A. Y. Bell, The impact of nanoscience on heterogeneous catalysis. Science **14**, 1688-1691(2003). doi: 10. 1126/science. 1083671

[4] M. Davis, D. Tilley, *Future directions in catalysis*(National Science Foundation, Washington, 2003)

[5] R. Davis, V. V. Guliants. G. Huber, R. F. Lobo, J. T. Miller, M. Neurock, R. Sharma, L. Thompson, An in-

ternational assessment of research in catalysis by nanostructured materials(WTEC, Baltimore, 2009), Available online: http://www. wtec. org/catalysis/WTEC-CatalysisReport-6Feb2009-color-hi-res. pdf

［6］ M. Choi, H. S. Cho, R. Srivastava, C. Venkatesan, D. H. Choi, R. Ryoo, Amphiphilic organosi-line-directed synthesis of crystalline zeolites with tunable mesoporosity. Nat. Mater. **5**(9), 718-723(2006). doi: 10. 1038/nmat 1705

［7］ C. Christensen, I. Schmidt, A. Carlsson, K. Johanssen, K. Herbst, Crystals in crystals. J. Am. Chem. Soc. **127**, 8098-8102(2005)

［8］ D. Li, D. Su, J. Song, X. Guan, K. Hofmann, F. S. Xiao, Highly stream-stable mesoporous silica assembles from preformed zeolite precursors at high temperature. J. Mater. Chem, **15**. 5063-5069(2005)

［9］ A. Corma, M. Diaz-Cabana, J. Jorda, C. Martinez, M. Moliner, High-throughput synthesis and catalytic properties of a molecular sieve with 18-and 10-member rings. Nature **443**, 842-845(2006). doi: 10. 1038/nature05238

［10］ F. Berhault, L. Bisson, C. Thomazeau, C. Verdon, D. Uzio, Preparation of nanostructured Pd particles using a seeding synthesis approach. Appl. Catal. A **327**(1), 32-43(2007). doi: 10. 1016/j . apcata. 2007. 04. 028

［11］ E. Aneggi, J. Llorca, M. Boaro, A. Trovarelli, Surface-structure sensitivity of CO oxidation over polycrystalline ceria powders. J. Catal. **234**(1), 88-95(2005). doi: 10. 1016/j. jcat. 2005. 06. 008

［12］ I. Lee, F. Delbecq, F. Morales, M. Albiter, F. Zaera, Tuning selectivity in catalysis by controlling particle shape. Nat. Mater. **8**, 132-138(2008). doi:10. 1038/nmat2371

［13］ C. Witham, W. Huang, C. Tsung, J. Kuhn, G. Somorjai, F. Toste, Converting homogeneous to heterogeneous in electrophilic catalysis using monodisperse metal nanoparticles. Nat. Chem. **2**, 36-41(2010). doi: 10. 1038/nchem. 468

［14］ M. Salmeron, R. Schlogl, Ambient pressure photoelectron spectroscopy. Surf. Sci. Rep. **63**(4), 169-195(2008). doi:10. 1016/j. surfrep. 2008. 01. 001

［15］ P. Hansen, J. Wagner, S. Helveg, J. Rostrop-Nielsen, B. Clausen, H. Topsoe, Atom-resolved imaging of dynamic shape changes in supported copper nanocrystals. Science **15**, 2053-2055(2002). doi: 10. 1126/science. 1069325

［16］ J. Norskov, T. Bligaard, J. Rossmeis, C. Christensen, Towards the computational design of solid catalysts. Nat. Chem. **1**, 37-46(2009). doi:10. 1038/nchem. l21

［17］ The Catalyst Group Resources, Understanding *Nano-Scale Catalytic Effects*. *CAP Client-Private Report* (The Catalyst Group, Spring House, 2010)

［18］ The Catalyst Group Resources, Advances in Nanocatalysts and Products. CAP Client-Private Technical Report(The Catalyst Group, Spring House, 2002)

［19］ The Catalyst Group Resources, *Intelligence report : Business Shifts in the Global Catalytic Process industries*, 2007-2013. CAP Client-Private Report(The Catalyst Group, Spring House, 2(008)

［20］ J. Haggiu. Chemists seek greater recognition for catalysis. Chem. Eng. News **71**(22), 23-27 ＜1993) May 31 http://www. osti. gov/energycitations/product. biblio. jsp? osti_id＝6347886

［21］ V. Knoll. H. Swaan. C. Mirodatos, Methane reforming reaction with carbon dioxide over $Ni/SiO_2$ catalyst-I. Deactivation studies. J. Catal. **161**(1), 409-422(1996). doi:10. 1006/jcat. 1996. 0199

［22］ T. Ren. M. Patel. Basic petrochemicals from natural gas, coal and biomass. Resour. Conserv. Recycl **53**(9). 513-528(2009). doi:10. 1016/j. resconrec. 2009. 04. 005

[23] M. Ruth. A. Amato, B. Davidsdottir, Carbon emissions from U. S. ethylene production under climate change policies. Environ. Sci. Technol. **36**(2), 119-124(2002)

[24] J. Labinger. Oxidative coupling of methane. Catal. Lett. **1**, 371-375(1988). doi: 10. 1007/BF00766166

[25] M. Roeffaers. B. Sels, H. Uji-i, E DeSchryver, P. Jacobs, D. Devos, J. Hofkens, Spatially resolved observation of crystal-face-dependent catalysis by single turnover counting. Nature **439**, 572-575(2006). doi: doi: 10. 1038/nature04502

[26] W. Xu, J. Kong, Y. T. Yeh, P. Chen, Single-molecule nanocatalysis reveals heterogeneous reac ¬ tion pathways and catalytic dynamics. Nat. Mater. **7**, 992-996(2008). doi: 10. 1038/nmat2319

[27] J. Santiesteban, T. Degnan, M. Daage, Advanced catalysts for the petroleum refining and petrochemical industries. Paper presented at the 14th International Congress on Catalysis, Seoul, 2008

[28] Haldor Topsoe, Corporate Web site (2010), http://www. topsoe. com/research/Research _ at _ Topsoe. aspx

[29] J. Laurisen, J. Kibsgaard, S. Helveg, H. Topsoe, B. Clausen, E. Laegsgaard, F. Besenbacher, Size-dependent structure of MOS2 nanocrystals. Nat. Nanotechnol. **2**(1), 53-58(2007)

[30] K. Svennerber, From science to proven technology -development of a new topsoe methanol syn ¬ thesis catalyst MK-151. Paper presented at the 2009 World Methanol Conference, Miami, 2009

[31] Headwaters NanoKinefix Inc. n. d. Corporate Web site, http://www. htigrp. com/nano. asp

[32] M. Ruetcr. B. Zhou, S. Parasber. Process for direct catalytic hydrogen peroxide production. LLS. Patent 7, 144365, 2006

[33] B. Zhou, M. Rueter, S. Parasber. Supported catalysts having a controlled coordination struc ¬ ture and methods for preparing such catalysts. U. S. Patent 7, 011, 807, 2006

[34] S. M. Davis, F. Zaera. GJF. Somorjai. Surface structure and temperature dependence of n-hexane skeletal rearrangement reactions. J. Catal. **85**(1), 206-223(1984). doi: 10. 1016/0021-9517(84)90124-6

[35] H. Trevino, Z. Zhou, Z. Wu, B. Zhou, Reforming nanocatalysts and methods of making and using such catalysts. U. S. Patent 7, 541, 309, 2009

[36] B. Zhou, M. Ruetcr. Supported noble metal nanometer catalyst particles containing controlled(111)crystal face exposure. U. S. Patent 6, 746, 597, 2004

[37] B. Zhou, H. Trevino, Z. Wu, Reforming catalysts having a controlled coordination structure and methods for preparing such compositions. U. S. Patent 7. 655, 137, 2010

[38] B. Zhou, H. Trevino, Z. Wu. Z. Zhou, C. Liu, Reforming nanocatalysts and method of making and using such catalysts. UJ5. Patent 7, 569, 508, 2009

[39] Z. Zhou, Z. WU, C. Zhang, B. Zhou, Methods for manufacturing bi-metallic catalysts having a controlled crystal face exposure. UJ5. Patent 7, 601 , 668, 2009

# 第 11 章　纳米技术应用:高性能材料和潜在的领域 *

Mark Hersam，Paul S. Weiss

**关键词:** 纳米复合材料　纳米纤维　超材料　碳纳米管　纳米制造　组合的　分离　净化　航空学　纳米流体学　纳米高分子　木产品　国际视野

## 11.1　未来十年展望

### 11.1.1　过去十年进展

在过去的十年中,"纳米材料"一词所涵盖的领域发生了巨大变化。2000 年,我们还只是把材料在纳米尺度展现出的鲜明的尺寸效应作为描述纳米材料的唯一依据;而现在,"纳米材料"的含义已经远超出了当初的定义。举例来说,在 2010 年已经普遍认为,除了成分之外,其他因素(如高表面/界面面积,邻域性,新奇的化学、物理、生物官能团)也扮演着重要的角色。最近的工作[1,2]预见,在 21 世纪到来之际,有机-无机复合材料、多功能材料、自愈合材料、纳米传感器已经在过去的十年成为现实。而关于生命-非生命异质系统、信息-纳米-生物集成、电子-神经界面,以及纳米-信息-生物-认知系统[3],已经在科研界得到日渐增加的认可和经费的资助。

在过去的十年中,纳米材料在科学理解层次和能力上都得到了极大的提升,既包括孤立的纳米颗粒、纳米管、纳米线,也包括掺杂的纳米复合材料。这些材料的性质不仅由成分控制,形貌、空间各向异性以及个体之间和承载基质的结合性也起着重要的影响。世界范围内的科研热点都集中于纳米杂化材料,这些纳米杂化材

* 撰稿人: Richard Siegel, Phil Jones, Fereshteh Ebrahimi, Chris Murray, Sharon Glotzer, James Ruud, John Belk, Santokh Badesha, Adra Baca, David Knox.

M. Hersam (✉)
Department of Materials Science and Engineering, Northwestern University,
2220 Campus Drive, Evanston, IL 60208, USA
e-mail: m-hersam@northwestern.edu

P.S. Weiss
California NanoSystems Institute, University of California, 570 Westwood Plaza,
Building 114, Los Angeles, CA 90095, USA
e-mail: stm@ucla.edu

料将金属、陶瓷、碳以及天然纳米材料（如黏土）与合成或天然聚合物相结合，反映出人们对构筑纳米材料时在认识和能力上的革命性的改变。这种改变将对解决实际问题、造福社会带来深远的意义。具体例证包括：

- 用于靶向药物输运或者精确环境传感器的生物高分子/无机-纳米颗粒杂化聚集体；
- 含分散性酶的人工高分子涂层；
- 用于防腐、抗污表面的陶瓷或金属纳米颗粒；
- 用于各种工业应用的多样的合成高分子/黏土或者纳米颗粒的分散体系。

### 11.1.2　未来十年愿景

在未来十年中，研发政策将侧重于发展一系列新兴以及交叉技术来提高纳米材料的性能、多功能性、集成性、可持续性。尤其是在以下几个方面亟须发展新的方法，包括纳米材料和纳米系统的设计；高质量的和单分散的纳米材料的扩大生产；纳米材料工艺流程的快速测量、质检以及可重复性生产；保持纳米尺度增强效应的本体材料、涂层以及器件的生产。通过有着特殊性质的纳米成分的可控组装，新一代的纳米复合材料将有着相对以前偶联性质而言性能可独立调控的独特性质。例如，导电性能好的本体材料通常具有好的导热性能，在新一代纳米复合材料中，这两个性质可以去耦合而进行相对独立的调控。这类材料在热电器件中有着广阔的应用，能够将废热转换成有用的电能。类似的，将导电性和光学反射性去耦合，将催生出一类新型的透明导体。这种导体可用于光伏材料和显示技术的提升。最终，将纳米材料合理的组装成纳米复合物可以获得具有综合性质的高性能材料，从而为先前无法解决的实际问题的攻克提供支撑。

## 11.2　过去十年的进展与现状

最近十年来，纳米结构材料和涂层的重大研究进展主要集中于多级杂化纳米结构材料体系，该体系包括潜在应用价值广泛的生物和非生物支架块体、在纳米复合材料中的纳米结构基体界面，以及快速制备新颖的、适用于各种体系的化学、物理和生物类功能型界面材料的能力。这些高性能纳米材料已经涉及和影响到几乎所有的科学和工程领域，一些具体的事例将在本节给予解释说明。

### 11.2.1　纳米纤维材料

在过去的十年，纳米技术使得使用纳米纤维的工业制品和消费群体急剧增加。纳米纤维材料可以通过诸如静电纺丝和"海岛型"纤维纺丝之类的技术制备而成。虽然人们知道纳米纤维已经有了一段时间，但是关于使用纳米纤维的概念最终实现以及发展成为具有能够被世人了解其使用价值的纳米技术始于 2001 年 Grafe 等[4]。具体来说，Donaldson、E-Spin、United Air Specialists 和 Argonide 等公司已经建立起数百万美元的纳米纤维膜产业。最初，由于这些纤维膜在低的操作压力下具有高效过滤能力，因此用于简单空气过滤。近年来，越来越多的纤维膜被用于比较复杂的具有其他功能的过滤体系，例如，如图 11.1 所示[5]，在 2006 年 Yuranova 等利用二氧化钛纤维网可过滤除去细菌。最近，美国国家航空航天局（NASA）认证了 Argonide 公司的纳米陶瓷水过滤器，该过滤器能够从水中滤去大于 99.99％的有害颗粒[6]。

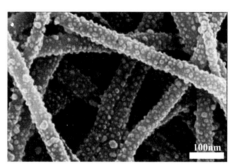

图 11.1　用于除去细菌的高级过滤体系的被二氧化钛包覆的二氧化钛纤维网[5]

（由 MeadWestvaco 公司 David Knox 提供的 SEM 伪彩色图片）

　　虽然，具体公司的产品生产线中关于纳米纤维网材料具体的数据是保密的。但是，据估计，纳米纤维网过滤材料已经在过去十年中由最初的大约 2 亿美元增长到大约 5 亿美元。早期，纳米纤维网过滤材料几乎只用于军工行业，现在这些材料也用于机动车和其他领域。这些发展正是由对纳米纤维现象理解的不断加深所推动，例如，可以观测到的源于纳米纤维的低压液滴和粒子间的相互作用现象。

　　除了空气过滤，纳米纤维材料较高的疏水程度使得从衬衫到桌布、手术和医疗物品具有了"瞬间清洁"能力。例如，Nano-Tex 已经开发包含纳米晶须的、具有实用抗污表面的技术和产品。仅这一项应用已经产生预计每年约 2 亿美元的市场。

### 11.2.2　纳米晶体金属

　　在十年前，人们都认为具有纳米结构的金属强度大，但是，也认为这些金属是脆性的，这限制了其作为结构材料的使用。在过去的十年中，通过电化学沉积和塑性变形技术[7-9]，在无缺陷纳米晶体金属制备过程取得巨大进展。后来，证明纳米晶体金属本身并不是脆性的，它们的拉伸塑性使其具有高的强度[10,11]。

　　图 11.2 给出了铁-镍纳米晶体合金与中碳调质钢（4140 钢）应力-应变曲线对比图。图示表明单相纳米晶体金属具有最高强度值（大于 2GPa），且具有与高性能钢可媲美的延展性。纳米晶体金属和合金合适的延展性使它们成为多功能结构应

用的对象,在这些应用中,除了高强度性质,纳米晶体的其他性质,例如,抗腐蚀性、磁性和光学性质也是十分重要的。过去十年,通过实验和计算技术已经证明:对于纳米晶体材料的小尺寸晶粒的限制,使得在传统的多晶金属中不重要的机制在纳米尺度占据了主导地位。具体例证包括:

- 测试到的具有面心立方(fcc)金属的机械孪晶具有相对较高的层错能,例如,铝和铜[12,13];
- 在具有面心立方金属晶体中不匹配部分位错层的运动[14];
- 晶界介导变形和晶粒转动[15-17];
- 晶粒生长和耦合的晶界迁移[18-22]。

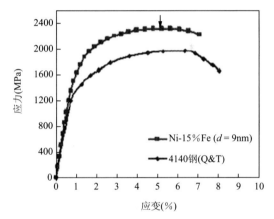

图 11.2　镍-铁纳米晶体合金(平均粒径为 9 nm)和结构化淬火钢的应力-应变曲线对比图(由佛罗里达大学 Fereshteh Ebrahimi 提供)

由于晶界介导的形变在纳米晶体中占主导地位,晶界的结构在纳米晶体材料的塑性形变中起着重要作用。例如,低温退火可以使已处理材料的晶界发生显著地像,并使得晶界位错成核过程和晶界滑动更加困难[23]。图 11.3 很好地解释了这一观点,低温退火使得纳米晶体材料的强度提高,韧性显著降低[24]。

数值模拟实验结果解释了纳米晶尺寸低到一定的临界值时(10～20nm,具体值取决于金属的种类),导致形变的主要因素将由晶体内部位错变成晶界介导的形变[14]。尺寸变小反而使得纳米晶的强度下降,导致反 Hall-Petch 现象。通过散射技术等更为细微的观察,发现由于这种塑性形变的机制不同,纳米晶体材料的总体形变于为与传统金属也不同[25]。实验结果和模拟数据都证实纳米晶塑性形变过程中,只与一部分的晶粒实现了塑性形变[26-28]。所以这些材料可以看作是由弹性材料(小粒子)和塑性材料(大粒子)组成的复合材料。具体就是,大的粒子导致了塑性形变,小的粒子导致应变硬化。这样就使得纳米晶的强度和塑性强烈依赖于晶体粒子的尺寸分布。根据这一设想,实验证明[29],两种不同尺寸的晶体粒子的复合物有最优组合,

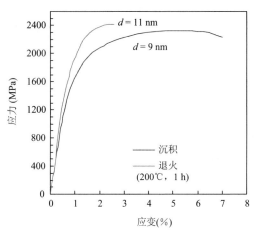

图 11.3　沉积并低温退火的 Ni-15%Fe 纳米晶材料的应力-应变曲线（由佛罗里达大学 Fereshteh Ebrahimi 提供）

有最好的强度和塑性。与传统的面心立方金属的塑性诱导的微观孔洞粗化机制导致的断裂模式不同,纳米晶的面心立方是裂缝导致的断裂(如原子键的断裂)[30,31]。

近 50 年来,大家共知的是随着样品尺寸的减小可以得到不同应力-应变变化的样品[32],薄的样品,如胡须等显示强度接近于理想值[33]。近十年来,更多的实验结果表明,小尺寸的样品强度更大[34],这种强度的增加归功于位错来源的减少。关于纳米晶材料的应用性,我们更加关注其稳定性如何。过去的十年已经证实,合金可以显著地稳定粒子边界,这归功于溶质拖曳机制[35,36]。图 11.4 表明随着 Fe 的加入,Ni 晶体尺寸明显下降[35]。

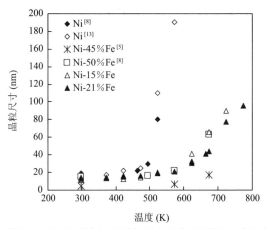

图 11.4　不同比例的纯 Ni 和纯铁在不同的退火温度下晶粒尺寸的变化(由佛罗里达大学 Fereshteh Ebrahimi 提供)

### 11.2.3 以纤维素为基材的纳米材料

过去的几十年,林业认为纳米技术可以用来开发巨大的未开发的具有潜在市场的树木,将其制成光化学工厂,利用光和水产出大量的原材料。森林生物质资源提供了一个重要的平台,它提供可再生的,可循环使用的,环境友好的可持续的产品,以满足21世纪的发展。以林木为基础的木质纤维材料(如生物量)提供了巨大的材料来源,且这些资源是按地理分布的。

林业纳米技术路线图[37][美国林业及职业协会(AF&PA)及能源公司],认为这一产业可以利用纳米技术科学,高效且有效地捕捉以林木为基础的木质纤维材料可以提供的潜在价值,达到可持续性地满足现在及未来子孙后代对木质材料及产品的需求。此外,林业有其固定的优势,它是一个丰富的,可更新的和可持续的原材料基地;配套生产基础设施,可将木材加工成各种消费产品;它是一个独特的以生物环保产品为中心的具有广阔发展空间的市场。

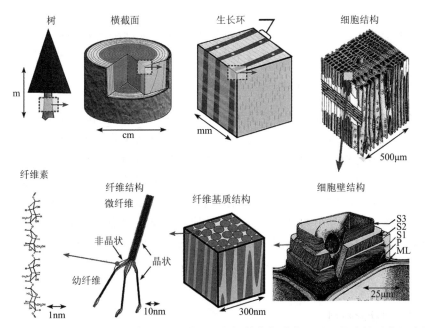

图11.5 木头是一种由纤维素、半纤维素、木质素、精华提取物以及一些痕量元素组成的蜂窝状分级生物复合材料。在纳米尺度上,木头是一种纤维复合材料(由 Phil Jones, Imerys 提供)

在纳米尺度上,木材是由截断面尺寸在3~5nm的纳米纤维(晶须)组成的,而这些截断面则是由有序排列(结晶相)和无序排列(无定形相)的纤维素聚合物链组成[37-40]。纤维素占木材质量的30%~40%,其中约一半的纤维素存在于纳米结晶相中,而另一半存在无定形相中(图 11.5)。纳米结晶相中的纤维素具有相对规整的直径和长度,它们的尺寸因木材品种的不同而异。纤维素是世界上最为常见的有机聚合物,具有 $1.5 \times 10^{12}$ t 的年生物总产量。由酶所表达的纤维素具有直径在 $3 \sim 5$ nm 的玫瑰状,这些纤维聚集起来可大到直径为 20 nm。这些细小纤维以在某种程度上像液晶一样自组装起来,组成了纳米尺度的和常见于植物细胞壁上的更大的结构。纤维素分子的理论模量在 250 GPa 左右,但细胞壁上纤维素的硬度测量值则在 130 GPa 左右。这一测量值说明纤维素可媲美于技术上可制得的最优异的产品。

因为有着数亿吨木材可供加工,相应的商业产品既是可持续和可再生能源,也是一种重要的工业原料。价值高、可再生纳米化复合材料可以由极具吸引力的商业方法分离出纳米纤维和纳米晶纤维素,还可以通过建立表征方法、稳定化及将这些木质纳米材料与其他多种纳米材料掺杂。

# 11.3　未来 5～10 年的目标、困难与解决方案

在未来的十年,纳米科技的研究将集中在如何提高纳米材料的性能、多功能化、整合度以及在多种新型、交叉技术中的可持续性。具体目标详述如下。

## 11.3.1　分离、分馏和纯化

纳米材料的典型性质在于它的性质不仅取决于组成,还和尺寸和形状具有很大的关系。任何在尺寸和形状上的多分散性都会导致不均一的性质,这通常在商业技术中是不希望出现的。因此,研究者需要寻求可定量且经济有效的方法用于纳米材料的分离、分馏和纯化,并得出相应的形状和尺寸的函数关系,进而生产出单分散的纳米尺度的构筑块。这就能得到可控的性质从而实现在器件、科技应用和基于纳米材料组分中的可靠和可重复性质的实现。更近一步地,当掌握了单分散纳米尺度材料的构筑,多分散的可控性也可以实现,甚至需要材料性质在一定范围内可控时(如光伏技术需要导电膜的光学透明性与宽带太阳光谱匹配),都可以达到理想的效果。

## 11.3.2　层状超材料

获得单分散纳米材料后,就可以将它们组装为有序的晶体结构,其中,粒子在其中扮演着构筑基元的作用(图 11.6)。在过去的几十年中,图中的一些步骤已经在量子点领域中得以实现,接下来的十年,将会追求在其他层次上的可控性。通过具有不同性质纳米组分的可控和有序自组装,下一代的纳米复合材料将会具有不同于复合的独特而强大的性质。例如,具有高导电性的体相材料通常也具有高的导热性能;但是在下一代的纳米复合材料中,这些性能的独立性将减弱。这一特仿

具有广泛的意义:热电器件转化废热为有用的电能。同样地,将导电性和光反射性分离开可以实现新一代的透明导体,这在光电和成像技术领域将起到基础性的作用。最后,这个目标将会改写固态物理教科书中关于电荷、能量、自旋、声子、激子和质量运输之间的关系。

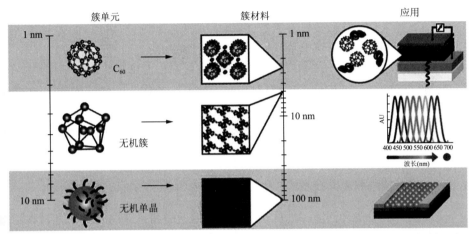

图 11.6　富勒烯,原子簇和更大的无机纳米晶可以用作组装去创建性质可控的材料。应用包括光伏电池(上)、光学生物传感器(中)和电子学(下)[41](由加利福尼亚大学洛杉矶分校 Paul S. Weiss 提供)

### 11.3.3　纳米制造业

为了将纳米材料带入主流市场,纳米制造业中的很多改进是必不可少的。为了实现具有可靠纳米组分性质的微尺寸和大尺寸材料的量产,主要待攻克的难题在于工艺过程的放大、消耗费用、可持续利用性、能源效率、过程控制和质量控制的范围。制备具有纳米尺度性质的本体相材料可能需要拓展自组装、牢固的表面修饰方法、层加工和组装技术。理论上,纳米加工的优化可受助于先进的计算机技术,将计算机科技与纳米加工过程结合起来将有利于提高设计方法。

### 11.3.4　受生物启发

生物系统中的材料所具有的一些在目前的纳米材料中得到无法实现的功能,包括分级的、非平衡的、自愈合的、可重构的以及耐缺陷的结构。生物系统同样具有机与无机介质之间最优化的相互作用。在未来的十年中,纳米复合材料的研究将探索如何模仿这些强大功能的组合。为了达到这些目标,就要求改进对内部界面的控制、表征和认知。在外界刺激的作用下,监测内部界面上的动态变化,直接观察其发展过程。

### 11.3.5　组合和计算的方法

纳米复合材料具有巨大的相空间,包括尺寸、形状、纳米组分的构成、表面功能化和基底。这些相空间不能通过连续的、经验主义的研究而得到充分的探索。因此,大量平行组合实验和多尺度建模等可供选择的策略将在未来十年内得到继续研究。前者要求创新实验设计和平行表征能力,而后者则能从计算能力和算法的优化中得到预期的改进。纳米颗粒功能表面的性质和耐久性的提高可以从已有使用中的表面科学的研究中得到灵感。在能源、环境和生命科学等重要社会领域中,这些特殊功能的分级杂化纳米结构材料体系具有广泛的应用前景。朝着这些目标努力,科学家不仅要能够不断地创造基础知识和必要的手段去组装和全面地表征这些纳米材料和系统,并且要发展可靠的设计能力,从而把"最佳猜测"纳米材料的时代推动到真正的工程体系中。

### 11.3.6　新兴技术和交叉技术

实现上述目标将会创造一批具有意想不到的性能和特殊性能组合的纳米复合材料。尤其是特殊性能的优化组合将能够把现有的不相干的技术交叉组合到单个的多功能平台上。例如,热电器件、透明导体、超级电容器和电池组合结构、集成的诊断和治疗器件、传感器/驱动器、光电器件和通信/计算系统等。

## 11.4　科技基础设施需求

为了实现前面所描述的目标,必须显著改进科技基础设施。例如,需要全新的仪器装置去研究纳米材料体系中界面的本质以及探测纳米材料的本质性能(如机械性能、电学性能、热学性能、化学性能、生物学性能、光学性能和磁性能);分级的纳米复合材料的研究要求严格可靠的多尺度设计技术。只有广泛使用这些实验的和理论的装置设备才能满足未来的需求。

除了基础设施的需求,还需要训练有素的、多学科背景的工作团队。高度专业的科学家和工程师应该得到不断的鼓励和全球范围内的帮助。在美国,从小学到中学再到研究生这一教育体系应该得到显著改进,所有的学生都应该得到更大的激励,特别是那些少数群体(妇女和少数民族),更应该提高他们在科学、技术、工程和数学领域(STEM)的兴趣和能力。为从事 STEM 研究道路的学生而设立的一个创造性的国家奖学金新体系能通过物质刺激起到激励效果。

此外,从传统的课本教材到网络课程的教育资源的改善,能够更好地教授和学习新兴的纳米材料领域。为了实现这些科技设施的需求,必须得到专家们的不断指导。这些专家应该是已经为人们所熟知,而且已经取得成功并具有领导才能和高瞻远瞩(如诺贝尔奖获得者、院士、商业领袖等)。

## 11.5　研发投资与实施策略

尽管在美国国家纳米计划和类似的政府计划中投入大量的资金,但是投资回报率很高。因此,需要持续的,甚至更高规模的投资来保证在快速前进中但仍需在发展的领域中产生收益。例如,美国国家科学基金会纳米科学与工程中心就是一个成功的例子。然而,一些中心受到了"十年基金"的限制。在这些中心中,应该创立国家投资的机制来维持,甚至增加投资来保证研究的成功并将成果转化成直接有益于社会的专利。此外,私人的和小的团体提供种子奖金持续支持,最终发展成为非计划的中心级别计划的基础。为此,通过鼓励较小的纳米科学研究计划间相互合作,减少多余的工作。跨学科和国际合作也可能收获重要的进展。随着纳米材料领域的进一步发展,未来的科学和技术政策不但要确定值得支持的研究和发展的领域,而且要确定应该减少支持或不予支持的特别方向(例如,要鉴别胜利者和失败者)。美国联邦政府的投资应该与州和当地政府,以及公司伙伴关系的私营部门(如工业)相配套。全球性的工业财团对资助具有商业化潜力的项目来说尤为重要。为了获得更好的国家和地区安全,改善的经济环境,有质量的生活,有意义的工作,纳米技术迅速发展成为关键点,在这里所有潜在的资助机构将会获得投资回报。在像纳米技术一样对社会有广泛积极影响的领域中,这样的杠杆投资应该成为标准。

## 11.6　总结与优先领域

过去十年中,看到了纳米材料的演变过程,从纳米粒子、纳米管、纳米线到纳米复合材料,通过调控组成的材料以及形态、空间各向异性、相对于彼此和宿体间的距离来控制纳米材料的性质。全球对纳米结构杂化材料体系的关注代表了我们思维和能力转向创造纳米材料和涂层以解决实际问题、造福社会的一个真实典范。未来十年将会看到研究集中于利用一系列新型的和交叉的技术来改进纳米材料的性能,多功能,集成性,可持续性。具体的优先事项包括:

- 通过分离、分馏和提纯努力实现组成、尺寸和形状单分散的纳米材料;
- 对异质元材料以前耦合的性质实现单独调控;
- 改进纳米制造能力,包括解决与规模化、成本、可持续发展、能源效率、过程控制和质量控制相关的问题;
- 实现具有仿生特性的纳米材料,这些特性包括在有机/无机杂化介质中的非平衡、自修复、可重构和可容忍缺陷的结构;

·组合和计算的方法,有效探索纳米复合材料广阔的领域,包括大小、形状和组成,表面功能化和基质;

·在新兴和交叉的技术中,利用具有新颖性质和奇特组合性质的纳米复合材料。

## 11.7　更广泛的社会意义

纵观历史,材料的发展总能推动技术的革新。毋庸置疑,纳米材料及其复合物将继续对社会发展产生深远而积极的影响。尤其是通过不同性质的纳米组分的可控组装,新一代的纳米复合材料可以同时调控几种或者单独调控一种性质(如机械性能、电性能、热性能、化学性能、生物性能、光学性能和磁性能等)。通过这种方式,新一代的纳米复合材料有望将本体材料中密切交织的性质去耦合。例如,去耦合电导率和热导率可以将废弃的热能转化为有用的电能,这对于热电器件的设计具有广泛意义。同样,去耦合电导率和光学折射率将有助于设计透明导体,从而推动光电技术和显示技术的发展。总而言之,将纳米材料合理地组装成纳米复合物可以获得具有综合性质的高性能材料,由此带动以前不能实现的应用发展,如图 11.7 所示。

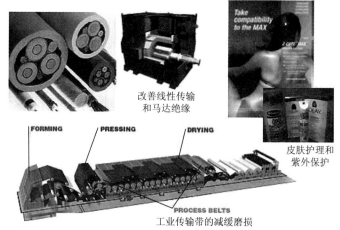

图 11.7　　纳米结构杂化材料造福社会的现实例子(由伦斯勒理工学院 Richard Siegel 提供)

## 11.8　研究成果与模式转变实例

### 11.8.1　单分散单壁碳纳米管

联系人:Mark　Hersam,美国西北大学

单壁碳纳米管(SWNTs)是具有高长径比的圆柱体,它的直径约为 1 nm,管壁

厚度为一个单原子层厚度,类似于石墨的原子排列。SWNTs 的原子结构是唯一确定的二维手性载体,它的组件通常是由一对正整数指定:$(n,m)$。这里所讲的手性决定了 SWNTs 所特有的性质。不幸的是,当前 SWNTs 的合成方法缺乏对其手性的控制,导致制备的 SWNTs 的性质具有多分散性的缺点。因此,尽管 SWNTs 已经被提出可以应用于很多领域,但是由于其不均一性,限制了其在高性能技术领域(如电子学、光子学和传感器)的广泛应用。

为了实现 SWNTs 的技术承诺,根据 SWNTs 物理结构和电子结构的不同,发展了很多技术来筛选 SWNTs。典型的例子有介电电泳[42]、化学改性[43]、选择性刻蚀[44]、可控电击穿[45]、阴离子交换色谱[46]和体积排除色谱[47]。尽管上述方法有各自的优点,并且已经在实验室进行小规模的实施,但是目前还没有任何一种方法能够应用于工业上大规模的分离 SWNTs。

在 2005 年,发展了另一种方法——密度梯度超速离心(DGU)用于 SWNTs 的筛选。DGU 结合了以下几个性质更适用于大规模生产:包括可扩展性,原料多元化的兼容性,非共价可逆的修饰化学以及迭代重复性[48,49]。从历史上看,DGU 已经广泛应用于生物化学和制药业并用于亚细胞组分(如蛋白质和核酸)的分离[50]。DGU 的工作原理是基于组分浮力密度的微小差别,尤其是在水溶液中具有已知密度梯度的组分。在超速离心机所产生的离心力的影响下,组分将沉积到相应的等密度点(也就是与其密度相匹配的梯度点)。通过选择合适的起始梯度,不同密度的组分将从空间上分离,分离到不同空间位置上的组分可以通过分馏法移除。

因为 DGU 可以成功地排序 SWNTs,所以 SWNTs 的浮力密度必然直接与其物理和电子结构有关。由于 SWNTs 是一个中空的圆柱体,因此其质量集中于其表面上。SWNTs 的浮力密度(质量体积比)与圆柱体的表面面积对体积比成正比,与直径成反比。如果 DGU 发生在真空中,SWNTs 的浮力密度将遵循这个简单的与直径的反比关系。然而,由于 DGU 发生在水溶液中而且碳纳米管的疏水性很强,所以必须用两性表面活性剂分散 SWNTs。因此,在 DGU 实验中,实际的 SWNTs 浮力密度将是一个由 SWNTs 的几何结构、两性表面活性剂包覆层的厚度和水化共同决定的函数。当所选择的表面活性剂能均匀地且完全一样地封装所有溶液中的 SWNTs,浮力密度将仍然只是一个 SWNTs 直径的函数。另一方面,如果所选的表面活性剂或表面活性剂组合具有不等量封装 SWNTs 的电子结构功能(例如,金属与半导体),那么 DGU 可以通过除简单的结构参数之外的性质来排序 SWNTs。最终,结合合理的表面活性化学和 DGU 可以大大拓宽排序 SWNTs 的可调性。

图 11.8 概述了由 CoMoCAT® 增长方法制备的 SWNTs 的 DGU 工艺[51]。CoMoCAT 方法是通过使用专有的钴/钼催化剂歧化一氧化碳得到 SWNTs。

即使 CoMoCAT SWNTs 具有一个相对狭窄的粒径分布(0.7～1.1 nm),相当数量的独特手性可以通过吸收光谱识别。在 DGU 过程的第一步是使用两性表面活性剂如胆酸钠溶液分散在水溶液中的 SWNTs。虽然超声导致高产量的单独封装的 SWNTs,一些小 SWNTs 束仍然存在,如图 11.8(a)所示。由于碳纳米管束比单独封装的 SWNTs 具有更高的密度,在 DGU 过程中它们仅沉积在密度梯度的底部。

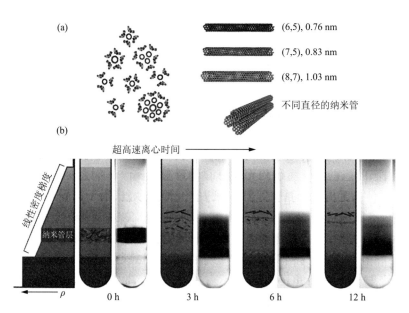

图 11.8　(a)表面活性剂包覆的 SWNTs 的侧面示意图;图示了三种具体的 SWNTs 的手性矢量和直径。(b)对应着 DGU 过程中超速离心管中的四个位置的示意图和照片
(由美国西北大学 Mark Hersam 提供)

在第二步,分散的 SWNTs 的水溶液被注入一个由水和碘克沙醇形成的线性密度梯度的溶液。碘克沙醇,$C_{35}H_{44}I_6N_6O_5$,是一种比水密度更大的水溶性分子。因此,通过改变水溶液中碘克沙醇溶液的浓度,可形成密度梯度。图 11.8(b)是显示初始密度梯度剖面和 SWNTs 的起始位置的示意图。通过在梯度中的等密度点附近注射 SWNTs,它们的运动距离及离心的时间能达到最小化。

图 11.8(b)也显示在 DGU 过程中的不同点的原理图和在超高速离心管中相应的照片。经过 3 h 288 000 $g$ 的 DGU 向心力加速度,SWNTs 已经开始沉积,但尚未达到其密度梯度中的平衡点。然后,经过 6 h 的 DGU 沉积,不同物理结构和电子结构的 SWNTs 分层变得明显。最后,经过 12 h DGU,SWNTs 达到清楚的分层,达到可以开始分馏的程度。成功证明 DGU 运行的证据包括形成明显的彩色带,如图 11.8(b)所示。使用几种分馏方法中的一种,可以从离心管除去这些彩

色带,并在光学比色皿中按顺序收集。所得到的 SWNTs 溶液的光学纯度是 SWNTs 的物理结构和电学性质中单分散性的直接标志。

图 11.9 包含了从一次 DGU 过程中获得的五个不同的单分散的单壁碳纳米管组成的照片。

图 11.9 通过 DGU 和随后的分馏处理,光学纯净的单壁碳纳米管被分离并分别装在试管中。这些药品瓶的不同颜色从视觉上清晰地证明,DGU 利用单壁碳纳米管的物理和电学结构成功对其进行分离(由美国西北大学 Mark Hersam 提供)

密度梯度超速离心(DGU)的优势是多方面的。首先是参数易控制,如表面活性剂化学,初始密度梯度分布,超速离心加速度和时间等参数能够提供充足的弹性以适应大范围 SWNTs 原料的制备。其次,非共价键和可逆的表面活性剂化学的应用意味着封装分子可以很容易地通过透析或大量冲洗移除,从而使 SWNTs 恢复到原始状态。表面活性剂的去除能力对于电子方面的应用尤其重要,因为功能化学会危害电气接触。DGU 的另一个优点是可以反复重复使用。特别是在 DGU 的第一轮完成后,最纯的那部分物质可以移除后放到第二个梯度分布,从而可以再次重复 DGU 步骤。通过反复使用 DGU 方法,几乎任意的纯度要求都可以达到。最后,DGU 技术在制药产业已得到广泛应用,充分展示了这一技术的可扩展性和经济性。

DGU 技术制备的 SWNTs 是非常有应用前景的。NanoIntegris 公司(http://www.nanointegris.com/)已经开始了相关技术的商业化。另外,通过这一技术制备的 SWNTs 样品已经在场效应晶体管[52]和金属涂层[53]中成功得到应用。在实验室,DGU 技术制备的光学纯的 SWNTs 样品已经在载流子超快动力学的时间分辨泵浦-探测激光光谱学[54,55]研究中得到应用。另外,透明导体、高速集成电路、生物传感器和纳米复合材料等方面的应用也极有可能从单分散 SWNTs 材料中获益。

## 1.8.2 量子点在成像中的应用

联系人:James Murday,美国南加利福尼亚大学在早期的摄影中,人们使用基于胶卷的照相机来捕捉图像[图 11.10(a)]。近年来,电荷耦合器件(CCD)照相机用硅晶片取代胶卷,并开创了数码摄影时代。随着照相机变得越来越轻便,CMOS 照相机也得到极大发展[图 11.10(b)],这种图像传感器由 CMOS 工艺制作而成(因此也认为是 CMOS 传感器),并且已经成为 CCD 图像传感器的一个替代品。CMOS 有源像素传感器大多应用在手机照相机、网络照相机和一些数字单反照相机中。然而,基于硅晶片的图像传感器只能捕获平均 25%的可见光。

多伦多大学 Edward H. Sargent 教授所领导的 InVisage 技术公司(http://www.invisageinc.com/)发展了量子薄膜[图 11.10(c)]。这一技术基于半导体量子点[56],并使其与标准 CMOS 制造过程结合。量子薄膜能捕获 90%~95%的入射光,从而获得更佳的图像质量,尤其是在光线条件较差的情况下。它通过捕获光图像的印记,然后利用下方的硅晶片读出量子薄膜。针对 2011 计划[57]的首次应用将使得高像素数和在小形态因子下的高性能成为可能,从而打破了硅晶片分辨率折中这一本质性能。

通常情况下,照相机对红外感光,可以用于夜间成像,但不能由廉价的硅处理器所制备,因为硅晶片固定的带隙导致其对大于 1.1 μm 的波长不敏感。InVisage 公司通过在芯片上旋涂约 5 nm 直径的 PbS 纳米晶,让其在短波红外(SWIR)区的感光性能得到改善,而它的价格只是通过外延生长的化合物半导体红外传感器的一部分。InVisage 公司致力于提高光电探测技术的灵敏度[58],并将其整合到预制的"读-出"硅晶片集成电路上,从而实现"短波红外-感光"的焦点阵列[59]。现有的红外成像技术对于高容量民用安全市场来说是非常昂贵的,因此,这一技术将给安全系统和电子消费品应用带来极大的发展。光吸收量子点其他潜在的应用也包括医学成像和太阳能转换。

胶卷　　　　　　　　　　CMOS成像器　　　　　In Visage公司的量子成像膜
(a)　　　　　　　　　　　(b)　　　　　　　　　　(c)

图 11.10　从胶卷到 CMOS 成像再到基于量子点的摄影技术的发展历程(由南加利福尼亚大学 James Murday 提供)

### 11.8.3　基于纳米技术的航空航天的模式转变

联系人:Michael Meador,美国国家航空航天局

　　纳米技术可能对未来的飞机和太空探索产生显著影响。纳米材料的使用能够显著降低飞机及飞船的质量，并使之具有更强的性能和更好的安全性和耐久度。纳米电子元件使新的设备更加耐辐射、更能容错，并能集成必要的替换线路，以便能够完成长时间的太空探索任务。量子点和其他的纳米结构可用于制造轻质、韧性和耐久的光电器件，为未来的探索任务提供能源。纳米电极材料使未来的飞行器中的电池具有更高的效率。下面举例讨论一下纳米技术可能对航空航天产生影响的几个方面。

　　1. 飞机

　　环保的要求使得人们在设计新的飞行器时，更注意降低燃油消耗、噪声和尾气排放。未来的飞行器设计将与使用超过一百年的传统"管和翼"结构完全不同，如正在接受美国国家航空航天局评估的翼身合一概念飞船（图 11.11）。纳米技术衍生的材料将大量用于这些器械中。碳纳米管增强纤维[60]促进了新的轻质复合材料的开发，这些材料的引入将使飞船的质量降低多达 40%。另外，与传统材料相比，这些新的纳米复合材料将具有更高的导电性和导热性。

图 11.11　纳米技术将广泛应用于未来飞行器的设计，包括图示的翼身合一的亚音速
飞机（由美国国家航空航天局 Michael Meador 提供）

　　对大型飞机（如波音 787）来说，雷击是一个必须考虑的问题。传统的解决办法是将一张薄铜网或铝网覆盖在飞机的表面以提高其导电性并保护飞机免受雷击。然而这张金属网的加入不但使飞机的质量显著增加，而且还增加了额外的人力财力投入。如果在飞机的电力系统中使用碳纳米管导线代替铜线，将显著降低飞机的质量。一般的大型商用飞机（如波音 747）都会使用超过 4000 磅的导线。碳纳米管导线（如 Nanocomp 技术公司正在开发的碳纳米管导线）比铜线具有更好的导电性、强度和抗氧化性，而其密度却只有铜线的 1/7。

### 2.太空探索

纳米技术有可能对太空探索产生积极影响。碳纳米管增强纤维能显著降低飞船的质量。低温推进器同样也从纳米技术中获益。低温推进器的质量占飞船净重(不含推进剂)的 50％。使用复合材料代替合金材料能使推进器的质量降低大约30％。然而,由于聚合物和复合材料对低相对分子质量的气体(如氢气)固有的渗透性,有机材料与液态氧的不相容,以及热循环使复合材料易于开裂,复合材料在低温推进器中的应用还存在许多问题。为了解决这些问题,一般在推进器的内壁上再加上一层金属内衬。但是内衬的加入增加了飞船的质量,复杂程度和造价。同时,由于金属和复合材料的热膨胀系数不匹配,内衬还可能从推进器壁上脱落。最近的工作表明,向增韧环氧树脂中加入有机改性的黏土,可以降低 60％的透气率,并增强与液态氧的相容性,降低开裂概率[61]。这些纳米复合材料可用于制备无内衬的纳米复合低温推进器。

为了提高未来的探索机器人的能力,需要开发更轻、更紧凑、更低功耗的仪器。碳纳米管发射器已经被用于开发执行探索任务的紧凑的和低功耗质谱仪[62]。

## 11.8.4　纳米流体的发展

联系人:John Rogers,美国伊利诺伊大学香槟分校

与纳米科学的其他领域一样,纳米流体科学的发展可归因于四个主要方面:(a)在纳米尺度上的新的物理现象的发现;(b)表面重要性的大幅提升;(c)扩散到质量输运的实际方法的提高;(d)构筑与分子组装体甚至单个分子尺寸相匹配的结构的能力的提高。过去几十年中的重大发展利用了所有这些特征。

### 1.新现象

**浓度极化**。当离子选择性纳流体管道连接到微流体管道时,出现了一个有趣的现象:在微流体/纳流体连接的位置出现离子的富集或耗竭,这种浓度极化现象已经被应用在诸如海水脱盐等方面。

**流控二极管/活性元素**。通过调控纳米孔内表面电荷密度的空间分布,同时利用一个门电极,纳米孔可发挥出类似于二极管、偶极以及类金属氧化物半导体器件的功能,这为基于纳米流体的逻辑电路的发展开辟了契机。

**三维流控开关**。纳米毛细阵列薄膜是由一系列与微米薄膜反面相接的高深宽比的圆柱形纳米孔组成,它能被用来作为支撑三维整合的没有可动部分的微流控器件的电寻址流体开关(图 11.12)。

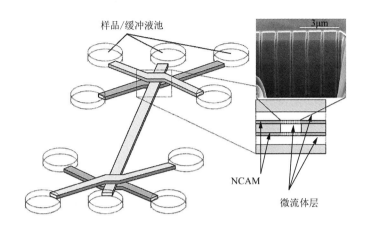

图 11.12　基于纳流体的集成微流控电路示意图。右上角插图显示的是聚焦粒子束(FIB)刻蚀得到的纳米毛细管阵列薄膜(NCAM)的扫描电镜图像。这种薄膜作为数码纳流体开关,用于控制三维通路中的流体传输(由美国伊利诺伊大学香槟分校 John Rogers 提供)

**二类/流体　涡流/对流的电渗流体(EOF)。**当纳米孔连接到微米管道上时,由于诱导压力,诱导二类电渗流和复杂的环流,微米/纳米流交汇处的净空间电荷显示出非线性的电动力学传输。这些机理具有很多的应用,包括物质间的快速混合。这种快速混合能够实现飞升-皮升体积的停止流动反应器。

**旋转-传输交互。**当分子(如水分子)的转动受到严格的限制时(例如在纳米孔中的水),失败的旋转运动展示出一种向平移运动的交互转变,这导致了水分子倾向于沿着偶极的方向运动。人们利用这种现象来增强分子传输。

2. 表面

**表面导电。**通过多种定量实验,表面导电在纳米孔导电过程中的作用,尤其是在低离子强度溶液中的作用,已被大量研究。

**结构水。**当室温条件下的水被限制在一个具有临界尺度的纳米孔中时,会发生一个状态转变。这种转变使得水在具有结冰态运动能力的同时具有同液态水相当数量的氢键。因此纳米孔可以提供一个直接研究相转换动力学的环境。

3. 扩散传输

**活性混合。**限域的微流体结构已经证实了仅依赖于足够小的距离内的传质过程的扩散的活性混合的可能性。纳流体反应器。人们已经利用纳流体通道来限制反应物质,达到增强活性的目的。人们用均一限域的 DNA 来进行高效绘制限制性内切酶,分级分子识别(抗胰岛素)和在纳流体通道中实现酶的活性增强。

**4. 有公度的分子结构**

**DNA 的熵分离。**人们利用微/纳流体界面上具有的熵能垒巧妙地实现了 DNA 分离。人们已经通过一些不同的纳流体结构获得了限域诱导的熵驱动力。

**电阻脉冲传感。**纳米孔中电流的一般衰减可用于观测化学物质的流通，这些化学物质或对孔产生阻塞作用，或利用其他途径改变孔的电导率。

**随机检测。**人们已经把电阻脉冲的理念融入到了具有随机阻断元件的单生物离子通道中。这种随机阻断元件与分析物质的成键和断键有关。因此统计监测这种开/关的数据就可以得到分析物的浓度了。

**纳米孔排序。**纳米孔中 DNA 的电泳传输是一个很有前景的 DNA 排序方法。近来的研究成果显示纳米孔可以用作 DNA 排序，识别 DNA 缺陷结构和从双链 DNA 结构中分离出单链 DNA。

**单分子研究/零级波导。**不透明金属膜上的超小体积的孔洞可通过激发用于产生非传导(切断)性的光学模式。这种模式可用来检测孔洞中具有从微摩尔到毫摩尔的解离常数值的化学物质(如酶)。

**5. 技术进展**

**浓度极化脱盐。**通过将纳流体界面放置于 Y 形微流控元件的其中一个臂上，人们利用浓度极化原理将海水分离为脱盐水和浓缩水。这种方法对于用电池供电的小尺寸到中等尺寸的脱盐系统是行之有效的。

**多尺度化学分析。**人们利用纳流体元件在多级微流体结构，多尺度化学分析(例如，整合了电泳和胶束动电学色谱的二维分离)上实现了流体的控制。

## 11. 8. 5　聚合物纳米复合物

联系人：Richard Siegel，伦斯勒理工学院

在过去的十年中，在对性能显著提高的各种聚合物纳米复合物的创造和理解方面，已经取得了显著的进步[63,64]。这些聚合物纳米复合物是由一系列合成或天然的聚合物基质与纳米尺度的构建模块客体(如纳米粒子、纳米管、纳米片层等)组合而成的。这些具有极高比表面积的纳米填充物通过与基质中的聚合物链相互作用，能够很强地影响甚至主宰这些纳米复合物的本体性质。在过去的十年中，研究者阐明这些相互作用并加以利用，使得我们现在已经具备了创造具有单一甚至多功能集成性质的，具有极大的商业应用前景的聚合物纳米复合物的能力。

例如，如图 11. 13 所示，通过利用 RAFT 聚合及点击化学，现在已经可以调节二氧化硅纳米粒子的表面性质[65]。通过将一层功能聚合物连接在纳米粒子表面作为内层，再连接一层基质相容性的聚合物作为外层，能够显著地提高环氧绝缘材

料的性质(J. Gao,S. Zhao,L. S. Schadler,and H. Hillborg,未发表通讯)。同样,根据这些接枝、刷状聚合物的密度及链长,也可以理论模拟这些纳米粒子-聚合物体系的组织方式[66,67],然后通过实验证明这些模型是否正确可行[68]。这种对于结构和性质的控制能力,随着它们的不断发展及扩充,将能拓宽聚合物纳米复合物的未来应用。

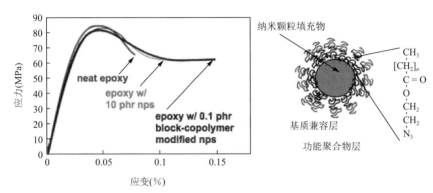

图 11.13　改进的电绝缘性环氧纳米复合物具有增强的应力失效性、抗疲劳性、电击穿强度(30%)、热导性及持久强度(×10),以及降低的热膨胀系数(CTE)

# 11.9　来自海外实地考察的国际视角

## 11.9.1　美国-欧盟研讨会(德国汉堡)

小组成员/参与讨论者
H. Peter Degischer(主席),科技大学,维也纳,奥地利
Mark Hersam(主席),西北大学,美国
Costas Charitidis,雅典国家技术大学,希腊
Michael Moseler,弗劳恩霍夫材料力学研究所(IWM),德国
Inge Genné,VITO NV(弗兰德斯技术研究院),比利时

在过去的十年中,"纳米材料"这一术语所包含的领域已经发生了显著的变化。2000 年,这一术语限于生产用于汽车、个人设备、工具、容器等工业产品的具有成本效益的结构材料,但是到 2010 年,这一领域已经转变成生产先进的高科技尖端产品。在纳米尺度增强的结构材料的性能提高方面,以及无机材料纳米晶粒尺寸探索方面都还有很多的机会,这些机会使得材料能够向多功能性方面发展。预计纳米材料有诸多的优良性质:在纳米尺度上有高的表面及界面面积,有新的化学活性和/或物理相互作用,有可被开发利用于医学移植的生化性质。事实上,现有的普通材料无法满足工程材料所需要的优异性质:在蒸发温度下能够同时具有高的强度/硬度以及粗糙度,轻型材料的抗摩擦抗腐蚀性等。最理想的是能够将这些富

有挑战性的机械性能与物理性质如高的热导性及稳定性、光学透明性等结合起来。

现在,纳米复合物及纳米晶材料的加工已经得到了广泛的研究。对纳米粒子、纳米管、纳米线的加工已经达到了实验室规模。含有亚微米级填充物的弥散强化的金属和聚合物已经制备出来,以递增的方式,并且进一步得到了改善。纳米尺度增强剂的分布及与聚合物、金属或陶瓷基质的加固,以及设计界面来传递性质等方面仍是研究的薄弱环节。多尺度不同杂化的纳米复合物可以用来设计具有独特性质的材料。相互贯通的增强物及相互贯穿的纳米复合物将具有显著的热稳定性。

具有天然纳米级氧化表面的亚微米铝颗粒填充在柔韧性的陶瓷网格空间内,使材料在高温下也具有很高的强度和硬度。在生物高分子中填充无机粒子已经被应用于纳米封装的靶向药物输运,自组装分子形成周期性聚合物结构的方法也有了长足的发展。纳米多孔材料也有很多物理化学上的应用。在聚合物材料中嵌入导电性的纳米粒子也被用来制备透明且高强度的导电薄片。所有材料种类的亚微米涂层都因嵌入纳米元素而得到发展,其物理、化学以及表面机械性能都有所提高。纳米金属颗粒通过剧烈塑性形变方法制备的宏观器件,其强度性能要比高温下保持无序晶体状态的 Hall-Petch 力学关系公式得到的强度还高。

另外,微观结构表征的领域也有了重大的进展,如尺寸、形貌、混合材料的三维成分分布,包括亚微米尺度的三维分析方法(如聚焦离子束截面分析、三维高分辨率透射电镜以及第三代聚集同步辐射源)。可靠的纳米尺度的高精度性质测定也将会有进一步的发展和标准化。将功能性的纳米粒子嵌入结构元件中得到的微传感器,也可以应用于健康检测中。

在上述领域内研究的出版物在持续增长。对于高体积分数的粒子如何均匀散布,大量的表面键合,孔隙率降低等方面存在的问题正在寻求解决办法。众所周知,纳米材料中的界面扮演了很重要的角色。分散不均匀,以及纳米管与基体之间有限的传导性,是用该种纳米强化材料应用推广的症结所在。

纳米复合材料的使用功能尚未发现,传统的聚合物基体、金属基体、陶瓷基体的复合材料,它们的机械性能比纳米复合材料好。更重要的是以前无法实现的潜在性能,可以通过建模和模仿的方法得到许多有纳米材料成分的复合材料。

工艺的研究应该针对于改变工艺参数,通过设计界面的方式得到结构和尺寸可控的纳米复合材料。这就需要性能可调控的纳米材料的组装。评估生产纳米材料需要的努力,则需要先了解"纳米"解决方案的竞争力。工艺的发展是与质量控制方法的进步分不开的。自组装方法、原位构筑分级结构、积木拼接等都是很好的方法。

结构表征的方法是可利用的,但对于生产过程中的每一个阶段,都应有标准的性质定义和测定方法。因此,就需要有对于多尺度结构表征的研究。现有材料无法达到,但纳米材料可以实现性质上的研究,也是有待提高的。

各学科间的科学研究方法都包括:理论,建模,模拟,工艺,表征,以及假说的实验验证。由科学家、工业研发人员、市场专家以及资助机构组成的团队,都应致力于分析优缺点和把握解决问题的机会,同样包括规划项目的市场趋势(SWOT 分析法)。好的研究者应该关注本领域的资金条件,以便能高效地工作而不受官僚负担的影响。专家们发表的重要的科学进展也需要避开没有收益的方向。

需要引入商务模式来评估应用纳米材料之后的市场趋势,以及可预期的收益。从实验室样品的成功,升级到工业产品的成功,需要有一个乐观的预测,以及合理的评估等资金来源,尤其是小规模的产品的推广发展。在寿命周期内的环保、健康和安全(EHS)评估也是生产必须考虑的。管理的规则应在全世界范围内取得一致,以消除现有在健康和安全问题上的疑虑。

在未来十年中,研究者们会把目光放在改善性能、多功能性、集成以及纳米掺杂系统的持续性等这一系列问题上。实用的纳米材料也需要机械性能,对结构材料的研究也可以从这里入手以推动可靠的产品的发展。而且,该领域也需要科技的进步以升级高质量的纳米材料产品,例如通过设计得到同时具有两种相互独立性质的材料。例如,可以设计一种新型的纳米材料,它可以有高硬度高强度,同时高韧性低质量,而且耐高温耐疲劳,也可能实现高的电导率。

### 11.9.2  美国-日本-韩国-中国台湾研讨会(日本东京/筑波大学)

小组成员/参与讨论者

Sang-Hee Suh(主席),科学技术研究所,韩国

Mark Hersam(主席),西北大学,美国

Takuzo Aida,东京大学,日本

Hideo Hosono,东京技术研究所,日本

Soo Ho Kim,韩国材料科学研究所

Li-Chyong Chen,台湾大学,中国

Hidenori Takagi,东京大学,日本

在过去的十年,几乎在材料领域的各个方面,都取得了一些具有广泛技术影响力的重大进展,包括以下方面:

· 聚合物材料,例如,可控自由基聚合,嵌段共聚物,高分子刷,树枝状聚合物,超分子一维聚合物,以及金属氧化物骨架结构。

· 结构材料,例如,高强度,高功能性,轻质,自动化材料(已实现但尚未商业化);耐磨损材料(增强 3~4 倍);裁切设备以及半导体加工设备的耐腐蚀涂层。

· 电子材料,例如,电子,光电子,自旋电子,能量,相变材料,用于热电的电子关联材料,用于光捕获的纳米结构硅材料(抗反射性增强 10 倍,宽带隙);光导性增

强 1000 倍的 GaN 纳米材料;用于高流动性电子产品的**透明非晶氧化半导体材料**(LCD/OLED 背板)。

· **碳纤维基材料**,例如,航空/航天(一个 10 亿美元的产业);用于 Chevy Corvette(高性能,高成本)的碳纤维基纳米材料;有望用于透明导体的碳纤维纳米材料(如石墨烯)。

· **催化剂**,例如,用于燃料电池的铂纳米粒子/碳纳米管/石墨烯纳米复合材料,只需使用常规 1/10 的铂即可拥有更优异的性能;具有 10 亿美元市场的自清洁材料(主要是二氧化钛,也被用于化妆品、织物和涂料中)。

未来 5～10 年,高性能材料领域发展的广泛目标如下:

· 产品工艺的低成本化,以有利于将高性能材料推向市场。

· 利用地球丰富元素开发新型功能材料。

· 利用再生资源为原料(如生物纤维,植物,木材等)。

· 对于绿色纳米科技领域需要特别关注(例如新型催化剂,能量转化/转移/存储[熵材料]和水基塑料[水溶材料])。

· 计算优化设计以其省时省钱的优势在发展纳米材料中变得越来越重要。

· 自愈合材料、仿生材料和生物纳米材料已经成功制备出来,但是需要转化到实际应用中(如涂料、植入体、可再生药物)。

除了技术的推动外,还存在一系列的重要课题,包括对下列方面的需求:

· 对表面/界面(尤其是有机/无机界面)进一步的理解和操控;

· 发展电子相关研究的计算方法;

· 运用计算/组合相结合的方法实现性能/材料的设计;

要实现这些目标,则要求基础科学技术的进一步发展,以及创新性的研发投资和执行策略。从基础结构的角度出发,需要一系列具体的项目包括:

· 在操作状态下(例如下一代中子和同步加速器源)界面/表面的表征/观察方法;

· 纳米制备所使用的设备(包括后续支持);

· 人力资源训练。

研发投资和执行建议包括:

· 长期资金(5 年担保＋5 年续约);

· 国际资金;

· 持续的基础研究,由政府出资;

· 政府资助的研发关注于社会问题(能量,环境,水,食物,健康);

· 交叉,多学科融资机会;

· 将来自工业和私人投资的资助用于应用/商业化。

### 11.9.3　美国-澳大利亚-中国-印度-沙特阿拉伯-新加坡研讨会(新加坡)

小组成员/参与讨论者

Jan Ma(主席),南洋理工大学,新加坡

Mark Hersam(主席),西北大学,美国

Rose Amal,新南威尔士大学,澳大利亚

Julian Gale,科廷科技大学,澳大利亚

Zhongfan Liu,北京大学,中国

Koon Gee Neoh,新加坡国立大学,新加坡

Yee Yan Tay,南洋理工大学,新加坡

在过去的十年中,在纳米尺度上操纵材料的想法吸引了全球研究者的兴趣。2000 年,研究者集中于研究控制不同材料尺寸的新颖方法,同时试图探索众多依赖于尺寸的独特性能。对纳米粒子、纳米线和纳米管的深入研究就是一个很好的例子,特别是早期的工作试图发展对单个纳米组分的物理化学性质的理解。这些纳米材料被有效地纳入涂层和体相纳米复合材料中,并由于其空间各向异性、形貌和纳米组分间的相对亲和性而具有显著不同于彼此和其宿体的用途。特别的例子包括生物技术领域的纳米-生物界面,其中纳米材料与一种生成组分相结合,应用于生物传感和药物释放领域。材料在纳米尺度的光催化特性有助于自清洁表面的应用,且已成功地在涂料工业中商业化。另外,金属-有机骨架已在许多诸如氢气储存等尖端应用中崭露头角。基于这些前期成就,我们展望未来十年中纳米材料众多方面的新发展方向。例如,对二维和三维开放结构材料的纳米尺度研究会引起显著的关注。此研究在未来十年中一个特别的方面将是发展轨道选择性的传输水的纳米多孔薄膜,它将有望对水的纯化等技术产生影响。在各种独特的纳米结构已被强调的同时,也有必要提到纳米复合材料的物理性质。在纳米复合材料中,界面应起到决定性的作用。特别需要指出的是,材料内部界面的优化有可能使得电流、能量流、自旋流等可被单独调控。引入计算以指导实际的纳米材料同样将可预测许多对设计纳米器件有关键作用的性能。

需要一些关键领域的支撑来实现这些目标。例如,有必要发展先进的同时具有时间和空间分辨力的原位和体内表征技术。这种设备将促进基础概念的发展,从而引发对复杂体系在短时间和小尺度上的新认识。建立可用稳定经费负担的可循环消耗的共享设施也很重要。在规模化制备材料的方法已被强调的同时,要指出的是必需的基础设施到位也极其重要,以促进早期生产成本的降低。多学科研究将最终促进未来的革新,因此,资助机构应按此原则提供充足的申请机会。

# 参 考 文 献

[1] M. C. Roco, R. S. Williams P. Alivisatos, IWGN workshop report: nanotechnology research directions (Kluwer, Dordrecht, 2000), Available online: http://www. nano. gov/html/res/pubs. html

[2] R. W. Siegel, E. Hu, M. C. Roco(eds. ), *Nanostructure Science and Technology. A Worldwide Study: WTEC Panel Report on R&D Status and Trends in Nanoparticles, Nanostructured Materials, and Nanodevices* (Kluwer Academic Publishers, Dordrecht, 1999)

[3] M. C. Roco, W. S. Bainbridge(eds. ), Converging *Technologies for Improving Human Performance: Nanotechnology; Biotechnology, Information Technology and Cognitive Science* (Springer, Dordrecht, 2003), Available online: http://www. wtec. org/Converging Technologies/Report/NBIC_report. pdf

[4] T. Grafe, M. Gogins, M. Barris, J. Schaefer, R. Canepa, Nanofibers in filtration applications in transportation. Presented at *Filtration* 2001 *International Conference and Exposition of the INDA* (Association of the Non woven Fabrics Industry), Chicago, 3-5 Dec 2001, Available online: http://www. asia. donaldson. com/en/filtermedia/support/datalibrary/050272. pdf

[5] T. Yuranova, R. Mosteo, J. Bandata, D. Laub, J. Kiwi, Self-cleaning cotton textiles surfaces modified by photoactive $SiO_2/TiO_2$ coating. J. Mol. Catal. A Chem. **244**, 160(2006)

[6] National Aeronautics and Space Administration(NASA), "Spinoff"(brochure), (2009), Available online: http://www. sti. nasa. gov/tto/Spinolf2009/pdf/Brochure_09_web. pdf

[7] A. A. Karimpoor, U. Erb, K. T. Aust, G. Palumbo, High strength nanocrystalline cobalt with high tensile ductility. Scr. Mater. **49**, 651-656(2003)

[8] H. LI, F. Ebrahimi, Transition of deformation and fracture behaviors in nanostructured face-centered-cubic meatals. Appl. Phys. Lett. **84**, 4037-4039(2004). doi:10. 1063/1. 1756198

[9] T. C. Lowe, R. Z. Valiev, The use of severe plastic deformation techniques in grain refinement. J, Miner. Met. Mater. Soc. 56(10), 64-68(2004)

[10] C. C. Koch, K. M. Youssef, R. O. Scattergood, K. L. Murty, Breakthroughs in optimization of mechanica properties of nanostructured metals and alloys. Adv. Eng. MatWer. **7**(9), 787-794(2005). doi:10. 1002/ adem. 200500094

[11] H. Li, F. Ebrahimi, Tensile behavior of a nanocrystalline Ni-Fe alloy. Acta Mater. 54(10), 2877-288 (2006). doi:10. 1016/j. actamat. 2006. 02. 033

[12] M. Chen, E. Ma, K. J. Hemker, H. Sheng, Y. Wang, X. Cheng, Deformation twinning in nanocrystallin aluminum. Science **300**(5623), 275-1277(2003). doi: 10. 1126/science. 1083727

[13] X. Wu, Y. T. Zhu, M. W. Chen, E. Ma, Twinning and stacking fault formation during tensile deformatio of nanocrystalline Ni. Scr. Mater. **54**(9), 1685-1690(2006). doi: 10. 1016/j. scriptamat. 2005. 12. 045

[14] D. Wolf, V. Yamakov. S. R. Phillpot, A. K. Mukheijee, Deformation mechanism and inverse Hall-Petc behavior in nanocrystalline materials. Z. Metallkd. **94**, 1091-1097(2003)

[15] Z. Shan. E. A. Stach. J. M. K. Wiezorek, J. A. Knapp, D. M. Follstaedt, S. X. Mao, Grain boundary media ted plasticity in nanocrystalline nickel. Science **305**(5684), 654-657(2004)

[16] H. Van Swygenhoven, P. A. Derlet, Grain-boundary sliding in nanocrystalline fee metals. Phys. Rev **64**(22), 1-7(2001)

[17] H. Van Swygenhoven, P. M. Derlet, A. G. Froseth, Nucleation and propagation of dislocations in nano ciystalline fee metals. Acta Mater. **54**(7), 1975-1983(2006)

[18] X Cahn, Y. Mishinb, A. Suzukib, Coupling grain boundary motion to shear formation. Acta Mater. **54**(19), 4953-4975(2006)

[19] AJ. Has lam. D. Moldovan. V. Yamakov, D. Wolf, S. R. Phillpot. H. Gleiter. Stress-enhanced grain growth in a nHnooystalline materia] by molecular-dynamics simulation. Acta Mater. **51**. 2097-2312 (2MB)

[20] M. Jin, A. M. Minor, E. A. Siach. J. W. Moms. Direct observation of deformation-induced grain growth during the nanoindentation of ultrafine-grained Al at room temperature. Acta Mater. **52**(18), 53815387 (2004)

[21] F. Mompiou, D. Caillard, M. Legros, Grain boundary shear-migration coupling -I. In situ TEM straining experiments in A1 polycrystals. Adv. Mater. **57**(7), 2198-2209(2009)

[22] K. Zhang, J. R. Weertman, J. A. Eastman, Rapid stress-driven grain coarsening in nanocrystalline Cu at ambient and cryogenic temperatures. Appl. Phys. Lett. **87**(6), 19-21(2005). doi: 10. 1063/1. 2008377

[23] A. Hasnaoui, H. Van Swygenhoven, P. M. Derlet, On non-equilibrium grain boundaries and their effect on thermal and mechanical behaviour: a molecular dynamics computer simulation. Acta Mater. **50**(15), 3927-3939(2002)

[24] F. Ebrahimi, H. Li. The effect of annealing on deformation and fracture of a nanocrystalline fee metal. J. Mater. Sci. **42**(5), 1444-1454(2007). doi: 10. 1007/s10853-006-0969-8

[25] H. Li. H. Choo, Y. Ren, T. Saleh, U. Lienert, P. Liaw, F. Ebrahimi, Strain-dependent deforma ¬ tion behavior in nanocrystalline metals. Phys. Rev. Lett. **101**(1), 015502-015506(2008). doi: 10. 1103/PhysRevLett. 101. 015502

[26] E. Biztek. P. M. Derlet. P. M. Anderson, H, Van Swygenhoven. The stress-strain response of nanocrystalline metals: a statistical analysis of atomistic simulation, Acta Mater. **56**(17), 4S46-4S57(2008)

[27] F. Ebrahimi. Z. Ahmed, K. L. Morgan, Effect of grain size distribution on tensile properties of electrodeposited nanocrystalline nickel. Proc, Mater, Ros. Soc. 634. B2, 7. 1 2001

[28] B, Raeisinia, C. Sinclar, W. Poole, C. Tomé, On the impact of grain size distribution on the plastic behavior of polycrystalline metals. Modell. Simul. Mater. Sci. Eing. **16**, 025001 (2008), doi: 10. 1088/0965-0393/16/2/025001

[29] Y. Zhao, X. Liao, S. Cheng, E. Ma, Y. Zhu, Simultaneously increasing the ductility and strength of nanostructured alloys. Adv. Mater. **18**(17), 2280-2283(2006). doi: 10. 1002/adma. 200600310

[30] F. Ebrahimi, A. Liscano, D. Kong, Q. Zhai, H. Li, Fracture of bulk face centered cubic metallic nanostructures. Rev. Adv. Mater. Sci. 13, 33-40 (2006), Available online: http://www. ipme. ru/e-journals/RAMS/no_l 1306/ebrahimi. pdf

[31] H. Li, F. Ebrahimi, Ductile-to-brittle transition in nanocrystalline metals. Adv. Mater. **17**(16), 1969-1972 (2005). doi:10. 1002/adma. 200500436

[32] R. W. K. Honeycombe, *Plastic Deformation of Metals* (E. Arnold Publisher, London, I9H4)

[33] A. Kelly, N. H. MacMillan, *Strong Solids* (Clarendon, Oxford, 1986)

[34] W. D. Nix, Exploiting new opportunities in materials research by remembering and applying old lessons. MRS Bull. 34(2), 82-91(2009)

[35] F. Ebrahimi, H. Li, Grain growth in electrodeposited nanocrystalline fcc Ni-Fc alloys. NIT. Mater. **55**(3), 263-266(2006). doi: 10. 1016/j. scriptamat. 2006. 03. 05

[36] C. Koch, R. Scattergood, K. Darling, J. Semones, Stabilization of nanoerystalline grain sizes by solute ad-

ditions. J. Mater. Sci. **43**(23-24),7264-7272(2008)

[37] American Forest and Paper Association(AF&PA)and Energetics,Inc. ,*Nanotechnology for the Forest Products Industry*: *Vision and Technology Roadmap*(TAPPI Press,Atlanta,2005),Available online: http://www. agenda2020. org/rech/vtsion. hlm

[38] J. P. E. Jones,T. Wegner,Wood and paper as materials for the 21st century,hoe. Mater Soc. 1187-KK04-06,(2009),doi: 10. 1557/PROC-1187-KK04-06

[39] M. T. Postek,A. Vladar,J. Dagata,N. Farkas,B. Ming,R. Sabo,T. H. Wegner,J. Beecher,Cellulose nanocrystals the next big nano-thing? Proc. SPIE **7042**,1-11(2008). doi: 10. 1117/12. 797575

[40] C. Tamerler,M. Sarikaya,Molecular biomimetics: genetic synthesis,assembly,and formation of materials using peptides. MRS Bull. **33**,504-512(2008),Available online: http://compbio. washington. edu/publications/samudrala_2008d. introduction. pdf

[41] S. A. Claridge,A. W. Castleman,S. N. Khanna,C. B. Murray,A. Sen,P. S. Weiss,Cluster-assembled materials. ACS Nano **3**,244-255(2009). doi:10. 1021/nn800820e

[42] R. Krupke. F. Hennrich. F. Lonheysen,M. M. Kappes,Separation of metallic from semicon-ducting single-walled carbon nanotubes. Science **301**(5631),344-347(2003). doi: 10. 1126/science 300. 5628. 2018

[43] M. S. Strano,C. A. Dyke. M. L. Ursey. P. W. Barone,M. J. Allen,H. Shan,C. Kittrell,R. H. Hauge,J. M. Tour,R. E. Smalley,Electronic structure control of single-walled carbon nanotube functionalization. Science **301**(5639),1519-1522(2003). doi: 10. 1126/science. 1087691

[44] G. Zhang,P. Qi,X. Wang,Y. Lu,X. Li,R. Tu,S. Bangsaruntip,D. Mann,L. Zhang,H. Dai,Selective etching of metallic carbon nanotubes by gas-phase reaction. Science **314**(5801),974-977(2006). doi: 10. 1126/science. l 133781

[45] P. G. Collins,M. Arnold,P. Avouris,Engineering carbon nanotubes and nanotube circuits using electrical breakdown. Science **292**(5517),706-709(2001). doi: 10. 1126/science. 1058782

[46] M. Zheng,A. Jagota. M. Strano,A. Santos,P. Barone,S. Chou,B. Diner,M. S. Dresselhaus,R. McLean, G. Onoa. G. Samsonidze,E. Semke,M. Usrey,D. Walls,Structure-based carbon nanotube sorting by sequence-dependent DNA assembly. Science **302**(5650),1545-1548(2003). doi: 10. 1126/science. 109191

[47] M. Zheng,E. Semke,Enrichment of single chirality carbon nanotubes. J. Am. Chem. Soc. **129**(19),6084 6085(2007). doi : 10. 1021/ja071577k

[48] M. Arnold,A. Green,J. Hulvat,S. Stupp,M. Hersam,Sorting carbon nanotubes by electronic structure using density differentiation. Nat. Nanotechnol. **1**,60-65(2006). doi: 10. 1038/nnano. 2006. 52. Available online: http://www. nature. com/nnano/joumal/vl/nl/full/nnano. 2006. 52Jitml

[49] M. Arnold,S. Stupp,M. Hersam,Enrichment of single-walled carbon nanotubes by diameter in densit gradients. Nano Lett. **5**(4),713-718(2005)

[50] J. M. Graham,*Biological Centrifugation*(BIOS Scientific,Oxford,2001)

[51] B. Kitiyanan,W. Alvarez,J. Harwell,D. Resasco,Controlled production of single-wall carbon nanotube by catalytic decomposition of CO on bimetallic CoMo catalysts,Chem. Phys. Lett. **317**,497-503(2000) Available online: http://www. ou. edu/engineering/nanotube/pubs/2000-l. pdf

[52] M. Engel,J. Small,M. Steiner,M. Freitag,A. Green,M. Hersam,P. Avouris,Thin film nanotube tran sistors based on self-assembled,aligned,semiconducting carbon nanotube arrays. ACS Nano **2**(12) 2445-2452(2008). doi:10. 1021/nn800708w

[53] A. Green,M. Hersam,Colored semitransparent conductive coatings consisting of monodis-perse metall

single-walled carbon nanotubes. Nano Lett. 8(5),1417-1422(2008). doi: 10. 102 1/nl080302f

[54] J. Crochet,M. Clemens,T. Hertel,Quantum yield heterogeneities of aqueous single-wall carbon nanotube suspensions. J. Am. Chem. Soc. **129**(26),8058-8059(2007). doi: 10. 1021/ja071553d

[55] Z. Zhu,J. Crochet,M. Arnold,M. Hersam,H. Ulbricht,D. Resasco,T. Hertel,Pump-probe spectroscopy of exciton dynamics in(6,5)carbon nanotubes. J. Phys. Chem. C **111**,3831-3835(2007)

[56] J. Tang. L. Brzozowski,D. Aaron,R. Barkhouse,X. Wang,R. Debnath,R. Wolowiec,E. Palmiano. L. Levina,A. Pattantyus-Abraham,D. Jamakosmanovic,E. H. Sargent,Quantum dot photovoltaics in the extreme quantum confinement regime: the surface-chemical origins of exceptional air-and light-stability. ACS Nano **4**,869-878(2010). doi:10. 1021/nn901564q

[57] K. Greene,Quantum dot camera phones. MITS Technol. Rev. ,22 Mar 2010,Available online: http://www. technologyreview. com/communications/24840/pagel/

[58] G. Konstantatos,L. Levina,A. Fischer,E. H. Sargent,Engineering the temporal response of photonconductive photodetectors via selective introduction of surface trap states. Nano Lett. 8,1446-1450(2008)

[59] J. P. Clifford,G. Konstantatos,K. W. Johnston,S. Hoogland,L. Levina,E. H. Sargent,Fast,sensitive and spectrally tuneable colloidal-quantum-dot photodetectors. Nat. Nanotechnol. **4**,40-44(2008)

[60] H. G. Chae, S. Kumar, Materials science: making strong fibers. Science **319**,908-909(2008). doi:10. 1126/science. 1153911

[61] S. G. Miller,M. A. Meador,Polymer-layered silicate nanocomposites for cryotank applications,in *Proceedings of the 48th AIAA/ASME/ASCE/AHS/ASC Structures,Structural Dynamics,and Materials Conference*,Honolulu,2007

[62] S. A. Getty,T. T. King,R. A. Bis,H. H. Jones,F. Herrero,B. A. Lynch,P. Roman,P. R. Mahafify,Performance of a carbon nanotube field emission electron gun. Proc. SPIE **6556**,18(2007). doi:10. 1117/12. 720995

[63] R. A. Vaia,J. F. Maguire,Polymer nanocomposites with prescribed morphology: going beyond nanoparticle-filled polymers. Chem. Mater. **19**,2736(2007)

[64] K. Winey,R. Vaia(eds. ),Polymer nanocomposites. MRS Bull. **32**,314-322(2007),Available online: http://www. mrs. org/s_mrs/bin. asp7CIDisl 2527&-DID=208635

[65] Y. Li,B. C. Benicewicz,Functionalization of silica nanoparticles via the combination of surface-initiated RAFT polymerization and click reactions. Macromolecules **41**,7986-7992(2008)

[66] A. Jayaraman,K. S. Schweizer,Effect of the number and placement of polymer tethers on the structure of concentrated solutions and melts of hybrid nanoparticles. Langmuir 24,11119(2008a)

[67] A. Jayaraman,K. S. Schweizer,Structure and assembly of dense solutions and melts of single tethered nanoparticles. J. Chem. Phys. 128,164904(2008b)

[68] P. Acora,H. Liu,S. K. Kumar,J. Moll,Y. Li,B. C. Benicewicz,L. S. Schadler,D. Acehin,A. Z. Panagiotopoulos,A. V. Pryamitsyn,V. Ganesan,J. Ilavsky,P. Thiyagarajan,R. H. Colby,J. F. Douglas,Anisotropic self-assembly of spherical polymer-grafted nanoparticles. Nat. Mater. **8**,354(2009)

# 第 12 章　在纳米科学与工程领域发展人力资源和物质基础设施

James Murday，Mark Hersam，Robert Chang，Steve Fonash，Larry Bell

**关键词：**教育和培训　基础建设　设施　非正规教育劳动力　STEM　网上学习　伙伴关系　国际视野

## 12.1　未来十年展望

### 12.1.1　过去十年进展

在 2000 年，美国国家纳米计划（NNI）实施方案[1]认识到纳米科学与工程教育对美国的经济发展、公共福利、人民生活质量至关重要。但是，在纳米技术研究方向的报告中，对教育和物质基础设施的愿景仅仅专注于：(a)基于纳米科学与工程统一概念的多学科大学社区的需要；(b)能够强化制造，过程和表征设备的需要[2]。正如第 2 章所述，业已取得的显著进展已经接近并且超过了早期的愿景。

最近三个研究[3-5]报告强调了提升美国科学、技术、工程和数学（STEM）教育的重要性。2000 年，美国国家科学基金会（NSF）开始关注研究生课程，其目标是：

J. Murday (⊠)
University of Southern California, Office of Research Advancement,
701 Pennsylvania Avenue NW, Suite 540, Washington, DC 20004, USA
e-mail: murday@usc.edu

M. Hersam
Department of Materials Science and Engineering, Northwestern University,
2220 Campus Drive, Evanston, IL 60208, USA
e-mail: m-hersam@northwestern.edu

R. Chang
Department of Materials Science and Engineering, Northwestern University,
2220 Campus Drive, Evanston, IL 60208-3108, USA

S. Fonash
Nanotechnology Applications and Career Knowledge Center, 112 Lubert Building,
101 Innovation Boulevard, Suite 112, University Park, PA 16802, USA

L. Bell
Boston Museum of Science, Nanoscale Informal Science Education Network,
1 Science Park, Boston, MA 02114, USA

教育计划需要从微观分析重新调整到对纳米尺度的理解以及在纳米尺度创造性地操纵物质,其中五年的目标是确保教育机构 50％的教师和学生可以全面地接触到纳米领域的研究设施,确保学生可以在至少 25％的研究型大学中接受到纳米科学与工程教育[6]。随着十余年的发展,纳米科学与工程(NSE)影响力日益普及提高,美国国家科学基金会对 NSE 教育的愿景已发展到(图 12.1)包括本科生、社区学院、基础教育和非正式(博物馆)[8]。

图 12.1 美国国家科学基金会在纳米科学和工程教育的投资示意图,按时间推移至更广泛和更早期的教育培训

美国国家科学基金会和商务部(DOC)也很早就认识到纳米技术、生物技术、信息技术、认知领域(NBIC[9]),新兴领域相互交叉的重要性,以及提高教育和培训来适应新科技进步的需求。

纳米技术目前被视为世界范围内主要产业的推动力,并且在解决能源、水、环境、健康、信息管理和安全等领域的挑战中扮演着非常重要的角色。为了提高在世界市场中的竞争力,人们认识到必须对 NSE 的发明创造给予持续的关注。这些 NSE 发明创造来源于研究生教育,将发明转化为创新技术的充满激情并有技能的企业家,制造和表征的最新设备,工业界训练有素的工人,以及见多识广具备纳米技术知识的公民。为保持劳动力渠道和公众支持,必须针对这些场合扩大和加强教育方面的努力。

### 12.1.2 未来十年愿景

未来十年纳米教育的愿景是更好地扩建国家的科技和人力基础设施,从而能够快速、有效地引入创新型的纳米技术产品和过程以解决社会公众需求。

为了实现这个愿景需要必备以下几点:

· 继续加快由科研和教育相结合推进的科学和工程发明进程;

· 维持和发展最高水平的制造和表征设备;

· 适当地将新的科学和工程知识纳入各教育阶段的课程中;

· 确保纳米科学与工程的跨学科性不被传统的学科局限性所束缚,相反,得到丰富并超越它们;

· 催生由纳米技术、信息技术、生物技术、认知和其他科学(NBIC)的一体化产生的机遇;

· 发展纳米科学引领的创新办法,解决全球性的紧迫问题,如能源、水、环境、健康和信息化过程；

· 为从事基础教育的教师在纳米技术、信息技术、生物技术和数学(STEM)方面提供一流的培训和认证；

· 引导学生从事科学和工程的职业；

· 发展以学校为基础的纳米技术职业集群,帮助中学生为将来从事纳米技术的职业做准备；

· 培养一批有见识的技术熟练的劳动力；

· 将纳米技术纳入再培训计划,例如由美国劳工部发起的再培训计划；

· 使工人和普通的民众具备充分的知识以便理解纳米技术的利与弊；

· 为从事纳米技术的学生和职工提供适当安全培训；

· 将安全、社会和伦理问题一起纳入纳米技术课程中；

· 将已验证的纳米技术教育计划制度化。

此外,过去 20 年发展起来的先进实验室设备(这不仅对教育而且对科研和技术开发非常关键)必须有运行和维护经费保障,以确保使用者(包括学生、中小型企业和大型企业)能够有效地使用,而且必须持续更新保持最先进的性能,并在全国乃至世界范围内协调费用分担的伙伴关系。更为重要的是,那些仪器设备应扩展到能够提供原型制造能力以加快研究发明向创新技术转化。

# 12.2　过去十年的进展与现状

美国国家纳米计划的一个主要目标是发展教育资源、技术熟练的劳动力以及提供基础设施和工具来促进纳米技术发展。为了实现这一目标,已经有了良好的开端,但仍有许多工作要做。

## 12.2.1　物质基础设施

在过去十年中,美国和全世界范围内纳米研发的用户设施都有重要的发展。2000 年以来,在美国大约有 100 个国家中心和网络以及约 50 家研究机构成立或调整方向,聚焦于先进技术研发并构建了强大的纳米技术实验基础设施。199 年,国家纳米制造用户网络(NNUN,www. nnun. org)成立,这是一个由五所顶尖大学组建的专为研发群体提供纳米制造用户服务的平台,目标之一是拓展微电子产业；2003 年,国家纳米制造用户网络实现有效转型并扩大成为由 14 个遍布全国的网站组成的国家纳米技术基础设施网络(NNIN;http://www. nnin. org/)。这已经成为国际模式。国家纳米技术基础设施网络为所有有资格的用户在纳米制造、合成、表征、模拟、设计、计算以及在开放、操作环境中进行动手实践的培训等方面均提供了广泛的支持(参看 12.8.8 节)。计算纳米技术网络,由普渡大学作为牵头大学创立于 2002 年,旨在为纳米技术理论、模型和模拟来设计、构建、调配和运行提供网络资源(参看 12.8.4 节)。在 2007~2008 年间,大型仪器使用设施由美国能源部(DOE;http://www.er.doe.gov/bes/user_facilities/dusf/nanocenters/htm)和美国国家标准与技术研究所(NIST;http://www.cnst.nist.gov/nanofab/about_nanofab.html)对外开放(分别参看 12.8.6 节和 12.8.7 节)。附录 D 有一个非常全面的用户设备名单以及其他具备大规模仪器设备的大学纳米技术研发中心和研究所,它们大多是在过去十年中建立起来的。

### 12.2.2 教育驱动力:新的基础知识和纳米赋予的技术创新

在全球各种纳米技术计划的刺激下[46],过去十年中纳米科学和工程领域的进步是惊人的。2000 年,关注纳米技术的专业科学或工程类杂志只有 7 种,而现在已经超过 90 种。知识积累成指数增长,每年科学或工程类专业出版物从 1990 年的 600 种,到 2000 年的 13 700 种,上升到 2009 年的 68 000 种①。这些众多出版物中描述的新发现提供了新的知识,应该将其纳入教育文集中。

过去十年中人们日益认识到,纳米技术会成为解决国家重点问题的重要贡献者之一,为了响应这种认识,出现了一些由政府与/或私人计划形成的实例:

· 当 2003 年实现了 90 nm 的半导体工艺节点时,信息技术器件便实现了三维尺度的纳米化,该工艺参数在 2007 年达到了 45 nm,有望在 2012 年达到 22 nm。21 世纪初,随着半导体工业的向前发展,迫切需要寻找互补金属氧化物半导体(CMOS)电子器件的代替品。电子器件不断微型化,将遇到量子复杂化和热损耗等问题。为了加快寻找替代产品的步伐,半导体研究协会与 NSF 建立起伙伴关系并发起了纳米电子学研究计划(NRI;http://nri.src.org/)。半导体研究协会建立了四个跨学科的NRI 中心,在特定的 NSF 中心还有其他工业基金的资助。2009 年,NSF 制定了一个关于"超越摩尔定律的科学和工程"的大学计划(SEBML;http://www.eurekalert.org/pub_releases/2010-02/nsf-nsi020110.php)。2010 年,NSF 提出了一个关于"2020以及未来的纳米电子学"的 NSF-NRI 联合倡议作为 SEBML 的一部分(NEB,NSF0-614,其中 NSF 资助 1800 万美元,NRI 资助 200 万美元)。

· 纳米在医药和健康领域越来越受到人们的重视[10-12]。每年 NNI 中国立卫生研究院(NIH)的投资由 2000 年的 3200 万美元增长到 2010 年的 3.6 亿美元。对涉及医药和生物的专业文献检索表明纳米相关的出版物呈现指数增长:从 2000 年 1000篇左右论文到 2009 年 11 000 篇②。许多跨学科研究中心已经建立起来,特别是由美国国家癌症研究院创立的研究中心(NCI;http://nano.cancer.gov/;参看附录 D)。

---

① 这些数字是基于在 ISI Web of Science 数据库中搜索一个简单的关键词"nano*";而为了便于统一,搜索一般是不完全统计相关出版物的数量。

② 这个总数是基于在 ISI Web of Science 数据库中搜索关键词"nano* AND medic* OR nano* AND bio*"得到的。

许多运用纳米技术的临床试验正在进行中(参看 12.8.10 节);在 2010 年,MagForce 纳米技术公司的纳米癌症治疗方案得到了欧洲监管机构的批准①。

· DOE 在 NNI 每年的投资从 2000 年的 5800 万美元增长到 2010 年的 3.73 亿美元,反映了对纳米技术在可再生能源和能源转换中所扮演角色的日益重视程度(参看 http://www.nano.gov/html/about/symposia.html 和 http://www.energy./gov/sciencetech/nanotechnology.htm)。值得注意的是,许多 2009 年美国能源部能源前沿研究中心(EFRC)竞争的获奖者,即使不是大多数,在他们的研究计划中都以纳米为研究内容(参看附录 D)。

· 美国国家环境保护局(EPA)鼓励将纳米技术应用到绿色制造业[13,14]。人们在关注环境、健康和安全问题的同时,正着力开发纳米结构材料用于环境修复[15]。

· 纳米有望引发许多创新技术,提供许多新的工作职位。小型的公司是新岗位的主要贡献者。多年以来,美国联邦 SBIR/STTR 基金一直致力于纳米研究成果向新型创新技术的转化,仅 2008 年就有约 1.0 亿美元奖励[16]。NIST 的技术插入计划(TIP)也资助了纳米技术研究工作。

### 12.2.3　教育:公共的/非正规的,学院/大学,社区学院,基础教育

教育应当快速地推进以及时反映纳米领域日益增长的知识和其在新技术中的应用。在最近的一些主要报告和研讨会报告"纳米技术教育中的伙伴关系"[7]中都能找到关于 NSE 教育目前形势和面临挑战的论述。教育是一种长期投资,回报至少需要到下一代才能变成现实。十年前,NSF 富有远见地开始资助纳米教育(正规和非正规的)和纳米技术对社会影响力方面的研究[17]。NNI 机构作为一个团体已经通过多方面的途径来资助纳米教育。过去十年中在纳米科学和工程教育中所取得的光辉成就在全国学习与教育中心关于纳米科学和工程教育的研讨中进行了回顾。表 12.1 列出了许多具有面向纳米领域的教育材料的网站,此外,很多纳米研究中心致力于列入教育计划。

表 12.1　涉及纳米科学和工程教育的网站

| 组织/机构 | 网址 |
| --- | --- |
| Access Nano(Australia) | http://www.accessnano.org/ |
| American Chemical Society | http://community.acs.org/nanotation/ |
| European Nanotechnology Gateway | http://www.nanoforum.org |
| Institute of Nanotechnology | http://www.nano.org.uk/CareersEducation/education.htm |
| Intro to Nanotechnology | http://www.nanowerk.com/news/newsid=16048.php |
| McREL Classroom Resources | http://www.mcrel.org/NanoLeap/ |

---

① http://www/magforce.de/English/home 1.html.

| 组织/机构 | 网址 |
| --- | --- |
| Multimedia Educ. & Courses in Nanotech(largely European) | http://www.nanopolis.net |
| NanoEd Resource Portal | http://www.nanoed.org |
| NanoHub | http://nanohub.org/ |
| Nanoscale Informal Science Education Network | http://www.nisenet.org |
| NanoSchool Box(Germany) | http://www.nanobionet.de/index.php?id=139&L=2 |
| Nanotech KIDS | http://www.nanonet.go.jp/english/kids |
| Nanotechnology Applications and Career Knowledge(NACK)Center | http://www.nano4me.org/ |
| Nanotechnology News,People,Events | http://www.nano-techology-systems.com/nanotechnologyeducation/ |
| NanoTecNexus | http://www.Nanotecnexus.org |
| NanoYou(European Union) | http://nanoyou.eu/ |
| Nanozone | http://nanozone.org/ |
| NASA Quest | http://quest.nasa.gov/projects/nanotechnology/resources.html |
| National S&T Education Partnership | http://nationalstep.org/default.asp |
| NNI Education Center | http://www.nano.gov/html/edu/home_edu.html |
| NNIN Education Portal | http://www.nnin.org/nnin-edu.html |
| NSF Nanoscience Classroom Resources | http://www.nsf.gov/news/classroom/nano.jsp |
| PBS-DragonflyTV | http://pbskids.org/dragonflytv/nano/ |
| Taiwan NanoEducation | http://www.nano.edu.tw/en_US/ http://www.iat.ac.ae/downloads/NTech/UAE_Workshop_Pamphlet2.pdf |
| The Nanotechnology Group,Inc. | http://www.tntg.org |
| Wikipedia | http://en.wikipedia.org/wiki/Nanotechnology_education |

## 1. 公共的/非正规的 NSE 教育的状况

纳米非正式科学教育网(NISE Net)于 2005 年建立,旨在创立一个由非正式科学教育机构和纳米科学研究中心相结合的国家基础设施。其目的是提升公众对纳米科学、工程和技术的意识、理解和认可度。通过审视 2005 年 NISE 网络着手实现那些重要影响的大环境,认为有四大主要挑战:

• 纳米教育的内容和教义仅是刚刚出现。

• 这一领域仅是学习如何规划非正规教育资源来有效地把在非正规科学教育环境下纳米和公众联系起来。

· 在非正规科学教育(ISE)的制度层面,对公众进行纳米教育几乎没有专业知识和经验可循,并且缺乏激励机制。

· 在行业领域,在全国支持的网络内来发展和运作的经验有限。

· 在 2005~2009 年间,NISE 网络在解决这四大挑战中取得了很大的进步。到 2009 年,取得的成就可以概括为:"整体上,NISE 网络已经创建了一个大范围的功能网络来提升全民的纳米科学教育。过去 4 年中,NISE 网络已经发展壮大,并遍布各地,与数以百计的个人和机构建立关系,创立了功能化组织和通信结构,发展了灵活且颇受重视的计划和资源最初的集合体。通过这些方式,NISE 网络使其成为一个对非正式科学教育工作者和纳米科学研究人员具有知识性和价值性的资源(Inverness Research Associates 2009)"。

· 十年前,纳米技术的概念还不为公众所熟知,而在 2009 年的一个全国成年人调查中显示,62%的人或多或少听说过纳米技术[21]。然而如此之增长不能只归功于非正规科学教育,在过去十年中,公众更广泛地涉及纳米科学与技术相关的话题。纳米科学研究中心,经常与科学博物馆合作,承担了许多教育推广活动,一些面向大众,一些面向在基础教育学校的观众。通过这些合作有如下活动:在教室和科学博物馆举办动手活动;在科学博物馆甚至迪士尼世界的 EPCOT 中心陈列展览;在博物馆一楼和校外举办活动;以及各种各样的杂志,网站和大屏幕电影。

数据显示美国公众对纳米技术领域的研究和发展是持有支持态度的,即使对其缺乏足够的认知。① 那些具备相应知识和认识的人相对于那些无纳米知识背景的人们来讲通常更为支持纳米技术。然而,掌握纳米技术方面的知识不意味着更多的支持,它或许转化为更多的对潜在风险的关注,这就增加了是否利大于弊的不确定性。换言之,风险意识不等同于降低支持[22]。公众对于纳米技术利与弊的看法呈现了中立的态势:大约一半的回答者给出了中立的反应(利弊各半)或者说不知道[48],这表明随着美国人越来越熟悉纳米技术,人们的观念也随之不断改变。最近的一项调查显示,纳米技术与其他危险相比在所有 24 项中列第 19 位[23]。

教育工作将帮助美国人对纳米技术慢慢地越来越熟悉,但一个非常有新闻价值的事件是将产生更大且更为轰动的影响。未来事件将会在公众的重大关切上有大的突破吗? 或是一种偶然或是灾难? 无论哪种结局都将唤醒民众对纳米技术的关注并在意识上引起重大改变。哪种情况会首先出现呢? 如果未来事件是一种偶然,我们将如何去应对公众的信息,质疑和关切?

2. 学院/大学 NSE 教育的现状

大多数研究型的大学现在都设有与纳米技术相关的科学和工程类的课程,许

① Flagg, B. Nanotechnology and the Public, Part 1 of Front-End Analysis in Support of Nanoscale Informal Science Education Network, 2005, http://informalscience.org/evaluations/report_149.pdf.

多大学还设立了纳米中心或纳米研究所,以及一些以纳米技术为导向的院系。例如,纽约州立大学在奥尔巴尼的纳米科学与工程学院新园区(http://cnse.albany.edu/about_cnse.html;参看 12.8.5 节)与微纳电子公司有机地结合为一体。

在大学和研究生的课程和教科书中纳入 NSE 的概念已经取得了长足的进步[7]。以纳米科学为基础的课程很快被引入两年制的学院,四年制的学院和大学中(参看 NanoEd 资源中的目录,http://www.nanoed.org/和文献[7])。在美国,许多四年制学位授予的机构创立了纳米技术辅修课程。它们一般是由 18 学分的纳米技术课程和一些基础课程,如量子物理和物理化学等组成。这些辅修课程使那些毕业于工程类(如电子工程和化学工程)和理科类(如物理、化学和生物)的学生们都具备一些纳米技术方面的知识。一个很典型的例子是在美国宾夕法尼亚州立大学的纳米技术辅修课程(参看 12.8.3 节和文献[7]中的附录 D )。大学生计划(REO)中的 NSF 研究经验是引导大学生从事纳米领域研究项目的有效手段。仅仅 NUNN/NNIN REU 计划就为 600 多名大学生提供了从事纳米技术研究的机会。

过去十年来,通过一些途径将 NSE 的概念引入本科生教育中:

·补充途径:将基本的 NSE 概念插入先有的课程中已经在全国范围内成功实施。

·探究和设计原则途径:运用探究和设计原则的概念模块由 NSF 资助的美国西北大学研究项目,"物质世界模块"所开创(MWM;http://www.materialsworldmodules.org/)。发明往往伴随着提出"正确的"问题,有效的设计需要将纳米的概念合理的运用其中。每个模型包含一系列以调查为基础的活动,这些活动在以小组为基础的设计项目中达到顶点。

·逐级途径:这种方法是让年龄较大的学生在给年龄较小的学生传授的过程中进一步学习和加强概念,形成从一组到另一组的逐级学习的模式。年龄较大的学生对所学的概念有更深入的理解,具有创造性的思维和设计,更好的调研和沟通能力。年龄较小的学生则在获得更有趣的,适合年龄的教材的同时深受年龄略大学生对科学和工程学浓厚兴趣的鼓舞。在这些例子当中,参与的学生们设计了一些令人惊讶的创新活动,包括卡片游戏,网络游戏,模拟纳米现象。"为美国教书"计划让学生抽出时间来教育演示。因为年龄相仿的同龄人(本科大学生)可以更有效地与年龄较小的学生(中学生)进行交流,这些教义成功地吸引了大学生们。

一个令人激动的趋势是,越来越多的年轻教授对科学教育十分感兴趣,包括纳米教育,而且他们开始与大学预科教师和他们的学生进行合作。例如,那些由 NSF 科学中心计划,基础教育中的 STEM 学者,统一研究生教育和研究实习以及其他计划所提供的研究生计划,都为研究生参与到初中生教育中提供了很好的机遇。

3. 社区学院 NSE 教育的现状

40%的学院和大学学生的教育经历起始于社区学院[27];统计显示这个数据在未成年人群中略高。因为据估计目前的未成年人到 2023 年是主要的学生群体[28],社区学院在未来的纳米科学与技术教育中将会扮演越来越重要的角色。

当社区和技术学院认识到他们必须为两年制的纳米技术教学计划开设四学期的新课程时,经济压力出现了。高额的消耗会导致管理者不情愿让他们的机构从事纳米技术教育。四个学期的纳米技术计划也给在校学生带来了压力:每个学期必须有足够数量的在校学生支持运行这个计划。全体员工,工作人员,设施资源等方面的问题是源于这样一个认识:有意义的纳米技术教育必须让学生接触到先进的纳米技术制备和表征设备。一般情况下,两年制的学院没有足够的资源给学生提供动手操作的机会。再者,在美国,发现两年制的学院自身在地域上是被隔离的,与那些具有纳米技术设施资源的公司或研究院所疏于联系。

一些 NSF 支持的以纳米科学为导向的先进技术教育(ATE)计划(参看国家自然科学基金会[4],附录 D 和 12.8.3 节)关注于培训未来的纳米技师。学生参与这些计划需要课堂知识和高科技的实验室经历。美国国家纳米技术应用和职业规划的ATE 中心(NACK),由 NSF 创建于 2008 年,肩负着在全美两年制的研究机构中补充和发展纳米技术教育。NACK 提供可能在网络上出现的纳米技术课程,网络上的课程单元,可能在网络上出现的最新的仪器使用经验,表征仪器的网络权限和纳米技术教育的研讨会。所有的信息和网络准入是通过 NACK 网站 http://www.nano4me.org。图 12.2 是一张在两年制研究机构具有纳米技术计划的完整行政区域图。

图 12.2　黑色的阴影部分代表这些州具有与 NACK 相关联的两年制学位机构的纳米技术计划(来自 http://www.nano4me.org)

### 4. NSE 的基础教育(K-12)现状

大学预科水平是这样一个教育体系:开始储备有纳米知识的公民,培训未来的纳米技师和工程师,用纳米的概念激发学生对纳米技术、信息技术、生物技术和数学产生兴趣。学生缺乏对科学/工程的兴趣在经济高速发展的国家是非常普遍的，如果学术界和工业界无法找到所需要的科学/工程人才的话，那么将对未来经济发展和生活水平的提高构成中期乃至长期的威胁。

在美国，完成这些教育目标的障碍在于每个州都有自己的一套标准和学习目标，州与州之间以及不同地区的学校之间的标准都存在着巨大差异。教学标准对教师们非常重要，因为他们必须争取让学生在标准化测试中取得好的成绩。州立学校首席执行官委员会(CCSSO)和全国州长协会(NGA)正在制定一个基于国际基准测试的普通核心教学标准(http：//www. corestandards. org/)。数学和英语语言标准已于 2010 年 6 月颁布，到 2010 年 10 月已经在 35 个州开始实行。自然科学将是讨论的下一个议题。美国国家研究理事会(NRC)科学教育董事会(BOSE；http：//www7. nationalacademies. org/bose/BOSE_Projects. html)正在为新科学教育标准构建一个概念框架。一个涉及生命科学，地球和空间科学、物理学、工程和技术核心学科的草案于 2010 年 8 月向公众发布，修订案拟在 2011 年初颁布。

在州和国家级的水平上，NSE 教育概念正在同现有的 STEM 标准和学习目标联系起来。一系列已经纳入 STEM 概念的基础 NSE 概念(例如，表面积-体积之比，尺寸和范围，尺寸依赖性，主要作用力，量子现象，自组装，纳米表征工具以及其他)，已经在美国的课堂上进行教授。这些概念也契合由美国先进科学协会制定的全国科学标准，全国科学教育标准[30]，由全国教师教学委员会制定的全国数学标准，以及各种州立标准。这项工作为纳米概念深入贯穿至 STEM 课程包括生物、化学、数学、物理、技术、工程和普通科学开辟了道路。

NSE 没有"轰动"的因素使学生对 STEM 感兴趣，并激励他们学习。美国课堂教育的经验说明学生认为纳米是令人兴奋并非常有趣的，特别是当它们被应用到新的技术和现实的挑战中时。鉴于学生缺乏兴趣是全国范围内，以及许多发达国家 STEM 教育面临的严峻挑战，不能低估这种结果。纳米科学的概念及其应用有助于学生将 STEM 同他们的日常生活联系起来，这有利于敦促他们学习。纳什维尔的一位教师说了这样一句话，"我们都想感到惊讶，都想如痴如醉。如果教育能够做到这一点并教授重要概念，学生们将会鱼贯而入，叩响学校的大门。纳米技术正好适合这种要求。"

许多计划已经具备一个强大的纳米技术教育和扩大的组成部分：

• 许多受 NSF、DOE 和其他机构资助的 NSE 教育研究中心还承担着将纳米的概念转移至美国课堂上的任务。例如，NSF 纳米科学与工程中心(NSEC)和 DOE 纳米科学研究中心(NSRC)。

• 其他计划如 NSF 材料研究科学与工程中心，工程研究中心，科学与技术中心也在发展 NSE 教育部分。虽然各中心之间的活动有所不同，但是都包括课堂外拓展，内容开发和教师专业发展，常受到来自 NSF 教师研究经验计划(RET)的资助。

·其他新的纳米专业教育项目在现有的计划下已经得到资助。例如,NSF 通过 BSCS,纳米技术和 McREL 资助了纳米专业学习研究(参看表 12.1)。

让学生接受纳米科学与技术充满了挑战。很大一部分教师不打算教授数学和科学。而且,他们的课程已经排得很满以至于很难加入新的题目。一旦这些挑战被考虑其中,那么我们将如何教育学生什么是他们不能直接看到或感知的?我们在不把昂贵的高科技的仪器带入课堂的情况下如何给他们一个真实的"纳米"体验?我们如何同现实应用和未来的职业建立清晰的联系?NSE 教育计划横向的和纵向的整合被视为对实现教育劳动力,改变正规和非正规教育与让公众见多识广的目标是非常有必要的。

横向整合:在大多数学校中,STEM 是从传统学科的观点出发教授的。当然这些观点是有用的,他们也可以使学生理解那些与现实生活和应用脱节的东西。因为 NSE 教育概念描述了一种所有横跨 STEM 学科的现象(例如,见图 12.3),这些概念超越了传统的学科界限。特别是涉及纳米领域的化学、物理和生物学,是在用相似的技术解决相似的问题。此外,在纳米领域,独特的物质性质和复杂的组装技术需要科学和工程的结合。于是,将整合体系的方式应用到纳米技术的学习和教育中是非常自然的事情。而且,纳米同社会研究、体育教育和艺术的引人注目关联增加了纳米科学技术与社会和经济的相关性。采用一种横向的跨学科的途径为以整合的方式教授 STEM 并使学生领会这些学科的重叠性提供了一个良机。再者,通过从不同角度和在不同背景下让学生反复体验纳米科学的概念,这样有助于使 STEM 教育一体化。洛杉矶和纳什维尔的公立学校正在引领将纳米科学作为

实例:横向整合 SA/V 导致重复接触贯穿整个STEM

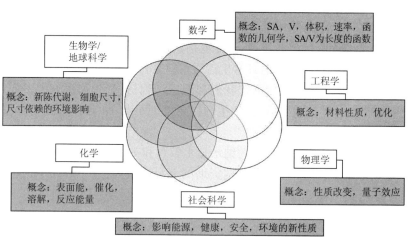

图 12.3　横向整合纳米技术知识——表面积/体积的比例(SA/V)的实例,导致学生在 STEM 和其他主题中重复接触这一概念(由纳米技术教学中心提供)

核心学科并把 NSE 概念同 STEM 和非 STEM 课程相联系的一体化科学课程。

纵向整合:我们目前的教育结构常被描述为在各个层次间有很大的成就和学习差距。将纳米教育包括在 7～16 年级对研究各个层次的学生如何学习基础纳米科学概念,监督学生长足进步,指导跨层次的有效教学来形成学习轨迹,均提供了很好的契机。研究表明在多个年级中教授同样的基本 NSE 概念(例如尺寸和范围或 SA/V 比例;参看图 12.4)会使学生对 STEM 概念有更深刻的理解,同时还会使其在年级之间更有效地传递。纵向整合是既省时又有效的。

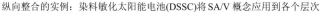
纵向整合的实例:染料敏化太阳能电池(DSSC)将SA/V概念应用到各个层次

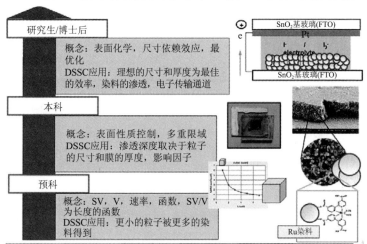

图 12.4　纵向整合纳米技术知识——染料敏化太阳能电池的实例,在更高的概念水平上运用 SA/V 比例随时间变化的概念(由纳米技术教学中心提供)

### 5. 国际整合

美国基础教育中的 STEM 教育与世界上很多国家都不能相提并论,特别是与美国企业竞争新市场的那些国家。一项由美国全国州长协会和国家行政学校人员理事会提供的最新报告强调了需要国际基准测试作为一个提高教育标准的方式[28]。因为纳米技术研究,发展和部署正在向全球化发展,所有国家(特别是美国)都能得益于从学习世界上其他国家如何把纳米技术纳入 STEM 课程中。

## 12.3　未来5～10年的目标、困难与解决方案

纳米领域的研究发明取得了显著的成就,新型的纳米功能化技术具有越来越多的机会,但目前存在着新的基础设施的挑战。未来 10 年中,在持续保持发明创造进步的同时,如何加快发明向技术成果的转化? 进而,由于其内在的跨学科性,

诱人的应用前景,以及与未来就业机会的紧密相关性,纳米科学教育是一种增加学生对 STEM 学科兴趣和成就感的理想的方式。应当发展一个国家策略来扩大在 STEM/NSE 教育中的努力,帮助确保全世界人民在经济、社会和教育等方面都能享受纳米技术带来的发展成果。

### 12.3.1　物质基础设施

过去十年中,纳米科学/工程领域的仪器设备有了显著增长。首要的目标是在不断增加新性能的同时,着力开发用于自然科学和工程的仪器设备。如果想产生更高的功效,那么评估它们的利用率和有效性,其次是校准措施,就显得尤为重要。

过去二十年中发展的新的分析和制造工具提供了许多新的性能(参看章节:探索性工具:理论,模型和模拟与 12.8.13 章节中的例子),许多 NNI 研讨会指出持续发展先进工具的重要性。① 当这些工具较为昂贵或难于操作的时候,他们必须加入全国性的用户网使其广泛普及到各种用户,包括教师和学生。

国际研讨会都指出对研发新设备的需求。那些成功解决发现中制备和表征等问题的中心应当被那些关注于将发明创造向新型技术转化的新中心所效仿。

### 12.3.2　NSE 中非正规/公共的范围

目前,已经成功地建立了关注并能够为公众提供纳米非正规教育的网络,NISE 网络未来 5 年的目标应当是利用这个网络将其所能普及的人群扩充到上百万。为了实现这个目标,应当包含以下几个方面:

· 做一个公众范围的 SWOT 分析来确定当前活动的价值,并用这些标准数据来设计高效和有效的公共教育模式。

· 深化 100 多所机构(高校,博物馆,公共广播电台等)在纳米领域的参与度,通过将纳米概念贯穿至整个教育计划中,扩大纳米科学与技术资源供应。

· 充分利用资源,通过将其他网络的非正规教育人员和研究人员联系起来,进一步以非正规和正规教育的形式向广大民众传播。

· 发展非正规教育机构和研究机构间的长期合作伙伴关系,以便当国家自然科学基金到期后提供持续的支持。

· 开发电子媒介让开始使用新通信设备的年轻人接触这些创新方式。

更为广泛的是,两个相互关联的教育活动应当继续下去:准备未来劳动力、涉

---

① Nanomaterials and Human Health & Instrumentation, Metrology, and Analytical Methods(November 17-18, 2009); Nanomaterials and the Environment & Instrumentation, Metrology, and Analytical Methods (October 6-7, 2009); Nanotechnology-Enabled Sensing (May 5-7, 2009); X-Rays and Neutrons: Essential Tools for Nanoscience Research(June 16-18, 2005); Nanotechnology Instrumentation and Metrology(January 27-29, 2004). See http://www. nano. gov/html/res/pubs. html for associated publications.

费者和公民。

### 1. 未来劳动力的准备

准备未来的劳动力是与正规教育紧密相连的，但也和非正规科学教育是分不开的。从非正规教育的角度来看，未来劳动力的准备应当从以下四个阶段进行：

·阶段1-初级教育（K-5年级）：ISE教育对青少年的目标是激发他们对自然科学、技术、工程、数学和社会科学（STEMS）的兴趣。这包括促进对物质特殊性质，尺寸依赖现象和其他与纳米相关话题的迷恋，但是使学生把纳米技术看作一个独立的研究领域并不是十分重要。在非正规教育范围内发展材料和教育者专业资格应当有助于支持这一阶段的工作来构建对STEMS的兴趣和把纳米领域相关的现象加入到目前与科学相关的活动。

·阶段2-中等教育（6~12年级）：ISE教育对初中和高中生的目标是在保持和激发他们兴趣的同时构建他们对STEMS的基本知识，意识和技能。非正规教育也有助于告知父母通过STEMS使他们的孩子能够找到未来职业的兴趣。强调应用和社会效应也是一个激励因素。

·阶段3-大学：ISE对本科生和研究生的目标是为他们提供一个通过展示他们的研究成果和向公众介绍为公众和K-12教育活动做贡献的机会。在未来的科学家中发展这种能力对教育消费者和民众尤为重要，而且还能够帮助学生对他们所从事的研究和职业中大事的思考。

·阶段4-工作场所：ISE对工作场所的目标是通过培训增加能够在纳米技术领域工作的科学家、工程师和技师的数量；教育广大消费者和民众；能够将他们在各种非正规教育环境中获取的知识贡献给公众和K-12教育活动。

### 2. 消费者和民众的准备

在缺乏涉及纳米领域的重大突破或严重事故的情况下，广泛的公众教育活动能够也应当构建公众的纳米技术的意识。强调纳米是一个解决诸如可再生能源，健康/医药，环境等社会问题的重要途径，可能使纳米框架更有助于培养公众的兴趣。目前公众不相信纳米粒子本身是特别危险的（Berube等，已投稿）。对公众而言，在缺乏直接的原因去关心纳米技术时，教育活动有可能增加或减慢，但需要保持长期的影响力。当培养非正规教育人员和其他科学传播者去告知民众提升未来公众意识和兴趣水平的能力时，需要在有限的空间不断地增强公众意识和知识。发展公众对纳米技术利与弊的评估能力也是非常有必要的，同时具备真正能够影响政策的能力也是非常有必要的。正如Lee和Scheufele[31]所描述的：扩大公众范围不是提升一般民众拥护科学的理念或简单地提高读写能力。扩大公众范围涉及到所有利益相关者（科学家、公民、政策制定者等）的有效交流。目前，公众对干细胞研究的争论被有热切兴趣的团体和盲目拥护者所占据,听不到科学的观点。

对公众而言,处理不确定危险的关键因素是信任和控制。数据显示公众需要信息和政府条例。公众认为大学中的科学家是纳米技术信息的可靠来源者。公众也对科学博物馆有很高的信任度。政府和新闻媒体被指对于"告知纳米技术利与弊的实情"可信度最差。根据来自社会上相关纳米技术中心所做的研究,"大学的研究人员和从事纳米产业的科学家是关于纳米技术信息最具可信度的来源"(Scheufele 2007)。然而,来自同一研究的未公布结果显示,政府和新闻媒体在告知纳米技术利与弊上是最不具有可信度的。

所有这些表明应该有策略地创立一个科学/技术监管机构来更好地使公众参与其中。这需要构建一个科学家与公众的双向交流,需要在对话中包括对利与弊的评价。远远超过非正规科学教育者的数量,全美的科学家、工程师、技师在与公众的对话中是宝贵的资源,但是他们需要必要的工具使工作做得高效出色。需要创立机构有效地使公众参与到对社会意义、风险、利益和对关乎政府在纳米技术研究和发展的管理、规定和优先权的长期思考中。

为了实现这个积极的管理形式和公众参与模式,应当鼓励科学研究机构、社会科学研究机构和非正规科学教育机构之间的合作,必须特别关注发展:

· 对未来研究前景易于沟通的观念和建立非正规教育者和科学家与公众交流这些观点的方式;

· 扩大关于未来技术社会意义的知识,结合非正规教育者和科学家的工作,建立他们考虑这些问题和与公众交流这些问题的方式;

· 公众参与的技术评估机构促进科学家和公众参与者之间的对话,使公众非正式参与政策的制定。

### 12.3.3　学院/大学 NSE 教育

纳米科学与工程的发明创造将在快速的空间继续发展;创新的纳米技术已经渗透进市场的各个方面。本科生和研究生教育的意义是深刻的,但是难以预期的。在课程和学位需求方面,需要继续对话和不断地实验,与工业界合作确保与劳动力的相关性。因为 NSE 的研究在范围上已经国际化,所以,一个重要的目标是提供国际环境的经历作为学位过程中的一部分。一年的国外背景作为文科教育的一部分一直以来很受重视;这种观点也应该在纳米科学与工程的教育中予以考虑。应当鼓励科学家的海外博士后工作经历,但也应当为学生提供这样的机会,以便使理科学生可以面向大学研究的职业,也可以使他们面向商业和工业界的职业。

尽管在大学水平没有授权的教学标准(专业评审之外),但是学科界限被评审过程和部门之间为经费和资源的竞争给强化了。这些学科界限比那些大学预科水平的学科界限更为苛刻。优先提高大学水平的 NSE 教育,包括发展革新的纳米设程和学位计划,促进学科的交叉性,支持通过院系研讨会,内容发展研讨会,在线内容共享和网络来建立 NSE 教育社区。全球参与共享内容和最好的练习将在新的'平面世界'中至关重要。

大学教育中最弱的 NSE 环节包含对那些非理科或工程专业的学生进行纳米科学教育。把与科学相关的社会问题作为一个非常有意义的组成部分并入文科的课程,以及其他学生在自然科学和教育中富有创造性的接合点当中,会为增加自然科学/技术文化和宣传提供契机。

## 12.3.4　社区学院 NSE 教育

当美国的研究型大学被认为在自然科学和工程领域占据领先地位时,全球化的竞争,特别是在纳米领域的竞争也越来越激烈。为了满足在不远将来研究人员的需要,培育美国学生对 STEM 的兴趣就显得尤为重要。因为 $40\%$ 的大学生是从社区学院开始他们的大学教育的,机会均等报告建议加强社区学院和大学之间的联系。NSF、教育部(DoEd)和其他负有相同使命的部门必须制定一个目标来培育纳米课程的发展和评估,这对社区学院是非常适合的,同时也确保了社区学院和全国的纳米中心和网络之间的联合。纳米技术应当被包括在教育部高校司和职业转型计划中。

## 12.3.5　K-12 NSE 教育

教育的首要目标是将 NSE 纳入全国和各州的 K-12 学习标准中。把 NSE 并入 K-12 课程和教科书的目标已经落后于纳米领域新兴科学知识的飞速发展。如果得到及时纠正,这将对纳米科学/工程引入各个州的学习标准显得十分重要,这个学习标准有效地规定了在初级和中级的课堂中所教授的内容。否则,K-12 教育水平中课堂的变化甚小,对多产的劳动力加强纳米科学文化将很难最大化[7]。一个关键目标是确定基本的纳米概念,将它们计划入目前各州和全国的 STEM 学习标准中,例如美国科学促进会科学素养基准(http://www.project2061.org/publications/bsl/default.htm),国家自然科学教育标准[30],教师教学标准全国理事会和联络点(http://www.nctm.org/standards/default.aspx?id=58)。纳米科学教育者应当与这些组织合作把纳米科学概念合并入标准中,并同这些组织合作将这些学习标准国际化。加强 NSE/STEM 和非 STEM 学科如社会科学、经济学、语言学、体育和艺术的联系,也有助于学生理解 NSE 和 STEM 与他们日常生活的相关性,理解 NSE 和 STEM 与解决能源、环境、健康、交流和其他领域全球性挑战的相关性。

在美国,全国州长协会已经着手接洽 Achieve 公司来完成一项具有国际基准和常见的科学核心学习标准的筹备工作,使得这一标准适用于各个州自己的学术内容标准。负责协调 NNI 工作的国家科学技术理事会国家科学,工程和技术小组委员会(NSET),已经启动了与全国州长协会,州首席教育管理理事会和 Achieve 公司的合作关系来支持他们致力于将纳米科学与技术引入科学(生命科学,物理,地球/空间)和工程技术发展进程的普通核心教育标准中。应当对这些努力提供援助。因为每个州会确定自己的过程,许多联邦纳米技术研发中心的参与者应当开始与自己所在州的教育部门协作,对他们的学习标准进行前瞻性的修订。

### 1. K-12 课程

标准提供了目标;课程提供了方法。为了恢复科学、技术和工程的突出地位,美国必须停止对课程发展采取无计划的方式。需要对设计、发展、测试和落实一致的 NSE 课程模型进行资金上的支持,这些课程模型将有助于 7～16 岁的学生形成对支持纳米科学和工程的核心科学思想进行系统理解。这些课程应当集中于帮助学生发展对核心概念更深层次的理解。

### 2. K-12 教学目标

自然科学(生物、化学、地球/空间、物理)和工程需要动手经验作为学习过程的一部分。当所在地的学校包含一些实验课程成为一种必要的时候,一些实验室教学或许超出了所在地学校和部门的能力或预算。NNIN、NSEC 和 DOE 纳米中心和 NIST 纳米技术与科学中心应该制定一个目标:与全国科学教师协会和 DoE 一起协作为有助于 K-12 教育过程的在线或远程接触高端实验设施做准备。

### 3. 教师教育和培训(职业发展)

将会有越来越多的纳米科学工程与技术包含在学习标准当中。将会有越来越多的学习资源涉及纳米科学工程与技术。教师们需要经过培训方可使用这些资源,而且必须有一个目标来提供这种培训。国家的纳米中心是一种虚拟的资源来提供材料,培训和信息。应当鼓励他们积极地参与 K-12 培训。

人对人的接触仍然是教学中最有效的方式。各种以大学为基础的纳米中心应该将他们的本科生和研究生加入到 K-12 纳米领域教育的行列。联邦基金机构必须为这项工作提供充足的预算。在决定永久职位和晋升时,大学必须考虑其员工对他们给低年级班级教授纳米科学概念的学生们的指导程度。

## 12.3.6 跨 NSE 教育层次:全球伙伴和网络学习

### 1. 全球伙伴

NSE 教育的挑战是全球化特征。全球的合作者进行合作在纳米科学与工程教育国家教学中心(NCLT)于 2008 年 11 月召开的纳米科学与工程教育全球研讨会上是明确的主题[20]。此次研讨会的主要决定是对不断扩大的 NSE 教育团体的需求,无论是在真实世界还是虚拟世界,以便支持资源的发展和交换,并培养对纳米科学和工程的兴趣。国际科学和工程 NSF 办公室在协助完成上述任务中扮演了重要的角色。

2.通过社会媒体获取网络资源/教育

纳米技术能够提高全世界人民的生活水平。随着过去几年中科学杂志数量的减少,对于 NNI 机构、大学和工业项目,以及其他利益相关者来说是形成能够保持公众对来自于纳米技术相关研究和商品化利与弊的知情权的连续信息链条的很好契机。信息技术的快速增长创造了新的互动交流的范例,它应当被利用(例如:Wikipedia,FaceBook,Second Life,YouTube 和 Kindle)到那些使用这些新型媒体工具的年轻人和 IT 产业学习者身上[32,49,50]。网络教育应当被包括在一套学习范例中去让学生体验。NSF,其兴趣在于网络学习,应当占据主动权,但是 DoEd 必须确保持续不断的努力。

大量的网站(例如那些列举在表 12.1 中的网站)上有关于课程补充、教学目标和科学展览项目的材料。NACK 网站聚焦于在 2 年制学位授予的院校支持纳米技术教育。此外,NSF 以大学为基础的纳米科学与工程中心(NSECs)就发展创新方法进行 NSE 教育而言已经是硕果累累。然而,以网络为基础的 NSE 教育素材分布广泛,形式不一,精炼程度也不同。DoEd,与国家科学教师协会(NSTA)和以网络为导向的课程开发者(例如那些在 Murday[7] 中列举的,表 12.6)密切合作,应当建立一个核心网站来宣传这些信息。NSTA 应当作为一个质量控制的评估者,确保 NSE 所关注的教育网站素材具备很高的质量,采用 K-12 教师已经采用的形式,可以索引至各个州的学习标准,能够方便地从 NSTA 网站进入。其他精心设计的、高度相互作用的、多元媒体的网上学习工具应当继续得到发展。

与纳米计划极其相关的网络资源如 NanoHUB、全国学习与教育中心(NCLT)、NNIN、NACK 和其他基础建设资源都是非常有用的,它们需要被更好地宣传,这样才能更好地发挥在用户可访问性,针对用户水平,可定制性(关于目标用户和使用界面),与其他系统的互通性,以及可提供的服务和培训等方面的作用。应当考虑研究和发展一个全套机制以针对有效搜索,进入和使用与教育各个阶段有潜在相关性的纳米科学与技术的网络资源。这样的一个机制使得建立一个有详细目录的、有分析的、有标签的登记簿成为必需。同样值得考虑的是,使与出现的网络纳米技术资源(例如远程进入和控制先进的纳米技术表征设备,性质数据库,NSE 应用,环境,健康,安全问题,普通教育典范诸如虚拟和让人陶醉的环境,模拟和游戏)具有更大互操作性的运行机制。这样的整合和知识共享为促进用户的发明创造和学习纳米科学与技术提供了巨大的保障。

维基百科(Wikipedia)正成为 21 世纪事实上的百科全书。维基百科中纳米技术的条目应当被常规更新和扩充。这项任务通过动员不同纳米中心的数量巨大的人才和企业家方可很好地完成。K-12 科学教师应当参与其中确保那些信息能够以容易被各个年级学生吸收的方式进行组织。

# 12.4　科技基础设施需求

## 12.4.1　基础设施

用户设施的预算必须充足,以便提供运行经费和能够帮助新用户有效使用先进仪器设备的当地专家。应该有一些审查过的知识产权协议,这可作为公司寻求使用这些设施的信任基础。

过去二十年中,很多给人印象深刻的新功能都是借助新的分析和制备工具产生的(参看 12.8.13 节中最近的例子),一些学术研讨会指出了持续开展前沿研发的重要性[6]。当这些工具比较贵重和(或)难于操作时,必须加入到用户设施中。

随着纳米相关技术变得越来越精密复杂,需要用来制作/测量/操作的仪器设备也将会更为复杂和昂贵。需要促进国际和行业间的合作共同分担这些具有新性能设备的费用。

国际研讨会指出一个新的研发设备需求。那些为发明创造解决制造和表征的中心的成功经验应该被那些致力于把发明创造转化为革新技术的一系列中心所效仿。这需要用户设施具备制造和原机制造的能力。因为在制造业/原机制造需求方面将会有广泛的多样性,一系列的用户设施成为必需,每个用户设施解决不同的技术和过程问题。

## 12.4.2　劳动力发展(工业)NSE 教育

职业准备是教育过程的一个重要组成部分。在我们迅速发展的世界里,由于不断变化的技术和不断增长的全球竞争,对工业的需求是不固定的。纳米技术对技术变革大有帮助。许多国家已经追随美国,建立了纳米技术的先导项目[33]。这些先导项目比美国更趋向于关注针对性的技术发展;于是,那些在不同阶段经历过纳米科学与技术培训的人们必将具有很强的全球竞争力。劳工部需要同工业团体和专业的科学与工程社团合作,形成对国内以纳米技术为基础的劳动力需求的准确评估,包括其他国家增加教育和工作机会带来的影响,必须把这些需求因素包括到教育体系当中去。

## 12.4.3　非正规/公共 NSE 教育

关键的基础设施的需求是那些对教授纳米科学工程与技术感兴趣,熟悉并博学且适合这项工作的教师。这在正规和非正规的教育中是真实的,但是焦点在于非正规的教育。这包括科学博物馆的教育者,儿童博物馆,大学扩展计划,课外计划,图书馆,教育电视,广播和网络。

第二个基础设施的需求是:容易接触那些可以让各个年龄段的公众广泛接触纳米科学工程与技术及应用,社会意义的教育材料和活动-非常适合在校外学习的人们广泛的非正规学习环境。除了 NiseNET 网上资源外(http://www. nisenet. org/),慕尼黑德意志图书馆(http://www. deutsches-museum. de/ausstellungen/neue-technologien/)是一个非常好的例子,具有纳米技术和生物技术相互关联的展览。

特别是考虑到科学杂志数量的减少,对于 NNI 成员机构和国家纳米技术联合办公室,大学和行业纳米计划,以及其他的利益相关者的团体来说,形成持续不断的信息告知公众纳米科学与技术进程中带来的利与弊成为一种需求和机遇。信息技术的快速增长正在建立新的互动典范,可能通过使用电子媒介如 Wikipedia,Facebook,Second Life,YouTube 和 Kindle 来进行开发[32]。

### 12.4.4　学院/大学 NSE 教育

纳米科学与工程的多学科/跨学科性质将继续需要在学院和大学中的中心/研究所进行典型的活动。这些中心/研究所地域上应当广泛分布,以至于其他人们容易使用其设备和性能,而不需要昂贵的旅行时间。进而,进入网络控制的仪器为远程使用这些选择性的仪器能够潜在地为 K-12 和社区学院的学生提供其自身学校所无法提供的实验室经历。

纳米科学与工程将为技术革新和突破创造许多机会。积极的和技术型的企业家对研究成果向市场化的技术转化至关重要。学院/大学教育者们必须寻找培育新进企业的方式。这些模式包括 MIT 纳米技术研究所的"士兵设计竞争"(http://web. mit. edu/isn/newsandevents/desighcomp/finals. html),南卡罗来纳大学的"象牙塔到市场:企业家实验室"(http://www. nano. sc. edu/news. aspx? aricle_id=27),南加利福尼亚大学史蒂芬研究所改革的"学生改革者展示和竞争"(http://stevens. usc. edu/studentinnovatorshowcase. php)。

### 12.4.5　社区学院 NSE 教育

许多社区学院没有院系、员工和设施资源来提供丰富的纳米技术教育,其中包括接触先进的纳米技术制造工具,以及更为重要的纳米技术表征工具的机会。有 NACK 中心发展并赞助的模式(参看 12.8.3 节)采用了在社区学院、研究型大学和 NACK 之间资源共享来为 2 年制学位的学生提供丰富的纳米技术教育经历。这种经历包括在研究型大学参加纳米技术课程的学习,使用 NACK 网络课程资料,使用通过网络准入的 NACK 仪器。社区学院得益于能够提供先进的纳米技术教育;研究型大学得益于能够得到潜在的 4 年制学生的生源。

### 12.4.6　K-12 NSE 教育

纳米领域逐渐增长的知识积累,伴随着纳米技术在解决可再生能源、能源转化、饮用水、健康、环境等高优先全球挑战的重要性,必须把 NSE 引入 K-12 课程。设计,发展,测试,落实允许 7~18 岁学生形成对支撑纳米科学与工程的核心科学概念整体认识的连贯课程需要资金的支持。这样的课程较聚焦于帮助学生形成对核心思想的认识。这样一个过程要求教授重要概念的标准变化,并强调对这些概念更深层次的理解。除了标准和课程的需要,处理纳米领域问题的网络资料,准确性和有效性的审查都需要建立,并为 K-12 教师和学生提供便利。这些材料必须与美国和国际基准普通核心标准相关。

### 12.4.7　NSE 教育中的全球合作

全世界有很多团体从事 STEM 教育,纳米教育,纳米科学与技术研究和纳米相关技术。整合这些各种各样的团体是紧迫的挑战。

## 12.5　研发投资与实施策略

### 12.5.1　设备

目前令人印象深刻的一系列纳米科学 R&D 用户仪器面临两大关键挑战:提供持续的运行经费来支持可以用来协助流动用户的当地专业技术,并支持持续的仪器维护和更新。具有独特的昂贵的仪器的纳米中心已经在许多国家建立起来。随着纳米科学与工程需要更复杂精密的体系,所以不可避免的,新的仪器设备将是非常昂贵的。进而,这些仪器的灵敏度需要建筑物能够充分地控制影响仪器结果的"噪声",例如,温度的波动,压力,清洁,电磁辐射,震动,声音,电动质量等;那些建筑物的建立和运行将会非常昂贵。国际和产业间的合作将成为共同承担资金负担越来越重要的一种方式。[①] 一个例子是纽约的奥尔巴尼大学已经创立了政府—大学—产业合作的纳米科学与工程设施学院(参看 12.8.5 章节)。

NSF 全国纳米技术基础设施网络(NNIN),NSEC,DOE 纳米中心和 NIST 纳米科学与技术中心正在与 NSTA 和 DoEd 合作,准备现场和/或远程有权使用高端用户仪器,这些仪器能够为各个阶段的教育过程贡献力量。

---

① 　Building for Advanced Technology, pending report from the NNI workshops in 2003, 2004 and 2006.

目前的一些中心,特别是那些注重制造的中心,可能会演变成能够提供原型设计能力的用户仪器。然而,为了充分表现需求能力的广泛,可能需要建立另外的用户仪器。

### 12.5.2　联邦机构在 NSE 教育中的投资

正如在前文所提到的,纳米科学与工程目前对 K-Gray 教育体系(例如,通过高年级对未满学龄儿童的继续教育)有很多挑战。在美国,国家自然科学基金会已经承担了发展纳米科学与工程的主要经费。随着 NSE 导致纳米相关技术的普及,其他机构也必须对教育过程贡献力量。表 12.2 说明了全美联邦政府的教育/培训计划应当增加他们在 NSE 教育中的参与性。也就是说,随着主要机构为 STEM 贡献力量,NSF 必须继续和扩大它的努力。

**表 12.2　具有 NSE 内容潜力的联邦教育计划**

| 代理机构 | 计划 | 网址 |
|---|---|---|
| DOD | National Defense Education Program | http://www.ndep.us/ |
| DOE | Energy Education | http://www1.eere.energy.gov/education/ |
| | National Labs | http://www.energy.gov/morekidspages.htm |
| DoEd | | http://www.ed.gov/index.jhtml |
| DOL | Training,Continuing Education | http://www.doleta.gov/ |
| DOT | Education and Research | http://www.dot.gov/citizen_services/education_research/index.html |
| EPA | Teaching Center | http://www.epa.gov/teachers/ |
| NASA | Education Program | http://www.nasa.gov/offices/education/programs/index.html |
| NIH | Office of Science Education | http://science.education.nih.gov/home2.nsf/feature/index.htm |
| NIST | Educational Activities | http://www.nist.gov/public_affairs/edguide.cfm |
| NOAA | Education Resources | http://www.education.noaa.gov/ |
| NSF | Education & Human Resources | http://www.nsf.gov/funding/pgm_list.jsp?org=ehr |
| | NRCS | http://soils.usda.gov/education/resources/k_12/ |
| USDA | AFSIC | http://www.nal.usda.gov/afsic/AFSIC_pubs/K-12.htm |
| | NIFA(formerly CSREES) | http://www.agclassroom.org/ |

NSET,来自于 25 个参与的联邦机构的陈述,应当创立纳米技术教育和劳动力工作组来支持该机构致力于解决教育和劳动力的相关问题。工作组应当有一个关注教育和劳动力的包含主要利益相关者的协商委员会来进行指导。

NSF 在信息基础设施的投资(例如[34]),伴随其他机构,已经导致广泛范围的先进而且遍布的数字信息资源,一些用于纳米技术和科学研究,一些用于纳米技术教学,一些用于纳米技术事件和新闻。这些纳米技术信息资源根据它们所针对的听众(受教育程度,国籍,最初目的),品质,同其他信息资源整合的程度,使用和使用情况的不同而改变。大多数不包含元信息,可能会在发现能力、搜索能力和适应性等方面限制用户团体之间的知识传递。新兴的纳米教育团体必须能够更有效地开发目前现存的信息基础设施资源投资。

### 12.5.3　非正规/公共 NSE 教育

在 2010~2015 年的时间框架内,在纳米非正规科学教育网(NISE Net)继续投资来提升公众对 NSE 的非正规理解是非常重要的。这一目标应该包括实现对 100 个非正规教育研究所更深刻持久的影响,实现延伸到更广泛的从事正规教育的组织机构,实现同 K-12 正规教育更强化的联系,实现在教育者专业发展和教育材料的积累上更大程度地包含应用和社会前景。

在对中心授予更广泛的影响需求的庇护下,应当继续通过资助那些具有社会相关教育扩大项目和公众参与活动的机构来加强鼓励,加之鼓励同非正规科学教育机构的合作来发起这些活动。研究中心的经费,以及不仅小的分散的项目,都是促进合作成效的关键。应当创立研究中心或研究网络并资助其解决社会的重大挑战,在纳米领域和其他物质领域的跨度研究,提供了专门资金为公众在技术评估和监管中的参与性,建立了有公众、科学家和政策制定者共享的研发议事日程。在教育者培训和材料发展上将会形成一个不断的需求,加之寻找有效与公众交流纳米技术的关键思想的新方式的目标,保持新发展齐头并进,确保 NNI 最初几年形成的教育势头很好地定位在利用通过未来发展产生的公众兴趣上,无论是积极的应用性突破还是引起关注的事件。

NNCO 应当在与纳米技术发展相关的组织或者民众的关系中扮演更为正式的和积极的角色,不是操纵视听而是在多种多样的公共场所用多种多样的平台提供准确的和客观的信息。网络交流必须从被动的网络存在转移到灵活的 Web 2.0 致力于让相关公众接触纳米科学。像 Facebook 和 Twitter 这样的平台是以公众所熟知的方式与他们交流的重要机构。

目前,NISE Net 已经大力调查了如何将"nano"符合物质的尺寸,但是可能需要改变重点。一些研究表明就解决社会问题而言,学生对 STEM 的反应特别好既然与纳米相关的技术开始扩散,所以要及时形成那些与纳米相关技术的影响联系在一起的展览和计划。

NSF 是新兴纳米科学与工程项目主要的经费来源,应当为了新展览和新计划的开发,在建立博物馆和国家以及国际研究团体之间的联系中担任领导地位。其他利益相关者如美国联邦资助机构和业界代表必须也是贡献者,因为他们将参与导致技术影响的转化工作。

### 12.5.4　学院/大学 NSE 教育

在美国国家纳米技术倡议的第二个十年,将更加强调科学发明向革新技术的转化。产业界的参与将是至关重要的。NSF 工程研究中心已经需要同产业界合作;任何新的 NSF 中心的竞争都需要包含工业界的合作伙伴来促进革新和劳动力发展。应当更大程度地扩大对学术界与产业界联合的 NSF 资助机会(GOALI)和产业 & 大学合作研究中心(I/UCRC;http://nsf/gov/eng/iip/iucrc)计划。进而,产业界能够通过伙伴关系,对学院/大学提供激励,例如半导体研究会教育联盟(http://www.src.org/alliance/),惠普实验室的开放式创新办公室(http://www.hpl.hp.com/open_innovation),IBM 的大学研究 & 合作(https://www.ibm.com/developerwork/university/research/)和 ASEE/NSF 合作研究博士后研究工程师(https://aseenfip.asee.org/jobs/57)。

### 12.5.5　社区学院 NSE 教育

NSF、DoEd 和其他具有相应使命的机构应当促进发展和评价适合于社区学院的纳米技术课程,并确保社区学院和纳米中心间展开有意义的合作。DoEd 的大学司和职业转型计划应当确保纳米技术被包含在计划当中。

为了解决设施问题,州政府与 DoEd 和当地的工业合作,需要发展机构来启动研究性的大学,国家实验室设施和社区学院之间的相互联系。某些州正在采取措施并在整合方面取得良好进展:得克萨斯已经建立了得克萨斯纳米技术劳动力发展计划(http://nanotechworkforce.com/resources/workforce.php),宾夕法尼亚州已经建立了纳米技术教育和利用中心(http://cneu.psu.edu/abHomeOf.html)。一个解决办法是同附近的研究型大学整合社区学院课程,这是可以利用的。

### 12.5.6　K-12 NSE 教育

对没有把现在对纳米科学与工程的理解纳入科学与工程学习标准的各个州,K-12 教育阶段的活动将会是最小的,增加纳米科学的知识对于富有生产力的劳动力而言是不够的。由 NSF 和 DoEd 从事并资助的 NSE 社团,必须同全国州长协会和国家行政学校官员理事会在国际基准普通核心标准上展开合作。

将会有越来越多的纳米科学工程和技术包括在学习标准中。由 NSF 和 DoEd 从事并资助的 NSE 社团,必须和 NSTE,专业科学和工程协会,以及其他相关组织(包括那些具有国际前景的组织)合作,来发展课程,学习资源和教师培训。

### 12.5.7　在 NSE 教育中的全球合作

需要进行一项国际焦点活动来鉴定,确认和整合许多世界范围内现有的纳米教育能力,并评估仍然需要些什么。

# 12.6　总结与优先领域

### 设施

·目前纳米研究的设施和用户设施的装备是最好的,但是纳米科学工程和技术正在迅速的改变;保持这些设施一直是最先进的是一个挑战。必须给予基础设施建设高度的关注以便维持运行费用成本和本地专才的可利用性。仪器周期性的更新是非常必要的,与此同时,要仔细考虑如何最有效地利用这些经费(例如,避免不必要的重复)。国家、行业、大学之间的合作对维持所需能力的经费是非常有必要的。NSF 对解决纳米问题的中心持续不断的支持是至关重要的,因为获得和维持测试/制造设施所需要的经费只有通过中央级的努力才可以得到。

此外,现在的一些中心,特别是那些注重制造的中心,应当演变成用户设施来提供原机制造能力。为了充分地说明十分需要加工/原机制造的能力,创建一些其他的用户设施将成为必需。

美国在纳米技术教育的投资已经产生新的 STEM 教育的范例,如果广泛地得到落实,将会使美国保持其在科学与技术的全球领导地位。这一新的范例是基于三种整合——横向,纵向和系统,其能够大幅度地提高学生的学识并节省教育开支:

·横向整合从独特的融合存在于纳米尺度连同工程设计的物质的物理和生物性质出发。这种融合显示消除 STEM 学科传统的区别能够引起学生更深刻更广泛的理解。接触交叉思想有助于学生学会从不同的来源合成概念,并将其应用于新的形势下。同社会和经济科学的整合提供了社会相关性。

·纵向整合意味着从预科到大学阶段提供持久的高质量的教育机会。提前曝光和持续的巩固节省了时间和最小化了冗余和误解。新的发现在发展预科课程内容和培训教师的过程中通过大学研究者的参与可以迅速从实验室转移到教室。

·系统整合缩小了基础科学和工程概念及其应用的差距。动手设计的挑战塑造了学生的信心,并强调了批判性思维和创新-全球有竞争力的劳动力的关键技能。

尽管这些原则会极大地提高整体质量和全国 STEM 教育的有效性,但是 NSF 教育被给予关注也是非常重要的。纳米领域的发现和发明正推动着技术前进,并对经济发展和全球福利事业起着至关重要的作用。我们的学生必须准备成为受过纳米教育的工人、消费者和公民。

这些活动强调合作,因为那些对 NSE 教育感兴趣者相信是时候:(a)扩大教育致力于明确涵盖许多利益相关团体;(b)建立更耐用的基础设施而不是仅仅召开周期性的纳米科学与工程教育研讨会(2006,2007,2008);(c)发展合作关系来应对挑战和把握全球在纳米领域进步所提供的机会。这与倡议教育开拓合作的全国总动员卡内基机会方程报告[27]是一致的。

关注的具体项目包括：

• 必须建立在 K-12 教育中包括纳米科学与工程的国际基准标准。因为 NSE 仍然在快速地演变，那些标准必须得到周期性的审核。

• 课程包括纳米科学与工程，相关标准必须建立，由教学团体审核，一应俱全。网络为基础的和其他电子媒介必须被利用以便更好地与那些和信息媒体伴随长大的新生代联系。

• 建立一个网络的区域枢纽站点——纳米技术教育枢纽网络，作为一个可促进纳米技术教育可持续发展的基础设施。这个枢纽站点将允许有效的区域和国家领域测试新的联系和方法。

• 世界上有很多解决 STEM 教育，NSE 教育，纳米科学与工程研究，纳米功能技术的团体。整合这些不同的社团是直接的挑战。需要鉴定、验证和整合现存的许多 NSE 教育能力，并且需要评估仍然需要什么。

• NSET 应当创建一个纳米技术教育和劳动力的工作小组致力于解决教育和劳动力的问题。对 NSET，也应当建立一个教育和关注劳动力的协商委员会。NNCO 基金（或来源于各种联邦 NNI 机构的其他捐款）应当用于这一用途。

• 应当考虑建立一个全套机制，能够研究和发展有效搜索，进入和使用专注于纳米科学和技术的网络基础设施资源；这与教育各个层次具有潜在的相关性。这样一个机制很可能使创立一个有清单的，有分析的，有标签的登记簿成为必需。也值得考虑的是能够促使同新兴的网络纳米技术资源有很大互用性的机制，例如远程进入和控制先进的纳米技术表征仪器；性质和应用数据库；环境，健康，安全意义和最佳实践；普通教育范例，例如虚拟和身临其境的环境，模拟和游戏。这样的整合和知识共享为加速的发现和学习提供了很大的希望。

• DoEd 与 NSTA 和网络为导向的课程开发（例如 Murday 列举的那些，文献 [7] 中表 6）应当建立一个核心资源网站以信息和活动来支持 NSE 教育。NSTA 应当充当计算机或质量控制资源来确保以 NSE 为重点的教育网站上的资源是高质量的，以一种已经由 K-12 教师所采用的形式，并被仔细地索引到各个州的学习标准中，并可以从 NSTA 网站方便地进入。其他精细设计的、高度互动的、富媒体的网上学习工具应当继续发展。

• 产业界和教育团体之间必须有密切和持续的对话，以便教育标准和课程可以充分地反映劳动力的需求。

• 公众对于纳米领域环境安全和健康问题的关注迫使对正规和非正规教育过程予以关注。工人和普通的民众会在制造过程或最终产品中与纳米材料以各种各样的形式接触，所以应当具备充分的知识去理解它的利与弊。

· NSF、DoEd 和具有相关使命的其他机构应当促进适合社区学院的纳米技术课程的发展和评估,并确保社区学院和纳米中心之间展开丰富的合作。

· NSF 国家纳米技术基础设施网络(NNIN),NSEC,DOE 纳米中心和 NIST 纳米科学与技术中心将与 NSTA 和 DoEd 合作来为现场和/或远程进入可能对 K-12 STEM 教育有帮助的更高端的用户设施提供便利。

· 维基百科正成为事实上的全球百科全书。目前维基百科中处理纳米科学与工程的条目严重不足,必须常规更新,扩充,审核和维护。

当上述所有条款具有优点,应当给予更高的优先权:

· 将纳米科学与工程的知识纳入各个阶段的教育,但特别是在 K-12 年级,这个阶段所有公民能够被告知越来越多的知识以及其技术意义。发展国际基准标准对于 K-12 教育中的纳米的角色来说是至关重要的;如果没有那些标准其他的优先权可能会排除对纳米领域的足够重视。

· 发展用户设施提供原型制造的能力。如果不能为科学/工程发现向创新技术的转化提供便利,那么继续支持纳米科学与工程就会带来损害。

· 建立一个可持续发展的国家纳米技术教育枢纽网络,通过内容/学习工具的发展,教师/劳动力的培训,和非正规教育计划来促进各个阶段的 NSE/STEM 教育。

· 随着电子媒体越来越多的使用,纳米领域的科学,工程和技术的正规和非正规教育都需要更好地利用高质量的,Web 访问的内容。进而,用户友好的,需要基于网络的分析设备和制造工具的远程控制来使那些功能便于更广泛的使用。

## 12.7　更广泛的社会意义

除了影响许多紧迫的社会问题,教育和物理基础设施发展是实现纳米技术解决方案的促成条件。进而,与解决那些问题相关令人兴奋的事件可能纠正发达国家本地学生对科学和工程职业缺乏兴趣的问题。

## 12.8　研究成果与模式转变实例

### 12.8.1　NCLT:在洛杉矶统一学校的区高中建立一个纳米技术学院作为一个小的学习社团(http://www.nclt.us/)

联系人:Robert Chang,美国纳米科学与工程国家教学中心(NCLT)

NCLT 已经带头发展一个模型来系统地把纳米科学课程引入美国的中学教育。目标是通过采用现已存在于某些高中的小型学习社区(SLC)的形式,创造一个更集中致力于纳米技术的学习环境。SLC 概念是由 DoEd 形成的,响应了今天的"知识型"经济作为一种增加学生文化,分析和数学能力的一种方式,从而使他们在大专教育或劳动力中更加成功。这些 SLCs,本质上,是学校内的学校。每一个形成一个更小的独立自主的,不同分校单元的学习俱乐部。这些更小的学校单元常常具有优于大学校的优势,尤其是因为更容易专注于更个性化的教学,例如专注于纳米技术的主题。

NCLT 已经与洛杉矶统一学区(LAUSD)的塔夫特高中合作,建立了一个试验性的纳米技术 SLC。目标是帮助 SLC 的学生获得一大组关于纳米科学与技术的核心技能。NCLT 建立了 15 min 的促销 DVD,使塔夫特能够在春季招生时"推销"新创建的纳米技术学院。在直属学校,塔夫特的教师与学生和家长举办了定向会议,会议上他们分发了学术手册并讨论了学术目标。为了进一步提高学生对纳米技术的兴趣,NCLT 为每一个理科教师提供了 Nano-Tex™实验服。在午饭休息时间,教师通过让学生在干净的白大褂上甩染色液体说明了布料以纳米结构为基础的纳米着色性质;他们对于纳米技术如何阻止在衣服上着色深感震惊。在另一个促销活动中,NCLT 为一些理科班设计了一个比赛,让其用纳米技术的概念来最大化来自碳酸饮料的喷泉喷发。几个星期的课堂实验之后,比赛被促成一个全校范围的活动。纳米学会招聘的目标是在第一年服务 120 个 9 年级和 10 年级的学生,在随后的几年继续增长至包括 9~12 年级的学生,最终达到每年服务 350 个学生。

同参加西北为期 2 周的纳米技术夏季研讨会的目标院校教师紧密合作,NCLT 为研究院的初级纳米技术课程开发了一个在 2009—2010 学年实行的课程教学大纲。研究院计划在第一年提供两个班级:纳米简介(9~10 年级),纳米技术(10~12 年级)。NCLT 继续与洛杉矶高中的教师紧密合作:

- 发展 4 年制的以纳米技术为基础的课程
- 发展跨领域的纳米技术项目
- 提出能在英语课、社会科学和其他的 SLC 课堂上使用的本质和指导性的问题,提供充分学科交叉的课程和资源材料
- 为 SLC 教师进行专业发展,培训一批先锋 SLC 教师的骨干
- 协助 SLCs 同地方大学(例如加利福尼亚大学洛杉矶分校,南加利福尼亚大学,加利福尼亚州立大学北岭分校),产业界(波音公司 JRL 实验室和通用汽车),技术团体等建立强大的合作关系
- 同 LAUSD 合作发展评估计划来评估学生的成绩水平

## 12.8.2　非正规教育:NISE Net 的 NanoDays(http://www.nisenet.org/nanodays)

联系人:Larry Bell,科学博物馆,波士顿

从 2008 年到 2010 年每个春天的一个星期里,由纳米非正规科学教育网络(NISE Net)组织的,科学博物馆和研究中心已经一起到遍布美国的 200 多个现场开展 NanoDays 活动而进行工作,以令人兴奋的、创造性的和动手的方式来帮助告

知公众纳米科学工程与技术的知识。NISE Net 是由一个同美国国家科学基金会的学习研究部的合作协议在正式和非正式场合来资助,并由波士顿科学博物馆、圣保罗明尼苏达科学博物馆和旧金山探索馆进行领导。

关于纳米科学与工程的非正规教育活动实际上十年前就不存在了,对纳米尺度物质的行为的基本观点也几乎从非正规科学教育中消失了。大部分非正规科学教育者认为这种分类的内容对公众来说难于理解,不是真实展现的,缺乏兴趣。于是,在 2005 年之前,纳米技术仅仅在很少数量的非正规科学教育研究所有所涉及。因弗内斯研究(2009)报告了在那个时期几乎没有专门知识、经验或动力来对公众进行纳米科学教育。科学博物馆和科学研究所都没有必要的能力来开展高质量的纳米科学教育,他们也没有动力来发展这样的能力,因为没有迹象表明观众对于这个话题有浓烈的兴趣。现在,数百个非正规研究所,许多与大学研究中心进行合作,已经在他们的教学计划中引入了纳米科学与技术的相关活动。因弗内斯(2009)发现,在这十年的最后几年里,NISE Net 的努力,特别是 NanoDays,已经促使新的非正规科学研究所和科学家进入纳米科学教育领域。2008 年 4 月,第一次NanoDays 活动有 100 个研究机构参加;2009 年 4 月第二个和第三个活动分别有200 个研究机构参与(图 12.5)。

图 12.5　地图显示了 NanoDays 活动时分布在 50 个州的 200 多个现场活动,华盛顿 DC 和
　　　　波多黎各,连同一些在全国各地举办的广泛的活动照片(由 L. Bell 提供)

NanoDays 不仅把科学博物馆引入了纳米技术相关的动手活动中,也建立了科学博物馆和纳米研究中心的合作。公众已经从研究社和研究生共享的知识和专业技能中受益,学生在同公众交流他们研究领域的时候获得了有价值的经验。

### 12.8.3　宾夕法尼亚州立大学纳米技术教育和利用中心(http://www.nano4me. org/index.html)

联系人：Steve Fonash,宾夕法尼亚州立大学

宾夕法尼亚州立大学(宾州)纳米技术教育和利用中心是宾夕法尼亚社区和技术学院在研究大学的合作伙伴。通过题为"宾夕法尼亚纳米加工制造技术计划"的资源共享合作关系,宾夕法尼亚的 27 家学术研究所能够提供总数为 54 个 2 年制和 4 年制的纳米技术学位[35]。在宾州,学生在所有的这些计划中必须花一个学期的时间参加由顶点学期提供的纳米技术组装、合成和表征训练,六个课程的动手实验让学生接触到先进的仪器设备和超净间设施(图 12.6)。18 学分的课程作业可以用于副学士或学士学位,用来获得 NMT 的证书,或二者兼之,取决于学生国内所在学校的具体方案。在同 NMT 方案咨询委员会中的产业界人士密切磋商之下进行了了对顶点学期的改善。

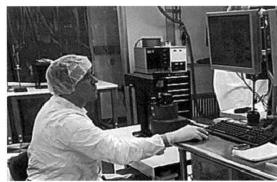

图 12.6　NACK 的实验室联系作为 NMT 顶点学期的一部分(由 S. Fonash 提供)

NSF,同宾夕法尼亚州立大学纳米技术教育和利用中心一起,支持国家纳米技术的应用和职业知识中心。NACK 设法解决对拥有很强的纳米和微米技术的 2 年制学历的劳动力的广泛需求[36]。NACK 的领导人员也相信在 2 年制的研究机构中引入纳米技术教育并让参加这些机构的学生接触这一有趣的领域,这将成为为 4 年制及以外的 STEM 学位课程引入新的人员的原动力。

NACK 已经引入了很多范式转变,来为美国提供训练有素的微纳技术的劳动力。当他们考虑发展纳米技术计划的时候,这些转变解决了许多社区和技术学院所面临的四个关键问题:

·经济压力。为了减轻建立和维持四学期新课程的经济负担,NACK 引入了顶点学期的概念(如上述 NMT 计划所描述的)。顶点学期由一套课程所构成,设计这套课程是用来为不同科学和技术课程(例如,生物学,工程技术,化学和物理

学)的学生提供纳米技术的亲身体验。这是进入顶点学期的一个技能设置要求而不是一个课程设置要求。进入的技能设置要求能够由大多数 2 年制机构中的传统的生物学、化学、工程技术、数学、材料科学和/或物理学课程所满足。这些机构不需要发展四个学期的新课程。从 NMT 顶点学期出来的学生具备一种由 NACK 工业咨询委员会发展的退出技能。

·学生参与的压力。纳米科学顶点学期要求消除在高科技项目中保持基线招生的压力。学生从传统的项目转移到由大学提供的亲历纳米技术的顶点学期。经济上维持纳米技术教育实验的学生的临界量必须通过大学为顶点学期获取。

·对全体教职员工、工作人员和设施资源的压力。NACK 对 2 年制的学位授予机构所面临的学院、员工和设施问题的解决办法是建立在资源共享基础之上的。它需要一些要素：①共享设施；②共享课程。共享设施意味着在研究型大学使用设备的 2 年制学生可以得到动手接触纳米技术的机会，或者意味着在某一地区，社区学院自己建立一个教学用的超净间设备来与周边研究机构共享。在 NACK 的方法中，共享课程有以下可能的实施方案：研究型大学承担教授社区学院学生顶点学期的任务，社区学院的学生使用由 NACK 提供的网络课程，社区学院的教职员工使用来自 NACK 网络课程的单元。

·一些 2 年制学位的研究机构的地域隔离。对那些对纳米技术感兴趣但地域隔离的学生，NACK 施教的方法是双重的：提供在线顶点学期课程用于下载；提供基于网络的仪器进入方式。NACK 的理念是，最好用它旁边的计算机操作仪器（扫描电子显微镜，扫描探针显微镜等），但是其次是通过网络用计算机操作仪器。

### 12.8.4　计算机纳米技术网络(http://www.ncn.purdue.edu/home/；http://nanohub.org/)

联系人：George Adams，计算机纳米网络

计算机纳米网络(NCN)通过设计、建设、部署和操作用于纳米技术理论、造型和模拟的全国网络基础设施 nanoHUB.org 来支持国家纳米技术倡议。NCN 于 2002 年 9 月建立，通过美国国家科学基金会来支持 NNI(国家纳米技术倡议)。

nanoHUB.org 是一个科学网关，由 2010 年 4 月 14 日创立于普渡大学并作为一个开放资源软件的 HUBzero.org 平台推动，从这里用户能够用他们的网络浏览器点击按钮来运行 170 多种纳米技术仿真计划中的任何一项。在 2010 年 5 月之前的 12 个月内，nanoHUB.org 用户运行了 340 000 这种仿真(参看美国用户，图 12.7)。他们也从 2100 家教育资源中了解纳米技术，包括技术发展水平研讨会与由 660 余名纳米技术研究和教育团体成员编写的完整课程。

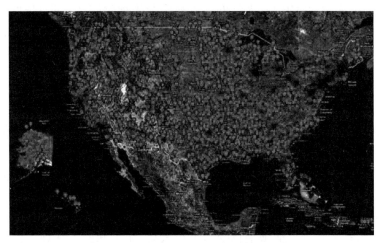

图 12.7　美国的全国纳米技术网络的用户

　　nanoHUB 软件已经对美国 NSE 教育产生重要影响。目前,模拟和 nanoHUB 资源在纳米技术文献方面已经直接支持了 575 篇研究论文。2009 年,76 所大学的工作人员在 116 个班级中使用,包括所有前 50 全美工程学校和 88% 的前 33 物理和化学学校。应当注意的是 nanoHUB 已经延伸至所有的大学生,它已经在少数民族学生和非传统学生的科学教育中担当了重要的角色。它被用在 25% 的具有 STEM 学科学位课程的 256 个美国少数民族服务机构,32% 历史上的黑人学院和大学,39% 具有西班牙裔生源的研究机构。威斯康星州,欧克莱尔,齐佩瓦谷技术学院的院长布鲁斯·巴克指出 nanoHUB 对他的学生们的价值。"我们有很高比例的非传统学生,他们当中的许多年龄较大,并正在开始新的职业,或者他们来自有缺陷的家庭;nanoHUB 为他们提供了手指可以操控的广阔的学术世界。"(来源于 2010 年 1 月的电话访谈,由 G. B. Adams 提供)。

　　NCN 正在致力于努力从纳米的角度重新思考电子器件。在英特尔基金会的支持下,NCN 已经创立了"自上而下的电子学"的课件,有可能重新塑造纳米电子技术,并培训引领 21 世纪半导体行业的新一代工程师。运用这些新的概念,NCN 正在建立一个电子器件仿真平台,这一平台为 nanoHUB 上的一些工具提供动力,使其在国家电网最大型的计算机上有效运行。最近的一些成就包括模拟单一供体原子在 FinFET 纳米晶体管活跃区域的效果[37]。英特尔公司的成分研究,技术和制造小组的 Dmitri E. Nikonov 博士,他负责用模拟来评估超越 CMOS 的电子器件(下一代晶体管),声称,"nanoHUB 工具对我们部门的使命是必不可少的。"

## 12.8.5　奥尔巴尼大学,纳米科学与工程学院(http://cnse.albany.edu/)

　　联系人:Alain Diebold,奥尔巴尼大学,纽约州立大学(SUNY)

　　奥尔巴尼大学,纽约州立大学的纳米科学与工程学院(CNSE)是世界上第一个致力于教育研究、发展、部署纳米科学、纳米工程、纳米生物学和纳米经济等新兴学科的学院。在 CNSE,学术界、产业界、政府集合力量发展原子尺度的知识,教育下一代劳动力,带动经济发展。结果是一个学术和公司的复合体,那是世界级资本,不匹配的物理资源和无限机会的家园。

　　CNSE 把传统的"silo"类型的院系结构重塑为四个跨学科的杰出学术星群:纳米科学,纳米工程,纳米生物学,纳米经济。通过这种改变游戏规则的范例,学生们参加独特的动手教育、研究和在设计、制造以及纳米器件、结构和系统的整合方面的培训来启用广泛的新兴纳米技术。学生通过实习,研究院职位与由CNSE 和一批全球企业合作伙伴资助的奖学金得到支持。通过教育推广至小学、中学和高中;同社区学院和全世界的学术研究机构合作和证书级别的技术培训,CNSE 补充了开创性的纳米科学与工程本科、硕士和博士计划。这种空前的努力是来教育下一代精通纳米技术的专家,建立各个层次熟练的纳米技术劳动力的基础。

　　开拓性研究和教育蓝图的背景是世界上最先进的研究企业,CNSE 的世界一流水平的奥尔巴尼纳米技术研究中心(图 12.8)。800 000 平方英尺的巨型建筑已经吸引了超过 60 亿美元公众和私人投资,放置了唯一充分整合的 300nm 的薄片,计算机芯片试验性的原型和示范线在 80 000 平方英尺的一级能力的超净间。CNSE 奥尔巴尼纳米技术研究中心拥有超过 2500 名科学家、研究人员、工程师、学生和员工,它充当了许多重要的全球高科技企业的主要研究和发展地点,包括IBM、AMD、全球铸造、国际 SEMATECH、东京电子、应用材料、ASML、Novellus系统、Vistec 光刻以及其他。目前,计划阶段的扩展是预计增加 CNSE 奥尔巴尼纳米技术研究中心的尺寸至超过 1 250 000 平方英尺的最先进的基础设施,配置105 000 平方英尺的一级能力的超净间。一旦完工,扩建之后的 CNSE 奥尔巴尼纳米技术研究中心可以容纳 3750 余名来自 CNSE 和全球企业的科学家、研究人员和工程师。

图 12.8　奥尔巴尼纳米技术综合大楼及实验室的照片(由 A. Diebold 提供)

　　CNSE 奥尔巴尼纳米技术研究中心,由知识分子专业技能和领先的技术基础设施的空前的组合来提供支持,是世界上最先进的纳米研究、发展和商品化活动的地点。这里,学术界和企业界的科学家致力于各个领域的创新研究,包括清洁能源、先进传感器和环境技术;先进的 CMOS 和后 CMOS 纳米电子学;3D 集成电路和先进的芯片封装;超高分辨的光学、电子和 EUV 光刻;纳米生物学和纳米医学。其结果是一个精力充沛的并且强大的实体正在推动关键创新来解决最重要的面向社会的挑战领域:从能源、环境、医疗保险到军事、电信、信息技术和运输,还有许多其他方面等。

## 12.8.6　DOE 纳米科学研究中心(http://www.nano.energy.gov)

联系人:Altaf Carim,美国能源部基础能源科学办公室

有以下五个纳米研究中心 DOE 科学办公室:

- 分子铸造——劳伦斯伯克利国家实验室(加利福尼亚)
- 纳米材料中心——阿贡国家实验室(伊利诺伊州)
- 功能纳米材料中心——布鲁克哈文国家实验室(纽约)
- 综合纳米技术中心——洛斯阿拉莫斯国家实验室和桑迪亚国家实验室(新墨西哥)
- 纳米材料科学中心——橡树岭国家实验室(田纳西)

合在一起,这些中心提供了世界上无与伦比的资源。新的纳米中心建筑包括超净间,纳米加工实验室,独一无二的签字仪器,除了科学用户设施无法公开获得的仪器(例如纳米图案化工具,近端探针显微镜)。这些设施被设计成纳米领域交叉学科研究全国最大的用户中心,作为包括新科学、新工具、新计算能力的国家/国际计划的基础。

每一个中心被安置在一个新实验室大楼里邻近一个或更多具备 X 射线,中子或电子散射 DOE 设施来利用它们的互补性能;这些设施包括橡树岭的散裂中子源;阿贡、布鲁克哈文、劳伦斯伯克利的同步加速器光源;洛斯阿拉莫斯、桑迪亚的半导体、微电子和燃烧研究设施。每个中心在纳米研究的不同领域有各自的强项;例如来自大自然的物质;坚硬的晶体物质,包括大分子结构;磁性物质和软物质,包括高分子和流体中的有序结构;纳米技术的融合。用户进入中心设施是通过提交被建议评估委员会审查的方案来实现。

## 12.8.7　NIST 纳米科学与技术中心(http://www.nist.gov/cnst/)

联系人:Robert Celotta,美国国家标准与技术研究所(NIST),纳米科学与技术中心(CNST)

美国国家标准与技术研究所(NIST)的纳米科学与技术中心(CNST)建立于 2007 年 5 月,旨在促进基于纳米技术的商业创新。它通过研究测量、制造方法和技术来支持纳米技术的发展。CNST 具有独特的设计,通过一应俱全的共享的

NanoFab 设施,也通过为新兴纳米测量方法和仪器的多学科研究的合作提供机会来支持全美纳米技术企业,这些仪器被放置在可以对可吸入颗粒物、温度、湿度、震动和电磁干扰提供严格环境控制的建筑中。它也充当着国际纳米技术团体同整个 NIST 的综合测量技术的枢纽连接。

NanoFab,对于产业界、学术界和以补偿消耗为基础的政府机构是容易进入的,它给研究人员提供前沿纳米技术发展所需要的接触先进仪器和现场培训的机会。NanoFab 为纳米制造和测量提供了一套全面的工具和工序。它包括一间很大的专用的超净间,所有的工具在一个 750 m², 100 英尺高的空间里操作。超过 65 件主要的工具可以用来做电子束光刻、光刻、纳米压印光刻技术、金属沉积、等离子体刻蚀、原子层沉积、化学气相扩散、湿化学法和硅微纳匹配。该设施可通过简单的申请流程让用户在几个星期进入超净间。

CNST 正在研究建立下一代纳米测量仪器和制造方法,其通过同跨学科的科学家和工程师合作来实现。这一研究非常灵活,在设计上高度交叉,有来自流动站的博士后研究的巨大贡献,有许多由 NIST 和美国乃至国外的科学家参与的合作项目。目前 CNST 优先以下三个领域的研究:

·未来电子学。支持 CMOS 技术以外的电子行业的持续增长,CNST 正在形成新方法来创造和表征器件、结构、石墨烯、纳米光子、纳米激光、自旋及其他未来的电子器件的相互联系。

·纳米组装和纳米制造。中心正在通过发展测量和用于印刷("自上而下")及直接组装("自下而上")过程的制造工具来提升纳米制造业的先进水平。

·能源储存、运输和转化。这一研究致力于建立新方法为阐释光-物质相互作用,电荷和能量转移过程,催化活性,纳米领域能源相关器件的界面结构。

### 12.8.8　美国国家纳米技术基础设施网络(http://www.nnin.org/)

联系人:Sandip Tiwari,美国国家纳米技术基础设施网络

美国国家纳米技术基础设施网络(NNIN)是一个集 14 所大学基础设施的集合体,肩负着为加工制造目标通过开放和有效准入来推动纳米科学、技术和工程快速发展的使命。其以设备为基础的基础设施资源对来自学术界,大、小企业,国家实验室等的全国的学生、科学家和工程师是公开准入的,从而为跨学科和新的前沿领域的观点向实践的转变提供了能力。NNIN 也通过计算资源来支持试点工作和独立的交叉学科理论工作,这里强调通过开放的测试软件、硬件和基础信息模仿来模拟纳米领域的前沿科学问题。NNIN 通过制衡它的基础设施资源和地域以及体制的多样性来进行影响更深远的其他活动:教育,技术多样性,纳米技术的社会和道德意义,健康和工作环境。图 12.9 显示了 NNIN 的机构成员。

图 12.9　NNIN 地点(来源:http://www.nnin.org)

NNIN 服务于在一个体制下的世界最大的实验研究生、工程师和科学家团体。在 2009～2010 年间,NNIN 资源被超过 5300 个独立用户使用,为了他们实验工作的重要部分。这些用户中,超过 4000 名是研究生,大约 800 人是企业用户,其余的是来自美国州立、联邦实验室和国外的研究机构。有 300 多家小型企业使用过 NNIN 的设备。大概 3200 篇论文被发表,当年还有几篇在科学和工程方面的重要亮点工作,这些都是来自用户群的工作。几乎四分之一的纳米相关学科的博士学位获得者都利用过 NNIN 的资源。超过 10% 的小型企业的专业人员通过 SBIR 授予支持的也利用过 NNIN 资源。结合起来,这些图说明 NNIN 在人力资源发展、R&D 和纳米技术的商业化中是一个主要的民族力量。

NNIN 在教育和推广上进行广泛的投资组合。它的计划包括:(a)研究生的研究经历(REU);(b)本科生的国际研究经历(iREU);(c)教职员工的实验室经历;(d)学生的展示;(e)国际冬季学校研究生(iWSG);(f)专题研讨会;(g)Nanooze(一本面向小学生和中学生的杂志);(h)开放的教科书;(i)技术研讨会 & 专题研讨会。NNIN 本地的活动包括初中和高中生的日营和更长的日营,通过教师、学校和相关团体研讨会的活动进行当地宣传,车轮上的实验室把纳米技术活动从霍华德大学带到东部地区的高中。

NNIN 的研究工作也包括检查和发展(a)对跨学科的联合和它们对研究的影响的理解;(b)竞争的影响和技术转移及行业革新的过程和通过 NNIN 的行业革新;(c)政府资助的教师科研和教师在技术转移中同企业的相互作用的影响;(d)智力交流,开放和共享的影响,例如网络行为和研究的影响;(e)纳米技术相关的伦理问题和树立道德操守。

贯穿整个网络活动的广度,正当其成为国家领先的开放式准入式科学研究设施时,NNIN 便寻求关于与纳米科学相关的社会和伦理问题(SEI)的意识的整合和发展。于是,NNIN 范围内的 SEI 工作体现了网络研究和教育追求。NNIN 组织了 SEI 工作来利用网络的独特强势作为一种具有地域多样性,技术广度和社会利益的全国性资源。在其自己的用户团体内部,NNIN 通过 SEI 模式及在培训和持续的教育计划中使用的教材提供培训和教育机会,这些都选择性地包含在网络教育活动(REU,RET,研讨会,专题讨论会等)和更广泛的宣传活动中。NNIN 通过竞争性的"旅行和种子基金",为全国的研究人员提供机会来支持相关的 SEI 调研。NNIN 激励和帮助网络独特性、最大的纳米技术使用者集合体(学生和专业人员),团体(学术界和产业界)和相关技术的社会和伦理问题(SEI)研究。

### 12.8.9　纳米技术表征实验室(http://ncl.cancer.gov/)

联系人:Scott McNeil,NCL

纳米技术表征实验室(NCL)是作为一种美国国家癌症研究所(NCI),美国国家标准与技术研究所(NIST)和美国食品药品监督管理局(FDA)机构间合作建立的实验室来评估生物医学材料的安全性和功效。NCL 对于所有的纳米技术研究者来说是一个全国性的资源,通过使用标准方法做临床表征米帮助促进监管审查过程。通过为纳米材料的提供者提供完善的基础设施和公正的表征服务,NCL 加速了纳米粒子和器件向临床应用的转化。NCL 的活动显著地加速了以纳米技术为基础的产品的发展,降低了相关的风险,并鼓励私营部门在这一有前途的技术发展领域进行投资。

NCL 表征候选名单是通过应用过程筛选出来的,对已经为公众所接受的纳米材料进行表征所提交调查是不收取任何费用的。作为其标准检验级联的一部分,NCL 表征纳米材料的物理化学性质,体外的免疫和毒理性质,基于动物模型的体内相容性。对于一个纳米材料从接受到通过在体内进行表征所需要的时间是一年或者更长。来自 NCL 检验级联的数据意在被包括在一个研究新药(IND)的研究者主导备案中或 FDA 的器械临床研究豁免中,但也被用于科学出版物或促销目的(例如,为争取投资)。NCL 网站提供更多关于 NCL 应用过程或 NCL 检测级联的信息。

除了表征申请人提供的纳米材料,NCL 也和一些其他政府机构联合,包括 FDA 的国家毒理研究中心(NCTR),国家过敏和传染病研究所(NIAID),国家环境健康科学研究所(NIEHS),来为其他用途表征纳米粒子,例如环境、健康、安全问题的评估。这些机构已经联合起来促进知识和数据的共享,并协调关于纳米技术在医药和环境中潜在风险的研究工作。

### 12.8.10 　三个美国国立卫生研究院纳米技术相关网络

联系人:Jeff schloss,美国国立卫生研究院,美国国家人类基因组研究所

1. 美国国家癌症研究所(NCI),纳米技术癌症联盟(http://nano.cancer.gov/)

联系人:Piotr Grodzinski,美国国立卫生研究院/国家癌症研究所

国家癌症研究所于 2004 年发起了癌症纳米技术联盟来资助和协调研究,寻求把纳米技术的进展应用到癌症的发现、诊断和治疗。这一计划专注于产生临床上有用程序的技术能力。这一联盟建立在跨学科研究的前提下,从事技术开发的人员有化学家、工程师、物理学家,以及生物学家和临床医生——这个团体具备对那些目前现有方法束手无策的临床肿瘤的最紧迫的鉴别能力。这一联盟作为一个集癌症纳米技术研究中心(CCNEs)和更小的合作型的癌症纳米技术平台合作伙伴关系(CNPPs),连同多学科研究培训机构和纳米技术表征实验室(NCL)为一体进行系列运作。NCL,已经成为一个纳米材料表征的全国性资源,形成了广泛的级联检测来评估纳米结构的物理性质和它们在体内和体外环境的行为。

在癌症研究和肿瘤启用纳米技术领域有三大挑战:

•将体外检测设备或活体成像技术用于早期诊断。新的纳米技术能够补充和增加现有的基因组和蛋白质技术来分析各种不同肿瘤类型的变异,因此为利用灵敏度和特异性早期识别疾病的发病提供了可能性,这在当前是不可能的。灵敏的生物传感器由纳米部件构成(如纳米悬臂、纳米线、纳米通道),能够识别基因和分子,并且具有报告的能力。基于纳米技术的成像造影剂(如光、磁共振、超声)有望具备识别肿瘤的能力,它将比现如今的探测技术微小很多。

•多功能纳米疗法和治疗后的监测工具。由于其多功能性,纳米器件能够包括目标试剂和治疗有效载荷——对于克服各种各样包括肿瘤细胞引起的生物障碍而使由于各种各样的药物在体内传输和释放非常有用。因此,多功能的纳米器件为利用新方法进行治疗提供了契机,"灵巧的"纳米治疗可能为临床医生提供局部地以更小的剂量传输药物的能力,而维持高疗效或计算抗癌药物的释放时间或以计时的方式按顺序传输多种药物或在身体的某些部位传输多种药物。

•仪器和技术用于癌症预防和控制。纳米技术在对疾病的预防中建立新方法能够扮演重要角色。例如,纳米器件可能证明在传输或模拟多抗原决定簇的癌症疫苗是有价值的,这些行为是以一种持续的定时释放和有针对性的方式在免疫体系或癌症预防保健品或其他化学预防试剂中进行的。纳米技术也能够在技术上允许有效控制疾病和避免癌症扩散到其他器官。

这一联盟已经产生了非常强大的科学成果,它包括在高质量科学杂志上(平均影响因子≈7)刊出的 1000 多个同行评审出的学术论文和 200 多项公开/应用的专

利。除了科学上的进步,具有近 500 家工业实体(从有价证券发起的初创公司到与大型多国公司的合作)的该计划的协会已经为生产技术建立了一个重要的商业出口。目前,这些公司和来自 ANC 的研究人员一起,从事一些治疗和临床成像实验。一些其他的公司在先进的,前 IND 技术发展时期就有了纳米技术的应用。

由于 ANC 计划的成功,美国国家癌症研究所批准补发,第二阶段在 2010 年 9 月开始,将受到下一个五年的资助。计划的第二阶段,类似于第一阶段,由癌症纳米技术研究中心(CCNEs),癌症纳米技术平台合作伙伴关系(CNPPs),纳米技术表征实验室(NCL)构成。此外,癌症纳米技术培训中心(CNTCs)和独立奖项途径将被包含在其中来加强计划中的培训和教育方面。

2. 纳米技术 NHLBI 研究计划(http://www.nhlbi-pen.net/)

联系人:Denis Buxton,美国国立卫生研究院/国家心脏,肺和血液研究所

纳米技术 NHLBI 研究计划的目标是为心脏、肺和血液疾病的诊断和治疗发展以纳米技术为基础的工具,向临床应用转移这些技术。2004 年初有奖资助了 4 个中心,这一计划从生物、物理和临床医学集合了多学科团队重点发展和测试纳米器件或有纳米组件的器件,并把它们应用到心血管、造血和肺病上。这一计划也在培养能够将纳米技术应用到心脏、肺和血管疾病问题上的具有跨学科技能的研究人员。这一计划与 NHLBI 的战略计划目标 II 相关,提高对疾病临床机理的理解,以便更好地预防、诊断和治疗。计划的亮点在一系列的通信中可以看到(http://www.nhlbi-pen.net/default/php? pag=news)。

3. NIH 纳米医学共同基金倡议(http://nihroadmap.nih.gov/nanomedicine)

联系人:Richard Fisher,美国国立卫生研究院/国家眼科研究所

作为 NIH 医学研究路线图的一部分于财政年度 2005 年开始的纳米医学倡议是一个十年计划。目前,它在共同基金的赞助下运作,由国会于 2006 年 NIH 授权法案所创立,作为一个中央资金权威来支持的新颖的、独一无二的、实验性的和与 NIH 所有组成机构相关的计划。纳米医学倡议总体的目标是把基础科学研究转向平移的终点。尤其是,NIH 纳米医学倡议起初资助了八个中心,它们将接受挑战,从工程的角度,使用定量的方法来理解、设计生物分子结构和细胞中功能化的通道,使用那些信息来设计和建造功能化的生物相容性的分子工具来让功能紊乱的结构或体系在功能已经被疾病扰乱之后回归到"正常"操作范围。实施这一倡议的多学科团队是由具备深厚生物和生理学、物理、化学、数学和计算、工程和临床医学知识的研究人员构成。在起初的一些年,工作强调基础生物研究,试验方法的选择和设计是直接视解决临床问题的需要而定的。最近,关注的焦点已经转移至应用基本的生物信息来解决专门的临床问题,中心的工作演变至使用临床模型测试

用于检测专业疾病的新方法。计划涉及包括十几个博士后研究助理的 300 多名研究者,分布在 12 个州和国际上 5 个国家的 30 多家教育机构。

### 12.8.11　Dragonfly TV: 纳米球(http://pbskids.org/dragonflytv/nano)

联系人:Lisa Regalla,双子城公共电视公司

Dragonfly TV 是一个艾美奖屡获殊荣的少儿多媒体科学教育计划,它结合电视,社区服务活动,印刷材料和科学试剂盒以及以网络为基础的信息和活动。它是由圣保罗 MN 的双城公共电视推出,受美国国家自然科学基金会资助。在它的第七季(2008)里,Dragonfly TV 与博物馆和全国范围的研究机构组队,制作 6.5 h 的关于纳米科学与工程的片段。这个片段适合于 8~12 岁的青少年,按照范围和顺序涉及以下话题:尺寸和范围,物质结构,尺寸依赖性,纳米作用力,应用和社会意义。

每一片段包括两个以询问为基础的调研,由孩子们发起,它强调有特色的科学概念。此外,每一个节目都包含"科学家个人资料",它介绍了榜样和在纳米科学和工程的未来职业,和一个片段名为:"嘿……等待 1 纳秒,"反映孩子们对社会影响的真实看法。

除了广播,Dragonfly TV 纳米球资源还包括在线视频、游戏和活动,例如用于正规或非正规用途的以探究式为特征和以询问为基础的活动,孩子的纳米"锌"和纳米爆炸板游戏。这些材料被自由地分配给教育者通过美国科学教师协会(NSTA)科学技术中心协会(ASTC)和遍布全国的 NanoDays 博物馆进行宣传活动。

### 12.8.12　教育仪器:NanoProfessor 和 NanoEducator(http://www.nanoprofessor.net/;http://www.ntmdt.com/platform/nanoeducator)

两个公私合作伙伴关系,NanoInk 和 NT-MTD,通过提供相对低成本的仪器和课程,正在设法使纳米技术相关的 21 世纪教育和劳动力发展进入到小的 2 年制和 4 年制的学院。

NanoProfessor 项目有 3 个组成部分。第一个部分是一台可访问的纳米制造台式机(图 12.10),仅仅满足普通学生在纳米级水平进行操作。第二个部分关键的元素是一门以基础科学和工程概念为基础的有价值的课程,它是一门被设计成使学生用前沿技术在纳米级水平通过动手制造和实验进行基础科学学习的交叉学科课程。该课程是由一组擅长于教学设计的教师团队,NanoInk 教授团队开发的。

每一单元和整个课程在发展过程中将会受到评

图 12.10　桌面纳米加工系统

估并整体实施。第三个部分是致力于科学、技术、工程和数学教育进步的教育机构的积极参与。教育合作伙伴将支持这个项目,接受培训教员,在项目成果的评估和传播上进行合作。

NanoEducator 平台是一个以学生为导向的扫描探针显微镜(SPM),它是为了满足第一次使用显微镜的用户而发展起来的;它能够通过一步一步的操作来导航。这个仪器是设计用来激发学生在初级和中级的水平对科学的兴趣,培训能使用原子力显微镜(AFM)和扫描隧道显微镜(STM)技术的未来的纳米技师。功能强大且傻瓜型的 NanoEducator 有助于提供一个对纳米科学不同领域广泛的和交叉学科的理解,允许研究细胞、病毒、细菌、金属、半导体、电介质、高分子等。它的设计旨在足够经济有效地使用 SPMs 装备一间教室,并配备 e-教软件,培训资料,硬件手册和描述性的实验室练习使之完善。

### 12.8.13　对新发展的创新型纳米领域仪器的三点说明

联系人:James Murday,南加利福尼亚研究进展办公室

20 世纪 80 年代,扫描隧道显微镜和多种形式的原子力显微镜的发展导致了纳米科学和工程的快速膨胀。但是为了应对纳米相关技术日益变得复杂和成熟,需要额外的发展更好(更快,更精确,3D 等)的测量技术。在纳米倡议的第一个十年已经为此做出很多贡献。已经达到商业阶段的三个例子是 CT(电脑断层扫描)成像,扫描氦离子显微镜,压印光刻。

NanoXCT-100 是一个基于实验室的超高分辨率的用于微观样品量的 3D 可视化的 CT 扫描器[38]。精确 X 射线聚焦光学系统提供 50 nm 的分辨率,持续拓展超出了常规扫描器的 X 射线 CT 能力。当吸收衬度很低的时候,综合泽尼克衬度成像可以提高所有边缘和界面的可视性。NanoXCT-100 提供了可靠的 3D 立体信息,否则仅仅通过横截面或其他破坏性的方法才可以得到。王戈博士和他的同事们收到来自美国国家科学自然基金会 130 万美元的资助来发展下一代纳米 CT 成像系统,这将有望大幅度减少所需要的辐射剂量。Virginia Tech 和 Xradia,一家领先的 nano-CT 公司,也正在关于这个项目以各自费用分摊近 800 000 美元进行联合。

扫描氦离子显微镜(SHIM 或 HeIM)是一种新型的基于扫描氦离子束的成像技术[39]。这项技术相比传统的扫描电子显微镜有一些优点。由于很高的源亮度和短的德布罗意氦离子波长,其反过来与动量成正比,可能获取高质量的数据,而这是用以光子或电子作为光发射源的常规显微镜无法得到的。图像提供了样品的形貌的、物质的、晶体学和电学性质。与其他离子束对比,由于氦离子的质量相对较轻,它没有明显的样品损坏。其表面分辨率为 0.24 nm。

纳米压印光刻技术是制造纳米级图案的一种方法[40]。它是一种具有低成本、

高通量和高分辨率的简单的纳米光刻过程。它通过压印抵制的机械形变和连续的过程制作图案。这一过程已经被至少三家公司商业化：Nanonex（http：//www. nanonex. com），NIL Technology（http：//www. nilt. com）和 Molecular Imprints（http：//www. molecularimprints. com）。NIL 已经被包括在 32 nm 和 22 nm 节点的国际半导体技术蓝图中。

# 12.9　来自海外实地考察的国际视角

## 12.9.1　美国-欧盟研讨会（德国汉堡）

小组成员/参与讨论者：

Costas Charitidis（主席），雅典理工大学，希腊

James Murday（主席），南加利福尼亚大学，美国

Nira Shimoni-Eyal，耶路撒冷希伯来大学，以色列

Helmuth Dosch，DESY，德国

Massimo Altarelli，欧洲 XFEL 有限公司，德国

Dan Dascalu，布加勒斯特理工大学，罗马尼亚

Yvan Bruynseraede，天主教鲁汶大学，比利时

从通信和信息，健康和医药，未来能源，环境和气候变化，到运输和文化遗产等技术，一项广泛的欧洲范围的关于协调纳米科学和技术进步的未来研究、发展需求和机遇的研究，详细说明了欧洲范围内对纳米科学/工程的关注（例如，参看欧洲纳米技术网关：http：//www. nanoforum. org[41,42]）。其结果是 Gennesys 报告[43]的产生，包括了设施和教育的挑战/机遇，为这次研讨会报告提供了基础。

### 1. 设施

缺乏对纳米颗粒/物质全面表征的核心设备是在这一重要领域发展的一大瓶颈；在欧洲，将为微纳米测量和纳米标准规范（纳米化学，纳米力学，纳米生物学，纳米电子学等），参考物质，标准测量方法提供一个科学的和产业的基础设施。

纳米材料有很大的优点，但是需要仔细分析来鉴定任何毒理学和环境的问题。因为纳米结构的材料同生物体系的相互作用很复杂，而且表征水平也不同于常态，一个专门的中心例如美国国立卫生研究院纳米技术表征实验室将要建立。

新型纳米材料的战略知识性发展，是解决社会迫切问题之需，需要创建分析科学中心，以新的方式同欧洲研究进行合作，并与中子和基于加速器的 X 射线设施建立直接联系。这些中心将解决机构方面（可利用性，容易进入），教育方面，技术方面（例如，激光聚焦，纳米束位置，小中子束，把科研成果从实验室条件向产业化转化）的问题。

　　一方面,欧洲纳米技术产业需要受益于来自其发展的材料的最好的科研数据,另一方面,大量的仪器设备能够提供这样的数据,但是还不能适应工业用途。因此,需要创立一个界面结构,欧盟产业卓越中心,它的使命是缩小纳米技术公司和大型科研设施之间的差距。这项工作将寻求发展“口袋”式设备,是为了当其不能在现场操作时,通过访问来普及它们的使用,例如,生产的控制活动或医院的治疗措施。每个欧盟产业卓越中心,将围绕一个急迫的话题;GENNESYS公文建议将软物质材料、食品、科学、纳米结构材料、纳米能源物质和纳米材料列为文化遗产。

## 2. 教育

　　必须紧急制定纳米材料教育欧洲行动计划来巩固持续的纳米材料研究策略。必须努力提高纳米材料教育和研究的一体化,特别在学科界限上;必须为将来储备灵活的并具有适应性的纳米材料科学家和工程师。纳米材料教育的国际中心应当由 EC 和/或其他相关机构进行协调。

　　需要发展一个新的大学,国家研究机构和工业界的合作框架。纳米材料欧洲学院将理想地满足培训未来材料科学家和工程师的需要。它将是一个“卓越中心”的核心机构,周围布置有卫星学校,同享誉的联系机构和欧洲工业界合作研究密切关联。国际纳米材料研究院将理想地补充 EIT(欧洲创新和科技研究院),参与这两个机构将成为“创新欧洲”纳米材料科学和技术的动力。

　　为了应对主要的或旨在某些经济领域居于世界领先地位的新型国家的大规模投资,欧洲和合作机构必须克服欧洲研究人力资源和物资资源相分裂的难题。这需要聚集最好的团队通过整合它们进入新的欧洲组织来共享这些资源,例如已经建议的 GENNESYS 欧洲卓越学院。GENNESYS 倡议代表一个对聚集和整合地域分散的人力资源以及培训和促进活动有效的科研设施来说独一无二的、具有吸引力的机会。

　　整个欧洲和世界上的许多公司报告了在招募他们所需要的毕业生类型中的问题。为了欧洲不断地同齐名的国际机构和纳米材料计划进行竞争,建立一个提供顶级水平的教育和相关技术组合的“欧洲精英学院”是非常重要的。这将是一个新的机构,涉及全欧洲一流大学的新“卫星”和其他研究机构。这样一个学院应当涵盖教育,培训,科学与技术研究,并且有欧洲工业界的大力参与。这样一个高水平教育的组成要素是:多学科技能;纳米材料科学与工程的顶级专长;互补领域的文化;接触先进研究项目;关键技术部分的文化;接触真正的技术问题;社会科学,管理,伦理,外语方面的基础知识;邻近学科的知识(国际商务,法律等);教育,研究和工业革新之间的链接。学生们将做好准备应对研究和开发所提供的事物。创建团队合作精神,需要共享博士后,硕士和博士研究生,促进在不同机构之间终身研究员和教授的流动性来创建“团队合作精神”。欧洲学院应当与欧洲卓越大学,纳米材料研究机构,科研基础设施,卓越中心和工业界加强联系。

关注技师的教育/培训也是非常必要的。因为具备先进的制造/表征/加工工具的使用经验是至关重要的,但在一个快速发展的领域,例如纳米科学和工程,是难于维持的,有必要同卓越中心密切合作。同时需要的是远程进入这些仪器的能力。

必须对小学和中学教育给予关注;特别是在这些教育阶段激发对科学/工程的兴趣是非常重要的。EU 启动了 Know You 项目;在 2009~2010 学期间,25 家飞行员学校已经在他们的课堂上用广泛的材料教授纳米技术,包括视频、网上动画、游戏、研讨会和以目前研究为基础的虚拟实验。诸如此类的工作应当被扩展,并与国际教育工作挂钩。

必须对有效搜索,进入和使用已与教育的各个阶段有潜在相关性的纳米科学和技术为重点的网络基础设施资源的整体机制的研究和发展给予充分考虑。特别是,维基百科正成为事实上的全球百科全书;目前维基百科中处理纳米科学与工程的条目严重不足,必须得到更新,扩充,审核和维护。

### 12.9.2　美国-日本-韩国-中国台湾研讨会(日本东京/筑波大学)

小组成员/参与讨论者:

Hiroyuki Akinaga(主席),AIST,日本

Mark Hersam(主席),西北大学,美国

Ryoji Doi,经济贸易工业部,日本

Isao Inoue,筑波大学,日本

Chul-Gi Ko,韩国材料科学研究院,韩国

F. S. Shieu,中兴大学,中国台湾

Masahiro Takemura,国家材料科学研究院,日本

Taku Hon-iden,筑波,日本

Iwao Ohdomari,日本科学技术厅,日本

1. 设施

除了在芝加哥举行的研讨会提出的几点外[44],还强调国际合作的需要。随着纳米科学成熟到技术革新,这些合作将必须解决出-入控制。需要联合研究合同范本来最小化差异性。进而,目前当半导体技术引领研发时,开始飞速的变化。用户基础设施无法跟上新的需要。最后,预期纳米相关技术对解决社会需求会产生巨大的影响,用户设施需要朝着技术示范和公众宣传活动的方向发展(图 12.11)。

| 年份 | 演变状况 |
|------|---------|
| ~2000 | 个体小组的研究 |
| ~2005 | 用户设施和用户设施网络 |
| ~2010 | 解决问题的用户设施和网络 |
| ~2015 | 用户设施作为一个S&T形成中心 |
| ~2020 | 一个社会中的用户设施，作为宣传活动的示范试验区 |

图 12.11　用户设施从科学和技术演变为社会中心（由 H. Akinaga 提供）

### 2. 教育

与台湾中兴大学的 Fuh-Sheng Shieu 教授提出的设想基本一致（图 12.12），其中一个解决纳米领域教育问题更为完善的方案[45]，已经开始了第二阶段框架方案，包括纳米教育基础研究，小学一直到大学的教材和课程的发展和科普教育。

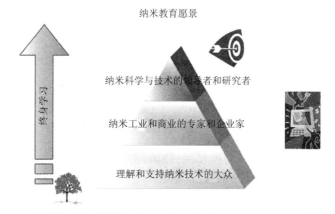

图 12.12　台湾纳米教育愿景（由台湾中兴大学 Fuh-Sheng Shieu 教授提供）

必须解决的教育挑战和需求包括：大学，研发机构和工业界之间的多层次联合；与政治家的交流，特别是下一代政策制定者——一个挑战性建议把纳米技术问题纳入商业，法律和医学教育；与掌管 K-12 教育的当地政府试图沟通；发展把纳米技术作为一个新的话题激发学生的兴趣的宣传材料。为了后者，伴随着这些阻碍进步速度的材料，可能会有一些版权问题。

### 12.9.3　美国-澳大利亚-中国-印度-沙特阿拉伯-新加坡研讨会（新加坡）

小组成员/参与讨论者：

Hans Griesser（主席），南澳大学

Mark Hersam（主席），西北大学，美国

Chennupati Jagadish,澳大利亚国立大学,澳大利亚

王琛,国家纳米科学中心,中国

黄维,南京邮电大学,中国

Jayesh Bellare,孟买理工学院,印度

Salman Alrokayan,阿卜杜拉国王纳米技术研究所,沙特阿拉伯

Andrew Wee,新加坡国立大学,新加坡

Jackie Ying,生物工程和纳米技术研究所,新加坡

Freddy Boey,南洋理工大学,新加坡

### 1. 设施

对于设施的资本设备奖励必须包括正在进行的运营成本的明确的资金(例如,工作人员/技师,保养)。进而,需要吸引、培训并保持技师和博士水平的员工对仪器设备的充分利用。为了保持在纳米科学/工程/技术领域的快速进步,有必要在新的纳米制造,表征,计算工具和基础设施上注入新的投资,不仅仅是为研究也是为了教育的需要。同时也必须关注标准化的纳米安全协议和指南。

### 2. 教育

对于 K-12,纳米能够对社会需求的解决办法提供多学科方法的说明,这是一个有用的方法,从而避免了在学生的形成阶段过于专业化。应当提供真实有效的且经同行评议的教育援助,包括社会媒体工具的使用。应当鼓励大学本科生和研究生参加 K-12 课程。

在大学阶段,学生要想在纳米领域熟练精通,需要物理、化学、工程和生物方面的工作知识——这在我们学科为中心的教育体系中是一个挑战。在本科阶段,选修课程(包括实验课)受到推荐,但是他们应当具备高度的科学严谨性(缺乏深度的课程不应当被推荐)。一个以网络为基础的门户网站所提供的真实有效的且经同行评议的教材具有很高的价值。联合纳米科学新闻/交流计划和继续教育有助于配合日益减少的科学记者和教师。

为了更好地告知公众,大众媒体必须是积极主动的,例如,不要简单地对负面新闻做出反应。非政府组织和维权群体需要在纳米安全方面进行对话,在不同的国家基于当地的文化习俗可能需要不同的方式。非正规科学教育(例如,博物馆,互动显示屏)是给普通大众传播纳米科学成就的一个重要的方式。

### 参 考 文 献

1] NSTC/NSET,the National nanotechnology Initiative:The Initiative and its Implementation Plan. (National Science and Technology Council,Washington,DC,July 2000)Available online:http://www. nano.

gov/node/243

［2］ M. C. Roco, R. S. Williams, P. Alivisatos(eds.), Nanotechnology research directions: Vision for nanotechnology R&D in the next decade(1999). Available online: http://www. Wtec. Org/Loyola/nano/IWGN. Research. Directions/, 153

［3］ Members of the 2005 "Rising Above the Gathering Storm" Committee, Rising Above the Gathering Storm, Revisited: Rapidly Approaching Category 5(National academies Press, Washington, DC, 2010). ISBN 10: 0-309-16097-9

［4］ National Science Board(2010), Preparing the Next Generation of STEM Innovators: Identifying and Developing Our Nation's Human Capital, Arlingon VA, National Science Foundation(NSB 10-33)

［5］ President's Council of Advisors on Science and Technology(PCAST), Report to the President and Congress on the third assessment of the National Nanotechnology Initiative(Executive Office of the President, Washington, DC, 2010). Available online: http://www. nano. gov/html/res/otherpubs. html

［6］ M. C. Roco, Nanotechnology: A frontier for engineering education. Int. J. Eng. Ed. 18(5), 488-497(2002), Available online: http://www. ijee. dit. ie/articles/Vol18-5/IJEE1316/pdf

［7］ J. Murday. NSF workshop report: Partnership in nanotechnology education, Los Angeles, 26-28 April 2009, Available online: http://www. nsf. gov/crssprg/nano/reports/educ09_murdyworkshop. pdf

［8］ M. C. Roco, Nanoscale science and engineering Education. Keynote presentation at the workshop Partnership for Nanotechnology Education, Los Angeles, 26 April 2009, Available online: http://www. nsf. gov/crssprg/nano/reports/nni_09_0426_nanoeduc_usc_35sl. pdf

［9］ M. C. Roco, W. S. Brainbridge(eds.), converging technologies for Improving Human Performance: Nano technology, Biotechnology, Information Technology and Cognitive Science(Kluwer, Dordrecht, 2003). Availableonline: http://www. wtec. org/ConvergingTechnologies/Report/NBIC_report. pdf

［10］ J. S. Murday, R. W. Siegel, J. Stein, J. F. Wright, Translational nanomedicine: Status assessment and opportunities. Nanomedicine 5, 251-273(2009)

［11］ Project NanoRoadSME(EU Sixth Framework Programme), Roadmap report concerning the use of nano materials in the medical and health sector(2006). Available online: http://www. nanoroad. net/index. php? topic＝indapp♯hm

［12］ K. Riehmann, S. W. Schneider, T. A. Luger, B. Godin, M. Ferrari, H. Fuchs, Nanomedicine-challenge and perspectives. Angew. Chem. Int. Ed. Engl. 48, 872-897(2009)

［13］ NSTC/NSET, nanotechnology and the environment. Report of the NNI Workshop, 8-9 May 2003, Arlington. Available online: http://www. nano. gov/NNI_Nanotechnology_and_the _Enviroment. pdf

［14］ U. S. Environmenal Protection Agency(USEPA), Research advancing green manufacturing of nanotechnology products(2009), Available online: http://www. epa. gov/nanoscience/quickfinder/green. htm

［15］ B. Karn, T. Kuiken, M. Otto. Nanotechnology and in situ remediation: A review of the benefits and potentials risks. Environ. Health Perspect. 117(12), 1823-1831(2009), Available online: http://www. nano. gov/html/about/symposia. html

［16］ Nanotechnology, science, and Egineering Subcommittee of the Committee on Technology of the National science and Technology Council(NSET), National Nanotechnology Initiative: Supplement to the President's FY 2011 Budget.(NSET, Washington, DC, 2010), Available online: http://www. nano. gov. /html/res/pubs. html

［17］ M. C. Roco, W. S. Bainbridge(eds.), Nanotechnology: Societal implications(Springer, New York, 2007)

[18] National Center for Learning and Teaching in Nanoscale Science and Engineering Education(NCLT) (2006)Nanoconceptes in higher education. Presentation and findings of the second annual NCLT faulty workshop,6-9 August 2006,California Polytechnic State University,San Luis Obispo,Available online: http://www. nclt. us/workshop/ws-faculty-aug06. shtml

[19] National Center for Learning and Teaching in Nanoscale Science and Engineering Education(NCLT) (2008a). Best practices in nano-education. Presentations of the third annual NCLT faculty workshop,26-29 March 2008, Alabama A&M University, Huntsville, Available online: http://www. nclt. us/worksho/ws-faculty-mar08. shtml

[20] National Center for Learning and Teaching in Nanoscale Science and Engineering Education(NCLT), (2008b)Report of the global nanoscale science and enginnering education workshop,Washingon,DC,13-14 Nov 2008,Available online: http://www. nclt. us/gnseews2008/

[21] Hart Research Associates. Nanotechnology, synthetic biology, & public opinion: A report of findings based on a national survey of adults(2009),Available online: http://www. nanotechproject. org/publications/archive/8286/

[22] B. Flagg, V. Knight-Williams. Summative evaluation of NISE Network's public forum: Nanotechnology in health care(2008),Available online: http://www. nisenet. org/catalog/evaluation/summative_evaluation_nise_networks_public_forum_nanotechnology_health_care

[23] D. Berube,C. Cummings,J. Frith, A. Binder,R. Oldendick. Contextualizing nanoparticle risk perceptions. J. Nanopart. Res. (2010 Forthcoming)

[24] S. W. Dugan,R. P. H. Chang,Cascade approach to learing nano science and engineering: A project of the National Center for Learning and Teaching in Nanoscale Science and Engineering. J. Mater. Educ. **32**(1-2),21-28(2010)

[25] National science Foundation(NSF). GK-12: Graduate STEM Fellows in K-12 Education(2010a), http://www. nsfgk12. org/

[26] National science Foundation(NSF),IGERT: Integrative Graduate Education and Research Traineeship (2010b). Available online: http:www. igert. org/

[27] Carnegie Corporation of New York and Institute for Advanced Study(Carnegie-IAS), The Opportunity Equation: Transforming Mathematics and Science Education for Citizenship and the Global Economy. (Carnegie Corporation of New York-Institute for Advanced Study Commision on Mathematics and Science Education,New York,2009),Available online: http://www. opportunityEquation. org

[28] National Governs Association(NGA),Council of Chief State School Officers(CCSSO),and Achieve, Inc. ,Benchmarking for success: Ensuring U. S. students receive a world-class education(2008),Available online: http://www. nga. org/Files/pdf/0812benchmarking. pdf

[29] S. Sjoberg,C. Schreiner,The next generation of citizen: Attitudes to science among youngsters,in *The Culture of Science-How Does the public Relate to Science Across the Globe?* Ed. by M. Bauer,R. Shukl (Routledge,New York,2010),Available online: http://www. ils. uio. no/english/rose/

[30] National Research Council(NRC)National Committee on Science Education Standards and Assessment, National Science Education Standards(National Academies Press,Washington,DC,1996)

[31] C. J. Lee,D. A. Scheufele,The influence of knowledge and deference toward scientific authority: A media effects model for oublic attitudes toward nanotechnology. J. Mass Commun. Q. **83**(4),819-834(2006)

[32] D. Tapscott,Grown up digital: How the net generation is changing your world(McGraw Hill,Colum-

bus,2009)

[33] X. Li,H. Chen,Y. Dang,Y. Lin,C. A. Larson,M. C. Roco,A longitudinal analysis of nanotechnology literature,1976-2004. J. Nanopart. Res. **10**,3-22(2008)

[34] National Science Foundation(NSF). NSF's Cyberinfrastructure vision for 21$^{st}$ century discover(2008), availableonline: http://www. nsf. Gooovvv/pubs/2007/nsf0728/index. jsp

[35] P. M. Hallacher,S. J. Fonash,D. E. Fenwick,The Pennsylvania Nanofabrication Manufacturing Technology(NMT)partnership: Resource sharing for nanotechnology workforce development. Int. J. Eng. Ed. **18** (5),526-531(2002)

[36] S. J. Fonash,Nanotechnology and economic resiliency. Nanotoday **4**(4),290-291(2009)

[37] G. P. Lansbergen,R. Rahman,C. J. Wellard,I. Woo,J. Caro,N. Collaert,S. Biesemans,G. Klimerk,L. C. L. Hollenberg,S. Rogge,Gate-induced quantum-confinement transition of a single dopant atom in a silicon FinFET. Nat. Phys. 4,656-661(2008). doi: 10. 1038/nphys994

[38] S. Wang,S. H. Lau,A. Tkachuk,F. Druewer,H. Chang,M. Feser,W. Yun,Nano-destructive 3D imaging of nano-structures with multi-scale X-ray microscopy,in *Nanotechnology 2008: Materials,Fabrication Particles,and Characterazation. Technical proceedings of the 2008 NSTI nanotechnology conference and trade show*,Vol. 1(Nano Science and Technology Institute,Cambridge,2008),pp. 822-825,available online: http://www. nsti. org/proc/Nanotech2008vl

[39] M. T. Postek,A. E. Vladar,Helium ion microscopy and its application to nanotechnology and nanometrology. Scanning **30**(6),457-462(2008)

[40] S. V. Sreenivasan,Nanoscale manufacturing enabled by imprint lithography. MRS Bull. **33**(9),854-86 (2008)

[41] A. Hullmann. A European strategy for nanotechnology. Paper presentedn at the conference on nanotechnology in science,economy,and society,Marburg,13-15 Jan 2005

[42] M. Morrison (ed. ). Sixth nanoforum report: European nanotechnology infrastructure and network (2005),Available online: http://www. nanoforum. org/dateien/temp/European%20Nanotechnology% 20Infrastructures%20and%20Networks%20July%202005. pdf? 05082005163735

[43] H. Dosch,M. Van de Voorde,Gennesys White Paper: A New European Partnership Between Nanomaterials Science and Nanotechnology and Synchrotron Radiation and Neutron Facilities. (MPI Inst. Metal Research,Stuttgart,2009),Available online: http://mf. mpg. de/mpg/websiteMetallforschung/english/veroeffentlichungen/GENNESYS/

[44] World Technology Evaluation Center(WTEC)(2010),Long-term impacts and future opportunities for nanoscale science and engineering nanotechnology. Workshop held on 9-10 March 2010,Evanston

[45] C. -K. Lee,T. -T. Wu,P. -L. Liu,A. Hsu,Establishing a K-12 nanotechnology program for teacher professional development. IEEE Trans. Educ. 49(1),141-146(2009)

[46] M. C. Roco,International perspective on government nanotechnology funding in 2005. J. Nanopart. Res. 7,707-712(2005)

[47] J. Hirabayashi,L. Lopez,M. Phillips,The development of the NISE network A summary report(Part I the summative report of the NISE Network evaluation). Inverness Research,May 2009,available online: http://www. nise. org/catalog/assets/documents/overviewnise-network-evaluation

[48] National Science Board. Science and Engineering Indicators (2010),Arlington,VA,National Science Foundation(NSB10-01)

［49］Pew，Ideological News Sources：Who Watches and Why. Americans Spending More Time Following the News（2010）. http：//pewresearch. org/pubs/1725/where-people-get-news-print-online-readership-cable-news-views？src＝prc-latest&proj＝forum

［50］Pew，Audience Segments in a Changing News Environment Key News Audiences Now Blend Online and Traditional Sources. Pew Research center Biennial News Consumption Survey. http：//www. pewtrusts. org/our_work_report_detail. aspx？id＝42644.

# 第13章　推动社会发展的纳米技术创新与负责任的治理[*]

Mihail C. Roco，Barbara Harthorn，David Guston，Philip Shapira

**关键词：**纳米技术创新与商业化　负责任的开发　全球治理　新兴技术　社会意义　伦理与法制　纳米技术市场　公众参与　国际视野

## 13.1　未来十年展望

### 13.1.1　过去十年进展

纳米技术已经被定义为"有广泛技术支持的多学科领域,2020年将达到大规模应用,为教育、创新、学习和治理提供一条新途径"[1]。从社会效益角度出发治理纳米技术发展面临着重重挑战,涵盖了促进研究和创新以解决道德问题以及人类长远发展问题等诸多方面。美国纳米技术治理方法的目标是"转变、负责任和包容,实现富有远见的发展"[2]。无论是美国国内还是全球范围内,纳米技术治理方法在过去十年中都发生了翻天覆地的变化：

·纳米技术应用的可行性和社会重要性得以确认,消弭了极端赞成和极端否定的预测。

·纳米技术科研、教育、生产和社会评估等领域的专业人士以及组织机构共同建立了纳米技术国际社区。

\* 撰稿人: Skip Rung, Sean Murdock, Jeff Morris, Nora Savage, David Berube, Larry Bell, Jurron Bradley, Vijay Arora.

M.C. Roco (✉)
National Science Foundation, 4201 Wilson Boulevard, Arlington, VA 22230, USA
e-mail: mroco@nsf.gov

B. Harthorn
Center for Nanotechnology in Society, University of California,
Santa Barbara, CA 93106-2150, USA

D. Guston
College of Liberal Arts and Sciences, Arizona State University, P.O. Box 875603,
Tempe, AZ 85287-4401, USA

P. Shapira
Georgia Institute of Technology, D. M. Smith Building, Room 107, 685 Cherry Street,
Atlanta, GA 30332-0345, USA

· 2001 年，我们采取了以科学为导向的治理方针，在此基础上，2010 年我们将把治理重点更多地放在经济和社会成果上，为新一代商业化的纳米技术产品做足准备。

· 治理问题讨论得到更进一步的认可和明确，包括纳米技术的环境、健康和安全(EHS)方面(参阅第 4 章)以及伦理、法律和社会影响(ELSI)。监管方面的挑战、在不确定性和知识差距条件下进行治理、自愿守则以及公众参与决策的方式等问题引起了相当重视。总体而言，人们对"预见性治理"的关注度日益提高。

· 国际合作和竞争愿景[3]已经实现，并在 2004 年首届"负责任地研究和发展纳米技术国际对话"[4]成功举办后得以进一步加强。①

通过其长远规划、研发投资政策、伙伴合作、促进公众参与的计划行动、预测科学实践的社会后果以及整合社会科学和物理科学，纳米技术逐渐成为解决新兴技术社会影响和治理问题的一般模式[5]。资助研究的国家想要实现经济价值，需要为商业化纳米技术创新提供有利的生产投资和劳动力环境。生产力环境在过去十年发生了巨大的变化，制造能力从"西方"向"东方"迁移，美国和欧洲的纳米技术优势开始受到重视，上升到与亚洲地区并驾齐驱的位置上。

### 3.1.2　未来十年愿景

据估计，截至 2020 年纳米技术将在产品和制造过程中实现大规模应用，主要以社会需求性为导向。其中，向更复杂的纳米产品转变以及负责任地解决大量社会挑战的需求尤为突出，如可持续性和健康问题。科学能力正在向复杂的纳米系统和分子自下而上组装的纳米组件过渡，这一发展将增加潜在的社会福利和担忧，需要更有力的方法，通过实时技术评估建立问责性、预见性和参与式治理：

· 治理重点将更多地放在创新和商业化上，提升纳米技术在经济发展和创造就业机会方面的社会"投资回报"，同时采取相应措施确保安全和公众参与。为促进纳米技术应用，我们还将进一步开发一个创新生态系统，包括支持多学科参与、多应用部门、创业培训、多方研究，继续推进科学技术整合、区域中心、公私合作、缺口资金、全球商品化以及法律和税收优惠政策。各经济体必须在顾及国际背景的前提下平衡竞争利益和安全问题。

· 纳米技术将成为一项通用的使能技术，这与先前的电力或计算机等技术大同小异，结合渐进式改进和突破性解决方案，将在各大领域中得到广泛应用。在高级材料、电子和医药等产业中，纳米技术将成为商业竞争力的关键所在。纳米科学

---

① 还可参阅 2006 年和 2008 年日本和布鲁塞尔对话报告：http://unit.aist.go.jp/nri/ci/nanotech_society/Si_portal_j/doc/doc_report/report.pdf 和 http://cordis.europa.eu/nanotechnology/src/intldialogue.htm。

和工程平台将为多元化行业开展新业务奠定坚实的基础。多学科、应用研究、区域中心和系统集成的基础设施将得到发展。随着覆盖范围的不断扩大,纳米技术将进一步推动合成生物学、量子信息系统、神经形态工程、岩土工程以及其他新兴技术和融合技术的实现。

· 在未来十年,我们不仅要着眼于如何让纳米技术产生经济价值和医疗价值("材料进展"),还要关注如何让纳米技术创造认知价值、社会价值和环境价值("道德进步"),这将成为我们的当务之急。

· 科研、教育、制造和医学领域的纳米技术治理将实现制度化,以获得最佳的社会效益。

· 建立完善国际标准和术语、纳米技术 EHS(如毒性测试、风险评估和减灾和 ELSI(如通过公众参与实现利益和安全,缩小发展中国家和发达国家之间的差距)将需要全球协作。国际合资机制的概念已经初步形成。

# 13.2　过去十年的进展与现状

十年前,美国和世界其他各国的政府、学术界和业界根据长期的科学和工程愿景,开始扩大纳米技术研发规模。2001 年以来,美国对纳米技术的社会维度研究进行了系统化的投资,欧盟和日本分别于 2003 年和 2006 年着手该类投资,其他国家和国际组织(如经济合作与发展组织、国际标准化组织和国际风险管理理事会)也纷纷于 2005 年左右开始有所动作。自美国国家纳米计划(NNI)[6]提出伊始,社会维度便被列为纳米技术愿景的一个重要组成部分。纳米技术已经在诸多领域向我们展示了巨大的影响力,包括认识自然、提高生产力、扩大可持续发展的范围以及其他重要课题。

## 13.2.1　纳米技术的治理

我们已经找出了纳米技术治理的主要挑战,并实施了相应对策,包括发展多学科知识基础;建立从发现到社会应用的创新链;为术语和专利创建国际通用语言解决更广泛的社会影响;推动工具、人员和组织共同发展,以负责任地利用新技术带来的益处。为了应对这些挑战,自 2001 年以来,我们提出了有效治理纳米技术的四个同步特性,并将其运用到实践当中[2]。纳米技术治理必须具备以下四个特性:

· 变革性(包括以成果/项目为导向,重点推进多学科和多部门创新)
· 责任性(包括 EHS 和公平获取和受益)
· 包容性(允许所有机构和利益相关者参与)
· 前瞻性(包括长远规划以及预见性、适应性措施)

纳米技术治理的这些特性目前仍然适用而且十分重要。美国在这四大治理职能方面的实例如表 13.1 所示。

表 13.1　美国的纳米技术治理职能应用实例(2001—2010 年)

| 纳米技术治理方面 | 例 1 | 例 2 |
| --- | --- | --- |
| **变革性职能** | | |
| 投资政策 | 支持均衡和综合的研发基础设施(NNI 预算请求 2001—2010；大约 100 个新研发中心和网络) | 优先支持基础研究，纳米制造、医疗(NIH/NCI 癌症研究)以及其他领域 |
| 科学、技术和业务策略 | 支持 NNI 机构中具有竞争力的同行审查、多学科研发项目 | 支持美国国家科学基金会(NSF)、美国国防部(DOD)和美国国家航空航天局(NASA)的融合技术创新(纳米生物信息-其他) |
| 教育和培训 | 引进纳米技术早期教育[例如，美国国家科学基金会的纳米教学中心(2005—)、纳米技术本科教育(2002—)以及 K-16 计划] | 纳米技术的非正规教育延伸到博物馆和互联网(例如，美国国家科学基金会的非正式纳米科学与工程网络，2005—) |
| 技术和经济转型工具 | 支持一体化的纳米技术跨部门平台(例如，纳米电子研究倡议 2004—) | 2002 年在美国国家科学基金会建立纳米制造研发计划；NSET 纳米制造、行业联络与创新工作组(NILI)，2005— |
| **责任性职能** | | |
| 环境、健康和安全(EHS)影响 | 美国国会：2003 年 12 月颁布的"纳米技术研发法案"纳入了 EHS 指导方针；OSTP、PCAST 和 NRC 提供了 EHS 相关建议；NNI 计划于 2008 年公布了国家的纳米 EHS 战略 | 2001 年(NSF)、2003 年(EPA)、2004 年(NIH)以来的计划公告；NSET 纳米技术环境与健康影响工作组(NEHI)(2005—) |
| 伦理、法律和社会问题以及其他问题(ELSI+) | 出版物中的纳米技术伦理讨论(Roco 和 Bainbridge[6,7])；非政府组织(NGOs)和联合国教育科学及文化组织(UNESCO)报告，例如联合国教科文组织[8]) | 纳米 ELSI 计划公告(NSF，2004—)；发展中国家同样受益(ETC-加拿大 2005；CNS-UCSB[9]) |
| 风险治理方法 | 风险分析，包括社会背景，由 NSF 和 EPA 提供支持；应用在 EPA、FDA、OSHA 的政策中 | 全球生态系统中的多级纳米技术风险治理[10] |
| 法规和强化补充 | EPA、FDA 和 NIOSH 成立的纳米技术监管小组 | EPA 的纳米 EHS 自愿措施，2008 |
| 交流和参与 | 通过公众听证会增加专家、用户和广大公众之间的互动 | 社会公众和专业人士共同参与 NNI 筹资的立法程序 |

续表

| 纳米技术治理方面 | 例 1 | 例 2 |
| --- | --- | --- |
| 包容性职能 | | |
| 建立国家能力的伙伴关系 | 促进机构间的伙伴关系（25 家机构）；业界-学术界-州政府-联邦政府合作（NNI 计划为三个区域本地研讨会提供支持） | 促进科研资助和监管机构之间的合作，通过 NSET 小组委员会和 NEHI 工作组解决纳米技术的影响问题 |
| 全球能力 | 有关负责任地发展纳米技术的国际对话系列（2004 年、2006 年、2008 年）发起新活动；OECD、ISO、UNESCO 随后跟进 | 由国际风险管理理事会（IRGC）负责纳米技术以及食品和化妆品的所有相关报告[10] |
| 公众参与 | 2005 年后，公众开始参与纳米技术 EHS 和 ELSI 研发规划 | 结合公众和专家调查；公共审议；非正式科学教育（例如 NSF） |
| 前瞻性职能 | | |
| 长远的全球视角 | 有关《纳米技术研究方向》系列的书籍（1999 & 2010）；这些书籍展示了美国、欧盟、日本、韩国、中国以及其他国家的发展战略 | 技术对人类发展的长期影响（*Humanity and the Biosphere*，FFF 和 UNESCO[11]） |
| 支持人类发展，包括可持续发展 | 利用纳米技术的能源和水资源研究（DOE、NSF、EPA 和其他机构） | 连接神经系统、纳米尺度的物理化学机制、大脑功能和教育的研究（NSF、NIH） |
| 长期规划 | 2001—2010（发布于 2000 年）和 2011—2020（本报告，2010 年）发布了十年愿景声明 | NNI 战略计划每三年更新一次（前三次分别为 2004 年、2007 年 和 2010 年），更新后由 PCAST 和 NRC 进行评估 |

现在，国际学者社区不仅致力于科研和教育，还十分关注纳米技术的健康和安全、道德以及社会维度研究。相关机制和成果的实例包括美国国家科学基金会的 "Nanotechnology in Society" 网络（创建于 2005 年）、期刊和出版物（例如 *Nanotechnology Law and Business* 和 *NanoEthics* 期刊、*Encyclopedia of Nanoscience and Society*[12]；研究类期刊评论，如 *Nature Nanotechnology* 和 *Journal of Nanoparticle Research*)，以及 2009 年纳米科学与新兴技术研究学会的成立（S. NET；http://www.theSnet.net）。立足于 2000 年 "科学快速发展，道德相对滞后" 的状况[13]，2010 年我们的任务是使科学和道德实现更好的平衡。欧洲共同体（EC）已经提出了 "研究行为守则"，但通用术语和国家承诺水平仍有待国际化。

在 EHS 相关问题（第 4 章）上，国际研究界一直推行融合物理科学和社会科学的一体化工作。尽管影响有限，但自愿申报方案已经出台（例如，通过美国国家环境保护局、加利福尼亚州有毒物质控制部以及英国农业部和农村事务部）。标准化和计量学正在发展进步(参阅第 2 章)。然而,法律法规的发展却往往跟不上创新的脚步,其中部分原因是监管机构要等待标准化(命名、可追溯性方法等)。目前有两种纳米技术调控方法正在并行开发中:

· 调查监管方案的可扩展性,如美国的"有毒物质控制法案(TSCA)"和欧盟的"化学品注册、评估、授权和限制法规"(两者均遵循"科学发展"方针)。

· 探索(软性)在知识不足的情况下仍能发挥效力的监管和治理模式,以便进行全面的风险评估,包括 ELSI 研究、自愿守则、公众参与、观测、公众态度的调查及其他工具。

总体而言,纳米技术治理一直专注于第一代纳米产品(被动的纳米结构),并且开始调查和研究下一代纳米产品(详细内容请参阅"纳米技术的发展远景:美国国家纳米计划(NNI)十年")。各地方的治理创新为治理提供了"实验室",包括监管和自愿方式,如伯克利(加利福尼亚州)、剑桥(马萨诸塞州)、奥尔巴尼(纽约州)以及纽约、加利福尼亚、俄克拉何马和俄勒冈等州。他们的构想已经成为国际间效仿的对象,并且勾画出了未来地区"创新中心"的雏形,详情参见本章的后文内容。

### 13.2.2　纳米技术社会影响的研究与推广增长

"纳米科学与技术的社会影响"报告[6]呼吁参与大型纳米技术计划、中心以及项目的纳米技术企业从邀请社会科学家参与开始。2000 年,从社会角度研究科学技术的学者界对纳米技术的关注极少[14]。在 NNI 机构的支持下,纳米技术社会层面的研究、教育及专业活动在极短的时间内取得了重大进展。目前所有的纳米技术社会层面文章中有将近一半的文章至少有一位作者来自美国机构,而 2005~2007 年器件发表的纳米技术文章中这一数值仅为四分之一。

一份融合技术的早期报告[17]xii 中指出,"从一开始就必须强调伦理、法律、道德、经济、环境、人力资源开发以及其他社会影响,邀请领先的科学家和工程师、社会科学家以及广泛的专业和民间组织联盟参与其中。"目前,人们普遍认为应该通过负责任的政府资助框架,同时广泛采纳利益相关者意见,尽早解决有关融合技术和新兴技术的长期 EHS 和 ELSI 问题,而不是在事后对发展进行相应的调整和回应。

2000 年 9 月起,美国国家科学基金会(NSF)和参与美国国家纳米研究计划(NNI)的其他研究机构提出了纳米技术社会影响的研究要求,美国国会(例如,在 2003 年的"纳米技术研发法案"中)以及 2002 年、2006 年和 2009 年的国家研究委员会报告对此进行了重申和强调。美国总统科学技术顾问委员会[15]38 关于纳米技术的第二份报告中要求 NNI 机构"邀请先前并未纳入纳米技术相关研究范围的学科学者参与……[同时确保]……这些工作与传统科学和工程研究项目相结合。"一般领域发展的关注度受 NNI 资金影响,特别是 2001 年以来由 NSF 跨学科纳米研究团队(NIRT)项目提供的资金。美国亚利桑那州立大学(ASU)和美国加利福尼亚大学圣巴巴拉分校(UCSB)的两家社会纳米技术研究中心(由 NSF 出资,于 2005 年秋季成立)与南卡罗来纳哥伦比亚大学和哈佛大学的 NIRT 构成了一个社会纳米技术研究网络。第 13.8.2 节的表 13.4 显示了 NSF 在纳米技术社会影响研究和推广方面的巨大投资。2010 年 3 月,NNI 举办了一次 EHS"Capstone"研讨会,将 ELSI 纳入了整顿纳米技术环境影响研究领域的联邦投资这一讨论范畴。

### 13.2.3　纳米技术的创新和商品化

在创新的支持下,纳米技术可能带来新的组织形式和商业模式。纳米技术领域的创新通常涉及复杂的价值链,包括高度分散的全球经济体中的大型企业和小型企业、科研机构、设备供应商、中介机构、金融保险、最终用户(包括私营部门和公共部门)、监管机构和其他利益相关者群体[16-18]。大多数纳米技术组件被纳入现有的工业产品以提高其性能。

1990~2008 年期间,在纳米技术领域,全球约有 17 600 家企业(其中有 5440 家美国公司)发表了约 52 100 篇科学论文,申请专利约 45 050 项[19]。自 2000 年以来,全球各大公私机构的专利和出版物数量的增长呈准指数趋势[20]。企业纳米技术专利申请与企业纳米技术出版物的比例显著增长,从 1999 年的约 0.23 上升至 2008 年的 1.2 以上;这一变化趋势表明企业的关注点从发现转向了应用。大多数纳米技术专利申请来自于大型企业,尽管如此,中小型企业(SMEs)的专利申请数量也有所增长。例如,与大型企业相比,美国中小型企业的世界知识产权组织"专利合作条约"纳米技术专利数量比例从 20 世纪 90 年代末的 20% 左右上升至 2006 年的 35% 左右[21]。

在所有纳米科学和工程(NSE)专利中,有基础研究支持并由 NSF 受让人申请的 NSE 专利有着较高的引证索引[22],强调了基础研究在整体投资组合中的重要性。Wang 和 Shapira 指出[23]至 2005 年,美国约有 230 家以新纳米技术为基础的初创企业,其中约有一半是从大学中分离出来的。

纳米技术的广泛性表明许多地区将有机会加入纳米技术的发展行列。例如,虽然美国领先的高科技地区(如旧金山-帕洛阿尔托和波士顿地区)处在纳米技术创新的最前沿,美国其他城市和地区也有参与纳米技术创新的企业集群。沿东海岸一带的企业纳米技术活动十分活跃,东北部和中西部的其他传统工业区也有多家企业从事纳米技术创新。除此之外,南加利福尼亚州也有较为突出的纳米技术活动企业集群,美国南部自发性集群也在稳步发展[图 13.1(a)]。

1990~2009 年期间,87 个国家共申请企业刊物/专利项目 17 133 项,其中 93.8% 来自 20 个领先国家[图 13.1(b)]。在此期间,经济合作与发展组织(OECD)的成员国在全球纳米技术出版物和专利企业活动中占了绝大部分。所有 OECD 成员国的出版物和专利总数达 14 087 项,其中 4330 项来自欧洲(全部欧盟国家共计 4390 项)。在非经济合作与发展组织国家中,日本和中国居主导地位,中国台湾、俄罗斯、巴西和印度也作出了不少的贡献。美国共有 5328 项,日本共有 2029 项,中国共有 1989 项。

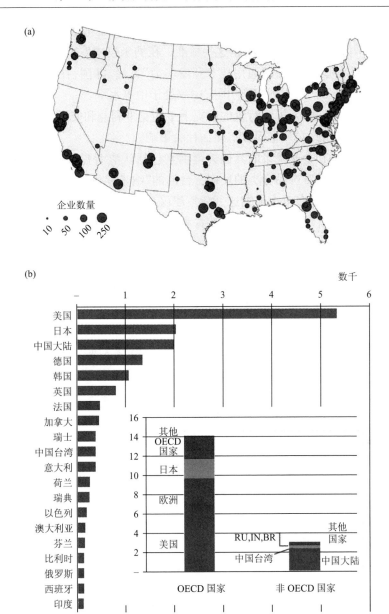

图 13.1　1990～2009 年美国和其他主要国家纳米技术企业成果分布图。纳米技术出版物和/或专利记录(申请或颁发,所有专利事务所,1990～2008 年 7 月)分析,基于佐治亚理工学院纳米技术出版物和专利全球数据库。图中标注的城市均有 10 家以上拥有纳米技术专利的企业:(a)美国;(b)领先的国家和集团;OECD 指经济合作与发展组织的 33 个成员国;欧洲＝OECD 中拥有纳米技术企业专利的 20 个欧洲成员国;RU,IN,BR＝俄罗斯,印度和巴西(由 Philip Shapira,Jan Youtie 和 Luciano Kay 提供)

　　纳米技术发展以及各国的"通用技术开发实力"是商业化创新和经济发展的一个关键因素[24]。国家排名便是依据这些标准。在纳米技术发展方面,美国的贡献最大,其次是日本和德国。在"通用技术开发实力"方面,韩国、日本和中国台湾名列前茅,而美国在 19 个接受调查的国家中仅处于中等水平。

　　各经济体必须在顾及国际背景的前提下平衡竞争利益和安全问题。创新型经济存在一定风险,因此必须全面考虑评估社会影响。

　　纳米技术创新和企业决策的其他关键因素包括认清消费者的价值观、他们对产品的接受程度及其对产品分类的反应。台湾的"纳米标章"方法用于标识纳米技术的合法应用,欧盟正在考虑采纳这一标签建议,其重点是保护公众免受潜在的健康负面影响。消费者观念主要受意识教育和信息获取的影响。

### 13.2.4　公众对纳米技术的认知

　　调查表明,与其他技术相比,纳米技术在相关利益和风险的公众认知方面与生物技术十分接近,但并不完全相同(图 13.2)。2002～2009 年期间,美国、加拿大、欧洲和日本的 22 项民意调查荟萃分析显示,公众对纳米技术的认知水平始终较低,有利和风险的民意表决比例为 3∶1,但还有少数人(44%)未对此作出判定[25]。

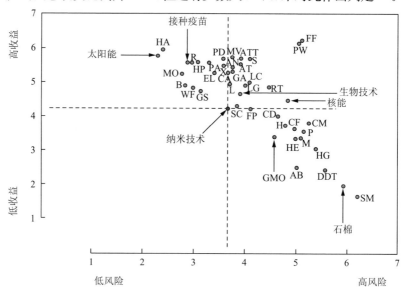

图 13.2　CBEN 进行的纳米技术产品公众认识调查(继 Currall 等之后 2006)

AB 酒精饮料;AN 麻醉剂;AT 航空旅行;ATT 驾车旅行;B 自行车;CA 商业航空;CD 化学消毒剂;CF 化肥;CM 化学品制造厂;CS 计算机显示屏;DDT 二氯二苯三氯乙烷;EL 电力;FF 消防;FP 食品防腐剂;GA 通用航空;H 除草剂;HA 家电;HE 人类基因工程;HG 手枪;HP 水力发电;L 激光;LC 大型建筑;LG 液化天然气;M 摩托车;MO 微波炉;MV 机动车辆;P 杀虫剂;PA 处方抗生素;PD 处方药;PW 警察事务;R 铁路;RT 放射治疗;S 手术;SC 干细胞研究;SM 吸烟;WF 水中加氟;XX 射线

越来越多的研究开始关注公众参与。上行风险认知研究[26,27]、带有一些参与方面的小规模非正式科学教育活动(如科学咖啡馆)、美国围绕纳米技术举行的公众参与活动[如亚利桑那州立大学的"国家公民技术论坛"(NCTF)][28]以及加利福尼亚大学圣巴巴拉分校的美英对比和以性别为重点讨论已经顺利开展。另外,过去十年中情景和其他预测工具(包括路线图、德尔福研究等)也得到了更广泛的使用。

### 13.2.5　立法前景

社会科学学者对现存和潜在的国家级环境健康及安全法规[29-31]以及科学[20]和工业场所[33](CNS-UCSB 纳米技术与职业健康安全会议 2007;纳米技术环境影响研究中心的 2009—2010 年行业调查)的相关法规进行了审查。Davies[34]拟定了一份有关新一代纳米产品和工艺立法的报告。化学遗产基金会开展了一项有关纳米材料整个产品生命周期监管挑战的研究[35]。新的立法及监管措施将聚焦于纳米技术的环境、健康和安全影响以及未来几代的新纳米产品。这些举措将吸引越来越多的研究机构。

### 13.2.6　直面社会发展的巨大挑战

凭借纳米技术,我们将可以通过前期设计建立可持续的、以社会为重点的技术,而不是追溯性解决问题(参阅第 5 和第 6 章),除此之外还能够利用分子医学和个性化治疗(第 7 章)、提高生产力(第 3 和第 11 章),从早期入手持续强调多学科教育(第 12 章)。

在新兴技术背景下评估纳米技术是社会效益全面发展的关键。例如,作为社会研究的对象,合成生物学目前尚处于"懵懂"期,这与十年前的纳米技术一般无二。纳米技术应用研究为社会参与这一过程创造了大量机会,从深入了解有关纳米技术的突发公共感知动态和公众舆论到提出治理纳米技术发展的新体制模式。

### 13.2.7　国际互动与 ELSI

在 2000 年的一项战略提出,要打造以广泛的人类发展目标为推动力的国际化科技研发社区[3]。其中许多目标在 2010 年仍然有效。国际对话出现了多种不同形式,每种形式各有利弊。这些形式包括负责任地研究和发展纳米技术国际对话(2004 年、2006 年、2008 年)和经济合作与发展组织(OECD)。首届负责任地发展纳米技术国际对话于 2004 年(http://www.nsf.gov/crssprgm/nano/activities/dialog.jsp)在弗吉尼亚州(美国)举行,是聚焦纳米技术领域长远发展的第一次真正意义上的国际会议;随后,东京(日本)和布鲁塞尔(欧盟)分别于 2006 年和 2008 年举行了类似的国际会议。2004 年的会议激发了一系列较为分散的活动:

• 2004 年 10 月至 2005 年 10 月,职业安全小组成立(英国、美国)

- 2004 年 11 月,OECD/EHS 纳米技术小组开始成形
- 2004 年 12 月,进行发展中国家的经络研究[36]
- 2004 年 12 月,发布术语和标准(ISO、ANSI)
- 2005 年 2 月,纳米技术南北对话(UNIDO)
- 2005 年 5 月,国际风险管理理事会(IRGC)成立
- 2005 年 5 月,"纳米界"材料研究学会(材料、教育)成立
- 2005 年 7 月,中期国际对话(举办方:EC)
- 2005 年 10 月,OECD 科学和技术政策委员会(CSTP)纳米技术工作组成立
- 2006 年 6 月,第二届国际对话(主办国:日本)
- 2006 年至 2010 年,纳米技术的 EHS、公众参与和教育引起其他国家和国际组织越来越多的国际关注

现在,全球范围内的纳米技术应用早已不同往日[37]。在发展中国家赖以维持生命的重要领域(如水、能源、卫生和食品安全),开放式"人道主义"技术发展逐渐被视为一项关键(http://nanoequity2009. cns. ucsb. edu/)。

美国 NNI 机构以及随后的欧盟、日本和韩国已经采取了多管齐下的方针为 ELSI 项目提供资金,并在过去十年中取得了长足的进步。来自 40 多个国家的国际视角请参阅本章 13.9 节。表 13.2 列出了一些带有纳米 ELSI 文献的参考网站;此外,第 12 章中所列出的各纳米中心的研究工作中也包含 ELSI 项目。

**表 13.2　带有 ELSI 内容的网站**

| | |
|---|---|
| ASU 的 CNS 网站 | http://cns. asu. edu |
| UCSB 的 CNS 网站 | http://cns. ucsb. edu/ |
| NSEC 网络(NSEC 网络) | http://www. nsecnetworks. org/index. php |
| 美国化学学会 | http://community. acs. org/nanotation/ |
| 欧洲纳米技术网关 | http://www. nanoforum. org |
| 纳米技术研究所 | http://www. nano. org. uk/ |
| NanoHub | http://nanohub. org/ |
| 纳米非正式科学教育网(NISEnet) | http://www. nisenet. org |
| NNI 教育中心 | http://www. nano. gov/html/edu/home_edu. html |
| 国家纳米技术基础设施网络(NNIN)ELSI 门户网 | http://www. nnin. org/nnin_edu. html |
| 莱斯大学的 ICON(尤其是 Good Wiki 项目) | http://icon. rice. edu/about. cfm |

# 13.3　未来 5～10 年的目标、困难与解决方案

## 13.3.1　为纳米技术的大规模应用做好准备工作

我们的发展十分迅速,但纳米技术的大规模应用仍需要时间来推动思维、人

才、基础设施和社会接受度的成长;在全面理解纳米技术应用这一方面,我们仍然处于初级阶段。值得注意的是,纳米技术应用的可行性问题将转向如何利用纳米技术以负责任的方式解决广泛的社会挑战。可能通过大规模应用纳米技术加以解决的全球问题包括人口增长和老化;公共资源使用的制约因素,如水、食品和能源;新兴国家成长所带来的竞争挑战和机遇,如巴西、俄罗斯、印度和中国;以及与其他新兴技术的融合,如现代生物学、数字信息技术、认知技术和以人为中心的服务。该类科学、技术和全球社会的变化要求我们在未来十年采取深入和交叉的行动,因此需要:

- 针对纳米技术发展的创新生态学
- 在各学科、应用领域、区域内以及区域之间建立合作伙伴关系
- 明确的监管环境
- 国际跨域信息系统
- 促进纳米技术研发共同发展的国际组织
- 扩大文化和政治开放,提升国际合作承诺

### 13.3.2　把解决下一代"纳米产品"风险治理中的不足作为主要任务

在未来十年,我们可能会看到早期的第三代和第四代纳米器件和系统[38](还可参阅"发展远景"章节)。我们已经目睹了从第一代被动纳米产品到第二代主动纳米应用的变迁[39]。这些变化将带来越来越多的不同机会,对社会产生巨大影响。这些变化还将需要更有力的治理和风险评估方法,将预测、问责制和开放治理进一步整合到研发和创新政策方案中去。第二代到第四代纳米产品(包括主动纳米器件、纳米生物应用和纳米系统)的主要风险治理不足之处在于纳米技术演变的不确定性和/或未知影响及其对人类的潜在影响(例如人类健康、出生变化、大脑理解和认知问题以及人类的进化);纳米材料整个生命周期的环境影响;以及缺少组织机构和政策赖以解决该类不确定性问题的必要框架。

治理方法将需要根据新的纳米产品和生产过程进行改变,反映出纳米结构材料、器件和系统日益增加的复杂性和动态性(图13.3)。每一代产品都有其独特的特点:被动纳米结构、主动纳米结构、复杂纳米系统以及分子纳米系统。如图13.3所示,四个层次风险知识和相关技术需要不同类型的行动者参与和预测特定类型的对话。

第一代纳米产品和相关过程(参见图13.3中的风险治理"框架1")和随后三代("框架2")的风险水平有着本质的不同。框架1对纳米结构行为的认知更为成熟,框架2的潜在社会和伦理后果更具变化性[40]。

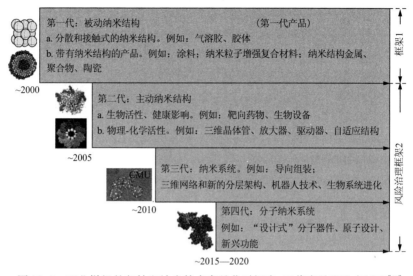

图 13.3　工业样机的起始和纳米技术商品化时间表：四代产品和生产过程[40]

图 13.4 显示了责任性职能治理管治水平分类，并将其对应到相关的风险治理活动中。在应用的大型系统中，由于纳米元件变化导致的相关问题（如汽车漆中的纳米粒子）通常都可以根据各自系统调整现有法规和组织得以解决。由于技术体系变化导致的问题（如新的纳米生物器件系列产品以及新的主动性纳米结构）可以通过创建新的研发项目、制定新的监管措施以及建立合适的新组织得到最好的解决。

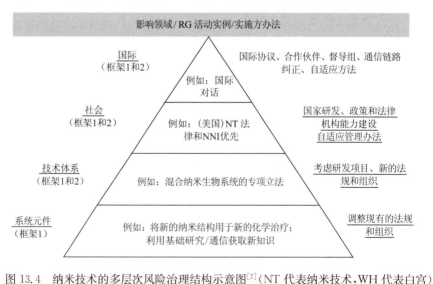

图 13.4　纳米技术的多层次风险治理结构示意图[2]（NT 代表纳米技术，WH 代表白宫）

在国家层面上，典型的风险治理行动包括制定政策和立法，这在我们向纳米系统前进的过程中可以考虑采纳。在国际层面上,典型的行动包括国际协议、合作项目以及多方伙伴关系,这在我们向第三和第四代纳米产品、系统和过程推进的过程中是必不可少的。

特定风险不足与第二代至第四代产品息息相关(框架 2),原因在于其复杂和/或不断演变的行为[41]:

· 存在不确定或未知的影响,这主要是因为产品尚未制造出来。

· 有关对人类的危害和风险以及具体计量的知识有限。

· 机构缺陷(社会基础设施、政治制度)是由于政府机构分散结构以及关键行动者之间的协调不力造成。

· 风险沟通缺陷,即各科学界之间以及科学界与制造商、行业、监管机构、非政府组织、媒体和公众之间存在巨大的鸿沟。

框架 2 中的风险主要与纳米材料的更复杂行为评估以及优先考虑利益相关者关注的问题有关,其中部分与价值判断有关:

· 人类生物和社会发展的风险

· 社会结构风险:风险可以得到缓解,但社会和文化规范、结构和过程也会诱发和放大该类风险

· 公众认知风险

· 跨界风险:任何个人、公司、地区或国家所面临的风险,不仅取决于他们自己的选择,还会受到其他个体影响

风险相关的知识可包括简单风险、元件复杂性和/或歧义,是纳米技术的新一代功能。Renn[41]提出了风险管理阶梯(图 13.5),作为纳米技术的新一代功能。这一功能全面汇集了未来十年风险管理和治理所面临的挑战和潜在的解决方案。

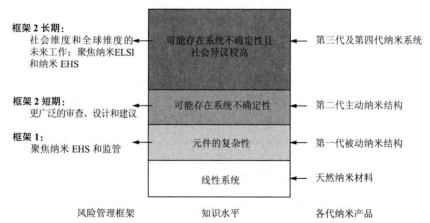

图13.5　作为纳米产品新一代功能的策略(图 13.3):应用于风险治理框架 1 和框架 2[41]

### 13.3.3　为纳米技术创新建立新模式

为促进美国纳米技术创新,业界和非政府组织提出了政策变化建议,包括:增加研发税收减免、加大力度支持具有竞争力的研发、建立健全纳米技术企业融资措施以及调整签证规定以确保获得高水平的技术人才[42,43]。然而,仅仅依靠他们自身,这样的政策不太可能对纳米技术创新轨迹产生重大影响,也无法确保纳米技术的创新解决社会和经济问题。为了在未来十年中发挥纳米技术的全部潜力,保证经济支持与有意义的激励机制和框架相结合至关重要,如此才能确保在达到技术和业务目标之余实现负责任的发展,同时解决社会问题。

发展区域多学科纳米技术创新中心是一种有前途的模式。这些中心会开展活动并发展网络,将企业和公共部门用户、研究人员、EHS 专家以及其他利益相关者纳入战略,以此来激励、提升和推广纳米技术创新。这些中心还应该利用互补机会,将传统产业纳入纳米技术使能创新战略,同时凝聚制造技术推广中心、高等学府和其他技术部署机构的能力。各地区还可直线整合纳米技术创新中心,努力促进"纳米集群"和"纳米区"的发展;采用城市和区域系统方法促进负责任的创新;同时推动员工培训和发展。在监管过程中,我们将需要知情决策、澄清、预测和协调来减少限制纳米技术创新的不确定性,如果应用可能引发 EHS 问题,还要确保负责任和审慎的发展。与此同时,还可通过国际合作协调统一标准,助力国际纳米技术应用市场发展。

支持区域和国家纳米技术创新模式的发展也十分重要。自 2001 年 NNI 计划公布以来,许多国家、区域和地方建立了合作伙伴关系。(七大类伙伴关系以及具有代表性的实例请参阅 13.8.1 节。)此外,有些跨州的大财团还获得了专注于推进特定纳米技术应用的学术界和业界支持,如西部纳米电子学研究所。在未来十年里,我们将更多地把工作重心放在开发支持纳米技术创新和商品化的新模式、实现纳米技术投资的社会回报以及确保安全的新措施上。建立公私合作不仅能够为技术和商业发展提供支持,还能提供新的方法让公众参与到应用(直线性)开发过程中;这些新兴模式可以解决公众沟通中的许多问题。

从现在(2010 年)到 2020 年,我们将有多条途径可以用来部署纳米技术创新,并影响工业发展。纳米技术是一种新兴的通用技术,最早出现在 1999 年的"纳米技术研究方向"报告中,随后由于其发展得到确认[18]。早期预测认为,在纳米技术的推动下,全球制造业产值将于 2015 年增加 10% 左右[6,44]。2008~2010 年全球金融危机和经济增长放缓暂时抑制了当前纳米技术的发展步伐[45],但并未改变基本的发展轨迹。在短期内,纳米技术引发的许多创新将逐渐改进现有产品,趋近2020 年时效果将愈加明显,最终将造就革命性的架构和职能。

### 13.3.4　为纳米技术发展奠定人员和公众基础

在未来十年,随着纳米技术创新规模和范围的不断扩大,就业和培训将大受影响(详情参阅第 12 章)。无处不在的通用纳米技术意味着其影响将遍及各行各业。

无论是在塑料或包装等成熟行业,还是在电子或航天等尖端行业,如果企业不能及时将纳米材料、过程和器件的认知、理解和应用纳入其当前和未来的产品线和服务线,则会陷入竞争劣势,从而危及企业的生存和员工发展。同时,如果能够敏锐地辨识并充分利用纳米技术带来的商业机会,任何规模的企业都有可能创造新的就业机会。

因此,具备开发、获取、生产和管理纳米技术使能创新技术的人才将是不可或缺的。负责开发、应用、管理和监督纳米技术创新的人员不仅要在技术上训练有素,还必须能够预测并应对更广泛的影响。负责企业公众、法律和监管事务以及除研发外其他领域的员工也将需要具备更多的纳米技术知识。

### 13.3.5　推动纳米技术社会维度的道德与认知研发

未来 5~10 年,纳米技术社会维度的道德与认知的主要需求包括:

· 促使社会全面了解纳米技术,调查内容除了"从纳米技术能得到什么"(应用及其影响)外,还应包括"纳米技术需要考虑哪些因素"(经济和社会驱动因素、公众期望、文化价值、愿望等)

· 将纳米技术的 ELSI 考虑事项纳入教育过程,包括为有兴趣的学生提供进一步的学校课程以及为创新和评估过程提供成熟的 ELSI 关系(安全设计、负责任的创新)

· 对标准和计量学测量方法的可追溯性进行全球统一;协调监管标准

· 整合"生命周期方法"与材料试验(基于销售前后的产品测试,取代以生产前测试为主的方法)(第 4 章)

· 实施"绿色纳米技术原则",顾及到生命周期相关事项的可持续发展设计原则(第 5 章)

### 13.3.6　纳米技术应用和影响的整合研究

纳米 EHS 和纳米生命(如生物学、医学、技术)科学研究的方法亟须统一,唯一目的是深入了解良好的纳米材料与生物系统之间的相互作用。把纳米技术的变革性和责任性职能整合进统一的研发计划将是我们的当务之急。

### 13.3.7　推动道德进步

在未来,技术和经济决策应更好地兼顾到"道德进步"的问题。①要了解如何在科学和技术发展中创造社会价值和环境价值,有关伦理、法律和社会问题的研究必不可少[25-28,46,47],这包括发展解决不同公众意见的过程。

### 13.3.8　建立一个预测性、参与性和自适应技术评估网络

2000 年起,技术评估已经得以启动,以长期规划和 NNI 的实施为依据,并且

---

① Term coined by Susan Neiman 自创的词语,摘自"现代进步观为何如此贫乏?"("前进与向上"章节),2009 年 12 月 19 日。

允许主要利益相关者参与过程。这一长期愿景已被列入国家和全球的纳米技术研发重点。

参与技术评估是负责任地发展纳米技术所必不可少的。人们提出，应该为参与技术评价活动建立一个专门的网络：

　　·利用教育、审议和反映给予普通公民发表意见的机会，否则他们在科学和技术方面无法得到充分的代表权

　　·使决策者认真考虑选民针对科技领域新兴发展提出的意见

参与性的纳米技术评估网络将帮助决策者及时识别评估相关主题，请全国的专家和公众参与评估，促进数以万计的参与者深入学习，参与审议过程，并向广大市民和决策者公布结果。这一网络可由无党派政策研究机构主办，该机构可以作为政府机构联络方，获取技术评估主题相关信息，并负责公布评估结果。该网络应邀请高等学府参与，为技术评估方法的概念和方法论发展态势，促进技术和社会分析，组织参与性技术评估工作，为技术评估项目提供评价。网络还应纳入具备组织公民参与、与学校合作以及针对科学、技术和社会问题进行广泛公众教育等能力的各类组织（包括科学博物馆、科技咖啡馆和公民团体）。

# 13.4　科技基础设施需求

纳米技术基础设施的需求将转变为一小部分外部条件，如其他新兴技术的发展以及增加可持续发展、健康、老龄化和全球化要求。仅仅依靠自上而下的集中投资方法可能无法处理这种复杂的局面。我们有必要增加一些新的基础设施，这对纳米技术的生产者和用户同样重要，目的是加强广大市民参与决策、知情政策和扩大国际背景。我们还将需要评估企业对消费者和企业对企业的公共纳米技术产品详情，利用社交媒体和 Web 2.0 平台等新兴媒体创建利益相关者参与情况测试模型。其他需求包括：

　　·横向整合研究机构和实验室与安全、计量和社会影响研究

　　·建立最佳实践的国际交流平台，如官方国际追踪测量基础设施，包括评审系统

　　·通过支持活动和基础设施向全球南部地区提供纳米技术进展信息，为全球落后地区人民创造更好的经济、健康和生活条件

# 13.5　研发投资与实施策略

改变纳米技术研究重点，从 2001～2010 年的玻尔和爱迪生象限转变为 2010年以后的巴斯德象限[48]，这将对研发战略产生直接影响：

　　·加强纳米技术的研发和创新平台的途径包括：

　　— 短期和长期的政策框架和战略,以应对制造、医疗、可持续发展、交流和其他社会需求

　　— 凭借区域力量和机会汇集不同利益相关者

　　— 连接创新与社会,获取公平的利益分配

　　— 建立有关研究、创新和生产的跨学科、跨部门信息系统

　　• 加强商品化基础设施的途径包括:

　　— 联邦政府和州政府的研发投资和协调

　　— 区域合作

　　— 为纳米技术的早期研发和创新建立公私合作平台

　　• 为这一长期倡议中的基础研究和应用研究提供连续性投资,对研发计划和筹资机制进行机制化

　　• 在互惠互利的基础上加强国际交流,为全球研发协作和竞争提供机会

　　• ELSI 的工作方向从调查市民对创新的积极和反对意见转向从创新中完成必要“经济价值捕获”的手段(土地使用、工厂、税务/监管政策、帮助部分人致富)

　　• 发展并改进评估指标

　　表 13.3 为研发投资和实施策略提供了几项建议,根据前文所述分为四个基本的治理职能分组(参见表 13.1)。

**表 13.3　建议未来纳米技术治理增加的职能**

| 变革性职能 | 强调发展纳米制造、可持续发展和其他优先领域中以系统为导向的重点研发计划 |
|---|---|
| | 加强纳米技术工具,并促进从发现到发明再到商业模式和社会需求的创新周期 |
| | 加强纳米技术的优先投资,关注人类健康、恢复人体机能并在老龄化的同时保持工作能力 |
| | 调查可持续发展自然资源领域(水、能源、食品、清洁环境)的纳米技术 |
| | 建立新的组织和业务模式,包括支持纳米信息 |
| | 推广支持纳米技术和新兴融合技术的大学和社区学院课程(例如 NSF 的纳米教学中心) |
| | 促进各种应用领域的纳米技术研究、教育、生产集群与区域研究中心,缩短发明、技术发展以及社会响应之间的延迟 |
| | 建设水平、垂直和全系统集成的开放式基础架构 |
| | 改善适用于美国所有的项目和机构的指标 |
| | 加强国际信息系统,为所有研究人员提供及时的信息 |
| | 开发并采用纳米材料、器件和系统的信息技术工具 |
| | 建立可追溯的评审板(参考教材、实验室) |

| | |
|---|---|
| 责任性职能 | 为新的(第三代和第四代)纳米技术建立研究和法规 |
| | 实施/完成纳米材料毒性的预测方法;建立用户设施并投入使用 |
| | 通过前期设计构建可持续发展的纳米技术,取代事后纠正措施 |
| | 为纳米产品生命周期方法建立新的系统知识 |
| | 将纳米 EHS 和纳米 ELSI 关注事项整合到研究过程中 |
| | 开发一个有效的集成式科学平台,用于技术增长相符的危险性、暴露和风险评估(参见第 4 章) |
| | 维持并扩大 NSF 的社会纳米技术网络,在其他 NNI 领先机构中建立额外的基础设施 |
| | 开发新的方法,如多标准决策分析(例如 Linkov 等[49];Tervonen 等[50]) |
| | 调查落后地区纳米技术状况(Barker 等[36]) |
| | 监管机构和研究机构的制度化协调 |
| | 利用社会学、历史学、哲学、伦理知识基础研究纳米 ELSI,而非支持附属机构行动以达到推广目的,例如绘制可供理论不断创新的轨迹分析 |
| 包容性职能 | 在联邦政府、州、行业、学术界和研究基金会之间建立公私合作关系 |
| | 解决众多利益相关者关注的社会问题,如劳动力转移 |
| | 为行业、研究人员、监管机构、消费者和公众建立一个共同的信息交换平台 |
| | 为致力于纳米技术和相关新兴技术的 OECD 工作组提供持续协助 |
| | 纳米 EHS 领域的全球性、跨部门和开源合作将是纳米技术成为通用技术的关键因素 |
| | 加强参与性治理,增加使用公众和专家调查以及新兴交流平台,如社交媒体和 Web 2.0 平台 |
| | 优先发展基于证据的纳米技术风险沟通,这些沟通建立在公众和专家的心理模型和风险认知研究、媒体研究和多途径的决策风险分析的基础上 |
| 前瞻性职能 | 研究融合技术和新兴技术带来的不断变化的社会相互作用 |
| | 开发预测性和参与性治理的运营方面(例如 [2,25,51,52]) |
| | 预测纳米技术对全球变暖的长期潜在影响;未来 1000 年[11] |
| | 优先发展再生能源、清洁水、公共卫生基础设施、城市可持续发展、农业系统的纳米技术 |
| | 准备十年愿景(2011—2020)(本报告) |
| | 从以研究为中心过渡到以需求/用户/应用为中心 |

# 13.6　总结与优先领域

在未来十年,我们需要强力聚焦改善纳米技术的预测性和参与性治理,这包括四大基本职能,即变革性、责任性、包容性和前瞻性。

改善开放的创新环境、建立更好的创新机制是纳米技术领域未来十年内需要优先解决的问题,因为纳米科学和工程已经打下了坚固的基础,而且社会期望也有所增加:

· 加强有助于纳米技术经济和安全应用的创新生态系统。这包括支持多学科参与、建立多元化的制造基地和多重领域应用、鼓励公私合作和能力整合、创业培训、多方研究、深化研究和技术应用整合的研发平台、区域研究中心、从研究到商品化的缺口资金、以结果为驱动的文化、鼓励创造力和创新以及法律和税收优惠政策。各经济体必须在顾及国际背景的前提下平衡竞争利益和安全问题。

　　• 建立并保持创新机制,在此基础上建立纳米技术基础设施、促进经济发展、创造就业机会、提高生活质量和国家安全。以下为几个实例:

　　— 促进基础研究和竞争前研究的公私合资计划。美国先前的实例包括 NSF 的产学合作研究中心(IUCRC,始于 2001 年)、纳米电子研究倡议(NRI,始于 2004 年)与半导体研究公司合作(NSF 以及最近的 NIST),NSF 和工业研究院(IRI, 2010 年以来)计划。

　　— 重点研究计划,需要跨学科和同行业合作(例如纳米技术签名倡议,NNI, 2011 年以来)。通过各种互补的筹资机制协调该类横跨多个机构的计划。

　　— 根据各项目上半年取得的研究成果为其提供创新机遇补贴资金。上述美国实例是 2010 年 NSF 方案征集活动"Grant Opportunities for Academic Liaison with Industry"(GOALI),以"加快创新研究"(AIR)为补充。

　　— 建立并保持区域的公私合作,如大学-产业-当地政府组织研究中心。美国的区域合作模式参见 13.8.1 节。

　　— 通过长期愿景和规划(如技术路线图)支持多学科/多部门研发平台。例如,在美国,电子、化工业、木材和造纸业都有自己的纳米技术发展蓝图。

　　— 支持和维护纳米制造用户设施和教育计划。美国的实例包括国家纳米技术基础设施网络(NNIN)和桑迪亚国家实验室(SNL)以及国家纳米网络(NNN)。

　　— "高科技扩展"是纳米技术基础设施与现有业务的直接连接纽带,有助于改善现有产品、开发新产品、扩大就业(13.8.1 节)。

　　— "缺口资金"用于帮助创业企业加速商品化(例如中小企业、大学和/或企业子公司),采用技术转让和早期投资的形式(13.8.1 节)。

　　— 向企业提供纳米 EHS 监管援助,尤其是中小型企业。

　　— 支持行业数据基地、研究项目、用户设施和国际合作。

　　— 为引进纳米技术提供教育和支持收费,以获得经济效益和更好的高薪就业机会,增加纳米技术在新兴和传统产业中的渗透。

　　未来十年纳米 EHS 和 ELSI 的优先行动包括:

　　• 整合社会科学和人文科学工作与 NSE 研究。

　　• 通过纳米技术社区和国际组织以及民间组织和公众之间持续的双向/多向对话加强公众参与。阐明新的公众参与策略,包括受教育程度最低以及最依赖于互联网信息来源的公众。广大 NSE 和社会维度研究人员以及各种公众组织综合活动,包括但不限于情景开发研讨会和非正式科学教育。保持 NSE 专家与决策者之间的联系,以便获取信息。

　　• NSE 的合作教育和社会科学研究生提供更多的支持,发展跨学科的机构文化和国家交流网络;提供更多的机会以制度化和推广该类实践。

· 开发结构化(制度化)背景,促进公众和研究人员之间的双向沟通,帮助科学家和工程师了解公众关注的问题(并为科学提供持续的公众支持),同时帮助公众了解科学、工程和纳米技术。

· 支持未来"nano"劳动力研究以及美国国内外纳米技术产业发展关键节点的人口统计学研究。

· 优先发展基于证据的纳米技术风险沟通,这些沟通建立在公众和专家的心理模型及风险认知研究、媒体研究和多途径的决策风险分析的基础上。

· 为纳米技术采用一个预测性、参与性的实时技术评估和适应性治理模式,为负责任地发展纳米技术做好人员、工具和组织准备。评估社会行动者和监管机构是否做好准备迎接纳米技术发展的挑战,例如新一代产品、缩小知识差距和药品/医疗设备分类。

全面改善全球自我调节生态系统中的纳米技术治理有多种可能性(还可参阅表 13.3 中的例子):

· 采用开放资源和激励模式;

· 通过前期设计建立全球性、可持续性的纳米技术,取代纠正措施;

· 赋予利益相关者权利并促进其之间的合作关系;

· 实施长远规划,包括国际视野;

· 纳米技术在科研、教育和生产流程制度化;

· 结合科学为基础的自愿性和监管措施,用于纳米技术治理,特别是风险管理[53,54];

· 为维护数据库、命名、标准和专利筹划一个国际联合筹资机制。

## 13.7　更广泛的社会影响

本章在其主要部分中已经讨论了这一主题。有人可能会强调纳米技术治理是实现新技术效益所必不可少的,限制了其负面影响,并加强全球合作。此外,纳米技术的发展与其他新兴技术是相互依存和协同的关系。除了在发现、创新和具体应用中的关键变革作用,纳米技术治理还对社会和国际互动有巨大影响。

## 13.8　研究成果与模式转变实例

### 13.8.1　纳米技术的区域合作

联系人:Skip Rung,俄勒冈纳米科学与微技术研究所(ONAMI)

自 2001 年 NNI 建立以来,许多国家、地区和地方建立了合作关系,投入全力或部分精力推动纳米技术的进步。这些合作伙伴关系可分为七大类:

　　•国家支持的组织,负责增强纳米技术的科研能力和国家资助计划,推动初创企业成长,将大部分精力放在纳米技术上,但并非其唯一工作(例如,ONAMI 和俄克拉何马州纳米技术倡议);

　　•国家资助计划,推动初创企业成长,有的仅专注于纳米技术,有的也兼顾其他研究(例如,Ben Franklin Technology Partners);

　　•由国家投资以学术为导向的基础设施,包括由私人提供的支持成本(例如,加利福尼亚州纳米技术研究院);

　　•会员资助的国家/地方行业协会(例如,科罗拉多州纳米技术联盟);

　　•会员资助的国家/国际纳米技术贸易协会(例如,纳米产业联盟和银纳米技术工作组);

　　•行业赞助的学术与产业财团(例如,西部纳米电子学研究所);

　　•行业发起的部门基础研究(例如,NSF 自 2003 年 10 月发起的纳米电子研究倡议以及自 2007 年发起的 NIST)。

　　这类合作关系只有在与重要的利益相关者目标高度一致时,才能实现资金、可持续性和运营成功,这些利益相关者能够提供竞争举措,寻求公共或个人自愿支持。在国家投资的情况下(大多数情况),唯一动机是推动经济发展,需要就业方面的可信结果(理想情况下)或至少能作为财务杠杆。这些举措达到"自收自支"的压力越来越大(虽然有私人和联邦政府提供资金),即使在国有经济为主要受益方的情况下也是如此。

　　在未来十年,随着 NNI 加强关注商品化,有两项区域/国家倡议活动的重要性必将有所增长。第一项活动"高新技术推广"(图 13.6)直接联系着纳米技术的基础设施与现有企业,帮助他们改进现有产品、开发新产品并扩大就业规模。便利和经济的资源获取方法,如纳米材料表征,可以将纳米科学的影响扩大到更广泛的经济带。

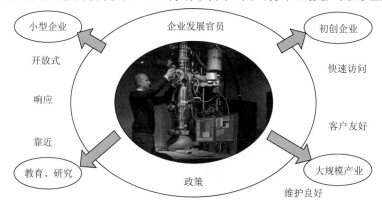

"高技术延伸"理念

图 13.6　当技术发展便于为企业利用时,纳米设施和设备将是最大受益方。这种便利条件对于中小型企业来说尤为重要,是早期商业化的关键。国家和区域经济发展领域的工作人员可以作为"高科技延伸"的代理人

　　第二项活动称为"缺口资金",以技术转让和早期投资的形式帮助初创企业(例如,中小企业、大学和/或企业分拆)加速商品化。虽然 SBIR 和 STTR 奖项是在这方面的重要工具,侧重于成长型企业的本地管理资本是商业化计划投资组合的必要补充,而且是一项非常适用于联邦国家/地区合作的举措。联邦和各州合作伙伴为新的合资企业提供"缺口资金",用于 NNI 技术研发商业化,可以在 2～4 年内加速商品化,并确保经济效益和创造就业机会。需要短线资金援助扭转的"缺口"也被称为业务启动和商业盈利之间的"死亡之谷",对于先进技术企业来说是一个特别危险的过渡阶段。

### 13.8.2　NSF 社会影响研究项目实例

　　联系人:Mihail C. Roco,美国国家科学基金会

　　表 13.4 列出了 2010 年由美国国家科学基金会设立的许多项目,旨在支持纳米技术研究、开发和商品化的社会影响研究。(许多该类项目还支持美国公众关注的纳米技术问题,并让他们参与治理讨论。)

表 13.4　2001～2010 年 NSF 资助的项目实例,用以支持社会影响调查

| 项目[a] | 机构 |
| --- | --- |
| 纳米技术和其公众 | 美国宾夕法尼亚州立大学 |
| 纳米科学和纳米技术政策的公共信息和审议(SGER) | 北卡罗来纳州立大学 |
| 农业食品纳米技术的社会和伦理研究与教育(NIRT) | 密歇根州立大学 |
| 从实验室到社会:制定 NSE 知情方针(NIRT) | 南卡罗来纳大学 |
| 直观毒理学和公众参与(NIRT) | 北卡罗来纳州立大学 |
| 纳米技术的数据库和创新时间表 | 加利福尼亚大学洛杉矶分校 |
| 纳米技术的社会和伦理维度 | 弗吉尼亚大学 |
| 本科生探索纳米科学、应用和社会影响(NUE) | 密歇根理工大学 |
| 纳米技术发展中的道德与信仰(职业生涯) | 弗吉尼亚大学 |
| 所有 NNIN 和 NCN 中心都有社会影响组成部分 | 28 个 NSF 纳米技术中心和网络 |
| NSEC:亚利桑那州立大学的社会纳米技术中心 | 美国亚利桑那州立大学 |
| NSEC:美国加利福尼亚大学圣巴巴拉分校的社会纳米技术中心 | 美国加利福尼亚大学圣巴巴拉分校 |
| NSEC:社会纳米技术项目,纳米技术与社会的联系 | 哈佛大学 |
| NSEC:社会纳米技术中心:肩负社会责任的纳米技术建设性互动 | 南卡罗来纳大学 |
| CEIN:纳米技术的预测性毒理学评估和在环境中的安全实施 | 美国加利福尼亚大学洛杉矶分校 |
| CEIN:纳米技术环境影响研究中心 | 杜克大学 |
| NNIN:国家纳米技术基础设施网络(10%) | 美国康奈尔大学 |
| NIRT:公众关注的纳米技术:调控、挑战、能力和政策建议 | 美国东北大学 |
| Collaborative Grant:纳米技术与社会课程带进加利福尼亚社区学院 | 美国加利福尼亚大学圣巴巴拉分校 |

　　a 项目类型的缩略词(按出现顺序):SGER:探索性研究小额赠款;NIRT:跨学科纳米研究小组;NUE:纳米技术工程本科教育;CAREER:教师早期职业发展奖;NNIN:国家纳米技术基础设施网络;NCN:计算纳米技术网络;NSEC:纳米科学和工程中心;CEIN:纳米技术环境影响研究中心。

### 13.8.3 亚利桑那州立大学的社会纳米技术中心

联系人：David Guston，亚利桑那州立大学（ASU）

亚利桑那州立大学的纳米科学和工程中心/社会纳米技术中心（NSEC/CNS-ASU；http://cns.asu.edu）成立于 2005 年 10 月 1 日，由美国国家科学基金会出资建立。CNS-ASU 结合研究、培训和公众参与来开发一种新的纳米技术监管方法。该中心采用了"实时技术评估的研究方法"（RTTA），并以预测性治理的战略愿景作为指引。预测性治理方法包括增强的预测能力、公众参与以及整合社会科学和人文工作与纳米科学和工程研究教育[55,56]。虽然总部设在亚利桑那州坦佩，CNS-ASU 的主要合作伙伴是威斯康星大学麦迪逊分校和佐治亚理工学院，以及美国国内外的其他合作者网络。

CNS-ASU 有两种类型的综合研究计划，以及教育和推广活动（自身与研究的整合）。CNS-ASU 拥有两个专题研究集群，旨在追求基础知识并建立跨 RTTA 的联系，两个集群分别是"公平、平等和责任"和"城市设计、材料和建筑环境"，该中心的四项 RTTA 计划包括：

- 研究与创新系统评估，利用文献计量和专利分析了解 NSE 企业发展动态；
- 公众意识和价值观，利用调查和准实验媒体研究了解公众和科学家对 NSE 的不同观点；
- 预测和审议，利用场景开发及其他技术促进 NSE 应用的审议；
- 自反性和整合，利用参与观察和其他技术来评估中心对 NSE 合作者之间自反性的影响。

该中心主要的概念成果是验证了预测性治理是一项富有远见的战略愿景。其三大主要业务成果包括：① 在一项有关纳米技术和大脑的研究中，完成了"端到端"评估，提出了新颖的见解；② 进一步推动了 NSE 研究人员向 CNS-ASU 的整合；③为 NSE 构建社会方面的非正式科学教育合作（ISE）。计划性成果包括为组装及开采书目和专利数据库建立了国际通用的纳米技术定义；开展了两次全国民意调查和领先纳米科学家调查；举办了首届全国公民科技纳米技术论坛，推动了人类进步（图 13.7）；证明了研究人员和社会科学家之间的互动可以产生更多的自反决定；维持一项 NSE 和权益国际研究计划；为城市设计、材料和环境建设领域的一项新研究计划奠定了基础。

该中心的主要学术价值源于支撑其的大规模跨学科合作。接受并促进不同方法之间的相互作用、了解纳米技术并建立配套能力、挖掘治理知识是 CNS-ASU 所追求的重要学术贡献。在出版物和引证两方面，该中心的研究工作对学术界产生了重大影响。为扩大影响力，该中心融合了研究、教育和推广活动，通过培训大批

图 13.7  首届全国公民纳米技术与人类增强技术论坛的与会者,该论坛由 CNS-ASU
主办,在 2008 年 3 月举行(由 David Guston 提供)

来自社会科学和以纳米科学为基础的物理科学界的新晋学者来达到目的,结合新课程和 ISE 机会中的前沿研究,并将由此得到的经验教训和技术用于教学。CNS-ASU 通过培养初级学员以及提出公平、性别、残疾等问题作为计划研究对象扩大了代表群体的参与。该中心通过组织社区定义会议加强了基础设施的研究和教育,产生社区定义的知识来源,作为数十名学者的国际枢纽广泛共享数据和仪器,并在学术同行、公共、科研、产业、政策受众中积极推广研究结果。

### 13.8.4  亚利桑那州立大学的社会纳米技术中心

联系人:Barbara Harthorn,美国加利福尼亚大学圣巴巴拉分校

美国加利福尼亚大学圣巴巴拉分校的社会纳米技术中心(CNS-UCSB),致力于促进美国和世界各地新兴纳米技术相关的社会问题研究。该中心作为一所国家研究和教育中心,是关注创新和负责任地发展纳米技术的研究人员和教育工作者们的网络枢纽,为美国国内外这些问题的研究提供了资源基础。CNS-UCSB 负责将多个利益相关方纳入纳米技术社会影响分析以及通过推广和教育计划进行的讨论,并将其延伸到业界、学术界以及环保组织、决策者和广大公众。

CNS-UCSB 的学术目的分为两个方面:研究纳米技术的出现和社会影响,聚焦在持续的技术创新对全球人类生存条件的影响;利用人类行为、社会制度和历史方面的经验知识来推动纳米技术在美国以及全世界的社会及环境可持续发展。这些目的激励着众多理论和方法论角度的研究,为业界-劳动者-政府-学术界-非政府组织对话奠定了基础,并且为研究生、本科生、社区学院的学生和博士后研究人员提供了组织指导。

CNS-UCSB 研究人员致力于解决一系列社会和环境问题,包括美国本土和比较全球性的特定纳米使能技术创作、开发、商品化、消费和调节,这些技术可以用于能源、水资源、环境、食品、健康和信息技术。该中心通过研究三个相互联系的领域来解决纳米技术相关的社会变革问题:

・纳米技术的历史背景

・纳米技术与全球化,主要侧重于东亚和南亚

・在专家和公众之间进行纳米技术风险认知和社会响应研究;纳米技术风险的媒体框架;让广大美国公众参与到新技术上行审议的方法

CNS-UCSB 与 UCSB 的国际知名纳米研究人员保持着密切的联系,他们与加利福尼亚州纳米技术研究院、材料研究实验室以及国家纳米技术基础设施网络密不可分;还从纳米技术环境影响 UC 中心(UC CEIN)的生态毒理学研究人员以及专注于科技、文化和社会关系的社会科学研究中心获得了大力支持。这些关系通过美国与海外的更广泛合作得以增强。美国的合作者主要来自加利福尼亚大学伯克利分校、化学遗产基金会、杜克大学、昆尼皮亚克大学、莱斯大学、纽约州立大学(SUNY)莱文学院、纽约州立大学新帕尔茨分校、华盛顿大学以及威斯康星大学。国外合作者主要来自北京理工大学、卡迪夫大学、法国国家科学研究院、英属哥伦比亚大学、东英吉利大学、爱丁堡大学以及威尼斯国际大学。

CNS-UCSB 的新型研究生教育计划针对社会影响和纳米科学和工程专业的学生提供合作教育。UCSB 的纳米科学和工程系毕业生可以参与 CNS-UCSB 的科学政策分析、媒体报道分析、公共协商、风险和创新的专家访谈、中国专利分析以及国家研发政策对比等研究。

### 13.8.5　朝向可持续发展纳米技术的治理方法

联系人:Jeff Morris,美国国家环境保护局(EPA)

美国 EPA 的纳米材料研究项目目标之一是将风险管理的思想和行为转向防止污染。防止污染是 EPA"纳米材料研究战略"的主要主题之一(http://www.epa.gov/nanoscience),而其他主题则直接支持 EPA 的研究,帮助其了解纳米材料的不同属性,如移动性、持久性和/或生物利用度等。这些和其他暴露相关信息以及可能影响毒性的特定纳米材料属性研究可以为绿色化学和其他方式的使用提供有效信息,从而促进负责任地设计、开发和使用纳米材料,包括直接或间接推动环保的纳米技术。

除了确保现有纳米材料的环境可持续性,EPA 还需要寻找创造性的方法,以可持续的方式开发纳米材料。EPA 的环保研究旨在证明如何避免有毒的化学物质,同时生成纳米粒子,这些研究已被应用于一个极有前景的应用中:使用纳米零价铁(NZVI)清理污染物的技术,以促进在地下水中的污染物分解。起初,EPA 团队通过混合茶和硝酸铁来生成零价铁。这一过程无需使用任何危险化学品,如制造纳米粒子所常用的硼氢化钠。该过程不但避免了危险化学品的使用,而且纳米粒子也没有表现出明显的皮肤毒性迹象。随后,研究人员使用葡萄提取物来制造高品质的金、银、钯、铂纳米晶体[57]。这个例子告诉我们,向可持续发展的纳米技术迈进需要我们在材料研究和开发中加入新思维。虽然 EPA 的研究并不一定会得到能够实现商品

化的"绿色纳米材料",但是却证明了使用无毒原料合成纳米粒子是可行的,真正限制纳米技术绿色化学方法发展和应用的是我们自己的思维方式。

### 13.8.6　美国纳米技术辩论的公众参与状况

联系人:David Berube,北卡罗来纳州立大学

公众参与科学和技术辩论已经在规范、工具和实质性目的中证实了其出色的效果,而这一"参与性转变"目前在许多国家中也已取得显著进展[58]。特别值得一提的是,鉴于安全、效益程度和长期社会风险具有不确定性,有效的公众参与可以在纳米技术发展中发挥重要作用。NNI 通过美国国家科学基金会为大量研究工作提供了支持,通过不同形式和程序将公众纳入科学和技术政策的决策过程[5,12]。活动范围从博物馆的非正式科学推广(NISEnet)到一些网站的科学咖啡馆式非正式社区讨论、长期的非正式"公民学校"(例如南卡罗来纳大学)、多站点的国家参与共识会议(CNS-ASU)以及跨国比较公共审议(CNS-UCSB)。CNS 的"科技公共传播"针对纳米科学风险、纳米技术和食品的公众认知举办参与活动。

CNS-ASU 的"国家公民技术论坛"是仿照丹麦共识会议,但分布在美国的 6 个地区。关注"纳米技术和人力增强"的 NCTF 表明,可以在全美范围内举办高品质的审议活动,并且可以选择有代表性的公民来判断纳米技术的发展,尽管他们刚刚开始接触这一领域[28]。2007 年 CNS-UCSB 的美国和英国比较公开审议效仿英国的上行审议方法,纳入了分组设计来对比这两个国家的能源和健康领域的纳米技术应用[26,27]。最近,CNS-UCSB 在 2009 年举办了一组额外的研讨会,更仔细地调查性别差异作用,公众意见在这一因素有着较大分歧。

约 53% 的美国公众几乎没有感知到纳米技术的风险[59]。食品领域是公众对纳米技术应用的 EHS 方面表达较高负面印象的唯一领域。决定公众风险认知的重要变量似乎是教育水平和社会经济类别,而并非文化或宗教信仰,尽管文化和宗教可能与教育和社会经济地位有关。

"缺乏信息"的美国人口数量越来越多,这些人不会从传统来源或数字媒体来源寻找消息。另外,美国还有一个称为"net-newsers"的群体,也在日渐壮大,这一群体的大部分新闻信息来自互联网资源[60]。虽然一些"net-newser"仍局限于转移到网络上的传统新闻,但越来越多的人转向与"Web 2.0"相关的资源。这两种现象为公众参与有效的纳米技术治理问题讨论带来了特殊的挑战。我们必须找到具有创造性的新方法使信息闭塞的人们获得认知,而且我们必须找到创造性的方法使用社交媒体参与平台来吸引依赖网络获取信息的人们。转向网络新闻也意味着我们有可能需要对很多社会科学认知的风险扩大因素重新审视,这些信息过去都是从报纸和电视上获取的。

### 13.8.7　情境分析法:NanoFutures 项目

联系人:Cynthia Selin,美国亚利桑那州立大学

纳米技术的未来并不是注定的,因此目前尚无法预测。纳米尺度发现的技术途径和社会影响都存在关键的不确定因素。纳米技术的发展取决于今天做出的选择以及在会议室、实验室、立法机关甚至商场中发生的社会选择。许多复杂且相互关联的变量将决定纳米技术在未来十年中的最终发展。

面向未来的方法为构建主要不确定性提供了一种途径,如情景规划等,推动纳米技术和社会的协同进化[61]。这些关键的不确定性范围从美国经济的健康状况到监管框架、公众意见甚至许多未来纳米产品的实际技术性能。与预测科学不同,预测与展望旨在为辨识和分析不确定性提供必要手段,通过这种方式使纳米技术的积极成果最大化,并将负面效应降至最低[18,51]。情景发展的特殊价值在于预演潜在的未来以识别未开发的市场、意外结果和不可预见的机会。

评估纳米技术的预期收益和风险有三个重要的应用领域:

• 医疗保健:纳米技术有望在癌症治疗、给药和个性化医疗领域实现大量突破。CNS 在系统地了解新兴的诊断技术后确定,关键选择主要涉及设备数据的可靠性和安全性、设备管理以及与大型医疗系统的集成。便携、快速、可靠的医疗诊断要想产生积极的社会效益,访问问题必须得到充分解决。

• 气候和自然资源:纳米技术的发展可以打造出注重节约、保护和扩大自然资源的产品和过程,由此克服许多最迫切的弊病。CNS-ASU 有一项方案聚焦于使用空气生产饮用水,这可能使我们实现自给自足的生存,应对全球的清洁水需求。

• 能源及权益:纳米技术将在能源领域产生更高效率和成本节约。一项特别方案对使用纳米技术增强型冷却剂提高核能发电进行了验证。将这样一项未来技术作为一个场景描述,更多创新障碍和载体评估提供了有效手段。

这些预测和展望措施可采取各种形式,从传统的情景规划到与虚拟游戏实验、仿真建模、审议原型和培训模块。这些工具使科学企业更加适应不断变化的社会、政治和经济需求,产生更有力和相关的发现,以解决当代和未来需求。

### 13.8.8　大型纳米技术公司是创新与商品化的主要来源

联系人:N. Horne,美国加利福尼亚大学伯克利分校

少数大型跨国公司负责纳米技术专利活动的重要部分,但竞争策略人为降低其产品商品化的能力。新政策可以改变这一趋势。

2000 年以来,纳米技术的探索和创新蓬勃发展;纳米技术现在已经达到了一个通用技术的普及程度[62]。相对于中小型企业(SMEs)和大学,大型跨国企业(LMEs)仍是大多数纳米技术创新的主要来源,随着时间推移这一变化并不明显

（表 13.5）。由于资金聚类，创新主要集中在大中型企业，包括设备和技术熟练的劳动力，结合深入的市场知识，最大限度地提高应用开发。

表 13.5　纳米技术专利持有人排行榜*

| | 2004 年 | | | 2010 年 | | |
|:---:|:---:|:---:|:---:|:---:|:---:|:---:|
| 排名 | 实体 | 类型 | 美国纳米专利数 | 实体 | 类型 | 美国纳米专利数 |
| 1 | IBM | LME | 171 | IBM | LME | 257 |
| 2 | 加利福尼亚大学校董会 | 大学 | 123 | 佳能 | LME | 164 |
| 3 | 美国海军 | 政府 | 82 | 三星 | LME | 137 |
| 4 | 柯达 | LME | 72 | 加利福尼亚大学校董会 | 大学 | 112 |
| 5 | 明尼苏达矿业 | LME | 59 | 惠普 | LME | 112 |
| 6 | 麻省理工学院 | 大学 | 56 | 日立 | LME | 78 |
| 7 | 施乐 | LME | 56 | 日本精工 | LME | 80 |
| 8 | Micron | LME | 53 | 奥林巴斯 | LME | 71 |
| 9 | 松下 | LME | 45 | 莱斯大学 | 大学 | 70 |
| 10 | 欧莱雅 | LME | 44 | Nantero | SME | 68 |
| 专利总数，排名前 10 位 | | | 761 | | | 1149 |
| 排名前 10 位纳米专利受让人持有专利数在美国纳米技术专利总数中所占比例 | | | 14% | | | 19% |
| 专利总数，第 10～20 位 | | | 309 | | | 496 |
| 排名第 10～20 位的纳米专利受让人持有专利数在美国纳米技术专利总数中所占比例 | | | 6% | | | 8% |
| 排名前 20 位纳米专利受让人持有专利数在美国纳米技术专利总数中所占比例 | | | 20% | | | 27% |

注：由 Li 等[63]和 Graham[62]提供；表中所列举的数据为原始数据。

　　与 2000 年相比，2010 年的专利申请更为集中，美国所有的纳米技术专利中超过四分之一为二十家实体所有。截至 2008 年，私人研发投资已经超过公共研发投资。此外，大中型企业是年收入中最大的资金来源，普遍认可的创新来源、风险资本总资金仅占不足 5%。这种相对较高的私人资金平衡虽然是可取的，进一步强调了大中型企业的主导地位以及确保高效商品化对于拓宽经济物品的重要性。

　　私营公司既是有效的商业驱动力，又是低效商品化的主要来源。在所有的技术领域中,至少有三分之一的技术产品完全通过技术和市场检验审核但却并未面市。从多个应用纳米技术市场部门的经验数据中我们能看到一致的抑制率,这些部门具有相似特征,包括退出周期较长和初始资本投资需求较高。未发布的技术和做好发布准备的产品比例平均在 40%~50% 之间(技术产品参阅文献[64];医药产品参阅文献[65])。监管审查对制药抑制的影响比技术产品要大一些。许多工业化国家通常都有带动"沉睡专利"的政策,主要采取强制许可和列队入场条款手段。由于使用率极低,这些政策见效甚微;企业不使用许可证,因为率先行动的公司要承担相关费用,而后来的公司却将由此受益[66]。

这将严重影响 2020 年的发展。按照目前趋势来看,对基础研发和应用研发进行持续的政府投资,然后结合一般的经济复苏,将促进持续的专利创造,并在一定时间保持增长,即使短期内缺少风险资本也不会受到影响。同时,大量纳米技术专利将集中于一小部分企业参与者,其结果是在中短期内,少数大型企业将继续作为知识产权和商品化的重要来源。有效推动沉睡专利的新政策可以扩大纳米技术的经济影响,尤其是跨越多个部门的企业拍卖,可以弥补强制许可的不足;但应谨慎组织,以避免目的被歪曲。

纳米技术专利拍卖的目标是通过为专利提供中短期盈利,激励企业让渡未使用的知识产权(IP)。与开放式拍卖市场相比,采取强制许可会减少潜在的投标人的数量,从而使知识产权的短期价值降低。拍卖消除了强制许可的弊端,率先行动的公司虽然要承担成本,但却能通过知识产权重新分配获得收益。决定拍卖类型的两大因素能够创造出最大效益:私有价值和信息不对称。私有价值,即投标公司拥有相关知识产权,能够大幅提升所拍得的知识产权的价值;信息不对称指投标公司拥有能够影响拍得知识产权估值的知识。鉴于纳米技术产品一般需要多项专利来打造最终产品,对产品成功至关重要的单项专利可能产生虚高的投标价格,偏离专利的真正价值,这仅仅是由于时机问题。采用同时拍卖取代逐一拍卖可以防止该类关键专利技术估值过高。因此,统一价格拍卖可以实现最有效的专利重新分配,这种拍卖也被称为第二价格密封拍卖或多项纳米技术专利的维克瑞拍卖。

## 13.8.9　不确定数据决策

**联系人:Jeff Morris,美国国家环境保护局(EPA)**

工业化学品监管的历史显示,当化学品进入社会时,EPA 等监管机构无法及时获取和评估风险相关信息。① 然而,似乎大部分政府、业界和非政府组织的利益

---

① "TSCA 化学物质清单"中有超过 84 000 种化学物质;其中,EPA 只有一小部分物质的充分数据,可以根据 EPA 自有的风险评估准则进行风险测定。平均每年都会增加约 700 种新物质。有关 TSCA 清单的信息可查阅网站 http://www.epa.gov/oppt/newchems/pubs/invntory.htm。也可参考美国政府问责办公室[67]。

相关者都认为纳米技术治理的适当路径应该遵循监管性科学模式,而这一模式在工业化学品领域已经沿用了数十年。[①] 这一认识对美国的监管机构有着重大影响,而纳米技术的风险问题也归该类机构管理。Christopher Bosso[29] 确定机构能力是伴随纳米技术利益相关者协议而来的一个主要问题,纳米技术环境影响相关决策将需要大量数据支持。鉴于监管机构未能充分解决传统工业化学品的评估需求,因此,如果监管机构不采用新方法来管理引进的新物质(包括但不限于纳米材料),他们将很难达到纳米技术的监管要求。

Bosso[29] 提出了与机构能力相关的另一个问题,即如何在采取风险预测措施与获取足够信息作出正确的风险决策进行权衡。传统来讲,监管机构都需要大量证据支持才能进行化学品风险决策。开发与现有同类物质(石棉物质)同等规模的危害和暴露数据库需要数年甚至数十年时间。[②] 因此,我们的困难是如何在监管科学数据匮乏的情况下,使治理机构能够采取预测性的风险预防行为。如果负责环境决策的官员固守己见,坚持将现有的化学品评估模型作为纳米技术治理的主要方法,在预测性和稳健的风险信息数据库之间达到平衡将成为不可完成的任务。

预测性纳米材料技术评估这一概念适合于倾向可持续性化学品、材料和产品开发及利用的国家和大规模全球运动。在许多情况下,负责化学品和其他材料(包括纳米材料)发明、设计、合成、制造、产品集成、使用、管理、处置或回收的人员往往没有足够的信息(包括但不限于物理化学和/或材料特性、生命周期、危害、暴露),无法做出以环境可持续方式进行设计、创造和管理的决策。不仅如此,他们对制造过程所使用的材料(如能源、起始原料)以及排放物也知之甚少。如果没有这些信息,环境决策者将无法处理当前积压的未评估化学品(包括越来越多的纳米材料),更不用说解决新兴技术衍生的新材料的影响,如纳米材料。美国近期出台的TSCA 改革法案以及欧共体 REACH 法规的实施进展使创新型解决方案的需求愈加迫切,构建面向绿色设计的化学品、材料和产品评估方法成为当务之急。

### 13.8.10　纳米技术在治疗和诊断领域的渗透

联系人:Mostafa Analoui,利文斯顿集团,纽约州纽约市

过去十年,围绕纳米技术的生命科学利用价值的研究和产品开发数量激增(参见第7章)。2000~2010 年期间,纳米技术的出版物和专利数量都呈现稳步增长,纳米生物技术的增长速度更为迅猛,这也是公私部门加大科学投资力度的一个结果[69]。然而

---

① 有关监管科学及其在环境决策中的作用,请参阅文献[68]。

② EPA 于 1989 年试图禁止石棉在产品中的使用,于 1991 年被第五巡回上诉法院驳回,主要原因是法院认定 EPA 没有为该禁令提供足够的监管科学理由。详情参阅 http://www.epa.gov/asbestos/pubs/ban. html。有关该问题的简要说明,请参阅环境工作组的"失败的 EPA 石棉禁令"一文 http://www.ewg.org/sites/asbestos/facts/fact5.php。

科学成果和知识产权创造的稳步增长尚未有对等的投资、产品开发和商品化模式相匹配[70]。知识革命和市场引进中的差异是新兴技术的一个共同特点。

目前,绝大部分投资专注于现有化学和分子实体的改革和新型供给。一直以来,60%以上纳米研发都被分配到该分部。该领域诞生了几个优秀和成功的发展案例。Abraxis 公司开发纳米白蛋白配方用于制造细胞毒性最强的制剂之———紫杉醇(产品名称为紫杉醇)可被视为此类活动的一个标杆。Abraxane 公司承诺以更高的剂量达到安全治疗的目的。2005 年 1 月,Abraxane 获得 FDA 批准,将该药物用于转移性乳腺癌。自此,Abraxane 不断扩大该药物的适应证,为越来越多的患者带来了福音。该产品 2009 年的销售额超过 3.5 亿美元,在此基础上,Celgene 公司以 29亿美元的高价收购了 Abraxis 药厂。这是迄今为止纳米医学领域最大的收购案。

已获批准和已经面市的纳米配方药实例参见表 13.6,2009 年纳米技术治疗的市场规模超过 26 亿美元,此前在 2000 年,市面上尚未出现任何该类商品。

**表 13.6　纳米治疗及其 2009 年销售额**( * 表示 2008 年销售额)

| 产品 | 颗粒类型 | 药品/应用 | 技术提供/许可公司 | 状态 | 2009 年销售额(百万美元) |
|---|---|---|---|---|---|
| TriCor | 纳米晶 | 非诺贝特 | Elan/Abbott | 已面市 | 1125.0 |
| 雷帕霉素 | 纳米晶 | 西罗莫司 | Elan/Wyeth | 已面市 | 343.0 |
| 两性霉素 B 脂质体注射剂 | 脂质体 | 两性霉素 B | Gilead Sciences | 已面市 | 258.6 |
| Abraxane(自 2005 年起) | 纳米颗粒 | 紫杉酚 | American Bioscience | 已面市 | 350 |
| 盐酸多柔比星脂质体a | 脂质体 | 阿霉素 | ALZA | 已面市 | 227.0 |
| 止敏吐胶囊 | 纳米晶 | 阿瑞匹坦 | Elan/Merck | 已面市 | 313.1 |
| 两性霉素 B 脂质体复合物 | 脂质体 | 两性霉素 B | Elan | 已面市 | 22.6 |
| 非诺贝特片 | 纳米晶 | 非诺贝特 | SkyePharma Pharmaceuticals | 已面市 | 28.0 |
| 两性霉素 B 粉针剂a | 脂质体 | 两性霉素 B | ALZA/Three Rivers Pharmaceuticals | 已面市 | 3.7 |
| 投资总额 | | | | | $2671M |

a 代表 2008 年销售(额)。

2009～2014 年之间,超过 1200 亿美元的制药产品失去专利保护,这一现状引发了铺天盖地的研发和投资,2010～2020 年期间患者和投资者将见到成果。也许最有前景的产品尚未到来,还有基于理性纳米级设计的新化学/分子实体(用于治疗重大慢性疾病,如阿尔茨海默病(AD)、骨关节炎和类风湿关节炎(OA/RA))以及用于眼科疾病的主要改善治疗(如年龄相关性黄斑变性(AMD)和糖尿病性黄斑水肿(DME))。凭借目前的渠道和增加研发投入,我们将有望通过纳米产品为该类疾病打造出具有划时代意义的全新控制方法。

自 2000 年以来,纳米诊断经历了巨大的变迁,最具前景的领域(结合正在进行的研究和创新思维)包括纳米造影剂、用于无标签测序的纳米阵列、具有高度敏感性和特异性的化验以及被动传感器。作为极具前景的体内外生物成像光学造影剂,量子点(QDs)受到了广泛的关注。遗憾的是,尽管量子点的研发取得了重大进展,但由于具有毒性而无法用于人体成像。尽管如此,多种体内造影剂(用于 CT 和磁共振成像)的加强计划以及引进和验证新制剂的计划仍稳步实施,预计未来十年我们将在临床实践中见到成效。此外,基于纳米阵列和化验逐渐走出研究实验室,进入临床市场。2010 年,仅在美国就有 50 多家公司正在开发基于纳米颗粒的药物,这些药物将用于癌症的治疗、成像和诊断[71]。

靶蛋白超灵敏检测是该类研发工作的一个实例,利用了 Nanosphere 公司研发的纳米探针技术。Nanosphere 正在利用其专利的黄金纳米粒子探测技术开发快速、多路复用的临床试验,主要针对一些最常见的遗传性疾病,包括某些类型的血栓形成、叶酸代谢改变、囊性纤维化和遗传性血色病。另外,值得一提的是,Nanosphere 是一家专门致力于纳米诊断的新晋公司,已在 2007 年通过 IPO 上市。

纳米诊断理念目前重点围绕如何利用纳米特性,可用于:

- 超灵敏的生物标志物开发/测量
- 实时体外评估的多方检验
- 临床纳米示踪剂和造影剂,用于已确诊疾病阶段、药物 PK/PD 和监测治疗

该类全套治疗和诊断的成功开发及其在药物开发中的作用,将在临床实践中得到更有效地利用,最终实现"个性化医疗"的承诺。图 13.8 对治疗和诊断产品历史和未来的市场规模进行了对比。

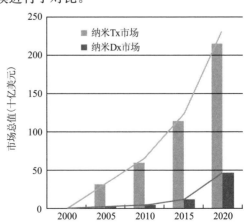

图 13.8　纳米治疗(Tx)和纳米诊断(Dx)的历史市场和预测市场(基线数据和
年均复合增长率根据[72])

虽然目前我们尚未进入"个性化医疗"阶段(尽管取决于选定的定义,但这一主张在医药领域已经实践了很长一段时间),但自 2000 年以来,我们的确取得了长足的进展。在未来十年,纳米技术将比过去十年做出更大的贡献(表 13.7)。纳米诊断和纳米治疗的融合以及疾病病因更深入了解将为我们提供革命性的解决方案,实现预防疾病、更有效的患者管理并提高全球生活质量。

表 13.7　2000～2020 年纳米治疗和纳米诊断的主要趋势和投影

|  | 2000 年 | 2010 年 | 2020 年 |
|---|---|---|---|
| 治疗 |  |  |  |
| 改良配方 | 学术研究 | 一些产品获准上市 | 近期专利到期的化合物有充分开发的市场和深管道 |
| 新型给药 | 无 | 多种化合物在临床试验中 | 多种产品面市 |
| 纳米药物 | 无 | 早期研发 | 纳米"突破性产品"将解决 AD、OA/RA、CVD、DME/AMD |
| 诊断 |  |  |  |
| 化验和试剂 | 无 | 初始市场准入 | 主流销售产品 |
| 体外纳米诊断 | 无 | 少量产品获准/出售,更多产品正在开发中 | 充分开发的市场。需要最小的生物样品的多路复用和超敏感解决方案 |
| 体内纳米诊断 | 无 | 体内造影剂正在临床试验中 | 少量销售产品和深渠道 |
| 治疗诊断学(Tx+Dx) | 无 | 早期研发 | 少量突破性成果为个性化医疗铺平了道路。纳米生物系统取得重大进展 |

## 13.8.11　纳米技术使能产品 2009 年创收 2540 亿美元

**联系人:**Jurron Bradley,美国勒克斯研究公司

由于美国国家纳米计划在 21 世纪初引发了关注热潮,纳米技术以其在各大产品和产业中创造价值的潜力吸引着企业家、金融家、企业领袖们。例如,2009 年涉及新兴纳米技术的产品创收 2540 亿美元,这部分产品被定义为小于 100 nm 的物质工程,目的是实现取决于大小的性质和功能。

纳米技术的价值链有三个阶段,包括纳米材料(构成纳米技术价值链的基础原材料)、纳米中间体(中间产品:在价值链中既不是第一步也不是最后一步,结合纳米材料或由其他材料构成具有纳米功能)和纳米使能产品(价值链末端的成品,纳入了纳米材料或纳米中间体)。2009 年的收入中约有 88% 来自纳米使能产品,这些产品进入了高端市场,如汽车和建筑(图 13.9)。其他 12% 为价值链的纳米材料和纳米中间体部分,即氧化锌、银、碳纳米管等纳米材料以及涂料和复合材料等纳米中间体。

以行业划分,制造和材料部门占 2009 年总收入的 55%,包括化工、汽车、建筑等行业,电子和 IT 行业占 30%,以电脑和消费电子产品为主。医疗和生命科学领

域(主要由药品、给药和医疗设备构成)及能源环境部门(包括太阳能电池和替代电池等能源应用)分别占 13% 和 2%。以区域划分,美洲和欧洲占该收入的 67%,随后是亚洲,占 37%,其余部分来自世界其他地区(图 13.9)。

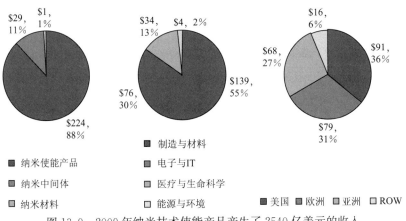

图 13.9　2009 年纳米技术使能产品产生了 2540 亿美元的收入

至 2008 年风险资本稳步增长,但 2009 年经济危机期间经历了一个大幅下滑(表 13.8)。

表 13.8　2009 年纳米技术的风险资金投资共计 7.92 亿美元

| (百万美元) | 2000 年 | 2001 年 | 2002 年 | 2003 年 | 2004 年 | 2005 年 | 2006 年 | 2007 年 | 2008 年 | 2009 年 |
| --- | --- | --- | --- | --- | --- | --- | --- | --- | --- | --- |
| 美国 | 171 | 145 | 318 | 301 | 366 | 566 | 654 | 683 | 1159 | 668 |
| 欧洲 | 23 | 34 | 37 | 25 | 78 | 69 | 73 | 54 | 144 | 108 |
| 亚洲 | — | 48 | — | — | 16 | 6 | 10 | 2 | — | 5 |
| 其他国家 | 12 | 27 | 11 | 44 | 16 | 19 | 50 | 35 | 58 | 12 |
| 投资总额 | 206 | 254 | 366 | 371 | 476 | 659 | 787 | 774 | 1360 | 792 |

# 13.9　来自海外实地考察的国际视角

以下内容摘自德国、日本、新加坡举行的国际 WTEC"Nano2"研讨会,会议重点是治理的国际合作。

## 13.9.1　美国-欧盟研讨会(德国汉堡)

小组成员/参与讨论者:

Alfred Nordmann(主席),达姆施塔特技术大学,德国

Mike Roco(主席),国家科学基金会,美国

Rob Aitken,职业医学研究所;SAFENANO,英国爱丁堡

Richard Leach,国家物理实验室,英国

Ilmari Pyykkö,坦佩雷大学,芬兰

Nira Shimoni-Eyal,以色列

Georgios Katalagarianakis,欧盟支持,希腊

Christos Tokamanis,欧盟支持

此次会议上有人指出,纳米技术研究相当于一个社会政治项目。在"Nano2"研究精神的指导下,这一规划强调,我们不仅要关注纳米材料中的纳米粒子和其他进展,更要打开眼界,以长远眼光看待纳米技术中的问题。该组的主题包括监管、标准化、道德和社会维度。这些领域的国际趋同各具特点。

从建立监管门槛和程序所需的法规和知识方面来看,命名、测量、鉴定、标准化和测试程序的进展过于缓慢,落后于商业发展以及产品进入市场的速度。这种滞后本身并不寻常,我们要透过这一现状看清问题,即进展滞后是否是由于强大的系统性困难和复杂程度造成。如果是这样,这将是在中短期甚至长期内扩大可用监管方法的一个重大障碍,即使是"第一代"纳米材料。[①] 过去十年里,至少出现了两大主要方法,未来十年我们还将看到进一步的发展:

· 一方面,人们密切关注适当拓宽现有监管框架的要求,如开发国际标准化可追踪性方法的需要。国际资助计划通过增加凝聚力可能实现更高效益。

· 另一方面,大量的分析和制度创新正专注于扩大软法制度的发展,在缺乏适当的风险评估和标准的监管监测时,这只是一种治标不治本的做法。这些制度创新包括软法律的行为准则或认证、观测点、公众参与活动、消费者会议、ELSI 研究和最佳实践交流平台。[②] 所有这些非正式制度都是为了观察社会科学家们在新兴技术集体实验中的分析结果。另一种研究途径将使 EHS 和材料研究人员甚至社会科学家或监管机构实现更好的整合,共同探讨如果发展"通过设计达到安全"、"预防科学"、"绿色纳米技术"或"负责任的创新"等概念。[③] 最后,在集体实验的时代中,流行病学和销售前后产品测试方法引发了更多关注,比在销售前和生产前确定通用纳米材料的毒理特性更有吸引力。这包括加强关注生命周期分析/评估(LCA)以及 LCA 方法的发展和完善。

---

① 目前的情况是,REACH 法规框架等已经涵盖了纳米材料,然而这是有代价的,即要么未充分考虑或者事实上对纳米颗粒或纳米特性所产生的特异性避而不谈。

② 在这方面,NanoCap 项目提出加入安全注意事项,作为研究出版物的标准组成部分,与方法部分相并列。这一安全注意事项只用于描述实验室中实际采取的安全措施,从而为最佳实践和共享标准的演进做出贡献。

③ 有的示范研究采用了综合方法,如 Lawton, J. (ed.). 2008。环境领域的新型材料:纳米技术案例。伦敦:英国皇家环境污染委员会也在研究 IRGC。

呼吁国际协调和统一的声音是响亮而明确的,并有国际工作团体在各地予以配合。可追溯性方法的国际标准和统一无法落实的部分原因是由于研究工作重复,此外手头问题的不可追溯性也不容忽视。国际趋同问题从道德维度和社会维度来看有所不同。国际趋同的初步重点放在特定文化价值以及国家和欧盟公民态度上。识别这些差异是对纳米技术产品和过程进行国际推广的一个重要先决条件。[①]

ELSI 相关的双管齐下的方法:

· 一方面,我们有一个前瞻性和预见性的方法,即首先想像纳米技术在未来社会中的潜在或可能应用,然后领会和评估其影响。目前证明,通过使用纳米技术实现人类增强的前景好坏参半。

· 另一方面,有人试图将纳米技术视为一个社会政治项目对其进行了解,换言之就是了解纳米技术将继续推进并加强哪些社会和科技轨迹,了解和评估推动纳米技术研究的前瞻性梦想和社会期望,以及寻求资助纳米技术研究的领域,这种方式经证明具有分裂性。[②] 在这种方法的背景下,仍有很多观点受到质疑,这对现在而言是理所当然的。

道德分工("伦理方面的考虑很重要,但应该将其交由咨询委员会")将继续受到挑战,例如,欧盟委员会提出的《纳米技术研究的行为守则》。

一个社会如果采用实验模式进行自我观察,必须反复自问"我们做的怎么样?"由于回答这个问题需要判断、干预措施和呼吁行动,有关纳米技术的这种评估超越了纳米技术观测站的现有职责,在未来十年,这一问题还将需要纳入社会科学和人文学科知识。

### 13.9.2　美国-日本-韩国-中国台湾研讨会(日本东京/筑波大学)

小组成员/参与讨论者

Tsung-Tsan Su(主席),台湾工业技术研究院,中国

Mike Roco(主席),国家科学基金会,美国

Yoshio Bandou,国立材料科学研究所,日本

Toshiyuki Fujimoto,国家先进工业科技研究所,日本

Ivo Kwon,梨花女子大学,韩国

Mizuki Sekiya,AIST,日本

---

① 学者通过不同途径推动国际辩论,如 S. NET 或斯普林格杂志 *NanoEthics*。

② 这不一定会涉及纳米技术的长期发展。纳米粒子已经证明具有分裂性,由于极难分类,因此不适合传统的评估方案。生物学性质在纳米材料构筑中的使用(纳米技术基础材料为病毒样结构)甚至更具分裂性。

1.在过去十年,愿景已经改变

·最初我们只把重点放在技术问题上;现在我们还要处理经济成果和创新引发的广泛社会影响问题,将其归于监管方面。

·从科学为主导的政策已经有部分开始向以用户为导向的政策过渡,例如以应用为导向的研发。有的国家一直高度重视该类研发。目前"投资回报率"引起了越来越多的关注,即能创造多少就业机会。

·现在通过更真实更具特异性的方式解决 EHS 和 ELSI 问题。

·现在我们更强调共同的国际视野;更多的沟通和接受共同的方针和目标,解决降低二氧化碳排放、能源和环境等全球性问题。

·最初经历的正面和负面炒作已经退去;21 世纪初的极端负面预测并未应验。

2.未来十年的愿景

·纳米技术将被纳入各类系统中,例如使用纳米技术来解决光伏系统问题;用于交通运输系统,如电动车;生物应用,如给药、食品和农业等领域;这些都会带来大量的计算、通信和传感系统。

·将大量利用纳米技术;将涌现出大量新产品。

·到 2020 年,纳米科学和工程将被纳入学习标准。

·纳米技术将实现可持续发展。

·纳米技术可以帮助解决全球性问题,但发达国家和发展中国家之间技术差距的不断拉大令人担忧。

·纳米技术命名法、标准和专利的国际活动以及开发共同的词汇和良好的毒性评估、风险评估和缓解模式等活动将得以制度化。

3.2020 年的主要目标

·明确的监管环境,实现商业化、保护消费者和一般公众;这应包括国际上可以接受的统一法规。

·推动专门从事纳米技术研发的国际组织(例如,国际标准化组织(ISO),国际电工技术委员会);加强国际交流将加快不同国家的人民有关纳米技术和支持有效研究方法的共同标准的意见交流。

·转向新一代的纳米技术使能产品,包括制造和监测工具以及法规准备。

·减少文化、政治方面的障碍(例如,国际合作、纳米技术使能产品的接受度)。

·建立国际信息系统;为研究人员、业界、监管机构、政治制度提供广泛可用的数据库、信息源,包括不同类别和资助研究项目名单。

· 培养国际青年科学家,帮助他们了解纳米技术的社会影响。

### 4. 主要的基础设施需求

· 国际合作的体制机制。

· 为 ISO/TC229、IEC/TC113、OECD WPN 提供持续支持;这些活动目前并非永久性的,仅用于服务咨询。

· 通过国际合作填补发达国家和发展中国家之间的技术差距,例如联合国环境规划署、联合国伦理规划署[8]、亚洲纳米论坛(ANF)。

· 通过纳米技术解决长期可持续发展的基础设施:二氧化碳问题、纳米地质工程、水过滤和脱盐;这可能需要建立新的国际组织。

· 支持纳米 ELSI 研究方面的国际机制;更好地协调现有的国家机构;利用各国的研究成果。

### 5. 建议研发战略

· 建立一个国际开放源网络促进纳米技术的研发和应用,通过竞争前研究(EHS、ELSI;气候变化解决方案;水过滤;能源和可持续发展技术)实现可持续发展,解决其他常见问题(这可能存在一定难度,但目前来说非常有竞争力)。

· 继续为 EHS 和 ELSI 研究和教育分配一部分研发项目,整合 EHS 和 ELSI 与核心研发。

· 在全球的 EHS 和 ELSI 研究中采用标准的定义和研究协议,即实施 ISO、IEC、OECD 建议。

### 6. 一些新出现的问题已得到确认

· 标签正在成为一个国际问题;欧盟提出的安全问题解决方法与中国台湾的"纳米标签"方法(旨在解决纳米技术产品的真实性)之间存在矛盾性。

· 公众参与是现在国际上共同关注的问题。

## 13.9.3　美国-澳大利亚-中国-印度-沙特阿拉伯-新加坡研讨会(新加坡)

小组成员/参与讨论者

Graeme Hodge(主席),莫纳什大学,澳大利亚

Mike Roco(主席),国家科学基金会,美国

Salman Al Rakoyan,阿卜杜拉国王纳米技术研究所,沙特阿拉伯

Freddy Boey,南洋技术大学,新加坡

Craig Johnson,创新工业科学与研究部,澳大利亚

John Miles,国家计量研究所,澳大利亚

Murali Sastry,塔塔化工创新中心,印度
Yuliang Zhao,中国科学院高能物理研究所,中国

### 1.过去十年纳米技术愿景的主要变化

• 在国际治理基础部分组合取得了巨大进展:负责任地研究和发展纳米技术国际对话(阿灵顿 2004 年、布鲁塞尔 2006 年、东京 2008 年)、IRGC(2006)、UNEP、ISO 和 OECD。

• 纳米技术和社会影响领域的国际社区和专业人士网络已经形成,发挥了巨大的协同作用。

• 纳米技术已经从科技梦想变为社会现实。

### 2.未来十年所需要的几个重大变化

• 为纳米技术及相关研究建立共同的国际语言,例如在全球采用 ISO 标准;表征[73]。

• 建立国际联合资助机制,以支持国际标准活动、健康和安全测试、"竞争前"研究中广受关注的其他领域。另一种方法是进行更好的协调、提供更多的国际合作资金以及利用各国的研发力度。

• 要尊重不同国家的利益,如发展中国家。

### 3.过去十年的主要科学/工程进展和技术影响

• 发展全球进行纳米科学和工程研究的能力。

• 开始扩大纳米级制造规模。

• 从以多学科的科学和工程为焦点转向新的多方位使能技术。

• 从只关注科学的纳米技术转向推动社会和有益应用发展的科学和技术。

### 4.未来 5～10 年的主要目标

• 科学界、工业界和政府应带头开展有意义和积极的公众参与活动,包括帮助公众更好地了解纳米技术的投资价值以及如何解决潜在的风险。

• 开放、协作的知识体系,用以加强投资和治理。

• 继续增加纳米技术投资领域的国际合作;借力,分享设施,充分利用现有资源。

• 建立明确系统,把道德、法律和其他社会问题(ELSI)纳入纳米技术治理,如实时技术评估。这一问题未必是纳米技术所独有的,纳米技术可以为该类问题树立榜样。

5. 科学和技术基础设施的需求

· 一些与会者提出建立一个新的国际机构用于"竞争前"的合作研发。

· 另一种方法是更好地协调（例如，仿效经济合作与发展组织人造纳米材料工作小组［WPMN］在 EHS 测试中的方法）。

6. 未来的纳米科学与工程研究和教育的新兴主题和优先工作

· 需要持续监管审查：例如将纳米材料纳入现有批准的产品，向我们提出了新的监管问题[74]

· 加强国际纳米技术治理

· 评估下一代纳米技术使能产品的社会影响和监管问题[40]

· 专利政策的国际协调

7. 纳米技术研发社会影响的几个特点

· 科学对社会广泛影响的争论中，纳米技术是一枚"避雷针"，有些批评家认为，这意味着世界上的一切都是错误的。

· 纳米技术的存在可能会进一步拉大全球贫富差距，出现一道"纳米鸿沟"[75]；另外，纳米技术也有可能帮助缩短南北方之间的差距[76-78]。

## 参 考 文 献

［1-78］是学术参考文献，其他文献［79-105］参考世界技术评估中心、芝加哥、汉堡、东京和新加坡共同组成的 Nano 2 研讨组；链接见附录 A。

［1］ M. C. Roco, R. S. Williams, P. Alivisatos, (eds.), *Nanotechnology Research Directions：Vision for Nanotechnology R&D in the Next Decade*(NSTC, also Springer, 2000, Washington, DC, 1999). Available online：http://www. nano. gov/html/res/pubs. html

［2］ M. C. Roco, Possibilities for global governance of converging technologies. J. Nanopart. Res. **10**, 11-29 (2008). doi：10. 1007/s11051-007-9269-8

［3］ M. C. Roco, International strategy for nanotechnology research. J. Nanopart. Res. **3**(5-6), 353-360(2001)

［4］ National Science Foundation(NSF), *Report：International Dialogue on Responsible Research and Development of Nanotechnology*, (Meridian Institute, Washington, DC, 2004). Available online：http://www. nsf. gov/crssprgm/nano/activities/dialog. jsp

［5］ D. Guston. (30 Mar). Public engagement with nanotechnology. *2020 Science*(2010), http://2020science. org/2010/03/30/public-engagement-with-nanotechnology

［6］ M. C. Roco, W. S. Bainridge(eds.), (Kluwer Academic Publishers, Dordrecht, 2001). Available online：http://www. wtec. org/loyola/nano/NSET. Societal. Implications/nanosi. pdf

［7］ M. C. Roco, W. S. Bainbridge, (eds.), Converging technologies for improving human performance：Nanotechnology, biotechnology, information technology and cognitive science (Springer, Dordrecht, 2003). Availableonline：http://www. wtec. org/ConvergingTechnologies Report/NBIC_report. pdf

[8] United Nations Educational, Scientific and Cultural Organization(UNESCO), *The Ethics and Politics of Nanotechnology* (UNESCO, Paris, 2006)

[9] Center for Nanotechnology in Society at University of California at Santa Barbara(CNS-UCSB), *Emerging Economies/Emerging Technologies：[Nano ]Technologies for Equitable Development*. Proceedings of the International Workshop. (Woodrow Wilson Center for International Scholars, Washington, DC, 2009). 4-6 Nov 2009

[10] International Risk Governance Council(IRGC), *Appropriate Risk Governance Strategies for Nanotechnology Applications in Food and Cosmetics*, (IRGC, Geneva, 2009). Available online：http://www. irgc. oig/IMG/pdf/IRGC_PBnanofood_WEB. pdf

[11] Foundation for the Future(FFF) and United Nations Educational, Scientific and Cultural Organization (UNESCO). Humanity and the biosphere. *The Next Thousand Years*. Seminar proceedings. 20-22 Sept 2006, (FFF. Paris/Bellevue. 2007). Available online：http；//www. futurefoundation. org/documents/ hum__pro_sem7. pdf

[12] D. Guston(ed.), *Encyclopedia of Nano-Science and Society* (Sage. Thousand Oaks. 2010)

[13] A. Mnyusiwalla. A. S. Daar. P. A. Singer. Mind the gap：Science and ethics in nanotechnology. Nanotechnology **14**(3). R9(2003). doi：10. 1088/0957-4484/14/3/201

[14] I. Bennett, D. Sarewitz, Too little, too late? Research policies on the societal implications of nanotechnology in the United States. Sci. Cult. Lond **15**(4), 309-325(2006)

[15] President's Council of Advisors on Science and Technology(PCAST), *Report to the President and Congress on the Third Assessment of the National Nanotechnology Initiative*, (Executive Office of the President, Washington, DC, 2005). Available online：http；//www. nano. gov/html/res/otherpubs. html

[16] F. Gomez-Baquero, *Measuring the Generality of Nanotechnologies and its Potential Economic Implications*. Paper presented at Atlanta Conference on Science and Innovation Policy, 2009. (IEEE Xplore, 2-3 Oct 2009：1-9, 2009). doi：10. 1109/ACSIP. 2009. 5367858

[17] T. Nikulaincn, M. Kulvik, How general are general purpose technologies? Evidence from Nano-, Bio-and ICT-Technologies in Finland. Discussion Paper 1208. (The Research Institute of the Finnish Economy, Helsinki, 2009)

[18] J. Youtie. M. Iacopetta, S. Graham, Assessing the nature of nanotechnology：Can we uncover an emerging general purpose technology? J. Technol. Transf. **33**(3), 315-329(2008)

[19] P. Shapira, J. Youtie, L. Kay, *National Innovation System Dynamics in the Globalization of Nano-Technology Innovation* (Working Paper) (Georgia Tech Program in Science, Technology and Innovation Policy, Atlanta, 2010)

[20] H. Chen, M. Roco, *Mapping Nanotechnology Innovations and Knowledge. Global and Longitudinal Patent and Literature Analysis Series* (Springer, Berlin, 2009)

[21] A. Femandez-Ribas, *Global Patent Strategies of SMEs in Nanotechnology. Working paper. Science, Technology, and Innovation Policy*, (Georgia Institute of Technology, Atlanta, 2009)

[22] Z. Huang, H. Chen, L. Yan, M. C. Roco, Longitudinal nanotechnology development (1990-2002)：The national science foundation funding and its impact on patents. J. Nanopart. Res. **7**(4-5), 343-376(2005)

[23] J. Wang, P. Shapira, Partnering with universities：A good choice for nanotechnology start-up firms? *Small Business Economics* (Preprint 30 Oct 2009). doi：10. 1007/s 11187-009-9248-9

[24] D. Hwang, *Ranking the Nations on Nanotech：Hidden Havens and False Threats* (Lux Research, New

York,2010)

[25] T. Satterfield, M. Kandlikar, C. Beaudrie, J. Conti, B. H. Harthom, Anticipating the perceived risk of nanotechnologies. Nat. Nanotechnol. **4**,752-758(2009). doi:10. 1038/nnano. 2009. 265

[26] N. Pidgeon, B. Harthom, K. Bryant, T. Rogers-Hayden, Deliberating the risks of nanotechnologies for energy and health applications in the United States and United Kingdom. Nat. Nanotechnol. **4**, 95-98 (2009). doi:10. 1038/nnano. 2008. 362

[27] N. Pidgeon, B. Harthom, T. Satterfield, Nanotech: Good or bad? Chem. Eng. Today **822-823**, 37-39 (2009)

[28] P. Hamlett, M. D. Cobb, D. H. Guston, *National Citizens' Technology Forum: Nanotechnologies and Human Enhancement*. CNS Report ♯R08-0003. (Center for Nanotechnology in Society, Tempe, 2008). Available online: http://www. cspo. org/library/type/? action=getfile&·file=88&· section=libs

[29] C. Bosso ( ed. ), *Governing Uncertainty: Environmental Regulation in the Age of Nanotechnology* (EarthScan, London, 2010)

[30] J. Kuzma, J. Paradise, G. Ramachandran, J. Kim, A. Kokotovich, S. Wolf, An integrated approach to oversight assessment for emerging technologies. Risk Anal. **28**(5),1197-1219(2008)

[31] S. M. Wolf, G. Ramachandran, J. Kuzma, J. Paradise, (eds. ), Symposium: Developing over-sight approaches to nanobiotechnology—The lessons of history. J. Law Med. Ethics. **37**(4),732(2009)

[32] N. Powell, New risk or old risk, high risk or no risk? How scientists' standpoints shape their nanotechnology risk frames. Health Risk Soc. **9**(2),173-190(2007)

[33] LA. Conti, K. Killpack, G. Gerritzen, L. Huang, M. Mircheva, M. Delmas, B. H. Harthom, R. P. Appelbaum, P. A. Holden, Health and safety practices in the nanotechnology workplace: Results from an international survey. Environ. Sci. Technol. **42**(9),3155-3162(2008)

[34] J. C. Davies, *Oversight of Next Generation Nanotechnology*. Presentation. (Woodrow Wilson Center for Scholars, Apr 2009, Washington, DC, 2009)

[35] C. Beaudrie, *Emerging Nanotechnologies and Life Cycle Regulation: An Investigation of Federal Regulatory Oversight from Nanomaterial Production to End-of-Life*. (Chemical Heritage Foundation, Philadelphia, 2010). Available online: http://www. chemheritage. org/Downloads/Publications/WhitePapers/Studies-in-Sustainability _Beaudrie. pdf

[36] T. Barker, M. L. Lesnick, T. Mealey, R. Raimond, S. Walker, D. Rejeski, L. Timberlake, *Nanotechnology and the Poor: Opportunities and Risks—Closing the Gaps Within and Between Sectors of Society*, (Meridian Institute, Washington, DC, 2005 ). Available online: http://www. docstoc. coin/docs/1047276/NANOTECHNOLOG Y-and-the-POOR

[37] S. Cozzens, J. Wetmore(eds. ), *Yearbook of Nanotechnology in Society, Vol. II: Nanotechnology and the Challenge of Equity and Equality* (Springer, New York, 2010)

[38] M. C. Roco, Nanoscale science and engineering: Unifying and transforming tools. AIChE J. **50**(5), 890-897(2004)

[39] V. Subramanian, J. Youtie, A. L. Porter, P. Shapira, Is there a shift to active nanostructures? I. Nanopart. Res. **12**(1),1-10(2010). doi: 10. 1007/s11051-009-9729-4

[40] O. Renn, M. C. Roco, White paper on nanotechnology risk governance. (International Risk Governance Council(IRGC), Geneva, 2006). Available online: http://www. irgc. org/Publications

[41] M. C, Roco, O, Renn, Nanotechnology risk governance, in Global *Risk Governance: Applying and Tes-*

*ting the IRGC Framework*, ed. by O. Renn, K. Walker(Springer, Berlin, 2008), pp. 301-325

42〕S. Murdock, (Nanobusiness Alliance), Personal communication with author Mar 2010

43〕President's Council of Advisors on Science and Technology(PCAST), *Report to the President and Congress on the Third Assessment of the National Nanotechnology Initiative* (Executive Office of the President, Washington, DC, 2010). Available online: http://www. nano. gov/html/res/otherpubs. html

44〕Lux Research, *The Nanotech Report : Investment Overview and Market Research for Nanotechnology* (Lux Research, New York, 2004)

45〕Lux Research, *The Recession's Ripple Effect on Nanotech Stale of the Market Report* (Lux Research, New York, 2009)

46〕E. A. Corley, D. A. Scheufele, Outreach going wrong? When we talk nano to the public, we are leaving behind key audiences. Scientist **24**(1), 22(2010)

47〕D. A. Scheufele, E. A. Corley, The science and ethics of good communication. Next Gen. Pharm. **4**(1), 66 (2008)

48〕D. E. Stokes, *The Pasteur Quadrant* (Brookings Institution Press, Washington, DC, 1997)

49〕I. Linkov, EK. Satterstrom, J. Steevens, E. Ferguson, R. C. Pleus, Multi-criteria decision analysis and environmental risk assessment for nanomaterials. J. Nanopart. Res. **9**(4), 543-554(2007)

50〕T. Tervonnen, I. Linkov, J. R. Figueira, J. Steevens, M. Chappell, M. Merad, Risk-based classification system of nanomaterials. J. Nanopart. Res. **11**, 757-766(2009)

51〕D. Barben, E. Fisher, C. Selin, D. H. Guston, Anticipatory governance of nanotechnology: Foresight, engagement, and integration, in T*he New Handbook of Science and Technology Studies*, ed. by E. J. Hackett, O. Amsterdamska, M. E. Lynch, J. Wajcman(MIT Press, Cambridge, 2008), pp. 979-1000

52〕R. Sclove, Reinventing Technology Assessment: A 21st Century Model, Science and Technology Innovation Program, Woodrow Wilson International Center for Scholars, Washington, DC, 2010. Available online: http://www. wilsoncenter. org/topics/docs/ReinventingTechnologyAssessmentl. pdf

53〕D. J. Fiorino, Voluntary Initiatives, *Regulation, and Nanotechnology Oversight : Charting a Path*. (Woodrow Wilson Center for Scholars(PEN 19), 2010). Presented 4 Nov 2010. Available online: http://www. nanotechproject. org/process/assets/files/8346/fiorino_presenta tion. pdf

54〕G. A. Hodge, D. M. Bowman, A. D. Maynard, (eds. ), *International Handbook on Regulating Nanotechnologies*, (Edward Elgar, Cheltenham, 2010). E-book: 978 1 84844 673 1

55〕D. Guston, Innovation policy: Not just a jumbo shrimp. Nature **454**, 940-941 (2008). doi: 10. 1038/454940a

56〕J. Wetmore, E. Fisher, C. Selin(eds. ), *Presenting Futures : Yearbook of Nanotechnology in Society* (Springer, New York, 2008)

57〕M. N. Nadagouda, A. B. Castle, R. C. Murdock, S. M. Hussain, R. S. Varma, In vitro biocompatibility of nanoscale zerovalent iron particles(NZVI) synthesized using teapolyphenols. Green Chem. **12**(1), 114-122(2010)

58〕B. Harthom, (4 May). Public participation in nanotechnology—Should we care? 2020 Science(2010). http://2020science. org/2010/05/04/public-participation-in-nanotechnology-should-we-care

59〕D. Berube, C. Cummings, Public perception of risk to nanotechnology in context with other risks. J. Nanopart. Res. (2010). Forthcoming

60〕Pew Research Center for the Public and the Press, *Ideological News Sources : Who Watches and Why*,

(Pew，Washington，DC，2010). Available online：http：//people-press. org/reports/pdf/652] pdf

［61］ C. Selin，The sociology of the future：Tracing stories of technology and time. Sociol. Compass **2**（6），1878-1895（2008）

［62］ SJ. H. Graham. M. Iacopetta，Nanotechnology and the emergence of a general purpose technology. Ann. ’Economie Statistique（Ann. Econ. Stat. ）**49/50**，53-55（2010）

［63］ X. Li，Y. Lin，H. Chen，M. Roco，Worldwide nanotechnology development：A comparative study of USP-TO，EPO，and JPO patents（1976-2004）. J. Nanopart. Res. **9**（6），977-1002（2007）

［64］ R. G. Cooper，*Winning at New Products*（Perseus Publishing，Cambridge，2001）

［65］ M. Carrier，Two puzzles resolved：Of the Schumpeter-Arrow stalemate and pharmaceutical innovation markets. Iowa Law Rev. **93**（2），393（2008）

［66］ D. Carlton，J. Perl off，*Modem Industrial Organization*（Pearson，London，2000）

［67］ U. S. Government Accountability Office（GAO），*Chemical Regulation：Options Exist to Improve EPA's Ability to Assess Health Risks and Manage its Chemical Review Program*，（GAO，Washington，DC，2005）. Report GAO-05-458. Available online：http：//www.gao.gov/new. items/d05458. pdf

［68］ S. Jasanoff，The *Fifth Branch：Science Advisors as Policymakers*（Harvard University Press，Cambridge，1990）

［69］ A. Delemarle，B. Kahane. L. Villard，R Laredo，Geography of knowledge production in nanotechnologies：A flat world with many hills and mountains. Nanotechnol. Law Bus. **6**，103-122（2009）

［70］ Business Insights，Nanotechnology in Healthcare. *Market Outlook for Applications*，*Tools and Materials*，*and 40 Company Profiles.* （Business Insights Ltd. ，London，2010），Available online：http：//www. globalbusinessinsights. com/content/rbdd0035p. htm

［71］ R. Service，Nanoparticle Trojan horses gallop from the lab into the clinic. Nature **330**，314-315（2010）

［72］ BCC Research，*Nanotechnology in Medical Applications：The Global Market.* （BCC，Wellesley，2010），Report code：HLC069A

［73］ E. Richman，J. Hutchison，The nanomaterial characterization bottleneck. ACS Nano **3**（9），2441-2446（2009）. doi：10. 1021/nn901112p

［74］ L. Breggin，R. Falkner，N. Jaspers，J. Pendergrass，R. Porter，*Securing the Promise of Nanotechnologies：Towards Transatlantic Regulatory Cooperation.* （Chatham House，London，2009）. Available online：http：//www. chathamhouse. org. uk/nanotechnology

［75］ R. Sparrow，Negotiating the nanodivides，in *New global Frontiers in Regulation：The Age of Nanotechnology*，ed. by G. A. Hodge，D. Bowman，K. Ludlow（Edward Elgar，Cheltenham，2007），pp. 97-109

［76］ G. A. Hodge，D. M. Bowman，K. Ludlow，Introduction：Big questions for small technologies，in *New Global Frontiers in Regulation：The Age of Nanotechnology*，ed. by G. A. Hodge，D. Bowman，K. Ludlow（Edward Elgar，Cheltenham，2007），pp. 3-26

［77］ F. Salamanca-Buentello，D. L. Persad，E. B. Court，D. K. Martin，A. S. Daar，P. A. Singer，Nanotechnology and the developing world. Policy Forum **2**（5），383-386（2005）

［78］ P. A. Singer，F. Salamanca-Buentello，A. S. Daar，Harnessing nanotechnology to improve global equity. Issues Sci. Technol. **21**（4），57-64（2005）. Available online：http：//www. issues. org/21. 4/singer. html

［79］ R. P. Appelbaum，R. A. Parker，China's bid to become a global nanotech leader：Advancing nanotechnology through state-led programs and international collaborations. Sci. Public Policy **35**（5），319-334（2008）

［80］ U. Beck，Risk Society：*Towards a New Modernity* （Sage，London，1992）

［81］ L. Bell,Engaging the public in technology policy: a new role for science museums. Sci. Commun. **29**(3),
386-398(2008)

［82］ L. Bell,Engaging the public in public policy: How far should museums go? Mus. Soc. Issues **4**(1),21-36
(2009)

［83］ R. Berne,Nanotalk: *Conversations with Scientists and Engineers About Ethics*,*Meaning ana Belief in
Nanotechnology*(Lawrence Erlbaum Associates,Mahwah,2005)

［84］ J. Calvert,P. Martin,The role of social scientists in synthetic biology. EMBO Rep. **10**(3),201-204(2009)

［85］ J. Conti,T. Satterfield,B. Herr Harthom,Vulnerability and Social Justice as Factors in Emergent U. S.
Nanotechnology Risk Perceptions. In review(2010)

［86］ K. David, PB. Thompson(eds. ),*What Can Nanotechnology Learn from Biotechnology?* (Academic
Press(Elsevier),New York,2008)

［87］ S. Davies,P. Macnaghten,M. Kearnes,(eds. ),Deepening debate on nanotechnology. In: *Reconfiguring
Responsibility: Lessons for Public Policy*,(Durham University,Durham,2009)

［88］ J. A. Delborne,A. A. Anderson,D. L. Kleinman,M. Colin,M. Powell,Virtual deliberation? Prospects and
challenges for integrating the Internet in consensus conferences. *Public Understanding of Science*. (Pre-
print 9 Oct 2009),(2009). doi: 10. 1177/0963662509347138

［89］ E. Fisher,Ethnographic interventions: Probing the capacity of laboratory decisions. NanoEthics **1**(2),
155-165(2007)

［90］ E. Fisher,L. R. L. Mahajan,C. Mitcham,Midstream modulation of technology: Governance from within.
Bull. Sci. Technol. Soc. **26**(6),486-496(2006)

［91］ E. Fisher,C. Selin,J. Wetmore(eds. ),*Yearbook of Nanotechnology in Society*,*Vol. /* • *Presenting Fu-
tures*(Springer,New York,2008)

［92］ B. Flagg,V. Knight-Williams,*Summative Evaluation of N1SE Network's Public Forum: Nanotechnol-
ogy in Health Care*(Multimedia Research,Bellport,2008)

［93］ B. H. Harthom,K. Bryant,J. Rogers,Gendered risk beliefs about emerging nanotechnologies in the US.
In: *Monograph of the* 2009 *Nanoethics Graduate Education Symposium*. (University of Washington,
Seattle,2009). Available online: http://depts. washington. edu/ntethics/symposium/Nanoethics Spe-
cial Edition Monograph. pdf

［94］ B. H. Harthom,J. Rogers,C. Shearer,Gender,*Application Domain*,*and Ethical Dilemmas in Nano-De-
liberation*. White paper for Nanotech Risk Perception Specialist Meeting,Santa Barbara,29-30 Jan 2010

［95］ D. L. Klein man,J. Delbome,A. A. Anderson,Engaging citizens: The high cost of citizen participation in
high technology. *Public Understanding of Science* ( Preprint 9 Oct 2009 ). doi: 10.
1177/0963662509347137

［96］ J. Kuzma,J. Romanchek,A. Kokotovich,Upstream oversight assessment for agrifood nano-technology:
A case study approach. Risk Anal. **28**(4),1081-1098(2008)

［97］ Nanoscale Science,Engineering,and Technology Subcommittee(NSET),Committee on Technology,Of-
fice of Science and Technology Policy,*Regional*,*State*,*and Local Initiatives in Nanotechnology: Report
of the National Nanotechnology Initiative Workshop*, Oklahoma City,1-3 Apr 2009. (NSET,Washing-
ton,DC,2010). Available online: http://www. nano. gov/html/res/pubs. html

［98］ Nanoscale Science,Engineering,and Technology Subcommittee(NSET),Committee on Technology,Of-
fice of Science and Technology Policy,*Regional*,*State*,*and Local Initiatives in Nanotechnology: Report*

*of the National Nanotechnology Initiative Workshop*，Washington，DC，30 Sept-1 Oct.（NSET，Washington，DC，2005）. Available online：http：//www. nano. gov/html/res/pubs. html

[99] Nanoscale Science，Engineering，and Technology Subcommittee（NSET），Committee on Technology，Office of Science and Technology Policy. *The National Nanotechnology Initiative Strategic Plan*，（NSET，Washington，DC，2007）. Available online：http：//www. nano. gov/html/res/pubs. html

[100] National Research Council，Committee on Forecasting Future Disruptive Technologies，*Persistent Forecasting of* Disruptive Technologies（National Academies Press，Washington，DC，2009）

[101] T. Satterfield，*Designing for Upstream Risk Perception Research*：*Malleability and Asymmetry in Judgments About Nanotechnologies*，White paper for nanotech risk perception specialist meeting，Santa Barbara，29-30 Jan 2010

[102] C. Selin，Expectations and the emergence of nanotechnology. Sci. Technol. Hum. Values **32**（2），196-220（2007）. doi：10. 1177/0162243906296918

[103] P. Shapira，J. Wang，From lab to market：Strategies and issues in the commercialization of nanotechnology in China. Asian Bus. Manage. **8**（4），461-489（2009）

[104] P. Shapira，J. Youtie，A. L. Porter，The emergence of social science research in nanotechnology. Scienlomeirics（2010）. doi：Published online first at 10. 1007/s11192-010-0204-x. March 25，2030

[105] C. E. Van Horn. J. Cleary，L. Hubbar，A. Fichtner，A *Profile of Nanotechnology Degree Programs m the United States*，（Center for nanotechnology in society'，Tempe，2009）. Available online：http：//www，cspo. oig/library/reports/？ action＝getfile&file＝186&section＝lib

# 附　　录

# Appendix A

## U.S. and International Workshops

The international study "Nanotechnology Research Directions for Societal Needs in 2020" received input from one national and four international brainstorming meetings titled "Long-term Impacts and Future Opportunities for Nanoscale Science and Engineering" as listed below. Detailed information is available on http://www.wtec.org/nano2/.

**Chicago National Workshop**
Chicago (Evanston), U.S. March 9–10, 2010
Hosted by WTEC
96 participants
Agenda on http://www.wtec.org/nano2/docs/Chicago/Agenda.html
Sponsored by: NSF

**European Union Workshop**
Hamburg, Germany. June 23–24, 2010
Hosted by Deutsches Elektronen-Synchrotron (DESY)
60 participants
Agenda on http://www.wtec.org/nano2/docs/Hamburg/Agenda.html
Sponsored by: European Commission (EC), DESY, and NSF

**Japan, Korea, and Taiwan Workshop**
Tsukuba, Japan (Tokyo region). July 26–27, 2010
Hosted by Japan Science and Technology Agency (JST)
96 participants
Agenda on http://www.wtec.org/nano2/docs/Tokyo/Agenda.html
Sponsored by: JST, MEST, NSC, and NSF

M.C. Roco et al., *Nanotechnology Research Directions for Societal Needs in 2020: Retrospective and Outlook*, Science Policy Reports 1,
DOI 10.1007/978-94-007-1168-6, © WTEC, 2011

**Australia, China, India, Saudi Arabia, and Singapore Workshop**
Singapore. July 29–30, 2010
Hosted by Nanyang Technological University (NTU)
61 participants
Agenda on http://www.wtec.org/nano2/docs/Singapore
Sponsored by: Australia, China, India, Saudi Arabia, Singapore, and NSF

**Arlington Final Workshop**
Arlington, Virginia, United States. September 30, 2010
Hosted by NSF, US
90 participants
Agenda on http://www.wtec.org/nano2/
Webcast on http://www.tvworldwide.com/events/NSFnano2/100930/
Sponsored by: NSF

***Public comments***: received between September 30 and October 30, 2010

# Appendix B

## List of Participants and Contributors

This section includes participants in workshops (see Appendix 1) and individuals who contributed to the present volume. After each person's institutional address is a key to their role. For example, (Arlington) means the person attended the workshop in Arlington; (Contributor) means the person has a contribution in this volume.

Chihaya Adachi
Kyushu University
Yurakuchoi, Chiyoda-ku
Tokyo 100-0006, Japan (Tokyo)

George Adams
Smalley Institute, Rice University
6100 Main Street, Mail Stop 100
Houston, TX 77005 (Contributor)

Wade Adams
6100 Main Street, Mail Stop 100
Houston, TX 77005 (Arlington)

Takuzo Aida
Department of Chemistry
University of Tokyo
7-3-1 Hongo Bunkyo-ku
Tokyo 113-8656, Japan (Tokyo)

Rob Aitken
SAFENANO Director
Research Avenue N
Riccarton, Edinburgh
EH14 4AP, United Kingdom
(Hamburg)

Morris Aizenman
Mathematical and Physical
Sciences, Division of
Astronomical Sciences
National Science Foundation
4201 Wilson Boulevard
Arlington, VA 22230
(Arlington)

Demir Akin
Center for Cancer Nanotechnology
Excellence
School of Medicine, Stanford
University
291 Campus Drive, Room LK3C02,
Dean's Office, Mail Stop 5216
Stanford, CA 94305-5101
(Contributor)

Hiroyuki Akinaga
National Institute of
Advanced Industrial Science
and Technology
1-3-1 Kasumigaseki, Chiyoda-ku
Tokyo 100-8921, Japan (Tokyo)

Aleksei Aksimentiev
Department of Physics, University
of Illinois
263 Loomis Laboratory, 1110 W
Green Street
Urbana, IL 61801-3080 (Contributor)

M. Alam
School of Electrical and Computer
Engineering, Purdue University
Electrical Engineering Building
465 Northwestern Avenue
West Lafayette, IN 47907-2035
(Chicago)

Muhammad Alam
School of Electrical and Computer
Engineering, Purdue University
465 Northwestern Avenue
West Lafayette, IN 47907-2035
(Contributor)

A. Paul Alivisatos
D43 Hildebrand Laboratory
University of California
Berkeley, CA 94720-1460
(Chicago)

Richard Alo
Program Director, Mathematics
National Science Foundation
4201 Wilson Boulevard
Arlington, VA 22230
(Arlington)

Salman Al-Rokayan
King Abdullah Institute for
Nanotechnology
PO Box 2455, Riyadh 11451
Kingdom of Saudi Arabia
(Singapore)

Massimo Altarelli
European XFEL GmbH
Notkestraße 85
22607 Hamburg, Germany
(Hamburg)

Pedro J. Alvarez
Department of Civil and Environmental
Engineering
Rice University
Houston, TX 77251-1892
(Chicago; Contributor)

Rose Amal
School of Chemical Engineering
University of New South Wales
Sydney, New South Wales 2052
Australia (Singapore)

Mostafa Analoui
The Livingston Group
825 3rd Avenue, 2nd floor
New York, NY 10022 (Contributor)

Masakazu Aono
National Institute for Materials Science
1-1 Namiki, Tsukuba
Ibaraki 305-0044, Japan (Tokyo)

Joerg Appenzeller
College of Engineering, Purdue
University
Neil Armstrong Hall of Engineering
Suite 2000
701 W Stadium Avenue
West Lafayette, IN 47907-2045
(Contributor)

Yasuhiko Arakawa
University of Tokyo
7-3-1 Hongo Bunkyo-ku
Tokyo 113-8656, Japan (Tokyo)

Tateo Arimoto
Japan Science and Technology Agency
Kawaguchi Center Building
4-1-8, Honcho, Kawaguchi-shi
Saitama 332-0012, Japan (Tokyo)

Vijay Arora
Fellow, Kraft Foods
3 Lakes Drive
Northfield, IL 60093-2753
(Chicago; contributor)

Masafumi Ata
National Institute of Advanced
Industrial Science and Technology
1-3-1 Kasumigaseki, Chiyoda-ku
Tokyo 100-8921, Japan
(Tokyo)

Phaedon Avouris
IBM T.J. Watson Center
P.O. Box 218
Yorktown Heights, NY 10598
(Chicago; contributor)

Toshio Baba
Cabinet Office, Government of Japan
1-6-1 Nagata-cho, Chiyoda-ku
Tokyo 100-8914, Japan (Tokyo)

Yoshinobu Baba
Nagoya University
Furo-cho, Chikusa-ku
Nagoya, 464-8601, Japan
(Arlington, Tokyo)

Adra Baca
Corning, Inc.
1 Riverfront Plaza
Corning, NY 14831-0001
(Arlington, Chicago; contributor)

Santokh Badesha
Xerox Corporation
P.O. Box 1000, Mail Stop 7060-583
Wilsonville, OR 97070
(Arlington, Chicago; contributor)

Barbara A. Baird
Chair of Chemical Biology
Baker Laboratory
Cornell University
Ithaca, NY 14853-1301
(Chicago; contributor)

Yoshio Bandou
National Institute for Materials Science
1-2-1 Sengen, Tsukuba-city
Ibaraki 305-0047, Japan
(Tokyo)

Graeme Batley
Commonwealth Scientific
and Industrial Research Organization
P.O. Box 225
Dickson, Australian Capital
Territory 2602, Australia
(Singapore)

Carl A. Batt
Professor of Food Science
Cornell University
Stocking Hall, Room 312
Ithaca, NY 14853-5701
(Chicago; contributor)

Hassan Bekir Ali
World Technology Evaluation Center
4600 N Fairfax Drive, Suite 104
Arlington, VA 22203
(Chicago)

John Belk
Technical Fellow, Boeing Company
100 North Riverside Plaza
Chicago, IL 60606-2016
(Chicago; contributor)

Larry Bell
Senior Vice President for Strategic
Initiatives, Boston Museum of Science
Director, Nanoscale Informal Science
Education Network
1 Science Park
Boston, MA 02114
(Chicago; contributor)

Jayesh R. Bellare
Indian Institute of Technology
Chemical Engineering Bombay
Powai, Mumbai-400 076, India
(Singapore)

Ben Benokraitis
World Technology Evaluation Center
4800 Roland Avenue
Baltimore, MD 21210
(Arlington, Chicago, Hamburg
Singapore, Tokyo)

David Berube
Professor of Communication,
North Carolina State University
201 Winston Hall, Campus Box 8104
Raleigh, NC, 27695-8104
(Arlington, Chicago; contributor)

Jason Blackstock
Fellow, Centre for International
Governance Innovation
57 Erb Street W
Waterloo, ON, N2L 6C2, Canada
(Contributor)

Liam Blunt
University of Huddersfield
Queensgate
Huddersfield ,HD1 3DH, United
Kingdom (Hamburg)

Freddy Boey
Nanyang Technological University
School of Materials Science and
Engineering, Office N4.1-02-05
Singapore 639798 (Singapore)

Dawn A. Bonnell
Department of Materials Science and
Engineering, University of
Pennsylvania
3231 Walnut Street, Room 112-A
Philadelphia, PA 19104 (Arlington,
Chicago, Hamburg, Singapore, Tokyo;
contributor)

Jean-Philippe Bourgoin
Nanoscience Program, Alternative
Energies and Atomic Energy
Commission (CEA)
17, rue des Martyrs
38054 Grenoble cedex 9, France
(Hamburg)

Jurron Bradley
Consulting Director
Lux Research
75 Ninth Avenue, Floor 3R, Suite F
New York, NY 10011
(Chicago; contributor)

C. Jeffrey Brinker
Department of Chemical
and Nuclear Engineering
University of New Mexico
1001 University Boulevard SE
Albuquerque, NM 87131
and
Department 1002
Sandia National Laboratories
Self-Assembled Materials
Albuquerque, NM 87131 (Arlington,
Chicago, Hamburg; contributor)

Fernando Briones Fernández-Pola
CSIC Instituto de Micoelectronica de
Madrid
8 Tres Cantos
E-28760 Madrid, Spain (Hamburg)

Mark Brongersma
Stanford University
Durand Building, 496 Lomita Mall
Stanford, CA 94305-4034
(Chicago; contributor)

Yvan Bruynseraede
Oude Markt 13
Bus 5005 3000 Leuven
Belgium (Hamburg)

Denis Buxton
National Institutes of Health
PO Box 30105
Bethesda, MD 20824-0105
(Contributor)

Christopher Cannizzaro
Physical Science Officer
U.S. Department of State
1900 K Street NW
Washington, DC 20006
(Chicago)

Altaf Carim
U.S. Department of Energy
1000 Independence
Avenue SW, Room 5F-065
Mail Stop EE-2F
Washington, DC 20585 (Contributor)

Vincent Castranova
Centers for Disease Control
National Institute for Occupational
Safety and Health, Health Effects
Laboratory Division
1095 Willowdale Road
Morgantown, WV 26505-2888
(Chicago; contributor)

Robert Celotta
Center for Nanoscale Science
and Technology, National Institute
of Standards and Technology
100 Bureau Drive ,Mail Stop 6200
Gaithersburg, MD 20899-6200
(Contributor)

Dennis Chamot
National Academies
500 Fifth Street NW, K-951
Washington, DC 2000 (Arlington)

Robert Chang
Department of Materials Science and
Engineering, Northwestern University
2220 Campus Drive
Evanston, IL 60208-3108
(Arlington, Chicago; contributor)

William Chang
National Science Foundation
4201 Wilson Boulevard
Arlington, VA 22230 (Arlington)

Constantinos Charitidis
School of Chemical Engineering
28 Oktovriou, Patision 42
10682 Athens, Greece
(Hamburg)

Hongda Chen
U.S. Department of Agriculture
National Institute of Food and
Agriculture
1400 Independence Avenue SW
Mail Stop 2220
Washington, DC 20250-2220
(Arlington, Chicago)

Hongyuan Chen
Nanjing University
Lab 802/803, Chemistry Building
22 Hankou Road
Nanjing Jiangsu 210093
China (Singapore)

Yet-Ming Chiang
Department of Materials Science
and Engineering ,Massachusetts
Institute of Technology
Room 13-4086, 77 Massachusetts
Avenue
Cambridge, MA 02139 (Chicago)

Eric Chiou
University of California, 37-138
Engineering IV
420 Westwood Plaza
Los Angeles, CA 90095
(Arlington)

Chul-Jin Choi
Korea Institute of Materials Science
797 Changwondaero
Sungsan-gu, Changwon
Gyeongnam 641-831, Korea (Tokyo)

Oscar Custance
National Institute for Materials Science
1-2-1 Sengen
305-0047 Tsukuba, Ibaraki, Japan
(Tokyo)

David Clark
Commonwealth Scientific and
Industrial Research Organization
Materials Science and Engineering
PO Box 218
Lindfield, New South Wales 2070
Australia (Arlington)

Vicki Colvin
Rice University
338 Space Science 201, PO Box 1892
Mail Stop 6
Houston, Texas 77251-1892
(Chicago)

James Cooper
Birck Nanotechnology Center
1205 West State Street
West Lafayette, IN 47907-1257
(Arlington)

Khershed Cooper
Naval Research Laboratory
Code 6354
4555 Overlook Avenue SW
Washington, DC 20375
(Arlington)

Harold Craighead
School of Applied and Engineering
Physics, Cornell University
212 Clark Hall
Ithaca, NY 14853
(Chicago; contributor)

Joanne Culbertson
Office of the Assistant Director
for Engineering, National Science
Foundation
4201 Wilson Boulevard, Room 505
Arlington, VA 22230 (Arlington)

Peter Cummings
Vanderbilt University, 303 Olin Hall
VU Station B 351604
Nashville, TN 37235 (Chicago;
contributor)

Simhan Danthi
National Heart, Lung
and Blood Institute
National Institutes of Health
Building 31, Room 5A52, 31 Center
Drive, Mail Stop 2486
Bethesda, MD 20892 (Arlington)

Dan Dascalu
National Institute for Research and
Development in Microtechnologies
126A, Erou Iancu Nicolae Street
077190
PO Box 38-160, 023573
Bucharest, Romania (Hamburg)

Robert Davis
Department of Chemical Engineering
University of Virginia
102 Engineers' Way, P.O. Box 400741
Charlottesville, VA 22904-4741
(Chicago; contributor)

S. Mark Davis
ExxonMobil Chemical R&D
BTEC-East 2313
5959 Las Colinas Boulevard
Irving, TX 75039-2298
(Chicago; contributor)

Kenneth Dawson
University College Dublin Research
University College Dublin
Belfield, Dublin 4, Ireland
(Hamburg)

Peter Degischer
Institute of Material Science
and Material Technology
Vienna University of Technology
Karlsplatz 13, 1040
Vienna, Austria (Hamburg)

Michael DeHaemer
World Technology Evaluation Center
4800 Roland Avenue
Baltimore, MD 21210 (Arlington)

Daniel DeKee
Program Director, Division of
Engineering, Education, and Centers
Directorate for Engineering 585
National Science Foundation
4201 Wilson Boulevard
Arlington, VA 22230
(Arlington)

Paul Dempsey
Electronics Editor, Engineering
and Technology Magazine
Michael Faraday House
Stevenage
Herts SG1 2AY, United Kingdom
(Arlington)

Joseph DeSimone
Department of Chemistry
University of North Carolina
Campus Box 3290
Chapel Hill, NC 27599-3290
(Contributor)

Jozef T. Devreese
University of Antwerp, Physics
University Square 1
B2610 Wilrijk, Belgium (Hamburg)

Mamadou Diallo
Materials and Process Simulation
Center, California Institute
of Technology
1200 East California Boulevard
Mail Stop 139-74
Pasadena, CA 91125
and
KAIST (Korea)
291 Daehak-ro
Yuseong-gu, Daejeon 305-701
(Arlington, Chicago,
Hamburg; contributor)

Alain Diebold
College of Nanoscale Science
and Engineering, University at Albany
257 Fuller Road
Albany, NY 12203 (Contributor)

Peter Dobson
Department of Engineering Science
University of Oxford
Parks Road
Oxford OX1 3PJ, United Kingdom
(Hamburg)

Ryoji Doi
Ministry of Economy Trade, and Industry
1-3-1 Kasumigaseki
Chiyoda-ku
Tokyo 100-8901, Japan (Tokyo)

Kazunari Domen
University of Tokyo
7-3-1 Hongo Bunkyo-ku
Tokyo 113-8656, Japan (Tokyo)

Helmut Dosch
Max-Planck-Institut für
Metallforschung
Heisenbergstraße 3
D-70569 Stuttgart, Germany
(Hamburg)

Haris Doumanidis
Directorate of Engineering, Division
of Civil, Mechanical, and
Manufacturing Innovation, National
Science Foundation
4201 Wilson Boulevard
Arlington, VA 22230 (Contributor)

Vinayak P. Dravid
Northwestern University
1131 Cook Hall, 2220 Campus Drive
Evanston, IL 60208-3108
(Arlington, Chicago; contributor)

Calum Drummond
Commonwealth Scientific and
Industrial Research Organization
Material Science
and Engineering-Clayton, Gate 5
Normanby Road
Clayton, Victoria 3168
Australia (Singapore)

Fereshteh Ebrahimi
Department of Materials Science
and Engineering, University of Florida
PO Box 116400
Gainesville, FL 32611
(Chicago; contributor)

Don Eigler
IBM Almaden Research Center
650 Harry Road
San Jose, CA 95120-6099
(Chicago)

Marlowe Epstein
National Nanotechnology
Coordination Office
Stafford II-405, 4201 Wilson
Boulevard
Arlington, VA 22230 (Arlington)

Heather Evans
Office of Science and Technology
Policy, Executive Office of the
President
725 17th Street, Room 5228
Washington, DC 20502 (Arlington)

Bengt Fadeel
Institute of Environmental Medicine
Karolinska Institutet
SE-171 77 Stockholm, Sweden
(Hamburg)

Dorothy Farrell
Office of Cancer Nanotechnology
Research, National Institutes of Health
Building 31, Room 10A52
31 Center Drive, Mail Stop 2580
Bethesda, MD 20892-2580
(Contributor)

Si-Shen Feng
National University of Singapore
Blk E4, 4 Engineering Drive 3, #05-12
Singapore 117576 (Singapore)

Mauro Ferrari
The University of Texas Health
Science Center
1825 Pressler Street, Suite 537D
Houston, TX 77031
(Chicago; contributor)

Bertrand Fillon
Chief Technical Officer, Atomic
Energy Commission, Direction de la
communication Siège
Centre d'études de Saclay
91191 Gif-sur-yvette Cedex
France (Hamburg)

Richard Fisher
Acting Associate Director for Science
Policy and Legislation, National
Institutes of Health
31 Center Drive, Mail Stop 2580
Bethesda, MD 20892-2580
(Contributor)

Patricia Foland
World Technology Evaluation Center
4800 Roland Avenue
Baltimore, MD 21210 (Arlington,
Chicago, Hamburg, Singapore, Tokyo)

Steve Fonash
Nanotechnology Applications and
Career Knowledge Center, 112 Lubert
Building, 101 Innovation Boulevard,
Suite 112, University Park, PA 16802,
USA (Contributor)

Yong Lim Foo
Institute of Materials Research
and Engineering, Materials Analysis
and Characterization
3 Research Link
Singapore 117602 (Singapore)

Lisa Friedersdorf
University of Virginia
395 McCormick Road, PO Box 400745
Charlottesville, VA 22904 (Arlington)

Heico Frima
Directorate-General for Research
European Commission
SDME 2/2
B-1049 Brussels, Belgium (Hamburg)

Martin Fritts
Nanotechnology Characterization Lab
1050 Boyles Street, PO Box B
Building 430
Frederick, MD 21702-1201 (Arlington)

Harald Fuchs
Physikalisches Institut - AG Fuchs
University of Muenster
Wilhelm-Klemm-Str 10
D-48149 Münster, Germany
(Hamburg)

Toshiyuki Fujimoto
National Institute of Advanced
Industrial Science and Technology
1-3-1 Kasumigaseki, Chiyoda-ku
Tokyo 100-8921, Japan (Tokyo)

Pradeep Fulay
Program Director
Electronics, Photonics
and Device Technology
Division of Electrical
Communications,and Cyber Systems
National Science Foundation
4201 Wilson Boulevard, Room 525
Arlington, Virginia 22230
(Arlington)

Julian Gale
Curtin University of Technology
Nanochemistry Research Institute
GPO Box U1987, Perth
Western Australia 6845
Australia (Singapore)

Sanjiv Sam Gambhir
Director, Molecular Imaging Program
School of Medicine
Stanford University
291 Campus Drive, Room LK3C02
Li Ka Shing Building, 3rd floor
Dean's Office, Mail Stop 5216
Stanford, CA 94305-5101
(Contributor)

Masashi Gamo
National Institute of Advanced
Industrial Science and Technology
1-3-1 Kasumigaseki, Chiyoda-ku
Tokyo 100-8921, Japan
(Tokyo)

Günter Gauglitz
Institut für Physikalische
und Theoretische Chemie
Universität Tübingen
Auf der Morgenstelle 8
D-72076 Tübingen,
Germany (Hamburg)

Inge Genné
Vlaamse Instelling Voor Technologisch
Onderzoek N.V.
Boeretang, Belgium
(Hamburg)

Sarah Gerould
U.S. Geological Survey
12201 Sunrise Valley Drive
Mail Stop 301
Reston, VA 20192 (Arlington)

Louise R. Giam
Department of Chemistry
Northwestern University
2145 Sheridan Road
Evanston, IL 60208-3113 (Contributor)

David Ginger
Department of Chemistry, University
of Washington
Box 351700
Seattle, WA, 98195-1700 (Chicago;
contributor)

Sharon Glotzer
Department of Chemical Engineering
University of Michigan
3074 H.H. Dow Building
2300 Hayward Street
Ann Arbor, MI 48109-2136
(Chicago; contributor)

Bill Goddard
321 Beckman Institute
Mail Stop 139-74
Pasadena, CA 91106 (Chicago)

William A. Goddard
Chemistry 139-74
California Institute of Technology
Pasadena, CA 91125 (Contributor)

Hilary Godwin
Public Health-Environmental Health
Science, University of California
Box 951772
Los Angeles, CA 90095 (Contributor)

Jan-Christoph Goldschmidt
Fraunhofer Institute for Solar Energy
Systems
Heidenhofstraße 2
79110 Freiburg im Breisgau, Germany
(Hamburg)

Larry Goldberg
Senior Engineering Advisor
National Science Foundation
4201 Wilson Boulevard
Arlington, VA 22230 (Arlington)

Justin Gooding
University of New South Wales
School of Chemistry
Sydney 2052, Australia
(Singapore)

David Grainger
College of Pharmacy
University of Utah
30 South 2000 East, Room 301
Salt Lake City, UT 84112-5820
(Chicago; contributor)

Hans Griesser
University of South Australia, Ian
Wark Research Institute
Mawson Lakes Campus
Room IW2-19
South Australia 5095
Australia (Singapore)

Piotr Grodzinski
Office of Technology and Industrial
Relations, National Cancer Institute
Building 31, Room 10, A49
31 Center Drive, Mail Stop 2580
Bethesda, MD 20892-2580
(Chicago; contributor)

David Guston
Consortium for Science, Policy,
and Outcomes, College of Liberal Arts
and Sciences, Arizona State University
P.O. Box 875603
Tempe, AZ 85287-4401
(Chicago; contributor)

Pradeep Haldar
College of Nanoscale Science
and Engineering, University at Albany
257 Fuller Road
Albany, NY 12203 (Chicago)

Jongyoon Han
Research Laboratory of Electronics
Massachusetts Institute of Technology
Room 36-841, 77 Massachusetts
Avenue
Cambridge, MA 02139 (Contributor)

Alex Harris
Chemistry Department
Brookhaven National Laboratory
Building 555, PO Box 5000
Upton, NY 11973-5000 (Contributor)

Barbara Harthorn
Center for Nanotechnology in Society
University of California
Santa Barbara, CA 93106-2150
(Chicago; contributor)

Karl-Heinz Haas
Fraunhofer-Institut fuer
Silicatforschung
Rue du Commerce 31
1000 Brüssel, Belgium
(Hamburg)

Kenji Hata
National Institute of Advanced
Industrial Science and Technology
1-3-1 Kasumigaseki, Chiyoda-ku
Tokyo 100-8921, Japan (Tokyo)

James Heath
Department of Chemistry, California
Institute of Technology
Mail Stop 127-72
Pasadena, CA 91125 (Chicago)

Matt Henderson
World Technology Evaluation Center
1653 Lititz Pike, Suite 417
Lancaster, PA 17601 (Arlington)

Lee Herring
Office of Legislative and Public
Affairs, National Science Foundation
4201 Wilson Boulevard
Arlington, VA 22230 (Arlington)

Mark Hersam
Department of Materials Science and
Engineering, Northwestern University
2220 Campus Drive
Evanston, IL 60208
(Arlington, Chicago, Hamburg
Singapore, Tokyo; contributor)

Masahiro Hirano
Science and Technology Agency
KSP C-1232, 3-2-1 Sakado, Takatsu-ku
Kawasaki 213-0012, Japan (Tokyo)

Huey Hoon Hng
Nanyang Technological University
School of Materials Science and
Engineering, Office N4.1-01-23
Singapore 639798 (Singapore)

Chih-Ming Ho
School of Engineering and Applied
Science, University of California
Engineering IV, Room 38-137
420 Westwood Plaza
Los Angeles, CA 90095-1597
(Chicago)

Michael Hoffmann
Professor of Environmental Science
California Institute of Technology
1200 E California Boulevard
Mail Stop 138-78
105 W Keck Laboratories
Pasadena, CA 91125 (Contributor)

Geoffrey Holdridge
National Nanotechnology
Coordination Office
Stafford II-405, 4201 Wilson Boulevard
Arlington, VA 22230 (Arlington,
Chicago, Singapore, Tokyo)

Nina Horne
Richard and Rhoda Goldman School of
Public Policy, University of California
2607 Hearst Avenue
Berkeley, CA 94720-7320
(Contributor)

Ming-Huei Hong
Center for Nanotechology
Materials Science, and Microsystems
National Tsing Hua University
(NTHU)
No. 101, Section 2, Kuang-Fu Road
Hsinchu, Taiwan 30013
R.O.C. (Tokyo)

Taku Hon-iden
Tsukuba City
Tokoy chiyoda-ku Soto-Kanda
1-18-13 Akihabara Dai Building
8th Floor
Tokyo, Japan (Tokyo)

Hideo Hosono
Tokyo Institute of Technology
4259 Nagatsuta-cho

Midori-ku
Yokohama, 226-8502, Japan (Tokyo)

Wei Huang
Nanjing University of Posts
and Telecommunications
No. 9 Wenyuan Road
Nanjing 210046, China (Singapore)

Evelyn L. Hu
Harvard School of Engineering
and Applied Sciences
29 Oxford Street
Cambridge, MA 02138
(Arlington, Chicago, Hamburg,
Singapore, Tokyo; contributor)

Robert Hwang
Sandia National Laboratories
PO Box 5800
Albuquerque, NM 87185
(Chicago; contributor)

Mark S. Hybertsen
Senior Research Scientist
Brookhaven National Laboratory
530 W 120th Street, Mail Stop 8903
New York, NY 10027 (Contributor)

Yasuo Iida
New Energy and Industrial Technology
Development Organization
MUZA Kawasaki Central Tower
1310 Omiya-cho
Saiwai-ku, Kawasaki
Kanagawa 212-8554, Japan (Tokyo)

Isao Inoue
University of Tsukuba
1-1-1 Tennodai
Tsukuba
Ibaraki 305-8577, Japan (Tokyo)

Eric Isaacs
Argonne National Laboratory
9700 S Cass Avenue
Argonne, IL 60439
(Chicago; contributor)

Satoshi Ishihara
Japan Science and Technology Agency
Kawaguchi Center Building
4-1-8, Honcho, Kawaguchi-shi
Saitama 332-0012, Japan (Tokyo)

Harumi Ito
Japan Science and Technology Agency
Kawaguchi Center Building
4-1-8, Honcho, Kawaguchi-shi
Saitama 332-0012, Japan (Tokyo)

Keith Jackson
National High Magnetic Field
Laboratory
142 Centennial Building, 205 Jones Hall
1530 S Martin Luther King Jr.
Boulevard
Tallahassee, FL32307
(Chicago; contributor)

Chennupati Jagadish
Australian National University
Department of Electronic
Materials Engineering
John Carver 4 22
Canberra ACT 0200
Australia (Singapore)

Patricia Johnson
World Technology Evaluation Center
4800 Roland Avenue
Baltimore, MD 21210
(Chicago, Singapore, Tokyo)

Phil Jones
Director Technical Marketing
and New Ventures, Imerys
100 Mansell Court E
Roswell, GA 30076 (Chicago)

Zakya Kafafi
National Science Foundation
4201 Wilson Boulevard
Suite 1065
Arlington, VA 22230
(Arlington)

David Kahaner
World Technology Evaluation Center
4600 North Fairfax Drive, Suite 104
Arlington, VA 22203 (Tokyo)

Toshihiko Kanayama
National Institute of Advanced
Industrial Science and Technology
1-3-1 Kasumigaseki
Chiyoda-ku
Tokyo 100-8921, Japan (Tokyo)

Naoya Kaneko
Japan Science and Technology Agency
Kawaguchi Center Building
4-1-8, Honcho, Kawaguchi-shi
Saitama 332-0012
Japan (Tokyo)

Barbara Karn
U.S. Environmental Protection Agency
1200 Pennsylvania Avenue NW, 8722F
Washington, DC 20460 (Arlington)

Georgios Katalagarianakis
Directorate-General for Research
European Commission, SDME 2/2
B-1049 Brussels
Belgium (Hamburg)

Kazunori Kataoka
Department of Materials Engineering
University of Tokyo
Hongo 7-3-1
Bunkyo-ku
Tokyo, Japan (Tokyo)

Tomoji Kawai
Sir-Sanken, Osaka University
Mihogaoka 8-1, Ibaraki
Osaka 567-0047, Japan (Tokyo)

Seiichiro Kawamura
Japan Science and Technology Agency
Kawaguchi Center Building
4-1-8, Honcho, Kawaguchi-shi
Saitama 332-0012, Japan (Tokyo)

Masashi Kawasaki
Institute for Materials Research
Tohoku University
2-1-1 Katahira, Aoba
Sendai 980-8577, Japan (Tokyo)

Satoshi Kawata
Department of Chemistry
Osaka University
1-1 Machikaneyama, Toyonaka
Osaka 560-0043, Japan (Tokyo)

Rajinder Khosla
National Science Foundation
4201 Wilson Boulevard, Suite 675
Arlington, VA 22230 (Arlington)

Hak Min Kim
Korea Nanotechnology
Research Society
66 Sangnamdong Changwon
Kyungnam 641-831
Korea (Arlington)

Costas Kiparissides
Center for Research
and Technology Hellas
6th Km Charilaou-Thermi
PO Box 60361
570 01 Thessaloniki
Greece (Hamburg)

Gerhard Klimeck
Purdue University
Birck Nanotechnology Center
Room 1281
West Lafayette, IN 47907 (Contributor)

David Knox
Research Director, MeadWestvaco
1000 Broad Street
Phenix City, AL 42787
(Chicago; contributor)

Wolfgang Kochanek
Metal Part GmbH
Institut für Neue Materialien
Im Stadtwald D2 2
D-66123 Saarbrücken, Germany
(Hamburg)

Astrid Koch
Directorate-General for Research
European Commission, SDME 2/2
B-1049 Brussels
Belgium (Arlington)

Jozef Kokini
University of Illinois
211B Mumford Hall
905 S Goodwin Avenue
Urbana, IL 61801 (Chicago)

Michio Kondo
National Institute of Advanced
Industrial Science and Technology
1-3-1 Kasumigaseki
Chiyoda-ku
Tokyo 100-8921
Japan (Tokyo)

Bruce Kramer
National Science Foundation
4201 Wilson Boulevard
Arlington, VA 22230 (Arlington)

Wolfgang Kreyling
Helmholtz Centre Munich, GmbH
Ingolstädter Landstraße 1
D-85764 Neuherberg
Germany (Hamburg)

Todd Kuiken
Woodrow Wilson International Center
for Scholars
One Woodrow Wilson Plaza
1300 Pennsylvania Avenue NW
Washington, DC 20004 (Arlington)

Ivo Kwon
Ewha Womans University
National Institutes of Health
214 Congressional Lane, Apt 204
Rockville, MD 20852
(Arlington)

Robert Langer
Langer Lab
77 Massachusetts Avenue
Room E25-342
Cambridge, MA 02139-4307
(Chicago)

Richard Leach
National Physical Laboratory
Hampton Road
Teddington
Middlesex TW11 0LW
United Kingdom (Hamburg)

Haiwon Lee
Department of Chemistry
Hanyang University
17 Haengdang-dong
Seoul 133-791, Korea (Arlington)

Jo-Won Lee
Tera Level Nano Devices, KIST 39-1
Hawolgok-dong, Sungbuk-ku
Seoul 136-791, Korea
(Arlington, Tokyo)

Shuit-Tong Lee
Department of Physics and Materials
City University of Hong Kong
Science, Office AC-G6608
Tat Chee Avenue
Kowloon
Hong Kong SAR,
China (Singapore)

Neocles Leontis
Division of Molecular and Cellular
Biosciences, National Science
Foundation
4201 Wilson Boulevard
Arlington, VA 22230 (Arlington)

Grant Lewison
Evaluametrics Ltd.
157 Verulam Road
St Albans AL3 4DW, United Kingdom
(Hamburg)

Michal Lipson
College of Engineering, Cornell
University
Carpenter Hall
Ithaca, NY 14853-2201 (Contributor)

Chien-Wei Li
U.S. Department of Energy
Room 5F-065, Mail Stop EE-2F
1000 Independence Avenue SW
Washington, DC 20585 (Arlington)

Joachim Loo
Nanyang Technological University
School of Materials Science and
Engineering, Office N4.1-01-04a
Singapore 639798 (Singapore)

Mark Lundstrom
School of Electrical and Computer
Engineering, Purdue University
465 Northwestern Avenue
West Lafayette, IN 47907
(Arlington, Chicago, Hamburg,
Singapore, Tokyo; contributor)

Lynnette D. Madsen
National Science Foundation
4201 Wilson Boulevard, Suite 1065
Arlington, VA 22230
(Arlington; contributor)

Lutz Maedler
Universität Bremen
Am Fallturm 1
28359 Bremen, Germany (Hamburg)

George Maracas
Arizona State University
PO Box 87-5706
Tempe, AZ 85287 (Arlington)

Antonio Marcomini
Università Ca' Foscari Venezia
Dorsoduro 3246-30123
Venice, Italy
(Hamburg)

Jean-Yves Marzin
National Center for Scientific
Research, Campus Gérard-Mégie
3 rue Michel-Ange-F-75794
Paris cedex 16
France
(Hamburg)

Jan Ma
Nanyang Technological University
School of Materials Science and
Engineering, Office N4.1-02-31
Singapore 639798
(Singapore)

Steffen McKernan
RF Nano Corporation
4311 Jamboree Road,
Suite 150
Newport Beach, CA 92660
(Arlington, Chicago)

Scott McNeil
National Cancer Institute
Nanotechnology Characterization
Laboratory
PO Box B, Building 469
1050 Boyles Street
Frederick, MD 21702-1201
(Contributor)

Thomas J. Meade
Department of Chemistry
Northwestern University
Silverman 2504
2145 Sheridan Road
Evanston, IL 60208-3113
(Contributor)

Michael Meador
U.S. National Aeronautics
and Space Administration
Glenn Research Center
21000 Brookpark Road
Cleveland, OH 44135 (Contributor)

Subodh Mhaisalkar
Nanyang Technological University
School of Materials Science and
Engineering, Office N4.1-01-21
Singapore 639798 (Singapore)

John Miles
National Measurement Institute
Unit 1-153 Bertie Street,
Port Melbourne, Victoria 3207
Australia (Singapore)

John A. Milner
Nutritional Science Research Group
Division of Cancer Prevention
National Cancer Institute
National Institutes of Health
6130 Executive Boulevard
Executive Plaza North, Suite 3164
Rockville, MD 20892 (Chicago;
contributor)

Chad A. Mirkin
Department of Chemistry
and Director of the International
Institute for Nanotechnology
Northwestern University,
2145 Sheridan Road, Evanston,
IL 60208 (Arlington, Chicago,
Singapore, Tokyo; contributor)

Yuji Miyahara
National Institute for Materials Science
1-2-1 Sengen
Tsukuba-city
Ibaraki 305-0047, Japan (Tokyo)

Akira Miyamoto
Tohoku University
1-1 Katahira, 2-chome
Aoba-ku
Sendai, 980-8577, Japan (Tokyo)

Nagae Miyashita
Japan Science and Technology Agency
Kawaguchi Center Building
4-1-8, Honcho, Kawaguchi-shi
Saitama 332-0012, Japan (Tokyo)

Dae Won Moon
Korea Research Institute
of Standards and Science
209 Gajeong-ro, Yuseong-gu
Daejeon 305-340, Korea (Tokyo)

Chrit Moonen
National Center for Scientific
Research, Campus Gérard-Mégie
3 rue Michel-Ange - F-75794
Paris Cedex 16, France (Hamburg)

Takao Mori
National Institute for Materials Science
1-2-1 Sengen
Tsukuba-city
Ibaraki 305-0047, Japan (Tokyo)

Seizo Morita
Osaka University
1-1 Machikaneyama, Toyonaka
Osaka 560-0043, Japan (Tokyo)

Jeff Morris
Ronald Reagan Building and
International Trade Center
U.S. Environmental Protection Agency
Room 71184
1300 Pennsylvania Avenue NW
Washington, DC 20004
(Chicago; contributor)

Michael Moseler
Fraunhofer Institute for Mechanics
of Materials
Wöhlerstrasse 11
79108 Freiburg, Germany (Hamburg)

Paul Mulvaney
University of Melbourne
2nd Floor North, Bio21 Institute
Victoria 3010, Australia
(Singapore)

Craig Mundie
Microsoft Corporation
One Microsoft Way
Redmond, WA 98052-6399 (Chicago)

Jose Munoz
Office of Cyberinfrastructure
National Science Foundation
4201 Wilson Boulevard
Arlington, VA 22230 (Arlington)

Shinji Murai
Japan Science and Technology Agency
Kawaguchi Center Building
4-1-8, Honcho, Kawaguchi-shi
Saitama 332-0012, Japan (Tokyo)

James Murday
University of Southern California
Office of Research Advancement
701 Pennsylvania Avenue NW, Suite 540
Washington, DC 20004 (Arlington,
Chicago, Hamburg, Singapore, Tokyo;
contributor)

Sean Murdock
NanoBusiness Alliance
8045 Lamon Avenue
Skokie, Illinois 60077
(Chicago; contributor)

Chris Murray
Department of Chemistry
University of Pennsylvania
231 S 34th Street
Philadelphia, PA 19104-6323
(Chicago; contributor)

Hiroshi Nagano
Japan Science and Technology Agency
Kawaguchi Center Building
4-1-8, Honcho, Kawaguchi-shi
Saitama 332-0012, Japan (Tokyo)

Tomoki Nagano
Japan Science and Technology Agency
Kawaguchi Center Building
4-1-8, Honcho, Kawaguchi-shi
Saitama 332-0012, Japan (Tokyo)

Tomohiro Nakayama
Japan Science and Technology Agency
Kawaguchi Center Building
4-1-8, Honcho, Kawaguchi-shi
Saitama 332-0012, Japan (Tokyo)

Kesh Narayanan
Industrial Innovation and Partnerships
Directorate of Engineering
National Science Foundation
4201 Wilson Boulevard
Arlington, VA 22230 (Arlington)

Jeffrey B. Neaton
Theory of Nanostructured Materials
Molecular Foundry
Lawrence Berkeley National Laboratory
1 Cyclotron Road, Mail Stop 67R3207
Berkeley, CA 94720 (Contributor)

André Nel
Department of Medicine and California
NanoSystems Institute
University of California
10833 Le Conte Avenue, 52-175 CHS
Los Angeles, CA 90095 (Arlington,
Chicago, Hamburg, Singapore, Tokyo;
contributor)

Koon Gee Neoh
National University of Singapore
Blk E5, 4 Engineering Drive 4, #02-34
Singapore 117576 (Singapore)

Elizabeth Nesbitt
International Trade Analyst
for Biotechnology
and Nanotechnology
U.S. International Trade Commission
500 E Street SW
Washington, DC 20436 (Arlington,
Chicago)

Milos Nesladek
University of Hasselt, Campus
Diepenbeek
Agoralaan, Building D
3590 Diepenbeek, Belgium (Hamburg)

Chikashi Nishimura
National Institute for Materials Science
1-2-1 Sengen
Tsukuba city
Ibaraki 305-0047, Japan
(Tokyo)

Susumu Noda
Quantum Optoelectronics Laboratory
Kyoto University
Nishikyo-ku
Kyoto 615-8510, Japan (Tokyo)

Alfred Nordmann
Technical University of Darmstadt
Department of Philosophy
S3 13 364
Royal Palace
64283 Darmstadt, Germany
(Hamburg)

Iwao Ohdomari
Japan Science and Technology Agency
Kawaguchi Center Building
4-1-8, Honcho, Kawaguchi-shi
Saitama 332-0012, Japan
(Tokyo)

Teruo Okano
Institute of Advanced Biomedical
Engineering and Science
Tokyo Women's Medical University
8-1, Kawada-cho
Shinjuku-ku
Tokyo, Japan (Tokyo)

Halyna Paikoush
National Nanotechnology
Coordination Office
Stafford II-405, 4201 Wilson
Boulevard
Arlington, VA 22230
(Arlington, Chicago)

Stuart Parkin
IBM Almaden Research Center
650 Harry Road
San Jose, CA 95120-6099 (Contributor)

Hans Pedersen
Directorate-General for Research
European Commission, SDME 2/2
B-1049 Brussels, Belgium (Hamburg)

Malcolm Penn
Future Horizons Ltd.
44 Bethel Road
Sevenoaks, Kent TN13 3UE
United Kingdom (Hamburg)

Virgil Percec
Department of Chemistry
University of Pennsylvania
231 S 34th Street
Philadelphia, PA 19104-6323
(Contributor)

Thomas Peterson
National Science Foundation
4201 Wilson Boulevard
Room 505
Arlington, VA 22230
(Arlington)

Diana Petreski
National Nanotechnology
Coordination Office
Stafford II-405
4201 Wilson Boulevard
Arlington, VA 22230
(Arlington)

Tom Picraux
Materials Physics and Applications
Mail Stop F612, Los Alamos
National Laboratory
Los Alamos, NM 87545
(Chicago; contributor)

Robert Pinschmidt
Institute for Advanced Materials
Nanoscience, and Technology
University of North Carolina
223 Chapman Hall CB #3216
Chapel Hill, NC 27599-3216
(Arlington)

Michael Plesniak
Mechanical and Aerospace
Engineering, George Washington
University
801 22nd Street NW
Washington, DC 20052 (Arlington)

Ilmari Pyykkö
Department of Otolaryngology
FIN-33014 University of Tampere
Finland (Hamburg)

Dan C. Ralph
Laboratory of Atomic and Solid
State Physics, Cornell University
Clark Hall
Ithaca, NY 14853-2501 (Contributor)

John N. Randall
Vice President, Zyvex Labs
1321 N Plano Road
Richardson, TX 75081 (Contributor)

Mark Ratner
Department of Chemistry
Northwestern University
2145 Sheridan Road
Evanston, IL 60208
(Chicago; contributor)

Lisa Regalla
Science Editor, Twin Cities Public
Television
172 E 4th Street
Saint Paul, MN 55101 (Contributor)

Herbert Richtol
Program Director, Chemistry
National Science Foundation
4201 Wilson Boulevard
Arlington, VA 22230 (Arlington)

Rick Ridgley
National Reconnaissance Office
14675 Lee Road
Chantilly, Virginia 20151-1715
(Contributor)

Thomas Rieker
National Science Foundation
4201 Wilson Boulevard, Suite 1065
Arlington, VA 22230 (Arlington)

Mihail C. Roco
Senior Advisor for Nanotechnology
National Science Foundation
4201 Wilson Boulevard
Arlington, VA 22230
(Arlington, Chicago, Hamburg
Singapore, Tokyo; contributor)

Juan Rogers
Georgia Institute of Technology
School of Public Policy
685 Cherry Street NW
Atlanta, GA 30332-0345
(Arlington)

John Rogers
Chair in Engineering Innovation
3355 Beckman Institute
Department of Materials Science and
Engineering, University of Illinois
1304 W Green Street
Urbana, IL 61801 (Contributor)

Sven Rogge
Professor of Physics, Delft University
of Technology
Lorentzweg 1
2628 CJ Delft, The Netherlands
(Contributor)

Celeste Rohlfing
National Science Foundation
4201 Wilson Boulevard, Suite 1005
Arlington, VA 22230 (Arlington)

Gregory Rorrer
Directorate for Engineering, Chemical
Bioengineering, Environmental, and
Transport Systems, National Science
Foundation
4201 Wilson Boulevard
Arlington, VA 22230 (Arlington)

Zeev Rosenzweig
University of New Orleans
CSB 238, 2000 Lakeshore Drive
New Orleans, LA 70148 (Arlington)

Skip Rung
Oregon State University
308 Education Hall
Corvallis, OR 97331-3502
(Arlington, Chicago; contributor)

James A. Ruud
GE Global Research
One Research Circle
Niskayuna, NY 12309
(Chicago; contributor)

Sayeef Salahuddin
Electrical Engineering Division
University of California
253 Cory Hall
Berkeley, CA 94720-1770
(Contributor)

Yves Samson
Atomic Energy Commission
Grenoble-Institute for Nanoscience
and Cryogenics
17 rue des Martyrs
38054 Grenoble, Cedex 09, France
(Arlington)

Ashok Sangani
Program Director, Particulate
and Multiphase Processes
Directorate for Engineering
Chemical, Bioengineering
Environmental, and Transport Systems
National Science Foundation
4201 Wilson Boulevard
Arlington, VA 22230 (Arlington)

Nobuyuki Sano
University of Tsukuba
1-1-1 Tennodai
Tsukuba
Ibaraki 305-8577, Japan (Tokyo)

Linda Sapochak
Solid State and Materials Chemistry
National Science Foundation
4201 Wilson Boulevard
Arlington, VA 22230 (Arlington)

John Sargent
Science and Technology Policy
Resources, Science and Industry
Division
Congressional Research Service
Library of Congress
101 Independence Avenue SE
Room 423
Washington, DC 20540 (Arlington)

Takayoshi Sasaki
National Institute for Materials Science
1-2-1 Sengen
Tsukuba City
Ibaraki 305-0047, Japan (Tokyo)

Murali Sastry
Tata Chemicals Innovation Centre
S no 1139/1, Ghotavde Phata
Urawde Road
Pirangut Industrial Area
Mulshi, Pune , 412 108
India (Singapore)

Tatsuo Sato
Asian Technology Information
Program
MBE 225, Tokyo Toranomon Building
1-1-18 Toranomon
Minato-ku, Tokyo 105-0001
Japan (Tokyo)

Nora Savage
Nano Team Leader, U.S.
Environmental Protection Agency
Office of Research and Development
National Center for Environmental
Research
1200 Pennsylvania Avenue NW
Mail Stop 8722F
Washington, DC 20460
(Arlington, Chicago; contributor)

George Schatz
Department of Chemistry
Northwestern University
Ryan Room 4018, 2145 Sheridan Road
Evanston, IL 60208-3113
(Chicago; contributor)

Erik Scher
Siluria
2625 Hanover Street
Palo Alto, CA 94304 (Chicago;
contributor)

Jeff Schloss
National Institutes of Health
9000 Rockville Pike
Bethesda, Maryland 20892 (Contributor)

John Schmitz
NXP Semiconductors
P.O. Box 80073
5600 KA Eindhoven
Netherlands (Hamburg)

Jean-Christophe Schrotter
Chemin de la Digue
78603 Maisons Laffitte Cedex
France (Hamburg)

Norman Scott
Biological and Chemical Engineering
Cornell University
216 Riley Hall
Ithaca, NY 14853-5701
(Chicago; contributor)

Mizuki Sekiya
National Institute of Advanced
Industrial Science and Technology
1-3-1 Kasumigaseki
Chiyoda-ku
Tokyo 100-8921, Japan (Tokyo)

Cynthia Selin
Center for Nanotechnology in Society
Arizona State University
PO Box 875603
Tempe, AZ 85287-5603
(Chicago; contributor)

Mark Shannon
2132 Mechanical Engineering
Laboratory, University of Illinois
1206 W Green Street, Mail Stop 244
Urbana, IL 61801
(Chicago; contributor)

Philip Shapira
Georgia Institute of Technology
D. M. Smith Building, Room 107
685 Cherry Street
Atlanta, GA 30332-0345
(Chicago; contributor)

Robert Shelton
World Technology Evaluation Center
1653 Lititz Pike, Suite 417
Lancaster, PA 17601
(Arlington, Chicago)

Tadashi Shibata
University of Tokyo
Hongo 7-3-1, Bunkyo-ku
Tokyo, Japan (Tokyo; contributor)

Hiromoto Shimazu
Japan Science and Technology Agency
Kawaguchi Center Building
4-1-8, Honcho, Kawaguchi-shi
Saitama 332-0012, Japan (Tokyo)

Nira Shimony-Eyal
Hebrew University of Jerusalem
Jerusalem 91120
Israel (Hamburg)

Takahiro Shinada
Japan Science and Technology Agency
Kawaguchi Center Building
4-1-8, Honcho, Kawaguchi-shi
Saitama 332-0012
Japan (Tokyo)

Richard Siegel
217 Materials Research Center
Rensselaer Polytechnic Institute
Troy, NY 12180 (Arlington
Chicago; contributor)

Michelle Simmons
University of New South Wales
Atomic Fabrication Facility
Centre for Quantum Computer
Technology
Newton Building, Room W103
Sydney, New South Wales 2052
Australia (Singapore)

Alex Simonian
National Science Foundation
Room 565
4201 Wilson Boulevard
Arlington, VA 22230 (Arlington)

Lewis Sloter II
Associate Director, Materials
and Structures Research/Technology/
Weapons Systems Office
Department of Defense
1777 N Kent Street 9030
Arlington, VA 22209-2110 (Arlington)

Jun-ichi Sone
National Institute for Materials Science
1-2-1 Sengen
Tsukuba city
Ibaraki 305-0047, Japan (Tokyo)

Kim Sooho
Korea Institute of Materials Science
797 Changwondaero
Sungsan-gu, Changwon
Gyeongnam 641-831, Korea (Tokyo)

Clivia Sotomayor Torres
Centre d'Investigació en Nanociencia I
Nanotecnologia
Campus UAB, Building Q-2nd Floor
08193 Bellaterra, Spain (Hamburg)

Francesco Stellaci
Professor of Materials Science and
Engineering, Massachusetts Institute
of Technology
Room 13-4053, 77 Massachusetts
Avenue
Cambridge, MA 02139 (Contributor)

J. Fraser Stoddart
Department of Chemistry
Northwestern University
2145 Sheridan Road
Evanston, IL 60208-3113 (Contributor)

Michael Stopa
Center for Nanoscale Systems
Harvard University
11 Oxford Street, LISE 306
Cambridge, MA 02138
(Chicago; contributor)

Anita Street
U.S. Department of Energy, Office of
Intelligence and Counterintelligence
1100 Independence Avenue SW
Washington, DC 20585 (Arlington)

Shigeru Suehara
Cabinet Office, Government of Japan
1-6-1 Nagata-cho, Chiyoda-ku
Tokyo 100-8914, Japan (Tokyo)

Ming-Huei Suh
Nanyang Technological University
50 Nanyang Avenue
Singapore 639798 (Tokyo)

Sang-Hee Suh
Korea Institute of Science and
Technology
335 Gwahangno, Yuseong-gu
Daejeon 305-806, Korea (Tokyo)

Jyrki Suominen
Directorate-General for Research
European Commission, SDME 2/2
B-1049 Brussels, Belgium
(Arlington, Hamburg)

Tsung-Tsan Su
Industrial Technology Research
Institute
Building 67, Room 211-1
195 Sec. 4 Chung Hsing Road
Chutung Hsinchu
Taiwan 31040
ROC (Arlington, Tokyo)

Wei-Fang Su
Nanyang Technological University
50 Nanyang Avenue
Singapore 639798 (Tokyo)

Tatsujiro Suzuki
University of Tokyo
Hongo 7-3-1, Bunkyo-ku
Tokyo, Japan (Tokyo)

Yoshishige Suzuki
Osaka University
Mihogaoka 8-1, Ibaraki
Osaka 567-0047, Japan (Tokyo)

Hidenori Takagi
University of Tokyo
Hongo 7-3-1, Bunkyo-ku
Tokyo, Japan (Tokyo)

Akira Takamatsu
Japan Science and Technology Agency
Kawaguchi Center Building
4-1-8, Honcho, Kawaguchi-shi
Saitama 332-0012, Japan (Tokyo)

Hidetaka Takasugi
Japan Science and Technology Agency
Kawaguchi Center Building
4-1-8, Honcho, Kawaguchi-shi
Saitama 332-0012, Japan (Tokyo)

Kunio Takayanagi
Tokyo Institute of Technology
2-12-1 Ookayama
Meguro-ku
Tokyo 152-8550, Japan (Tokyo)

Masahiro Takemura
National Institute for Materials Science
1-2-1 Sengen
Tsukuba city
Ibaraki 305-0047, Japan (Tokyo)

Suk-Wah Tam-Chang
Macromolecular, Supramolecular, and
Nanochemistry Program, National
Science Foundation
4201 Wilson Boulevard
Arlington, VA 22230 (Arlington)

Kazunobu Tanaka
Japan Science and Technology Agency
Kawaguchi Center Building
4-1-8, Honcho, Kawaguchi-shi
Saitama 332-0012
Japan (Tokyo)

Syuji Tanaka
Japan Science and Technology Agency
Kawaguchi Center Building
4-1-8, Honcho, Kawaguchi-shi
Saitama 332-0012
Japan (Tokyo)

Naoko Tani
Semiconductor Portal, Inc.
East 17F Akasaka Twin Tower
2-17-22, Akasaka, Minato-ku
Tokyo 107-0052
Japan (Tokyo)

E. Clayton Teague
National Nanotechnology
Coordination Office
Stafford II-405, 4201 Wilson
Boulevard
Arlington, VA 22230
(Arlington)

Vasco Teixeira
University of Minho
Largo do Paço
4704-553 Braga, Portugal
(Hamburg; contributor)

Alan Tessier
Environmental Biology
National Science Foundation
4201 Wilson Boulevard
Arlington, VA 22230
(Arlington)

C. Shad Thaxton
Institute for Bionanotechnology in
Medicine, Northwestern University
Robert H. Lurie Building
303 E Superior Street, Room 10-250
Chicago, IL60611 (Contributor)

Tom Theis
IBM
1101 Kitchawan Road
Yorktown Heights, NY 10598
(Chicago; contributor)

Treye Thomas
Consumer Product Safety Commission
4330 E West Highway, Suite 600
Bethesda, MD 20814 (Arlington)

Harry F. Tibbals
University of Texas Southwestern
Medical Center
5323 Harry Hines Boulevard
Dallas, TX 75390-9004
(Contributor)

Gregory Timp
Department of Electrical Engineering
Notre Dame University
275 Fitzpatrick Hall
Notre Dame, IN 46556 (Contributor)

Sally Tinkle
National Nanotechnology
Coordination Office
Stafford II-405, 4201 Wilson
Boulevard
Arlington, VA 22230 (Arlington)

Sandip Tiwari
School of Electrical and Computer
Engineering, Cornell University
410 Phillips Hall
Ithaca, NY 14853-2501
(Chicago; contributor)

Christos Tokamanis
Directorate-General for Research
European Commission, SDME 2/2
B-1049 Brussels, Belgium (Hamburg)

Donald A. Tomalia
Dendrimer and Nanotechnology
Center, Central Michigan University
2625 Denison Drive
Mt. Pleasant, Michigan 48858
(Contributor)

Mark Tuominen
Department of Physics and Co-director
of the Center for Hierarchical
Manufacturing and MassNanoTech
University of Massachusetts, Amherst
411 Hasbrouck Laboratory
Amherst, MA 01003
(Arlington, Chicago,
Hamburg; contributor)

Kohei Uosaki
National Institute for Materials Science
1-2-1 Sengen
Tsukuba City
Ibaraki 305-0047, Japan (Tokyo)

Brian Valentine
U.S. Department of Energy
1000 Independence Avenue SW
Washington, DC 20585
(Arlington)

Rick Van Duyne
Chemistry Department, Northwestern
University
2145 Sheridan Road
Evanston, IL 60208-3113 (Chicago)

Usha Varshney
Directorate for Engineering, Electrical
Communications, and Cyber Systems
National Science Foundation
4201 Wilson Boulevard
Arlington, VA 22230
(Arlington)

Latha Venkataraman
Nanoscale Science and Engineering
Center, Columbia University
530 W 120th Street
New York, NY 10027-8903
(Contributor)

Lijun Wan
Institute of Chemistry
Chinese Academy of Sciences
Zhongguancun North First Street 2
100190 Beijing, China
(Singapore)

Chen Wang
National Center for Nanoscience
and Technology
No.11 ZhongGuanCun BeiYiTiao
100190 Beijing,
China (Singapore)

Kang Wang
California NanoSystems Institute
Department of Electrical Engineering
University of California
Box 951594
Los Angeles,
CA 90095 (Contributor)

Masahiro Watanabe
Japan Science and Technology Agency
Kawaguchi Center Building
4-1-8, Honcho, Kawaguchi-shi
Saitama 332-0012,
Japan (Tokyo)

Satoshi Watanabe
University of Tokyo
Hongo 7-3-1, Bunkyo-ku
Tokyo, Japan (Tokyo)

Scott Watkins
Commonwealth Scientific
and Industrial Research
Organization Materials Science
and Engineering
Office: Bayview Avenue
Post: Private Bag 10
Clayton, Victoria 3168
Australia (Singapore)

Andrew Wee
National University of Singapore
2 Science Drive 3,
Office: S13-03-12
Singapore 117542
(Singapore)

Udo Weimar
Institute of Physical Chemistry
Auf der Morgenstelle 8
D-72076 Tübingen
Germany (Hamburg)

Paul S. Weiss
California NanoSystems Institute,
University of California
570 Westwood Plaza, Building 114
Los Angeles, CA 90095
(Chicago; contributor)

Jeffrey Welser
Semiconductor Research Corporation
1101 Slater Road, Suite 120
Durham, NC 27703
and
IBM Almaden Research Center
650 Harry Road
San Jose, CA 95120 (Arlington,
Chicago, Hamburg; contributor)

Wolfgang Wenzel
Karlsruhe Institute of Technology
PO Box 3640
76021 Karlsruhe
Germany (Hamburg)

Rosemarie Wesson
Engineering Division, National Science
Foundation
4201 Wilson Boulevard
Arlington, VA 22230
(Arlington)

Paul Westerhoff
Professor and Interim Director
School of Sustainable Engineering
and the Built Environment, Civil
Environmental, and Sustainable
Engineering Programs
Del E. Webb School of Construction
Programs, Arizona State University
Engineering Center
G-Wing Room 252
Tempe, AZ 85287-5306
(Contributor)

Mark Wiesner
Duke University
Box 90287, 120 Hudson Hall
Durham, NC 27708-0287
(Chicago; contributor)

Ellen Williams
Department of Physics
University of Maryland
College Park
MD 20742-4111 (Chicago)

R. Stanley Williams
HP Senior Fellow, Information
and Quantum Systems Lab
Hewlett-Packard Laboratories
1501 Page Mill Road
Palo Alto, CA 94304 (Contributor)

Grant Wilson
Department of Chemical Engineering
The University of Texas at Austin
1 University Station C0400
Austin, TX 78712-0231 (Chicago)

Adam Winkleman
National Academies
500 Fifth Street NW, K-951
Washington, DC 2000 (Arlington)

Stuart A. Wolf
NanoStar, University of Virginia
395 McCormick Road
Charlottesville, VA 22904
(Arlington, Chicago, Singapore
Tokyo; contributor)

Maw-Kuen Wu
Academia Sinica
128 Academia Road, Section 2
Nankang
Taipei 115, Taiwan (Tokyo)

Omar Yaghi
Professor, Department of Chemistry
and Biochemistry, University of
California
Box 951594
Los Angeles, CA 90095 (Contributor)

Yiyan Yang
Institute of Bioengineering and
Nanotechnology
31 Biopolis Way, The Nanos, #04-01
Singapore 138669 (Singapore)

Tetsuji Yasuda
National Institute of Advanced
Industrial Science and Technology
1-3-1 Kasumigaseki
Chiyoda-ku
Tokyo 100-8921
Japan (Tokyo)

Jackie Ying
Institute of Bioengineering and
Nanotechnology
31 Biopolis Way, The Nanos, #04-01
Singapore 138669
(Singapore)

Naoki Yokoyama
National Institute of Advanced
Industrial Science and Technology
1-3-1 Kasumigaseki
Chiyoda-ku
Tokyo 100-8921
Japan (Tokyo)

Shinji Yuasa
National Institute of Advanced
Industrial Science and Technology
1-3-1 Kasumigaseki
Chiyoda-ku
Tokyo 100-8921
Japan (Tokyo)

Hua Zhang
School of Materials Science and
Engineering, Office N4.1-02-25
Nanyang Technological University
Singapore 639798
(Singapore)

Yong Zhang
Faculty of Engineering, National
University of Singapore
E1-05-18, Division of Bioengineering
117576 Singapore (Singapore)

Xiang Zhang
University of California
5130 Etcheverry Hall, Mail Stop 1740
Berkeley, CA 94720-1740
(Chicago; contributor)

Yuliang Zhao
Chinese Academy of Sciences, Institute
of High Energy Physics
19B YuquanLu, Shijingshan District
100049 Beijing, China (Singapore)

Liu Zhongfan
Institute of Chemistry and Molecular
Engineering, Peking University
Cheng Rd, Haidian District
Beijing 202, 100871, China
(Singapore; contributor)

Haoshen Zhou
National Institute of Advanced
Industrial Science and Technology
1-3-1 Kasumigaseki
Chiyoda-ku
Tokyo 100-8921, Japan (Tokyo)

Otto Zhou
Department of Physics, University of
North Carolina
Phillips Hall, CB #3255
Chapel Hill, NC 27599-3255
(Contributor)

# Appendix C

## NNI Timeline in Selected Publications, 1999–2010

### 1999

R.W. Siegel, E. Hu, M.C. Roco, Nanostructure science and technology. Adopted as official document of U.S. National Science and Technology Council (NSTC) (Springer (previously Kluwer), 1999), Available online: http://www.wtec.org/loyola/pdf/nano.pdf

M.C. Roco, R.S. Williams, P. Alivisatos (eds.), *Nanotechnology Research Directions: Vision for Nanotechnology R&D in the Next Decade*. Adopted as official document of NSTC (Springer (previously Kluwer) 2000,Washington, DC, 1999), Available online: http://www.nano.gov/html/res/pubs.html

S. Smalley, Testimony at the first congressional hearing to the U.S. House of Representatives Committee on Science, subcommittee on basic research, Available online: http://www.merkle.com/papers/nanohearing1999.html. 22 June 1999

National Science and Technology Council (NSTC) and Interagency Working Group on Nanoscience, Engineering, and Technology (IWGN), Nanotechnology—shaping the world atom by atom (Document for public outreach, Washington, DC, 1999), Available online: http://www.wtec.org/loyola/nano/IWGN.Public.Brochure/

### 2000

National Science and Technology Council (NSTC) and Nanoscale Science, Engineering and Technology Subcommittee (NSET) report, National Nano-technology Initiative (NSTC/NSET, Washington, DC, July 2000), Available online: http://www.nano.gov/html/res/nni2.pdf

M.C. Roco, W.S. Bainbridge (eds.), Societal implications of nanoscience and nanotechnology. NSF and DOC report (Springer (previously Kluwer), 2001), Available online: http://www.wtec.org/loyola/nano/NSET.Societal.Implications/nanosi.pdf

## 2001

National Nanotechnology Coordination Office (NNCO) was established through a memorandum of understanding signed by NSF, DOD, DOE, NIH, NIST, NASA, EPA, and DOT

M.C. Roco, International strategy for nanotechnology research. J. Nanopart. Res. **3**(5–6), 353–360 (2001)

## 2002

National Research Council (NRC), *Small Wonders, Endless Frontiers. Review of the National Nanotechnology Initiative* (National Academy Press, Washington, DC, 2002), Available online: http://www.nano.gov/html/res/small_wonders_pdf/smallwonder.pdf

M.C. Roco, Nanotechnology – a frontier in engineering education. Int. J. Eng. Educ. **18**(5), 488–497 (Aug 2002)

## 2003

National Science and Technology Council (NSTC), Report of the national nano-technology initiative workshop. Materials by design (NSTC, Arlington, June 2003), Available online: http://www.nano.gov/NNI_Materials_by_Design.pdf

M.C. Roco, W.S. Bainbridge, *Converging Technologies for Improving Human Performance: Nanotechnology, Biotechnology, Information Technology and Cognitive science* (Springer (previously Kluwer), Dordrecht, 2003), Available online: http://www.wtec.org/ConvergingTechnologies/Report/NBIC_report.pdf

National Science and Technology Council (NSTC) and Nanoscale Science, Engineering and Technology subcommittee (NSET), Regional, tate, and local initiatives in nanotechology (NSTC, Washington, DC, 30 Sept–1 Oct 2003), Available online: http://www.nano.gov/041805Initiatives.pdf

Congress, The 21st century nanotechnology research and development act. 108th congress. Public law 108–153 (2003), Available online: http://frwebgate.access.gpo.gov/cgi-bin/getdoc.cgi?dbname=108_cong_public_laws&docid=f:publ153.108.pdf

## 2004

National Science and Technology Council (NSTC) and Nanoscale Science, Engineering and Technology subcommittee (NSET), National nanotechnology initiative (NSTC, Washington, DC, Dec 2004), Available online: http://www.nano.gov/NNI_Strategic_Plan_2004.pdf

National Science Foundation (NSF), Report: international dialogue on responsible research and development of nanotechnology (Meridian Institute, Arlington/Washington, DC, 2004), Available online: http://www.nsf.gov/crssprgm/nano/activities/dialog.jsp

**2005**

President's Council of Advisors on Science and Technology (PCAST), Report to the president and congress on the third assessment of the national nanotechnology initiative (Executive Office of the President, Washington, DC, 2005), Available online: http://www.nano.gov/html/res/otherpubs.html

**2006**

National Research Council (NRC), *A Matter of Size: Triennial Review of the National Nanotechnology Initiative* (National Academies Press, Washington, DC, 2006), Available online: http://www.nap.edu/catalog.php?record_id=11752

**2007**

National Science and Technology Council (NSTC) and Nanoscale Science, Engineering and Technology subcommittee (NSET), *The National Nanotechnology Initiative Strategic Plan* (NSTC/NSET, Washington, DC, 2007), Available online: http://www.nano.gov/html/res/pubs.html
M.C. Roco, W.S. Bainbridge, *Nanotechnology: Societal Implications*, vol 1, vol 2 (Springer, Boston, 2007)

**2008**

President's Council of Advisors on Science and Technology (PCAST), *National Nanotechnology Initiative (NNAP)* (PCAST, Washington, DC April 2008), Available online: http://www.nanowerk.com/nanotechnology/reports/reportpdf/report118.pdf
National Science and Technology Council (NSTC) and Nanoscale Science, Engineering and Technology subcommittee (NSET), Strategy for nanotechnology-related environmental, health, and safety (Feb 2008)

**2009**

National Science and Technology Council (NSTC) and Nanoscale Science, Engineering and Technology subcommittee (NSET), Nanotechnology-enabled sensing. Report of the National Nanotechnology Initiative workshop (Arlington May 2009), Available online: http://www.nano.gov/html/res/NNI_Nanosensing.pdf
National Science and Technology Council (NSTC) and Nanoscale Science, Engineering and Technology subcommittee (NSET), Regional, state, and local initiatives in nanotechnology. Report of the National Nanotechnology Initiative workshop (Oklahoma City/Washington, DC, April 2009), Available online: http://www.nano.gov/html/res/pubs.html

**2010**

President's Council of Advisors on Science and Technology (PCAST), Report to the president and congress on the third assessment of the national nanotechnology initiative (Executive Office of the President, Washington, DC, 2010), Available online: http://www.nano.gov/html/res/otherpubs.html

M.C. Roco, C. Mirkin, M. Hersam (eds.), Nanotechnology research directions for societal needs in 2020. World Technology Evaluation Center (WTEC) report (Springer 2010)

National Science and Technology Council (NSTC) and Nanoscale Science, Engineering and Technology subcommittee (NSET), Regional, state, and local initiatives in nanotechology, 1–3 April 2009 (Oklahoma City, 2010), Available online: http://www.nano.gov/html/meetings/nanoregional-update/index.html (To be published in Dec. 2010)

National Science and Technology Council (NSTC) and Nanoscale Science, Engineering and Technology subcommittee (NSET), *The National Nanotechnology Initiative Strategic Plan* (NSTC/NSET, Washington, DC, 2010), Available online: http://www.nano.gov/html/res/pubs.html (Note: to be published in Dec. 2010)

# Appendix D

## NNI Centers, Networks, and Facilities

### Centers and Networks of Excellence

Centers and networks provide opportunities and support for multidisciplinary research among investigators from a variety of disciplines and from different research sectors, including academia, industry and government laboratories. Such multidisciplinary research not only leads to advances in knowledge, but also fosters relationships that enhance the transition of basic research results to devices and other applications. The multidisciplinary centers are listed below, organized by funding agency.

### National Science Foundation

#### Engineering Research Center

*Center for Extreme Ultraviolet Science and Technology*, University of Colorado–Boulder (http://euverc.colostate.edu/)
*Center for Sinthetic Biology*, University of California–Berkeley (http://www.synBERC.org/)

#### Science and Technology Center

*Nanobiotechnology Center*, Cornell University (http://www.nbtc.cornell.edu/)
*Emergent Behaviors of Integrated Cellular System*, Center at MIT (http://ebics.net)
*Center for Energy Efficient Electronics Science*, University of California–Berkeley (http://www.e3s-center.org/)

**Nanoscale Science and Engineering Centers**

*Center for Hierarchical Manufacturing*, University of Massachusetts–Amherst (http://www.umass.edu/chm/)

*Center for Nanoscale Systems (NSEC)*, Cornell University (http://www.cns.cornell.edu/)

*Science of Nanoscale Systems and their Device Applications (NSEC)*, Harvard University (http://www.nsec.harvard.edu/)

*Center for Biological and Environmental Nanotechnology*, Rice University (http://www.ruf.rice.edu/~cben/)

*Center for Integrated Nanopatterning and Detection (NSEC)*, Northwestern University (http://www.nsec.northwestern.edu/)

*Center for Electronic Transport in Molecular Nanostructures (NSEC)*, Columbia University (http://www.cise.columbia.edu/nsec/)

*Center for Directed Assembly of Nanostructures (NSEC)*, Rensselaer Polytechnic Institute (http://www.rpi.edu/dept/nsec/)

*Center for Scalable and Integrated Nano-Manufacturing (NSEC)*, University of California–Los Angeles (http://newsroom.ucla.edu/page.asp?id=4601)

*Center for Chemical-Electrical-Mechanical Manufacturing Systems (NSEC)*, University of Illinois, Urbana–Champaign (http://www.nano-cemms.uiuc.edu/)

*Center on Templated Synthesis and Assembly at the Nanoscale*, University of Wisconsin (http://www.nsec.wisc.edu/)

*Center for Probing the Nanoscale*, Stanford University (http://www.stanford.edu/group/cpn/)

*Center for Affordable Nanoengineering of Polymeric Biomedical Devices*, Ohio State University (http://www.nsec.ohio-state.edu/)

*Center of Integrated Nanomechanical Systems*, University of California–Berkeley (http://nano.berkeley.edu/coins/)

*Nano-Bio Interface Center*, University of Pennsylvania (http://www.nanotech.upenn.edu/)

*Center for High Rate Nanomanufacturing*, Northeastern University (http://www.nano.neu.edu/)


**Materials Research Science and Engineering Centers**

These four MRSECs are fully dedicated to nanotechnology research:

*Center for Nanoscale Science (MRSEC)*, Pennsylvania State University (http://www.mrsec.psu.edu/)

*Center for Quantum and Spin Phenomena in Nanomagnetic Structures (MRSEC)*, University of Nebraska, Lincoln (http://www.mrsec.unl.edu/)

*Center for Research on Interface Structure and Phenomena (MRSEC)*, Yale University (http://www.crisp.yale.edu/index.php/Main_Page)

*Genetically Engineered Materials (MRSEC)*, University of Washington (http://www.mrsec.org/centers/university-washington)

In addition, many other MRSECs have one or more interdisciplinary research group(s) focused on nanoscale science and engineering topics. See http://www.mrsec.org/ for more information.

### NSF Nanoscale Science and Engineering Networks

*Network for Computational Nanotechnology* (http://www.ncn.purdue.edu/)
*National Nanotechnology Infrastructure Network* (http://www.nnin.org/)
*Oklahoma Network for Nanostructured Materials* (http://www.okepscor.org/default.asp)
*Nanoscale Informal Science Education Network* (http://www.nisenet.org/)
*Network for Nanotechnology in Society,* Arizona State University–University of California–Santa Barbara (http://cns.asu.edu/resources/nsf.htm)
*Experimental Program to Stimulate Competitive Research,* University of New Mexico (http://www.nmepscor.org/)

### Centers for Learning and Teaching

*National Center for Learning & Teaching in Nanoscale Science & Engineering* (http://www.nclt.us/)
*NSF's directory of R&D Centers* (http://www.nsf.gov/about/partners/centers.jsp)

## National Science Foundation with the Environmental Protection Agency

### Centers for Environmental Implications of Nanotechnology

*University of California–Los Angeles* (http://cein.cnsi.ucla.edu/pages/)
*Duke University* (http://www.ceint.duke.edu/)

## Department of Energy

### Nanoscale Science Research Centers

*Center for Nanoscale Materials,* Argonne National Laboratory (http://nano.anl.gov/)
*Molecular Foundry,* Lawrence Berkeley National Laboratory (http://foundry.lbl.gov/)
*Center for Integrated Nanotechnologies,* Sandia and Los Alamos National Laboratory (http://cint.lanl.gov/)
*Center for Functional Nanomaterials,* Brookhaven National Laboratory (http://www.bnl.gov/cfn/)
*Center for Nanophase Materials Science,* Oak Ridge National Laboratory (http://www.cnms.ornl.gov/)

## *Department of Defense*

*Institute for Soldier Nanotechnologies*, Massachusetts Institute of Technology (http://web.mit.edu/isn/)

*Center for Nanoscience Innovation for Defense*, University of California–Santa Barbara, Riverside and Los Angeles (http://www.instadv.ucsb.edu/93106/2003/January21/new.html)

*Institute for Nanoscience*, Naval Research Laboratory (http://www.nrl.navy.mil/content.php?P=MULTIDISCIPLINE)

## *National Aeronautics and Space Administration (NASA)*

**University Research, Engineering, and Technology Institutes (NASA funding now discontinued)**

*Institute for Intelligent Bio-Nanomaterials & Structures for Aerospace Vehicles*, Texas A&M University (http://tiims.tamu.edu/)

*Biologically Inspired Materials Institute (BIMat)*, Princeton University (http://bimat.princeton.edu/html/overview.html)

## *National Institute for Occupational Safety and Health*

*Nanotechnology Research Center*, Robert A. Taft Lab (http://www.cdc.gov/niosh/topics/nanotech/)

## *National Institute of Standards and Technology*

*Center for Nanoscale Science and Technology*, NIST Gaithersburg (http://www.cnst.nist.gov/)

## *National Institutes of Health*

*Nanotechnology Characterization Laboratory*, NCI-Frederick (http://ncl.cancer.gov/)

**NHLBI Program of Excellence in Nanotechnology**

*Integrated Nanosystems for Diagnosis and Therapy*, Washington University (http://www.nhlbi-pen.info/)

*Nanotechnology: Detection & Analysis of Plaque Formation*, Emory University
Georgia Tech (http://pen.bme.gatech.edu/)
*Nanotherapy for Vulnerable Plaque*, Burnham Institute (http://www.pennvp.org/)
*Translational Program of Excellence in Nanotechnology*, Massachusetts General
Hospital (http://cmir.mgh.harvard.edu/nano/tpen)

## Nanomedicine Development Centers

*Center for the Optical Control of Biological Functions*, University of California–
Berkeley (http://nihroadmap.nih.gov/nanomedicine/fundedresearch.asp)
*Center for Cell Control*, University of California–Los Angeles (http://ccc.seas.
ucla.edu/)
*Phi2 DNA*, Purdue University (http://www.vet.purdue.edu/PeixuanGuo/NDC/)
*Nanomedicine Center for Nucleoprotein Machines*, Georgia Institute of Technology
(http://www.nucleoproteinmachines.org/)
*National Center for Design of Biomimetic Nanoconductors*, University of Illinois–
Urbana–Champaign (http://www.nanoconductor.org/)
*Center for Protein Folding Machinery*, Baylor University (http://proteinfoldingcen-
ter.org/)
*Nanomedicine Center for Mechanobiology*, Columbia University (http://www.
mechanicalbiology.org/)
*Engineering Cellular Control:Synthetic Signaling and Motility Systems*, University
of California–San Francisco (http://qb3.org/cpl/)

## Centers of Cancer Nanotechnology Excellence

*The Siteman Center of Cancer Nanotechnology Excellence*, Washington University
(http://www.siteman.wustl.edu/)
*Center of Nanotechnology for Treatment, Understanding, and Monitoring of Cancer
(NANOTUMOR)*, University of California, San Diego (http://ntc-ccne.org/)
*Carolina Center of Cancer Nanotechnology Excellence*, University of North Carolina
(http://cancer.med.unc.edu/ccne/)
*Center for Cancer Nanotechnology Excellence Focused on Therapy Response*,
Stanford University (http://mips.stanford.edu/public/grants/ccne/)
*MIT-Harvard Center of Cancer Nanotechnology Excellence*, Massachusetts Institute
of Technology (http://nano.cancer.gov/action/programs/mit/)
*Nanotechnology Center for Personalized and Predictive Oncology*, Emory University
Georgia Institute of Technology (http://www.wcigtccne.org/)
*Center for Cancer Nanotechnology Excellence*, Northwestern University (http://
www.ccne.northwestern.edu/)
*Nanosystems Biology Cancer Center*, California Institute of Technology (http://
www.caltechcancer.org/)

# 索　引